“十三五”国家重点研发计划
“海洋工程高抗蚀水泥基材料关键技术”项目组◎著

海洋工程高抗蚀水泥基材料关键技术

KEY TECHNOLOGIES OF HIGH CORROSION RESISTANT CEMENT-BASED MATERIALS FOR OCEAN ENGINEERING AND CONSTRUCTION

中国建材工业出版社

图书在版编目（CIP）数据

海洋工程高抗蚀水泥基材料关键技术 / “十三五”国家重点研发计划“海洋工程高抗蚀水泥基材料关键技术”项目组著．-- 北京：中国建材工业出版社，2022.5

ISBN 978-7-5160-3370-8

Ⅰ．①海… Ⅱ．①十… Ⅲ．①海洋工程—水泥基复合材料—耐蚀性—研究 Ⅳ．① P75 ② TB333.2

中国版本图书馆 CIP 数据核字（2021）第 242087 号

内容简介

本书主要介绍了海洋工程高抗蚀水泥基材料关键技术，其中包括预制构件用高抗蚀硅酸盐水泥基材料关键技术、普通结构用高抗蚀硅酸盐水泥基材料关键技术、水下工程用高抗蚀铝酸盐水泥基材料关键技术、快速施工用高抗蚀硫铝酸盐水泥基材料关键技术、修补 / 防护用硫铝酸盐水泥基材料关键技术。

本书适用于从事海洋工程材料研发的专业人员使用，也可作为相关材料研发人员的参考之用。

海洋工程高抗蚀水泥基材料关键技术

Haiyang Gongcheng Gaokangshi Shuiniji Cailiao Guanjian Jishu

“十三五”国家重点研发计划
“海洋工程高抗蚀水泥基材料关键技术”项目组 著

出版发行：中国建材工业出版社
地　　址：北京市海淀区三里河路 1 号
邮政编码：100044
经　　销：全国各地新华书店
印　　刷：北京印刷集团有限责任公司
开　　本：889mm×1194mm　1/16
印　　张：24.75
字　　数：710 千字
版　　次：2022 年 5 月第 1 版
印　　次：2022 年 5 月第 1 次
定　　价：198.00 元

本社网址：www.jccbs.com，微信公众号：zgjcgycbs
请选用正版图书，采购、销售盗版图书属违法行为
版权专有，盗版必究。本社法律顾问：北京天驰君泰律师事务所，张杰律师
举报信箱：zhangjie@tiantailaw.com　举报电话：(010) 68343948
本书如有印装质量问题，由我社市场营销部负责调换，联系电话：(010) 88386906

《海洋工程高抗蚀水泥基材料关键技术》
编 写 委 员 会

主　任

姚　燕

副主任

王发洲　余其俊　刘光华　张文生　程　新

编写委员（按撰写章节排序）

第 1 章　姚　燕　郭随华

第 2 章　王发洲　杨　露　饶美娟　杨　义　陈　平　邓玉莲　张日红

第 3 章　余其俊　韦江雄　张同生　郭奕群　范志宏　郝挺宇　林永权

第 4 章　刘光华　刁桂芝　王宏霞　高礼雄　王中平　徐琳琳　王小康

第 5 章　张文生　叶家元　张洪滔　兰明章　孔祥明　陈智丰　王成启

第 6 章　程　新　杜　鹏　卢晓磊　徐　强　范英儒　孙海文　彭若宏

“十三五”国家重点研发计划
“海洋工程高抗蚀水泥基材料关键技术”项目

项目承担单位

中国建筑材料科学研究总院有限公司

项目负责人

姚　燕

课题设置

课题一　预制构件用高抗蚀硅酸盐水泥基材料关键技术

课题二　普通结构用高抗蚀硅酸盐水泥基材料关键技术

课题三　水下工程用高抗蚀铝酸盐水泥基材料关键技术

课题四　快速施工用高抗蚀硫铝酸盐水泥基材料关键技术

课题五　修补 / 防护用硫铝酸盐水泥基材料关键技术

课题负责人及课题承担单位

王发洲　课题一　武汉理工大学

余其俊　课题二　华南理工大学

刘光华　课题三　中国建筑材料科学研究总院有限公司

张文生　课题四　中国建筑材料科学研究总院有限公司

程　新　课题五　济南大学

项目主要参加单位（排名不分先后）

重庆大学

同济大学

石家庄铁道学院

北京工业大学

清华大学

浙江大学

武汉科技大学

中冶建筑研究总院有限公司

华润水泥技术研发有限公司

唐山北极熊建材有限公司

中国人民解放军海军工程设计研究院

郑州登峰熔料有限公司

中交四航工程研究院有限公司

中交上海三航科学研究院有限公司

广西鱼峰水泥股份有限公司

宁波中淳高科股份有限公司

深圳市蛇口招商港湾工程有限公司

中国人民解放军陆军勤务学院

山东金鲁城工程材料有限公司

序

2016年国家科技部发布“重点基础材料技术提升与产业化”重点专项年度项目申报指南，其中11.2海洋工程高抗蚀水泥基材料关键技术项目，由中国建筑材料科学研究总院有限公司牵头，组织武汉理工大学、华南理工大学、济南大学等国内大专院校、科研机构、生产与工程应用企业等二十多家单位组成的项目团队联合申报成功。目前“海洋工程高抗蚀水泥基材料关键技术”项目已通过绩效评价，得到了专家和科技部高技术中心的高度评价。受科技部高技术中心委托，我作为该项目的责任专家，参与了项目团队实施过程中各个关键节点的检查与评估，对该项目有一个比较全面的了解。

开发海洋是我国的一项重要战略国策，海洋工程建设需要大量的高抗蚀材料，其中水泥基材料更是不可缺少的基础材料，正在建设和规划中的港口码头、跨海大桥、岛礁建设、海底隧道、海上钻井平台等海洋工程，需要大量的耐海水腐蚀、高耐久的水泥基材料。该项目就是针对国家海洋工程建设的重大需求，提出了从基础研究、关键技术突破到生产和工程示范全链条的研发路线，并设计了对不同海洋工程全覆盖的技术方案，有效解决海洋工程结构中普遍存在的耐蚀差、收缩大、寿命短等难题。

该项目的另一特色就是项目全过程管理到位，很值得学习和借鉴。项目牵头单位中国建筑材料科学研究总院有限公司是我国建材行业最大的研发机构，曾组织管理国家从“九五”到“十二五”期间攻关（支撑）项目、“973”与“863”项目等20余项国家重大项目，大项目管理能力和管理水平在这个项目上也得到了充分体现。

首先建立完整的组织实施机构。成立项目管理办公室，由组织单位的科技管理、科研和财务人员组成，负责项目实施过程中的日程管理、监督与检查、组织与协调各参加单位间合作，使上到科技部高技术中心、下到子课题单位的管理畅通；成立项目咨询专家组、项目执行中心组和项目财务管理组，各司其职，协助项目管理办公室开展工作。二是制定内部管理制度。项目承担单位重大项目办公室系统总结了多年来的项目管理经验，深入研究国家陆续出台的政策文件，结合科研项目的管理特点，制定了一系列适应目前国家科研项目管理新要求的项目/课题科技和财务管理制度，对项目的管理和运行起到了规范和指导作用。三是组织培训，宣贯各项制度和要求。

多次邀请科技部、高技术中心相关领导进行专题讲座，提升项目参与单位和人员对国家重点研发计划的认识水平，了解项目实施要求、综合绩效评价工作重点。四是加强过程管理。项目经常对课题的研究进展进行检查和交流，及时解决出现的问题，确保项目 / 课题按照时间进度高水平完成任务及财务规范管理。五是开展项目内部与国内外学术及技术交流，加强宣传工作。通过国际会议、国内大型科技会议、项目内部会议交流和宣传项目进展和成果。六是加强人才培养。通过项目培养了一批青年科技骨干，也为企业培养了科技人才。

以上的管理工作，保证了项目的顺利进行和高水平的完成。通过四年多的攻关，项目取得了一批用于海洋工程的先进水泥基材料，项目成果包括 9 项新产品、9 项制备新技术、建成水泥生产示范线 6 条、预制管桩示范生产线 1 条（7 条）、在 14 个海洋工程中示范应用、专利 46 项、论文 87 篇、标准 10 项。项目成果整体达到国际先进水平，部分达到国际领先水平。成果形成了我国自主知识产权的技术体系和一系列高附加值产业链，提高了我国海洋工程建筑质量水平和使用寿命及安全性，研发成果可使我国海洋工程混凝土结构耐久性达到国际先进水平，可为我国实施海洋战略提供坚实技术保障，具有广阔的市场前景，也可为我国“一带一路”、全球一体化发展的海洋战略的实施发挥重要作用。

项目将成果编纂成书，可以让更多的人了解和应用，使成果发挥更大的作用，我深感欣慰。在此衷心感谢项目组在四年多的工作中对我的支持，也祝贺项目组全体人员取得的成果，祝大家在今后的工作中取得更大的成绩。

中国科学院宁波新材料研究所所长、教授

科技部“十三五”国家重点研发计划项目责任专家

2021 年 10 月

前 言

开发海洋资源是我国的一项战略国策，为建设长寿命高耐久的海洋工程提供新材料、新技术，是落实习总书记面向经济主战场、面向国家重大需求的科技工作指示。我国有大陆海岸线18000多千米，加上岛屿岸线14000 km，在200海里水域面积200万～300万km^2的海洋，分布着海港约60多个。我国海洋工程建设量巨大，规划建设的港口码头50余个、跨海大桥10余座，岛礁建设、海底隧道、海上钻井平台等大量海洋工程正在规划中。充分利用海洋资源对发展国民经济、维护国家利益及领土安全具有重要的政治意义与显著的社会效益和经济效益。

水泥基胶凝材料是海洋工程建设的重要基础原材料，其耐蚀性直接关系海洋工程耐久性和服役寿命。“海洋工程高抗蚀水泥基材料关键技术”是“十三五”国家重点研发计划项目。2016年，按照国家科技部“重点基础材料技术提升与产业化”重点专项年度项目申报指南“11.2 海洋工程高抗蚀水泥基材料关键技术”要求，由中国建筑材料科学研究总院有限公司牵头，组织了武汉理工大学、华南理工大学、济南大学等国内有实力的大专院校、科研机构、生产与工程应用企业等二十多家单位联合申报成功，并经过项目各单位四年多的努力攻关和创新工作，已完成了项目预期的各项任务。

本项目围绕海洋工程需求，以实现水泥基材料与结构长寿命为导向，根据复杂海洋环境对水泥基材料的性能设计要求，研究开发了适用于不同海域、不同海洋环境（冻融、高温、干湿等）、不同结构部位（水下区、浪溅区等）和适用于特殊施工（快速施工、修补等）要求的高抗蚀水泥基材料新体系。本项目研发成果实现产业化并应用于工程示范，建立了相应评价方法和标准规范，有效解决海洋工程结构中普遍存在的耐蚀性差、收缩大、寿命短等问题，保证海洋工程安全使用，具有显著的社会效益和经济效益。

面对习总书记提出的中国碳达峰、碳中和的目标和任务，我们水泥混凝土人深感责任重大。本项目研发的高抗蚀水泥基材料新体系的产品在生产过程中均采用节能、减排新技术，充分利用工业废弃物、遵循减少二氧化碳排放、提高产品质量、延长使用寿命等技术和要求，如果大量推广应用，对于碳达峰、碳中和具有重要推动作用，能够减少排放，保护社会民生、保护生态环境。

水泥领域是传统的基础材料领域，大宗品种的技术已成熟，基本能满足工程建设的需要。但是随着科学技术的进步，工程环境日趋复杂、工程质量要求提高、工程寿命需要延长，加之建材工业是典型资源、能源消耗型和污染排放型产业，年消耗矿产资源、能源及污染物排放量巨大，使经济不可持续发展。但水泥又是工程建设不可缺少的最大宗的原材料之一，因此，必须通过科技创新，研究开发节约资源和能源、减少排放、延长工程寿命的先进水泥基材料。普通结构高抗蚀水泥基材料关键技术项目还拓展了水泥的概念，提出按水泥基材料的性能与实际工程衔接，可以直接把工业废渣高效利用，按工程要求配制水泥基材料，今后可以为国家重点工程“量身定做”，提供工程专用的水泥基材料，以确保国家重点工程的质量和寿命。这对于水泥科学和应用的研究具有很好的指导作用，对学科发展具有促进作用。

国家经济发展和海洋开发的迫切需求为本项目成果的推广应用提供了基础保障和强大的驱动力，具有广阔的市场前景。在为我国海洋经济发展提供坚实保障的同时，也可为我国“一带一路”、全球一体化发展的海洋战略的实施发挥重要作用。

本项目研发成果为整体达到国际先进水平的海洋工程专用材料和技术，提高了我国海洋工程建筑质量水平和使用寿命及安全性，研发成果可使我国海工水泥混凝土结构耐久性达到国际先进水平，具有极高实用价值。本书详细介绍了项目科研成果，可供科研、生产、工程单位的科技人员和工程技术人员参考，也可为大学教学和学生学习提供案例。

衷心感谢国家科技部、高技术司和高技术中心的领导在项目立项和实施过程中的引领和支持，感谢项目责任专家、行业专家的指导和帮助，感谢项目各承担单位的精心管理，感谢项目组全体人员的共同努力，感谢生产和工程单位的鼎力相助，使项目得以顺利进行和圆满完成。

“十三五”国家重点研发计划“海洋工程高抗蚀水泥基材料关键技术”项目组
2021 年 9 月

目 录

第1章
引 言

第2章
预制构件用高抗蚀硅酸盐水泥基材料关键技术

第3章 普通结构用高抗蚀硅酸盐水泥基材料关键技术

第4章 水下工程用高抗蚀铝酸盐水泥基材料关键技术

第5章 快速施工用高抗蚀硫铝酸盐水泥基材料关键技术

第 6 章
修补 / 防护用硫铝酸盐水泥基材料关键技术

第 1 章

引言

1.1 项目背景和意义

海洋资源的开发已成为各国经济发展的战略重点，海洋工程建设材料的研究也成为国内外热点。现阶段，我国海洋工程建设进入了高峰期，据我国有关部门规划，近期要建设港口码头50余个，跨海大桥10余座，岛礁建设、海底隧道、海上钻井平台等大量海洋混凝土工程正在规划中。由于传统水泥基材料在复杂海洋环境中受离子侵蚀、海浪冲刷、干湿循环、高浓度CO_2、冻融破坏、微生物侵蚀等因素影响，极易过早劣化破坏，海洋工程快速施工、修补能力不足，严重影响了海洋开发进程，制约了我国海洋战略的实施。因此，研究开发满足海洋服役环境的新一代高抗蚀水泥基材料，提高海洋工程设施耐久性和服役寿命是当前国家的重大需求。

国家科技部高度重视海洋工程基础材料的研究和开发，2016年发布了“重点基础材料技术提升与产业化”重点专项年度项目申报指南“11.2 海洋工程高抗蚀水泥基材料关键技术”，由中国建筑材料科学研究总院牵头，组织了武汉理工大学、华南理工大学、济南大学等国内有实力的大专院校、科研机构、生产与工程应用企业等二十多家单位联合申报“十三五”国家重点研发计划“海洋工程高抗蚀水泥基材料关键技术”项目，成功获批。

经过项目各单位四年多的努力攻关和创新工作，完成了项目预期的各项任务。为解决我国海洋工程结构中普遍存在的耐蚀性差、收缩大、寿命短等问题，本项目根据复杂海洋环境对水泥基材料的性能设计要求，研究开发了适用于不同海域、不同海洋环境（冻融、高温、干湿等）、不同结构部位（水下区、浪溅区等）和适用于特殊施工（快速施工、修补等）要求的高抗蚀水泥基材料新体系，并进行了生产和工程应用示范。其成果可为我国海洋资源开发、海洋强国战略实施提供有力保障。

1.2 国内外研究状况与趋势

海洋复杂环境下水泥基材料的过早劣化问题越来越受到瞩目，国内外开展了大量研究工作，主要情况分别见表1-1和表1-2。

海洋环境下混凝土构件不同部位的破坏和裂化机理大致包括：

（1）氯离子渗透导致的钢筋锈蚀（大气区）；

（2）海浪冲刷、砾石或浮冰引起的物理磨耗（浪溅区和水位变动区）；

（3）硫酸盐侵蚀和镁盐侵蚀导致的水泥水化产物分解（浪溅区至水下区）；

（4）温湿度梯度变化引起的开裂（浪溅区）；

表 1–1　国外从事相关研究的主要机构

机构名称	相关研究内容	相关研究成果	成果应用情况
拉法基里昂研究中心（LCR）	复合多元辅助胶凝材料的海洋工程用硅酸盐水泥	掌握了海洋专用硅酸盐水泥制备和规模化生产技术	在欧洲、澳大利亚及南非等地区规模化生产
挪威船级社（DNV）	海洋工程构筑物的设计、材料选择、生产和制造过程、品质检测等	建立了海洋构筑物认证体系	在欧洲得到实施
日本运输省港湾技术研究所	复合水泥基材料抗海洋环境侵蚀性能	水泥基材料抗侵蚀机理及改善措施	在日本沿海工程中得到了较广泛应用
丹麦科技大学	海洋环境下硅酸盐水泥基材料抗冻融性能	基于服役环境优化胶凝材料组成	在北欧得到推广应用
凯诺斯铝酸盐研发中心	铝酸盐系列水泥性能及产品研究	铝酸盐系列水泥性能、应用及生产工艺	广泛应用于耐火材料、化学建材等领域

表 1–2　国内从事相关研究的主要机构

机构名称	相关研究内容	相关研究成果	成果应用情况
中国建筑材料科学研究总院	水泥基材料抗氯盐侵蚀性能及检测评价方法 硅酸盐水泥熟料矿物晶格活化、矿物结构功能性调控 研究并开发了硫铝酸盐系列水泥（包括高铁、高硅）、阿利特硫铝酸钙水泥、高贝利特硅酸盐水泥及铝酸盐系列水泥等特殊品种水泥	掌握了硅酸盐水泥基材料抗氯盐侵蚀规律与改良调控机制 发明了硫铝酸盐水泥和高贝利特低热硅酸盐水泥，并规模生产和应用 开发了耐火材料用铝酸盐系列水泥，建材用特种铝酸盐系列水泥（快硬高强铝酸盐水泥、特快调凝铝酸盐水泥、膨胀铝酸盐水泥和自应力铝酸盐水泥）及砂浆和混凝土用铝酸盐外加剂	海工硅酸盐水泥的初步成果已在二十余个海洋工程中成功应用 研制的硫铝酸盐水泥、贝利特水泥等特种水泥分别广泛应用于抢修工程和低水化热要求的大坝等工程 铝酸盐系列水泥广泛应用于耐火材料行业，用作砂浆、混凝土外加剂
武汉理工大学	高铁水泥熟料矿物的组成设计、烧成工艺、活化技术等烧成制备技术和性能调控技术研究 开展了磷石膏、钡渣重晶石等煅烧硫铝酸盐水泥研究与应用工作 低钙 -Q 相烧成制备和应用技术研究	掌握高铁水泥熟料稳定制备技术，探明了其水化、力学、耐久性能的演变规律 掌握硫铝酸盐水泥、低钙 -Q 相水泥制备技术和性能调控技术	实现高铁水泥熟料生产应用
华南理工大学	硅酸盐水泥基材料抗裂和抗侵蚀性能	揭示了水泥基材料抗裂和抗侵蚀性能影响机理，提出改善措施	在西南水泥集团推广应用
济南大学	$C_3SrA_3\bar{S}$ 单晶制备 可分散乳胶粉对硫铝酸盐水泥修补 / 防护砂浆力学性能和粘结强度影响	首次合成 60~120μm$C_3SrA_3\bar{S}$ 单晶，获得全套结构数据 采用熔盐法在 1350℃煅烧合成了两种硫铝酸钡钙单晶 当胶粉掺量为 3% 时，硫铝酸盐水泥砂浆粘结强度显著改善	
南京工业大学	无水硫铝酸钙改性硅酸盐熟料的制备及其性能	揭示了无水硫铝酸钙与阿利特共存机制，并提出了二次烧成工艺	

（5）冻融破坏（浪溅区）；

（6）碳酸腐蚀；

（7）碱集料反应（水下区）。

海洋工程主体混凝土结构绝大多数使用硅酸盐水泥作为胶凝材料，国内外大多研究者认为其服役过程中的最突出问题为海水氯离子侵蚀，因此大量研究集中于水泥水化产物对氯离子的吸附问题，其中一些成果为复杂海洋环境下水泥基胶凝材料的设计及优化提供了技术基础。例如，不同熟料矿物中 C_3A 的水化产物对氯离子吸附能力最强，其水化形成的单硫型水化硫铝酸钙（AFm）在结合氯离子后可形成水化氯铝酸钙，还可降低浆体孔隙率、进一步降低氯离子在浆体结构中的扩散能力。国内有研究指出，C_3A 水化产物结合氯离子的比例随水化龄期延长而增加，但增加水化产物中 AFm 的数量对水泥浆体的抗硫酸盐侵蚀性能不利。因此，应综合考虑水泥浆体的氯离子结合能力及抗侵蚀性能，世界各国在海洋工程中通常要求水泥中 C_3A 含量在 4%~10%。

作为硅酸盐水泥主导水化产物水化硅酸钙（C-S-H），结合氯离子的能力也比较强。研究证实，大掺量辅助胶凝材料条件下所形成的低 Ca/Si 比 C-S-H 具有更强固化氯离子的能力。通过辅助胶凝材料反应的火山灰效应，由于可以增加水化后期浆体结构中 C-S-H 的形成量并大量消耗 $Ca(OH)_2$，在大幅提升水泥基材料抗氯盐渗透能力的同时可显著改善水泥浆体的抗侵蚀性能。因此，多元复合辅助胶凝材料在当前已成为海洋工程用水泥基材料发展的重要方向。

然而，在海洋温度 / 湿度 / 盐 / 海浪等复杂环境下水泥基材料的 C-S-H 组成和结构变化规律、水泥水化热力学 / 动力学、结构劣化机理及各因素间交互作用的研究目前还相当匮乏，现有成果还不足以对海洋工程高抗蚀硅酸盐水泥进行更具针对性的熟料组成及水泥组分设计。例如，在海水环境中镁盐（$MgCl_2$+$MgSO_4$）侵蚀会导致 C-S-H 分解且影响是持续性的，并会显著加剧硫酸盐侵蚀，但如何改善 C-S-H 在镁盐侵蚀条件下的稳定性，现有的研究还不多。另外，现有研究绝大部分侧重于化学因素的影响，对于物理效应在胶凝材料设计及性能演化规律的研究则明显不足，反映在海工水泥生产和应用技术层面则基本忽略了先进水泥制备工艺的作用。

与硅酸盐水泥相比，铝酸盐及硫铝酸盐等特种水泥具有更好的抗海水侵蚀能力。早在 100 年前，铝酸盐水泥即已在欧洲被用于海洋水下工程，对海水环境中服役 80 余年铝酸盐水泥混凝土取样的研究表明，构件表面强度仍与设计强度相当；但结构内部水化产物已完全发生晶型转化。为此，法国凯诺斯公司等机构在抑制铝酸盐水泥产物晶型转变、控制强度倒缩等方面开展了一系列研究。结果表明，铝酸盐水泥与辅助胶凝材料（粉煤灰、矿渣、硅粉等）复合，可有效抑制氯盐和硫酸盐环境中水泥石的强度倒缩问题，复合矿渣时后期强度甚至出现增长，但仍不能阻止水化产物的晶型转变。因此，铝酸盐水泥的耐腐蚀性改进技术及相适应的耐久性评价有待进一步研究。

硫铝酸盐水泥是中国建筑材料科学研究总院自主发明的水泥品种，已在国内全面推广，并在灌浆料等领域中成功应用，建立多项技术标准。近几年的研究表明，硫铝酸盐水泥基胶凝材料具有抗渗能力强、硫酸盐腐蚀强度保留率高等特点，适宜用于海洋、盐卤腐蚀等特色区域建筑工程。此外，硫铝酸盐水泥基胶凝材料还具有抗折强度高、抗拉弹性模量低、耐磨等特点，可作为腐蚀环境中构筑物的修补材料，但在国外尚未见其在海洋环境中应用的相关报道。以 $C_3BaA_3\bar{S}$、$C_3SrA_3\bar{S}$ 等为主要矿物的改性硫铝酸盐水泥，具有突出的快硬早强性能，是海洋条件下快速施工与修补的良好材料。

基于性能要求进行材料设计早已成为一种趋势，我国海岸线（从寒带到热带）漫长、海洋环境复杂多变，不同海域（滨海、近海、远海等）、不同气候（冻融、高温、干湿等）、不同部位（水下区、浪溅区等）以及不同施工条件（快速施工、修补）对水泥基材料提出了众多特殊要求，且不同地区的资源状况差异也很大。但综合以上分析，至目前国内外在复杂海洋环境下水泥基材料领域的研究还缺乏系统性。因此，本项目针对国内海洋工程高抗蚀、高耐久、长寿命、高安全的迫切需要，将努力突破硅酸盐水泥高抗蚀、铝酸盐水泥晶型转变抑制、硫铝酸盐水泥性能稳定发展等关键技术，开发出满足海洋服役环境的新一代高抗蚀水泥基材料，建立海洋工程用高抗蚀水泥基胶凝材料性能优化及耐久性评价体系，从而有效解决我国海洋工程结构目前普遍存在的收缩大、易开裂、寿命短等问题，为我国海上丝绸之路建设及海洋资源开发、海洋强国战略的实施提供有力保障。本项目课题设置如图 1-1 所示。

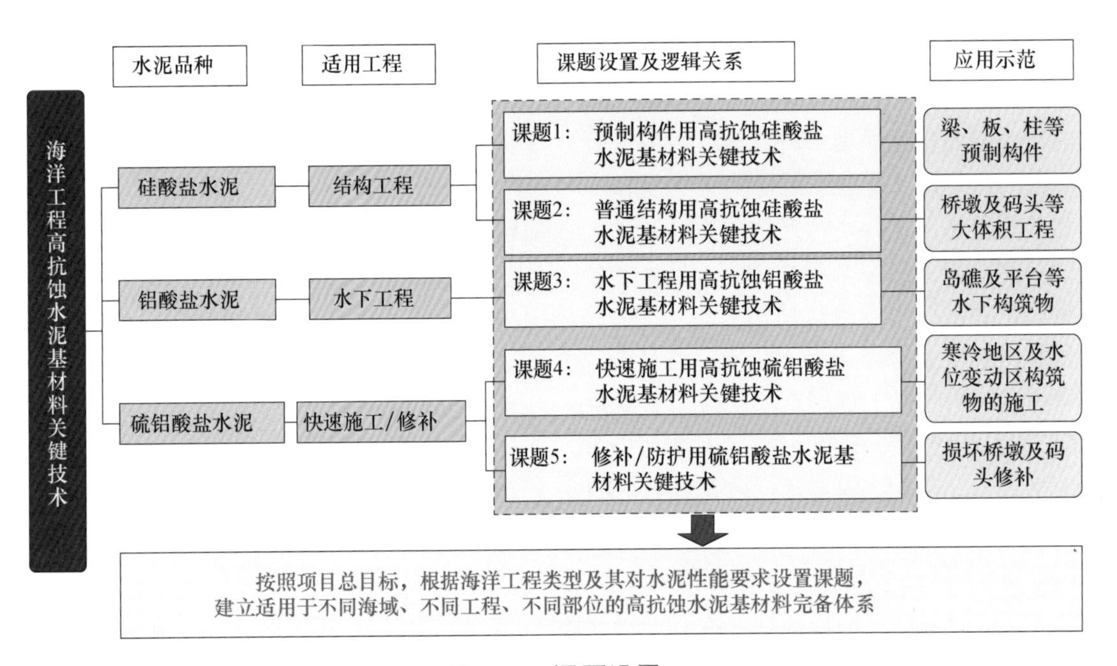

图 1-1 课题设置

1.3 研究范围与目标

针对海洋环境中水泥基材料抗侵蚀能力不足、构筑物寿命短等问题，解决海洋因素作用下水化产物稳定性和微结构劣变机制等科学问题，突破多元复合水泥基材料的高抗蚀、低收缩功能化设计等共性技术，分别研究开发适用于不同海域、不同工程普通结构用高抗蚀硅酸盐水泥；适用于严酷条件（如浪溅区）下结构预制件用的高抗冲磨、早强快硬高抗蚀硅酸盐水泥新体系；适用于水下结构高耐久性设计的高抗蚀铝酸盐水泥；以及用于快速施工、修补和防护用高抗蚀硫铝酸盐水泥等新一代海洋工程用水泥基材料，并建立相应的评价方法和标准规范，实现海洋环境下水泥基材料长寿命，使我国海洋工程水泥基材料整体达到国际先进水平。

本研究通过海洋工程服役环境下水化产物稳定性和浆体结构劣化机制的研究，紧密结合工程需求进行高抗蚀水泥基材料组成和微结构设计；通过矿物形成反应热力学和水化动力学过程控制，研究相关体系水泥基材料的性能调控技术。结合生产及工程应用示范及海洋工程用水泥基材料性能评价体系的建立，形成“高抗蚀、低收缩、早强快硬”高抗蚀硅酸盐、铝酸盐及硫铝酸盐水泥基材料关键技术，大幅提升海洋环境下水泥基材料使用寿命，使我国海洋工程材料整体达到国际先进水平。

本项目形成的新产品、新原理、新技术、专利、标准等成果，将在示范生产线上实施，在复杂海洋环境万吨级多用途码头、海上桥梁、近海建筑等海洋工程中示范应用。研究开发的新一代海洋工程用水泥基材料，可显著延长复杂海洋环境下工程服役年限，大幅降低施工和材料消耗成本，减少维护投入，降低海洋工程修复环境污染，其社会效益和经济效益显著，具有广阔的应用前景。

1.4 研究思路与总体方案

1.4.1 研究思路

项目研究的总体技术路线如图1-2所示，总体研究思路是通过基础研究探明科学问题、关键技术突破并攻克关键技术难题，成果实现生产与工程示范，根据海洋工程用水泥基材料发展趋势，开展全链条的创新性、前瞻性和时效性研究。

在探明复杂海洋环境条件下水泥水化产物稳定性及劣化机理的基础上，指导高抗蚀水泥基材料的矿物组成和微结构设计。通过矿相匹配和活化、复合辅助胶凝材料及功能性调节组分等措施的综合运用，获得高抗蚀水泥基材料的关键制备技术。同时结合水化过程调控，解决水化铝酸盐晶型转变、硫铝酸盐水泥初期水化碱度、凝结控制以及浆体界面粘结性等关键问题，实现高抗蚀铝酸盐水泥基材料在水下结构工程、硫铝酸盐水泥基材料在快速施工、修补和防护等海洋工程中的应用。在此基础上，进行示范生产和工程应用，编制相关标准和指南。

1.4.2 总体方案

1. 针对复杂海洋环境下水泥基材料性能提升的需求，本项目拟解决的关键科学和关键技术问题

（1）多相水化产物稳定性与典型海洋环境因素的关系，阐明水化产物劣变过程，建立劣化模型，指导水泥矿物组成设计；

（2）主导矿物相、微量组分的协同机制及相关体系熟料的高温烧成反应热动力学；

（3）高抗蚀硅酸盐熟料新体系及碱度、凝结可控硫铝酸盐熟料体系设计和制备技术；

（4）高抗蚀熟料与辅助胶凝材料多元复合水泥体系的低收缩、侵蚀离子固化等功能化设计技术；

（5）高抗蚀铝酸盐水泥水化产物晶型转变机理、抑制方法及水下不离散应用技术。

2. 针对相关的科学问题，本项目开展的基础研究工作

（1）研究复杂海洋环境下水化产物的相组成、微结构变化及稳定性、水化产物和浆体结构对侵蚀性离子的吸附、固化动力学过程及原理；

（2）研究硅酸盐熟料矿物体系不同矿物相对水泥抗侵蚀性能的作用机理及协同机制；高铁熟料矿物高温烧成热动力学及高铁相熟料矿物离子掺杂活化机制；

（3）研究硫铝酸盐熟料体系矿相组成对浆体碱度及凝结时间的影响机制，熟料矿物与功能矿物的复合作用与改性机理、难共存矿相的共存方法与机制；

（4）研究铝酸盐水泥水化产物晶型转变的条件与规律，复杂海洋环境下水化产物晶型转变抑制机理。

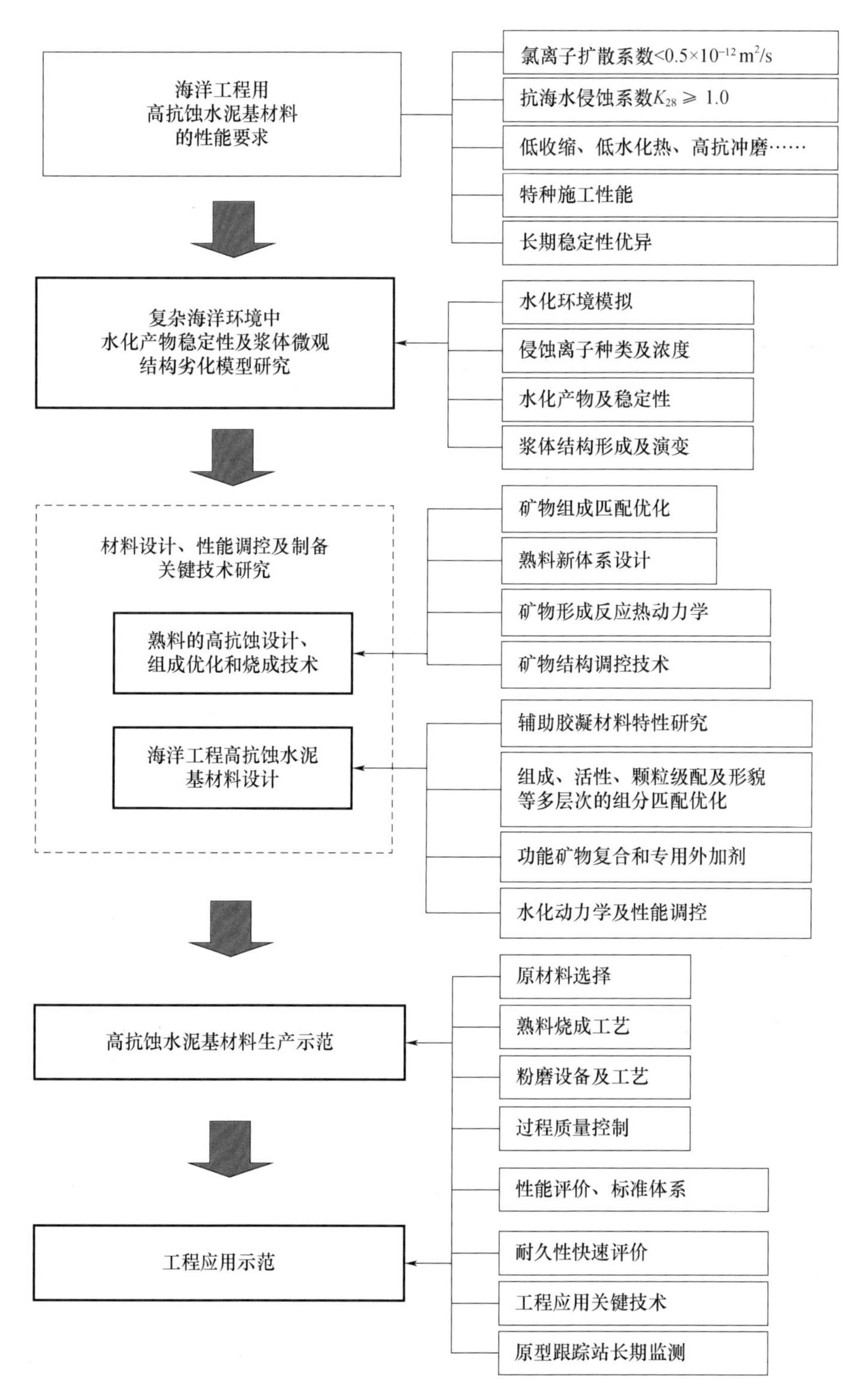

图 1-2　项目研究的总体技术路线

3. 项目开展的相关共性关键技术研究

（1）高抗蚀硅酸盐体系熟料矿物结构的调控技术；低钙高铁硅酸盐熟料、Q 相水泥熟料的烧成动力学及相应复合熟料体系的抗侵蚀性能优化；

（2）研究$C_4A_3\overline{S}$、C_2S为主，辅以铁铝酸盐的快速施工用高抗蚀、高耐磨硫铝酸盐熟料体系；以$C_4A_3\overline{S}$、C_3S为主，辅以掺杂铝酸盐的修补用高抗蚀、高粘结硫铝酸盐熟料体系并研究其稳定烧成控制技术；

（3）研究高抗蚀熟料与辅助胶凝材料矿相组成、颗粒级配、水化活性的多重匹配关系，高抗蚀熟料与辅助胶凝材料多元复合设计原则，形成高抗蚀、低收缩水泥基材料制备技术；

（4）研究有机、无机组分对铝酸盐水泥水化产物晶型转化的抑制作用，改性组分对浆体粘聚性能的影响及其对水下抗分散性能的优化作用，形成高抗蚀铝酸盐水泥改性与应用关键技术；

（5）开发快速施工、修补用硫铝酸盐水泥专用外加剂，研究低温条件下凝结硬化、强度发展调控等应用技术。

4. 项目将进行的示范与应用

（1）高抗蚀硅酸盐熟料体系、硫铝酸盐熟料体系、铝酸盐熟料稳定制备技术的示范，高抗蚀、低收缩水泥基材料多元复合技术工业化实施与示范；

（2）结合港口、桥梁及道路抢修、既有建筑修补等工程，建立原型跟踪站，形成综合性应用示范；

（3）评价复杂海洋环境下水泥基材料的性能演化，建立系列高抗蚀水泥基材料的性能评价方法，并编制相关标准或规范。

1.5 项目主要成果

本项目根据复杂海洋环境对水泥基材料的性能设计要求，研究开发适用于不同海域、不同海洋环境（冻融、高温、干湿等）、不同结构部位（水下区、浪溅区等）和适用于特殊施工（快速施工、修补等）要求的高抗蚀水泥基材料。围绕项目研究目标和任务，并根据不同体系水泥基材料在不同海洋工程中的适用性，项目分解为五个课题开展研究，形成了海洋工程预制构件用高抗蚀硅酸盐水泥生产技术、高抗蚀硅酸盐水泥制备海洋工程预制构件技术、海洋工程用高抗蚀硅酸盐水泥基材料制备技术、水下工程用高抗蚀铝酸盐水泥制备技术、水下工程高抗蚀铝酸盐水泥基复合材料及应用关键技术、快速施工用硫铝酸盐水泥基材料制备技术、快速施工用硫铝酸盐水泥专用外加剂、海洋修补/防护工程用硫铝酸盐水泥基材料和海洋工程修补/防护技术等成果。项目成果总体达到国际先进水平，部分达到国际领先水平。

项目形成新产品6项，新技术9项，发明专利47件，论文80篇，标准规范11项，建成生产示范线7条，海洋工程示范应用14项。

1.5.1 海洋工程预制构件用高抗蚀硅酸盐水泥生产技术

针对高铁低钙硅酸盐熟料强度低、水化慢等关键科学问题，以铁相矿物的活化为突破口，系统解析了其结构与性能，发现铁相矿物的烧成性能是影响熟料反应活性与材料耐久性的关键因素，确立了离子掺杂和低温煅烧活化铁相矿物的关键技术，显著提高了高铁低钙硅酸盐水泥的早期强度并协调其耐久性；结合功能辅助矿物和辅助胶凝材料的复合匹配，形成了海洋工程预制构件用高抗蚀硅酸盐水泥生产技术。其中获得的重要结论或研究突破包括：

（1）过高煅烧温度会使铁相矿物的晶体结构发生离析，造成结构中Al/Fe比降低、高活性铝氧四面体向铝氧八面体转变，是一般煅烧模式下铁相矿物水化反应活性低的本质原因。

（2）利用计算化学和高温反应动力学方法，基于“差分键级”原理，提出铁相矿物掺杂活化的评判方法，在阐明铁相矿物反应性能改善机制的基础上，确立了离子掺杂和低温煅烧活化铁相矿物的关键技术，获得了铁相矿物含量大于 18%、早期强度高的高铁低钙硅酸盐水泥熟料。

（3）针对高铁相含量熟料煅烧时高温液相粘度低、表面张力小，在水泥窑内烧成范围变窄、控制难度大等关键技术问题，采用激光熔融气动悬浮粘度测试系统、高温显微镜、TG-DTA 等技术手段，实现了对铁相矿物热力学性质从定性到定量的表征，开发出高铁低钙硅酸盐水泥熟料工业化低温烧成技术，实现了 $C_3S < 50\%$、$C_4AF > 18\%$ 高铁低钙硅酸盐熟料的工业化稳定生产，形成了成套生产工艺和示范生产线，生产的 42.5 级水泥产品综合指标全面优于同等级传统硅酸盐水泥性能指标。

1.5.2 高抗蚀硅酸盐水泥制备海洋工程预制构件技术

通过对蒸养条件下高铁低钙硅酸盐水泥水化产物组成及微结构演变，结合对所制备高铁低钙硅酸盐水泥的应用性能及混凝土制品耐久性的研究，形成了高铁低钙硅酸盐水泥基预制构件的生产技术，并成功实现了高抗蚀混凝土预制构件产品的示范生产与应用。其中获得的重要结论或研究突破包括：

（1）针对蒸养加速水泥反应带来的预制构件耐久性劣化问题，特别是构件后期强度发展停滞、钙矾石转化膨胀和水化产物热损伤等难题，揭示了蒸养导致混凝土制品后期强度增长不足的内在原因，发现了温度提升后 C_3S 水化过快、形成的早期水化产物致密结构层抑制后期水化反应的机理，颠覆了用高 C_3S 含量硅酸盐水泥制备预制构件的传统认识。

（2）揭示了蒸养制度下高铁低钙硅酸盐水泥的后期强度增长机制，其特别设计的矿物组成更适宜制备蒸养混凝土制品；在探明了高温蒸养下水化反应动力学及离子溶出机制的基础上，建立了粉煤灰、矿渣粉和 Q 相熟料等辅助组分的多层级应用方法，显著提升预制构件的力学性能和抗侵蚀性能，使高铁低钙硅酸盐水泥制品 160d 时的强度增进率超过 125%，有效解决了蒸养混凝土后期强度增长率不足与耐久性差的工程技术难题。

（3）开发的高耐久高铁相硅酸盐水泥基预制构件制备技术，在静停阶段采用余热预热技术提升水化反应体系的碱度，实现高铁低钙硅酸盐水泥与掺合料协同、增进早强；在蒸养阶段缩短养护时间，减低 C_3S 热损伤并与 C_2S 协同水化、增进后期强度；延长低速与中速离心时间，增加均匀性与密实性，实现了用高铁低钙硅酸盐水泥替代 P · Ⅱ 52.5 水泥制备 C80 预制管桩，并形成了预制管桩养护工艺与生产示范线。采用本技术可将预制桩静停时间缩短 28.5%、蒸养时间缩短 21.1%，蒸养能耗理论值同比降低约 26%。

1.5.3 海洋工程用高抗蚀硅酸盐水泥基材料制备技术

针对传统水泥基材料收缩大、易开裂、在海洋环境中的抗蚀性不足等问题，通过对海洋环境作用下水化产物稳定性、浆体微观结构及劣化机制系统研究，在阐明水化产物与孔隙特征对氯离子迁移固化的影响机制的基础上，提出了通过提升孔隙曲折度减缓氯离子迁移、通过调控水化产物组成及 C-S-H 结构提升氯离子固化能力及稳定性等方法，并通过建立的多区间级配与化学活性匹配优化、高抗蚀硅酸盐水泥的设计模型，形成了海洋工程用高抗蚀硅酸盐水泥基材料的制备技术，制备出体积稳定、结构均匀致密、抗蚀性高的复合硅酸盐水泥基材料。通过系统研究，获得的重要结论和研究突破包括：

（1）通过量化水泥浆体中各孔隙区间对孔隙曲折度的贡献，阐明了孔隙曲折度、孔隙率与孔径分布对氯离子扩散系数的影响机制，并建立了基于孔隙曲折度准确预测水泥胶砂氯离子扩散系数的方法；研究发现 5~20nm 小毛细孔对水泥浆体中孔隙曲折度贡献系数最大；孔隙曲折度提高 10%，水泥胶砂的氯离子扩散系数下降 17.4%；而小毛细孔相对含量提高 10%，氯离子扩散系数了降低 33.5%。

（2）建立了“区间窄分布，整体宽分布”多区间级配与化学活性匹配优化、高抗蚀复合硅酸盐水泥的设计模型，提出通过对“孔隙填充能力”和“强度贡献率”计算，描述不同粒度及不同活性辅助性胶凝材料对复合水泥性能的贡献，获得了基于对水化产物组成、稳定性及浆体微结构充分优化的水泥组成设计方法，成功制备出氯离子扩散系数低至 $0.45\times10^{-12}m^2/s$ 的高抗蚀复合硅酸盐水泥。

1.5.4 水下工程用高抗蚀铝酸盐水泥制备技术

铝酸盐水泥耐腐蚀性优异、在水下施工时具有高抗离散性，特别适用于海洋水下工程施工；但水化铝酸盐相转变导致的后期强度倒缩，是亟须解决的问题。研究在揭示了海洋环境下温湿度对水化铝酸盐相转变作用机制的基础上，建立了水化铝酸盐相转变程度的评价方法；通过多举措协同改性，确立了有效抑制水化铝酸盐产物相转变的关键技术，突破了多年来铝酸盐水泥不能用于结构工程的技术瓶颈；在阐明了不同矿物组成铝酸盐水泥水化特性、微结构演变和性能影响机制基础上，形成了海洋工程用高抗蚀铝酸盐水泥的生产技术。其中获得的重要结论和研究突破包括：

（1）提出分别在标准养护和 50℃水养护条件下测定铝酸盐水泥砂浆抗压强度，然后计算相对于标准养护条件、50℃水养护至 28d 龄期时的抗压强度保留率，形成了评价水化铝酸盐发生相转变程度及相转变抑制方法有效性的评价方法；该方法已形成了一项标准。

（2）基于调整铝酸盐熟料的钙铝比、对 C_2AS 矿物进行离子掺杂改性以及基于钙盐诱导控制铝酸盐水泥水化形成稳定水化产物的技术途径，形成了有效抑制水化铝酸盐产物相转变的关键技术，形成了高抗蚀铝酸盐熟料的组成设计与烧成技术，结合在水泥组分中使用辅助功能组分的多举措协同改性优化，形成了高抗蚀铝酸盐水泥的生产技术。

（3）通过生产工艺技术参数和工业生产线改造，首次实现了具有较低 CA/CA_2 物相比的高抗蚀铝酸盐水泥新体系的生产示范，生产的高抗蚀铝酸盐水泥，各项技术指标与国内外、高水平企业的同类产品相比较均处于领先水平。

1.5.5 水下工程高抗蚀铝酸盐水泥基复合材料及应用关键技术

水下工程施工用砂浆或混凝土，要求具有高流动性和较强的抗离散性，以便在浇筑时能够实现自流平和自密实。本研究基于本项目研制的高抗蚀铝酸盐水泥，分别对水下施工用砂浆和混凝土中通过对减水剂和抗离散剂使用技术的系统研究分析，在保证工作性、凝结时间及粘聚性实现最佳匹配的前提下，确立了水下工程高抗蚀铝酸盐水泥基复合材料及应用关键技术。其中获得的重要结论和研究突破包括：

（1）在制备水下工程用高抗蚀铝酸盐水泥基材料时，减水剂、调凝剂和抗分散剂的使用均存在最佳掺量；在对应的最佳掺量时，使用高抗蚀铝酸盐水泥配制的混凝土，在满足水下抗离散要求的同时，坍落度经时损失较小，2h 后仍能保持 300mm 以上。

（2）基于使用本项目研制的高抗蚀铝酸盐水泥和形成的水下工程高抗蚀铝酸盐水泥基复合材料及应用技术，成功在广西北海市西村港跨海大桥的 21 号承台钻孔桩的水下桩基压浆施工过程中进行了示范应用；对钻孔桩压浆前后的桩端承载力测试表明，压浆后总承载力比未压浆桩的总承载力提高了 99.67%。

1.5.6 快速施工用硫铝酸盐水泥基材料制备技术

针对硫铝酸盐水泥存在的浆体碱度低、后期强度发挥差、耐磨性差、凝结硬化调控难度大等关键问题，通过对硫铝酸盐熟料体系矿物形成、性能及烧成动力学的系统研究，明确了快速施工用硫铝酸盐熟料矿相组成设计的原则，形成了快速施工用硫铝酸盐水泥的制备技术和硫铝酸盐水泥组分设计的复合改性技术；成功开发出高碱度、早后期强度均衡发展、长期性能优异的快速施工用高抗蚀硫铝酸盐水泥基材料。获得的主要结论和研究突破有：

（1）突破了硫铝酸盐熟料中不能存在 *f*-CaO 的质量控制规则，结合在熟料体系中引入硫酸钙，提出了快速施工用高抗蚀硫铝酸盐熟料的矿相匹配原则，制备出碱度高、4h 抗压强度≥ 18MPa 的快速施工用高抗蚀硫铝酸盐水泥熟料。

（2）基于本研究提出的组成设计原则煅烧的高抗蚀硫铝酸盐熟料，与化学硬石膏或天然二水石膏复合时，通过控制其掺量（5%~10%），使硫铝酸盐水泥基材料碱度 pH 值提高至 12 以上，从而解决传统硫铝酸盐水泥基材料由于碱度低而不利于保护混凝土钢筋的问题。

（3）基于烧成动力学分析形成了高抗蚀硫铝酸盐熟料的烧成技术，在阐明高抗蚀硫铝酸盐熟料与辅助胶凝材料之间的匹配与作用机制的基础上，形成了快速施工用高抗蚀硫铝酸盐水泥制备的关键技术；结合在生产示范企业进行的针对性技术改造，成功实现了快速施工用硫铝酸盐水泥基材料的稳定生产。

1.5.7 快速施工用硫铝酸盐水泥专用外加剂

为保证硫铝酸盐水泥凝结可控、提升工作性并满足海洋工程特殊气候或特殊施工环境下的技术需求，特别针对硫铝酸盐水泥设计并研制了专用外加剂，以形成实现凝结可控、施工性优异、快速施工用的硫铝酸盐水泥基材料制备技术。设计和研制的外加剂，包括硫铝酸盐水泥专用减水剂（HCD-PCE, HCD-PCE-N）和硫铝酸盐水泥专用缓凝剂（PSR）。研究获得的重要结论或突破包括：

（1）研制的专用减水剂（HCD-PCE 和 HCD-PCE-N），在水泥颗粒以及早期水化产物表面的吸附力强，可有效控制水泥初期水化 AFt 形成与晶体生成，从而显著改善硫铝酸盐水泥浆体的初始流动性及流动度经时保持力，水泥净浆流动度可控制在 240mm 以上；相比较而言，在 HCD-PCE 基础上进一步共聚阳离子单体官能团，新设计的 HCD-PCE-N 专用外加剂，在水泥浆体中的分散性更佳。

（2）研制的专用缓凝剂（HSR），由于可抑制水化时钙矾石的生成，对高抗蚀硫铝酸盐水泥可发挥小时级别的缓凝效果，远远优于传统的缓凝剂（柠檬酸钠、硼酸等）；此外，对水泥浆体具有一定的分散效果，且可提升硫铝酸盐水泥在 1~28d 的强度性能。

（3）低温条件下，通过使用专用减水剂 HCD-PCE 调节水泥浆的流变性，同时复合使用碳酸锂促进水泥凝结，水泥凝结时间可控制在 4h 以内，满足低温条件下快速施工的要求。

1.5.8 海洋修补 / 防护工程用硫铝酸盐水泥基材料

针对海洋工程修补 / 防护对水泥基材料的“凝结可控、高抗蚀、低收缩、与基体高粘结力强且具有变形一致性、长期性能稳定好”等要求，提出在硫铝酸盐熟料体系中引入 C_3S 以提升水泥浆胶凝性的技术思路，通过多种方法在实现熟料体系中 C_3S 和 $C_4A_3\overline{S}$ 两种矿相稳定共存方面取得重大突破，形成了修补 / 防护用新型硫铝酸盐熟料体系并实现了工业化生产示范。基于对上述硫铝酸盐熟料新体系水化硬化与性能调控技术的研究，形成了海洋修补 / 防护工程用硫铝酸盐水泥基材料的制备技术，实现水泥凝结在数分钟至 2h 内可控、水泥净浆小时抗压强度在 18MPa 以上的优异性能。研究获得的重要结论和突破包括：

（1）采用调控液相、调控液相辅以钡离子掺杂和诱导结晶等多种方法，均可实现熟料体系中 $C_4A_3\overline{S}$ 和 C_3S 两种矿物的稳定共存，从而形成了硫铝酸盐熟料新体系；其中通过铁相成分调控可促进 C_3S 矿物的低温形成，而钡离子掺杂可使硫铝酸盐熟料中的部分 $C_4A_3\overline{S}$ 转化为立方晶系的 $C_{4-x}B_xA_3\overline{S}$，显著提高 $C_4A_3\overline{S}$ 矿物在高温条件下的稳定性。

（2）针对 $C_4A_3\overline{S}$ 和 C_3S 矿物共存的硫铝酸盐熟料新体系，使用硫酸铝、硼酸、聚羧酸减水剂及与其他不同外加剂之间的复配，可有效调控水泥的水化硬化性能，水泥初凝可在数分钟至 2h 内任意可控、水泥净浆水泥净浆小时抗压强度在 18MPa 以上，满足海洋工程修补 / 防护的需要。

（3）和普通硫铝酸盐水泥相比，修补 / 防护用高抗蚀硫铝酸盐水泥中的 $C_4A_3\overline{S}$ 含量较少，但由于引入了 C_3S 且在钡离子掺杂后形成了水化活性更好的 $C_{4-x}B_xA_3\overline{S}$，在相同条件下水泥砂浆表现出更好的粘结性。

1.5.9 海洋工程修补 / 防护技术研究

研究了修补 / 防护用硫铝酸盐水泥（CSA）基材料与被修补混凝土基体的粘结性能，并与普通硅酸盐水泥（OPC）基材料进行了对比；研究证明，修补 / 防护用 CSA 材料与基体的粘结性能明显好于 OPC 材料。研究获得的主要结论和突破包括：

（1）基于 $C_4A_3\overline{S}$ 和 C_3S 两种矿物共存的新型硫铝酸盐水泥，通过系统研究胶砂比、界面干湿状态、界面处理方式、外加剂等对修补砂浆粘结性能的影响，形成了海洋工程的修补技术，通过多种技术措施的合理运用，所制备修补材料的抗折粘结强度最高可至 8.5MPa。

（2）复合使用聚羧酸和消泡剂，可降低修补 / 防护用硫铝酸盐水泥基材料的氯离子扩散系数至 $0.47 \times 10^{-12} m^2/s$，抗海水侵蚀系数 $K_{60}=1.10 > K_{28}=1.06 > 1.0$；相比于 OPC 材料，修补 / 防护用 CSA 材料的体积变形量更小、体积稳定性更优。

1.6 项目成果的创新性

本项目研究针对复杂海洋环境下水泥基材料性能提升的需求，在以下 5 个方面的关键科学和关键技术问题的研究中均取得重要成果，具体包括：

1. 阐明了典型海洋环境下多相水化产物的稳定性及其劣变过程

针对典型海洋环境下硅酸盐水泥水化产物的稳定性及其劣变过程，项目研究取得的重要创新在于：阐明了水化产物与孔隙特征对氯离子迁移固化的影响机制，提出了通过提升孔隙曲折度减缓水泥浆体中氯离子迁移、通过揭示调控水化产物组成及 C-S-H 结构提升氯离子固化能力及其稳定性的作用机制，为高抗蚀硅酸盐水泥浆体的组成优化提供了理论依据。

2. 提出了主导矿物相、微量组分的协同机制及相关体系熟料的高温烧成反应热动力学机理

在预制构件用高铁低钙硅酸盐熟料的矿物体系设计与烧成技术研究方面获得了重要理论突破和技术创新。以硅酸盐熟料中的铁相矿物为突破口，通过系统解析其晶体结构与性能，发现铁相矿物的烧

成性能是影响熟料反应活性与材料耐久性的关键因素，而本质在于高温烧成使铁相矿物形成低 Al/Fe 比结构，进而反应活性较低且与其他矿相的协同反应性能也差。本研究利用计算化学和高温反应动力学方法，探明了铁相矿物的反应性能改善机理与方法，通过首次建立的“差分键级”筛选适宜掺杂离子的方法，确立了离子掺杂和低温煅烧活化铁相矿物的关键技术，显著增强了高铁低钙高抗蚀硅酸盐水泥的早期强度，并协调了其耐久性，为海洋工程高抗冲磨、高抗侵蚀混凝土预制构件的制备研制出高品质的水泥品种。

3. 攻克了 C_3S 和 $C_4A_3\overline{S}$ 两种矿物共存及碱度、凝结可控的高抗蚀硫铝酸盐熟料设计和制备关键技术

普通硫铝酸盐水泥早期水化产物以针状钙矾石为主，在体系中引入 C_3S，可增加初期水化时形成的 C-S-H 凝胶，可显著提升材料的粘结强度，但又亟须解决熟料烧成过程中 C_3S 和 $C_4A_3\overline{S}$ 两种矿物的共存问题；本研究通过液相调控、离子掺杂及诱导结晶等手段，一方面降低 C_3S 的形成温度，另一方面解决 $C_4A_3\overline{S}$ 高温条件下的稳定性，成功突破了上述两种矿物共存的技术瓶颈，建立了海洋工程修补 / 防护用、高粘结力水泥基材料的硫铝酸盐熟料新体系。

通过对硫铝酸盐熟料体系、烧成动力学和水泥性能的系统研究，提出了快速施工用高抗蚀硫铝酸盐熟料矿相组成设计原则，并克服了水泥窑系统内易结皮、熟料结粒困难等一系列工艺难题，制备出浆体碱度高、小时强度高的高抗蚀硫铝酸盐水泥，在满足特殊海洋环境下工程快速施工需求的同时，从根基上解决了硫铝酸盐水泥快速施工能力不足、易导致混凝土钢筋锈蚀的问题。

4. 突破了高抗蚀多元复合水泥体系的低收缩、侵蚀离子固化等功能化设计技术

传统硅酸盐水泥的颗粒尺寸分布区间主要集中在 10~30μm，粗、细颗粒含量均较少，导致水泥浆体堆积密度较低；同时由于不同水泥组分活性的匹配不合理，导致水泥浆体中连通孔隙多，收缩大，易开裂，增大侵蚀离子迁移速率，最终导致抗蚀性差。本项目研究创新性地提出并建立了多区间级配与化学活性匹配优化高抗蚀硅酸盐水泥的设计模型：①通过多区间级配的逐级填充实现水泥粉体最紧密堆积，使水泥浆体致密均匀；②根据不同组分对水泥胶凝性的贡献率，优化水泥中不同活性、不同粒度区间组分的匹配，使不同组分能够协调持续水化，获得更稳定、氯离子固化能力更高的水化产物，并改善浆体孔结构分布，最终改善材料物理性能和抗侵蚀性。

5. 探明高抗蚀铝酸盐水泥水化产物晶型转变机理，提出抑制方法及水下不离散应用技术

铝酸盐水泥由于其水化产物在海洋环境中具有优异的耐腐蚀性以及在水下施工时其水泥浆体表现出的高抗离散型，因此其在水下海洋工程特别是在极端严酷海洋环境中的应用是近几年铝酸盐水泥新兴的研究方向。但水化铝酸盐在水化后期及湿热环境下易发生相转变，使结构孔隙增多、内聚力变差，导致材料性能劣化，是亟须解决的问题。本研究从铝酸盐水泥水化产物发生相转变的机理着手，在水化铝酸盐相转变的抑制技术取得了重大突破，使铝酸盐水泥的 28d 强度保留率提高至 80% 以上，并形成了水下工程用不离散水泥基材料制备与应用技术，成功突破了多年来的技术瓶颈。

1.7 项目成果的社会效益和经济效益及推广应用前景

开发海洋是我国的一项战略国策，为建设长寿命高耐久的海洋工程提供新材料、新技术，是落实习总书记面向经济主战场、面向国家重大需求的科技工作指示。我国有大陆海岸线 18000 多千米，加上岛屿岸线 14000km，在 200 海里水域面积 200 万~300 万 km^2 的海洋，分布着约 60 多个海港。我国

海洋工程建设量巨大，规划建设的港口码头50余个、跨海大桥10余座，岛礁建设、海底隧道、海上钻井平台等大量海洋工程正在规划中。充分利用海洋资源对发展国民经济、维护国家利益及领土安全具有重要的政治意义与显著的社会效益和经济效益。

1. 支撑国家海洋重大工程建设和领海安全

水泥基胶凝材料是海洋工程建设的重要基础原材料，其耐蚀性直接关系海洋工程耐久性和服役寿命。本项目围绕海洋工程需求，以实现水泥基材料与结构长寿命为导向，针对结构工程用硅酸盐水泥抗海水侵蚀等性能不足，快速施工与修补用硫铝酸盐水泥因碱度低易发生钢筋锈蚀、粘结强度低，水下工程用铝酸盐水泥水化产物易发生晶型转变而导致后期强度倒缩等问题，探明了关键科学问题，突破了关键技术难题，形成了覆盖不同海域、不同工程使用的复杂海洋环境用高抗蚀水泥基材料新体系，实现产业化并建立了相应评价方法和标准规范，有效解决海洋工程结构中普遍存在的耐蚀差、收缩大、寿命短等问题，保证海洋工程安全使用。采用本项目研制的高抗蚀水泥基材料建设的海洋工程，预计可降低海洋工程全寿命周期维护成本的20%，服役年限可提高30年以上。据调查，我国海洋工程每年因腐蚀造成的损失高达1000亿元。如果按工程设计使用年限要达到100年计算，若10%新建工程采用本项目研制的高抗蚀水泥基材料，预计每年可节约300亿元以上。

2. 有利于人民健康、保护生态环境

面对习总书记提出的中国碳达峰、碳中和的目标和任务，我们水泥混凝土人深感责任重大。本项目研发的高抗蚀水泥基材料新体系的产品在生产过程中均采用节能、减排新技术，充分利用工业废弃物，减少二氧化碳排放，如果大量推广应用，对于碳达峰、碳中和具有重要推动作用，保护社会民生、保护生态环境。

3. 对水泥科学领域研究方向、学科发展的指导意义

水泥领域是传统的基础材料领域，大宗品种的技术已成熟，基本能满足工程建设的需要。但是随着科学技术的进步，工程环境日趋复杂、工程质量要求提高、工程寿命需要延长，加之建材工业是典型资源、能源消耗型和污染排放型产业，年消耗矿产资源100亿t，能耗占全国总量的7%，占工业部门总量的12.8%，废气排放量约占全国工业总量的18%，其中水泥占到建材的70%以上。如此下去，经济不可持续发展，但水泥又是工程建设不可缺少的最大宗的原材料之一，因此，必须通过科技创新，研究开发节约资源和能源、减少排放、延长工程寿命的新型水泥基材料。本项目就是依据这个观点而立项的，项目探明了多个科学问题，突破了多项关键技术难题，丰富了水泥科学的理论和实践。本项目还拓展了水泥的概念，提出按水泥基材料的性能与实际工程衔接，可以直接把工业废渣高效利用，按工程要求配制水泥基材料。今后可以为国家重点工程“量身定做”，提供工程专用的水泥基材料，以确保国家重点工程的质量和寿命。这对于水泥科学和应用的研究具有很好的指导作用，对学科发展具有促进作用。

4. 项目成果的推广应用前景

本项目研发成果为整体达到国际先进水平的海洋工程专用材料和技术，形成了我国自主知识产权的技术体系和一系列高附加值产业链，提高了我国海洋工程建筑质量水平和使用寿命及安全性，研发成果可使我国海工水泥混凝土结构耐久性达到国际先进水平，具有极高实用价值。国家经济发展和海洋开发的迫切需求为本项目成果的推广应用提供了基础和驱动，具有广阔的市场前景。本项目在为我国海洋经济发展提供坚实保障的同时，也可为我国“一带一路”、全球一体化发展的海洋战略的实施发挥重要作用。

参考文献

[1] 殷克东，高金田，方胜民 . 中国海洋经济发展报告 (2015—2018)[M]. 北京：社会科学文献出版社，2018: 284-342.

[2] 国家发展改革委，国家海洋局 . 全国海洋经济发展“十三五”规划 [EB/OL]. https://www.ndrc.gov.cn/fzggw/jgsj/dqs/sjdt/201705/P020190909487471217145.pdf, 2017(5).

[3]“中国海洋工程与科技发展战略研究”项目综合组 . 海洋工程技术强国战略 [J]. 中国工程科学 ,2016, 18(2): 1-9.

[4] METHA P K, MONTEIRO PAULO J M. Concrete Microstructure, Properties and Materials [M]. New Jersey: McGraw-Hill Professional, 2004.

[5] Li Q W, Li K F, ZHOU X G, et al. Model-based durability design of concrete structures in Hong Kong -Zhuhai -Macau sea link project [J]. Structural Safety, 2015, 53(1):1-12

[6] GAO P W, et al. Sulfate and frost resistance of mass hydraulic concrete [A]. Environmental Ecology and Technology of Concrete, N.Q. Feng and G.F. Peng, Editors. 2006: 191-196.

[7] ZHANG X G,WANG J, ZHAO Y G,et al. Time-dependent probability assessment for chloride induced corrosion of RC structures using the third-moment method[J].Construction and Building Materials, 2015,76(1):232-244.

[8] 科技部 . 关于发布国家重点研发计划高性能计算等重点专项 2016 年度项目申报指南的通知 [N]. http://www.most.gov.cn/xxgk/xinxifenlei/fdzdgknr/qtwj/ qtwj2016/201602/t20160218_124155.html, 2016(2).

[9] ZHANG Z H, YAO X, ZHU H J. Potential application of geopolymers as protection coatings for marine concrete: I. Basic properties[J]. Applied Clay Science, 2010, 49(1-2): 1-6.

[10] HA S K，JANG J G, Park S H, et al. Advanced spray multiple layup process for quality control of sprayed FRP composites used to retrofit concrete structures[J]. Journal of Construction Engineering and Management, 2015, 141(1):128-136.

[11] KSAIBATI K, et al. Air change in hydraulic concrete due to pumping [A]. Concrete Materials and Construction, 2003: 85-92.

[12] TANG L P. Engineering expression of the ClinConc model for prediction of free and total chloride ingress in submerged marine concrete [J]. Cement and Concrete Research, 2008, 38(8-9): 1092-1097.

[13] 黎鹏平 , 刘行 , 范志宏 . 满足 100 年耐久性设计的自密实海工高性能混凝土寿命评价技术研究 [J]. 混凝土 , 2015 (2): 46-49.

[14] 沈伟，吴建芳，陈义华，等 . 高性能海工混凝土在海上风电示范项目中的应用研究 [J]. 商品混凝土 , 2015 (2): 59-61.

[15] CASTELLOTE M, ANDRADE C, ALONSO C. Accelerated simultaneous determination of the chloride depassivation threshold and of the non-stationary diffusion coefficient values. Corrosion Science, 2002, 44(11): 2409-2424.

[16] 张伟，刘丹，徐世君 . 利用海砂海水生产混凝土——海洋岛礁混凝土发展的新方向 [J]. 商品混凝土 , 2015(1): 5-8.

[17] 孙峰，潘蓉，侯春林，等 . 海水环境下水泥结石体性能试验研究 [J]. 水利与建筑工程学报 , 2012, 10(5): 9-13.

[18] 施锦杰，孙伟 . 混凝土中钢筋锈蚀研究现状与热点问题分析 [J]. 硅酸盐学报 , 2010, 38(9): 1753-1764.

[19] YANG W W, QIAN J S, et al. Effect of fly ash on frost-resistance and chloride ions diffusion properties of marine concrete[J].China Ocean Engineering, 2009, 23(2):367-377.

[20] YOON I S. Simple approach to calculate chloride diffusivity of concrete considering carbonation [J].Computers and Concrete, 2009,6(1): 1-18.

[21] WON J P, KIM H H, Lee S J, et al. Carbon reduction of precast concrete under the marine environment [J]. Construction and Building Materials, 2015, 74(2): 118-123.

[22] GAO P W. Using a new composite expansive material to decrease deformation and fracture of concrete [J]. Materials Letters, 2008, 62(1): 106-108.

[23] SHINTARO Y, TOSHITAKA K. A novel method of surveying submerged landslide ruins: Case study of the Nebukawa landslide in Japan[J]. Engineering Geology, 2015, 186(1): 28-33.

[24] JAFFER S J, HANSSON C M. The influence of cracks on chloride-induced corrosion of steel in ordinary Portland cement and high performance concretes subjected to different loading conditions [J]. Corrosion Science, 2008, 50(12): 3343-3355.

[25] BRAHIM S, MOHAMMED S, ABDELHAKIM D, et al. The use of seashells as a fine aggregate (by sand substitution) in self-compacting mortar (SCM) [J]. Construction and Building Materials, 2015, 78(1):430-438.

[26] LI F X, et al. Properties and microstructure of marine concrete with composite mineral admixture[J].Journal of Wuhan University of Technology-Materials Science Edition, 2009, 24(3): 497-501.

[27] LOPEZ-CALVO H Z. Effectiveness of CNI in slabs with a construction joint in a marine environment[J]. Magazine of Concrete Research, 2012, 64(4): 307-316.

[28] MUHAMMAD W, RIZWAN H R. Passive film formation and corrosion initiation in lightweight concrete structures as compared to self-compacting and ordinary concrete structures at elevated temperature in chloride rich marine environment[J].Construction and Building Materials， 2015, 78:144-152.

[29] WANG X, LUO S Z, YUAN Q. High-speed flow erosion test study on roller compacted concrete dam during construction [J]. Anti-Corrosion Methods and Materials, 2012, 59(4): 163-169.

[30] MEIRA G R, et al. Durability of concrete structures in marine atmosphere zones - The use of chloride deposition rate on the wet candle as an environmental indicator [J]. Cement and Concrete Composites, 2010, 32(6): 427-435.

[31] COOMBES M A, LA MARCA E C, NAYLOR L A, THOMPSON R C. Getting into the groove: Opportunities to enhance the ecological value of hard coastal infrastructure using fine-scale surface textures [J]. Ecological Engineering, 2015,77:314-323.

[32] MACKECHNIE J R, ALEXANDER M G. Durability findings from case studies of marine concrete structures [J]. Cement Concrete and Aggregates, 1997, 19(1): 22-25.

[33] MACKECHNIE J R, ALEXANDER M G. Exposure of concrete in different marine environments [J]. Journal of Materials in Civil Engineering, 1997, 9(1): 41-44.

[34] WANG Z, ZENG Q, WANG L, YAN Y, LI K. Corrosion of rebar in concrete under cyclic freeze–thaw and chloride salt action [J]. Construction & Building Materials, 2014, 53 (3): 40-47.

[35] ANN K Y, SONG H W. Chloride threshold level for corrosion of steel in concrete [J]. Corrosion Science, 2007, 49(11): 4113-4133.

[36] KULKARNI S K, DHIR A. On the mechanism of antidepressant-like action of berberine chloride [J]. European Journal of Pharmacology, 2008, 589(1–3): 163-172.

[37] BADILLO C, et al. Preparation of a microfiber-modified corrosion - Resistant hydraulic concrete [J]. Advanced Composites Letters, 1997, 6(3): 81-84.

[38] HEEWAKET T, JATURAPITAKKUL C, CHALEE W. Initial corrosion presented by chloride threshold penetration of concrete up to 10 year-results under marine site [J]. Construction and Building Materials, 2012, 37: 693-698.

[39] IZQUIERDO D, et al. Potentiostatic determination of chloride threshold values for rebar depassivation:Experimental and statistical study. Electrochimica Acta, 2004,49(17–18): 2731-2739.

[40] TALERO R, TRUSILEWICZ L, DELGADO A, et al. Comparative and semi-quantitative XRD analysis of Friedel's salt originating from pozzolan and Portland cement [J]. Construction & Building Materials, 2011, 25 (5): 2370-2380.

[41] AITCIN P C, BLAIS F, GEORGE C M. Durability of Calcium Aluminate Cement Concrete: Assessment of Concrete From a 60-Year Old Marine Structure at Halifax, NS, Canada [J]. International Concrete Abstracts Portal, 1995, 154 (1): 145-168.

[42] VALENTIN A, JADVYGA K. The effect of temperature on the formation of the hydrated calcium aluminate cement structure [J]. Procedia Engineering, 2013, 57: 99.

[43] GLASSER F P, ZHANG L. High-performance cement matrices based on calcium sulfoaluminate–belite compositions [J]. Cement and Concrete Research, 2001, 31 (12): 1881-1886.

[44] CHENG X, CHANG J, LU L C, et al. Study on the hydration of Ba-bearing calcium sulphoaluminate in the presence of gypsum [J]. Cement and Concrete Research, 2004, 34 (11): 2009-2013.

[45] BENTZ D P, SNYDER K A, PELTZ M A. Doubling the service life of concrete structures: II, Performance of nanoscale

viscosity modifiers in mortars [J]. Cement and Concrete Composites, 2010, 32(3): 187-193.

[46] UCHIKAWA H, HANEHARA S, SAWAKI D. The role of steric repulsive force in the dispersion of cement particles in fresh paste prepared with organic admixture [J]. Cement and Concrete Research, 1997, 27(1): 37-50.

[47] DHIR, R.K., M.R. JONES. Development of chloride-resisting concrete using fly ash [J]. Fuel, 1999, 78(2): 137-142.

[48] ELAKNESWARAN Y, NAWA T, KURUMISAWA K. Zeta potential study of paste blends with slag [J]. Cement and Concrete Composites, 2009, 31(1): 72-76.

[49] ZHANG T S, YU Q J, WEI J X, et al. Micro-structural development of gap-graded blended cement pastes containing a high amount of supplementary cementitious materials [J]. Cement & Concrete Composites, 2012, 34(9): 1024-1032.

[50] GUTTERIDGE W A. On the dissolution of the interstitial phases in Portland cement [J]. Cement Concrete Research, 1979 (9): 319-324.

[51] HEWLETT P C. Lea's chemistry of cement and concrete [M]. New York: Elsevier Butterworth Heinemann, 1988: 725-729.

[52] 吴兆琦，刘克忠 . 我国特种水泥的现状及发展方向 [J]. 硅酸盐学报 , 1992(4): 365-373.

[53] 姚燕 . 先进水泥及先进水泥基材料的研究进展 [J]. 中国材料进展 , 2010, 29(9): 1-8, 33.

[54] 马忠诚 , 姚燕 , 文寨军 , 等 . 低热硅酸盐水泥的研究进展 [J]. 新型建筑材料 , 2019, 46(1): 1-5.

[55] FENG X, CHENG X. The structure and quantum chemistry studies of $3CaO \cdot 3Al_2O_3 \cdot SrSO_4$ [J]. Cement and Concrete Research, 1996, 26(6): 955-92.

[56] 孟涛，杨利群，等 . Q 相 -C_4AF-C_2S-$C_{12}A_7$ 系统中各相共存条件的研究 [J]. 材料科学与工程，1997, 15(2): 41-44.

[57] 迟宗立 , 任光月 , 刘普清 . 硫铝酸盐水泥在冬季泵送混凝土施工中的试验研究 [J]. 混凝土 , 1999 (1): 44-46.

[58] ZHANG L, SU M Z, WANG Y M. Development of the use of sulfo- and ferroaluminate cements in China [J]. Advances in Cement Research, 1999, 11(1): 15-21.

[59] 陈益民 , 郭随华 , 管宗甫 . 高胶凝性水泥熟料 [J]. 硅酸盐学报 , 2004, 32(7): 873-879.

[60] 姜奉华，徐德龙 . 微量组分对铝酸盐水泥系统中 Q 相形成的影响 [J]. 硅酸盐学报，2005，33(10)：1276-1280.

[61] MA S H, SHEN X D, GONG X, et al. Influence of CuO on the formation and coexistence of $3CaO \cdot SiO_2$ and $3CaO \cdot 3Al_2O_3 \cdot CaSO_4$ minerals [J]. Cement and Concrete Research, 2006, 36(9): 1784-1787.

[62] XUAN H. Property of alite-barium calcium sulphoaluminate cement [J]. Journal of the Chinese Ceramic Society, 2008, 36: 209-214.

第2章

预制构件用高抗蚀硅酸盐水泥基材料关键技术

混凝土预制构件因其养护条件可控、可全年生产、运输方便且现场施工快等优点，在海洋工程建设中发挥了巨大作用。海洋工程用混凝土预制构件一般处于潮汐区、海洋腐蚀环境介质中，除了对混凝土提出高抗蚀和耐久性要求外，还要求其具有抗冲磨、早强高、缩短预制构件生产周期等特点。为了满足上述要求，依托国家重点研发计划项目等资助，研究提出高铁低钙硅酸盐水泥熟料配合功能矿物或辅助组分制备预制构件用的高抗蚀硅酸盐水泥基材料的新方法，其中高铁低钙硅酸盐水泥熟料中 C_4AF 在 18% 以上、C_3S 低于 50%；功能矿物为 Q 相水泥、矿物掺合料等，有利于提高水泥早期强度和抗侵蚀性能；功能组分为以粉煤灰玻璃微珠为载体的含氨基的甲氧基硅烷类有机物，具有捕获侵蚀离子，可显著提高材料体系的抗渗抗离子侵蚀能力。

研究以硅酸盐水泥熟料中的铁相矿物为突破口，系统解析了其结构，发现了铁相矿物的烧成性能是影响熟料反应活性与材料耐久性的关键因素，探明了铁相矿物的反应性能改善机理与方法，确立了离子掺杂和低温煅烧活化铁相矿物的关键技术，显著增强了高铁低钙硅酸盐水泥的早期强度，并协调了其耐久性。结合功能辅助矿物和辅助胶凝材料的复合匹配，形成了海洋工程预制构件用高抗蚀硅酸盐水泥生产技术。在此基础上，研究揭示了高铁低钙硅酸盐水泥基材料在不同养护制度下的性能发展与微结构演变规律，开发了其应用于预制构件的技术，并进行了示范应用。研究获得的主要突破包括：（1）铁相矿物的结构解析与性能；（2）铁相矿物的离子掺杂及高铁低钙硅酸盐水泥熟料的活化；（3）高铁低钙硅酸盐水泥熟料的烧成技术；（4）功能矿物与辅助组分提升水泥的抗蚀性；（5）辅助胶凝材料的作用机制；（6）高铁低钙硅酸盐水泥制品性能发展与微结构演变；（7）高铁低钙硅酸盐水泥制品生产与应用技术等。

2.1 预制构件用高抗蚀硅酸盐水泥生产技术

2.1.1 高铁低钙硅酸盐水泥熟料矿物体系设计与烧成制备技术

硅酸盐水泥熟料烧成要经过熟料的组成设计、生料配比计算、熟料的煅烧及粉磨过程。本研究主要针对组成设计和煅烧过程进行探究；熟料的烧成主要是由钙、硅、铝和铁质等材料经过复杂的高温物理化学反应过程后形成水泥熟料四大主要矿相：硅酸盐矿物相［硅酸三钙（C_3S）和硅酸二钙（C_2S）］和铝酸盐矿物相［铝酸三钙（C_3A）和铁铝酸四钙（C_4AF）］；其中铝酸盐矿物相在高温烧成氛围下呈现出熔融状态，称为中间相或液相，对于硅酸盐矿物相的转化与形成具有重要的意义。熟料的整个煅烧过程主要是由原材料的脱水和界面质点迁移过程形成 C_2S 矿相、*f*-CaO 及相应温度下的铝酸盐矿相，当煅烧温度到达最低共熔点后，熟料中开始形成钙、铝、铁及部分其他碱性氧化物为主体的液相，继而形成具有一定黏度的熔融态液相。随着反应温度的继续升高，*f*-CaO 及 C_2S 会在液相中逐渐溶解和

扩散反应形成 C_3S，最终形成主要由四种矿相组成的硅酸盐水泥熟料。因此，在硅酸盐水泥熟料高温烧成过程中，*f*-CaO 与 C_2S 在液相中的溶解、迁移扩散速率会直接影响包括 C_3S 在内的硅酸盐矿相的形成与结晶性能。针对高铁低钙硅酸盐水泥熟料与传统硅酸盐水泥熟料在组成上的差别，探究高铁低钙硅酸盐水泥熟料的烧成制度、液相性质以及在烧成过程中的物理化学反应对于指导高铁低钙硅酸盐水泥熟料的生产具有重要意义。

1. 中间相（C_3A 和 C_4AF）高温性质

众所周知，水泥熟料中的液相主要是由 C_3A 和 C_4AF 提供，在烧成过程中液相的含量、液相的黏度以及液相的表面张力等对控制矿相的形成都具有重要的影响。液相含量高能促进反应中 CaO 和 C_2S 的反应，加快 C_3S 的形成，但是液相过多易导致结大块、结圈等情况的发生，影响正常的生产过程。液相的黏度对于 C_3S 的形成也具有重大作用，液相黏度小，其黏滞阻力小，质子在液相中的传输速度快，利于反应的发生；液相黏度大，则不利于反应的进行。

通过高温显微镜测试了铝酸盐和铁铝酸盐矿相的熔融过程（图 2-1 和图 2-2），结果显示：C_3A 的软化温度大约为 1400℃，当温度达到 1430℃左右出现熔融现象。相比于 C_3A，C_4AF 的软化温度及熔融温度更低，分别为 1350℃和 1380℃，整体温度要降低约 50℃。与此同时，从图中可以看出，C_4AF 熔体球化后的接触角 θ 更小，可认为其所形成的熔体具有更小的表面张力。DSC 测试结果也类似于高温显微镜中矿相变化的趋势（图 2-3）。综上所述，可以得出：铁相具有更小的液相黏度及液相表面张力。因此，通过提高体系铁相含量来制备高铁低钙硅酸盐水泥熟料的思路是可行的。

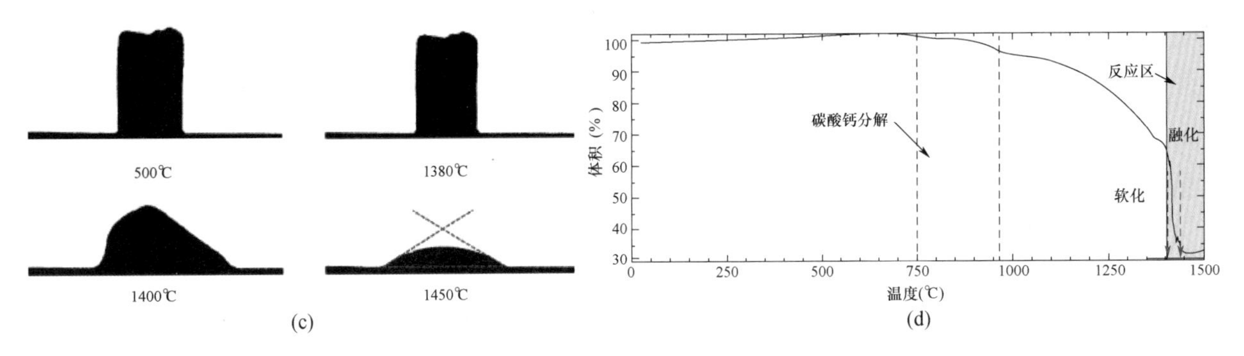

图 2-1　随温度增加 C_3A 的熔融过程

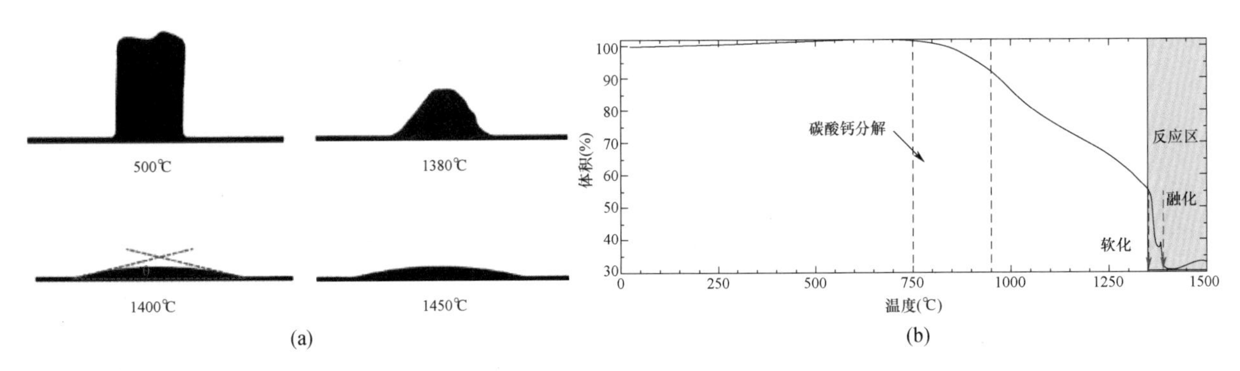

图 2-2　随温度增加 C_4AF 的熔融过程

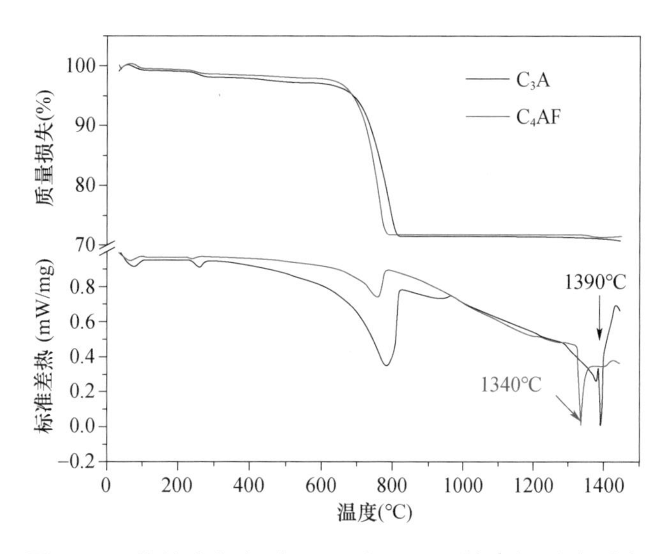

图 2-3 差热分析探究 C_3A 和 C_4AF 的高温反应过程

2. 不同铝铁比铁相单矿性能

首先，C_2F、C_6AF_2、C_4AF 和 C_6A_2F 四种矿物被选取作为研究铁相的结构。从 XRD 图谱中可以发现，尽管铁相是由不同的铝铁比组成，但是，它们具有相似的晶体结构，如图 2-4 所示。图 2-5 所示为晶体衍射角度为 31°~36° 范围内的 XRD 图谱，从图中可以发现，随着 Al/Fe 比的增加，衍射峰向高角度区域发生偏移，即出现红移现象。红移现象的出现主要是由于铁相矿物晶体结构内含有更多的铝离子。对比于铁离子，铝离子的离子半径较小，使得铁相矿物的晶面间距变小，产生红移。

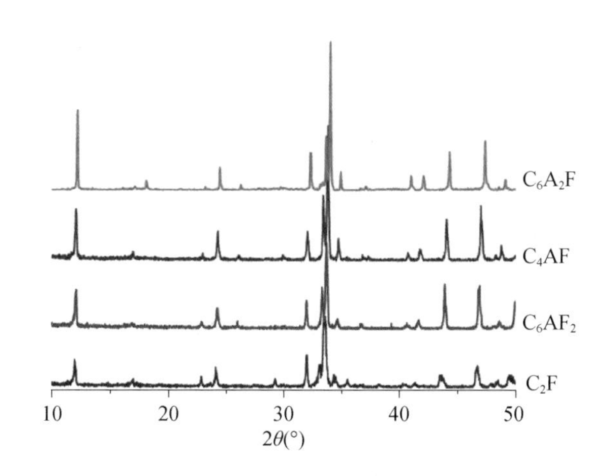

图 2-4 C_2F、C_6AF_2、C_4AF 和 C_6A_2F 的 XRD 图

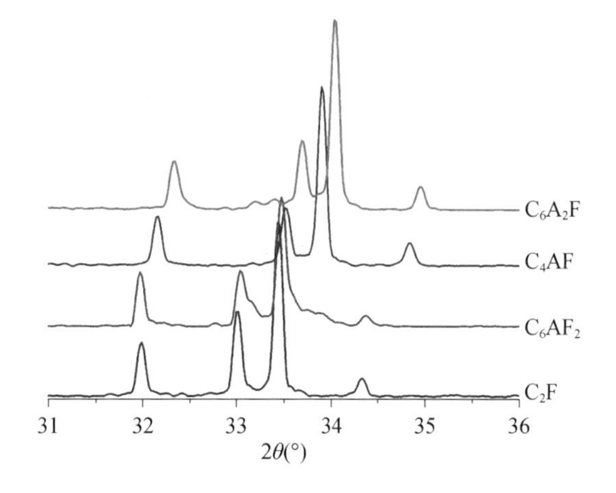

图 2-5 31°~36° 衍射角度范围的 XRD 图

与铁相矿物的晶体结构结果相类似，它们的水化产物同样具有类似的晶体结构衍射图谱，如图 2-6 所示。不同铁相水化产物具有相类似的晶体结构衍射图谱，利用 XRD 测试表征手段难以进行区分。不同铁相矿物在组成上的不同会引起其反应速率的不同，而反应产物的形貌与其反应速率具有紧密联系，其必然会导致水化产物在形貌上具有较大差异。基于此，利用不同 Al/Fe 比组成矿物的反应速率不同，其水化产物在形貌上具有较大差异的特点，通过 SEM 手段对水化产物进行检测，如图 2-7 所示。结果表明：随着铁相矿物中 Al/Fe 比的增加，铁相矿物的水化反应速率增加，使得最终水化产物的颗粒尺

寸逐渐减小，验证了 XRD 数据与结论。

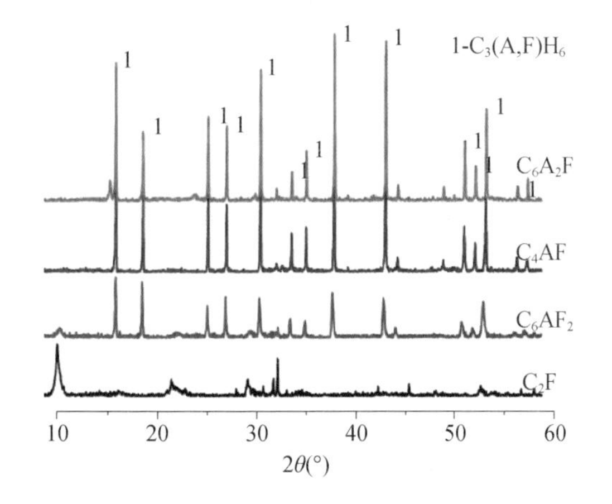

图 2-6　不同铁相水化产物 XRD 衍射图谱

图 2-7　不同铁相水化产物的 SEM 图

通过 XRD 和 SEM 结果分析（图 2-8），可以得到如下几个结论：首先，随着浸泡时间的增加，会有更多的钙矾石形成，且所形成的钙矾石尺寸变得更加长；其次，随着铁相矿物中 Al/Fe 比的增加，会有更多钙矾石形成，且所形成的钙矾石长径比更大。根据结果我们可以得出如下结论：具有较低 Al/Fe 比组成的铁相矿物具有更好的抗硫酸盐侵蚀能力。这为设计抗硫酸盐水泥提供了极好的设计理念。

图 2-9 和图 2-10 所示为铁相水化产物浸泡于 0.1、0.5 和 1mol/L NaCl，pH=12.6 $Ca(OH)_2$ 溶液 7d 和 28d 的氯离子结合能力曲线。通过结果我们可以得到如下结论：在低 NaCl 溶液浸泡条件下，具有低 Al/Fe 比的铁相水化产物具有更为优异的氯离子结合能力。相反，当 NaCl 浓度提高至 1mol/L，具有高 Al/Fe 比的铁相水化产物具有更为优异的氯离子结合能力。导致不同铁相具有不同氯离子结合能力的原因主要是其对氯离子固化能力的机理不同。在低的盐溶液条件下，主要是化学结合起主要作用，同时铁质水化产物具有更小的溶解度，具有更强的氯离子结合能力。

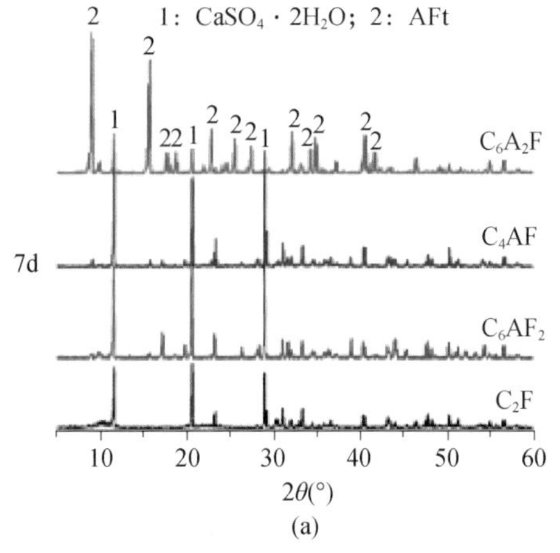

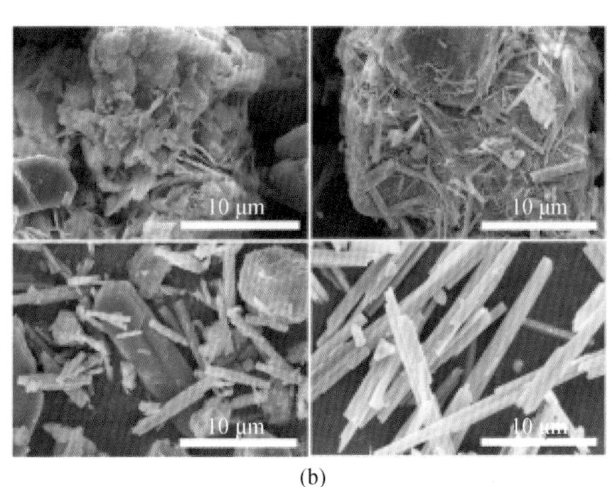

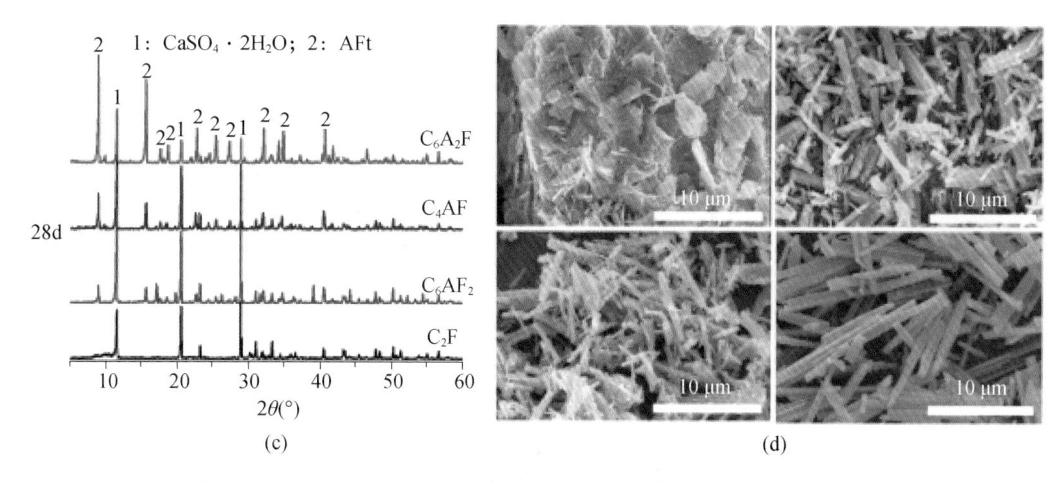

图 2-8　铁相水化产物浸泡于硫酸钙溶液中 7d 和 28d 产物的 XRD 和 SEM 图

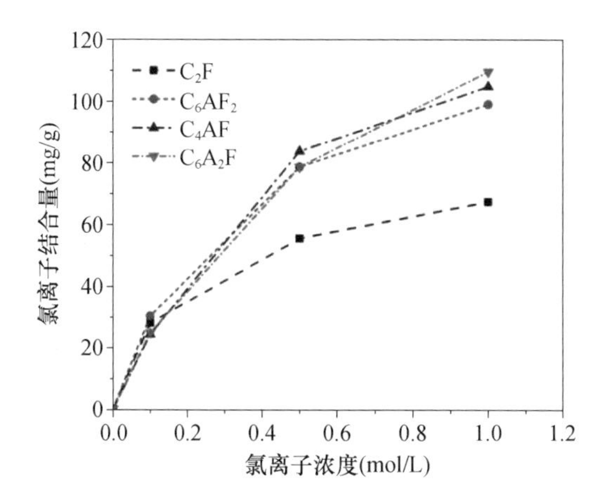

图 2-9　铁相水化产物浸泡于 0.1mol/L、0.5mol/L 和 1mol/L NaCl，pH=12.6 $Ca(OH)_2$ 溶液 7d

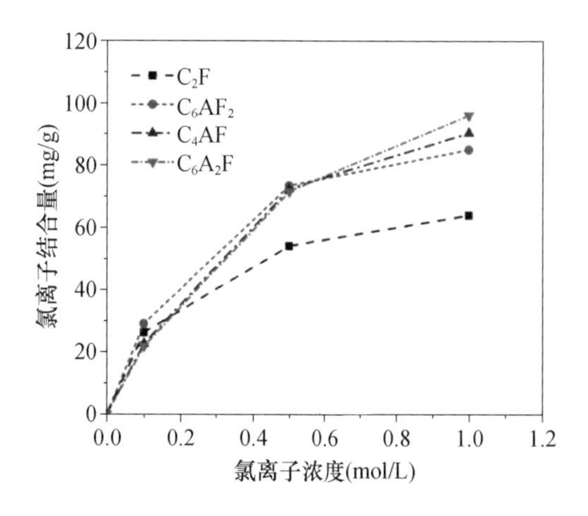

图 2-10　铁相水化产物浸泡于 0.1mol/L、0.5mol/L 和 1mol/L NaCl，pH=12.6 $Ca(OH)_2$ 溶液 28d

3. 不同烧成环境熟料萃取铁相的性能研究

根据铁相烧成环境的差异性，针对性地选取萃取工厂高铁低钙硅酸盐水泥熟料铁相（F-E-C）和实验室烧成高铁低钙硅酸盐水泥熟料铁相（L-E-C）及实验室低温烧成铁相单矿（L-C_4AF），并对三种不同条件下获取的铁相的晶体结构、元素组成及水化性能进行研究，最终得出影响铁相活性多变性的根本原因所在。

由于工厂水泥熟料萃取铁相，实验室烧成高铁低钙硅酸盐水泥熟料萃取铁相和纯相 C_4AF 之间的生成环境完全不同，三者之间的环境差异性必定会导致其晶体结构的变化，最终导致水化活性的差异性。从 XRD 图谱（图 2-11）可以看出：不同来源的铁相符合标准铁相的晶体结构图谱（JCPDS No.30-0226），未发现杂质矿相的存在，表明试验得到了比较纯相的铁相矿物。与此同时，尽管三者具有不同的生成环境，但是其晶体结构未出现明显的差异性。从图中还可以观察到，三种铁相在（020）、（200）、（002）和（202）四个晶面发生明显的择优取向生长的趋势，相较于从水泥熟料中萃取所得到的铁相，实验室烧成的单矿铁相展现出沿（202）方向生长的趋势。同时，熟料中萃取所得铁相在（020）、（200）和（002）三个晶面具有更高的结晶度。因此，可以得出，不同的烧成环境会导致铁相晶体中晶面的择优生长。铁相作为水泥熟料重要组成之一，其结构和组成极其复杂，一般而言，普遍认为铁相是由 C_2F-C_6A_2F 组成的连续性固溶体。因此，可以推测出不同的烧成环境必然会造成铁相在组成上的差异性，大量报道指出不同 Al/Fe 比的铁相具有不同的水化活性，会随 Al/Fe 比的提高，水化活性得到提高。基于此，探究不同烧成环境下铁相在组成上的差异对于探究其水化活性的差异具有重要的意义，同时根据前文研究也可发现铁相矿物的不同组成对其抗侵蚀性能具有重要影响。研究通过 SEM-EDS 方法对不同来源铁相的组成进行了探究。从表 2-1 中可以看出：熟料中萃取得到的铁相与单矿铁相在组成上具有明显的差异，单矿铁相中 Ca：Al：Fe 的比例为 2：1：1，接近于理论比值；相比而言，熟料中萃取所得的铁相中 Al/Fe 比例要远低于理论值 1：1，其比值为 1：1.4 左右。

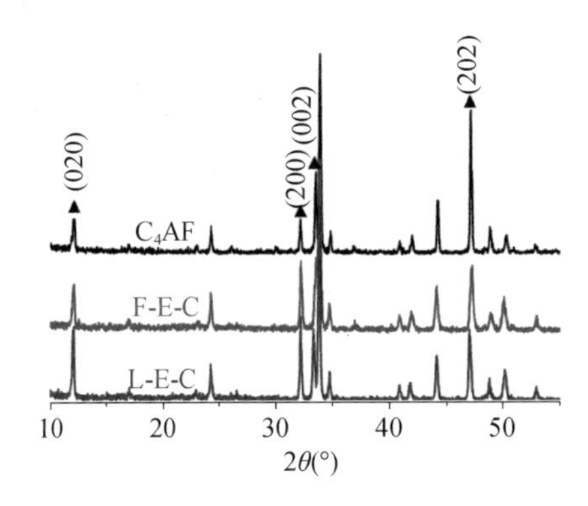

图 2–11　不同铁相的 XRD 衍射图谱

表 2–1　不同铁相元素点分析结果

铁相	Al 摩尔浓度（%）	Fe 摩尔浓度（%）	Ca 摩尔浓度（%）	Ca/Al/Fe
C_4AF	10.80	11.63	22.79	2.1：1：1.1
工厂熟料萃取铁相	7.73	11.21	20.25	2.62：1：1.45
实验室熟料萃取铁相	8.82	11.11	21.17	2.4：1：1.26

图 2-12 揭示了不同来源铁相的 Raman 图和 NMR 图。从图中可以看出铁相单矿与从水泥熟料中萃取所得到的铁相在拉曼光谱上显示出较大的差异性。铁相单矿与实验室萃取熟料所得到的铁相在 750cm^{-1} 和 280cm^{-1} 附近显示两个主带，分别对应于 [（Fe，Al）O_4^{5-}] 或 [(Fe，Al)O_6^{9-}] 的弯曲振动峰和 [(Fe，Al)O_4^{5-}] 或 [(Fe，Al)O_6^{9-}] 的伸缩振动峰。相比而言，工厂水泥熟料萃取得到的铁相在拉曼光谱中特征峰的总强度明显降低，仅仅剩下两个较宽的峰包，分别为 280cm^{-1} 处 [(Fe，Al)O_4^{5-}] 或 [(Fe，Al)O_6^{9-}] 的弯曲振动峰和 750cm^{-1} 处 [（Fe，Al）O_4^{5-}] 或 [(Fe，Al)O_6^{9-}] 的伸缩振动峰。工厂水泥熟料萃取的铁相在 280cm^{-1} 和 750cm^{-1} 处振动峰的宽化表明铁相的结晶度下降及铁相组成中扰乱度的增加，所得结果与 SEM-EDS 中所得结果相一致。此外，较弱的宽带也可归因于铁相差的结晶相和样品中高铁含量引起的阻尼效应。

由于 Al^{3+} 和 Fe^{3+} 的离子半径相似，铁相组成中 Al 和 Fe 原子比例的变化并不会引起结构的明显变化，因此具有不同 Al/Fe 比的铁相的晶体结构具有相似性。利用 XRD 衍射技术手段无法正确区分铁相固溶体结构上的差异。由于铝四面体（Ⅳ）和八面体配位 Al（Ⅵ）位点之间的化学位移不同，尤其是就最近邻位配位数和几何形状而言，所以 ^{27}Al NMR 已被证实是研究水泥中 Al 位点的有效工具。图 2-12 显示了 C_4AF、L-E-C 和 F-E-C 的 NMR 谱，单矿铁相与熟料萃取所得铁相存在显著的差异。L-E-C 和 F-E-C 的 ^{27}Al 光谱分别显示对应于 Al(Ⅳ)和 Al(Ⅵ)的 12ppm 的强共振和 65ppm 的弱共振。与 L-E-C 和 F-E-C 不同，在纯相 C_4AF 中观察到两个相对分离的宽共振峰，分别对应于四面体 Al（Ⅳ）或八面体 Al（Ⅵ）。

此外，对应于八面体 Al（Ⅵ）的宽共振移至更高的值。通常认为，C_3A 的水化反应活性优于 C_4AF。我们的结果使我们相信较高的 Al（Ⅳ）/Al（Ⅵ）比可增加水合反应性。L-E-C 和 F-E-C 中低的 Al（Ⅳ）/Al（Ⅵ）比是由于铁在铁素体相结构中的掺入，因为 Al^{3+} 被 Fe^{3+} 替代，导致水化反应性差。

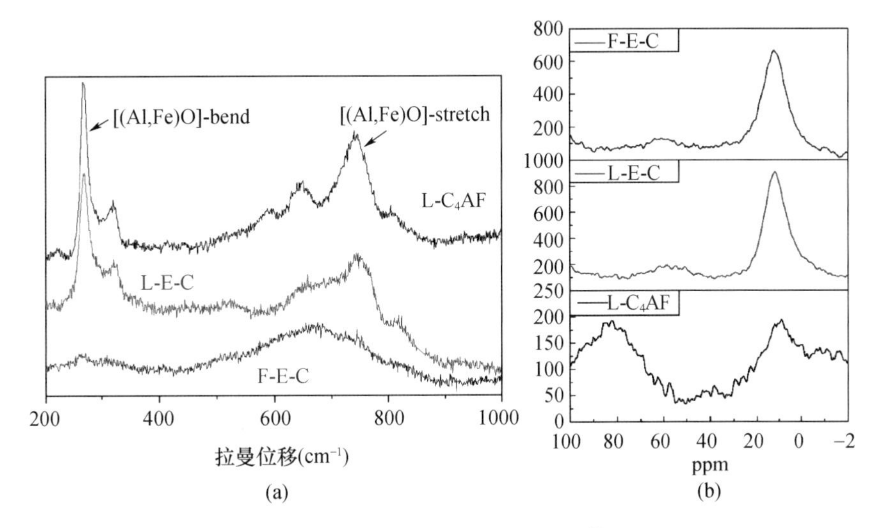

图 2–12 不同来源铁相拉曼光谱图和 ^{27}Al NMR 结果

图 2-13 显示了纯 C_4AF、F-E-C（从工业水泥熟料中提取的 C_4AF）和 L-E-C（从实验室水泥熟料中提取的 C_4AF）中的水化放热曲线。三个样品的放热曲线清楚地表明了水化速率的差异。如图 2-13（a）所示，对于 L-E-C 和 F-E-C，达到最大放热峰的时间分别延迟 1.0 和 2.3h。尽管纯 C_4AF 的水化速率最高，但累积热量最少。10h 后，F-E-C 和 L-E-C 的累积放热量相似。为了排除样品粒径对试验结果的影响，研究对样品的粒径进行了测试，结果表明，纯 C_4AF、F-E-C 和 L-E-C 具有相似的分布，这排除了粒径对水化性能的任何影响。

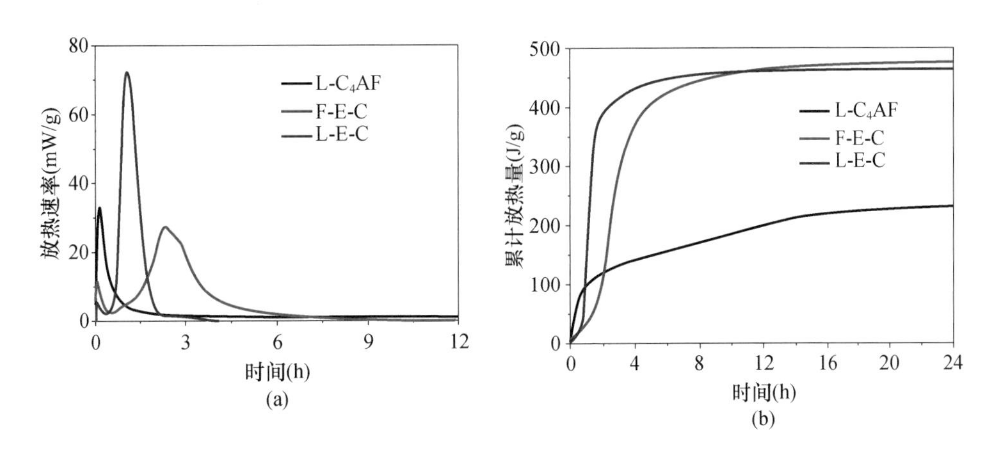

图 2–13 不同铁相水化放热曲线及总放热量曲线

从三种不同来源铁相的形成环境可以了解到，影响到三种不同铁相的一个重要因素是铁相的煅烧温度，从熟料的复杂体系中探究不同煅烧条件下铁相组成及结构的差异性的难度较大，干扰因素诸多，所以难以探寻其影响铁相活性的重要因素。因此，我们通过制备不同煅烧温度的铁相来探究其在各个煅烧温度条件下的铁相的结构变化。

一般而言，普通硅酸盐水泥熟料是由钙、硅、铝和铁质原料在 1450℃高温条件下煅烧制备所得。因此，我们对在 1300~1450℃煅烧条件下的铁相进行探究。图 2-14 展示了不同煅烧温度下铁相的 XRD 衍射图谱。从图中可以观察到：当煅烧温度高于 1350℃时，在 XRD 图谱中可以观察到新相 CA 矿相的形成，CA 矿相是铝酸盐水泥中的一个重要组成。在 1350℃煅烧温度下仅仅有少量 CA 矿相形成，但是当煅烧温度到达 1400℃时，可以在 XRD 图谱中明显观察到 CA 矿相的衍射峰。尽管在高铁低钙硅酸盐水泥熟料的矿相鉴定中未发现 CA 矿相的出现，但是通过不同温度煅烧铁相，我们可以了解到铁相在煅烧温度高于 1350℃时，就会出现 CA 矿相析出的现象。CA 矿相的析出就会使得原先设计的铁相中 Al/Fe 理论比为 1 的比例减小。从水化放热图中可以看到，当煅烧温度高于 1350℃时，水化放热曲线中出现了两个放热峰，分别对应于 CA 矿相与铁相的特征放热峰。通过比较铁相水化放热峰可以观察到当铁相的煅烧温度高于 1330℃时，铁相的最大放热量明显减弱，表明铁相的活性被减弱，原因可归结于高温条件下铁相组成析出 CA 矿相，导致其组成中 Al/Fe 比含量降低，影响其最终的水化活性。试验为了探究 Al/Fe 比对铁相活性的影响，合成制备了具有不同 Al/Fe 比的铁相矿物用来探究铁相活性的差异。试验分别选取 C_2F、C_6AF_2、C_4AF 和 C_6A_2F 四个矿相探究其水化放热特点，如图 2-15 所示，所有的铁相的放热峰都集中在水化放热的前两个小时内完成，通过水化放热曲线可以看出：铁相中 Al/Fe 比越高，铁相的最大放热量越高，其水化活性越好，图 2-15（b）所示的不同铁相的最大放热量也表明了铁相中 Al/Fe 比越高，其总的水化热越高。综上所述，可以看出高的煅烧温度会使得铁相矿物分离出矿相 CA，导致原有铁相中 Al/Fe 比降低，继而影响铁相水化反应活性。

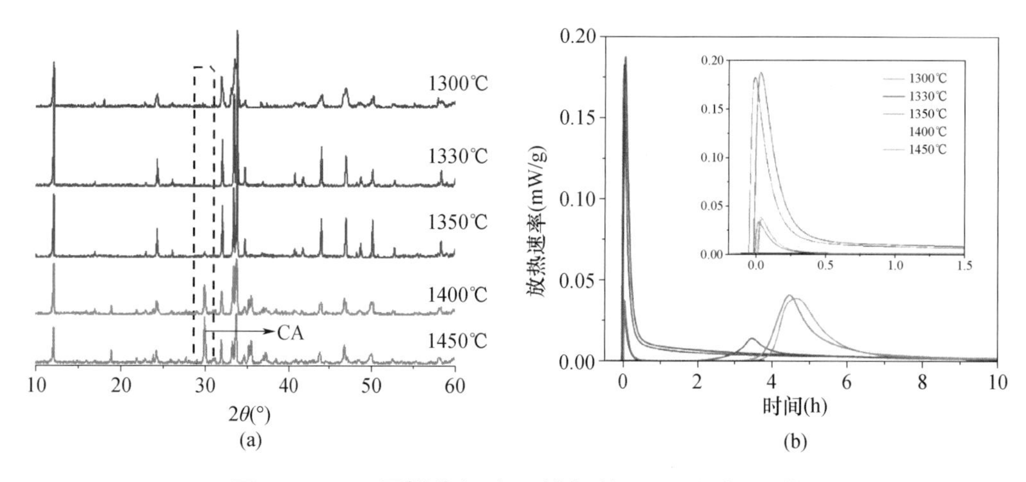

图 2-14　不同煅烧温度下铁相的 XRD 衍射图谱

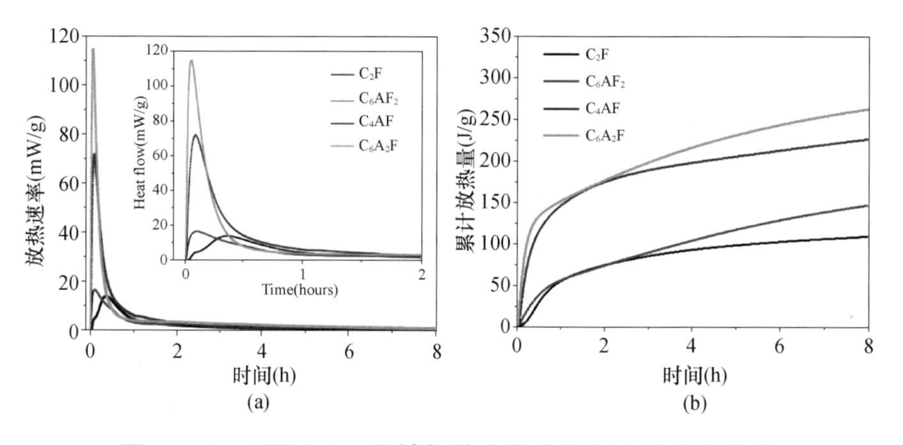

图 2-15　不同 Al/Fe 比铁相的水化放热和累计放热曲线

图 2-16（a）~图 2-16（c）分别示出了沿 *a*、*b* 和 *c* 轴的 $Ca_2(Al_xFe_{2-x})O_5$ 的晶体结构。红色和绿色的球形分别是 O 和 Ca 原子。蓝色和棕色多面体分别代表 [Al/FeO$_4$] 四面体和 [Al/FeO$_6$] 八面体。图 2-16（a）、图 2-16（b）和图 2-16（c）分别显示了 $Ca_2(Al_xFe_{2-x})O_5$ 晶体沿 *a*、*b* 和 *c* 轴的三平面投影图。图 2-16（d）表示在 $Ca_2(Al_xFe_{2-x})O_5$ 中的键分布（键序与键长的关系）。

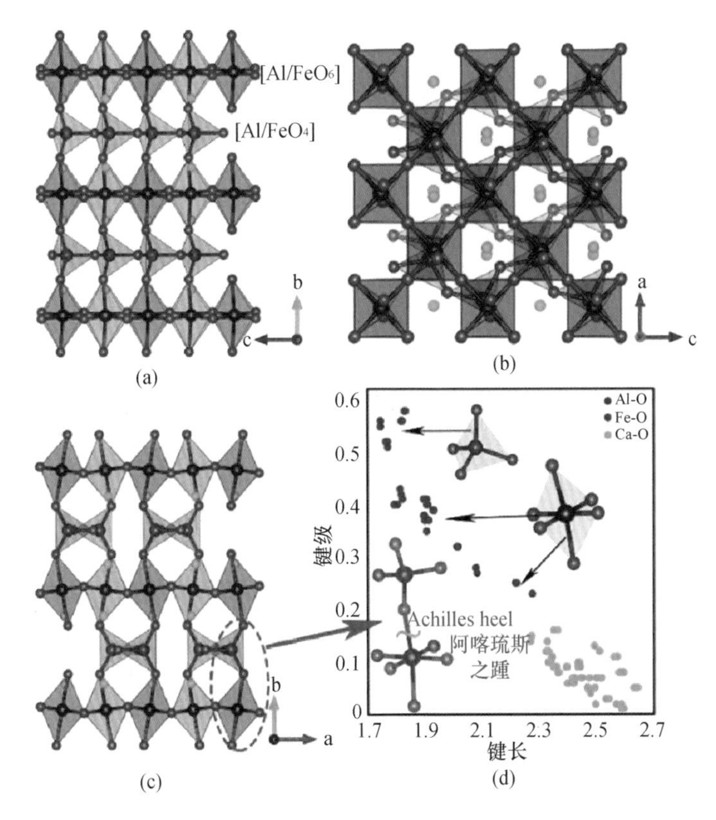

图 2-16　铁相晶体结构

$Ca_2(Al_xFe_{2-x})O_5$ 的骨架由 [Al/FeO$_4$] 四面体和角共享 [Al/FeO$_6$] 八面体之间的独立之字形组成。利用 Mulliken 通过密度泛函理论（DFT）计算 $Ca_2(Al_xFe_{2-x})O_5$ 晶体中 Al—O、Fe—O 和 Ca—O 键的键序（BO）和键长（BL）。如图 2-16 所示，Ca—O 键最长，键序最低，表明 Ca—O 键在 $Ca_2(Al_xFe_{2-x})O_5$ 中最弱，很容易受到化学侵蚀。因此，钙离子是水合过程中 $Ca_2(Al_xFe_{2-x})O_5$ 中最具反应性的物质。[Al/FeO$_6$] 八面体在垂直方向上的两个键远弱于 [Al/FeO$_4$] 四面体的键，后者在 [Al/FeO$_6$] 和 [Al/FeO$_4$] 的接合处产生 Achilles heel。与水反应后，该连接点容易断裂，四面体 [Al/FeO$_4$] 从晶体中溶解，并受到溶液中离子的侵蚀。就此而言，[Al/FeO$_4$] 四面体在 $Ca_2(Al_xFe_{2-x})O_5$ 中比 [Al/FeO$_6$] 八面体更具反应活性，因为它更容易从晶体中溶解，并且更可能参与溶液中的反应，因此降低煅烧温度是有利于提升铁相矿物的水化反应活性的。然而，根据研究结论也可发现，并不是 Al/Fe 比越高越好，其还影响铁相矿物的抗侵蚀性能，因此，在高铁低钙硅酸盐水泥熟料设计中，除了要考虑铁相水化反应活性外，还应考虑其抗侵蚀性能。

4. 高铁低钙硅酸盐水泥熟料矿相组成及烧成制度

针对预制构件用的传统硅酸盐水泥基材料在海洋环境中耐蚀性差、性能劣化严重、早强不足、抗冲磨性能差的问题，创新性地提出通过调整传统硅酸盐水泥熟料矿相体系特点，试图通过降低 C_3S 的含量（< 50%）及提高 C_4AF 的含量（> 18%）来改善水化产物组成及微结构，从本质上改善水泥基材料的力学性能、抗侵蚀性能及抗冲磨性能。基于在组成上的改变及以上对于熟料中熔剂矿相的探究，本研究选取以下三个体系：$48C_3S$-$29C_2S$-$3C_3A$-$20C_4AF$、$38C_3S$-$29C_2S$-$3C_3A$-$30C_4AF$ 和 $28C_3S$-$29C_2S$-$3C_3A$-$40C_4AF$ 对高铁低钙硅酸盐水泥矿相组成体系进行研究。与此同时，根据水泥熟料矿相随煅烧温度变化的形成过程，可以看出：水泥熟料中的每一个矿相的形成都是一个温度范围带，并非一个特定的温度点，除此之外，铁相的提高使得熟料体系中的液相量含量增加且表面张力降低，降低了 C_3S 形成所需的能量。因此，通过降低烧成温度来制备高铁低钙硅酸盐水泥的调控思路是可行的，选取 1350℃、1375℃和 1400℃三个温度对高铁低钙硅酸盐水泥熟料的烧成制度进行探究，保温时间分别选取 1h、2h 和 3h（图 2-17）。

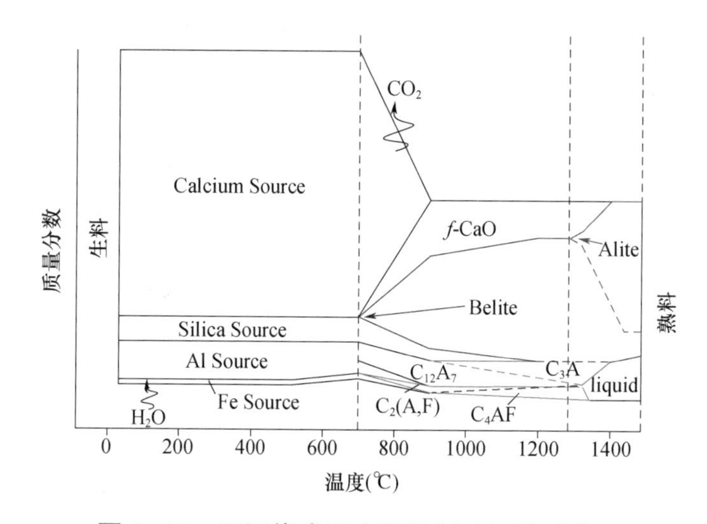

图 2-17 不同烧成温度下熟料矿相的形成图

由于在温度高于 1375℃时，$38C_3S$-$29C_2S$-$3C_3A$-$30C_4AF$ 和 $28C_3S$-$29C_2S$-$3C_3A$-$40C_4AF$ 体系熟料出现较为严重的熔融现象，此现象难以运用于实际生产工艺中，因此试验研究中未对两者高温煅烧温度下的体系进行探究。硅酸盐水泥熟料中矿相的形成是在一定煅烧温度下，钙、硅、铝和铁质原料经过传质过程相互反应形成对应的矿相。原料的配比及煅烧温度对于矿相的形成都具有重要影响。图 2-18 所示为不同矿相组成及煅烧温度条件下形成的高铁低钙硅酸盐水泥熟料的 XRD 衍射图谱。通过 XRD 衍射图谱，可以观察到当煅烧温度高于 1350℃，即使在急冷的操作下，仍会出现水泥熟料粉化现象，原因可能在于在此煅烧温度条件下熟料中形成大量 C_2S，其结构中存在大量的晶体缺陷，随着温度的降低，转化形成的 β-C_2S 晶体结构中仍然残存大量缺陷，具有较高的表面能和活性。相对而言，γ-C_2S 是一种稳定的晶体，其与所形成的高能量和高活性的 β-C_2S 在能量上相差较大，所以当温度进一步降低时，急冷速度难以抑制 β 型 C_2S 向 γ 型 C_2S 转变，由于体积膨胀导致粉化现象的出现。相对于水泥熟料实际生产中的操作流程，熟料的粉化会造成生产的困难，目前为止，还难以实现对于粉化水泥熟料的后处理。当煅烧温度高于 1350℃时，从 XRD 衍射图谱可以观察到，高铁低钙硅酸盐水泥中的矿相组成主要为：C_3S、C_2S、C_3A 和 C_4AF，未观察到其他中间矿相的形成。C_3S 存在三个晶系及七个晶型，分别为三斜晶系（T_1、T_2 和 T_3 型）、单斜晶系（M_1、M_2 和 M_3 型）和三方晶系（R 型）。三斜晶系、单斜晶系及三方晶系的 C_3S 在 31.5°~33° 和 51.5°~52.5° 两个衍射区域分别存在三个衍射峰、两个衍射峰和一个衍射峰；T_1 到 T_3 及 M_1 到 M_3 中存在的衍射峰之间的分离程度越来越小。由此可判断：煅烧温度高于1350℃条件下形成的高铁低钙硅酸盐水泥熟料中的硅酸三钙的晶型主要为M型；煅烧温度为1350℃时，高铁低钙硅酸盐水泥熟料中的C_3S的晶型主要为T型。

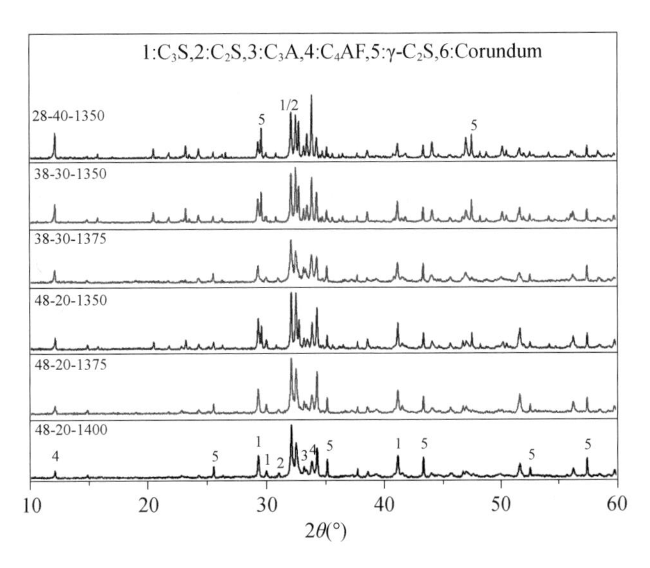

图2–18　不同体系和温度制度制备高铁低钙硅酸盐水泥熟料XRD衍射图谱

除了探究不同矿相组成体系及煅烧温度对高铁低钙硅酸盐水泥熟料所形成的矿相的晶体结构进行了表征，还探究了不同保温时间对高铁低钙硅酸盐水泥熟料矿相结构的影响。研究仅选取$48C_3S$-$29C_2S$-$3C_3A$-$20C_4AF$样品来探究保温时间对矿相形成及晶体结构的影响。从图2-19中可以看出，不同保温时间下的高铁低钙硅酸盐水泥所形成的矿相基本相同，主要是C_3S、C_2S、C_3A和C_4AF，无其他中间矿相形成。与此同时，不同的保温时间对矿相中形成的C_3S的晶型并未产生较大的影响，C_3S晶型均为M型。

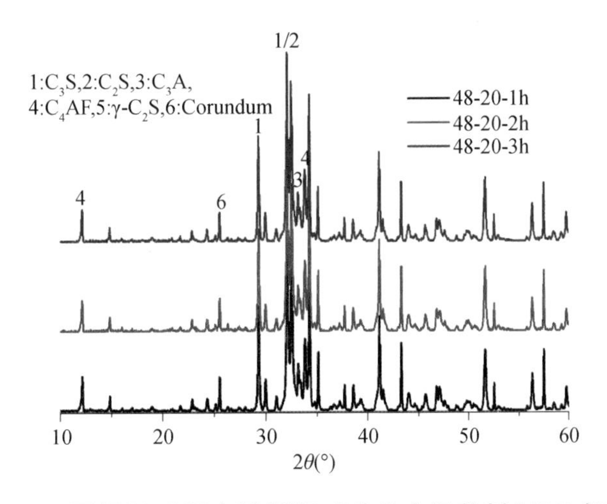

图2–19　不同保温时间高铁低钙硅酸盐水泥熟料XRD衍射图谱

研究将不同条件下的高铁低钙硅酸盐水泥熟料与内标物（经1400℃高温煅烧8h所得Al_2O_3）通过酒

精充分湿磨混合均匀，然后对 XRD 图谱进行 Rietveld 精修，从而得到不同条件下形成高铁低钙硅酸盐水泥中矿相的具体含量组成。图 2-20 所示为不同配比组成、不同保温时间及煅烧温度下形成的高铁低钙硅酸盐水泥熟料各矿相组成占比。从 Rietveld 精修定量结果可以得出：不同温度条件下的水泥熟料体系中的 C_3S 要比设计的组成比例有所降低，除此之外，有一定的无定形相形成且温度较高条件下的含量相对更高。

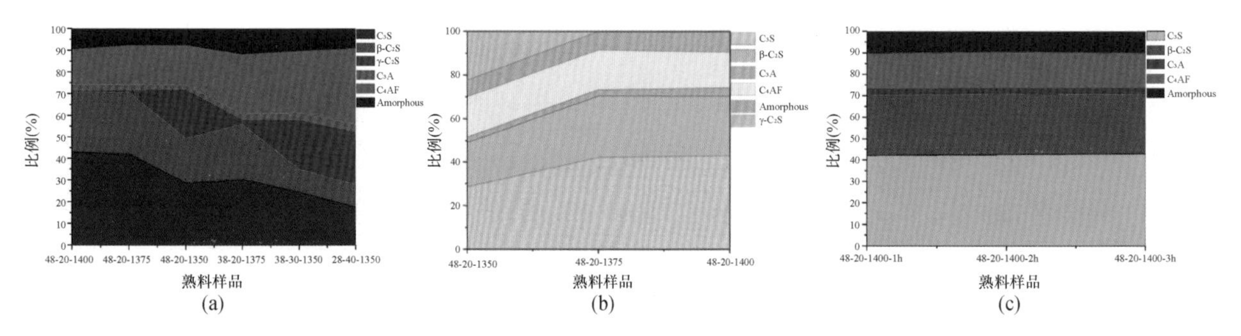

图 2-20　不同组成配比和烧成制度下高铁低钙硅酸盐水泥熟料矿相组成

在探究了不同条件下制备的高铁低钙硅酸盐水泥熟料的矿相组成及晶体结构外，研究还对制备的高铁低钙硅酸盐水泥熟料的水化性能进行了探究。图 2-21 中显示了不同条件下制备的高铁低钙硅酸盐水泥熟料的水化放热曲线和总放热量曲线图谱。首先，从图中可以看出，不同条件下样品的水化放热图谱具有较大的区别，对比于 $38C_3S$-$29C_2S$-$3C_3A$-$30C_4AF$ 和 $28C_3S$-$29C_2S$-$3C_3A$-$40C_4AF$ 体系样品，$48C_3S$-$29C_2S$-$3C_3A$-$20C_4AF$ 样品的水化放热曲线在水化反应早期 1375℃和 1400℃条件下的熟料出现了较长时间的诱导期，约 20h。高的煅烧温度下所形成的高铁低钙硅酸盐水泥熟料中所形成的 C_3S 具有较差的水化活性，其达到最大放热峰的时间约为 50h。相较于 1400℃和 1375℃条件下的样品，低烧成温度下样品中 C_3S 达到最大放热峰的时间约为 22h，时间提高了近一倍。不同样品水化放热特性的差别的原因可能在于不同配比组成和煅烧温度下所形成的矿相结构及矿相之间相互作用的影响。通过上述对不同样品所形成 C_3S 的晶体结构的探究，揭示较高温度下所形成的样品中的 C_3S 晶型为 M 型，然而，低温下形成熟料中的 C_3S 为 T 型。因此，C_3S 的晶型差异也许是造成其差异性原因之一。除此之外，体系中铝酸盐相与硅酸盐相之间的矿相协同作用也是导致其差异的主要原因，具体作用在后文中进行详细探究。总水化放热曲线表明，48-20-1350 和 38-30-1375 体系样品具有更大的水化总放热量，高温条件下低 C_3S 样品总的水化放热较低，与其较差的水化活性有直接关系。

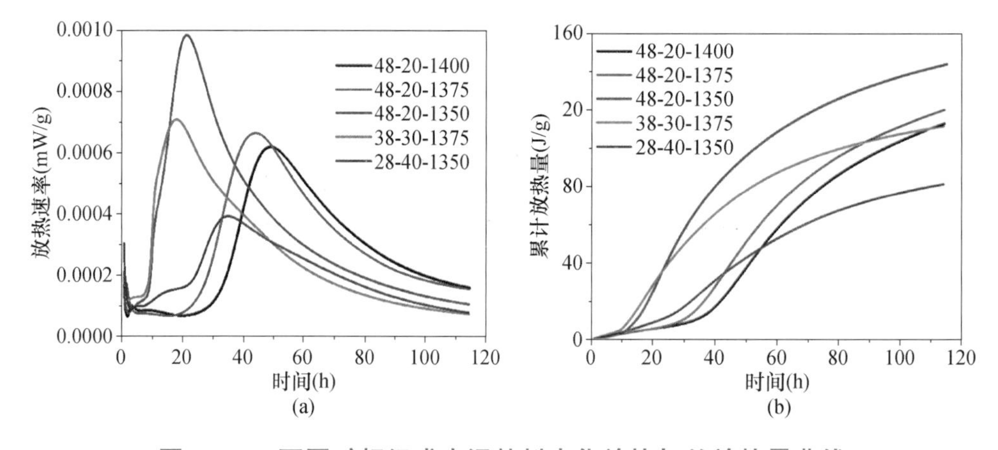

图 2-21　不同矿相组成水泥熟料水化放热与总放热量曲线

水泥制品力学性能的优异是判断产品能否得到应用的一个关键性指标。图 2-22 所示为不同制备条件下高铁低钙硅酸盐水泥熟料在不同养护龄期的抗压强度。从图中可以看出：$48C_3S-29C_2S-3C_3A-20C_4AF$ 体系的高铁低钙硅酸盐水泥具有较好的早期强度发展趋势，要远远高于 $38C_3S-29C_2S-3C_3A-30C_4AF$ 和 $28C_3S-29C_2S-3C_3A-40C_4AF$ 的抗压强度，其 7d 强度仅为 20MPa。相对于 $48C_3S-29C_2S-3C_3A-20C_4AF$ 和 $28C_3S-29C_2S-3C_3A-40C_4AF$ 体系，$28C_3S-29C_2S-3C_3A-40C_4AF$ 体系熟料整体强度发展缓慢，具有较差的力学性能，原因可归结于此体系组成中强度贡献值 C_3S 含量较低。在 $48C_3S-29C_2S-3C_3A-20C_4AF$ 体系中，我们可以观察到：1350℃煅烧温度下制备的高铁低钙硅酸盐水泥具有一个更好的早期强度，样品 7d 水化龄期的抗压强度达到了 45MPa，要高于另外两个煅烧条件下样品的强度（约为 32MPa）。但是，48-20-1350 样品后期发展缓慢，28d 强度仅为 58MPa 左右。相较于 48-20-1350 样品，48-20-1375 和 48-20-1400 样品具有更好的后期强度发展，48-20-1375 样品 28d 强度为 72MPa 左右。

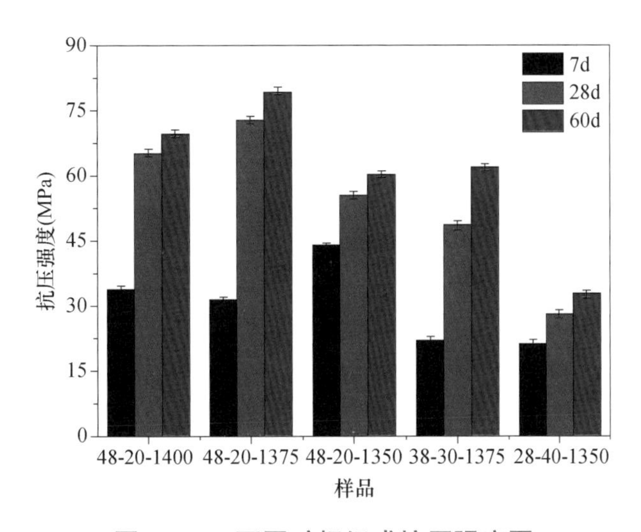

图 2-22 不同矿相组成抗压强度图

通过对不同体系高铁低钙组成配比和烧成制度的探究以及对不同条件下制备的高铁低钙硅酸盐水泥水化性能、力学性能的探究，可以得出以下结论：

（1）高铁低钙硅酸盐水泥熟料中 C_3S 含量应设定为 40%~50%，铁相含量应在 20%~30%，体系中 C_3S 和铁相含量过高或过低会导致性能的衰减，如力学性能发展较差、抗氯离子侵蚀性能较差；同时还会导致生产问题，如体系中铁相含量过高会导致熟料结大块、粘炉现象的出现。

（2）不同体系高铁低钙硅酸盐水泥熟料的煅烧温度可在 1350~1400℃进行调节，当熟料体系中铁相含量高于 30% 时，煅烧温度不能高于 1375℃，否则会出现结大块和黏料的情况，与此同时，当铁相含量较低时，煅烧温度低于 1350℃，会出现严重的粉化现象。为了确保体系具有较好的结晶度，水泥熟料烧成中的保温时间（实验室）定为 3h。

5. 高铁低钙硅酸盐水泥熟料活化改性研究

依据试验研究结果，发现影响铁相矿物水化反应活性关键原因在于：Al/Fe-O 八面体的价键断裂，而使 Al/Fe-O 四面体溶出，因此，水化反应速率与 Al/Fe-O 四面体的溶出速率成正比，而 Al/Fe 配位结构的调控就尤为关键，而传统的高温煅烧促使铁相矿物中铝氧四面体高温析出，反应活性下降，同时使铁相矿物实际 Al/Fe 比比设计比例低很多。针对高温煅烧后硅酸盐水泥中铁相活性较低，胶凝性能差的问题，通过离子掺杂活化改性技术，利用离子置换实现矿相结构的晶格畸变、离子配位结构的调整，最终实现铁相水化活性的提高，增强熟料内部矿相之间的水化协同作用，实现水泥熟料优异性能的发展。针对掺杂离子的选取，大量试验研究工作通过探究不同重金属离子掺杂对水泥易烧性，不同离子在熟料各矿相中的分布特点以及在煅烧过程中的取代机理及水化特性的影响等几个方面，提出了离子选取的原则：离子固溶分配系数原理及结构差异因子原理。通过以下两个公式对掺杂离子的迁徙规律及离子取代可能性进行判断：

$$K_f=\frac{m_i*(1-\varphi_i)}{\varphi_i*(\Sigma-m_i)} \tag{2-1}$$

式中　m_i——重金属离子在中间相的含量；

φ_i——中间相在水泥熟料中的总量百分比；

Σ——重金属不同矿相含量总和。

$$D_M=\frac{A\cdot\Delta x\cdot(R_{Ca}-R)}{R_{Ca}} \tag{2-2}$$

式中　A——重金属离子的电子层数；

R——重金属离子半径；

Δx——重金属离子与 Ca 的电负性差；

R_{Ca}——Ca^{2+} 半径。

然而，不同离子的选取与阈值探究需经过大量试验研究与分析测试，进而影响试验周期与结果的可靠性。研究在大量试验结论的基础上，通过杂质离子在水泥熟料矿相中固熔倾向性研究，基于第一性原理计算，提出了“差分键级”的原理来预制掺杂离子的固熔活化目标（图 2-23），为铁相矿物选用合适的活化离子提供了理论指导。以杂质离子 Zn 为例，经过第一性原理计算，发现 Zn 离子对 C_4AF 活性具有较明显的促进作用，通过局域电荷密度计算，Zn 明显减少 C_3S 和 C_3A 活性位点数量，而 C_4AF 活性位点数量基本不变。根据差分原子有效电荷，C_4AF 活性位点（Fe、O）反应活性显著提高。

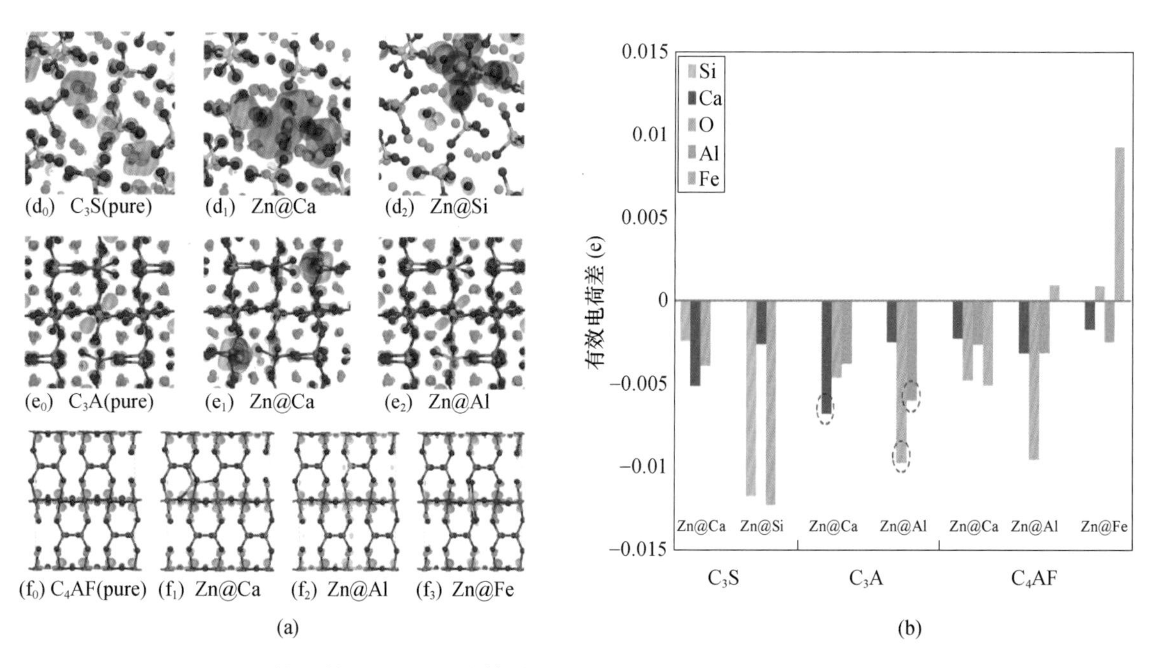

图 2-23　基于第一性原理计算的差分键级计算原理与结论（以 Zn 为例）

基于理论计算，在试验研究上，为了探究不同氧化锌对高铁低钙硅酸盐水泥熟料烧成的影响，选取四个掺杂组分来探究其影响，分别为0.2%、0.5%、0.8%和1.5%。首先，我们利用XRD衍射技术来探究不同掺量氧化锌掺杂对高铁低钙硅酸盐水泥熟料矿相晶体结构的影响。如图2-24所示，为不同含量氧化锌掺杂高铁低钙硅酸盐水泥熟料的XRD衍射图谱。从衍射图谱可以发现，所有制备的高铁低钙硅酸盐水泥熟料均是由C_3S、C_2S、C_3A和C_4AF四种矿相组成，即使当氧化锌的掺杂含量升高至1.5%，图谱中也未曾发现其他新矿相的形成。但是，我们可以观察到：随着氧化锌掺杂含量的提高，在衍射角度2θ=12.192° 和33.924° 处归属于C_4AF特征衍射峰变得更加尖锐，表明氧化锌的掺杂改善了熟料中形成的C_4AF的结晶度，与此同时，在2θ=33.1° 处归属于C_3A的衍射峰逐渐减小。通过对29°~33° 范围内的衍射峰进行放大观察，可以发现：归属于C_3S的衍射峰会随着氧化锌掺杂含量的增加，向高角度衍射角度发生偏移。根据谢乐公式推断，由于锌离子半径较大，其固溶进入C_3S晶体，会导致晶体晶胞体积膨胀，晶面间距变大，最终表现在衍射峰上为向衍射峰高角度发生偏移。

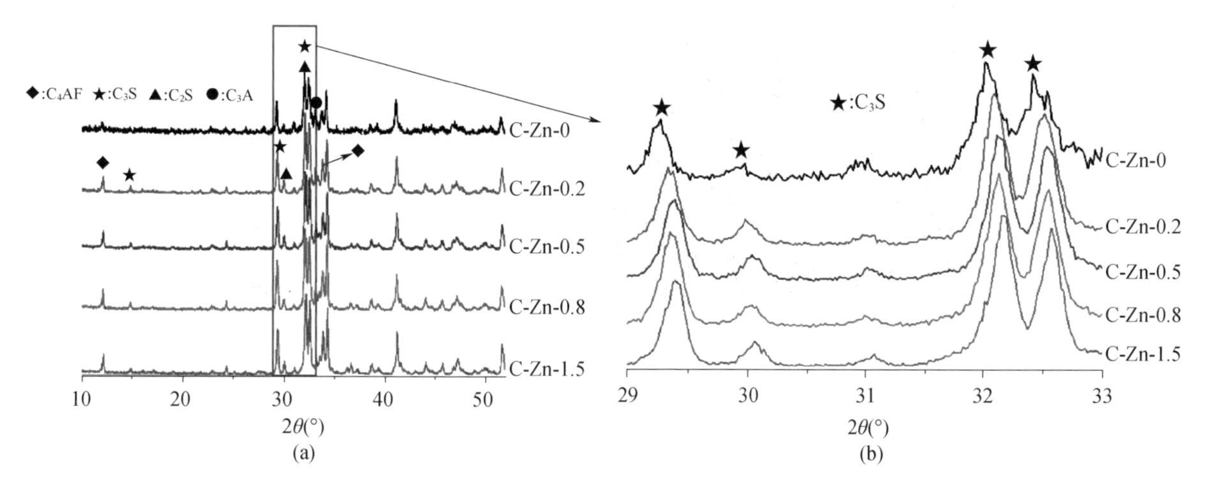

图2-24 不同含量氧化锌掺杂高铁低钙硅酸盐水泥熟料的XRD衍射图谱

为了进一步探究氧化锌掺杂对矿高铁低钙硅酸盐水泥熟料各矿相微观尺寸的影响及氧化锌在矿相中的分布规律，研究利用背散射电子（BSE）图像和EDS分析观察了水泥熟料的微观结构变化以及氧化锌在矿相中的分布。图2-25显示了高铁低钙硅酸盐水泥熟料和1.5% -ZnO掺杂高铁低钙硅酸盐水泥熟料的BSE和EDS扫描图像。从图中可以看出：在高铁低钙硅酸盐水泥熟料中的C_3S晶粒为大棱柱形晶粒，长度约30~50μm。与参考样品相比，1.5% -ZnO掺杂的高铁低钙硅酸盐水泥熟料样品中的C_3S晶粒较大，长度为50~80μm，大多数晶粒要比高铁低钙硅酸盐水泥熟料中C_3S晶粒尺寸更大。众所周知，晶体的颗粒越大，所具有的比表面积就越小，导致C_3S表面具有较少的活性位点。在BSE图像中我们分别选取三种不同的矿相对其进行元素分析。表2-2分别给出了三个矿相中每个元素的平均原子摩尔比。通过对结果的分析可以得出：在BSE图像中所观察到的新矿相的化学式为$Ca_2AlZn_3O_8$。此外，通过对锌原子在矿相中的分布特点，可以观察到，锌原子在高铁低钙硅酸盐水泥熟料矿相中的分布是不均匀的。新矿相主要分布在C_4AF相中并靠近C_3S的晶界，这可能是C_3S的水化反应活性受到阻碍的原因。

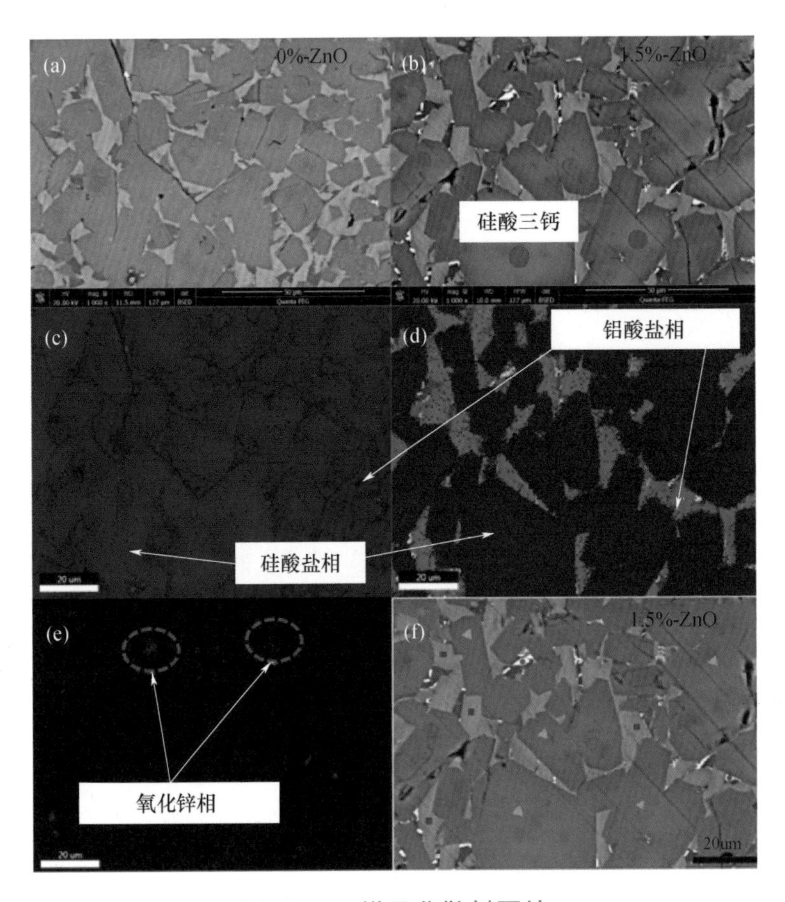

图 2-25 样品背散射图片

（a）HFC；（b）HFC-1.5%ZnO；(c)~(e) 锌离子在不同矿相中的分布；（f）不同矿相的元素点分析

表 2-2 掺杂 1.5% 氧化锌高铁低钙硅酸盐水泥熟料中元素点分析结果

spots	Ca	Si	Al	O	Fe	Zn
1~5 spots ●	12.23	1.05	6.10	49.29	0.97	20.18
6~10 spots ▲	33.56	10.08	0.99	55.31	0.67	0.16
11~15 spots ■	23.92	2.34	7.98	51.01	7.72	0.75

如图 2-26 所示为不同 ZnO 掺杂高铁低钙硅酸盐水泥熟料 3d 水化产物的 XRD 衍射图谱。从 XRD 衍射图谱中可以看出，除未水化的高铁低钙硅酸盐水泥熟料矿相外，还形成了大量的 $Ca(OH)_2$ 矿相。除此之外，通过分析 XRD 图谱，我们可以观察到：随着掺杂 ZnO 含量的增加，样品中所形成的 $Ca(OH)_2$ 的含量降低。另外，与参考样品相比，水化样品中 C_3S 的衍射峰更高，结果表明 ZnO 的掺杂对 C_3S 矿相的水化反应活性有阻碍效应。关于 ZnO 掺杂对于 C_3S 的阻滞作用，Chen 等人认为 $Ca[Zn(OH)_3H_2O]_2$ 的形成和沉淀是造成阻滞作用的主要原因。此外，在未水化的水泥颗粒上形成无定形的 $Zn(OH)_2$ 会阻碍 C_3S 水化反应的进程。然而，在水化 3d 样品的 XRD 图谱中并没有发现其他新相的形成。同时，通过 SEM 也未检测到非晶相 $Zn(OH)_2$。图 2-26 显示 C_3S 的晶体结构从 M1 转变为 M3，M3 的晶体结构的 C_3S 具有更好的水化反应活性，这也是导致 C_3S 活性下降的原因。

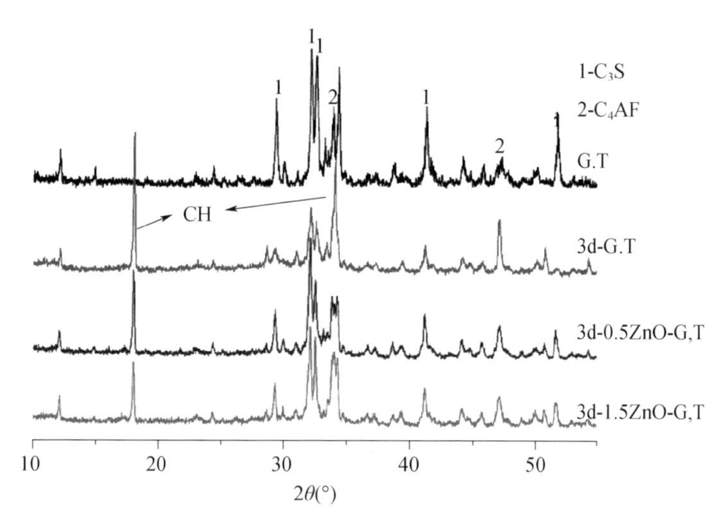

图 2-26 不同 ZnO 掺杂高铁低钙硅酸盐水泥熟料 3d 水化产物的 XRD 衍射图谱

热分析测试是表征水化产物的一种比较有效的分析方法。我们可以通过水化产物在其特定的分解温度内的变化对其进行定性和定量的分析，如图 2-27 所示为高铁低钙硅酸盐水泥熟料及 ZnO 掺杂熟料 3d 水化龄期的 TG-DSC 曲线。在高铁低钙硅酸盐水泥及 ZnO 掺杂的样品的水化产物中，$Ca(OH)_2$ 的含量可以通过在 TG-DSC 曲线中 $Ca(OH)_2$ 脱水形成的放热峰进行计算。如图 2-27 所示，通过衡量在放热峰区间的质量损失，可以得到 $Ca(OH)_2$ 的含量分别为 3.71% 和 3.50%，根据高铁低钙硅酸盐水泥熟料的矿相组成可以了解到，$Ca(OH)_2$ 主要形成于硅酸盐相的水解反应，因此 $Ca(OH)_2$ 生成含量的降低表明 ZnO 的掺杂使得高铁低钙硅酸盐水泥熟料中硅酸盐相水化活性的降低。所得结果与水化产物的 XRD 衍射图谱中所得到的结果相一致，再次验证了 ZnO 掺杂对硅酸盐相水化反应的抑制作用。

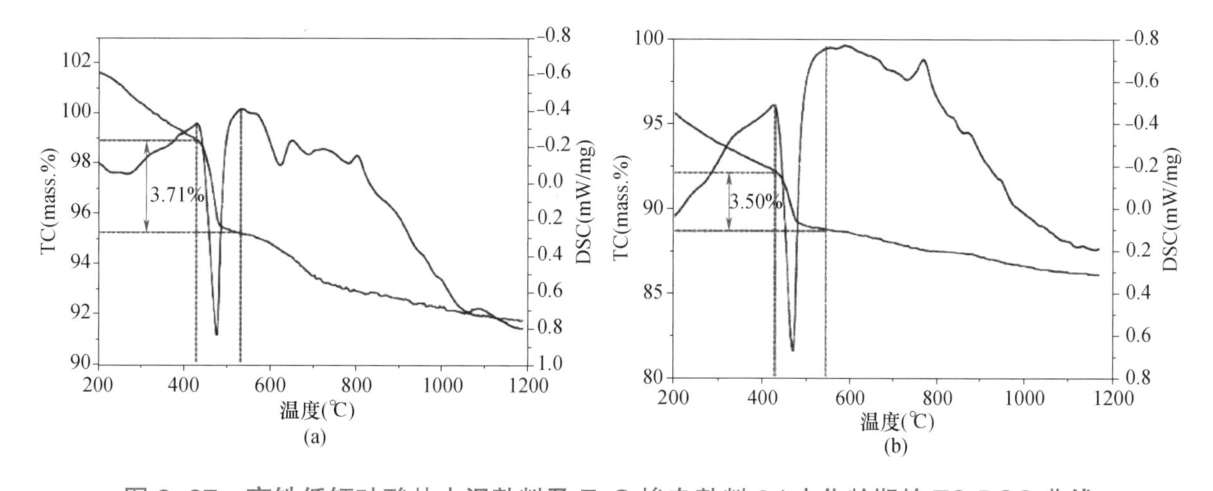

图 2-27 高铁低钙硅酸盐水泥熟料及 ZnO 掺杂熟料 3d 水化龄期的 TG-DSC 曲线

为了进一步探究 ZnO 掺杂对铁相的作用，ZnO 掺杂铁相和纯相铁相水化 3d 的样品通过热分析进行探究。如图 2-28 所示为其 TG-DSC 曲线，通过分析样品的 TG-DSC 曲线，铁相的主要水化产物主要是 C-A-H、$Al(OH)_3$ 或者是 $Fe(OH)_3$，水化产物在 TG-DSC 曲线上所对应的放热峰的温度区间在 250~420℃。通过计算可得水化产物对应的含量分别为 11.41% 和 12.90%，因此可以得出 ZnO 的掺杂能够促进铁相的水化活性。

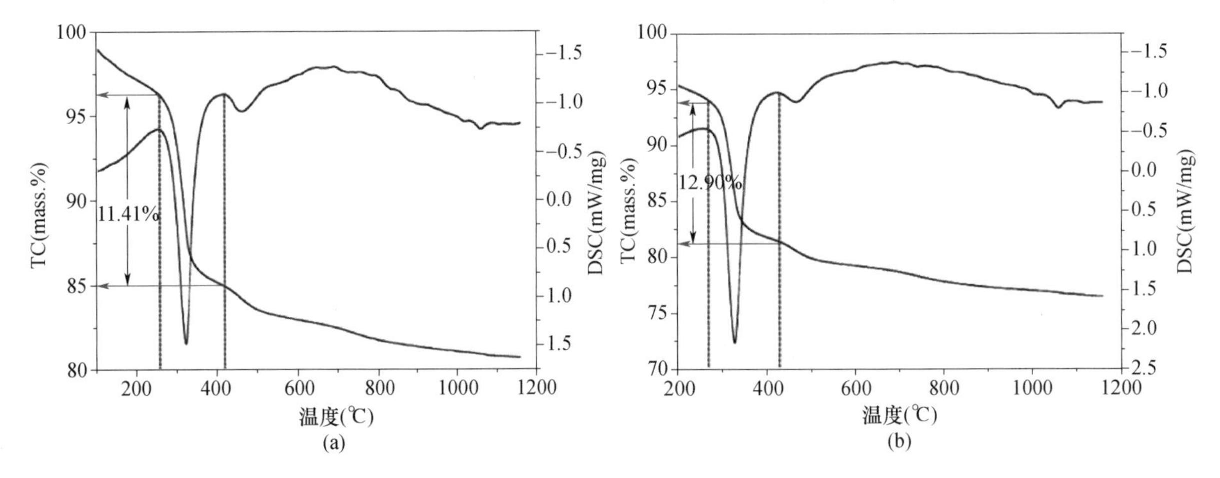

图 2-28 单矿铁相及 ZnO 掺杂铁相样品 3d 水化产物 TG-DSC 曲线

如图 2-29 所示试验对不同 ZnO 掺杂的高铁低钙硅酸盐水泥的力学强度进行测试，测试结果表明 ZnO 的掺杂能够有效改善高铁低钙硅酸盐水泥的力学强度，尽管 ZnO 的加入对 C_3S 水化性能有一定的阻滞作用，但是 ZnO 的掺加能够有效改善体系中铁相的水化活性，总体而言，ZnO 掺加带来的正效应要大于其负效应，所以，ZnO 的加入能够改善高铁低钙硅酸盐水泥的力学性能。结合微观测试表征也揭示了 ZnO 掺杂能够促进高铁低钙硅酸盐水泥的早期水化性能，因此，ZnO 掺杂高铁低钙硅酸盐水泥熟料能够起到活化改性的作用且有效改善其力学性能的发展。

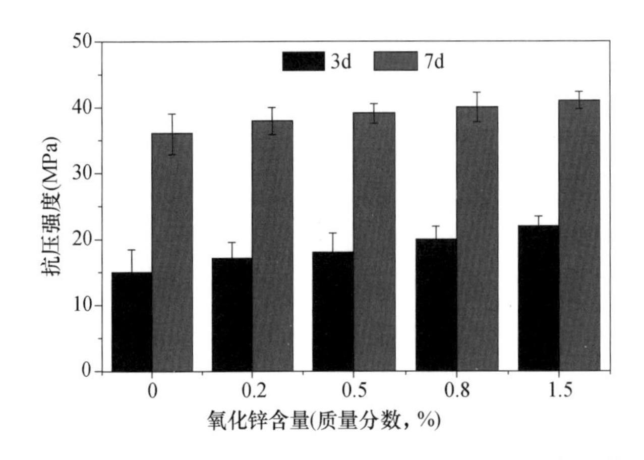

图 2-29 不同 ZnO 掺杂的高铁低钙硅酸盐水泥的力学强度

研究还选取 Cu 掺杂进一步验证提出理论的可靠性。图 2-30 是掺或未掺铜中间相烧成过程中样品体积和高度随温度变化曲线，黑色曲线为参比样，红色曲线是掺入 1.0%CuO 的样品。由图可知，CuO 掺入使得液相产生温度提前，即降低了液相的形成温度。当烧结温度为 1400℃时，C_3A 依旧能保持原始形状，而 C_4AF 已经完全熔化，说明 C_4AF 的烧成温度低于 C_3A。从图中还可发现，掺入 1.0%CuO 的样品的熔化温度低于未掺的样品，因此可以得出结论，1.0%CuO 可以降低液相的黏度，提高其流动性。液相是硅酸盐相生长的主要外部环境，适当降低液相的黏度，有利于加速 CaO 向固相反应的界面移动，促进 C_3S 的生成，从而提高熟料的水化活性。

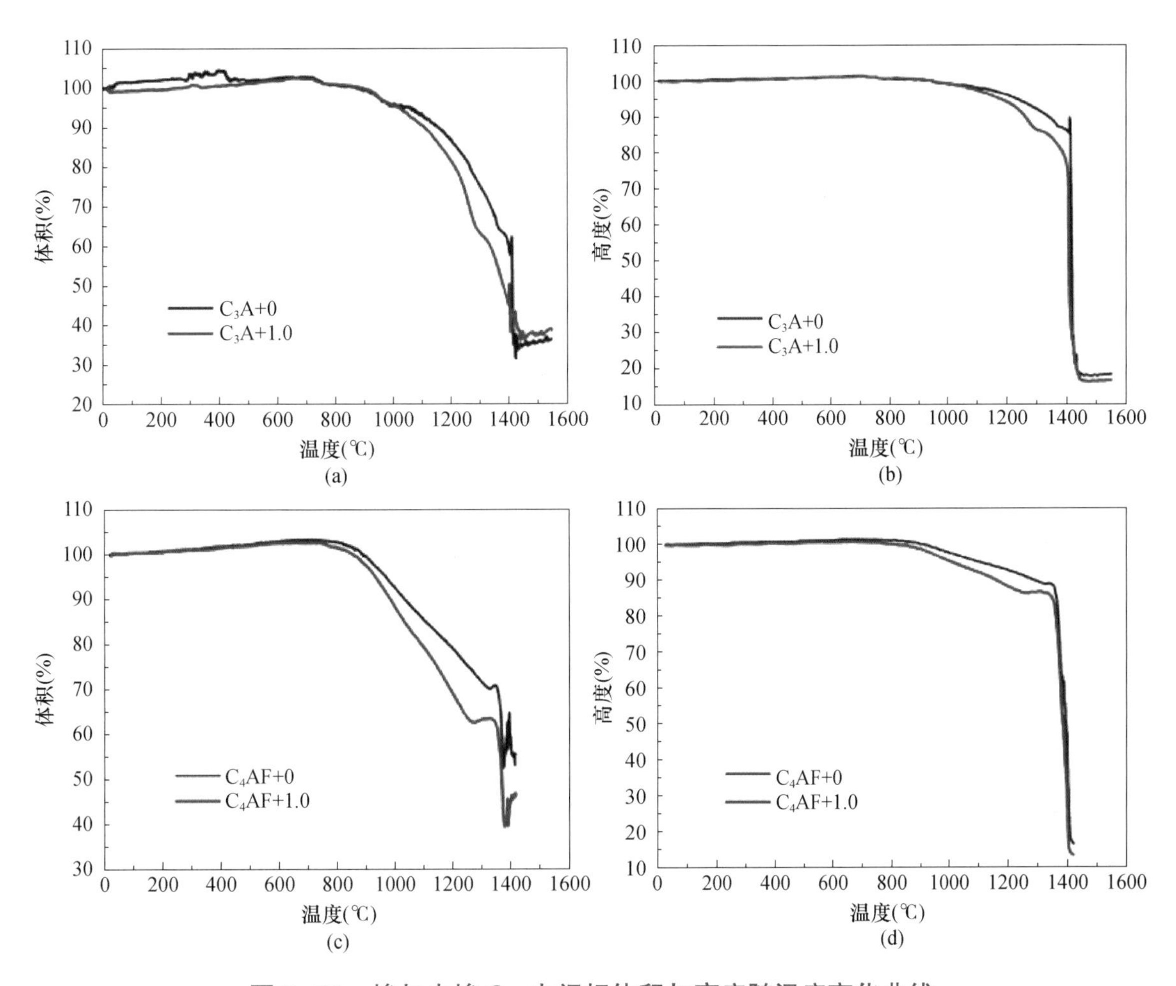

图 2-30 掺与未掺 Cu 中间相体积与高度随温度变化曲线

图 2-31 所示为不同 CuO 掺量下 C_4AF 的 XRD 图谱，其中 C_4AF 的烧成温度为 1400℃。由图可知，Cu 的掺入并没有改变 C_4AF 的晶体结构，但在此烧成温度下出现了 CA 的衍射峰，说明高温会使 Fe 相中的 Al 析出，使得铁相矿物中 Al/Fe 比降低。随着 CuO 掺入，CA 的衍射峰逐渐降低，说明 CuO 元素可稳定 Fe 相矿物，减少 Al 相熔出。

图 2-32 是不同 CuO 掺量下熟料的 XRD 图谱。由图可知，掺入少量的 CuO 可以促进 C_3S 的生成，但掺入过量的 CuO 会导致 C_3S 由 R 型转变为 M3 型，同时导致 C_3S 分解成 C_2S。此外，随着 CuO 掺量的提高，熟料中 C_3A 的衍射峰逐渐减弱，C_4AF 的衍射峰逐渐增强，说明 CuO 可能结合熟料中的 CaO 产生某种新相，同时在图 2-33 熟料的 SEM 扫描图中，发现当掺入过量的 CuO 时，熟料表面有明显的晶状物质生成，该发现也说明掺入过量 CuO 可能导致熟料中产生新相。

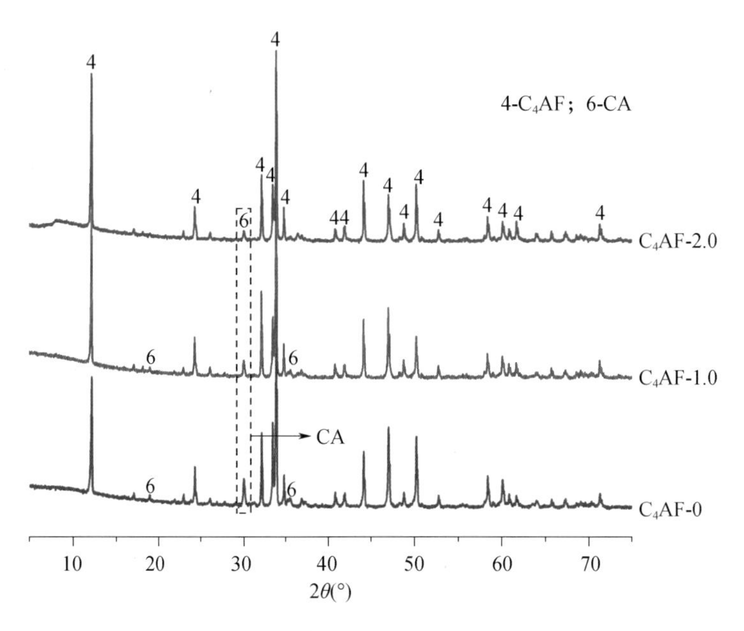

图 2–31　掺 Cu 铁相的 XRD 图谱

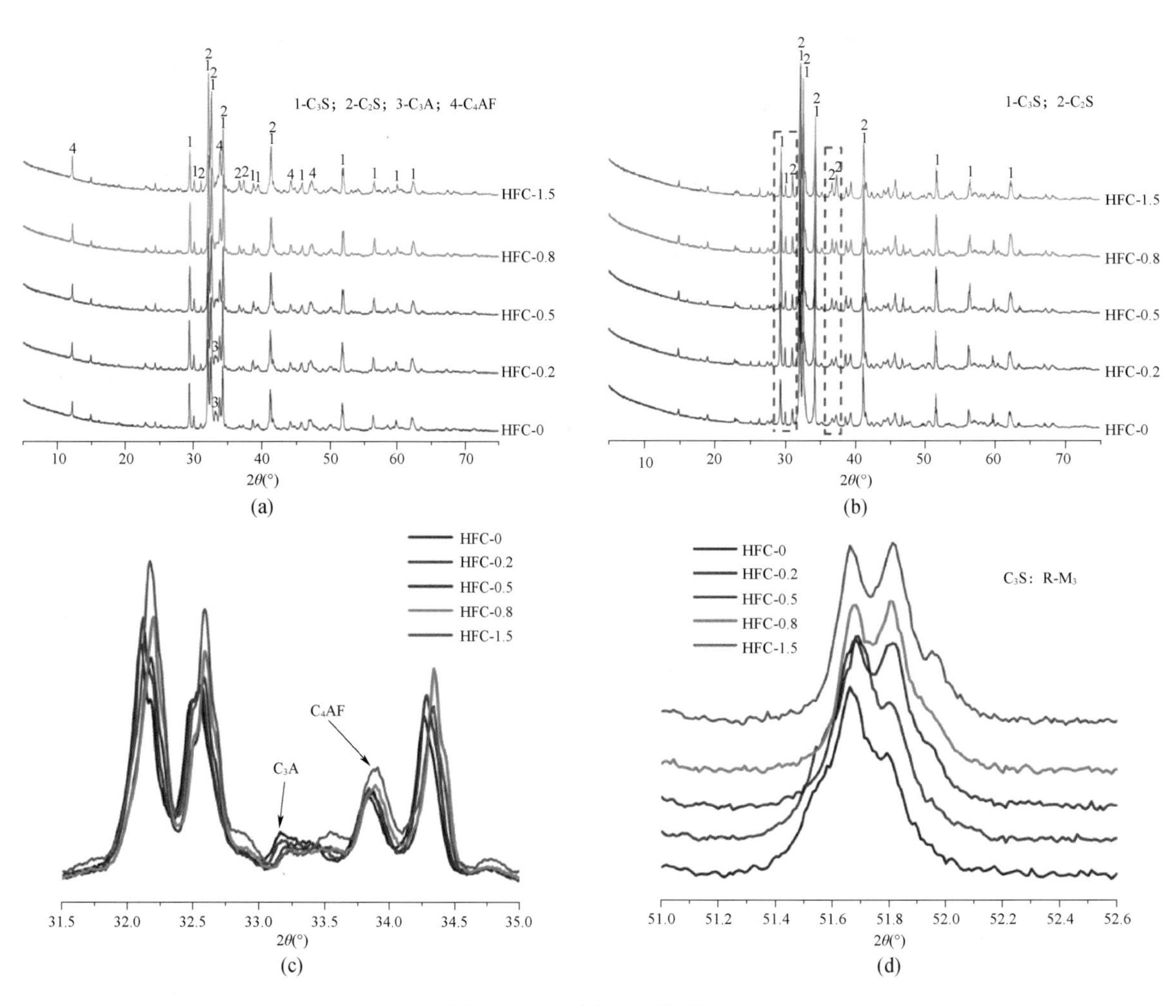

图 2–32　不同 CuO 掺量下熟料的 XRD 图谱

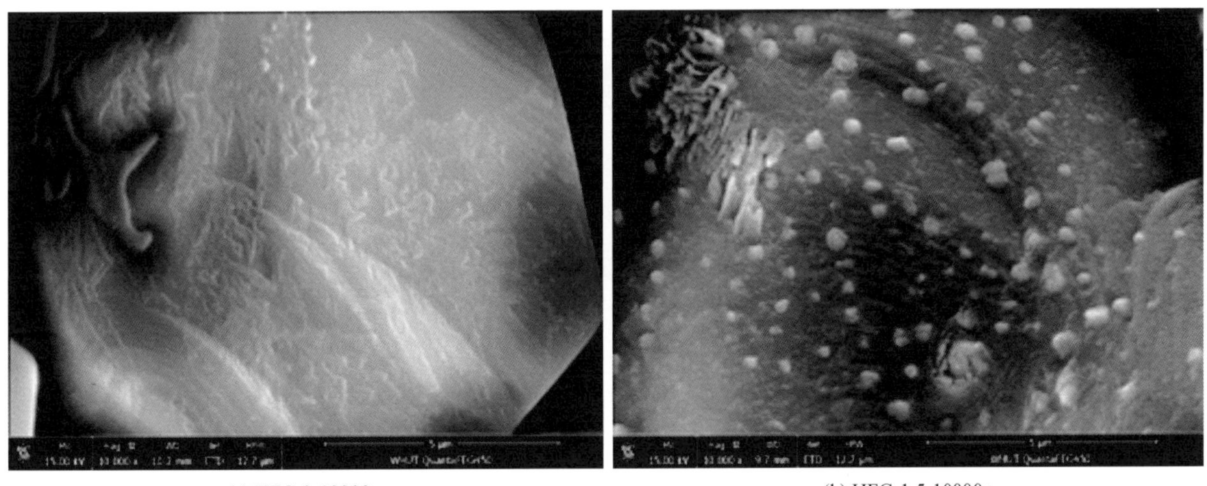

(a) HFC-0-10000×　　(b) HFC-1.5-10000×

图 2-33　不同 CuO 掺量下熟料的 SEM 图

图 2-34 是不同 CuO 掺量下净浆不同龄期的抗压强度。由图可知，不同龄期下净浆的抗压强度随着 CuO 的掺量均呈现先增大后减小的趋势，当 CuO 的掺量为 0.2% 时，净浆的 3d 抗压强度最大，为 29.1MPa；当 CuO 的掺量为 0.5% 时，净浆的 7d 和 28d 抗压强度最大，分别为 51.9MPa 和 71.2MPa。由此可知，少量 CuO 掺入有利于提高水泥净浆的抗压强度，而过量 CuO 掺入会降低水泥净浆的抗压强度。图 2-35 是不同 CuO 掺量下净浆的水化程度随龄期变化图。无论在哪个龄期，CuO 掺量为 0.5% 的样品的水化程度都是最高的。图 2-36 是不同 CuO 掺量下熟料水化速率和水化放热量。当 CuO 掺量为 0.2% 和 0.5% 时，熟料的水化速率放热峰有所提前，且累计水化放热量也高于参比样，其中 CuO 掺量为 0.5% 的样品的累计放热量最大。结合抗压强度数据、水化程度数据和水化热数据，可得出少量 CuO 掺杂可以提高熟料活性，促进熟料水化，而过量的 CuO 掺杂则表现出抑制效果。

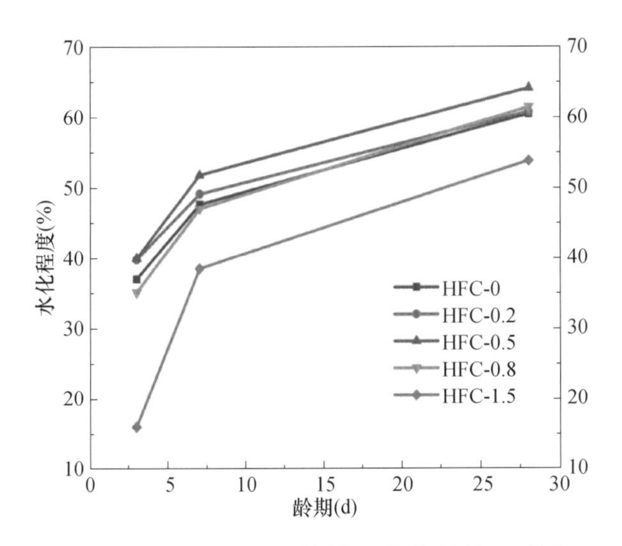

图 2-34　不同 CuO 掺量下净浆的抗压强度

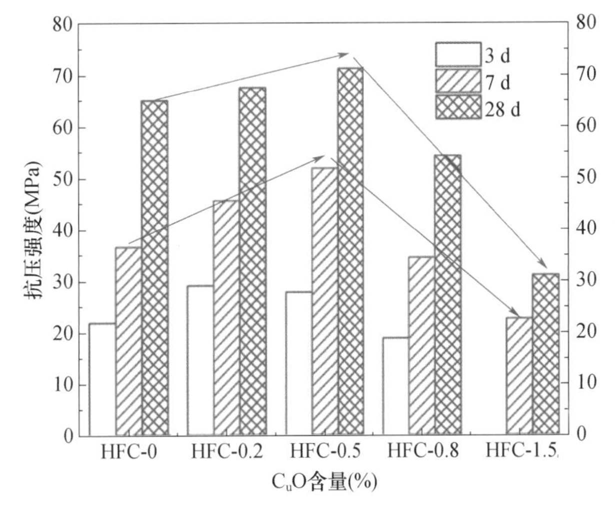

图 2-35 不同 CuO 掺量下净浆的水化程度

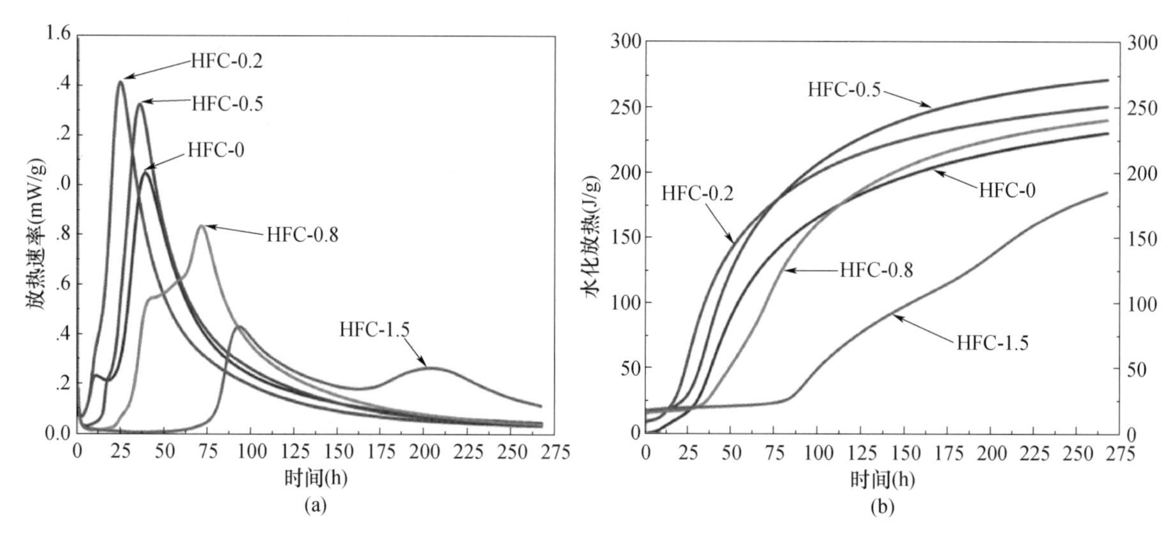

图 2-36　不同 CuO 掺量下熟料水化速率和水化放热量

本研究通过对比铁相和铝相单矿的高温性能，发现铁相具有更小的液相黏度及液相表面张力，有利于水泥熟料烧成过程中硅酸盐矿相的形成与重结晶性能，为高铁低钙硅酸盐水泥的可行性提供试验支撑。对不同 Al/Fe 比铁相的水化和抗侵蚀的研究发现，随着铁相矿物中 Al/Fe 比的增加，铁相矿物的水化反应速率增加；同时，具有较低 Al/Fe 比组成的铁相矿物具有更好的抗离子侵蚀能力。由于不同的烧成环境会造成铁相在组成上的差异性，因此上述结果对高铁低钙硅酸盐水泥熟料煅烧工艺的确立提供理论基础。对不同烧成制度的高铁低钙硅酸盐水泥熟料的性能的研究得出，不同体系高铁低钙硅酸盐水泥熟料的煅烧温度应根据铁相的含量在 1350~1400℃进行调节，铁相含量高时适当降低煅烧温度，铁相含量低时适当提高煅烧温度。高铁低钙硅酸盐水泥熟料中 C_3S 含量应设定为 40%~50%，铁相含量应在 20%~30%。此外，针对高铁低钙硅酸盐水泥熟料的活化改性的研究发现，ZnO 的掺加能够有效改善体系中铁相的水化活性，提高高铁低钙硅酸盐水泥的力学性能。少量 CuO 掺杂亦可提高熟料活性，促进熟料水化，但过量的 CuO 掺杂则表现出抑制效果。

2.1.2　高铁低钙硅酸盐水泥组成设计与性能调控技术

1. 高铁低钙硅酸盐水泥熟料与石膏的匹配性和相互作用机制

采用等温量热法评估石膏含量对高铁低钙硅酸盐水泥水化性能的影响，如图 2-37 所示。随着水化反应的推进，不同的石膏含量对高铁低钙硅酸盐水泥熟料的水化进程具有不同的作用。从图中可以看出，在参考样品中观察到较长的诱导期，直到水化反应时间为 20h 才开始水化反应的加速期。与参考样品相比，在含有石膏样品的情况下，可以检测到两个放热峰，这可归结为铝酸盐与石膏之间的反应形成钙矾石相以及 C_3S 的溶解。结果表明，石膏的掺加有效地改善了 C_3S 的水化速率。但是，HFC（高铁低钙硅酸盐水泥）中的石膏含量对水化过程显示出两种不同的影响。当 HFC 中的石膏含量小于 5%时（质量分数），C_3S 的放热曲线变宽并增强，同时，由于硫酸根离子在 C-S-H 上的吸附作用，使得 C_3S 水化反应减缓，最终钙矾石的尖峰出现在 C_3S 的放热峰之前。因为 C_3S 的水化放热峰出现在铝酸盐反应的特征峰之前,因此，该条件下的石膏被认为是一种适当的掺量。与此同时，铝酸盐水化放热峰出现在 C_3S 之前或之后的原因取决于石膏含量对铝酸盐相的阻滞作用。总之，在 HFC 中添加石膏促进了 C_3S 的水解。C_3S 表面吸附的

Al^{3+} 效应减弱和石膏的含量决定了铝酸盐反应的特征放热峰的出现时间。水化热测试结果表明石膏的添加能够显著改善高铁低钙硅酸盐水泥熟料早期水化行为，诱导期时间明显缩短，C_3S 水化活性被促进。

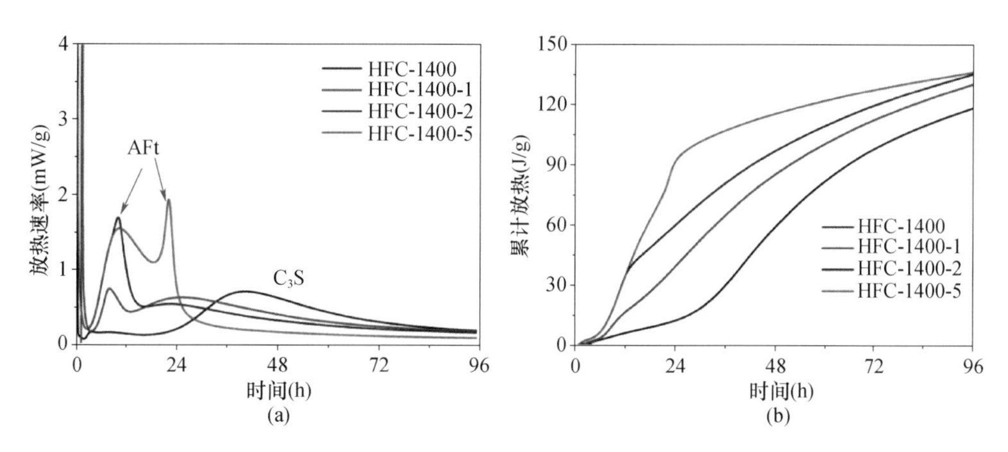

图 2–37　不同石膏掺量高抗蚀硅酸盐水泥熟料的水化放热曲线

为了探讨石膏对高铁低钙硅酸盐水泥早期水化过程的影响，试验测定早期溶液中电导率、pH 和离子浓度的变化。图 2-38 显示了水化反应早期过程中溶液的电导率和 pH 的变化。在 HFC- 石膏体系中，水化反应主要包括以下反应：石膏的溶解，铝酸盐的水解（C_3A 和 C_4AF）以及铝酸盐和石膏之间的反应。从图中可以看出，相对于未添加石膏的高铁低钙硅酸盐水泥而言，石膏的添加对于高铁低钙硅酸盐水泥熟料中矿相的溶出和沉淀过程具有较为明显的影响。样品的整个溶解—沉淀过程可以分为三个阶段：①快速溶解期；②沉淀期；③稳定期；在对照组样品中可以发现在 12h 前，可以观察到一个较长的平台，样品的溶出—沉淀过程进入一个稳定期，然后进入快速溶解期，大约至水化反应 22h，样品的溶解—沉淀过程进入沉淀期。如图 2-39 所示为不同石膏掺杂高铁相水泥体系 ICP 测试结果，在反应初期，溶液中不同离子浓度迅速升高，然后溶液中 SO_4^{2-} 和 Si^{4+} 开始降低，对应了钙矾石和 C-S-H 的形成，同时还可以观察到，对比于空白样品溶液中 Al^{3+} 浓度，石膏的加入有效地降低了溶液中 Al^{3+} 浓度，这与我们对试验设计预期结果相一致。相较于对照组样品，石膏的添加明显地改善了高铁低钙硅酸盐水泥的溶解—沉淀过程。石膏的加入显著促进了加速期和沉淀过程的时间。石膏对于高铁低钙硅酸盐水泥熟料中矿相的溶解—沉淀过程的影响趋势与其在水化反应中表现出来的发展趋势非常吻合。整个结果表明了石膏的添加显著改善高铁低钙硅酸盐水泥矿相的溶解—沉淀过程，促进了其水化反应活性。

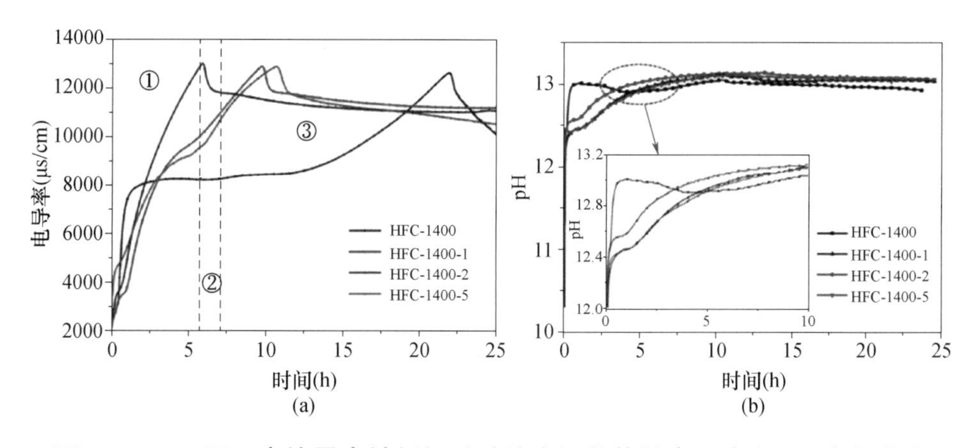

图 2–38　不同石膏掺量高铁低钙硅酸盐水泥浆体的电导率和 pH 变化曲线

$$CaSO_4 \longrightarrow Ca^{2+}+SO_4^{2-}$$
$$3Ca^{2+}+2[Al(OH)_4^-]+4OH^- \longrightarrow Ca_3Al_2(OH)_{12}$$
$$3Ca^{2+}+2[Al,Fe(OH)_4^-]+4OH^- \longrightarrow Ca_3(Al,Fe)_2(OH)_{12}$$
$$3CaO\cdot SiO_2+nH_2O \longrightarrow x\cdot CaO\cdot SiO_2\cdot y\cdot H_2O+(3-x)\cdot Ca(OH)_2$$
$$6Ca^{2+}+2[Al,Fe(OH)_4^-]+3SO_4^-+4OH^-+26H_2O \longrightarrow Ca_6(Al,Fe)_2(SO_4)_3(OH)_{12}\cdot 26H_2O$$
$$6Ca^{2+}+2[Al,Fe(OH)_4^-]+SO_4^-+4OH^-+26H_2O \longrightarrow Ca_6(Al,Fe)_2SO_4(OH)_{12}\cdot 26H_2O$$

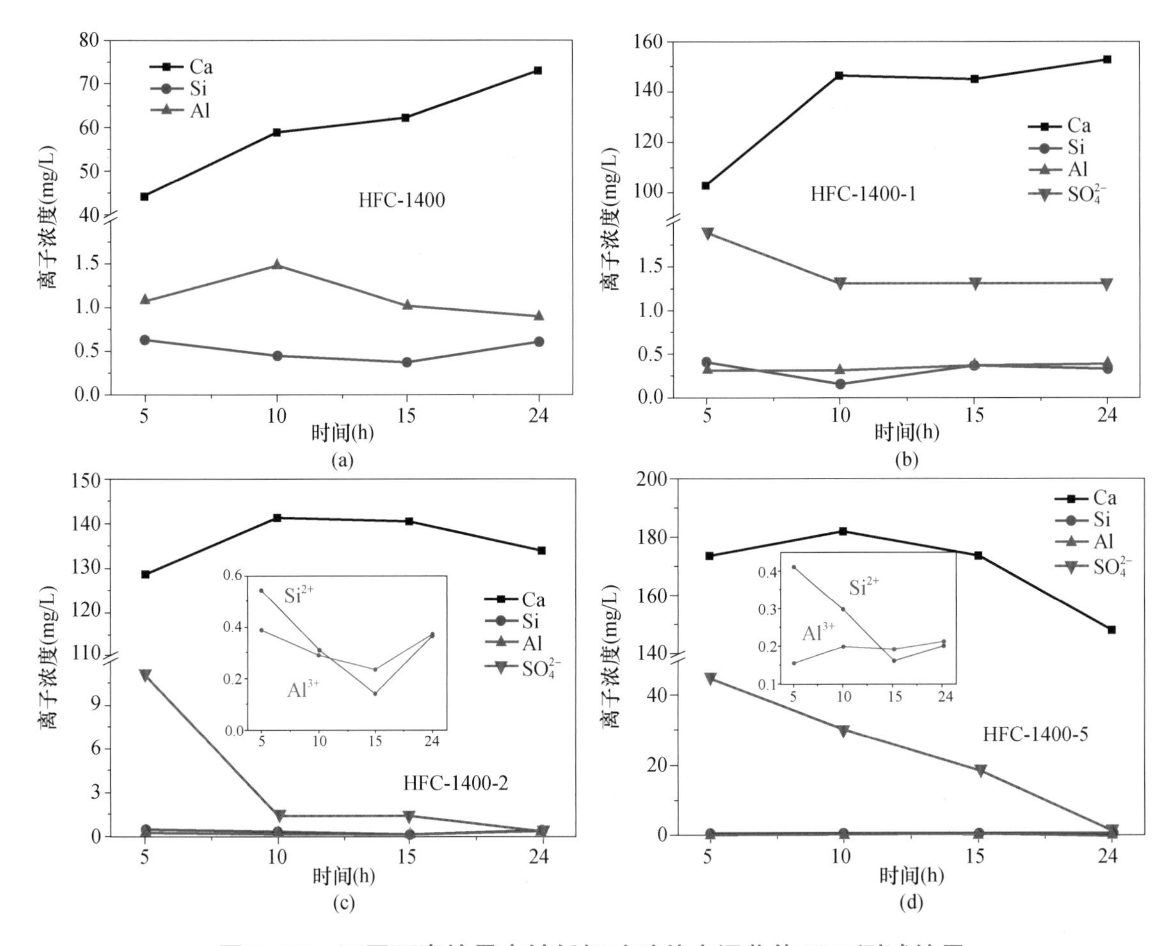

图 2–39　不同石膏掺量高铁低钙硅酸盐水泥浆体 ICP 测试结果

众所周知，水泥熟料在反应过程中的 pH 的演化对于其反应的进行也具有重要的影响。我们同样对反应溶液中 pH 的演化过程进行了探究。如图 2-38 揭示了石膏添加对高铁低钙硅酸盐水泥熟料水化反应过程中 pH 演化的影响。从图中我们可以观察到两个不同的过程，在反应初期，溶液中的 pH 快速上升至 12~13，然后达到一个相对稳定的时期。在未添加石膏的样品中，随着反应的进行，溶液的 pH 迅速升至 13 左右，其发展速度要高于添加石膏的样品，但是，当水化反应进行到大约 7h，添加石膏的样品 pH 超过对照组样品。因此，石膏除了能够改变样品中矿相的溶出—沉淀过程之外，同时可以改善溶液中 pH 的演化。与此同时，有研究也发现高 pH 有利于促进 C_3S 水化反应。

抗压强度测量结果如图 2-40 所示。随着样品中石膏含量的增加，对于所有研究的样品，抗压强度均增加。测量样品 HFC-5（15.68MPa）在 1d 时获得最大抗压强度，而参考样品的早期强度较低，甚至 1d 强度仅有 3MPa。随着水化龄期的延长，石膏对早期抗压强度的促进作用逐渐降低，对于后期强度的促进优势减缓。HFC- 石膏体系中较高的早期强度可归因于两个原因：在石膏存在的条件下形成钙矾石而增加的固体体积，以及由于添加了石膏而使硅酸盐相的水解反应增强。因此，在 HFC- 石膏体系中加入石膏导致钙矾石的形成和对 C_3S 水解的促进作用是早期抗压强度优异的主要原因。基于以上结果讨论，石膏的添加促进了水泥的水化和 AFt 的形成，使早期强度增加。由于水泥体系中水化过程的复杂性，石膏的作用难以清楚解释。为了深入研究石膏对高铁低钙硅酸盐水泥的水化和力学性能的影响，我们还设计了纯相 C_3S-C_4AF 体系 C_3S-C_4AF- 石膏体系的试验，揭示了石膏添加对高铁低钙硅酸盐水泥熟料水化与早期强度的提升机理，如图 2-41 所示。该机理可以归因于溶解—沉淀过程，水合产物的组装和溶液的离子环境。

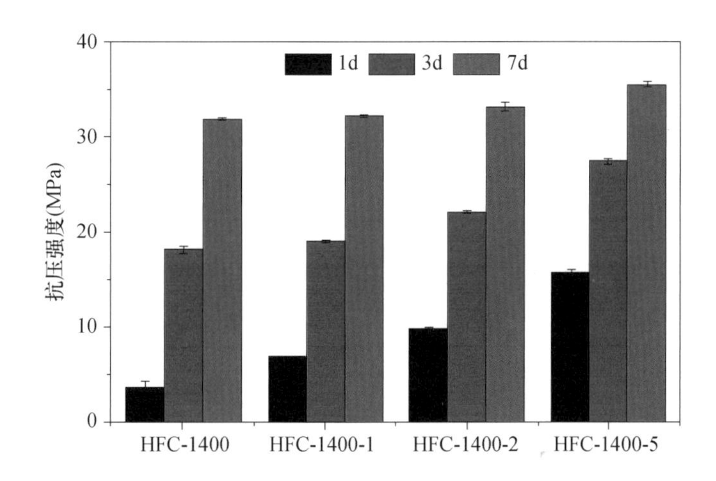

图 2-40　不同石膏掺量高铁低钙硅酸盐水泥的抗压强度

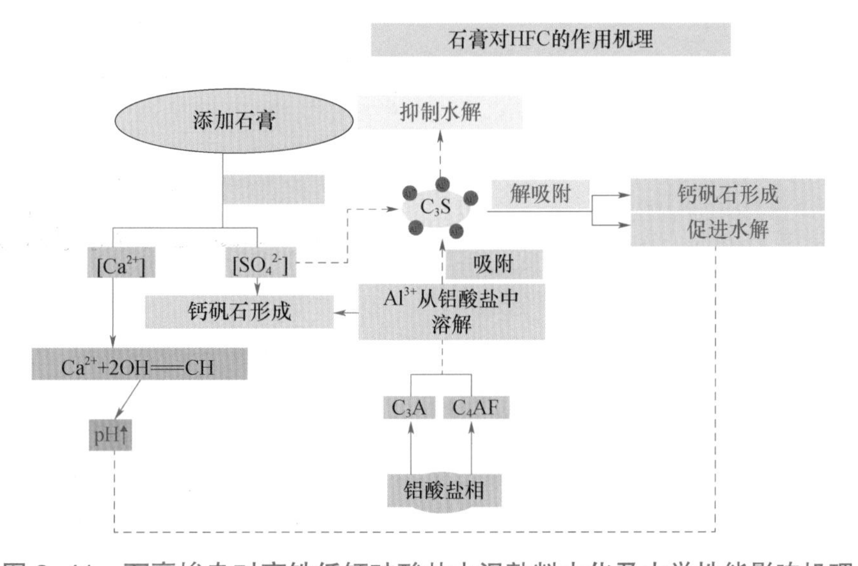

图 2-41　石膏掺杂对高铁低钙硅酸盐水泥熟料水化及力学性能影响机理

（1）溶解—沉淀过程。首先，在初始阶段，水化过程主要包含铝酸盐（C_3A 和 C_4AF）和石膏的水解。一方面，就 Al^{3+} 的存在而言，$[Al(OH)_4]^-$、Ca^{2+} 和 OH^- 反应生成水化铝酸盐。在未添加石膏样品的溶液中存在部分未反应的 Al^{3+}；另一方面，残留在细孔溶液中的 Al^{3+} 将被吸附到 C_3S 的表面。在没有石膏的 HFC 系统中，Al^{3+} 在 C_3S 表面的吸附会抑制 C_3S 的水化，从而导致较差的早期抗压强度。与参考样品相比，石膏样品的水化和力学性能存在明显差异，加入石膏与水合铝酸盐反应形成早强矿相——钙矾石，此外，石膏溶解产生的 SO_4^{2-} 可与溶液中的 Al^{3+} 有效结合形成钙矾石，减轻 Al^{3+} 的抑制作用，促进 C_3S 的水化。

（2）离子环境。石膏的添加改善了 HFC-G 的 pH。在不同的 pH 下 Al^{3+} 具有不同的形式，当 pH 高于 12 时，Al^{3+} 以 $[Al(OH)_4]^-$ 的形式存在。同时，Elizaveta 研究指出，在较高的 pH 条件下，C_3S 的表面具有较小的吸附能。较高的 pH 使得水化 C_3S 颗粒表面具有较高的电荷饱和度（Al-OH=O-Si 和 Al-OH=OH-Si），从而使得残留在溶液中的 Al^{3+} 难以吸附至其表面的活性位点，减缓了其对 C_3S 水化反应的影响，简而言之，添加石膏可以通过减少残留在溶液中的 Al^{3+} 和改善 pH 来有效改善对 C_3S 水解的阻滞作用，促进 C_3S 水解和钙矾石形成获得优异的早期力学性能。

（3）水化产物构成。水化产物中相的组成对机械性能的发展起着至关重要的作用，参比样品中的主要水化产物为未水化的颗粒，样品表面几乎没有 C-S-H 凝胶覆盖，随着石膏剂量的增加，可以发现在水化产物中生成更多的 C-S-H 凝胶，此外，石膏的添加促进了 AFt 的形成，C_3S 水化反应的增强和 AFt 的形成使早期强度提高。

2. 高铁低钙硅酸盐水泥熟料与 Q 相的匹配性和相互作用机制

Q 相具有早期强度高、抗氯离子侵蚀性能好的优点，通过 Q 相与高铁低钙硅酸盐水泥的复合有望改善高铁低钙硅酸盐水泥熟料的早期强度低的问题。通过对 Q 相水泥的烧成制度研究表明，其烧成温度约为 1330℃（图 2-42）。

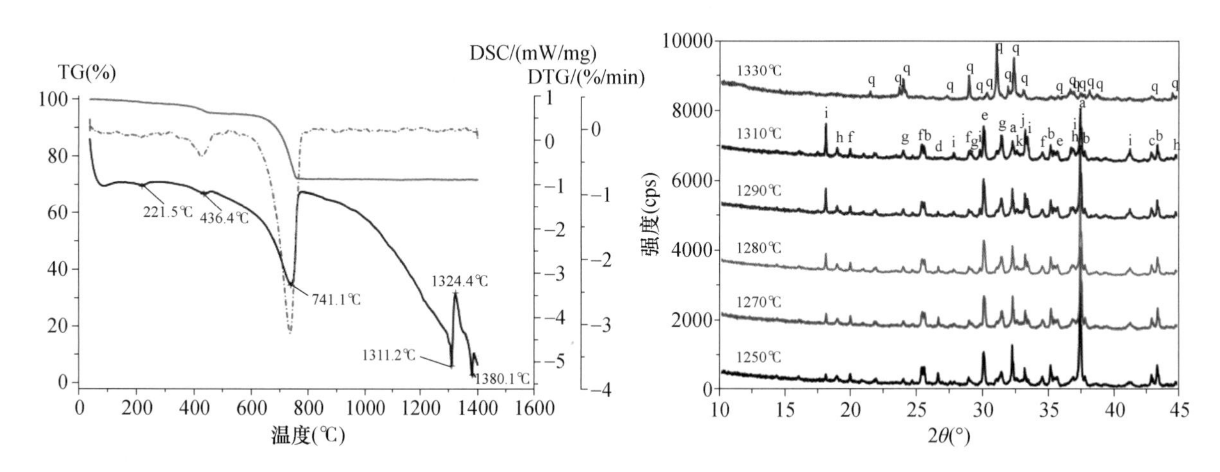

图 2-42　Q 相生料的 TG-DSC 曲线和不同温度下 XRD 曲线

图 2-43 为不同 Q 相与高铁低钙硅酸盐水泥熟料复合后抗压强度变化规律，从图中可以看出，Q 相的掺入可改善高铁低钙硅酸盐水泥熟料的早期强度，但掺入量过大对高铁低钙硅酸盐水泥的早期和后期强度均具有较大的负面影响。这可能与 Q 相水化产物主要为铝酸盐相，抑制了硅酸盐水泥熟料的水化反应进程有关。研究过程中还发现 Q 相的掺入量与高铁低钙硅酸盐水泥中石膏掺量存在一定关联。尽管大掺量 Q 相对高铁低钙硅酸盐水泥熟料性能改善存在一些问题，但在一些特殊服役环境下，如大坝泄洪道、污水管道、厂房地坪，Q 相可作为一种硅酸盐水泥完美的替代品，主要由于其具有快硬高早强、高耐磨、高耐硫酸盐侵蚀性。然而，Q 相尽管拥有这些优良的性能，但由于其生产成本高

（约为硅酸盐水泥的 5 倍），水化产物存在相变风险，因此一直仅应用于一些特殊环境中。通过对 Q 相的水化反应动力学与反应产物转变规律的研究，得出了一些结论，有利于促进 Q 相水泥的应用。

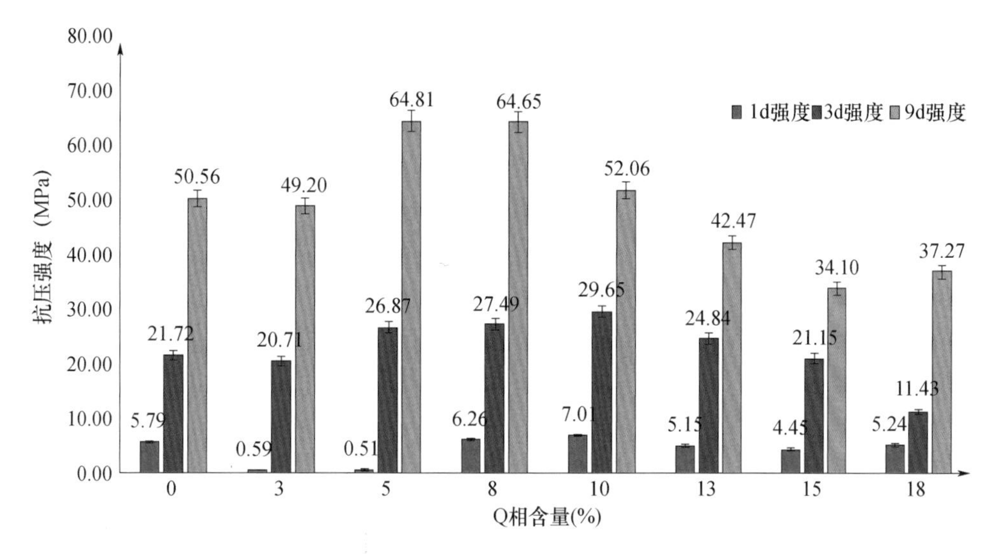

图 2-43 Q 相对高铁低钙硅酸盐水泥性能的影响

3. 高铁低钙硅酸盐水泥熟料与辅助胶凝材料匹配性和相互作用机制

研究了高铁低钙硅酸盐水泥分别复合粉煤灰（FA）、矿渣（SL）后的水化动力学过程及抗侵蚀性能，对 SL+FA、FA+SF（硅灰）和 SF+SL 等辅助胶凝材料复掺体系时所制备高铁低钙硅酸盐水泥（HFC）的水化也进行了进一步研究与分析，以获得不同辅助胶凝材料复合匹配时对高铁低钙硅酸盐水泥的水化和抗侵蚀性的影响规律。

图 2-44 分别为 20℃的环境下高铁低钙硅酸盐水泥 - 粉煤灰（HFC-FA）和普通硅酸盐水泥 - 粉煤灰（OPC-FA）的水化放热速率曲线图。在 HFC-FA 体系中，FA 掺量为 20%、40%、60% 的体系相比纯 HFC 第二放热峰出现时间分别延长 5.9%、12.9% 和 30.7%，而反观 OPC-FA 体系，不同掺量的体系

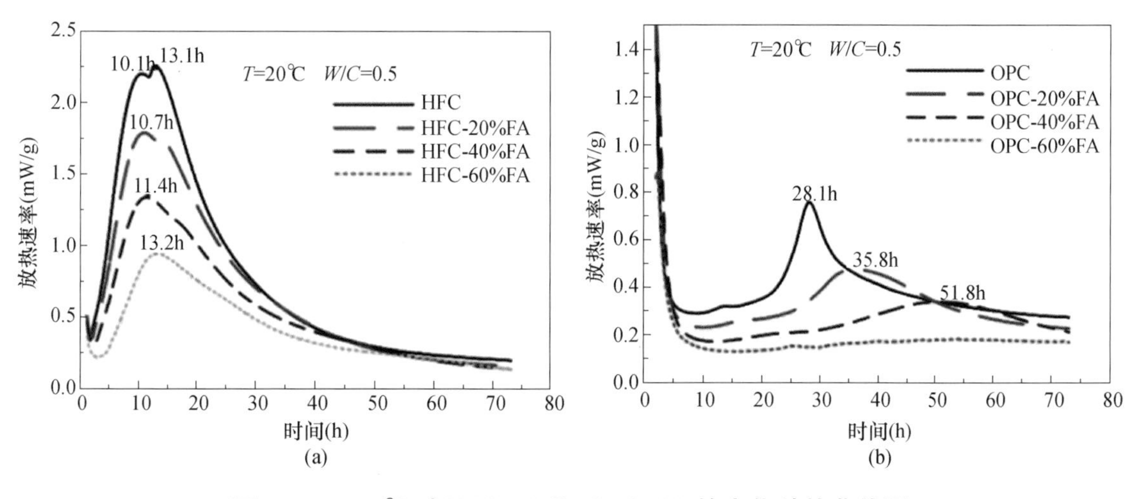

图 2-44 20℃时 HFC-FA 和 OPC-FA 的水化放热曲线图

相比纯 OPC 体系分别延长 27.4% 和 84.3%，60% 的体系甚至未出现明显的放热峰，这说明两种水泥体系中粉煤灰活性大小相差较大。OPC 中由于矿物相中含有较多的 C_3S，导致水化溶解时 Ca^{2+} 的溶解速度低于 HFC，孔溶液浓度达到饱和状态的时间延长，从而造成了 OPC-FA 体系第二放热峰出现时间延后，这对其后期的水化和强度发展是不利的，所以在常温下高铁相的 HFC-FA 体系的水化性能是要优于 OPC-FA 体系的。

40℃时 HFC-FA 和 OPC-FA 的水化放热速率如图 2-45 所示。提高水化温度加快了复合胶凝材料体系早期水化反应速率，明显缩短了诱导期结束时间及第二放热峰出现时间。在 HFC-FA 体系中，随着温度的提升，掺入 FA 后体系的第二放热峰出现时间与纯 HFC 体系几近相同，但放热峰的峰值仍随 FA 掺量的增加而递减，其加速期阶段的水化速率依次降低。在 OPC-FA 体系中，可看到温度的提升大幅度缩短了抵达第二放热峰的时间，并且掺量为 60% 的体系也出现了明显的放热峰，40℃体系的第二放热峰的峰值要比 20℃时增大 5~6 倍。这表明温度对于 OPC-FA 体系而言提升效果显著，OPC-FA 对于温度的敏感性要高于 HFC-FA。

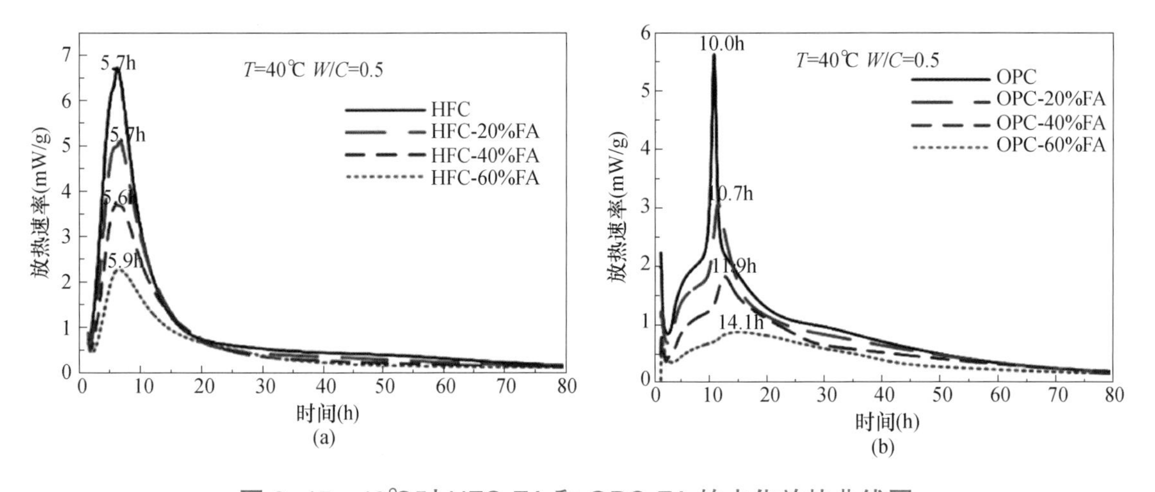

图 2-45　40℃时 HFC-FA 和 OPC-FA 的水化放热曲线图

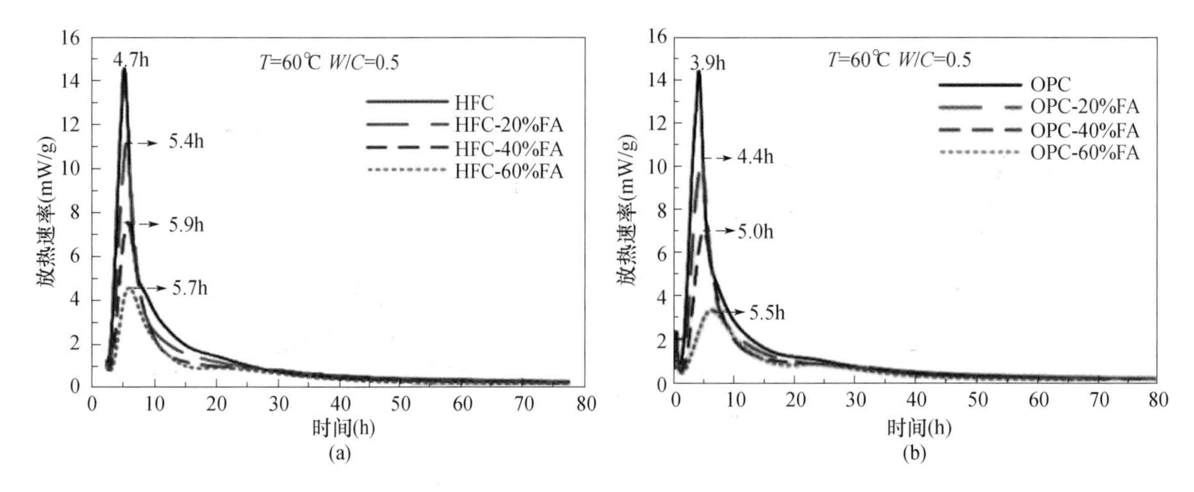

图 2-46　60℃时 HFC-FA 和 OPC-FA 的水化放热曲线图

60℃时 HFC-FA 和 OPC-FA 的水化放热速率如图 2-46 所示。而在 OPC-FA 体系中，升温使体系抵达放热峰的时间大大缩短，且在 60℃时，二者的水化放热峰出现时间相差无几。水化温度从 40℃提升到 60℃后，HFC-FA 体系的水化放热提升程度要高于纯 HFC 体系的提升程度。而对于 OPC-FA 体系而言，60℃时放热量没有 20℃到 40℃提升巨大，但温度仍对体系起到极大的促进作用，温度上升加速了粉煤灰玻璃网络结构的破坏速率，SiO_4^{4-} 更容易解聚，粉煤灰活性得到激发，也使得火山灰效应加快。

图 2-47 所示为 20℃环境下 HFC-SL 和 OPC-SL 的水化放热速率曲线图。从图 2-47 中可以看出，在 HFC 体系中，随着 SL 掺量的增加，第二放热峰峰值降低，体系的水化放热速率随着掺量的增加而逐渐降低，HFC-60%SL 体系的放热峰峰值仅为纯 HFC 体系的 1/2。在纯 HFC 中，水泥水化出现第二放热峰和第三放热峰，二者分别对应着 C-S-H 的形成以及 AFt 的重新生成。掺入矿渣后，矿渣表面也会吸附一定数量的 Ca^{2+}，延缓水泥的水化，但因为矿渣的活性高于粉煤灰，水泥水化释放的碱和硫酸盐离子可以激发矿渣活性，因而延迟效果不如粉煤灰明显。随着矿渣替代百分比的增加，HFC 的含量降低导致水泥熟料中 C_3S 含量降低，延缓了 C-S-H 的形成过程。因此，随着矿渣含量的增加，第二放热峰逐渐消失，第三放热峰不断提前，峰值Ⅱ逐渐与峰值Ⅲ相同。待加速期过后，SL 掺量较高的 HFC 体系由于 SL 的火山灰效应加速水化从而率先结束减速期阶段，并且其水化反应速率高于纯 HFC 体系，利于其后期结构强度的发展。

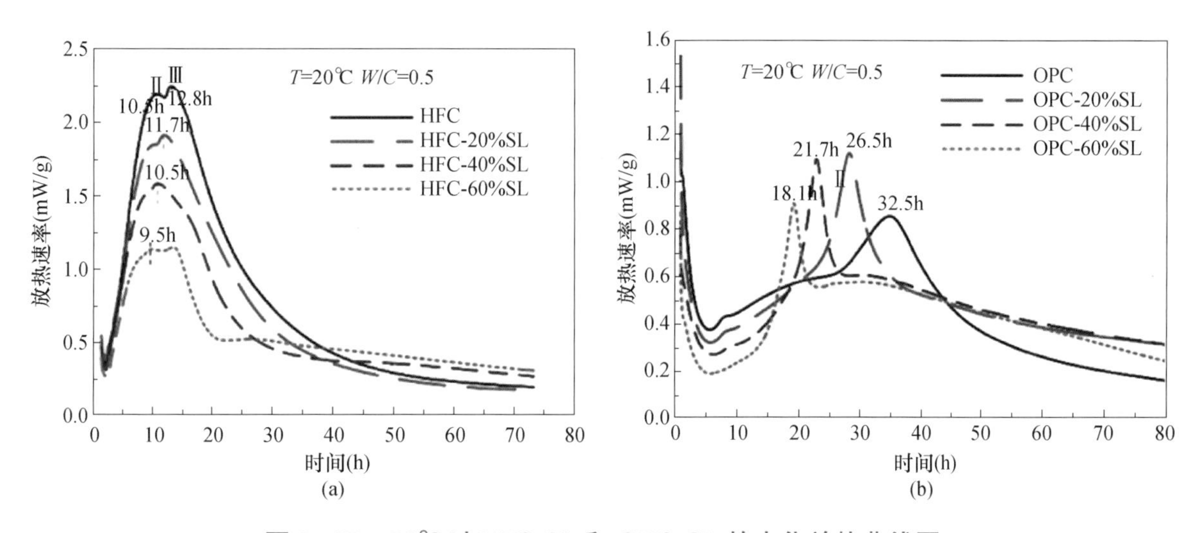

图 2-47 20℃时 HFC-SL 和 OPC-SL 的水化放热曲线图

在 OPC-SL 体系，掺入矿渣后明显加速体系水化，并且其促进效果要高于 HFC-SL 体系。这表明 SL 对于 OPC 主要有两个作用，一是 SL 掺量的增高减少了水泥的质量百分比，水泥熟料中 C_3S 的含量减少；二是因为 SL 的火山灰效应消耗 $Ca(OH)_2$，促进了水化进程，水化速率加快。整体而言，OPC-SL 的水化速率要远低于 HFC-SL，水化过程缓慢，其水化性能不如 HFC-SL 体系。

40℃时 HFC-SL 和 OPC-SL 的水化放热速率如图 2-48 所示。温度对于水泥 - 矿渣体系的影响与水泥 - 粉煤灰体系不尽相同，但是可看到在较高温度下，水泥 - 矿渣体系的诱导期结束时间和第二放热峰出现的时间均比水泥 - 粉煤灰体系的要提前，说明水泥 - 矿渣体系对水化温度的敏感性更低，升高温度对于水泥 - 矿渣体系而言水化促进作用相对更大。

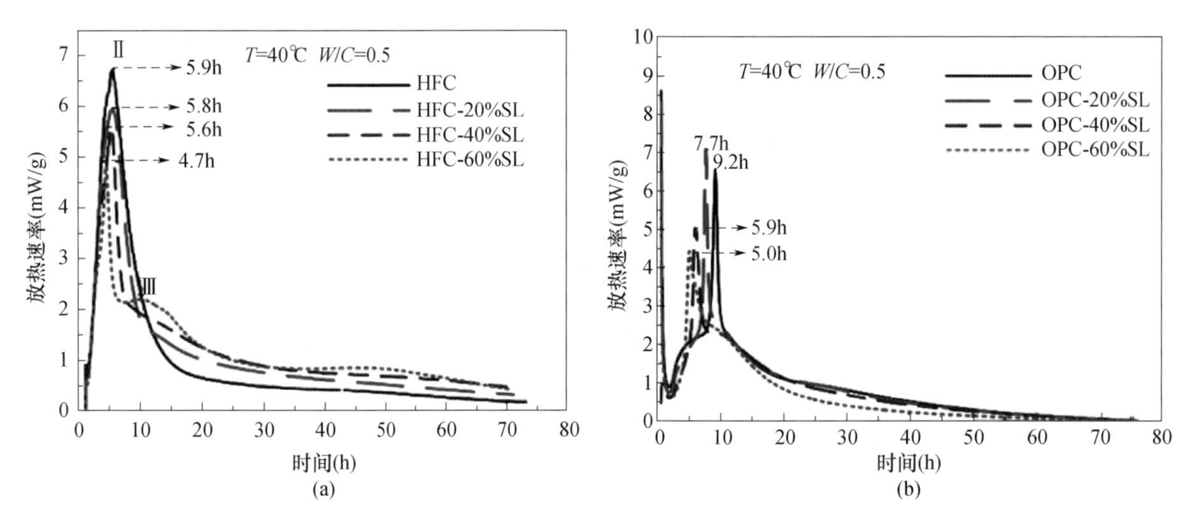

图 2-48 40℃时 HFC-SL 和 OPC-SL 的水化放热曲线图

如图 2-48 所示，HFC-SL 体系的水化放热速率在减速期阶段迅速增加，并且 SL 掺量为 20%、40%、60% 的体系的 3d 累计放热量相比于纯 HFC 体系分别提高了 12.7%、19.4%、19.3%。尤其在 HFC-60%SL 体系中，可看到在 10.9h 左右出现放热峰Ⅲ，但其峰值的强度远低于峰值Ⅱ。这是因为提升温度促进了 C-S-H 的形成，导致水化产物中 C-S-H 的含量增加，溶液中一定数量的 SO_4^{2-} 也会可逆地与 C-S-H 相结合，从而使形成 AFt 的硫酸盐数量变少，造成放热峰Ⅲ出现时间延迟并且峰值降低。而在 OPC-SL 体系中，水化放热曲线没有第三放热峰的出现，并且减速期阶段的水化不如 HFC-SL 反应剧烈，水化后期反应速率较慢。

60℃时 HFC-SL 和 OPC-SL 的水化放热速率如图 2-49 所示。在 HFC-SL 体系中，随着温度继续升高，在 SL 掺量为 40% 和 60% 的体系里均出现放热峰Ⅲ，且放热峰峰值增加，出现时间提前。并且在 HFC-60%SL 体系中可看到在水化 15h 左右出现放热峰Ⅳ。这一放热峰对应 AFt 向 AFm 的转化过程，在此之前的体系放热峰Ⅳ均隐藏在放热峰Ⅱ和放热峰Ⅲ下。温度的提高以及高掺量的矿渣促进了从 AFt 到 AFm 的强烈转化，从而使放热峰Ⅳ凸现出来，该体系的水化速率为 HFC-SL 体系中最快的，表明放热峰的出现促进了水化进程。在 OPC 体系中，高掺量矿渣会产生抑制效应阻碍水化进行。这表明在高温的环境下，在 HFC 中掺入矿渣后虽不能大幅度降低其水化放热量，但是可以为后期水化产物的发展提供较为良好的发展环境，有利于其后期结构强度的发展。

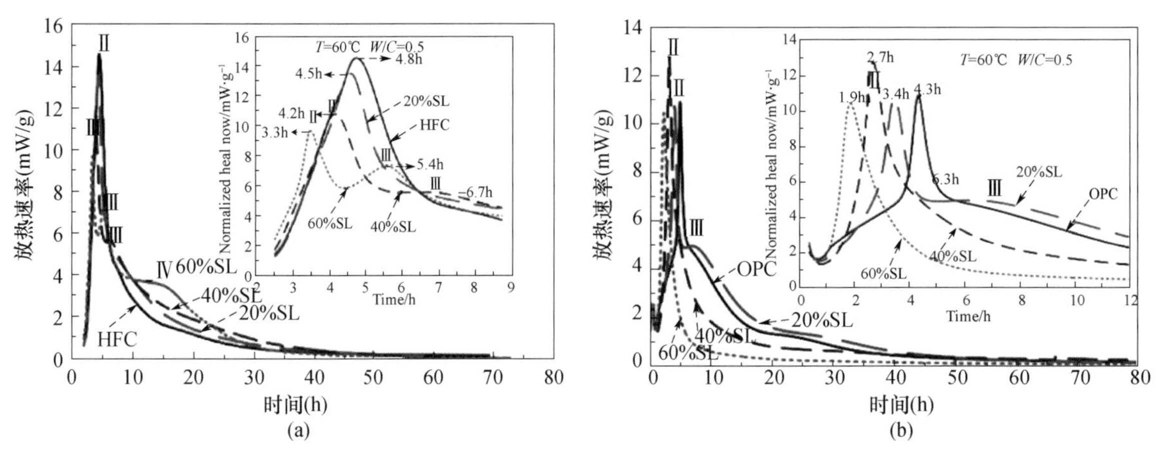

图 2-49 60℃时 HFC-SL 和 OPC-SL 的水化放热曲线图

如图 2-50 所示，分别为 20℃时，SL+FA、SF+FA、SF+SL 与高铁低钙硅酸盐水泥体系的水化速率图，探讨复掺体系对水化过程的作用。结果表明，复掺辅助胶凝材料呈现的水化放热规律如下：(1) SF-FA-HFC 体系降低水化热较 SF/SL 明显，且放热过程平缓；(2) 硅灰与粉煤灰、矿粉分别进行复掺时，到达第二放热峰的时间缩短，在加速期的放热速率与纯水泥几乎重合；(3) 不同比例的两种矿物掺合料进行复掺，在降低水化热以及水化反应速率的差别较小，因此在实际生产中考虑到硅灰的经济成本较高，则可采用硅灰掺量为 5%；(4) SF+FA 两两组合复掺体系的减少放热量不如 FA-HFC 体系明显，但要优于 SF-HFC 体系减少放热量的效果。

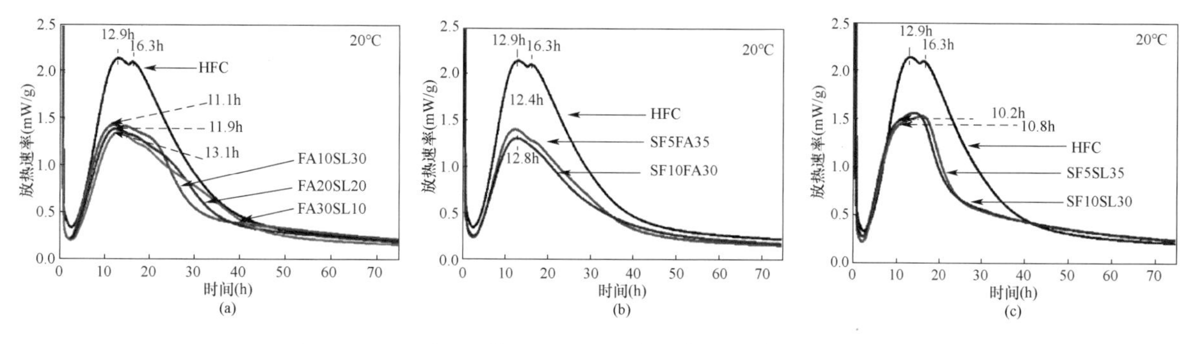

图 2-50　20℃矿物掺合料复掺对水泥早期水化的影响

如图 2-51 所示，分别为 40℃时，SF+SL、SF+FA、SL+FA 与 HFC 体系的水化速率图。结果表明，(1) 40℃时 FA-SL-HFC 体系中，随着 FA 替代量的变化，水化放热速率减慢；(2) FA+SL 分别为 10%、30% 时，到达第二放热峰的时间缩短，加速期的放热速率与纯水泥几乎重合，还有超越的部分，其他两种配比的体系则与之相反，而在 20℃时，FA-SL-HFC 体系中，三种不同配比体系的差别较小以及加速期所用时间都较纯水泥早。水化温度为 40℃和掺合料的配比发生变化时，对粉煤灰 - 矿粉、硅灰 - 矿粉水泥体系的水化过程影响较大。主要是由于温度的提高，激发了矿物相的活性，两者的叠加效应也更加明显，使掺比发生改变后，水化速率曲线和累积放热量曲线有较大变化。

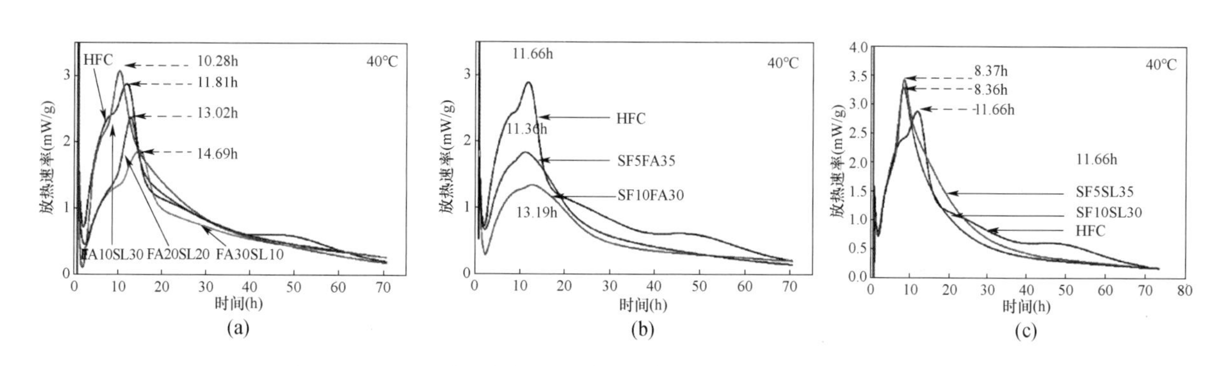

图 2-51　40℃矿物掺合料复掺对水泥早期水化的影响

将掺合料复掺的体系于 20℃水中养护 28d，具体电通量变化如图 2-52 所示。SF 分别与 SL/FA 复掺，水泥体系于 20℃水养护 28d 电通量几乎在 1000C 左右，而 FA+SL 的复掺体系 28d 电通量较高。这主要是由于硅灰的比表面积比矿粉、粉煤灰大，硅灰与粉煤灰 / 矿粉复掺有较好的兼容性和互补性。而

SL+FA 复掺的效果并不明显，则是因为它们相互间的叠加效应较小，这可能与比表面积相差不大的原因有关，说明适当的复掺对提高抗氯离子渗透性是有显著效果的。

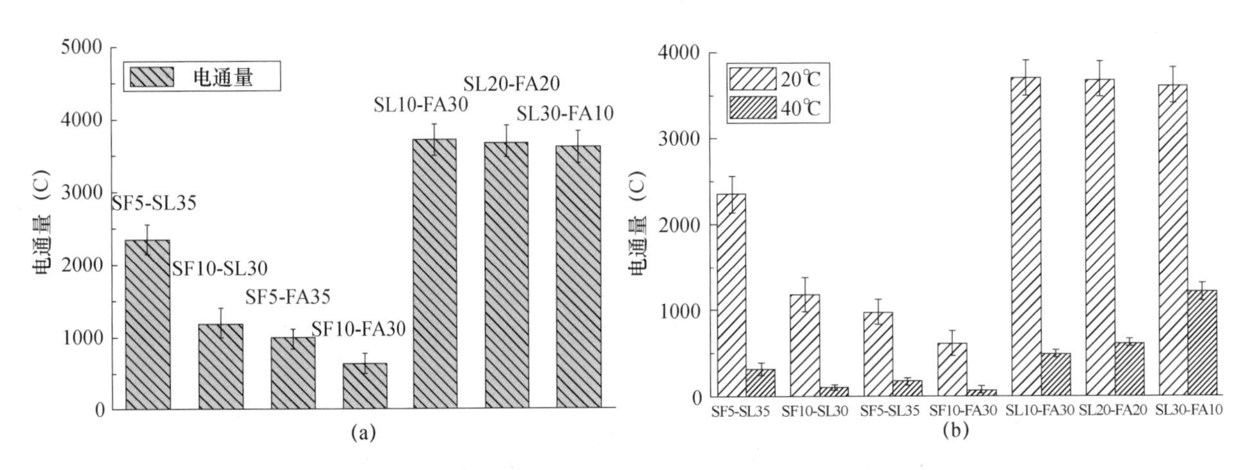

图 2-52　SF/SL/FA 复掺和养护温度对 HFC 在 28d 电通量的影响

养护温度的变化对 SF/SL/FA 复掺体系抗氯离子渗透性的影响如图 2-52 所示。随着温度的提高，不同复掺体系的电通量都大幅度减小。40℃时，几乎所有复掺配比体系的 28d 电通量均不超过 1000C。对于 SF-SL-HFC 体系，当硅灰分别为 5% 和 10%，体系在 40℃时 28d 电通量较 20℃养护下降到了 311C、96C，分别降低了 86.8%、91.9%；对于 SF-FA-HFC 体系，当 SF 替代量分别为 5% 和 10% 时，体系在 40℃时 28d 电通量较 20℃养护下降到了 167C、45C，分别降低了 85.2%、89.3%；对于 SL-FA-HFC 体系，当 SL 替代量分别为 10%、20% 和 30% 时，体系在 40℃时 28d 电通量较 20℃养护下降到了 480C、600C 和 1207C，分别降低了 94.1%、83.7% 和 66.6%。这主要是矿物掺合料两两复掺时所发挥的“叠加效应”以及养护温度的提高使水化加速、矿物掺合料的活性大大增加的缘故，使体系在 40℃抗氯离子渗透性大大提高。从图 2-52 中可知，FA+SL 复掺体系在 20℃养护下 28d 电通量较高，抗氯离子渗透性一般，但当养护温度变为 40℃时，28d 电通量几乎不超过 1000C。表明温度的提高，使具有较差抗氯离子效果的体系的电通量显著降低，达到海工建筑要求。

如图 2-53 所示，分别表示浓度为 5%Na_2SO_4 溶液中复掺体系的抗折强度、抗压强度以及抗侵蚀系数 *K* 随着养护时间的变化。结果表明，硅灰分别与粉煤灰、矿粉复掺水泥体系，（1）随着浸泡龄期的延长，SF-FA-HFC 体系的抗折强度、抗压强度于 90d 前增加，90d 后降低；（2）SF-FA-HFC 体系的抗硫酸盐侵蚀系数随着浸泡时间的延长，在 90d 前增加，90d 后降低；SF-SL-HFC 体系的抗硫酸盐侵蚀系数随着浸泡时间降低；（3）随着硅灰掺量的增加，SF-FA-HFC 体系的抗侵蚀系数变化较小，SF-SL-HFC 体系的抗侵蚀系数变化较大；（4）SF-FA-HFC 体系的抗侵蚀系数明显优于 SF-SL-HFC 体系，抗折强度和抗压强度亦如此，与前面氯离子渗透性试验结果一致；（5）与单掺矿物掺合料相比，多掺体系的效果优于 SL / FA 单掺体系，并且耐硫酸盐性能得到改善。对于 FA+SL 复掺水泥体系：（1）SL-FA-HFC 体系的抗折强度、抗压强度与抗侵蚀系数在 150d 前增加，150d 后降低；（2）FA+SL 复掺时的适宜替代量应各为 20%；（3）与单掺矿物掺合料相比，多掺体系的效果优于 SL / FA 单掺体系，并且耐硫酸盐性能得到改善。

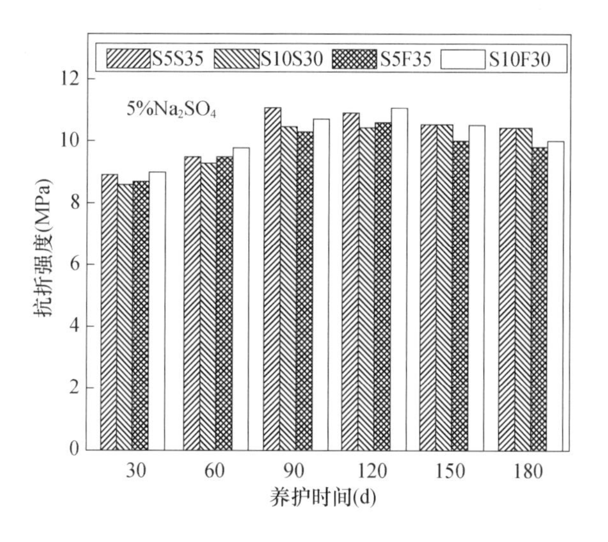

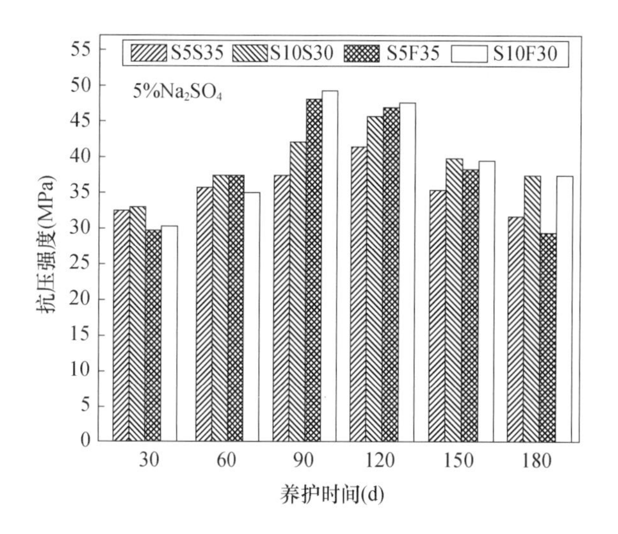

(a) 5%Na_2SO_4溶液养护中SF-FA/SL-HFC体系的抗折与抗压强度

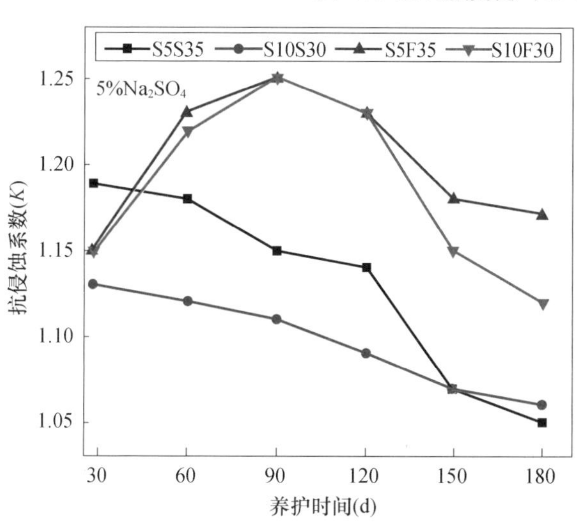

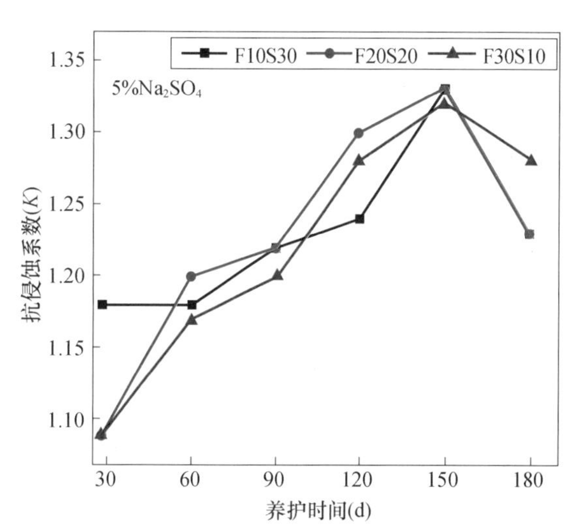

(b) 5%Na_2SO_4溶液养护中SF-FA/SL-HFC体系和FA-SL-HFC体系的抗侵蚀系数变化

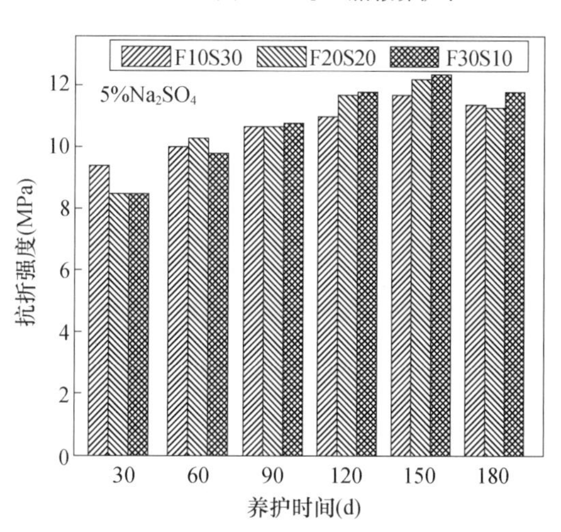

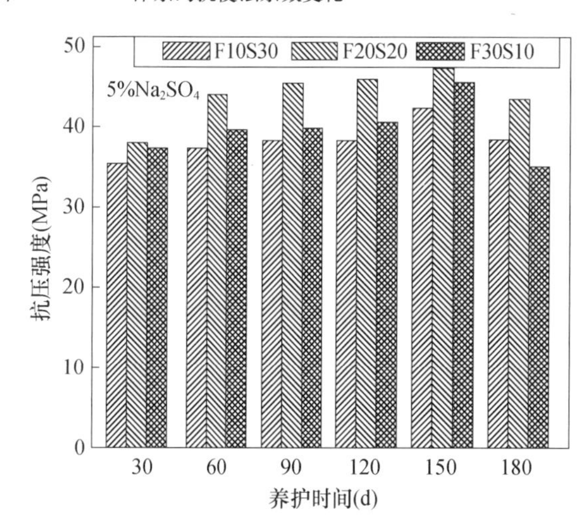

(c) 5%Na_2SO_4养护中FA-SL-HFC体系的抗折强度与抗压强度

图 2-53 复掺体系水泥在 5%Na_2SO_4 中的系列变化趋势

如图 2-54 所示，分别表示浓度为 5%$MgSO_4$ 溶液养护中矿物掺合料复掺水泥体系的抗折强度、抗压强度以及抗侵蚀系数 K 的变化。SF 分别与 FA、SL 复掺水泥体系，（1）SF-SL-HFC 体系的抗折强度、抗压强度和抗侵蚀系数在 90d 前增加，90d 后降低；SF-FA-HFC 体系抗折强度、抗压强度和抗侵蚀系数在 120d 前随着时间的延长增加；（2）随着 SF 替代量的增加，SF-FA-HFC 体系的抗侵蚀系数和 SF-SL-HFC 体系的抗侵蚀系数变化较小；（3）SF-FA-HFC 体系的 90d 前的抗侵蚀系数高于 SF-SL-HFC 体系，90d 后的抗侵蚀系数低于 SF-SL-HFC 体系；（4）体系的抗折强度和抗压强度比浓度分别为 5% 的 Na_2SO_4 和 NaCl 溶液低，表明试块在浓度为 5%$MgSO_4$ 溶液中的破坏程度较大，抗侵蚀性能低。对于 FA+SL 复掺体系，（1）FA-SL-HFC 的抗折强度、抗压强度与抗侵蚀系数在 90d 前增加，90d 后降低；（2）随着 FA 替代量的增加，抗折强度、抗压强度和抗侵蚀系数表现为先升高后降低，总体而言，FA+SL 复掺时的适宜替代量应各为 20%；（3）复掺体系与单掺体系相比，复掺体系的效果优于 SL/FA，抗硫酸盐侵蚀性能提高。

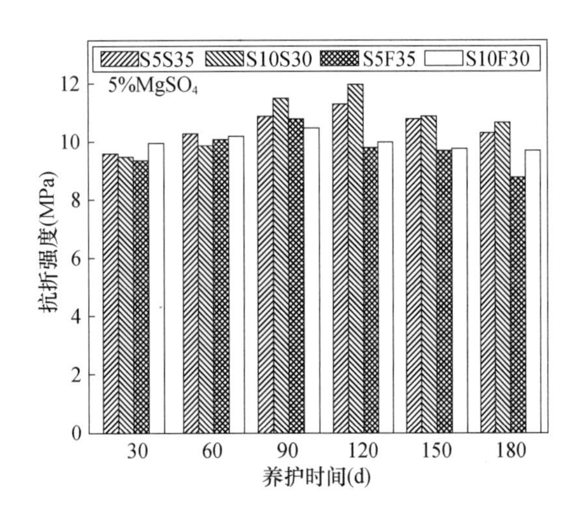

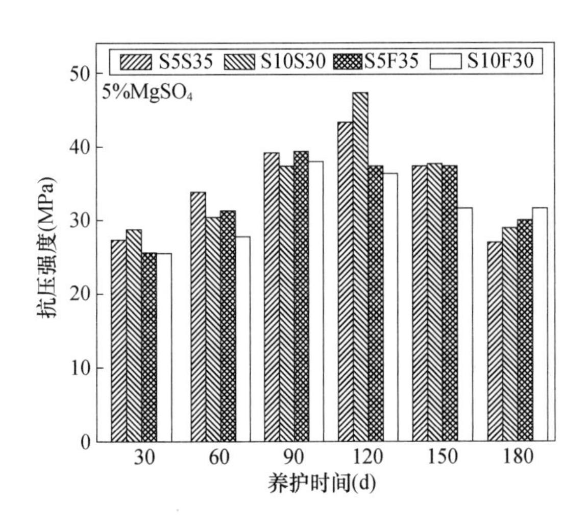

（a）浓度为5%$MgSO_4$溶液养护中SF-FA/SL-HFC体系的抗折强度与抗压强度

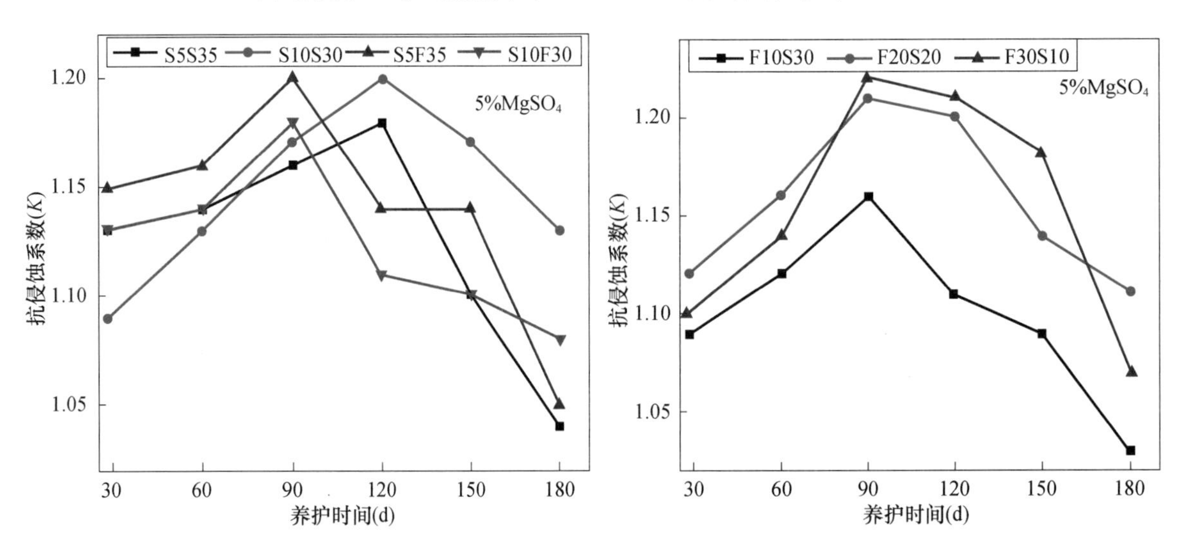

（b）浓度为5%$MgSO_4$溶液养护中SF-FA/SL-HFC和FA-SL-HFC体系的抗侵蚀系数变化

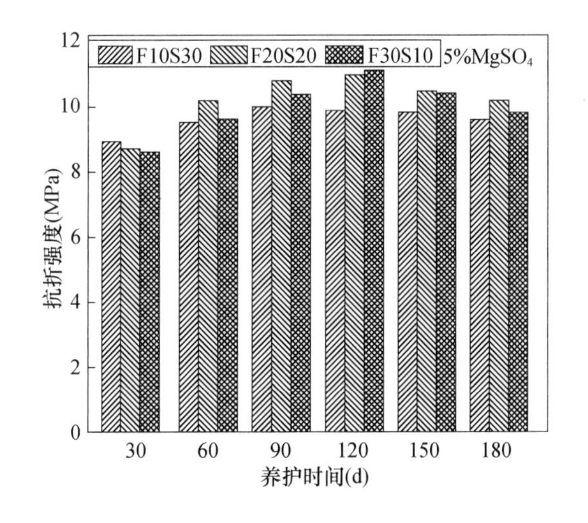

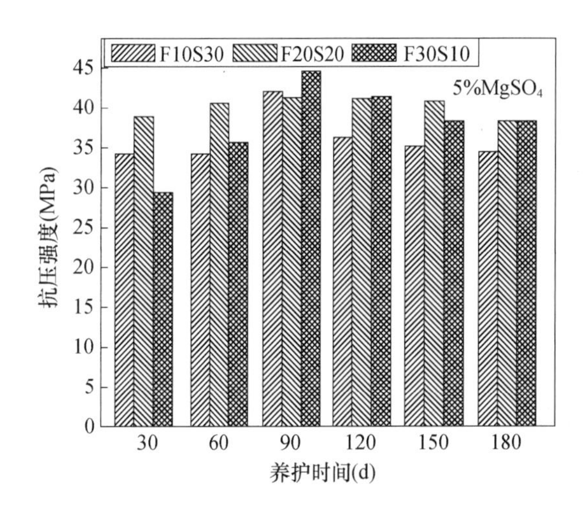

（c）浓度为5%$MgSO_4$溶液养护中FA-SL-HFC体系的抗折强度与抗压强度

图 2-54　复掺体系水泥在 5% $MgSO_4$ 溶液中的系列变化趋势

依据静电吸附原理，研究还根据矿物掺合料特性开发出了具有捕获氯离子功能的外加剂 TCPS，其技术原理与合成方法如图 2-55 所示。

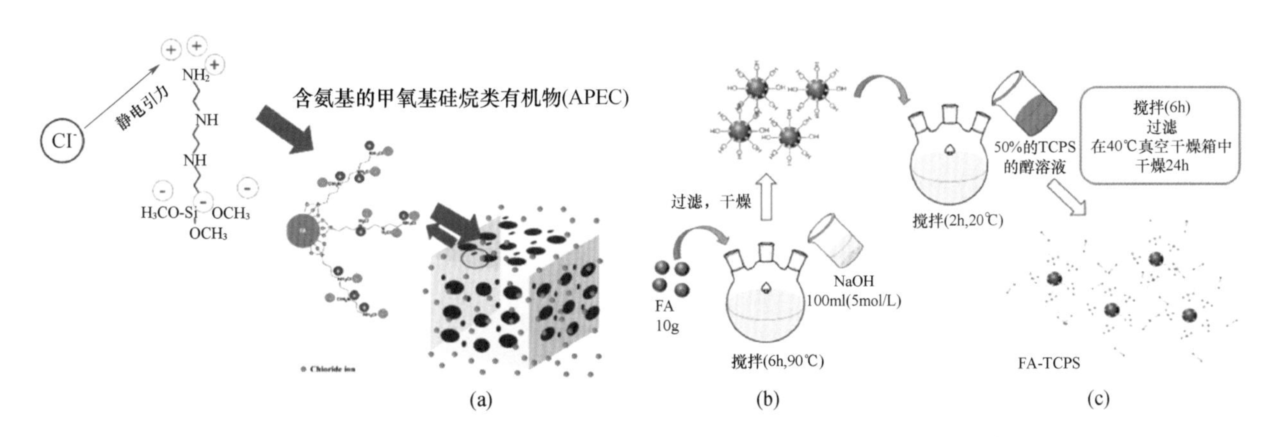

图 2-55　具有氯离子捕获功能的复合外加剂设计与制备技术示意图

以 90℃激发的粉煤灰 -TCPS 为例［图 2-56（a）］，当掺入 1%FA-TCPS 时，高铁低钙硅酸盐水泥氯离子扩散系数显著降低，进一步增加其掺量时，氯离子扩散系数显著降低，达到 $10^{-14}m^2/s$ 量级，此外还研究了将 TCPS 负载到不同矿物掺合料后对氯离子的阻滞效果［图 2-56（c）］，结果表明其均能显著降低氯离子在水泥中的扩散系数，进而提升水泥样品的耐久性。

本节研究了高铁低钙硅酸盐水泥与石膏、Q 相水泥、辅助胶凝材料以及辅助功能材料的匹配性和相互作用机制。石膏溶解产生的 SO_4^{2-} 可与体系中的 Al^{3+} 有效结合形成钙矾石，减弱 Al^{3+} 对 C_3S 水化的抑制作用；同时石膏可以改善体系中 pH 的演化，有利于 C_3S 的水化反应。因此，石膏的添加通过改善高铁低钙硅酸盐水泥矿相的溶解 - 沉淀过程和体系的 pH 显著提高高铁低钙硅酸盐水泥的早期力学性能。Q 相水泥的掺入亦可改善高铁低钙硅酸盐水泥熟料的早期强度，但掺入量过大对高铁低钙硅酸盐水泥的早期和后期强度均具有较大的影响。对辅助胶凝材料的掺入研究发现，FA 的惰性填充作用大于化学反应带来的影响，造成 FA 掺量较高的 HFC-FA 体系水化速率显著降低；SL 掺量较高的 HFC 体系水化反应速率高于纯 HFC 体系，SL 的掺入利于其后期结构强度的发展；与单掺矿物掺合料相比，多掺体系的效果优于 SL/FA 单掺体系，并且耐硫酸盐性能得到改善。此外，外加剂 TCPS 可以显著降低氯离子在水泥中的扩散系数，进而提升水泥样品的耐久性。

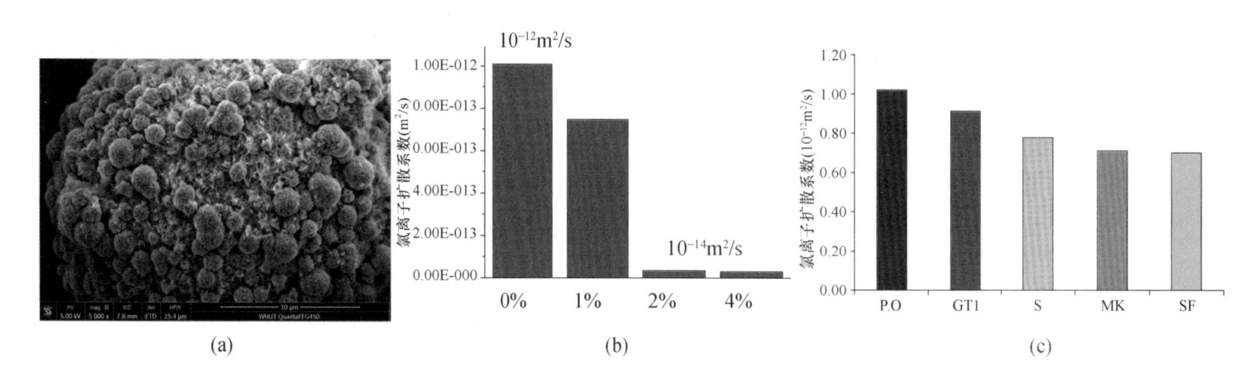

图 2–56　具有氯离子捕获功能的复合外加剂在高铁低钙硅酸盐水泥中的应用效果

2.1.3　高铁低钙硅酸盐水泥生产技术与示范应用

研究结论表明，C_4AF 具有很好的抗侵蚀和耐冲磨性能，通过对温度、碱度及烧成制度的调控，可有效提高高抗蚀硅酸盐水泥熟料铁相的水化速度和水化程度，增加其水化产物的稳定性，提升早期强度。此外，熟料中钙含量低，饱和系数低，形成的 C_3S 含量低，C_2S 含量相对较高，有利于熟料后期强度提高；同时，高抗蚀硅酸盐水泥熟料中铁含量高，钙含量低，铝含量低，形成贡献水化热值的 C_3A 低，且 C_3S 含量低，熟料水化热也较低。利用广西鱼峰水泥股份有限公司 1 号生产线（2000t/d）“湿磨干烧”的特殊生产工艺，结合高抗蚀硅酸盐水泥的关键指标，通过不断调整水泥生料的配方、熟料烧成工艺，以达到能烧制出化学成分合适、矿物晶体良好的熟料，以此为基础，进而磨制出达到要求的水泥，如图 2-57 所示。

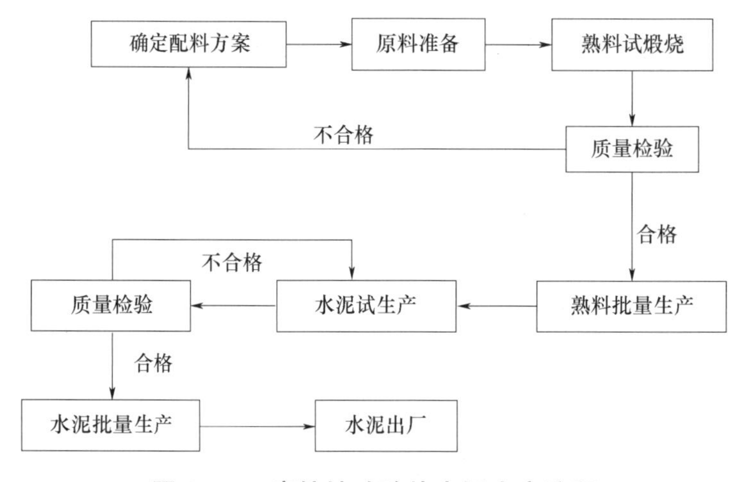

图 2–57　高抗蚀硅酸盐水泥生产流程

1. 工艺参数优化

高抗蚀硅酸盐水泥熟料，是一种高铁低钙熟料，饱和比低，易烧性好，煅烧烧结范围窄，在前期大量试生产高铁低钙硅酸盐水泥熟料的基础上，对窑煅烧工艺的关键参数控制范围如下：入窑料浆的含水率为 33%~36%，料饼的含水率为 18%~20%，生料粉细度 0.08mm 筛余量为 20%~28%；熟料煅烧时分解炉温度为 855~865℃；窑头用煤量 5.4~6.2t/h；窑转速控制在 3.4~3.6r/min；二次风温 1100℃，三次风温 960~990℃；窑主机电流 50%~60%，参数情况如图 2-58 所示。

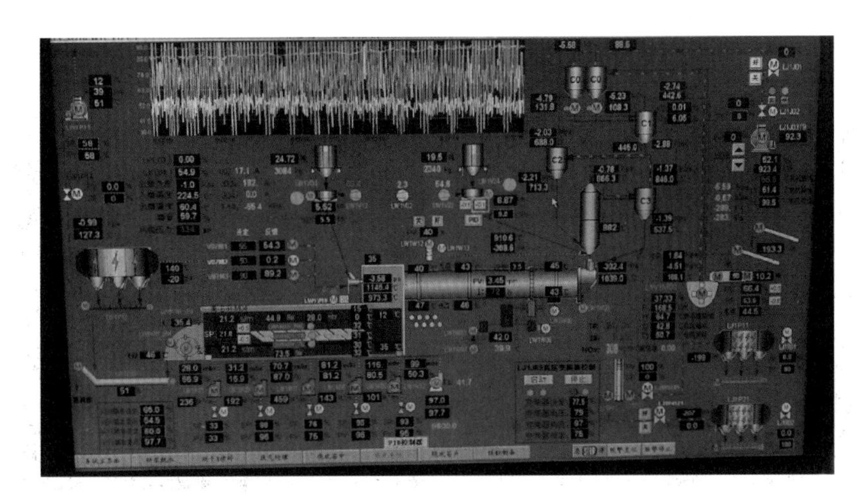

图 2-58　高铁低钙硅酸盐水泥熟料生产工艺参数情况

2. 水泥粉磨工艺改造与优化

原采用的降温措施仅为磨外喷水，对物料适应性较差，因此，对入磨物料要求较严格：一是入磨熟料粒度要求严格，粒度变化大时，比表面积难以控制在范围之内；二是熟料温度要求，因熟料温度较高，经常在 100~200℃范围内波动，温度高时，致使水泥磨包球包煅严重。结合实际情况，对水泥粉磨系统进行了优化，具体如下：对原有的隔仓篦缝进行了调整，将原来的篦缝宽度减小了 2mm；采用水泥磨磨内喷水技术、化学激发技术、高效磨内筛分等系列水泥绿色制成技术，提升粉磨效率与稳定性；磨尾排风机工频控制改为变频控制，操作人员能更及时根据磨况变化情况进行调整。

3. 生料与熟料设计优化

根据高抗蚀硅酸盐水泥的指标要求以及原、燃材料情况和湿磨干烧的工艺特点，设计熟料率值为 LSF：89 ± 1.5，SM：2.2 ± 0.1，IM：0.8 ± 0.1，通过不断优化工艺参数，煅烧出的熟料各项性能见表 2-3。

表 2-3　各工艺条件下高抗蚀硅酸盐水泥熟料质量情况

编号	C_3S	C_2S	C_3A	C_4AF	比表面积（m^2/kg）	3d 抗压强度（MPa）	28d 抗压强度（MPa）	7d 水化热（kJ/kg）
a	45.83	33.15	0.41	20.15	315	21.9	54.2	250
b	48.89	26.85	0.01	21.97	352	24.3	53.0	236
c	45.35	30.26	1.21	18.55	360	23.3	53.9	240
d	47.22	27.92	0.001	22.28	356	24.1	54.2	230

编号为 a 的熟料岩相分析表明，烧成和冷却都控制得较好，B 矿的含量比较高，结晶情况良好，基本不存在分解、溶蚀、包裹物、裂纹等不良的晶体结构，自形程度比较高；A 矿少部分发生溶蚀、有树枝状，说明还有少量的还原气氛；存在游离钙矿槽，表明生料样的细度有少量细度较大颗粒。编号 b、c、d 岩相的大致状况和编号 a 相似，只是圆形 B 矿颗粒的含量有差别（图 2-59）。从岩相来看，熟料矿物晶体存在一些缺陷。经过多次生产高抗蚀硅酸盐水泥熟料情况，对配料方案进行了少量调整，生产的熟料矿物 C_3S 含量在 45.35%~48.89%，C_4AF 含量 18.08%~22.28%，熟料 28d 强度达到 51.2~54.2MPa。水泥熟料比表面积控制在 320~350m^2/kg 时，3d 抗压强度为 23.0~24.5MPa，28d 抗压强度为 52.5~54.8MPa（表 2-4）。

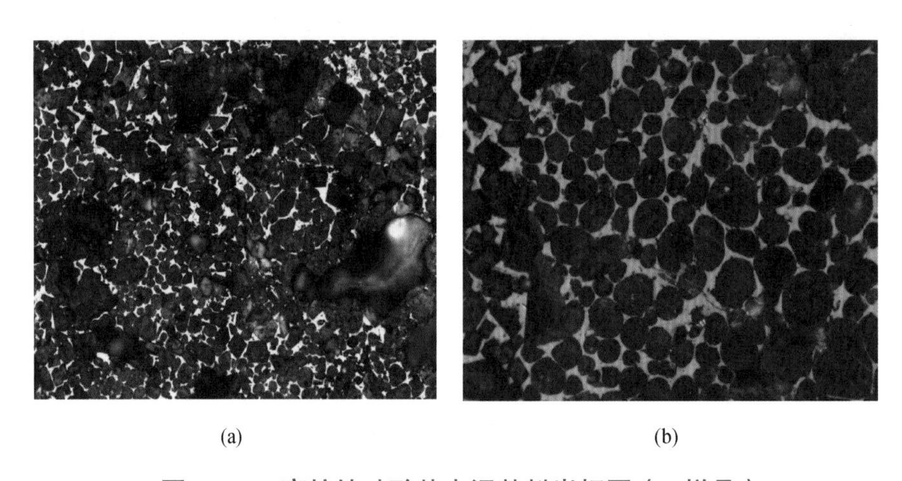

(a)　　(b)

图 2–59　高抗蚀硅酸盐水泥熟料岩相图（a 样品）

表 2–4　高抗蚀硅酸盐水泥质量情况

项目	比表面积 (m^2/kg)	SO_3 (%)	烧失量 (%)	初凝 (min)	终凝 (min)	T_3 (MPa)	T_{28} (MPa)	R_3 (MPa)	R_{28} (MPa)
1	300~320	2.05~2.30	0.72~0.92	172~184	220~251	4.2~4.6	7.4~8.9	19.5~24.2	50.4~54.1
2	320~350	2.12~2.28	0.68~0.85	172~184	223~250	4.5~4.8	8.1~8.8	23.0~24.5	52.5~54.8

2.2 高抗蚀硅酸盐水泥制备海洋工程预制构件技术

2.2.1 蒸养条件下高铁低钙硅酸盐水泥水化产物组成及微结构演变

1. 蒸养条件下高铁低钙硅酸盐水泥水化产物组成

不同温度下高铁低钙硅酸盐水泥与普通硅酸盐水泥的 3d 水化产物的 XRD 如图 2-60 所示。在 3d 龄期时，高温蒸养的两种硅酸盐水泥水化产物中氢氧化钙的特征衍射峰明显增强，与此同时 C_3S 在 29.3° 和 34.3° 附近的特征衍射峰强度显著下降，表明两种硅酸盐水泥中 C_3S 水化速率随着温度的上升而明显提高，并生成更多的氢氧化钙。普通硅酸盐水泥中 9° 左右的钙矾石和 10° 左右的 AFm

特征衍射峰随着养护温度的提高而分别减弱和增强，而在高铁低钙硅酸盐水泥中，温度的提升使得钙矾石的特征衍射峰几近消失，但是 AFm 的特征衍射峰并未加强，仍然保持在很微弱的水平上。对于普通硅酸盐水泥，高温促进了生成更多的 AFm，而高铁低钙硅酸盐水泥中 AFm 并未随温度升高而显著增多。

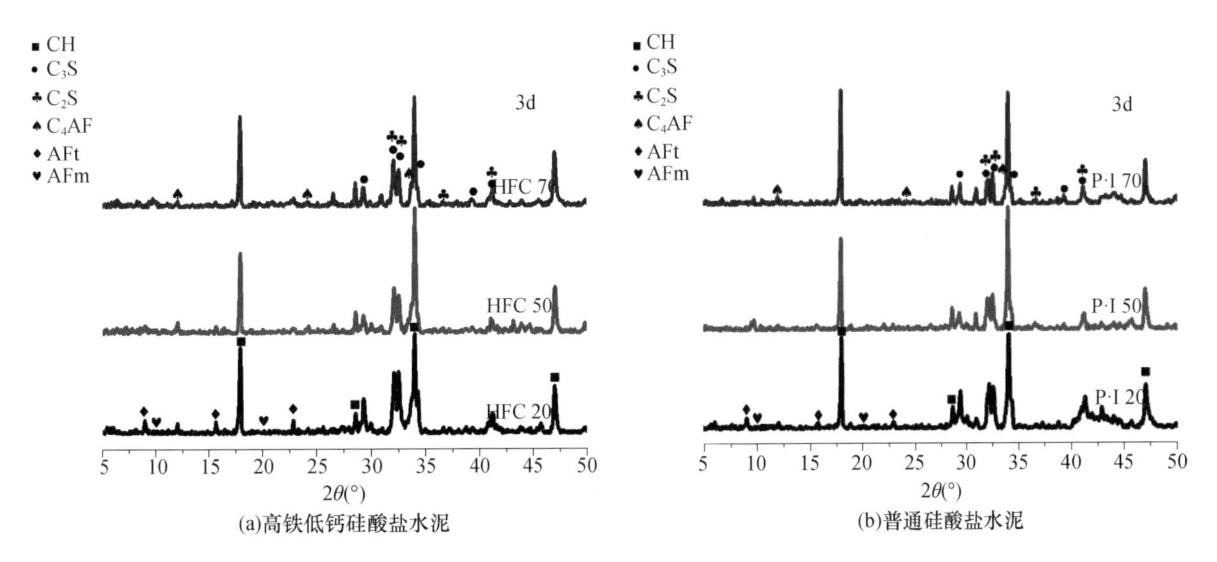

图 2-60 不同温度下两种硅酸盐水泥的 XRD（3d）

DTG 曲线数据进一步证明了 XRD 结果（图 2-61），结果表明，50~150℃温度区间的失重峰是由于钙矾石和 C-S-H 凝胶失水造成的，高铁低钙硅酸盐水泥在该温度区间的质量损失随温度升高而逐渐降低；而在普通硅酸盐水泥中，该温度区间的质量损失随温度升高先增大后减小，在 50℃养护时表现出最大值。而后，DTG 曲线上 190℃附近出现失重峰对应 AFm 相的脱水，在常温养护两种硅酸盐水泥浆体中，并未在该位置发现显著的失重峰，但是经过 50℃和 70℃蒸养后，在高铁低钙硅酸盐水泥中出现了非常微弱 AFm 失重峰，说明 AFm 相在高温养护后的普通硅酸盐水泥浆体中会大量生成，而在高铁低钙硅酸盐水泥浆体中生成较少。在 DTG 曲线上 400~500℃温度区间的失重峰对应 CH 的脱水，

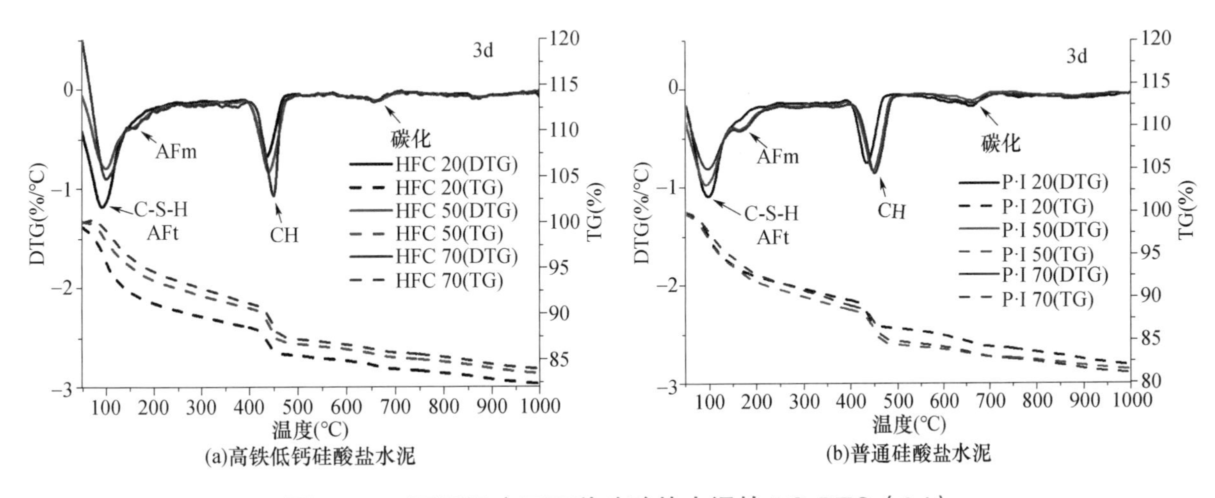

图 2-61 不同温度下两种硅酸盐水泥的 TG-DTG（3d）

结合600~700℃温度区间碳酸钙的失重分解，可计算浆体中CH含量，普通硅酸盐水泥中CH含量始终高于高铁低钙硅酸盐水泥中CH含量，这是由于普通硅酸盐水泥中含有较多C_3S造成的。此外，无论在常温还是在高温养护条件下，普通硅酸盐水泥3d水化程度均大于高铁低钙硅酸盐水泥，并且高温养护促进了普通硅酸盐水泥3d水化程度更大幅度的增加。

至28d养护龄期（图2-62），两类硅酸盐水泥中四种熟料矿物的特征衍射峰大幅降低，尤其是硅酸盐相C_3S和C_2S，表明随着时间的推移，硅酸盐水泥中熟料矿物持续不断水化。在20℃养护条件下，在普通硅酸盐水泥中可以看到钙矾石的特征衍射峰降低伴随产生微弱的AFm特征衍射峰，说明随着龄期的增长，其中钙矾石逐渐向着AFm转换，这是由于普通硅酸盐水泥中硫酸盐的不足，使得钙矾石与铝酸盐相继续反应转换成AFm；而在高铁低钙硅酸盐水泥中，钙矾石的特征衍射峰依然较强，而AFm的特征衍射峰几乎不可见。在50℃养护条件下，普通硅酸盐水泥中AFm的特征衍射峰略微降低，而钙矾石的特征衍射峰略微升高，可能有部分的AFm在水化后期向着钙矾石转化；而高铁低钙硅酸盐水泥中仅可见钙矾石的微弱特征衍射峰，AFm的特征衍射峰几乎不可见。当养护温度提高到70℃时，在普通硅酸盐水泥中依旧存在着较强的AFm特征衍射峰，表明其中仍存有较高的延迟钙矾石破坏风险。

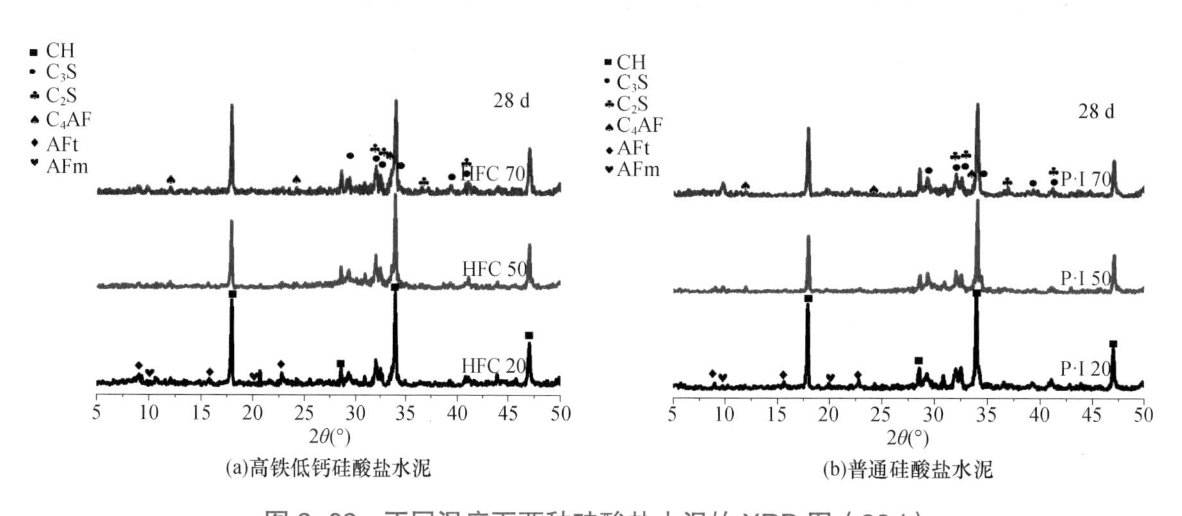

图2-62　不同温度下两种硅酸盐水泥的XRD图（28d）

由图2-63与表2-5可知，当养护龄期延长至28d时，水泥浆体在大多数温度区间的质量损失均呈现增加，这是由于浆体内部未水化水泥颗粒持续不断水化的结果。在高铁低钙硅酸盐水泥中，50~150℃温度区间质量损失随着养护温度的升高而逐渐降低，但其中CH含量随着养护温度的升高而增大，表明在水化后期硅酸盐相在持续水化不断生成氢氧化钙。在20℃和50℃养护条件下，普通硅酸盐水泥中50~150℃温度区间质量损失相对于3d该温度区间的质量损失是所有温度区间质量损失中唯一降低的区间，可能是由于硫酸盐的不足，使得早期生成的钙矾石与普通硅酸盐水泥中铝酸盐相反应部分转换成AFm造成；在150~250℃区间的DTG曲线上，70℃养护浆体中仍表现出明显的失重峰，说明AFm仍然大量存在于高温蒸养后的普通硅酸盐水泥浆体内。值得注意的是，50℃和70℃蒸养下普通硅酸盐水泥的水化程度分别为77.58%和76.92%，明显低于高铁低钙硅酸盐水泥的水化程度83.36%和81.71%。这表明相对于普通硅酸盐水泥，早期热养护能够更加明显地加强高铁低钙硅酸盐水泥中硅酸盐相后期持续的水化能力。

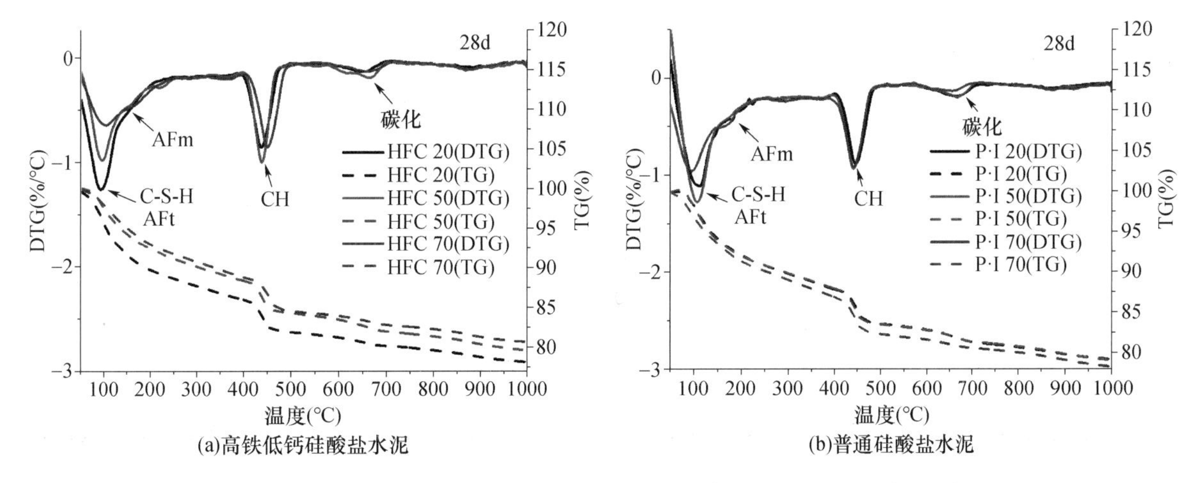

图 2-63　不同温度下两种硅酸盐水泥的 TG-DTG 图（28d）

表 2-5　不同温度区间水化产物质量损失、CH 含量以及水化程度（28d）

序号	不同温度区间水化产物质量损失（%）				CH 含量（%）	水化程度（%）
	50~150℃	150~250℃	400~500℃	600~700℃		
HFC 20	8.00	3.01	4.10	1.07	18.66	76.69
HFC 50	5.81	3.17	4.09	1.51	19.37	83.36
HFC 70	4.84	3.32	4.25	1.14	19.40	81.71
P·I 20	5.81	3.34	4.27	1.50	20.10	78.93
P·I 50	5.97	3.11	4.41	1.44	20.57	77.58
P·I 70	6.36	3.39	4.58	1.05	20.59	76.92

继续养护至 90d 时（图 2-64），两类硅酸盐水泥中未水化 C_3S 和 C_2S 的特征衍射峰继续降低，表明硅酸盐相的水化反应仍在持续进行，C_4AF 的衍射峰即使在高铁低钙硅酸盐水泥中几乎不可见，表明其已基本完全水化。在 20℃养护条件下，普通硅酸盐水泥中依然出现相对较强的钙矾石特征衍射峰和微弱的 AFm 特征衍射峰，相对于 28d 时变化不大，说明随着龄期的增长，钙矾石依旧稳定存在，并未向着 AFm 继续转化；而在高铁低钙硅酸盐水泥中，钙矾石的特征衍射峰依然较强，而 AFm 的特征衍射峰几乎不可见，同样表明这种含 Fe 固溶的钙矾石相对于普通硅酸盐水泥中生成的纯 Al 相钙矾石更加稳定，难以向着 AFm 转化。在 50℃养护条件下，普通硅酸盐水泥中钙矾石和 AFm 的特征衍射峰变化不大，AFm 未继续向着钙矾石转化，表明延迟钙矾石反应在后续过程中未继续进行，与该温度条件下生成的 AFm 较少有关；而高铁低钙硅酸盐水泥中依旧仅可见钙矾石的微弱特征衍射峰，未见明显的 AFm 的特征衍射峰。当养护温度提高到 70℃时，在普通硅酸盐水泥中 AFm 特征衍射峰有所降低，微弱的钙矾石衍射峰开始出现，表明延迟钙矾石反应开始在其中缓慢发生；而在高铁低钙硅酸盐水泥中 AFm 和钙矾石特征衍射峰依旧微弱，与 28d 相比无显著的变化，说明在水化后期其中铝酸盐相水化产物基本保持不变，有利于维持水泥石后期微结构的稳定。

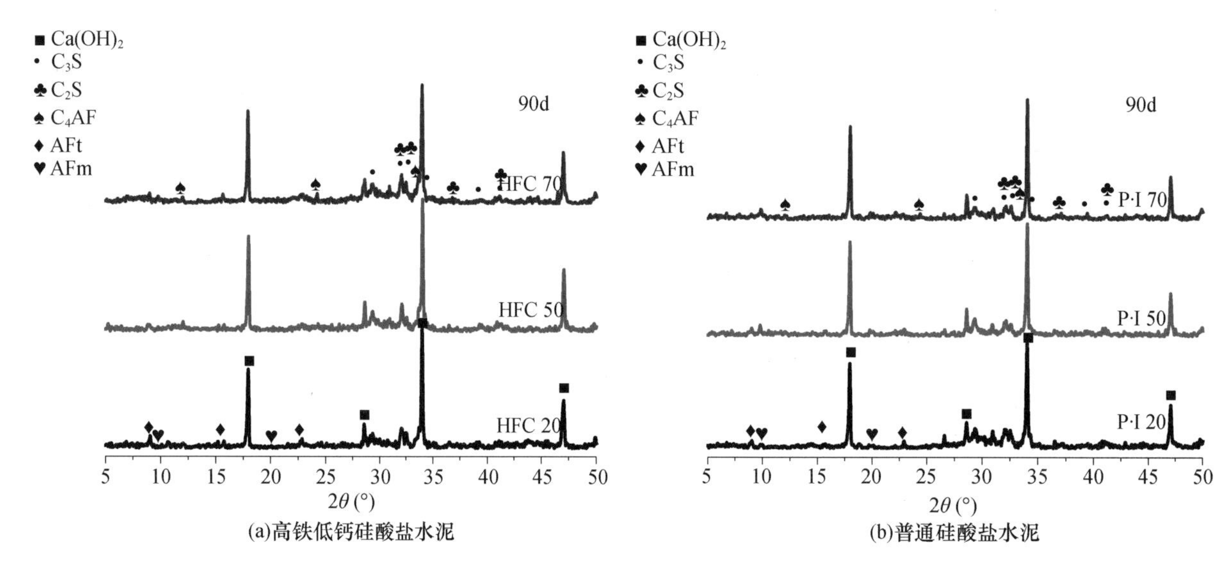

图 2-64　不同温度下两种硅酸盐水泥的 XRD 图（90d）

经过 90d 养护后（图 2-65 与表 2-6），在高铁低钙硅酸盐水泥中，50~150℃温度区间质量损失随着养护温度的先升高再降低，说明对应该区间失重的水化产物 C-S-H 凝胶和 AFt 的总生成量也随养护温度而先增加再减少，DTG 曲线上 150~250℃温度区间已几乎难以见到 AFm 的分解吸热峰，而在 400~500℃区间氢氧化钙吸热分解峰随养护温度的升高而显著加强，对应 CH 生成量也显著增多，50℃和 70℃养护后浆体水化程度分别达到 94.93% 和 91.98%，高于 20℃养护浆体（88.16%），表明高温养护对高铁低钙硅酸盐水泥中硅酸盐相后期持续水化继续促进。在普通硅酸盐水泥中，50~150℃温度区间质量损失也随着养护温度先升高再降低，与高铁低钙硅酸盐水泥在该区间的失重呈现一致的变化规律，而在 150~250℃区间的 DTG 曲线上，在 70℃养护浆体中依旧可以看到较强的 AFm 吸热分解峰，表明其中 AFm 相仍然大量存在，延迟钙矾石反应未显著发生，这与 XRD 结果是对应一致的。90d 龄期 50℃和 70℃养护三种浆体在 400~500℃氢氧化钙分解吸热峰十分相似，对应的氢氧化钙生成量也相差不大，随着养护温度的升高，浆体水化程度持续降低，表明高温蒸养对普通硅酸盐水泥中硅酸盐相在后期水化仍有一定抑制作用。

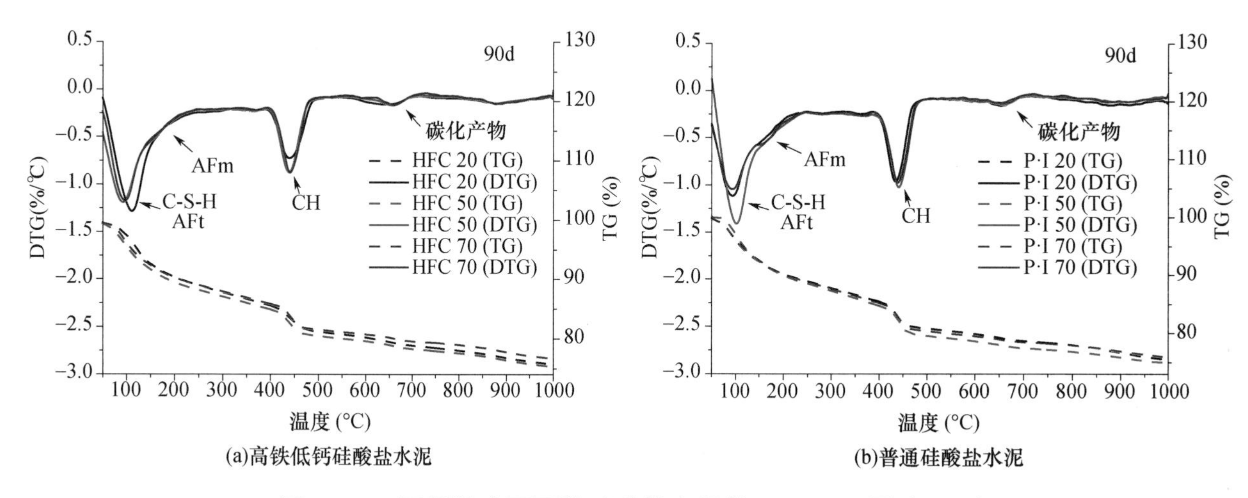

图 2-65　不同温度下两种硅酸盐水泥的 TG-DTG 图（90d）

表 2–6　不同温度区间水化产物质量损失、CH 含量以及水化程度（90d）

序号	不同温度区间水化产物质量损失（%）				CH 含量（%）	水化程度（%）
	50~150℃	150~250℃	400~500℃	600~700℃		
HFC 20	6.80	3.62	4.01	1.36	19.14	88.16
HFC 50	7.83	3.44	4.49	1.30	20.65	94.93
HFC 70	7.21	3.34	4.44	1.19	20.27	91.98
P·I 20	7.38	3.43	4.68	1.21	21.27	90.75
P·I 50	7.55	3.92	4.78	1.20	21.68	87.45
P·I 70	7.19	3.76	4.79	1.04	21.42	86.13

综上所述，高温蒸养极大地促进了高铁低钙硅酸盐水泥中硅酸盐相在养护后期的持续水化反应，有利于高铁低钙硅酸盐水泥石微结构的不断密实和发展，但对于普通硅酸盐水泥中硅酸盐相影响不大。与此同时，普通硅酸盐水泥在经过早期高温蒸养后，会有显著的 AFm 相生成，并在养护后期转化成 AFt，会对普通硅酸盐水泥石的微结构造成一定的劣化作用。上述试验结果印证了高铁低钙硅酸盐水泥设计思路的正确性，即降低 C_3S 同时增加 C_4AF 含量，不仅使得高铁低钙硅酸盐水泥在经历高温蒸养后具有较强的后期持续水化能力，还显著抑制了在高温蒸养条件下 AFm 相的生成，有利于抑制其中延迟钙矾石的发生。

2. 蒸养条件下高铁低钙硅酸盐水泥石微结构演变

由图 2-66 可知，经过高温蒸养后 3d 时两种硅酸盐水泥浆体的累计孔径相对于 20℃恒温养护浆体均出现明显的降低，并随着养护温度升高而进一步下降，高铁低钙硅酸盐水泥浆体中累积孔径的下降幅度更大。累计孔径大小并不能直接体现硅酸盐水泥浆体孔隙结构的好坏，还需要结合不同孔径孔隙分布情况，才能准确表征硅酸盐水泥浆体孔隙结构。

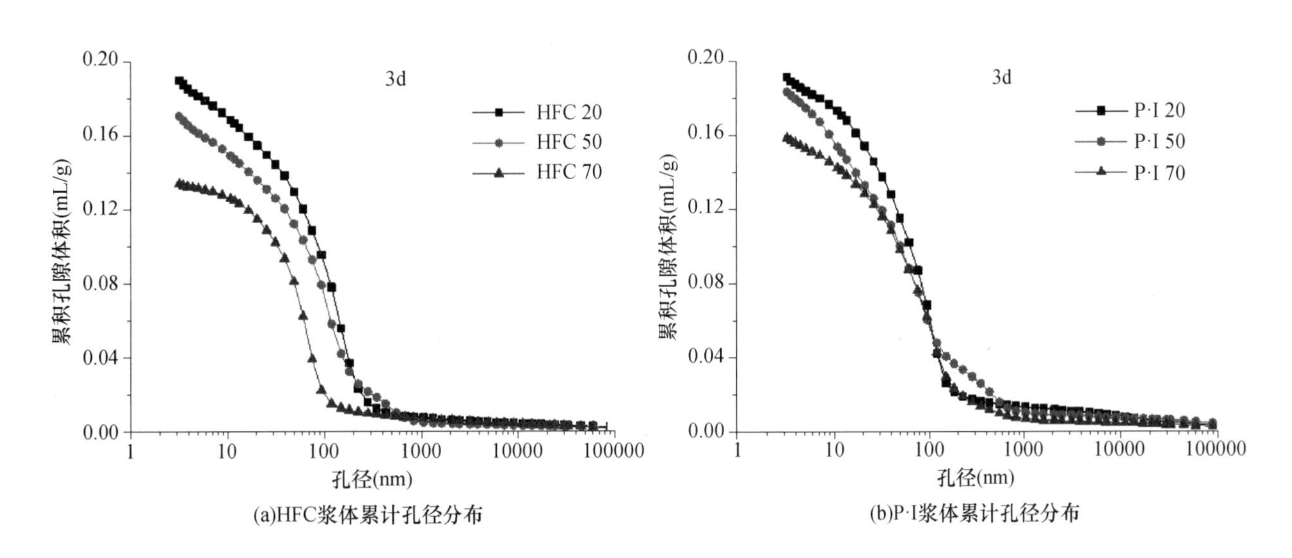

(a)HFC浆体累计孔径分布　(b)P·I浆体累计孔径分布

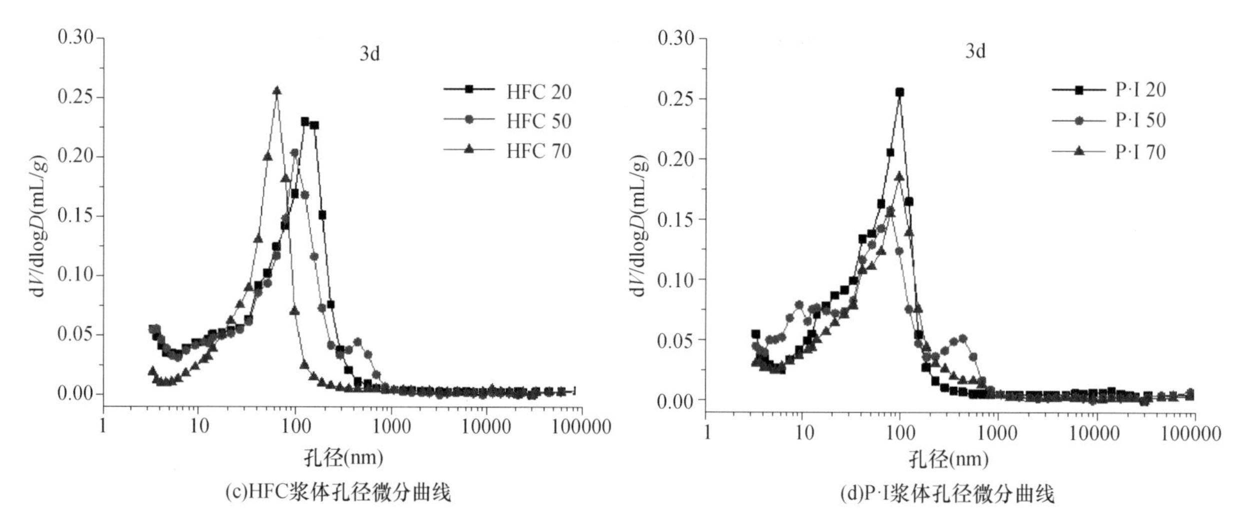

(c)HFC浆体孔径微分曲线　(d)P·I浆体孔径微分曲线

图 2-66　不同养护制度下两种浆体累计孔径分布及孔径微分曲线（3d）

在普通硅酸盐水泥中，20℃养护时最可几孔径在 100nm 左右，在经历高温养护后，虽然最可几孔径无显著变化，但是在 100nm 左右的孔隙体积减小，在 50℃养护浆体中，发现主要分布于 100nm 左右的孔向着 10nm 凝胶孔方向和 1000nm 大孔处同时移动，在聂帅等的研究中也发现了同样的现象，这是由于一方面高温养护促进了水化产物的快速生成，不均匀分布于浆体中导致毛细孔粗大，另一方面，高温也促使了更多更高结晶度的 C-S-H 凝胶产生，它们之间的相互搭接也更加紧密，使得浆体中形成更多孔径更小的凝胶孔。总而言之，高温蒸养优化了两种硅酸盐水泥浆体的早期微孔结构，对于高铁低钙硅酸盐水泥的改善幅度更大。

经过 28d 水化后（图 2-67），两种硅酸盐水泥浆体的累计孔径相对于 3d 龄期时大幅减少，20℃养护浆体与 50℃养护后浆体具有基本一致的累计孔径分布，70℃养护后浆体则具有更小的累计孔径。在高铁低钙硅酸盐水泥浆体中，20℃养护时最可几孔径相对于 3d 时降低到 100nm 以下，且在该位置处的峰面积大幅减小，同时在 10nm 左右出现少量凝胶孔分布；50℃养护后浆体的最可几孔径与 20℃养护时浆体的基本相同，但是该位置峰的面积有所减少，且在 10nm 以下的位置出现更多的孔径分布；在 70℃养护后，28d 浆体具有最小的最可几孔径，且呈现单峰分布，并未在 10nm 处发现明显的孔径

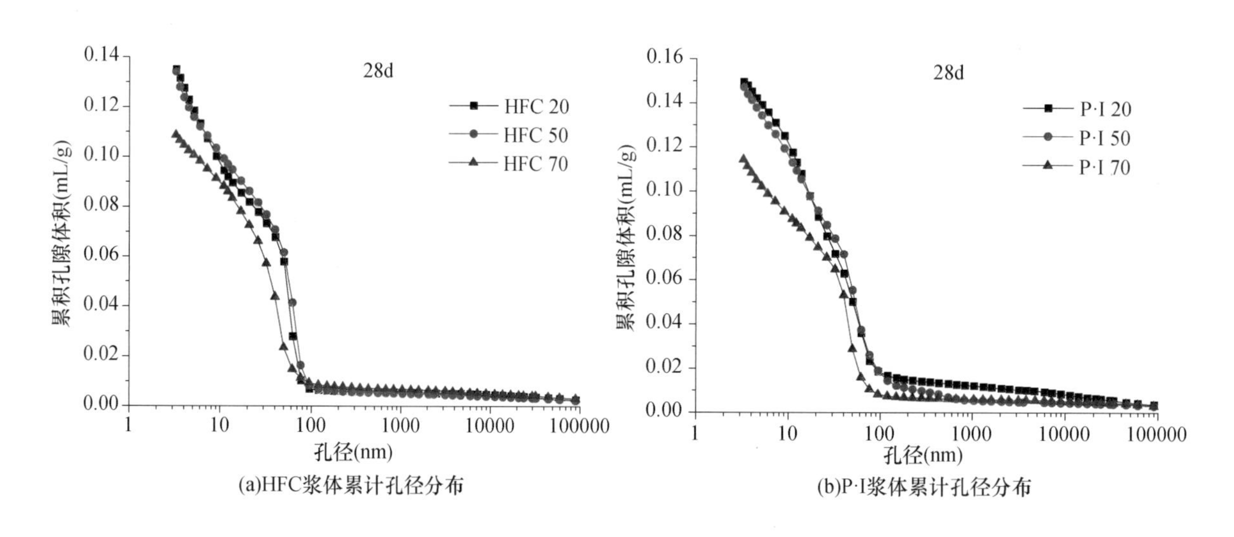

(a)HFC浆体累计孔径分布　(b)P·I浆体累计孔径分布

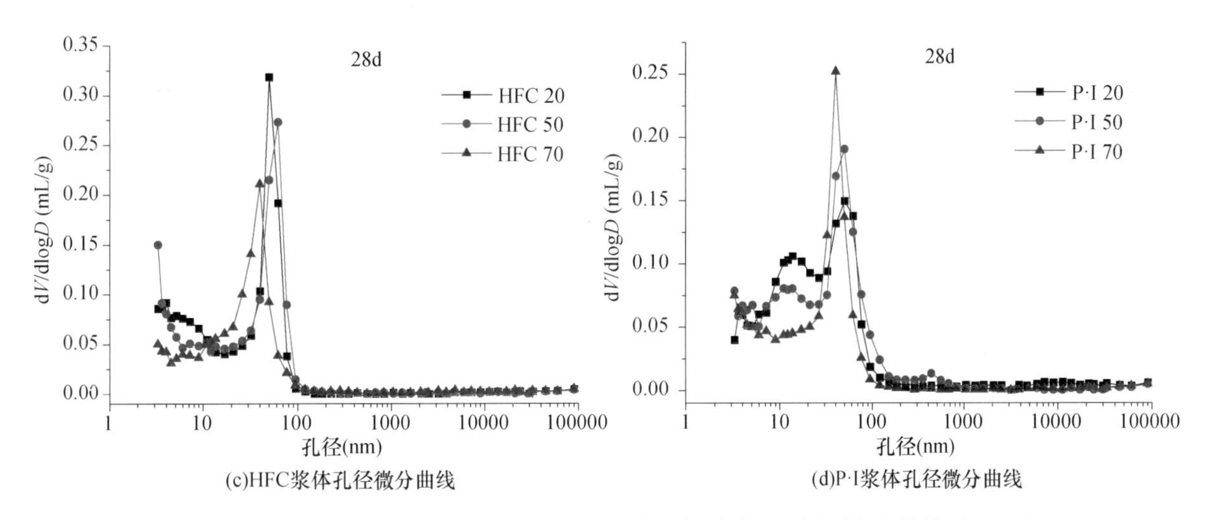

(c)HFC浆体孔径微分曲线

(d)P·I浆体孔径微分曲线

图 2–67 不同养护制度下两种浆体累计孔径分布及孔径微分曲线（28d）

分布，表明早期高温养护对于高铁低钙硅酸盐水泥浆体后期微结构发展未造成劣化作用。在三种不同养护制度下的28d龄期普通硅酸盐水泥浆体具有基本相同的最可几孔径，其最可几孔径相对于3d龄期均降至100nm以下，20℃养护浆体在最可几孔径处的峰最低，70℃养护浆体在该位置处的峰最高，同时20℃和50℃养护浆体在10~30nm孔径范围出现另一个显著宽峰，并随养护温度的升高在该位置处的峰高显著降低，虽然20℃养护浆体具有最大的总孔体积，但是其中部分孔属于50nm以下的小毛细孔，对浆体宏观性能基本无害，而分布于50nm以上的大毛细孔在三种浆体中最少，说明标准养护条件下普通硅酸盐水泥浆体28d龄期的孔隙结构最好，早期高温养护对于其后期孔隙结构的发展有所不利。

至90d龄期时（图2-68），两种硅酸盐水泥浆体的累计孔径均随着养护温度的升高而降低，这与3d龄期时的结果是一致的。在孔径微分分布图上，三种高铁低钙硅酸盐水泥浆体的最可几孔径几乎完全一致，在50nm以上属于有害孔范围，但蒸养后的浆体在该位置的峰高更低，且50℃养护浆体在10nm以下出现与20℃养护浆体基本相同的孔径分布，说明早期高温蒸养对于高铁低钙硅酸盐水泥浆体长期微孔结构持续改善。三种普通硅酸盐水泥浆体也具有基本相同的最可几孔径，同样大于50nm，虽然70℃养护浆体具有最小的总孔体积，但其绝大部分孔分布在最可几孔径周围属于有害孔，并且其体积在三种浆体中属最大值，50℃养护浆体虽然在小于10nm有少量凝胶孔分布，但是同样在大于50nm的最可几孔径占据较大的体积，表明早期高温蒸养对于普通硅酸盐水泥浆体长期孔结构仍旧有着一定的负面影响。

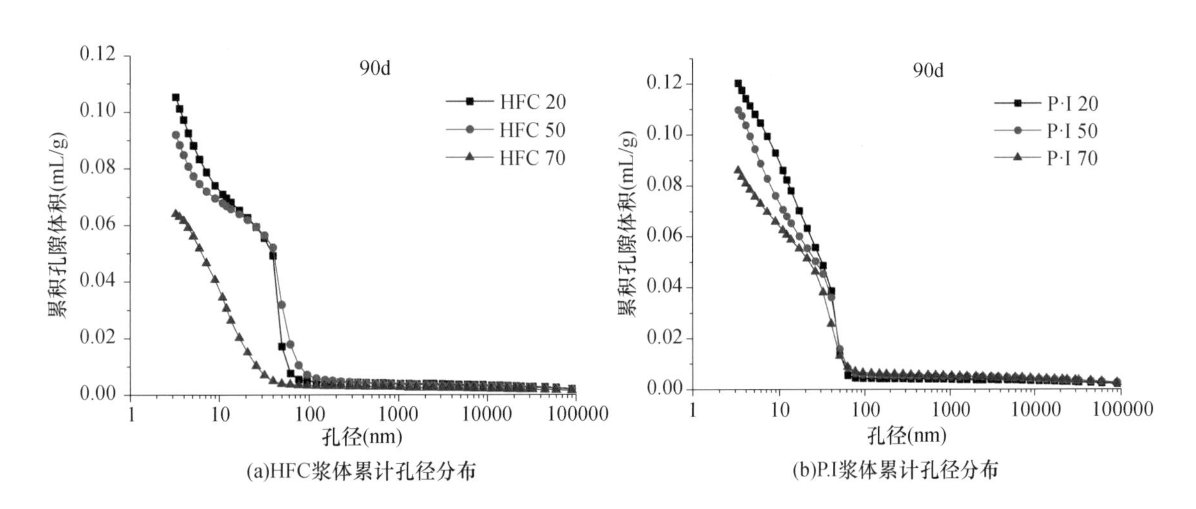

(a)HFC浆体累计孔径分布

(b)P.I浆体累计孔径分布

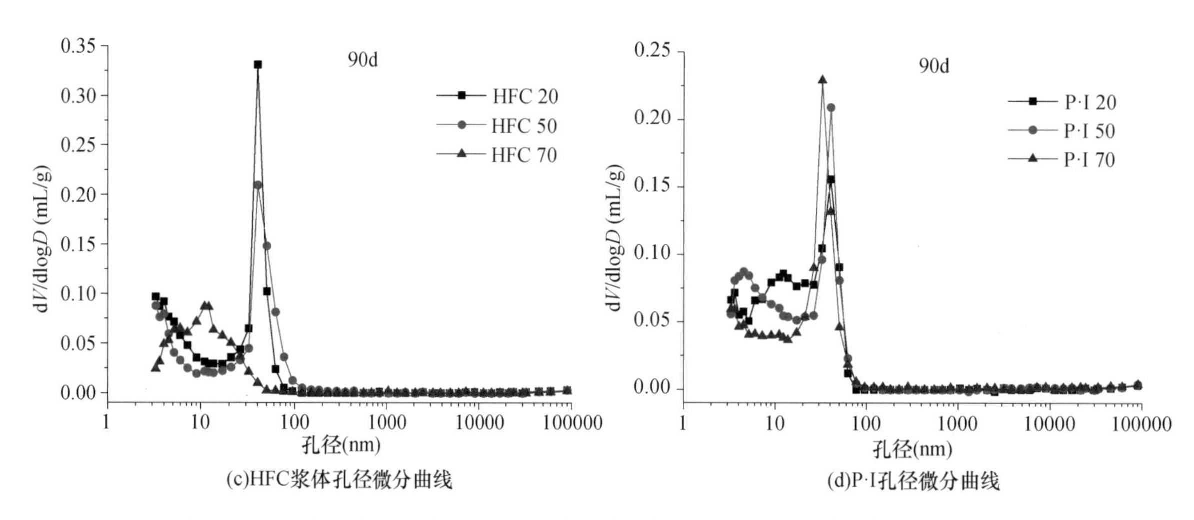

图 2-68　不同养护制度下两种浆体累计孔径分布及孔径微分曲线（90d）

在高温蒸养条件下，普通硅酸盐水泥加速水化，水泥石微结构快速构建，与此同时，大量形成的水化产物非均匀地积聚在未水化的水泥颗粒周围，对未水化的水泥颗粒进行较为致密的包裹，极大地阻碍了普通硅酸盐水泥在养护后期的持续水化，导致了在水化后期普通硅酸盐水泥石微结构趋向于致密化的过程十分缓慢。最终水泥石微结构中仍存在许多因高温蒸养而导致的大孔孔隙，具有较大的劣化程度。

对于蒸养条件下高铁低钙硅酸盐水泥石后期微结构演变而言，如图 2-69 所示，由于早期高温蒸养对于高铁低钙硅酸盐水泥的水化促进作用有限，使得在未水化的高铁低钙硅酸盐水泥颗粒表面的水化产物包裹层也更加松散和纤薄，不会对其后续水化过程造成较大的抑制，而且被包裹未水化的水泥颗粒在养护后期持续加速水化，生成更多的水化产物，能够在水泥石内部持续填充孔隙，使得水泥石微结构得到较大改善，加速了高铁低钙硅酸盐水泥石在养护后期趋向于致密化的演变过程。因此，按照本研究思路所设计的高铁低钙硅酸盐水泥，既克服了高温蒸养对普通硅酸盐水泥浆体后期微结构带来的负面影响，又使蒸养硅酸盐水泥浆体在长龄期具有显著优化的微结构，对于制备高耐久、长寿命蒸养混凝土制品具有十分重要的意义。

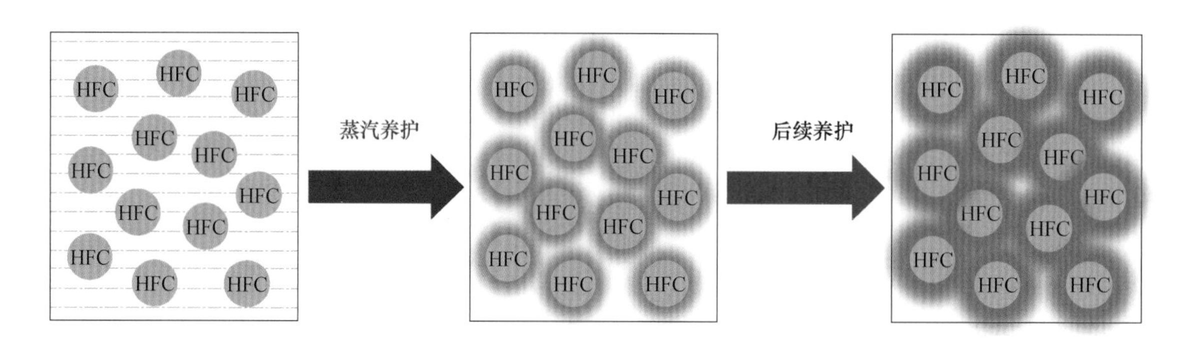

图 2-69　高温蒸养后高铁低钙硅酸盐水泥石微结构演变过程示意图

2.2.2 预制构件用高铁低钙硅酸盐水泥应用性能与耐久性研究

1. 力学性能

由图 2-70 可知，随着蒸养温度的升高，两种硅酸盐水泥的早期强度（1d 和 3d）均随之显著增加，表明高温养护能够明显提高硅酸盐水泥试件的早期强度，且蒸养温度越高对早期强度的提升作用越显著。在 1d 时，50℃和 70℃养护普通硅酸盐水泥砂浆试件的抗压强度相对于标准养护（20℃）分别提高了 36.81% 和 135.58%，而在高抗蚀硅酸盐水泥中，50℃和 70℃养护砂浆试件的抗压强度相对于 20℃养护分别提高了 96.47% 和 298.43%。虽然高抗蚀硅酸盐水泥试件在标准养护条件下 1d 强度仅 6.38 MPa，远低于普通硅酸盐水泥同条件养护试件的 1d 强度（12.23MPa），但是经过高温养护后，高抗蚀硅酸盐水泥试件的强度增长更加显著，表明高温养护对于高抗蚀硅酸盐水泥试件的 1d 强度具有更加明显的增强作用。在普通硅酸盐水泥试样中，50℃和 70℃养护砂浆试件的 3d 抗压强度相对于标准养护分别提高了 53.80% 和 62.14%，高抗蚀硅酸盐水泥砂浆试件经过 50℃和 70℃养护后 3d 抗压强度相对于标准养护分别提高了 85.26% 和 93.94%，3d 时高抗蚀硅酸盐水泥试件仍然保持着较高的强度增长。但是此时无论在何种养护条件下高抗蚀硅酸盐水泥砂浆试件的抗压强度均低于普通硅酸盐水泥砂浆试件，表明普通硅酸盐水泥在早期微结构构建以及宏观力学强度发展方面仍然具备着较为明显的优势。

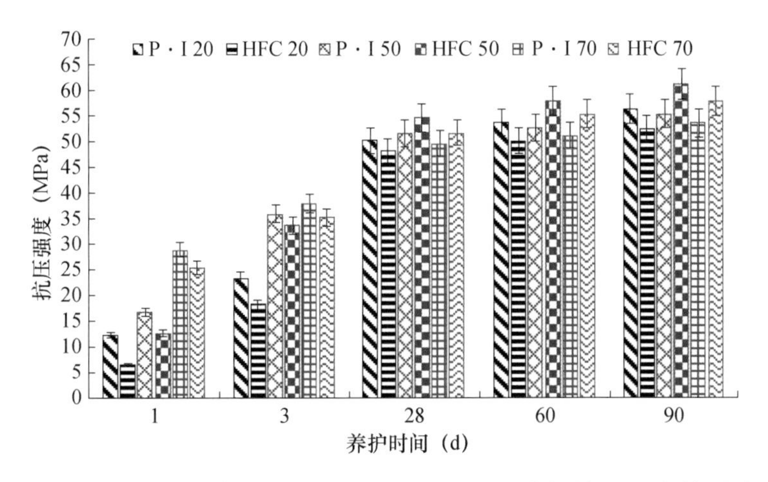

图 2-70　不同蒸养温度对两种硅酸盐水泥砂浆抗压强度的影响

当养护至 28d 时，经历 50℃和 70℃养护的普通硅酸盐水泥砂浆试件的抗压强度相对于标准养护分别提高了 2.59% 和 -1.29%，而在高抗蚀硅酸盐水泥砂浆中经历 50℃和 70℃养护试件的抗压强度相对于标准养护试件分别提高了 13.33% 和 7.11%。当龄期到 60d 时，50℃和 70℃养护的普通硅酸盐水泥砂浆试件的抗压强度相对于标准养护分别降低了 1.92% 和 4.66%，至 90d 时分别降低了 1.63% 和 4.80%；而 50℃和 70℃养护的高抗蚀硅酸盐水泥砂浆试件的 60d 强度相对于标准养护提高了 15.37% 和 10.38%，90d 强度相对于标准养护提高了 16.63% 和 10.29%。由于高温养护对普通硅酸盐水泥后续水化反应造成了较大的抑制作用，使得水泥石微结构趋向致密化的演化过程显著减慢，是普通硅酸盐水泥制备蒸养砂浆试件在 28d 龄期以后发展缓慢甚至出现小幅倒缩的根本原因。而在高温蒸养后，高抗蚀硅酸盐水泥水化反应能够持续进行，并且水泥石微结构趋向于致密化加速演变，使得水泥基材料基体总孔隙率不断下降，最终形成更加密实的砂浆基体，宏观力学强度持续增长。

2. 抗渗透性能

硅酸盐水泥基材料本身是一种多孔材料，从表面到内部有着错综复杂的孔隙分布，这些孔隙大小不一、分布不均且相互交错，而其中最重要的就是连通的毛细孔，它是氯离子在硅酸盐水泥基材料中迁徙的主要通道，对于硅酸盐水泥基材料抗氯离子渗透性能至关重要。

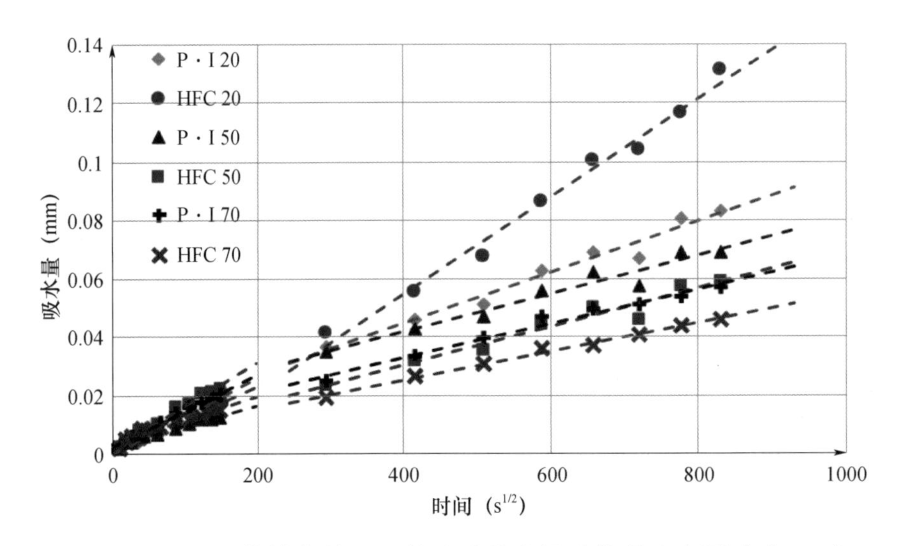

图 2–71　不同养护条件下两种硅酸盐水泥砂浆吸水率测试（90d）

由图 2-71 可知，高抗蚀硅酸盐水泥和普通硅酸盐水泥 90d 龄期砂浆试件的吸水量与时间的 0.5 次方呈线性关系，并且根据测试时间可分为两个阶段。第一阶段是 0~6h，第二阶段是 1~8d。在 0~6h 第一阶段时，由于各组试件的吸水量较小，仅在 0.02mm 左右，且各组试件之间差距很小，规律不是特别明显。而在 1~8d 第二阶段时，各组试件吸水量呈现出显著的差异，在 20℃养护时，普通硅酸盐水泥砂浆试件相对于高抗蚀硅酸盐水泥砂浆试件具有更低的毛细吸水量，与高抗蚀硅酸盐水泥在常温下水化较慢，强度发展缓慢有关，即使在 90d 时也未形成较好的毛细闭孔结构，使得毛细吸水量较高。经历 50℃和 70℃高温养护后，90d 高抗蚀硅酸盐水泥试件的毛细吸水量均低于普通硅酸盐水泥试件，表明高抗蚀硅酸盐水泥在高温蒸养后持续水化能力更强，促进了以 C-S-H 凝胶为主的更多水化产物生成，在减少毛细孔数量和降低毛细孔连通性方面具有明显的提升作用。而普通硅酸盐水泥则受到早期高温养护的抑制，在水化后期表现出相对较弱的持续水化能力，对于毛细孔的填充密实作用弱于高抗蚀硅酸盐水泥。

砂浆试件的开孔孔隙是指试样表面及内部可以被自由水充分填充的孔隙，开孔孔隙率通过试件在真空保水下的质量与试样经 105℃烘 24h 干燥的质量差除以试样经 105℃烘 24h 干燥的质量计算得到。表 2-7 显示了 90d 龄期时普通硅酸盐水泥和高抗蚀硅酸盐水泥砂浆试件经历不同养护制度后的 8d 累计毛细吸水量和开孔孔隙率数据。

表 2–7　不同养护条件下两种硅酸盐水泥砂浆毛细吸水量和开孔孔隙率参数（90d）

参数	P · I 20	HFC 20	P · I 50	HFC 50	P · I 70	HFC 70
8d 累计毛细吸水量（mm）	0.083	0.131	0.069	0.059	0.057	0.046
开孔孔隙率（%）	5.55	6.36	4.95	4.45	4.57	4.48

由表 2-7 可知，两种硅酸盐水泥砂浆试件的 8d 累计毛细吸水量与开孔孔隙率变化规律基本一致，8d 累计毛细吸水量越大，开孔孔隙率越高。在 90d 龄期时，两种硅酸盐水泥制备蒸养砂浆试件的开孔孔隙率相对于常温养护呈现明显的降低，并且蒸养温度越高，降幅越大，高温蒸养使得砂浆试件表面及内部的开孔数和开孔之间的连通通道显著减少。高温蒸养更有利于降低高抗蚀硅酸盐水泥砂浆的开孔孔隙率，对其表面及内部孔隙结构优化有着显著的增进作用。

3. 抗硫酸盐侵蚀性能

图 2-72 显示了不同养护制度下两种硅酸盐水泥砂浆抗压强度随浸泡时间变化。随着硫酸盐溶液浸泡龄期的延长，两种硅酸盐水泥砂浆的抗压强度均先增大后减小，常温下砂浆试件在 90d 浸泡龄期时达到最大值，而蒸养后砂浆试件除 50℃养护高抗蚀硅酸盐水泥砂浆试件外，其余均在 30d 龄期时呈现最大值。在常温养护下，对于普通硅酸盐水泥砂浆，30d、90d 和 150d 硫酸盐溶液浸泡试件的抗压强度相对于前一浸泡龄期试件分别提高 3.45%、10.89% 和降低 10.11%；在高抗蚀硅酸盐水泥砂浆中，30d、90d 和 150d 硫酸盐溶液浸泡试件的抗压强度相对于前一浸泡龄期试件分别提高 7.14%、13.09% 和降低 4.70%。经过 50℃蒸养后，硫酸盐溶液浸泡 30d、90d 和 150d 的普通硅酸盐水泥砂浆抗压强度相对于前一龄期则先提高 1.72% 再分别降低 3.87% 和 5.29%，而高抗蚀硅酸盐水泥砂浆的 30d、90d 和 150d 抗压强度相对于前一龄期则分别先增加 0.74%、1.85% 再降低 0.34%。70℃蒸养后，高抗蚀硅酸盐水泥和普通硅酸盐水泥砂浆的抗压强度在浸泡 30d 时分别增加 1.42% 和 1.31%，浸泡 90d 时分别降低 7.46% 和 0.98%，至 150d 时分别降低 9.99% 和 2.43%。

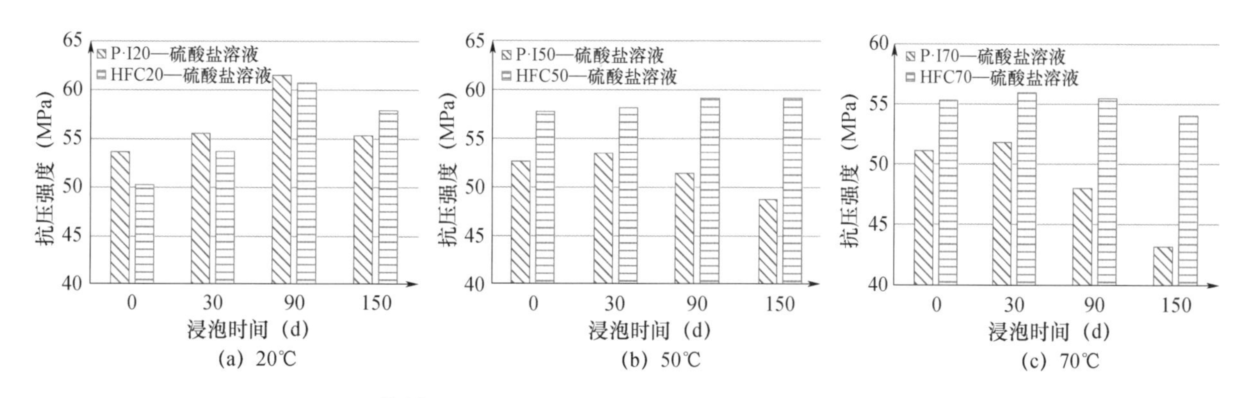

图 2-72 不同养护制度下两种硅酸盐水泥砂浆抗压强度随浸泡时间变化

根据试验结果，可以将不同养护制度下高抗蚀硅酸盐水泥和普通硅酸盐水泥试件在硫酸盐浸泡下的服役行为分为两个阶段。在第一阶段强度增长区间，常温养护下高抗蚀硅酸盐水泥砂浆试件的增速和增幅要显著高于普通硅酸盐水泥砂浆试件，但是在高温蒸养后，高抗蚀硅酸盐水泥砂浆试件的增速和增幅却低于普通硅酸盐水泥砂浆试件。C_4AF 水化产物相对于 C_3A 水化产物更难于受到硫酸盐侵蚀，使得高抗蚀硅酸盐水泥抵抗硫酸盐侵蚀能力更高。但是在常温养护下，由于高抗蚀硅酸盐水泥基材料中毛细开孔较多且毛细孔连通性较高，导致了更多的硫酸根离子通过孔隙通道进入到基体内部，与其中铝酸盐类水化产物发生更大程度的化学反应，导致了更多以钙矾石为主的膨胀产物产生，早期填充密实孔隙作用更强，使得其在第一阶段获得更高的强度增长。在高温蒸养后，高抗蚀硅酸盐水泥基材料微孔结构得到显著的改善，而普通硅酸盐水泥基材料微孔结构却明显劣化，使得更多的硫酸根离子侵入，与此同时，高温蒸养会促使硅酸盐水泥基材料中生成亚稳态铝酸盐水化产物 AFm，它在硫酸盐侵蚀条件下会快速转化成钙矾石，导致了早期侵蚀过程的加快，基体力学强度增长更快。在第二阶段强度衰减区间，三种养护制度下高抗蚀硅酸盐水泥砂浆试件的下降速率和降幅均明显低于普通硅酸盐水泥砂浆试件，主要原因在于 C_4AF 及其水化产物与硫酸盐根离子反应生成的钙矾石是一种固溶了部分 Fe 原子的钙矾石，与纯 Al 相钙矾石相比固相体积更小，降低了由于侵蚀产物体积膨胀带来的膨胀应力。值得注意的是，高温蒸养会显著加速硫酸盐在两种硅酸盐水泥砂浆试件中的侵蚀过程，缩短第一阶段强度增长期，减小其强度增幅，并且大幅增大第二阶段强度衰减期的强度衰减。这是由于高温蒸养后硅酸盐水泥基材料内部会残余许多微应力，这些残余应力会使得基体抵抗硫酸盐侵蚀过程中形成内应力的阈值减小，从而导致微结构更快破坏。

4. 抗冲磨性能

图 2-73（a）显示了不同养护制度下两种硅酸盐水泥制备混凝土随冲磨时间的质量损失变化，在冲磨早期两种硅酸盐水泥制备混凝土的质量损失相对较小，而随着冲磨时间的延长，质量损失逐渐增大，基本呈线性增加。经过 50℃养护后，高抗蚀硅酸盐水泥制备混凝土在各冲磨时间质量损失均低于普通硅酸盐水泥制备混凝土，并且质量损失速率也显著减慢，表明经过 50℃养护后，高抗蚀硅酸盐水泥制备混凝土的抗冲磨性能得到显著提升，且已经优于普通硅酸盐水泥制备混凝土。图 2-73（b）展示了 50℃养护后两种硅酸盐水泥制备混凝土的 48h 抗冲磨强度，其中普通硅酸盐水泥和高抗蚀硅酸盐水泥制备混凝土的 48h 抗冲磨强度分别为 $88.87h\cdot m^2\cdot kg^{-1}$ 和 $141.12h\cdot m^2\cdot kg^{-1}$，分别较 20℃养护下两种硅酸盐水泥制备混凝土降低 $38.00h\cdot m^2\cdot kg^{-1}$ 和增加 $61.12h\cdot m^2\cdot kg^{-1}$，表明 50℃蒸养对于普通硅酸盐水泥制备混凝土的抗冲磨性能表现出负面作用，而有利于高抗蚀硅酸盐水泥制备混凝土的抗冲磨性能的提升。

根据前序研究显示，在 50℃蒸养条件下，高抗蚀硅酸盐水泥表现出卓越的持续水化行为，使得基体强度持续增长、孔结构不断优化改善，有助于提升混凝土的抗冲磨性能。另外需要特别提到的是，高抗蚀硅酸盐水泥中 C_2S 含量较高，虽然关于 C_2S 对抗冲磨性能的影响存在争议，但是确定的一点是其水化产物 C-S-H 凝胶对于提高基体的抗冲磨性能具有十分积极的作用，在常温 20℃养护下，C_2S 水化速率缓慢，其对抗冲磨性能的贡献发挥不显著，但是经过 50℃蒸养后，其水化速率得到显著提升，生成更多的 C-S-H 凝胶，对于提升抗冲磨性能作用鲜明。因此，上述两方面原因解释了为什么高抗蚀硅酸盐水泥制备混凝土在 50℃蒸养后具备了更加优异的抗冲磨性能。而 50℃蒸养对于普通硅酸盐水泥后期性能，特别是水泥颗粒持续水化、水化产物晶体化、基体孔隙结构以及骨料和水泥石界面过渡区构成一定的负面作用，这导致了其抗冲磨性能的降低。与经过 50℃养护后混凝土质量损失变化基本一致，70℃养护后高抗蚀硅酸盐水泥制备混凝土相比于普通硅酸盐水泥制备混凝土表现出更小的质量损失和更慢的质量损失速率，表明经过 70℃养护后，高抗蚀硅酸盐水泥制备混凝土依旧具有更好的抗冲磨性能。对于高抗蚀硅酸盐水泥，50℃蒸养通过提高其持续水化能力、优化孔结构和水化产物组成等方面极大地提高了基体的抗冲磨性能，但是在更高温度 70℃养护下，基体抗冲磨性能的降低归于微孔结构的劣化和水泥持续水化能力的下降，虽然 70℃更利于 C_2S 的水化，但是在高抗蚀硅酸盐水泥中，C_3S 依然占据主导地位，其在 70℃下在水泥颗粒表面会形成较为致密的内部水化产物包裹层，在一定程度上阻碍未水化水泥颗粒的持续水化，导致了其后期力学性能发展的滞后和孔隙结构的劣化，引起了其抗冲磨性能的降低，但是相对于 20℃养护下的高抗蚀硅酸盐水泥制备混凝土，其抗冲磨强度还是得到一定程度提升的，这主要还是得益于高温养护对于其中 C_2S 长期水化性能的促进作用。

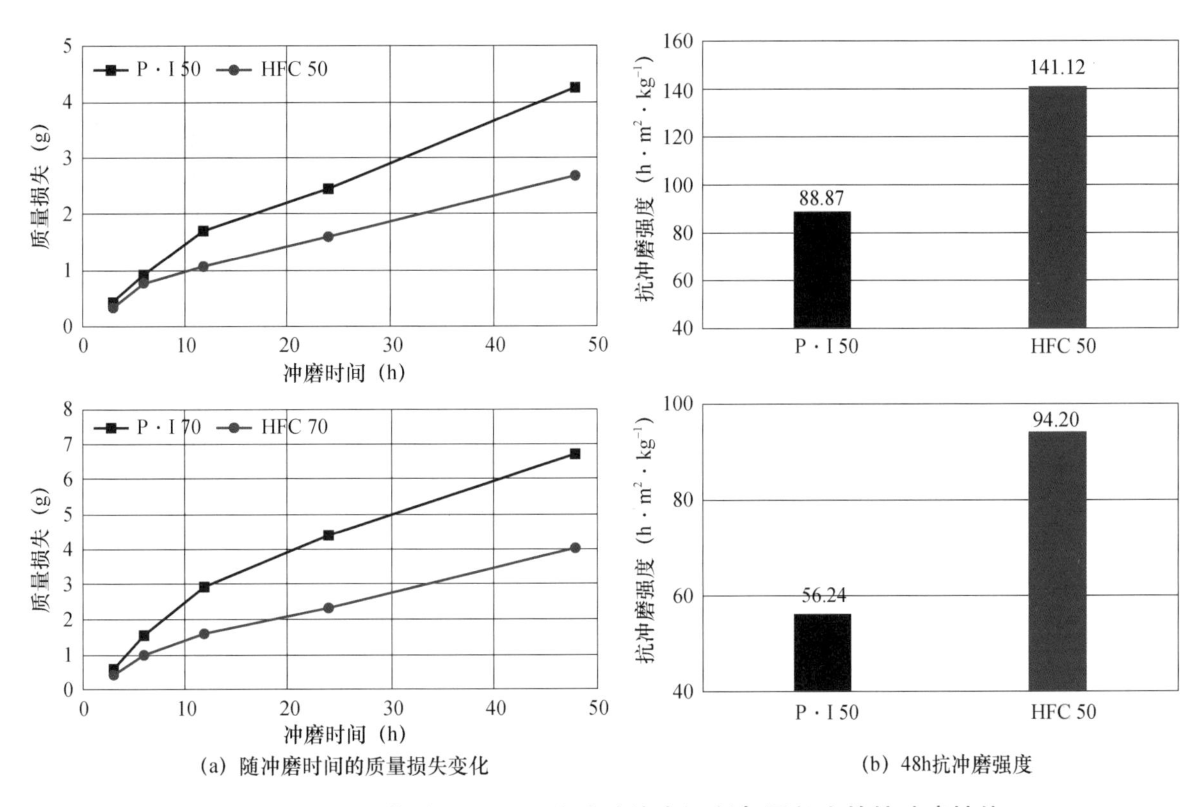

图 2–73 不同养护制度下两种硅酸盐水泥制备混凝土的抗冲磨性能

图 2-74 展现了 70℃养护下两种硅酸盐水泥制备混凝土经历 48h 冲磨后的表面形貌。普通硅酸盐水泥制备混凝土出现严重的磨蚀痕迹，表面裸露出大量的粗骨料，在裸露骨料处出现大量的凹坑，且呈现较大的凹坑深度，砂浆剥落十分明显，其抗冲磨性能随养护温度的升高持续劣化；但高抗蚀硅酸盐水泥制备混凝土外圈也出现了一些的磨蚀痕迹，少部分骨料露出，表层砂浆少量脱落，说明 70℃蒸养相对于 50℃对其抗冲磨性能起一定的劣化作用。在冲磨作用下，混凝土受到破坏的主要形式便是集料从基体中脱落，这与混凝土中界面过渡区的性能直接相关。因此，通过对界面过渡区性能的表征可更加直接地反映混凝土的抗冲磨性能，而显微硬度则是一个能直接描述界面过渡区性能好坏的指标。

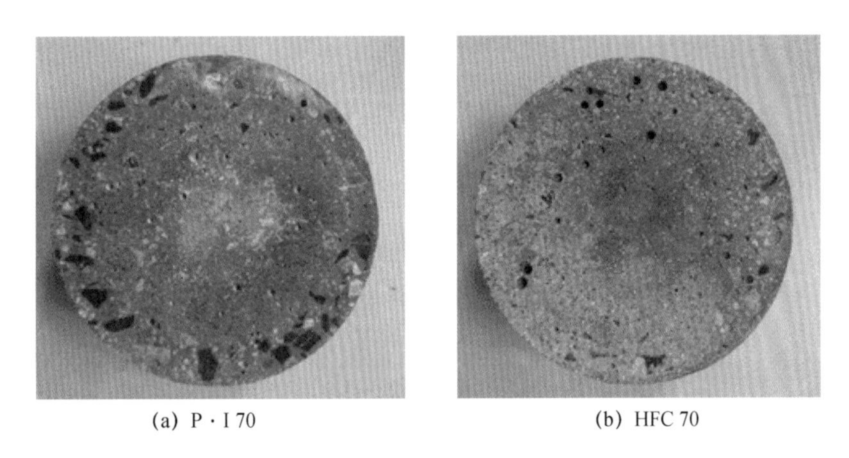

图 2–74 70℃养护下两种硅酸盐水泥制备混凝土经历 48h 冲磨后的表面形貌

由表 2-8 可知，两种硅酸盐水泥制备混凝土的显微硬度值随养护温度的变化规律与抗冲磨强度的变化规律是基本一致的，说明了混凝土的抗冲磨性能与其界面过渡区的微结构直接相关，这与文献报道是一致的。蒸养条件下，高抗蚀硅酸盐水泥对于混凝土抗冲磨性能的提升机理是由于其界面过渡区微结构的大幅改善，归咎于早期高温蒸养对于其后期水化的持续促进作用，并且 C_4AF 在高温下水化更加完全，伴随着一些铁质水化产物（如铁胶）生成，对于界面过渡区具有较大的提升作用。

表 2-8 不同养护制度下两种硅酸盐水泥混凝土界面过渡区的显微硬度统计结果

	HFC 50	HFC 70	P·I 50	P·I 70
显微硬度（HV）	91.6	77.3	70.3	53.3
标准差（HV）	7.10	6.12	5.37	7.77

注：每个测试结果取 20 以上区域显微硬度值的平均值。

5. 体积稳定性

图 2-75 显示了 90℃养护 12h 后高抗蚀硅酸盐水泥砂浆和普通硅酸盐水泥砂浆的膨胀率变化。在早龄期时（14d 前），两种硅酸盐水泥砂浆试件的长度有所减小，呈现出收缩状态，膨胀值在负值区间波动，高抗蚀硅酸盐水泥砂浆试件膨胀值最低降至 -0.008%，高于普通硅酸盐水泥砂浆试件膨胀最低值 -0.004%；而后从 14~21d 龄期，高抗蚀硅酸盐水泥砂浆试件和普通硅酸盐砂浆试件的膨胀值开始从负值向着正值迅速转化，分别增加至 0.004% 和 0.007%，试件从收缩状态转化至膨胀状态。此后的时间里（21~77d），高抗蚀硅酸盐水泥砂浆试件和普通硅酸盐砂浆试件的膨胀值表现出小幅波动的缓慢增长，分别增至 0.008% 和 0.014%，相对于 21d 时分别增加 0.004% 和 0.007%。到 105d 龄期时，高抗蚀硅酸盐水泥砂浆试件和普通硅酸盐砂浆试件的膨胀值继续分别快速增大至 0.013% 和 0.023%，相对于 77d 时分别增加 0.005% 和 0.009%，随后两种砂浆试件膨胀值趋于稳定。

由上述试验结果可知，两种硅酸盐水泥砂浆试件的膨胀值均呈现出五阶段变化规律。第一阶段是 14d 前的早期收缩阶段，由于两种硅酸盐水泥砂浆试件在进入到常温养护阶段后，硅酸盐水泥水化反应仍在缓慢地持续进行，导致了试件在早龄期的小幅收缩，与此同时延迟钙矾石开始轻微发生，使得试件膨胀值波动变化，此时高抗蚀硅酸盐水泥砂浆试件表现出更大的早期收缩值，说明其中发生了更为显著的水化反应，进一步表明了高温蒸养后高抗蚀硅酸盐水泥较普通硅酸盐水泥具有更强的后期持续水化反应能力；第二阶段是 14~21d 两种硅酸盐水泥砂浆试件膨胀值急剧增长阶段，膨胀值由负值迅速增大至正值，表明延迟钙矾石在两种硅酸盐水泥砂浆试件中开始显著发生，导致了短时间里试件膨胀值的快速增大，并且延迟钙矾石在高抗蚀硅酸盐水泥砂浆试件中发生程度更加剧烈，使其膨胀值增幅较普通硅酸盐水泥砂浆试件更大，这是由于在高温养护时高抗蚀硅酸盐水泥中生成了大量含 Fe 固溶 AFm 相，其热力学稳定性更差并在常温下更易于向着钙矾石转化，引起了在该阶段试件中延迟钙矾石更多的生成，造成了膨胀值更多的增加；第三阶段是 21~77d 的缓慢增长期，两种硅酸盐水泥砂浆试件膨胀值小幅波动地缓慢增长，该阶段普通硅酸盐水泥砂浆试件膨胀值增幅明显高于高抗蚀硅酸盐水泥砂浆试件，对应了更多延迟钙矾石在其中的生成，与其中生成纯 Al 的 AFm 相向着钙矾石的缓慢转换有关，同时纯 Al 的 AFm 相向着钙矾石转化伴随着更大的固相体积膨胀；第四阶段是 77~105d 的加速增长期，此时两种硅酸盐水泥砂浆试件膨胀值再次较为快速增加，由于上一阶段在微孔结构中不断生成的延迟钙矾石引起对基体微结构膨胀应力的持续增大，使得微孔结构中膨胀应力在该阶段达到了基体微结构所承受阈值，导致了基体微结构无法再继续约束延迟钙矾石的生长，使得试件膨胀值再次快速增长，普通硅酸盐水泥砂浆试件膨胀值在该阶段增幅明显高于高抗蚀硅酸盐水泥砂浆试件，同样是由于更多具有更大固相体积的延迟钙矾石在普通硅酸盐水泥砂浆试件中生成；第五阶段是105d以后的稳定期，两种硅酸盐水泥砂浆试件膨胀值趋于稳定，表明试件中延迟钙矾石反应过程基本结束。

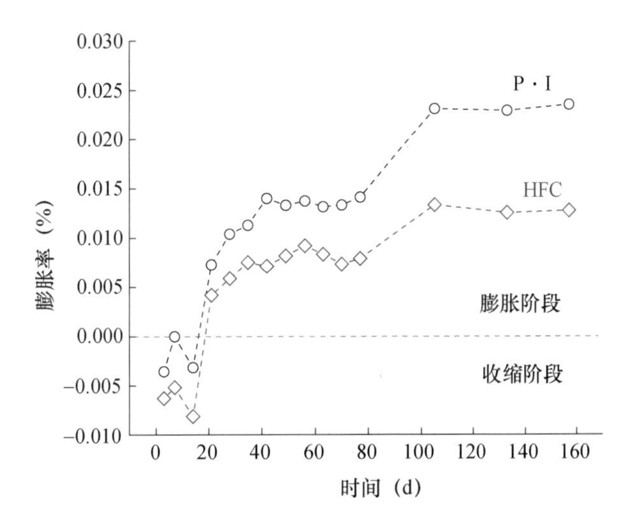

图2-75　90℃养护12h后两种硅酸盐水泥砂浆的膨胀率变化

综上所述，利用高抗蚀硅酸盐水泥制备的蒸养试件受到延迟钙矾石发生而产生体积膨胀的影响更小，具有更好的体积稳定性，对于改善蒸养混凝土制品所存在的延迟钙矾石膨胀破坏具有十分重要的意义。

2.2.3　高铁低钙硅酸盐水泥基预制构件生产技术与示范应用

1. 高铁低钙硅酸盐水泥预制构件生产

图2-76和图2-77分别为采用高抗蚀硅酸盐水泥和小野田硅酸盐水泥制备混凝土的工作性能。通过试验可知，采用高抗蚀硅酸盐水泥制备混凝土和易性良好，包裹性好，未出现泌水、离析等现象，坍落度20mm，能满足生产使用要求。

图2-78所示为采用表2-9配合比制备混凝土，进行的长期力学性能试验结果。混凝土试件采用的养护制度为：养护温度55℃，静停3h，养护时间6h。从图2-78和表2-10中可知，高抗蚀硅酸盐水泥混凝土抗压强度随龄期的增长而增大，其脱模强度低于对比硅酸盐水泥混凝土，但后期强度较之偏高，28d时其混凝土抗压强度是对比混凝土的1.13倍，210d时混凝土抗压强度高达109MPa，达到C100混凝土强度等级要求。

表2-9　高抗蚀硅酸盐水泥基预制桩配合比

水泥（kg/m^3）	矿粉（kg/m^3）	黄砂（kg/m^3）	大石（kg/m^3）	小石（kg/m^3）	减水剂（kg/m^3）	水（kg/m^3）
315	135	700	810	540	7.5	118.7

(a)

(b)

图 2-76　高抗蚀硅酸盐水泥混凝土工作性

(a)

(b)

图 2-77　硅酸盐水泥混凝土工作性（小野田 P·Ⅱ 52.5）

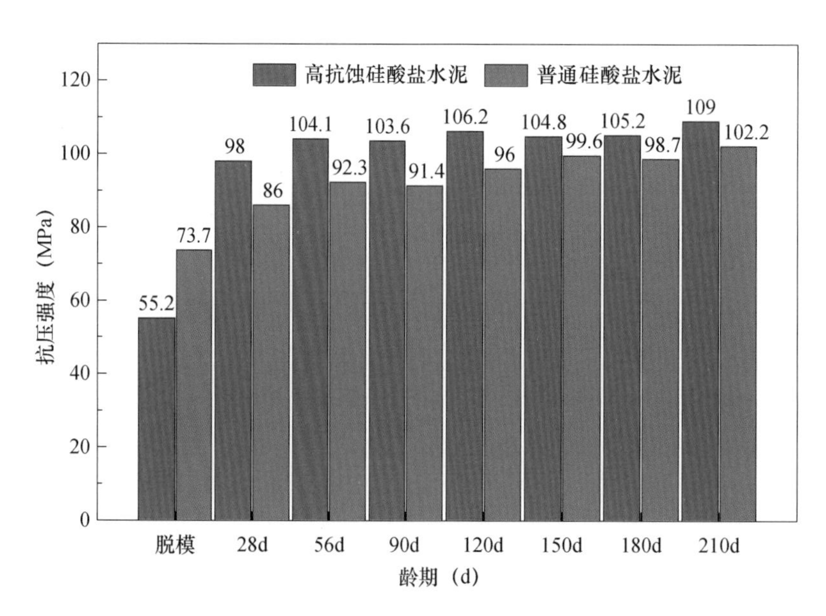

图 2-78　两种硅酸盐水泥生产预制桩的力学性能

经实验室内大量试验后，在生产车间进行试生产验证，采用车间原有蒸汽养护工艺，并按照《混凝土物理力学性能试验方法标准》（GB 50081—2002）、《混凝土强度检验评定标准》（GB/T 50107—2010）对高抗蚀硅酸盐水泥基预制桩混凝土的力学性能进行了跟踪，其结果见表 2-10。车间生产结果表明：采用高抗蚀硅酸盐水泥制备混凝土工作性能良好，能满足生产工艺要求，混凝土脱模强度、28d 抗压强度能满足生产要求。

表 2-10 试生产过程中桩混凝土抗压强度统计情况

序号	1d 抗压强度（MPa）	3d 抗压强度（MPa）	7d 抗压强度（MPa）	28d 抗压强度（MPa）
1	61.8	81.8	86.4	90.1
2	60.9	85.4	87.6	90.6
3	59.3	82.0	84.4	87.1
4	63.5	87.1	86.9	89.9
5	65.0	83.0	89.8	91.7
6	61.4	85.8	88.1	89.6
7	66.4	80.9	90.4	90.2
8	60.0	83.1	88.7	93.5
9	62.8	84.2	89.1	92.3
10	65.0	84.0	87.9	93.2
平均值	62.6	83.7	87.9	90.8

注：3d 和 7d 为自然养护强度，28d 为标准养护强度。

2. 高铁低钙硅酸盐水泥预制构件生产工艺优化

采用前文所述配合比制备混凝土，进行不同静停时间、养护温度以及养护时间对混凝土力学性能影响研究，图 2-79 所示为不同蒸养制度下混凝土抗压强度试验结果。

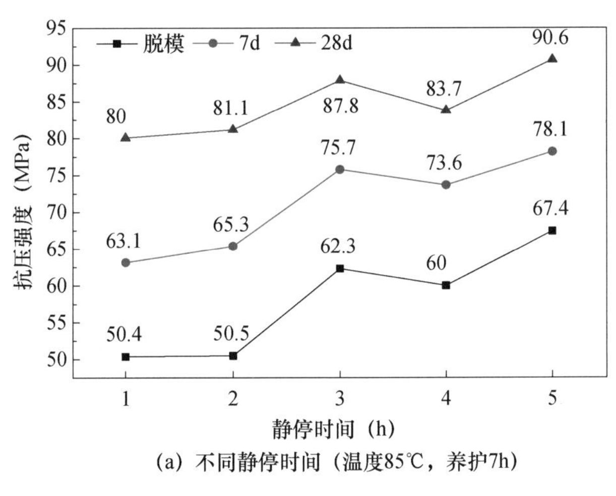

(a) 不同静停时间（温度85℃，养护7h）

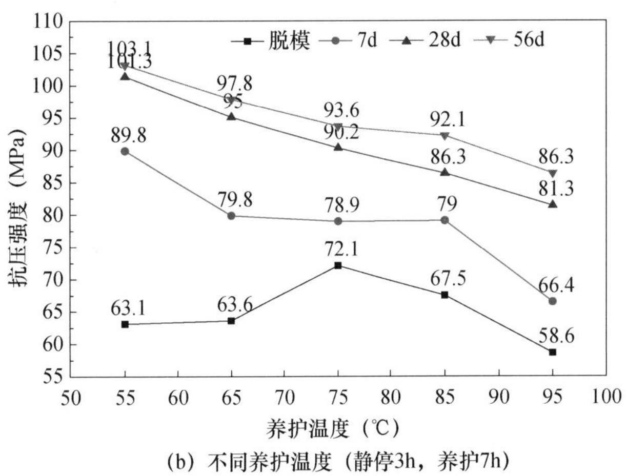

(b) 不同养护温度（静停3h，养护7h）

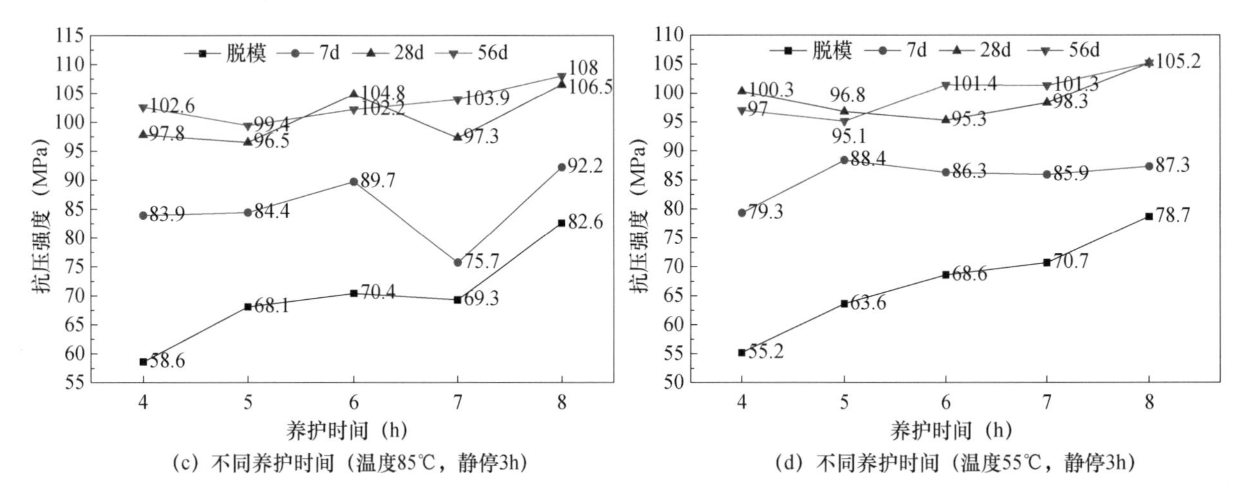

（c）不同养护时间（温度85℃，静停3h）

（d）不同养护时间（温度55℃，静停3h）

图 2-79　不同蒸养制度下混凝土抗压强度试验结果

从图 2-79 中可看出，混凝土各龄期抗压强度随着静停时间延长而增大，与静停 2h 的混凝土试件相比，静停 3h 混凝土试件的脱模、7d 及 28d 抗压强度分别提高了约 23%、16%、8%。这意味着充分的静停时间有利于早期混凝土水化物结构调整，对早期强度发展有利，但对后期强度改善效果不显著。由于预制桩在生产过程中其脱模强度需满足≥ 60MPa 的要求，同时考虑模具周转效率和生产效率，静停时间优选为 3h。当养护温度为 75℃时，脱模强度最高为 72.1MPa，而后期强度则随着养护温度升高呈降低趋势，这意味着养护温度过高，对高抗蚀混凝土后期强度的发展有一定不利影响。从图中还可看出，当养护温度为 55℃时，后期强度水平较高，56d 龄期时可达 104.3MPa，虽脱模强度不高，但也能满足预制桩脱模强度要求。因此，高抗蚀硅酸盐水泥基预制桩的养护温度为 55℃，比原工艺的养护温度 85℃，降低了约 35%。从图中还可看出养护温度为 55℃时，各龄期养混凝土抗压强度，与养护温度为 85℃时的混凝土抗压强度相当。

足够静停时间能保证混凝土在早期充分水化，对混凝土后期水化结构有利，但不利于生产效率提高；过高的养护温度并未对高抗蚀硅酸盐水泥混凝土力学性能有明显改善；过长的养护时间对强度改善效果并不明显，且过高的养护温度、过长的养护时间需更高能耗，也不利于生产效率的提高。因此，综合考虑，较优的养护制度为：静停时间 3h，养护温度 55℃，养护时间 6~7h。

因此，根据高抗蚀硅酸盐水泥特性，高抗蚀硅酸盐水泥基预制桩采用免蒸压养护工艺，经研究并结合现有生产工艺制度，确定的蒸养工艺制度为：静停时间≥ 3h，养护温度 55℃，养护时间≥ 6h，每一池制作完毕必须要保证静停时间，升温速度要保证先慢后快的制度要求（升温前 1h 的升温速率为 2.5℃ /10min 左右；升温后 1h 的升温速率为 5℃ /10min 左右）。

3. 高铁低钙硅酸盐水泥预制桩寿命评估

氯盐引起的混凝土构件劣化进程主要分为钢筋开始锈蚀、保护层锈胀开裂和功能明显退化等阶段。选取 PHC-AB500（100）桩型根据《港口工程水工建筑物检测与评估技术规范》（JTJ 304—2019）进行计算，假定结构已使用 0.5 年，环境设定为水位变动区，钢筋开始锈蚀阶段所经历的时间 t_i 按下式计算：

$$t_i=\left(\frac{c}{k_{C1}}\right)^2 \tag{2-3}$$

式中　c——混凝土保护层厚度（mm）；

k_{Cl}——氯离子侵蚀系数（mm/$\sqrt{a}$）。

其中氯离子侵蚀系数 k_{Cl}（mm/$\sqrt{a}$）的计算方法按照下面公式计算：

$$k_{Cl}=2\sqrt{D}erf^{-1}\left(1-\frac{C_t}{C_s\gamma}\right) \tag{2-4}$$

式中　D——混凝土有效扩散系数（mm²/a）；

C_t——引起混凝土中钢筋发生锈蚀的氯离子含量临界值（%）；

C_s——混凝土表面氯离子含量（%）；

γ——混凝土氯离子双向渗透系数，角部区域取 1.2，非角部区域取 1.0；

erf——误差函数。

①保护层厚度 c

PHC-500（100）AB 桩的主筋保护层厚度为 41.65mm。

②混凝土表面氯离子含量 C_s

按照水位变动区取，混凝土表面氯离子含量取 5.0。

③氯离子含量临界值 C_t

混凝土表面氯离子含量按水位变动区，取 0.55。

④混凝土有效扩散系数 D

$$D=D_t\left(\frac{t}{10}\right)^m \tag{2-5}$$

式中　D——混凝土有效扩散系数（mm²/a）；

D_t——结构使用时间 t 时的实测扩散系数（mm²/a），恒压氯离子扩散系数为 0.89×10^{-12}m²/s，换算为 28.0mm²/a；

t——结构使用时间（a），取 0.5a；

m——扩散系数衰减值，根据预制桩的配合比，取 0.3。

计算得出混凝土有效扩散系数 D=11.4mm²/a。

⑤氯离子侵蚀系数 k_{Cl}

$$k_{Cl}=2\sqrt{D}erf^{-1}\left(1-\frac{C_t}{C_s\gamma}\right)=5.3\text{mm}/\sqrt{\text{a}} \tag{2-6}$$

⑥钢筋开始锈蚀阶段所经历的时间 t_i

$$t_i=\left(\frac{c}{k_{Cl}}\right)^2=61.7\text{a} \tag{2-7}$$

保护层锈胀开裂阶段所经历的时间 t_c 可按下式计算：

$$t_c=\frac{\delta_{cr}}{\lambda_1} \tag{2-8}$$

式中　t_c——自钢筋开始锈蚀至保护层开裂所经历的时间（a）；

δ_{cr}——保护层开裂时钢筋临界锈蚀深度（mm）；

λ_1——保护层开裂前钢筋平均腐蚀速度（mm/a）。

⑦保护层开裂时钢筋临界锈蚀深度 δ_{cr} 按下式计算：

$$\delta_{cr}=0.012\frac{c}{d}+0.00084f_{cuk}+0.018 \quad (2\text{-}9)$$

式中 c——混凝土保护层厚度（mm），取 41.65mm；

d——钢筋原始直径（mm），取 10.7mm；

f_{cuk}——混凝土立方体抗压强度标准值（MPa），取 80MPa。

计算得出 $\delta_{cr}=0.012\frac{c}{d}+0.00084f_{cuk}+0.018=0.1319\text{mm}$。

⑧保护层开裂前钢筋平均腐蚀速度 λ_1 按下列式计算：

$$\lambda_1=0.0116i \quad (2\text{-}10)$$

式中 λ_1——保护层开裂前钢筋平均腐蚀速度（mm/a）；

i——钢筋腐蚀电流密度（$\mu A/cm^2$），取 $0.25\mu A/cm^2$。

计算得出 $\lambda_1=0.0116i=0.0029\text{mm/a}$。

因此保护层锈胀开裂阶段所经历的时间：

$$t_c=\frac{\delta_{cr}}{\lambda_1}=45.8\text{a} \quad (2\text{-}11)$$

综上所述，经测算高抗蚀硅酸盐水泥基预制桩的结构使用年限为：$t_e=t_i+t_c=107\text{a}$。

4. 高铁低钙硅酸盐水泥预制构件生产工艺

预制构件被广泛用于严酷的海洋环境中，其耐久性为首要设计指标。基于高抗蚀硅酸盐水泥基材料，结合主要预制构件产品，根据预制桩的生产及使用性能要求，采用高抗蚀硅酸盐水泥基材料配制相应预制构件的混凝土。根据混凝土工作性能（和易性、坍落度）、混凝土抗压强度的试验结果优选出最优混凝土配合比。

高抗蚀预制构件生产线的选址位于集团公司滨海基地（临江路 166 号）厂区内，东临象山港，南临管片二期车间，西面为新冈车间，北面为广场。生产线的生产规模为年产 120 万 m 先张法预应力混凝土管桩。

由于传统预制桩生产工艺流水线存在单位面积产能低、工人劳动强度大、能源消耗严重、安全隐患多、生产环境恶劣、装备落后、工序控制随意性大等问题，新产品的生产制造也面临着一定难题。如砂石原材料露天堆放，砂石级配不能分级，含水率波动大，易造成混凝土抗压强度不足；混凝土单拌单量，效率低下，设备配置多，厂房面积大；起重设备辅助作业时，操作人员、物件以及起重设备处于三维混杂较叉工作状态，存在严重的安全隐患。

因此，通过精确测算工艺流程、开发先进装备、有效利用节能措施，对现有生产工艺进行升级，开发出绿色、节能、安全、环保的自动化生产工艺。砂石料设置成全封闭的地坑式料仓，输送系统采用全自动控制体系，落料采用预均化原理，通过自重进入卸料口，从而保证砂石级配均匀合理；起重设备根据起吊物的特性、方式、质量、运行区间等配置相应的专用吊具，并设置专用的地面运输设备及工作平台，减少立体交叉作用，保证车间安全。

本流水线比传统工艺线生产可节约用地 30%，减少人工用量 50%，个人产值提高 50%，产品质量大幅度提高，采用免蒸压工艺生产 1m³ 混凝土预制桩可比传统预应力管桩降低二氧化碳排量 60%~70%。图 2-80 所示为生产工艺流程示意图，图 2-81 所示为车间现场情况。示范生产工艺模块包括生产车间、堆场、厂区绿化等，新增主要生产设备：单辊离心机 6 台，起重机 9 台，全自动切断镦头一体机 2 台，管桩骨架滚焊机2台，蒸汽锅炉1台，蒸养池系统设备1套，钢模143副。混凝土预制桩生产过程中需要消耗天然气、水、电等资源，采用蒸养池智能控制监测系统，实现蒸汽、水的循环利用，生产过程中排放的余浆用来生产混凝土砌块、空心砖等下游产品，实现生产废料、尾料全利用，无外排，减少了对环境的污染，且环保、消防、安全及节能措施等均符合相关规定。

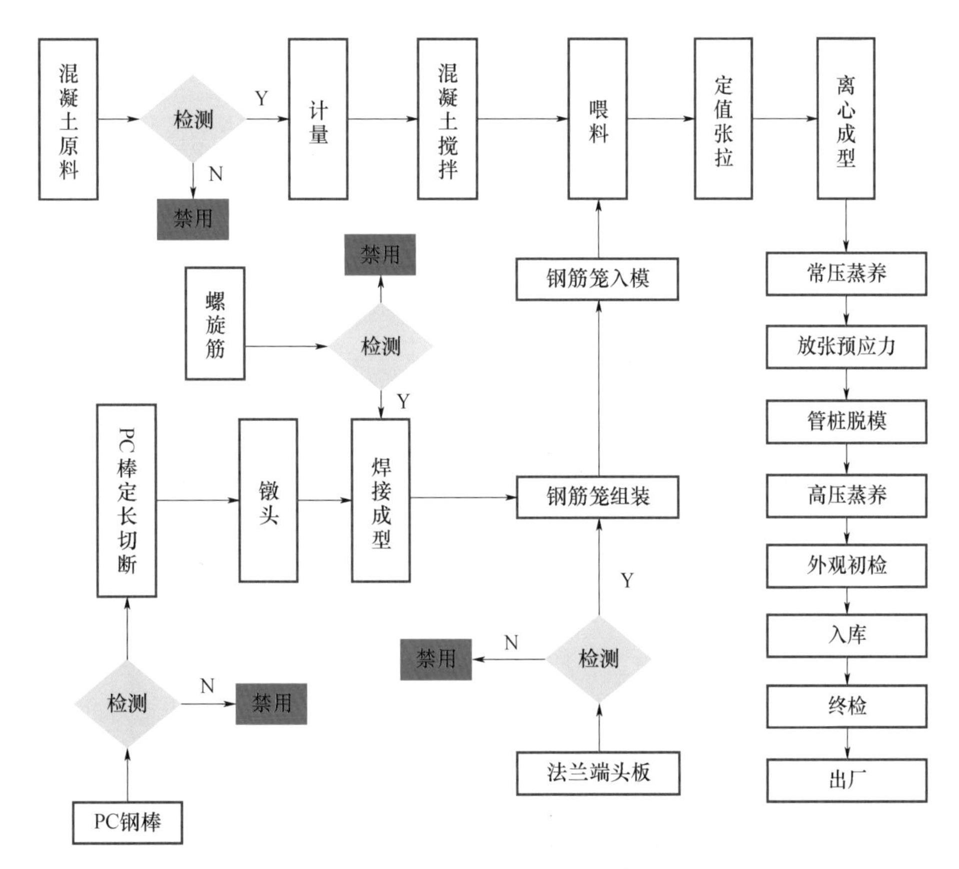

图2-80　高铁低钙硅酸盐水泥混凝土预制管桩工艺流程示意图

(a)　(b)

图2-81　高铁低钙硅酸盐水泥混凝土预制管桩车间现场情况

5. 高铁低钙硅酸盐水泥预制桩工程应用示范

高抗蚀硅酸盐水泥基预制桩已实现工程应用，具体工程应用情况见表2-11。本项目的桩基工程中应用了采用高抗蚀硅酸盐水泥基制备的ϕ500~450 竹节管桩，对于提升海洋环境中钢筋混凝土构件的抗侵蚀性，保障工程使用寿命，具有重要意义。图 2-82、图 2-83 分别为高抗蚀硅酸盐水泥基预制桩规模化生产情况和施工现场情况。

表 2-11　高抗蚀硅酸盐水泥基预制桩工程应用情况

产品型号	项目名称	应用类型
PHDC400/350（95）A 桩	宁波滨海交通科技研创及智造产业基地项目	示范应用

(a)

(b)

图 2-82　高抗蚀硅酸盐水泥基预制桩规模化生产情况

(a) 进场

(b) 装卸

图 2-83　示范工程现场情况

本节研究了预制构件用高铁低钙硅酸盐水泥在蒸汽养护条件下的微观结构演变与宏观性能之间的关系，优化了高铁低钙硅酸盐水泥预制构件的生产工艺。高铁低钙硅酸盐水泥克服了高温蒸养对普通硅酸盐水泥浆体后期微结构带来的负面影响，使蒸养硅酸盐水泥浆体在长龄期具有显著优化的孔隙结构，并且水泥石微结构趋向于致密化加速演变，使得水泥基材料宏观力学强度持续增长。同时，由于 C_4AF 水化产物相对于 C_3A 水化产物更难于受到硫酸盐侵蚀，使得高抗蚀硅酸盐水泥抵抗硫酸盐侵蚀能力更高。高温蒸养后高抗蚀硅酸盐水泥砂浆亦具有更优异抗氯离子渗透性能。此外，利用高抗蚀硅酸盐水泥制备的蒸养试件受到延迟钙矾石发生而产生体积膨胀的影响更小，具有更好的体积稳定性。

结合实验室内大量试验和在生产车间进行试生产验证，优化了高铁低钙硅酸盐水泥预制构件的生产工艺，确定了预制构件的养护制度，实现了预制管桩的免蒸压养护。根据相关技术规范测算，高抗蚀硅酸盐水泥基预制桩的理论使用年限为107年。在此基础上，还开发出绿色、节能、安全、环保的自动化生产工艺，形成年产120万m先张法预应力混凝土管桩的生产线，生产的预制管桩已在宁波滨海交通科技研创及智造产业基地项目中实现工程应用。管桩性能满足相关标准要求，应用效果良好。

2.3 成果总结

2.3.1 海洋工程预制构件用高抗蚀硅酸盐水泥生产技术

针对传统硅酸盐水泥高 C_3S 含量导致水化产物不耐腐蚀和抗冲磨性能差的难题，提出高铁低钙硅酸盐水泥熟料设计思路，聚焦高铁低钙硅酸盐水泥熟料强度低、水化反应速率慢的关键科学问题，以硅酸盐水泥熟料中铁相矿物（C_4AF）为突破口，采用理论计算与试验结合的方式系统解析了其结构形式，揭示了高温烧成环境造成铁相矿物反应活性低的内在机理，发现高活性铝氧四面体结构高温析出是导致铁相矿物水化反应活性低的本质原因。

利用计算化学和高温反应动力学方法，研究了蒸养条件下高铁低钙硅酸盐水泥水化产物组成及微结构演变规律，探明了铁相矿物的反应性能改善机理与方法，确立了离子掺杂和低温煅烧活化铁相矿物的关键技术；基于“差分键级”原理，提出铁相矿物掺杂活化的评判方法，提升其晶格活性位点，为高铁低钙硅酸盐水泥熟料关键矿相的设计与活化提供基础；采用烧成制度优化，离子掺杂协同作用，实现高铁低钙硅酸盐水泥熟料强度与反应活性的提升，相比未改性高铁低钙硅酸盐水泥熟料，使3d抗压强度由15MPa提升至22MPa以上，获得了铁相矿物含量大于18%，早期强度高的高铁低钙硅酸盐水泥熟料。

研究揭示了侵蚀环境下铁相矿物水化产物优异抗硫酸盐侵蚀与氯离子吸附机理；发现铁相矿物水化产物 $[C_3(A,F)H_6]$ 晶粒尺寸大（4μm左右）且 SO_4^{2-} 侵蚀反应产物（AFt）包覆层阻碍硫酸盐进一步侵蚀的内在机理，探明铁相水化产物与碳酸盐反应形成含铁产物的氯离子吸附机制，显著提升水泥的抗硫酸盐与氯离子侵蚀性能，相比普通硅酸盐水泥，高铁低钙硅酸盐水泥28d抗海水侵蚀系数由0.95提升至1.13，28d氯离子扩散系数由 $1.0\times10^{-12}m^2/s$ 降低至 $0.45\times10^{-12}m^2/s$。

发现高铁低钙硅酸盐水泥中 C_3S 与高活性 C_4AF 协同作用生成C-A-S-H凝胶的新机理，克服传统硅酸盐水泥中高含量 C_3A-石膏快速反应转化为AFt、低活性 C_4AF 与 C_3S 协同反应性能差的难题，显著增加水化产物中综合性能优异的C-A-S-H凝胶含量，实现高铁低钙硅酸盐水泥抗冲磨性能比普通硅酸盐水泥提升近1倍。

针对铁相矿物含量提高会造成水泥旋窑中液相增多并提早出现，液相黏度减小，烧成范围变窄，煅烧难度大的难题，采用激光熔融气动悬浮黏度测试系统、高温显微镜、TG-DTA等研究，实现铁相矿物的热力学性质从定性到定量的表征，开发出高铁低钙硅酸盐水泥熟料低温工业化烧成技术，采取“薄料快烧”、头煤与分解炉用煤的精确调控，实现了 C_3S 含量40%~50%、C_4AF 含量＞18%的硅酸盐水泥熟料的工业化稳定烧成，比传统硅酸盐水泥熟料烧成温度低约50℃，保障了水泥生产的稳定与安全，形成了成套生产工艺和示范生产线，生产的42.5级水泥产品综合指标全面优于同等级传统硅酸盐水泥性能指标。

2.3.2 高抗蚀硅酸盐水泥制备海洋工程预制构件技术

针对蒸养加速水泥反应带来的预制构件耐久性劣化问题，特别是构件后期强度发展停滞、钙矾石转化膨胀和水化产物热损伤等难题，研究揭示了蒸养导致混凝土制品后期强度增长不足的内在原因，发现温度提升虽能使水泥中 C_3S 早期反应速率快，但却对其后期水化抑制的现象，探明了早期水化产物致密结构层抑制后期水化反应的机理，颠覆了用高 C_3S 含量硅酸盐水泥制备预制构件的传统认识。

进一步揭示蒸养制度下高铁低钙硅酸盐水泥后期强度增长机制，其矿物组成含量（C_3S 含量低于 50%，C_2S 含量增加）更适宜制备蒸养混凝土制品，并探明了高温蒸养下高铁低钙硅酸盐水泥水化反应动力学机理以及矿物掺合料离子溶出机制，建立了粉煤灰、矿渣粉和高铝 Q 相熟料（$Ca_{20}Al_{26}Si_3Mg_3O_{68}$）等辅助胶凝材料的多层级应用方法，显著提升预制构件用高铁低钙硅酸盐水泥综合力学性能和抗侵蚀性能，并使矿物掺合料在混凝土制品中的利用率大幅提升，增加了主要水化产物 C-S-H 凝胶的分子链长，使高铁低钙硅酸盐水泥制品 160d 抗压强度增进率超过 125%，显著高于同条件下 P·Ⅰ水泥制品的强度增进率，有效解决了蒸养混凝土后期强度增长率不足与耐久性差的工程技术难题。

针对蒸养混凝土制品在超过 65℃养护温度后，延迟钙矾石（AFt）转化膨胀导致制品体积稳定性差、易开裂的关键瓶颈问题，发现了 Fe 固熔进 AFt 提升其热稳定性的关键机理，进而揭示了高铁低钙硅酸盐水泥显著抑制蒸养混凝土制品延迟钙矾石的机制，大幅提升了蒸养混凝土制品的体积稳定性；90℃蒸养环境下，高铁低钙硅酸盐水泥制品的 160d 体积稳定性相比同条件下 P·Ⅰ水泥制品体积稳定性提高 2 倍，可显著提升材料耐久性与使用寿命。

基于基础理论研究突破，开发出高耐久高铁相硅酸盐水泥基预制构件制备技术。在静停阶段采用余热预热技术，提升水化反应碱度，实现高铁低钙硅酸盐水泥与掺合料协同，增进早期强度；在蒸养阶段缩短养护时间，降低 C_3S 热损伤，与 C_2S 协同水化，增进后期强度；延长低速与中速离心时间，增加均匀性与密实性，实现强度等级为 42.5 的高铁低钙硅酸盐水泥替代 P·Ⅱ 52.5 水泥制备 C80 预制管桩，且后期强度显著高于 P·Ⅱ 52.5 水泥制备的 C80 桩，180d 超过 105MPa，提升了制品耐久性与生产效率；对高铁低钙硅酸盐水泥预制管桩进行了耐久性评估与模拟，建立了其耐久性评估方法，发现高铁低钙硅酸盐水泥预制管桩耐久性达 107 年；实现了预制管桩的免蒸压养护，大幅降低了其生产成本；形成了预制管桩养护工艺与生产示范线，与常规生产工艺与技术相比，该技术可将预制桩静停时间缩短 28.5% 和蒸养时间缩短 21.1%，蒸汽养护能耗理论值同比降低约 26%。

研究形成了高铁低钙硅酸盐水泥示范生产线和高抗蚀高铁相硅酸盐水泥基预制管桩示范线各 1 条，具体情况如下：

（1）预制构件用高铁低钙硅酸盐水泥生产线

利用广西鱼峰水泥股份有限公司 1 号生产线（2000t/d）“湿磨干烧”的特殊生产工艺，结合高抗蚀硅酸盐水泥的关键指标，通过不断调整水泥生料配方、熟料烧成工艺，克服烧成过程中液相多、黏度低和窑体易结圈等问题，优化粉磨工艺，实现高铁低钙硅酸盐水泥的稳定生产。该示范线涉及技术主要包含：优化原材料率值（LSF：89 ± 1.5，SM：2.2 ± 0.1，IM：0.8 ± 0.1），采用湿法均混工艺实现原材料的高效混合与目标离子掺杂，调整烧成工艺参数（料饼含水率 18%~20%，分解炉温度降低约 30℃，“薄料快烧”工艺，窑头用煤 5.4~6.2t/h），采用水泥磨磨内喷水技术、化学激发技术、高效磨内筛分等系列水泥绿色制成技术，提升粉磨效率与稳定性。经过多次生产高抗蚀硅酸盐水泥熟料情况，对配料方案进行了少量调整，生产的熟料矿物 C_3S 含量在 45.35%~48.89%，C_4AF 含量在 18.08%~22.28%，满足了指标要求，水泥熟料比表面积控制在 320~350m^2/kg 时，3d 抗压强度为

23.0~24.5MPa，28d 抗压强度为 52.5~54.8MPa。

（2）高抗蚀高铁相硅酸盐水泥基预制管桩生产线

预制构件被广泛用于严酷的海洋环境中，其耐久性为首要设计指标。基于高抗蚀硅酸盐水泥基材料，结合主要预制构件产品，根据预制桩的生产及使用性能要求，采用高抗蚀硅酸盐水泥基材料配制生产预制管桩。高抗蚀预制管桩生产示范线位于宁波中淳高科股份有限公司滨海基地（临江路 166 号）厂区内，东临象山港，南临管片二期车间，西面为新冈车间，北面为广场，生产线的生产规模为年产 120 万米先张法预应力混凝土管桩。

该示范线涉及技术主要包含：

①全自动配料工艺改造，全封闭地坑式料仓、全自动输送系统、落料预均化，实现构件的原材料精确控制，保障制品性能稳定性；

②养护工艺调整，静停时间缩短 1h、升温时间缩短 10~20min、85℃养护时间缩短 2h，静停时采用余热预热养护技术，实现高铁相硅酸盐水泥与矿物掺合料协同水化，蒸养时间缩短，实现 C_3S 与 C_2S 协同水化；

③离心工艺调整，增加低速和低中速离心时间，离心后混凝土密实、内壁美观。采用上述技术实现 42.5 级高铁低钙硅酸盐水泥稳定生产 C80 预制桩，后期强度高于 P·Ⅱ 52.5 水泥预制桩，且养护能耗同比降低约 26%，大幅改善耐久性，依据《港口工程水工建筑物检测与评估技术规范》（JTJ 304—2019）预测，高抗蚀水泥基预制桩使用寿命可达 107 年，满足了海洋工程对高耐久预制管桩的耐久性需求。

针对海洋工程大体积混凝土高抗裂、高抗海水介质侵蚀和抗冲磨等性能需求，而传统海工混凝土又不能满足关键部位的建设等问题，将高铁低钙硅酸盐水泥及其预制产品在多个海洋工程、临海工程进行了示范应用，形成了成套生产工艺与应用技术体系，解决了海洋工程混凝土材料与预制构件抗蚀性差的关键难题，显著提升了建筑工程耐久性。

（3）预制桩在宁波滨海交通工程地下桩基工程中应用

宁波滨海交通科技研创及智造产业基地项目位于宁波市鄞州区滨海工业园区。工程区位于象山港北侧，距离近海直线距离约 2km，占地约 2000m^2。本工程属填海造地工程，地下土和水在干湿交替条件下对混凝土构件具有中腐蚀性。工程要求预制混凝土竹节桩抗压强度达 80MPa 以上，氯离子扩散系数低于 4.0×10^{-12} ㎡ /s，抗海水侵蚀系数（硫酸盐）大于 0.95。该工程高腐蚀环境区域应用了高抗蚀硅酸盐水泥基竹节管桩（ϕ500~450），桩身混凝土电通量 443C，应用效果良好，对于提升海洋环境中钢筋混凝土构件的抗侵蚀性，保障工程使用寿命效果显著。

参考文献

[1] GUTTERIDGE W A. On the dissolution of the interstitial phases in Portland cement [J]. Cement and Concrete Research, 1979 (9): 319-324.

[2] E. GALLUCCI, P. MATHUR, K. Scrivener, Microstructural development of early age hydration shells around cement grains [J]. Cement and Concrete Research, 2010 (40): 4-13.

[3] XUERUN Li, XIAODONG SHEN, MINGLIANG TANG, et al. Stability of Tricalcium Silicate and Other Primary Phases in Portland Cement Clinker, Ind. Eng [M]. Chem. Res., 2014, 53: 1954-1964.

[4] KECHANG ZHANG, LU YANG, MEIJUAN RAO, WENQIN ZHANG, FAZHOU WANG. Understanding the role of brownmilerite on corrosion resistance[J]. Construction and Building Materials. 2020 (254): 1-11.

[5] XIUJI FENG, SHIZONG LONG. Investigation of the effect of minor ions on the stability of β-C_2S and the mechanism of stabilization [J]. Cement and Concrete Research, 1986 (16): 587-601.

[6] WANG, Q., GU, X., ZHOU, H., CHEN, X., & SHEN, X. Cation substitution induced reactivity variation on the tricalcium silicate polymorphs determined from first-principles calculations [J]. Construction and Building Materials, 2019 (216): 239–248.

[7] XUERUN LI, ALEXANDRE OUZIA, KAREN SCRIVENER. Laboratory synthesis of C_3S on the kilogram scale. [J] Cement and Concrete Research, 2018 (108): 201–207.

[8] S. WANG, X. LI, J. HE, Z. PAN, X. SHEN. Precise characterization of polymorphs of tricalcium silicate using X-ray diffraction [J]. J. Chin. Ceram. Soc., 2014 (42): 178–182.

[9] QINGSHAN DENG, MEICHENG ZHAO, MEIJUAN RAO, FAZHOU WANG. Effect of CuO-doping on the Hydration Mechanism and the Chloride-Binding Capacity of C_4AF and High Ferrite Portland Clinker[J]. Construction and building materials, 2020 (252): 1-11.

[10] KAREN L. SCRIVENER, PATRICK JUILLAND, PAULO J.M. Monteiro, Advances in understanding hydration of Portland cement [J]. Cement and Concrete Research, 2015 (78): 38-56.

[11] ELIZAVETA PUSTOVGAR, RATAN K. MISHRA, MARTA PALACIOS, et al. Influence of aluminates on the hydration kinetics of tricalcium silicate [J]. Cement and Concrete Research, 2017 (100): 245–262.

[12] PING CHEN, YU TIAN, CHENG HU, XIAOPING ZHANG. The Doping of Mineral Additions SF, FA and SL on Sulfate Corrosion Resistance of the HIPC Cements[J]. International Conference on Advanced Materials and Ecological Environment, 2020: 12086.

[13] FRANK BELLMANN, HORST-MICHAEL LUDWIG. Analysis of aluminum concentrations in the pore solution during hydration of tricalcium silicate [J]. Cement and Concrete Research, 2017 (95): 84–94.

[14] PATRICK JUILLAND, EMMANUEL GALLUCCI, ROBERT FLATT, KAREN SCRIVENER. Dissolution theory applied to the induction period in alite hydration [J]. Cement and Concrete Research, 2010 (40): 831–844.

[15] JØRGEN SKIBSTED, JENS HJORTH, HANS J. JAKOBSEN. Correlation between ^{29}Si NMR chemical shifts and mean Si-O bond lengths for calcium silicates [J]. Chemical Physics Letters, 1990 (172): 279-283.

[16] WENWEN DING, YONGJIA HE, LINNU LU, FAZHOU WANG, SHUGUANG HU. Influence of metakaolin on the conversion and compressive strength of quaternary phase paste[J]. Journal of the American Ceramic Society, 2020, 12 (103): 7213-7225.

[17] WARDA ASHRAF. Microstructure of chemically activated gamma-dicalcium silicate paste [J]. Construction and Building Materials, 2018 (185): 617–627.

[18] YONG TAO, WENQIN ZHANG, NENG LI, FAZHOU WANG, SHUGUANG HU. Atomic occupancy mechanism in brownmillerite Ca_2FeAlO_5 from a thermodynamic perspective[J]. Journal of the American Ceramic Society. 2020, 1 (103): 635-644.

[19] A.R. BROUGH, C.M. DOBSON, I.G. RICHARDSON. In situ solid-state NMR studies of Ca_3SiO_5: hydration at room temperature using ^{29}Si enrichment [J]. J. Mater. Sci., 1993 (29): 3926–3940.

[20] I.G. RICHARDSON. The calcium silicate hydrates [J]. Cement and Concrete Research, 2008 (38): 137–158.

[21] I. G. RICHARDSON, J. SKIBSTED, L. BLACK, R. J. KIRKPATRICK. Characterisation of cement hydrate phases by TEM, NMR and Raman spectroscopy [J]. Advances in Cement Research, 2010 (22): 233–248.

[22] KIM, Y., HANIF, A., USMAN, M., MUNIR, M.J., KAZMI, S.M.S.. Kim, S.. Slag waste incorporation in high early strength concrete as cement replacement: environmental impact and influence on hydration & durability attributes [J]. J. Clean. Prod., 2018 (172): 3056-3065.

[23] YONG TAO, WENQIN ZHANG, NENG LI, FAZHOU WANG, SHUGUANG HU. Predicting Hydration Reactivity of Cu-Doped Clinker Crystals by Capturing Electronic Structure Modification[J]. ACS Sustainable Chemistry & Engineering.

2019: 6 (7), 6412-6421.

[24] KURDA, R., SILVESTRE, J.D., BRITO, J.D., AHMED, H.. Optimizing recycled concrete containing high volume of fly ash in terms of the embodied energy and chloride ion resistance [J]. J. Clean. Prod, 2018 (194): 735-750.

[25] 饶美娟 , 孙子豪 , 曾浪 , 等 . 改性粉煤灰对改善高铁相水泥砂浆性能的研究 [J]. 人民长江 , 2019, 50 (6): 166-170+210.

[26] P. M. E. GALLUCCI, K. SCRIVENER. Microstructural development of early age hydration shells around cement grains [J]. Cement and Concrete Research, 2010 (40): 4-13.

[27] B. L. K.O. KJELLSEN. Microstructure of tricalcium silicate and Portland cement systems at middle periods of hydration-development of Hadley grains [J]. Cement and Concrete Research, 2007 (37): 13-20.

[28] XIAO HUANG, SHUGUANG HU, FAZHOU WANG, LU YANG, MEIJUAN RAO, YONG TAO. Enhanced Sulfate Resistance: The Importance of Iron in Aluminate Hydrates [J]. ACS Sustainable Chemistry & Engineering, 2019, 7 (7): 6792-6801.

[29] G. A. Y. SARAH ABDULJABBAR YASEEN, CHI SUN POON.. Influence of Seawater on the Morphological Evolution and the Microchemistry of Hydration Products of Tricalcium Silicates (C_3S), ACS Sustainable Chem. Eng, 2020 (8): 15975-15887.

[30] XIAO HUANG, SHUGUANG HU, FAZHOU WANG, LU YANG, MEIJUAN RAO, YUANDONG MU, CAIXIA WANG. The effect of supplementary cementitious materials on the permeability of chloride in steam cured high-ferrite Portland cement concrete [J]. Construction and Building Materials, 2019 (197): 99-106.

[31] KECHANG ZHANG, FAZHOU WANG, MEIJUAN RAO, WENQIN ZHANG, XIAO HUANG. Influence of ZnO-doping on the properties of high-ferrite cement clinker[J]. Construction and Building Materials, 2019 (224): 551-559.

[32] H. P. R. BARBARULO, S. LECLERCQ.Chemical equilibria between C–S–H and ettringite, at 20 and 85℃ [J]. Cement and Concrete Research, 2007 (37): 1176-1181.

[33] 朱明 , 曾浪 , 饶美娟 . 高铁低钙硅酸盐水泥体系的抗氯离子侵蚀性能研究 [J]. 硅酸盐通报 , 2018, 37 (10): 3136-3140.

[34] J. Y. QINGJUN DING, DONGSHUAI HOU. Insight on the mechanism of sulfate attacking on the cement paste with granulated blast furnace slag: An experimental and molecular dynamics study [J]. Construction and Building Materials, 2018 (169): 601-611.

[35] H. M. JIANGYAN YUAN, RUOYU GUO. Sustainable Materials by Mimicking Natural Weathering, ACS Sustainable Chem. Eng, 2020 (8): 10920-10927.

[36] YONG TAO, NENG LI, WENQIN ZHANG, Fazhou Wang, Shuguang Hu. Understanding the zinc incorporation into silicate clinker during waste co-disposal of cement kiln: A density functional theory study[J]. Journal of Cleaner Production, 2019 (232): 329-336.

[37] XIAO HUANG, FAZHOU WANG, SHUGUANG HU, LU YANG, MEIJUAN RAO, YUANDONG MU. Brownmillerite hydration in the presence of gypsum: The effect of Al/Fe ratio and sulfate ions[J]. Journal of the American Ceramic Society, 2019, 9 (102): 5545-5554.

[38] A. K. PIERRE MOUNANGA, AHMED LOUKILI. Predicting $Ca(OH)_2$ content and chemical shrinkage of hydrating cement pastes using analytical approach [J]. Cement and Concrete Research, 2004 (34): 255-265.

[39] S. M. EI-ICHI TAZAW. Chemical Shrinkage and autogenous shrinkage of hydrating cement paste [J]. Cement and Concrete Research, 1995 (25): 288-292.

[40] E. M. PUSTOVGAR, RATAN K. PALACIOS, Marta d'Espinose de Lacaillerie, Jean-Baptiste Matschei, Thomas Andreev, Andrey S. Heinz, Hendrik Verel, Rene Flatt, Robert J., Influence of aluminates on the hydration kinetics of tricalcium silicate [J]. Cement and Concrete Research, 2017 (100): 245-262.

[41] WENWEN DING, YONGJIA HE, LINNU LU, MEIJUAN RAO, FAZHOU, WANG. Effect of iron on mineral composition of quaternary phase clinker and its hydration properties[J]. Journal of Thermal Analysis and Calorimetry, 2019, 4 (135): 2009-2018.

[42] K. L. N. BARRY R. BICKMORE, AMY K. Gray. The effect of $Al(OH)_4$ on the dissolution rate of quartz [J]. Geochimica et Cosmochimica Acta, 2006 (70): 290-305.

[43] V. P. FATEME S. EMAMI, RAJIV J. BERRY, VIKAS VARSHNEY. Force Field and a Surface Model Database for Silica to Simulate Interfacial Properties in Atomic Resolution [J]. Chem. Mater, 2014 (26): 2647-2658.

[44] L. NICOLEAU, E. SCHREINER AND A. NONAT. Ion-specific effects influencing the dissolution of tricalcium silicate [J]. Cement and Concrete Research, 2014 (59): 118-138.

[45] PING CHEN, SHUMING ZHANG, HUAMEI YANG, CHENG HU. Effects of curing temperature on rheological behavior and compressive strength of cement containing GGBFS[J]. Journal of Wuhan University of Technology Materials Science. 2019, 5 (34): 1155-1162.

[46] YONG TAO, WENQIN ZHANG, DECHEN SHANG, ZHONGSHENG XIA, NENG LI, WAI-YIM CHING, FAZHOU WANG, SHUGUANG HU. Comprehending the occupying preference of manganese substitution in crystalline cement clinker phases: A theoretical study[J]. Cement and Concrete Research, 2018: (109), 19-29.

[47] Q. L. PENGKUN HOU, NING XIE, XINMING WANG. Physicochemical effects of nanosilica on C_3A/C_3S hydration [J]. J Am Ceram Soc, 2020 (103): 6505-6518.

[48] R. J. F. PRANNOY SURANENI.Use of micro-reactors to obtain new insights into the factors influencing tricalciumsilicate dissolution [J]. Cement and Concrete Research, 2015 (78): 208-215.

[49] YONG TAO, WENQIN ZHANG, NENG LI, DECHEN SHANG, ZHONGSHENG XIA, FAZHOU WANG. Fundamental principles that govern the copper doping behavior in complex clinker system[J]. Journal of the American Ceramic Society, 2018, 6 (101): 2527-2536.

[50] F. BELLMANN, H.-M. LUDWIG. Analysis of aluminum concentrations in the pore solution during hydration of tricalcium silicate [J]. Cement and Concrete Research, 2017 (95): 84-94.

[51] 张忠飞，陈平，赵艳荣，刘荣进. 不同 C_4AF 含量高铁低钙硅酸盐水泥性能研究 [J]. 非金属矿，2021: 44 (04).

[52] P. JUILLAND, E. GALLUCCI, R. FLATT, K. Scrivener. Dissolution theory applied to the induction period in alite hydration [J]. Cement and Concrete Research, 2010 (40): 831-844.

[53] K. L. SCRIVENER, P. JUILLAND, P. J. M. MONTEIRO. Advances in understanding hydration of Portland cement [J]. Cement and Concrete Research, 2015 (78): 38-56.

[54] 胡成，陈平，张小平，等. 不同铁相水泥的抗氯离子侵蚀和抗硫酸盐侵蚀性能研究 [J]. 混凝土，2020 (10): 98-101.

[55] 孙子豪，赵美程，饶美娟，等. 蒸养纤维掺杂高铁低钙水泥混凝土的抗海水冲磨性能研究 [J]. 硅酸盐通报，2019, 38 (7): 2176-2182.

[56] 邓青山，饶美娟，曾浪，等. Cu^{2+} 掺杂对 C_4AF 水化性能的影响 [J]. 硅酸盐通报，2019, 38 (4): 937-941.

[57] R. J. F. A. H. H. RATAN K. MISHR. Force Field for Tricalcium Silicate and Insight into Nanoscale Properties: Cleavage, Initial Hydration, and Adsorption of Organic Molecules [J]. J. Phys. Chem. C, 2013 (117): 10417-10432.

[58] C. J. S. A. M. A. MCALLISTER. Characterization of Low-Barrier Hydrogen Bonds Relationship between Strength and Geometry of Short-Strong Hydrogen Bonds. The Formic Acid-Formate Anion Model System [J]. An ab Initio and DFT Investigation, J. Am. Chem. Soc, 1997 (119): 11277-11281.

[59] F. S. E. SIDDHARTH V. PATWARDHAN, RAJIV J. BERRY. Chemistry of Aqueous Silica Nanoparticle Surfaces and the Mechanism of Selective Peptide Adsorption [J]. J. Am. Chem. Soc, 2012 (134): 6244-6256.

[60] T.-J. L. A. H. HEINZ. Accurate Force Field Parameters and pH Resolved Surface Models for Hydroxyapatite to Understand Structure, Mechanics, Hydration, and Biological Interfaces [J]. J. Phys. Chem. C, 2016 (120) 4975-4992.

[61] 水中和，万惠文. 离子传输与混凝土耐久性 [J]. 国外建材科技，2003 (24): 1-3.

[62] 张小平，陈平，杨华美. 养护温度和矿物掺合料对砂浆渗透性的影响 [J]. 人民长江，2018: 49 (10): 92-96+114.

[63] 孟涛，杨利群. Q 相 -C_4AF-C_2S-$C_{12}A_7$ 系统中各相共存条件的研究 [J]. 材料科学与工程，1997 (15): 41-44.

第2章

普通结构用高抗蚀硅酸盐水泥基材料关键技术

现浇混凝土是海洋工程建设过程中用量最大的建筑材料，混凝土在硬化过程中，胶凝材料快速水化导致混凝土水化放热量大、内外部温度差异显著，易造成较大温度应力。同时，在低湿度环境与自干燥作用下，混凝土内外部存在较大相对湿度梯度，进而导致内部毛细应力的显著提高。内部应力作用下混凝土初始微裂纹形成概率提高并极易进一步扩展，造成混凝土力学性能的大幅度降低。海洋环境中，现浇混凝土的裂纹还会加速外部侵蚀性介质的侵入过程，在膨胀性侵蚀产物作用下造成混凝土的逐层开裂甚至整体剥落，显著降低了混凝土耐久性与结构服役寿命。此外，混凝土中水化产物主要为C-S-H、$Ca(OH)_2$、钙矾石与AFm，其中，$Ca(OH)_2$等易蚀性水化产物化学稳定性差，在离子侵蚀或碳化作用下易转变成侵蚀产物，造成混凝土微结构劣化，进一步降低了海洋环境下现浇混凝土结构的耐久性。

目前，主要通过大量掺加矿渣、粉煤灰等辅助性胶凝材料，降低水泥混凝土的早期收缩与开裂风险，利用辅助性胶凝材料火山灰反应细化孔径、减少$Ca(OH)_2$等易蚀组分含量，进而降低有害离子迁移速率、提高水化产物稳定性，在一定程度上提高了水泥混凝土的抗侵蚀性能。由于辅助性胶凝材料活性较低、水化产物生成速度较慢，导致水泥混凝土致密程度不高，不但使其力学性能较差（特别是早期强度），而且难以从本质上提高抗侵蚀性能和耐久性。针对海洋工程用现浇混凝土存在的抗蚀性差、收缩大、早期强度低等问题，项目组在建立海洋环境（离子种类及浓度、温湿度等多因素耦合）作用下水化产物及浆体微观结构劣化模型的基础上，通过胶凝材料在组成、活性、颗粒级配及形貌等多层次的优化匹配，形成普遍适用于海洋工程结构的高抗蚀、低收缩硅酸盐水泥基材料及关键制备技术，并建立相关产品标准、应用技术规程及评价体系。

本研究主要通过水泥熟料矿相设计、熟料与辅助性胶凝材料及功能组分优化匹配：调控水泥浆体初始堆积状态和结构演变过程，改善水泥浆体稳定性和抗裂性能；实现水泥熟料、辅助性胶凝材料及功能组分有序水化，提高水化产物稳定性和有害离子固化能力，降低有害离子迁移速率，最终改善海洋环境中硅酸盐水泥基材料的抗侵蚀性能，具体包括：通过主要矿相合理匹配、调控微量组分及次要矿物相含量，制备高抗蚀硅酸盐水泥熟料，为改善硅酸盐水泥基材料的抗裂及抗侵蚀性能奠定基础。通过水泥熟料与辅助性胶凝材料颗粒级配、水化活性搭配，提高浆体初始堆积密度，减少填充水化产物数量；多级颗粒填充使初始孔径细化，缩短颗粒间距、合理增加颗粒配位数，可充分发挥颗粒堆积对浆体力学性能（抵抗变形能力）的贡献。基于良好的初始堆积状态，早期少量胶凝材料水化即可使浆体凝结、硬化，减小结构形成阶段浆体变形，降低塑性开裂风险；硬化后大量胶凝材料持续水化，使浆体结构逐渐密实，充分利用硬化浆体和未水化颗粒对变形的约束作用，减小浆体收缩、改善抗裂性能。通过水泥熟料、辅助性胶凝材料及功能组分在水化活性及粒度匹配，实现熟料与辅助性胶凝材料有序水化，减少浆体中CH、AFt含量，多生成低C/S的C-S-H凝胶，提高产物稳定性和离子固化能力；多级颗粒填充，使浆体初始孔隙细化，后期有效填孔，降低离子迁移能力，提高硅酸盐水泥基材料抗侵蚀性能。

本研究突破了硅酸盐水泥高抗蚀、低收缩和早强快硬设计、水泥性能稳定调控等关键技术，开发满足不同海域、不同结构用的新一代海洋工程用高抗蚀硅酸盐水泥，以有效解决海洋工程结构目前普遍存在的耐蚀差、易开裂、寿命短等问题，为我国海洋资源开发、实施海洋强国战略提供有力保障。

3.1 普通结构用高抗蚀硅酸盐水泥设计技术

3.1.1 高抗蚀硅酸盐水泥熟料的组成与微结构设计

针对高抗蚀复合硅酸盐水泥设计，建立了熟料微量组分及微结构量化表征方法，揭示了水泥早期强度的关键影响因素以及熟料矿物组成对水泥抗蚀性的基本关系。基于水泥早强和工作性要求，对不同来源的硅酸盐水泥熟料进行理论矿物组成、率值、碱当量等关键参数进行计算（表 3-1、表 3-2），对熟料中的 SO_3、K_2O、Na_2O 和 MgO 等微量组分及相关矿物相的形成进行了量化表征，通过多元线性回归分析建立了如下数学计算公式，实现了通过化学分析结果对熟料中实际形成硫酸碱矿物含量的准确预测［式（3-1）、式（3-2）］。

表 3–1 不同熟料中微量组分、率值与矿物组成

样品编号	微量组分				率值				矿物组成（%）			
	碱当量（%）	可溶碱（%）	*f*-CaO (%)	FeO (ppm)	LSF	SM	IM	硫碱比	C_3S	C_2A	C_3A	C_4AF
K-1	0.48	0.15	0.58	80	90.99	2.37	0.60	0.45	54.7	21.3	-0.6	17.5
K-2	0.47	0.10	0.23	288	79.86	2.83	0.64	0.75	28.1	48.2	0.0	15.9
K-3	0.30	0.10	0.00	189	84.56	2.69	0.71	1.25	42.1	37.4	1.0	16.0
K-4	0.29	0.14	0.52	200	91.37	2.65	0.84	1.00	55.6	22.6	2.5	14.0
K-5	0.38	0.21	1.72	90	98.64	2.85	1.28	0.71	63.6	11.9	5.5	9.8
K-6	0.46	0.39	1.87	120	103.16	2.42	1.35	0.96	71.3	4.5	6.7	10.8
K-7	0.60	0.35	1.66	354	99.50	2.69	1.47	0.56	64.7	10.9	6.9	9.5
K-8	0.97	0.57	0.78	281	98.63	2.76	1.50	0.75	62.6	14.9	7.1	9.4
K-9	0.57	0.48	0.46	240	98.94	2.70	1.70	1.51	66.7	10.6	8.2	8.9
K-10	0.59	0.46	0.65	160	97.94	2.43	1.78	1.40	61.4	13.8	9.4	9.4

表 3–2 不同熟料矿物组成定量分析结果 (XRD Rietveld)

样品编号	矿物组成定量分析（XRD–Rietveld, %）									
	A 矿（M_1）	A 矿（M_3）	β–C_2S	铝相（立方）	铝相（斜方）	铁相	方镁石	单钾芒硝	无水钙钾矾	钾芒硝
K-1	25.2	27.3	24.4	0.2	0.6	17.1	3.6	0.4	0.0	0.1
K-2	14.0	10.5	50.2	0.1	2.4	16.7	4.6	0.5	0.6	0.1

续表

样品编号	矿物组成定量分析（XRD-Rietveld, %）									
	A矿（M_1）	A矿（M_3）	β-C_2S	铝相（立方）	铝相（斜方）	铁相	方镁石	单钾芒硝	无水钙钾矾	钾芒硝
K-3	24.2	17.1	40.0	0.3	1.5	15.9	0.0	0.3	0.1	0.0
K-4	26.7	28.6	25.7	0.8	1.0	15.3	2.0	0.3	0.1	0.1
K-5	24.8	39.2	14.4	2.1	1.0	11.4	4.1	0.3	0.1	0.2
K-6	29.3	48.9	2.3	3.7	0.6	13.1	0.0	1.1	0.0	0.1
K-7	30.8	41.5	6.5	1.7	2.6	12.0	1.5	1.0	0.1	0.1
K-8	26.5	47.8	5.3	2.1	2.0	12.8	0.6	1.4	0.0	0.1
K-9	45.1	24.9	13.4	3.3	0.0	11.5	0.3	0.3	0.0	0.5
K-10	49.2	18.9	13.0	5.3	0.8	10.8	0.1	0.8	0.0	0.2

可溶性含量估算：$sol.Na_2O_{eq}=0.257\times SO_3+0.450\times Na_2O_{eq}-0.0745, R^2=0.9422$ （3-1）

硫酸碱矿物含量估算：$R_2SO_4=0.6552\times SO_3+1.1472\times Na_2O_{eq}-0.0542, R^2=0.9047$ （3-2）

其中，碱当量 $(Na_2O_{eq})=0.658K_2O+Na_2O$

为研究影响复合水泥早期强度的关键因素，探讨了熟料早期活性的显著性影响因素，以便进一步的高抗蚀专用熟料矿物相匹配研究。在掌握不同来源熟料的基本物理性能基础上（表 3-3），通过对数据的柱形图分析、剔除异常值并排除交互性影响因素后，完成了水泥熟料 3d 抗压强度显著性影响因素的多元线性回归分析（表 3-4），确定了显著性影响因素及重要次序为：LSF ＞可溶性碱＞ CaO ＞ A 矿大小＞游离钙＞ M_3 型 A 矿＞斜方系 C_3A。上述影响因素与熟料 3d 强度之间的关系如式（3-3）所示（相关系数 R^2=0.9156，标准误差 =1.66MPa）。

3d 强度 =0.7592 × LSF+9.8722 × 可溶性碱 (%) - 0.2164 × d50_A 矿 (μ) - 1.37 × f -CaO(%)-0.0734 × A 矿 _M_3(%)+0.2414 × C_3A_ 斜方 (%) （3-3）

表 3-3 不同熟料的基本物理性能

样品编号	SO_3(%)	细度		标准稠度需水量（%）	凝结时间 (min)		抗折强度（MPa）			抗压强度（MPa）		
		SSB（m^2/kg）	R45 (%)		初凝	终凝	1d	3d	28d	1d	3d	28d
K-1	2.50	372	10.4	25.6	196	276	2.4	4.8	8.1	9.0	23.5	49.9
K-2	2.42	346	14.2	23.6	200	265	1.9	4.1	8.5	6.8	15.0	47.9
K-3	2.44	363	7.1	25.0	246	312	2.0	4.3	9.0	7.7	17.5	57.9
K-4	2.59	366	13.9	24.5	245	302	2.5	5.2	8.2	10.3	26.4	52.7
K-5	2.66	369	11.9	24.3	143	198	3.6	6.2	8.6	16.7	35.0	58.5
K-6	3.06	373	12.2	24.2	142	202	4.9	6.9	8.9	22.6	43.5	64.6
K-7	2.92	365	13.8	24.0	134	192	3.9	6.5	9.0	21.1	40.1	57.9

续表

样品编号	SO_3(%)	细度		标准稠度需水量（%）	凝结时间 (min)		抗折强度（MPa）			抗压强度（MPa）		
		SSB（m^2/kg）	R45 (%)		初凝	终凝	1d	3d	28d	1d	3d	28d
K-8	3.14	371	11.0	25.6	140	195	4.5	6.9	8.9	21.1	40.1	57.2
K-9	3.21	375	9.0	24.4	144	240	4.1	6.5	8.8	19.5	38.3	59.8
K-10	3.26	370	12.8	25.3	115	150	4.8	6.3	8.9	21.8	38.1	59.1

表 3-4　熟料 3d 强度显著性影响因素的多元线性回归分析

回归统计

Multiple R	0.9156
R Square	0.8383
Adjusted R Squre	0.8295
标准误差	1.6630
观测值	136

方差分析

	df	SS	MS	F	Significance F
回归分析	7	1835.0663	262.1523	94.7949	1.5601E-47
残差	128	353.9800	2.7655		
总计	135	2189.0463			

	Coefficients	标准误差	t Stat	P-value	Lower 95%	Upper 95%
截距	-102.0012	9.7463	-10.4656	6.7187	-121.2860	-82.7165
CaO (%)	1.0187	0.1741	5.8521	3.8341	0.6742	1.3631
游离钙（%）	-1.3751	0.2731	-5.0352	1.5847	-1.9155	-0.8347
可溶性碱（%）	9.8722	1.1037	8.9451	3.5744	7.6885	12.0560
饱和系数 LSF	0.7592	0.0761	9.9727	1.1040	0.6086	0.9098
A 矿 -M_3（%）	-0.0734	0.0190	-3.8573	1.8078	-0.1111	-0.0358
C_3A- 斜方（%）	0.2414	0.0689	3.5006	6.3950	0.1049	0.3778
d50-A 矿（μ）	-0.2164	0.0400	-5.4056	3.0497	-0.2956	-0.1372

通过分别制备纯硅酸盐水泥和 50% 矿粉掺量的水泥，并对其胶砂氯离子扩散系数及在模拟海水中抗侵蚀系数进行测试（表 3-5），结果表明，当熟料中 C_3A 和 C_3S 含量均很低时，水泥胶砂 28d 的氯离子扩散系数增大（图 3-1）。研究同时发现，氯离子扩散系数的高低变化基本与熟料强度也呈对应关系——强度越高、氯离子扩散系数越小；当复合 50% 矿渣微粉时，熟料矿物组成的影响较小，但 C_3S 含量应

在55%以上。此外，C_3A含量对抗海水侵蚀性能影响显著。当$C_3A > 5\%$时，水泥在模拟海水中的抗侵蚀系数明显下降。熟料中的可溶性碱含量与水泥的抗侵蚀系数呈现更好的相关性，可溶性碱含量越高，抗侵蚀系数越小（图3-2）。

表3-5 水泥样品28d龄期的抗侵蚀系数及氯离子扩散系数

样品编号	可溶碱（%）	C_3S(%)	C_3A(%)	28d抗海水侵蚀系数		28d氯离子扩散系数（$\times 10^{-12}m^2/s$）	
				K_{28}	14d线膨胀率（%）	0%GBFS	50%GBFS
K-1	0.15	54.7	-0.6	0.99	0.009	3.47	1.56
K-2	0.10	28.1	0.0	1.04	0.011	3.87	1.82
K-3	0.10	42.1	1.0	0.92	0.013	3.60	1.67
K-4	0.14	55.6	2.5	0.97	0.016	3.16	1.48
K-5	0.21	63.6	5.5	0.98	0.022	2.68	1.38
K-6	0.39	71.3	6.7	0.81	0.035	3.20	1.52
K-7	0.35	64.7	6.9	0.82	0.037	2.78	1.44
K-8	0.57	62.6	7.1	0.63	0.036	2.77	1.40
K-9	0.48	66.7	8.2	0.57	0.040	3.36	1.53
K-10	0.46	61.4	9.4	0.53	0.039	3.34	1.48

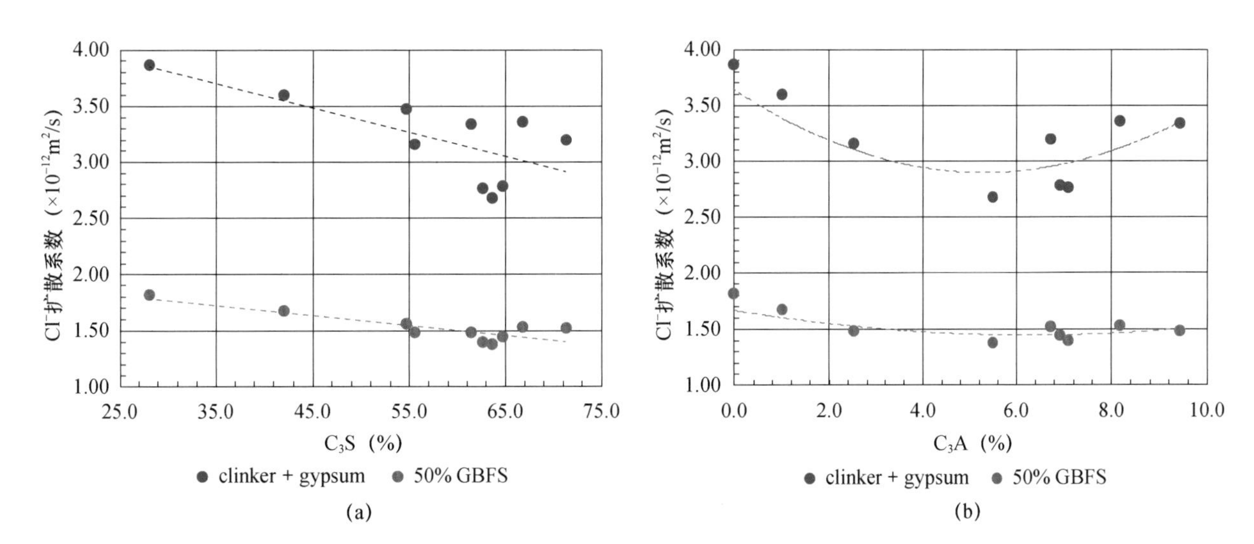

图3-1 熟料C_3S及C_3A含量与水泥胶砂28d氯离子扩散系数的关系

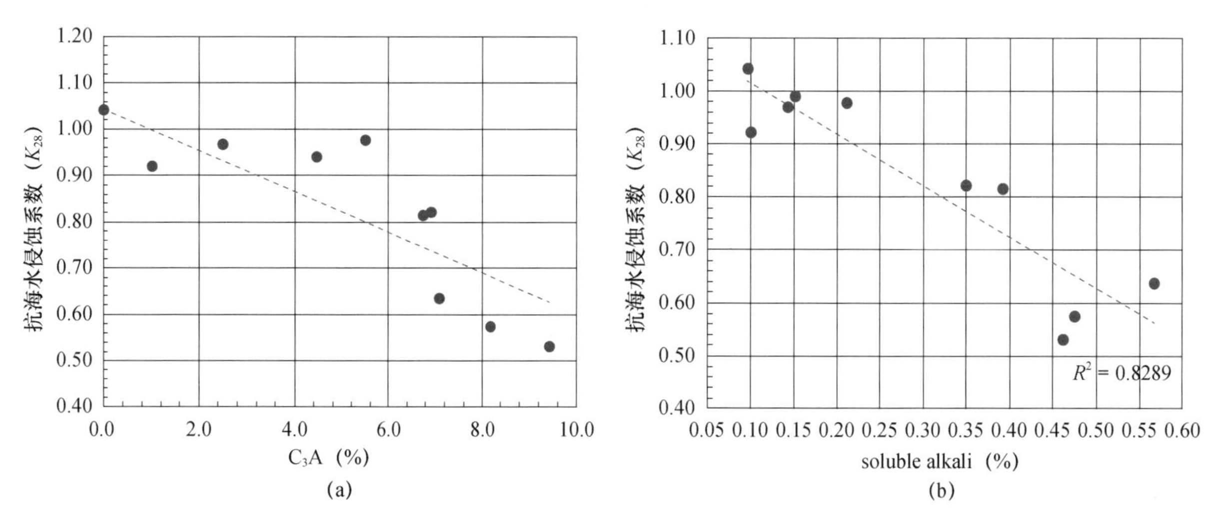

图 3–2　熟料中 C_3A 及可溶性碱对 28d 龄期抗海水侵蚀系数的影响

3.1.2　水化产物组成对氯离子固化特性的影响机制

氯离子侵入水泥基材料时首先被水化产物固化，其中 C-S-H 相主要起物理固化作用，而含铝水化产物起化学固化作用。通过偏高岭土与硅灰调控硅酸盐水泥水化产物的组成、结构，采用平衡固化方法对水泥浆体固化 Cl^- 能力进行了表征，通过测定 Friedel 盐数量区分物理与化学效应对 Cl^- 固化的贡献，最终阐明水化产物组成、结构与 Cl^- 固化的关系及影响机制。按表 3-6 的配合比，选用硅灰（SF）与偏高岭土（MK）调控水泥浆体的水化产物组成与结构；水化浆体标准养护至 28d 终止水化后，采用 X 射线衍射、热分析、红外光谱、扫描电镜及能谱等方法对水化产物组成与结构进行表征，以建立水化产物特征与氯离子固化过程的关系，为高抗蚀硅酸盐水泥基材料的设计探寻理论依据。

表 3–6　硅酸盐水泥与硅灰 / 偏高岭土复合水泥浆体配合比（%）

试样编号	PC	SF	MK	水胶比	聚羧酸减水剂
PC	100			0.5	1.0
4SF	96	4			1.2
16SF	84	16			1.5
4MK	96		4		1.0
16MK	84		16		1.2

如图 3-3 所示，掺入硅灰有助于提高水化产物的 BET 比表面积，且比表面积随硅灰掺量的增大而增大，而偏高岭土对 BET 比表面积的影响则呈现出相反的趋势。硅灰水化时消耗 $Ca(OH)_2$ 生成了大量的低钙硅比 C-S-H，而偏高岭土与 $Ca(OH)_2$ 反应则主要生成 C_4AH_{13}、C_3AH_6 与 $C_2AS_2H_8$ 等晶体矿物，对水化产物比表面积的贡献则远低于 C-S-H，因此，水化产物的 BET 比表面积随偏高岭土掺量的提高而下降。

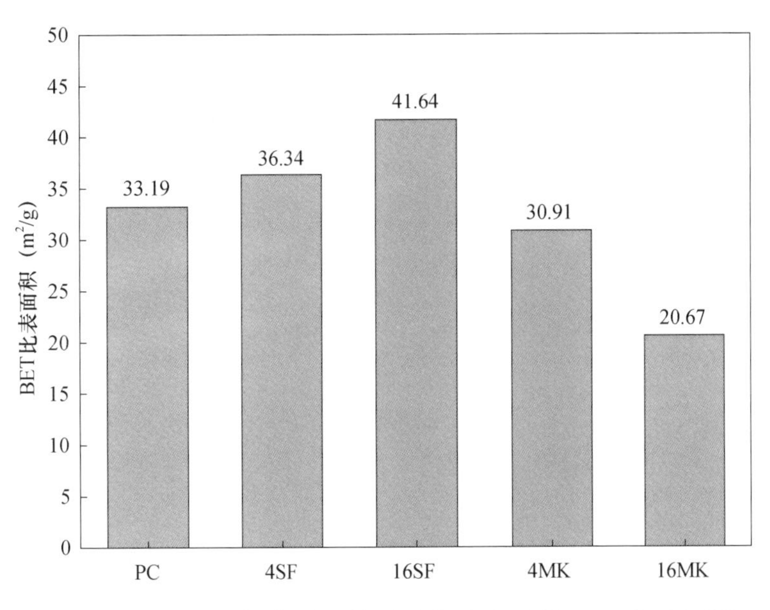

图 3-3　含硅灰或偏高岭土的硅酸盐水泥浆体 BET 比表面积

与硅酸盐水泥浆体相比，由于火山灰反应消耗了 $Ca(OH)_2$，因此掺入硅灰或偏高岭土后，水泥浆体中 $Ca(OH)_2$ 对应特征峰强度明显下降（图 3-4）。掺入硅灰后，水泥浆体中钙矾石与方解石特征峰强度并无明显变化，其中 CO_3-AFm 相特征峰强度也与硅酸盐水泥浆体中的相似。然而，偏高岭土的掺入使水泥浆体中 CO_3-AFm 相特征峰强度显著增大，而钙矾石与方解石特征峰强度则有所下降。根据 Q-XRD 量化分析结果，当硅灰掺量从 0 增大到 16% 时，浆体中 $Ca(OH)_2$ 含量从 9.96% 下降至 4.50%，当偏高岭土掺量为 16% 时，浆体中 $Ca(OH)_2$ 含量低至 4.24%，说明偏高岭土的火山灰反应会消耗更多的 $Ca(OH)_2$。根据偏高岭土与硅灰水化反应化学计量数，相同质量下偏高岭土完全水化所需要的 $Ca(OH)_2$ 比硅灰提高 22.9%。因此，相同掺量下，掺入偏高岭土的水泥浆体中 $Ca(OH)_2$ 含量更低。

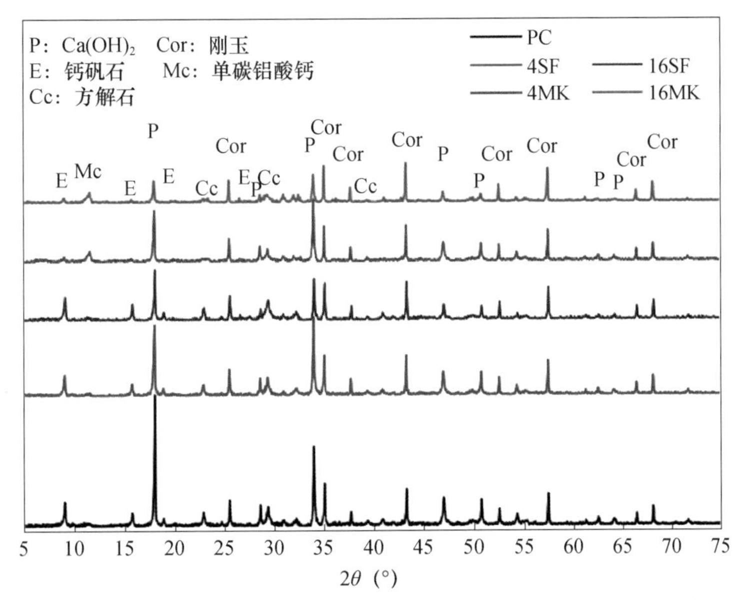

图 3-4　硅酸盐水泥与硅灰 / 偏高岭土复合水泥浆体 XRD 图谱

图 3-4 的 XRD 分析表明，掺入硅灰或偏高岭土后水泥浆体中的 $Ca(OH)_2$ 含量显著减少，且辅助性胶凝材料掺量越大，$Ca(OH)_2$ 含量越少；偏高岭土的掺入可明显促进钙矾石向 AFm 相的转变。由于化学固氯产物 Friedel 盐通常是由 AFm 相中的层间阴离子与氯离子发生离子交换生成，因此偏高岭土的掺入有利于水泥浆体中对氯离子的化学固化。

采用 Richardson 与 Groves 提出的 C-S-H 化学组成关系作参照，对能谱统计结果进行分析。图 3-5 中，标记为 T_2 至 T_∞ 的特征点（+、×、*）代表 tobermorite 型 C-S-H 链长为 2 至无穷大，T11(*n*Al) 则表示硅氧四面体数量为 11 的 C-S-H 链上有 *n* 个桥联位置的 Si^{4+} 被 Al^{3+} 所取代。点划线则代表 tobermorite 型 C-S-H 的质子化程度（记为 *w*/*n*），其中，*w* 代表 C-S-H 链上的硅醇基团（Si-OH）数目，*n* 代表 C-S-H 链上 dreierkette 单元数量，即 C-S-H 链上硅醇基团含量越高，质子化程度也越高。根据 C-S-H 的化学组成关系，C-S-H 链长越大，则聚合程度越高，而质子化程度较高说明有更多的质子取代 Ca^{2+} 与 C-S-H 表面的 Si-O- 结合［式（3-4）与式（3-5）］，从而导致 C-S-H 表面正电荷密度下降（图 3-6）。随着偏高岭土掺量的提高，C-S-H 聚合程度显著提高，其质子化程度则表现出轻微下降。而硅灰的掺入则主要提高了 C-S-H 的质子化程度，对聚合程度的提升作用较小。

$$\equiv Si—O^-+H^+ \longrightarrow \equiv Si—OH \tag{3-4}$$

$$\equiv Si—O^-+Ca^{2+} \longrightarrow \equiv Si—OCa^+ \tag{3-5}$$

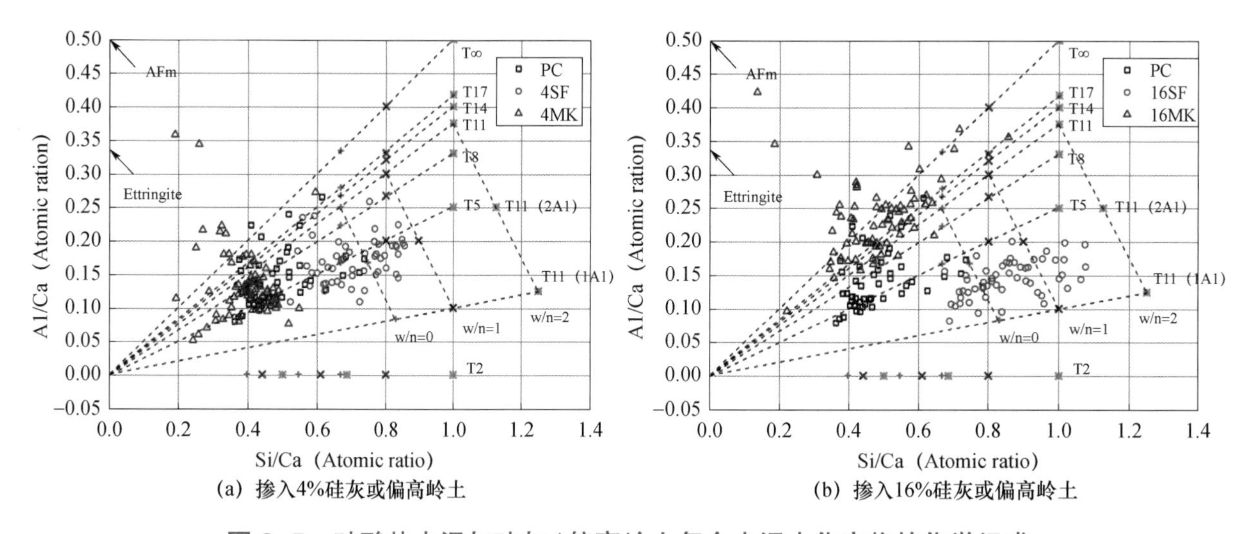

(a) 掺入4%硅灰或偏高岭土　　(b) 掺入16%硅灰或偏高岭土

图 3–5　硅酸盐水泥与硅灰 / 偏高岭土复合水泥水化产物的化学组成

为对 C-S-H 聚合程度进行定量分析，采用 ^{29}Si NMR 对 C-S-H 平均链长进行计算。通常采用 Q^n 表示 C-S-H 中不同键合状态下的硅氧四面体，其中 *n* 表示硅氧四面体上通过桥氧连接的硅氧四面体数量（图 3-7），如 Q^1 表示仅有 1 个 Si^{4+} 通过桥氧与该 Si^{4+} 相连，即 Q^1 代表 C-S-H 链上首尾两端四面体中的 Si^{4+}。$Q^{2(nAl)}$ 则表示 C-S-H 链上 Q^2 位置的 Si^{4+} 有 *n* 个相邻的 Si^{4+} 被 Al^{3+} 取代后，其中 *n* 的最大值为 2［图 3-7（b）］。化学位移在 -66ppm~-78ppm 范围中的较宽共振峰表示 Q^0 位置的 Si^{4+}，对应着具有典型岛状结构的 C_2S 与 C_3S。化学位移 -75ppm~-95ppm 范围中的共振峰则与 C-S-H 中的硅氧四面体有关。

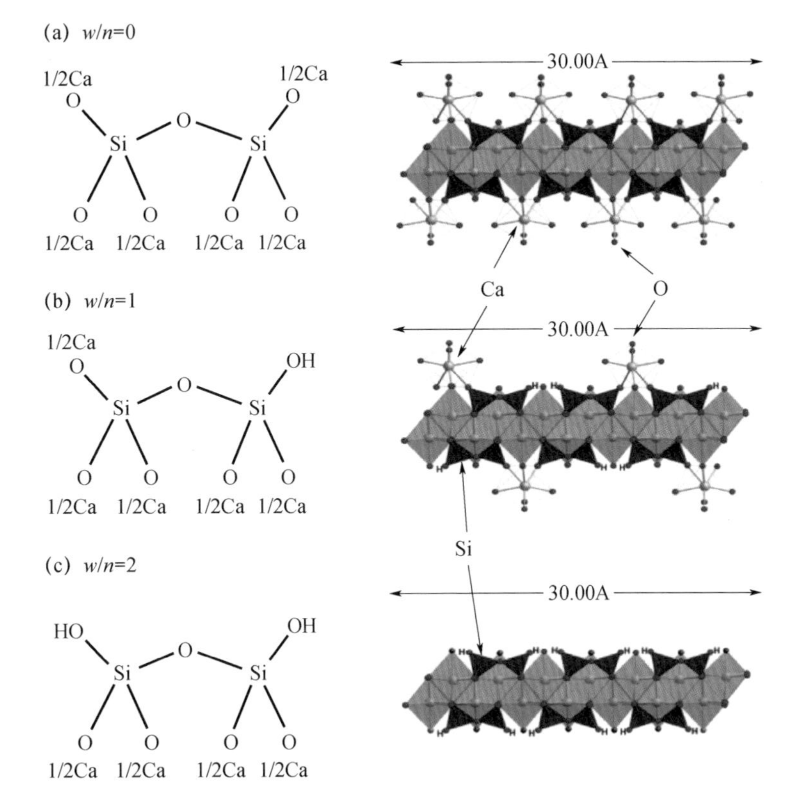

图 3–6 质子化程度为 0、1、2 时 C-S-H 结构示意图与晶体结构图

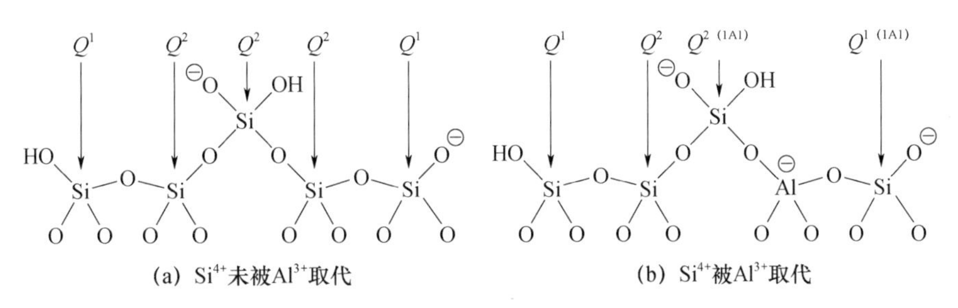

图 3–7 典型五聚体 C-S-H 的 dreierkette 结构示意图

为量化 Q^1、Q^2 及 $Q^{2(1Al)}$ 硅氧四面体含量，采用软件对 NMR 谱图进行分峰，如图 3-8 所示，-78ppm 处的共振峰表示 C-S-H 链末端位置的 Si^{4+}（处于 Q^1 位置），-84.7ppm 处的共振峰表示 C-S-H 链上桥联硅氧四面体或配对硅氧四面体上中的 Si^{4+}（处于 Q^2 位置），而化学位移 -81ppm 处的共振峰则代表 Al^{3+} 取代 Si^{4+} 后处于 $Q^{2(1Al)}$ 位置的 Si^{4+}，具体结果见表 3-7。

根据 Richardson 与 Groves 提出的模型，可以采用式（3-6）计算 C-S-H 平均链长（mean chain length, MCL），以实现 C-S-H 聚合程度的量化表征。通过不同化学环境 Si^{4+} 的含量，还可计算 C-S-H 的 Al/Si 摩尔比［式（3-7）］以表征 C-S-H 中 Al^{3+} 对 Si^{4+} 的取代程度。

$$MCL=2/(Q^1/(Q^1+Q^2))=2/(Q^1/(Q^1+Q^2+1.5Q^{2(1Al)})) \tag{3-6}$$

$$Al/Si=Q^{2(1Al)}/(2(Q^1+Q^2+Q^{2(1Al)})) \tag{3-7}$$

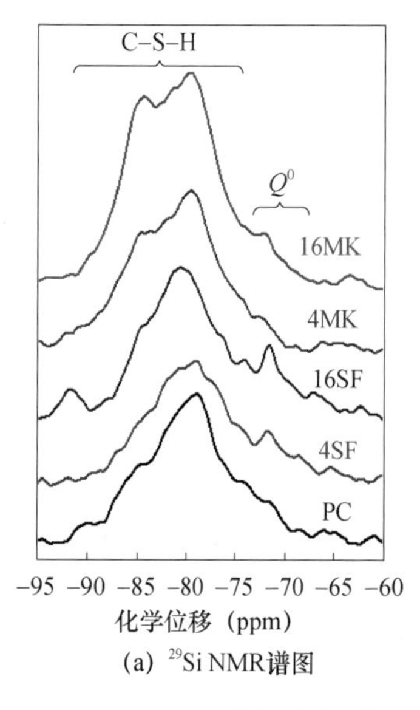

(a) ^{29}Si NMR谱图

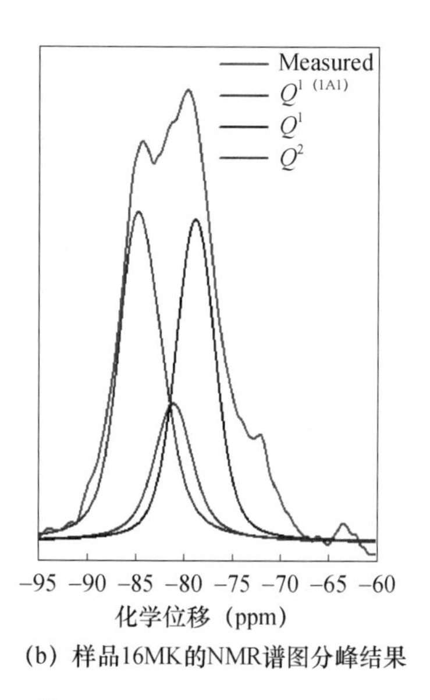

(b) 样品16MK的NMR谱图分峰结果

图 3–8　硅灰或偏高岭土对 ^{29}Si NMR 谱图的影响

与硅酸盐水泥浆体生成的 C-S-H 相比，掺入硅灰后 C-S-H 中 Q^1 位置的 Si^{4+} 含量轻微下降，Q^2 位置的 Si^{4+} 含量无明显变化，因此随硅灰掺量的提高，C-S-H 平均链长从 5.1 提高至 5.3。从表 3-7 中可以看到，偏高岭土对 C-S-H 聚合程度影响显著，如掺入 16% 偏高岭土后 Q^1 位置的 Si^{4+} 含量下降至 30.08%，与硅酸盐水泥相比下降了 22.2%，Q^2 位置的 Si^{4+} 含量则提高了 14.9%，因此掺入偏高岭土后 C-S-H 平均链长由 5.1 增长至 7.0。至于 C-S-H 中 Al^{3+} 对 Si^{4+} 的取代程度方面，硅灰与偏高岭土的影响同样差异巨大。硅灰水化后 C-S-H 的 Al/Si 摩尔比变化不明显，仅从 0.118 下降至 0.112。而偏高岭土发生火山灰反应后，Al^{3+} 大量取代 C-S-H 中 Si^{4+}，导致了 C-S-H 的 Al/Si 摩尔比提高了 31.4%。

表 3–7　不同化学环境 Si^{4+} 含量及 C-S-H 平均链长

样品编号	Q^2 (%)	$Q^{2(1Al)}$ (%)	Q^1 (%)	MCL	Al/Si
PC	28.56	20.70	38.67	5.1	0.118
4SF	30.04	19.83	37.51	5.2	0.113
16SF	29.76	18.66	34.74	5.3	0.112
4MK	36.65	22.77	34.13	6.1	0.122
16MK	32.81	28.24	30.08	7.0	0.155

为验证上述分析，本研究采用平衡吸附法分析了不同水化产物的氯离子固化特征及作用机制。据平衡固化法测试结果，不同 Cl^- 浓度下自由 Cl^- 浓度与水泥浆体的 Cl^- 总固化量如图 3-9 所示。随着外部溶液中 Cl^- 浓度的提高，所有样品的氯离子总固化量均有所提高，其中偏高岭土掺量为 16% 的水泥浆体样品提高幅度最大，从 Cl^- 浓度为 0.1mol/L 时的 5.88mg/g 提高至 3.0mol/L 时的 22.2mg/g，增长了约 2.8 倍。硅灰对水泥浆体的氯离子总固化量有明显的负面影响，随硅灰掺量的提高，相同自由 Cl^- 浓度下的氯离子总固化量越来越低，这与已有研究结论是吻合的。采用 Freundlich 型等温线对平衡固化法测试结果作拟合，拟合参数及相关性系数见表 3-8。

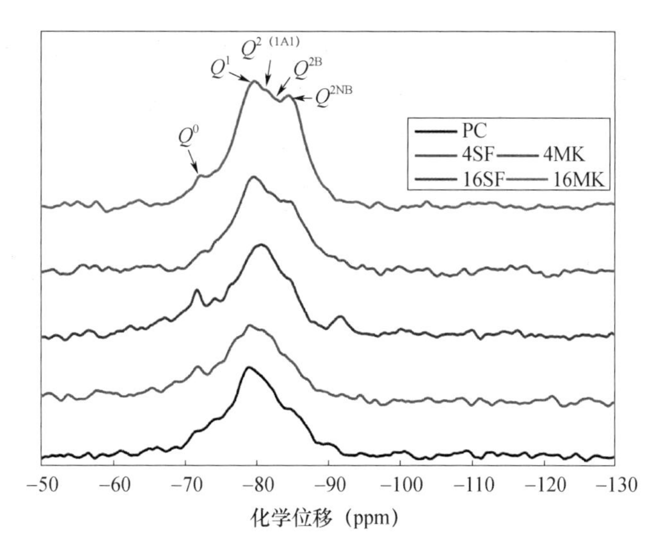

图 3–9 硅酸盐水泥与硅灰 / 偏高岭土复合水泥的 ^{29}Si NMR 谱图

表 3–8 水泥浆体氯离子固化的 Freundlich 型等温线拟合参数及相关性系数

Sample ID	α	β	R^2
PC	10.76	0.49	0.958
4SF	9.63	0.46	0.943
16SF	8.66	0.39	0.958
4MK	12.24	0.44	0.954
16MK	14.68	0.36	0.967

对在 3mol/L 的 NaCl 溶液中达到平衡固化的水泥浆体进行物相分析，如图 3-10 所示。氯离子固化产物 Friedel 盐［$Ca_4Al_2(OH)_{12}Cl_2 \cdot 4H_2O$］的衍射特征峰（$d$=7.7181Å, 1Å=0.1nm）明显，且该衍射峰强度与掺入辅助性胶凝材料种类密切相关。硅灰掺量越高，d=7.7181Å 处衍射峰强度越低，即 Friedel 盐含量越低，而偏高岭土对 Friedel 盐衍射特征峰强度的影响则表现出相反的趋势。硅酸盐水泥及掺入硅灰后水泥浆体中仍有较为明显的钙矾石衍射特征峰（d=9.7514Å），而掺入偏高岭土后此处特征峰已完全消失，说明 Cl^- 固化过程中，偏高岭土会促使钙矾石向 AFm 相的转变，这与 SEM 直接观测结果相吻合（图 3-11）。

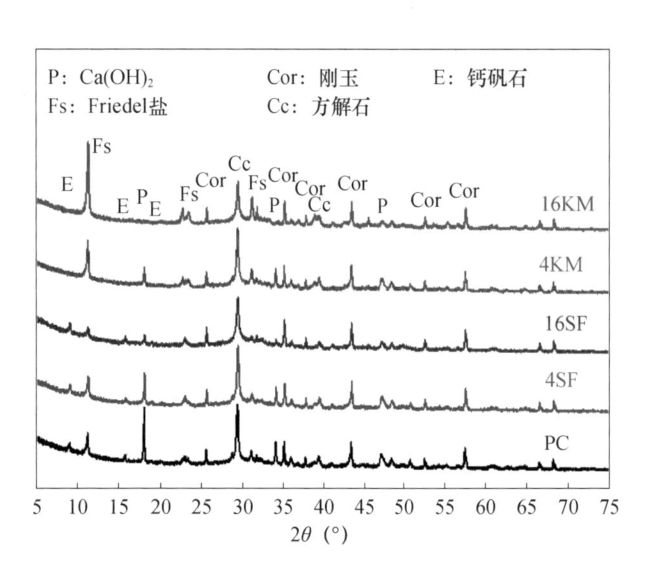

图 3–10 在 3mol/L NaCl 溶液中达到平衡固化的水泥浆体的 XRD 谱图

图 3-11　在 3 mol/L NaCl 溶液中达到平衡固化后水泥浆体的微观形貌

Cl^- 主要以化学固化与物理吸附方式存在于水化产物中。化学固化氯离子通常存在于 Friedel 盐中，因此，可以通过 DTG 分析对水泥浆体中 Friedel 盐含量进行量化计算，水泥浆体在 240~370°C 范围内的失重（m_H, %）代表了 Friedel 盐主层结构中 6 分子 H_2O 的脱去，可据此由化学计量数比计算 Friedel 盐含量，进而获得化学固化的氯离子含量。对在不同浓度 NaCl 溶液中达到平衡固化的水泥浆体进行 DTG 测试，结果如图 3-12 所示。

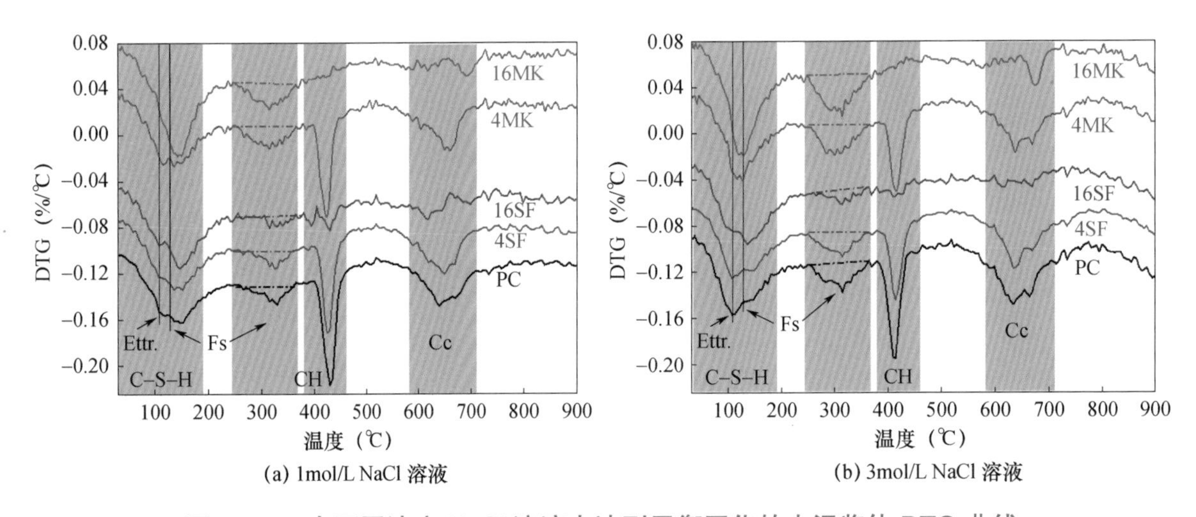

图 3-12　在不同浓度 NaCl 溶液中达到平衡固化的水泥浆体 DTG 曲线

为尽量避免水化产物连续失重对 m_H 计算结果的影响，通过对水泥浆体在 240~370°C 范围 DTG 曲线积分获得在该温度范围的失重量，而非直接通过 TG 曲线差值确定 m_H 值。由 Friedel 盐中结构水含量，对 Friedel 盐进行定量计算，如式（3-8）:

$$m_{Fs}=M_{Fs}\times m_H/(6\times M_H) \tag{3-8}$$

式中　m_{Fs}——水泥浆体中 Friedel 盐的含量（%）;

M_{Fs}、M_H——Friedel 盐与水的分子质量（561.3g/mol 与 18.02g/mol）。

因此，水泥浆体中化学固化氯离子含量可由 Friedel 盐中 Cl 百分数计算：

$$C_{chem}=2\times M_{Cl}\times m_{Fs}\times 10^3/M_{Fs} \tag{3-9}$$

式中　C_{chem}——水泥浆体中化学固化氯离子的含量（mg/g）;

M_{Cl}——Cl 的摩尔质量（35.45g/mol）。

物理吸附氯离子含量即视为总固化量与化学固化量的差值，即：

$$C_{phy}=C_b-C_{chem} \quad (3\text{-}10)$$

式中　C_{phy}——水泥浆体的物理吸附氯离子含量（mg/g）；

C_b——氯离子总固化量（mg/g）。

化学固化及物理吸附 Cl^- 含量计算结果如图 3-13 所示。随着硅灰掺量的提高，水泥浆体的物理吸附 Cl^- 含量有轻微提高，但化学固化 Cl^- 含量急剧下降。当在 3mol/L NaCl 溶液中达到平衡固化后，硅灰掺量为 16% 的水泥浆体物理固化 Cl^- 含量与硅酸盐水泥的相似，但其化学固化 Cl^- 数量为 2.46mg/g，仅相当于硅酸盐水泥浆体（8.11mg/g）的 30.3%。掺入偏高岭土后，化学固化 Cl^- 数量大幅度提高，尤其是偏高岭土掺量 16% 时，其 Cl^- 化学固化量接近硅酸盐水泥的两倍。

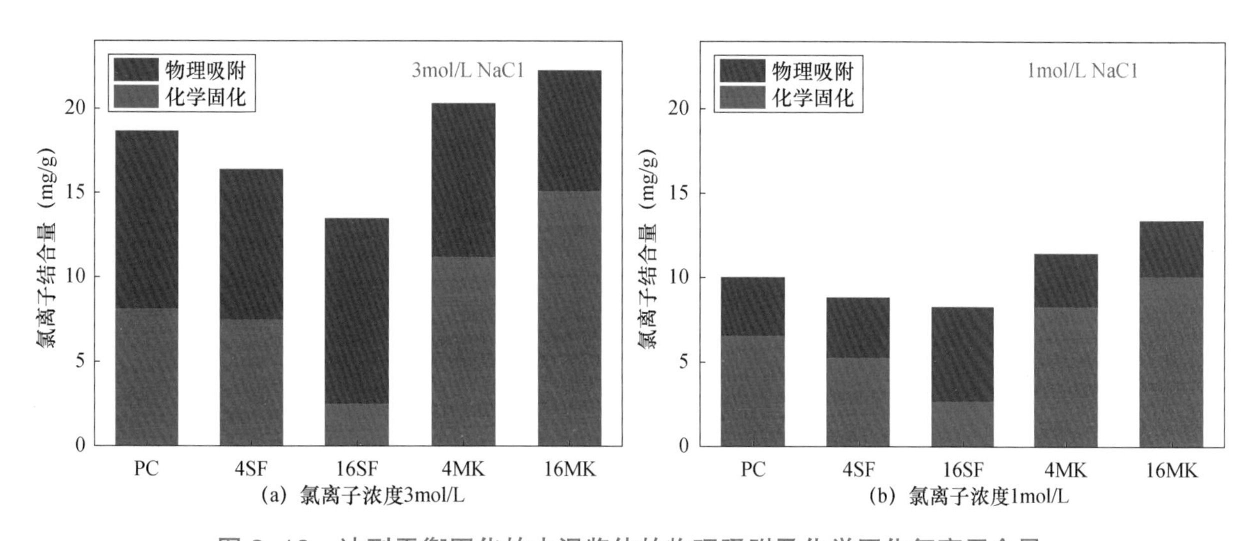

图 3-13　达到平衡固化的水泥浆体的物理吸附及化学固化氯离子含量

如图 3-14 所示，物理吸附氯离子数量与水泥水化产物 BET 比表面积之间呈正比例相关关系。水化产物 BET 比表面积是物理吸附氯离子能力的主要影响因素，比表面积越大，可供 Cl^- 吸附的位点数量越多，因此有利于物理吸附能力的提高。与硅酸盐水泥浆体水化产物相比，掺入偏高岭土后 BET 比表面积下降，因此物理固化氯离子能力下降。而掺入硅灰后，水化产物 BET 比表面积显著增大，但是物理固化氯离子数量仅有轻微上升，这主要与 C-S-H 特征有关。C-S-H 中 Al/Si 摩尔比越大，即 Al^{3+} 对 Si^{4+} 的取代程度越高，C-S-H 单位表面积上可供 Cl^- 吸附的位点数量也越多，根据 NMR 计算结果，掺入偏高岭土后 C-S-H 的 Al/Si 比明显高于硅酸盐水泥的，单位表面积的 C-S-H 具有更强的物理吸附能力，因此 C-S-H 物理吸附氯离子能力并未随水化产物 BET 表面积出现急剧下降。相比而言，硅灰掺入后水化产物的物理吸附氯离子能力的增长却不显著，原因除了 C-S-H 的 Al/Si 摩尔比下降导致的 Cl^- 吸附位点密度下降，还因为掺入硅灰后 C-S-H 的质子化程度大幅度提高后导致的 C-S-H 表面电荷密度变化。C-S-H 表面含大量的硅醇基团（$\equiv SiO^-$），因此表面带负电荷，由于与孔溶液中的 Ca^{2+} 具有极强的相互作用力，因此在高 Ca^{2+} 浓度的溶液［如本研究采用的饱和 $Ca(OH)_2$-NaCl 溶液］中硅醇基团与 Ca^{2+} 结合，使 C-S-H 表面发生电荷反转，即此时 C-S-H 表面由于 $\equiv SiOCa^+$ 基团的作用而表现为正电荷，进而通过双电层效应对 Cl^- 产生吸附。若 C-S-H 质子化程度高，则有 H^+ 取代部分 Ca^{2+}，生成电中性$\equiv$ SiOH 基团，使 C-S-H 表面正电荷密度降低，根据双电层理论可知，C-S-H 表面吸附的 Cl^- 数量也会随之减少（图 3-15）。硅灰会使 C-S-H 的质子化程度显著提高，因此水化产物 BET 比表面积的同时，

硅灰 - 硅酸盐水泥浆体的物理吸附氯离子能力仅表现出轻微提高，甚至略有下降（硅灰掺量为 4% 时）。

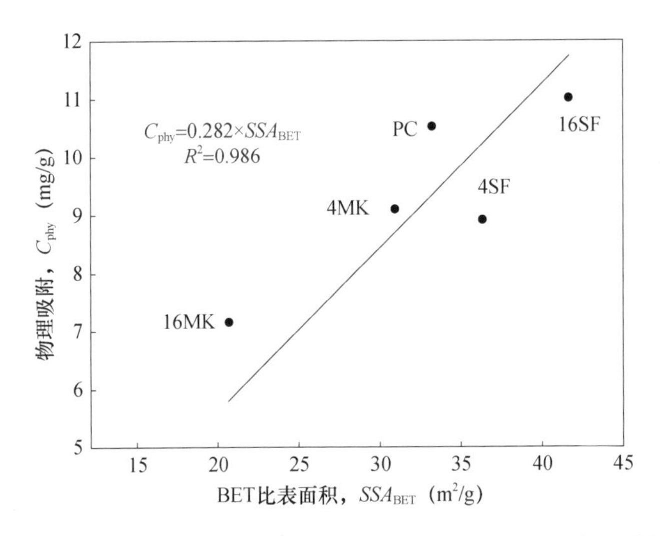

图 3–14　水化产物 BET 比表面积与物理固化氯离子数量的关系

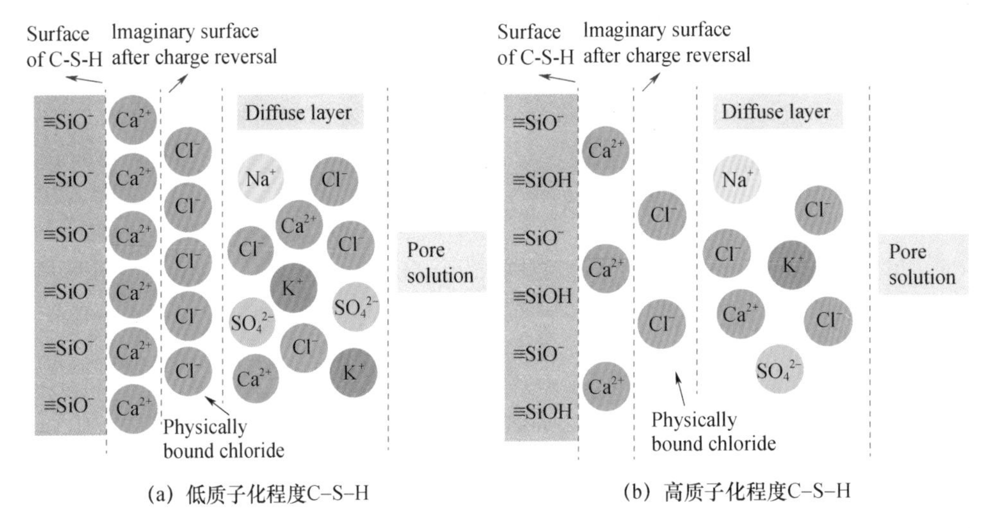

图 3–15　基于表面带电性质与电双层理论的 C-S-H 质子化程度与物理固化氯离子能力关系

水化产物对 Cl^- 的化学固化能力主要由 AFm 相提供，如图 3-15 所示，CO_3-AFm 含量越高，与 Cl^- 发生离子交换生成 Friedel 盐的程度越显著，表现出更高的化学固化能力。不同 Cl^- 浓度下化学固化氯离子能力与 CO_3-AFm 含量均不符合线性相关关系，而是随着 CO_3-AFm 含量的提高，化学固化氯离子能力提高幅度逐渐减小，因此采用幂函数型方程对 CO_3-AFm 含量与化学固化氯离子能力的关系进行拟合，二者相关性系数均在 0.97 以上（图 3-16）。在相同的 CO_3-AFm 含量下，3mol/L 的 NaCl 溶液中的水泥浆体化学固化氯离子能力始终高于在 1mol/L 的 NaCl 溶液中的，这是因为外部溶液中 Cl^- 浓度越高，Cl^- 进入 CO_3-AFm 层间结构的概率越高，发生离子交换生成 Friedel 盐的可能性越大，而且从化学平衡角度，高 Cl^- 浓度同样有利于化学反应往生成 Friedel 盐的方向进行［式（3-11）］。另外，Cl^- 发生离子交换后将 CO_3-AFm 中的 CO_3^{2-} 置换出来，而 CO_3^{2-} 与孔溶液中的 Ca^{2+} 发生反应生成碳酸钙［式（3-12）］，从而使达到平衡固化的水泥样品中出现极强的方解石衍射特征峰。

$$R\text{-}1/2CO_3^{2-}+Cl^- \longrightarrow R\text{-}Cl^-+1/2CO_3^{2-} \quad (3\text{-}11)$$

$$CO_3^{2-}+Ca^{2+} \longrightarrow CaCO_3 \quad (3\text{-}12)$$

其中，R 指 AFm 的主层结构（$[Ca_2Al(OH)_6 \cdot nH_2O]^+$）。

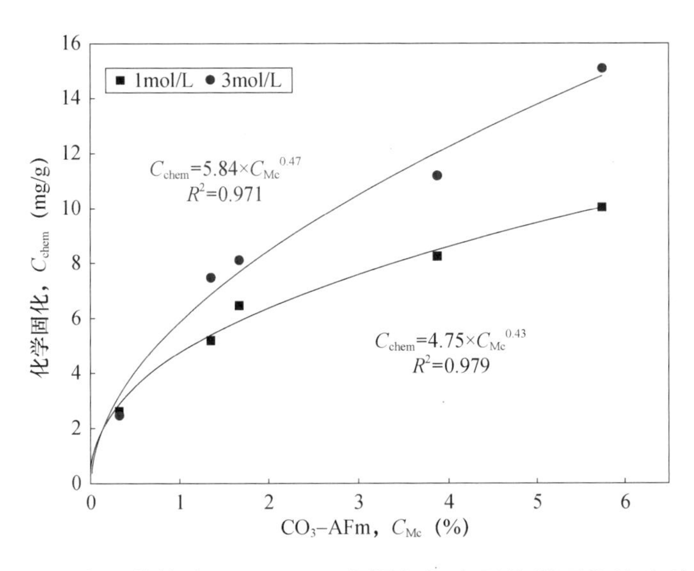

图 3-16 水泥浆体中 CO_3-AFm 含量与氯离子化学固化能力的关系

当外界环境 pH 或氯离子浓度变化时，固化于水化产物中的氯离子可能重新释放，并继续向水泥基材料内部迁移，加剧对水泥基材料的侵蚀。为评价氯离子固化的稳定性，对饱和固化氯离子的硅酸盐水泥 - 矿渣（PC-GBFS）浆体进行脱附实验测试。结果表明，PC-GBFS 浆体中结合氯离子 60%~86% 为水溶性氯离子（表 3-9）。在 PC 浆体中，仅有 13.8% 的结合氯离子（2.05mg/g）是不可溶于水的，而矿渣掺量 40% 的浆体中，不可溶于水的结合氯离子达 7.51mg/g，占总结合氯离子量的 40.6%。与 PC 浆体相比，矿渣掺量为 40% 的水泥浆体氯离子结合量增加了 24%，但是不可溶的氯离子结合量增加了 266%。此外，不可溶于水的氯离子量明显小于通过 DTG 曲线计算的化学结合的氯离子量，这说明部分化学结合氯离子在水中或低氯环境里能重新释放。

表 3-9 3mol/L NaCl 溶液吸附平衡后 PC-GBFS 浆体中结合氯离子的分布情况

样品编号	氯离子总固化量（mg/g）	水溶性氯离子含量（mg/g）	非水溶性氯离子含量（mg/g）	固化率（%）
G0	14.88	12.83	2.05	13.8
G2	17.34	12.39	4.95	28.6
G4	18.50	10.99	7.51	40.6
G6	17.99	11.54	6.45	35.9
G8	16.70	12.40	4.30	25.8

对完成脱附测试后的 PC-GBFS 浆体进行 DTG 测试，结果表明所有 PC-GBFS 浆体在 230~370℃的失重峰均减弱（图 3-17），说明当外界环境的氯离子浓度降低时 Friedel 盐发生分解。

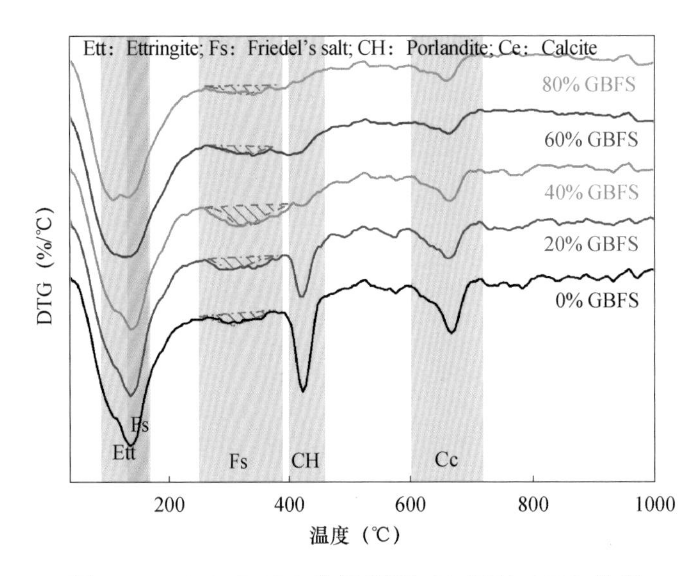

图 3–17　PC-GBFS 浆体脱附 Cl⁻ 后的 DTG 曲线

水泥浆体结合的氯离子一部分参与化学反应生成 Friedel 盐，另一部分则通过物理作用吸附在 C-S-H 凝胶表面，分别称为化学结合与物理吸附氯离子。化学结合与物理吸附的氯离子的稳定性可通过比较图 3-18 中脱附前后固化氯离子量的变化情况进行分析。完成脱附试验后的 PC-GBFS 浆体含有 5%~20% 的物理吸附氯离子，即 80%~95% 的物理吸附氯离子为水溶性氯离子（图 3-19）。脱附后水泥浆体中化学结合氯离子百分比为 35%~50%，也就是说非水溶性氯离子主要为化学结合氯离子，仅有 10%~25% 为物理吸附氯离子。矿渣掺量 40% 的浆体中非水溶性氯离子含量为 7.51mg/g，比 PC 浆体中高 3.66 倍，说明氯离子固化能力得到明显提高，因此矿渣掺量为 40%~60% 时有更多的氯离子被稳定地固化于水泥浆体中，意味着将显著延缓氯离子向浆体内部的迁移速率，从而提高抗氯离子侵蚀能力。

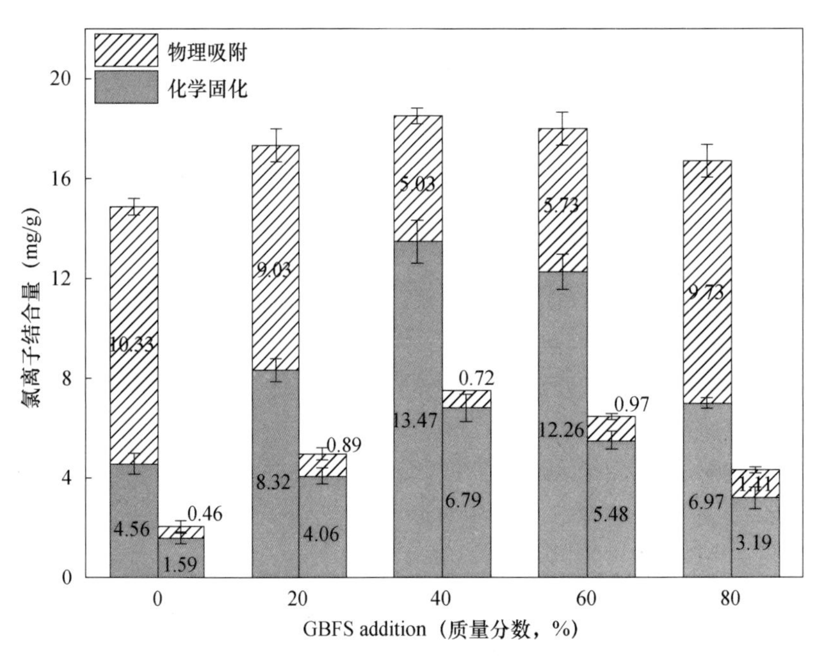

图 3–18　脱附前（左）后（右）PC-GBFS 浆体中化学结合与物理吸附氯离子量

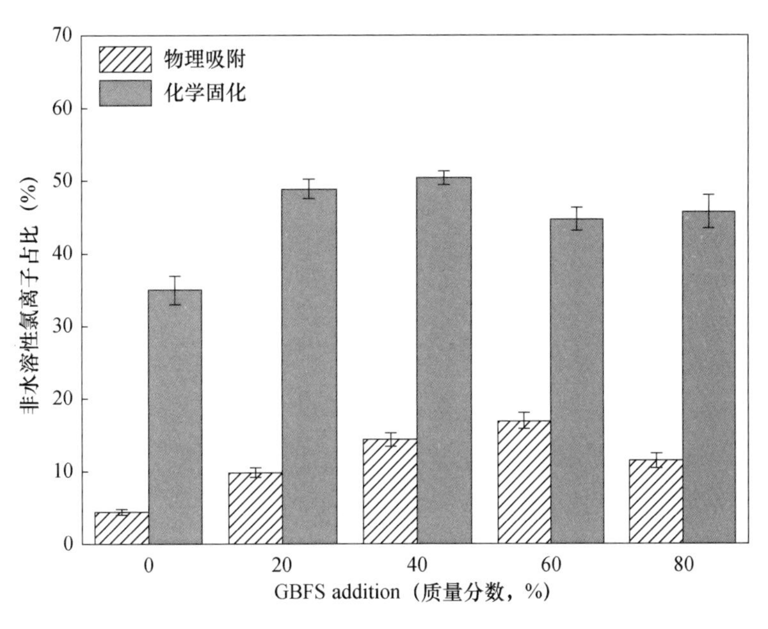

图 3-19　物理吸附与化学结合氯离子中非水溶性氯离子占比

Friedel 盐与 AFm 相均为带正电荷的层状结构堆叠（化学式为 $[Ca_2Al(OH)_6]^+$ 的羟基层）、层间镶嵌阴离子与水分子的层状双氢氧化物。在水泥浆体的孔溶液中，OH^-、CO_3^{2-} 与 SO_4^{2-} 占据 AFm 相的层间，并形成图 3-20 所示的 SO_4^{2-}-AFm 或 CO_3^{2-}-AFm。由于不同阴离子的交换能力强弱为 $CO_3^{2-} \geqslant SO_4^{2-} > OH^- > Cl^-$，在富氯环境中一价或二价阴离子能部分被氯离子取代形成 Friedel 盐。但是，Friedel 盐中的化学结合氯离子是不稳定的，尤其是当外界氯离子浓度降低时，部分氯离子能重新被其他阴离子取代。Friedel 盐中 45%~50% 的氯离子能在去离子水中重新释放，说明只有 50% 的氯离子能以 Friedel 盐形式稳定存在。

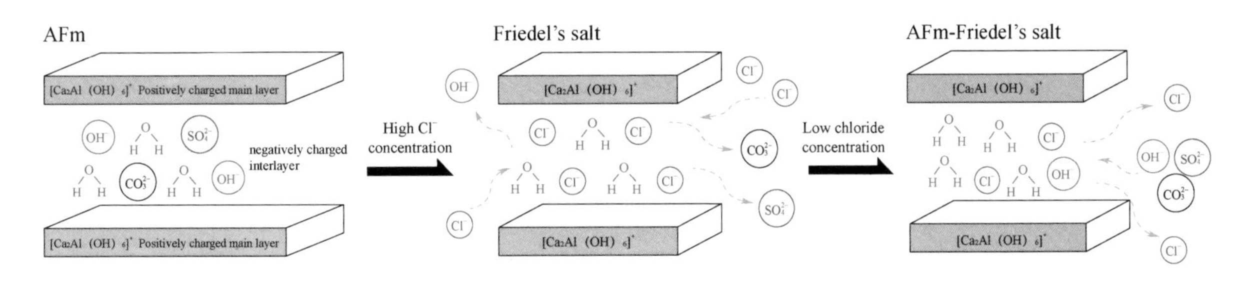

图 3-20　AFm 与 Friedel 盐在富氯环境中的相互转换

由于 C-S-H 凝胶具有巨大的比表面积，因此氯离子主要物理吸附于 C-S-H 凝胶表面。通常认为水化产物 BET 比表面积越大，物理固化氯离子数量越多，在 PC-GBFS 水泥浆体中，尽管水化产物比表面积随着矿渣掺量的提高而线性增大，然而物理吸附的氯离子量却表现为先减少后增加的趋势。这是因为除了比表面积，C-S-H 的组成与结构特征同样影响氯离子吸附过程。随着矿渣掺量的提高，更多的 Al 取代了 C-S-H 凝胶中的 Si，形成的铝醇基（=Al-OH）能提供吸附 Ca^{2+} 的功能位点，再加上本身存在的硅醇基（≡ Si-OH）（图 3-21），提高了 C-S-H 凝胶表面正电荷密度，进而通过双电层效应吸附更多的氯离子。另外，Al 对 Si 的替代导致链长增加，Ca/Si 比降低，提高了 C-S-H 凝胶的聚合度和质子化程度。最后，随着质子化程度增加，C-S-H 凝胶表面 Ca^{2+} 减少，导致正电荷密度降低，物理吸附的氯离子量随着降低。可以推断的是，当矿渣掺量少于 40% 时，聚合度和质子化程度提高是导致物理吸附氯离子量减少的重要原因。而矿渣掺量高于 60% 时，比表面积与位点密度是影响物理吸附氯离子量的主要原因，尤其是当结合位点增加时，物理吸附的氯离子量急剧增加。

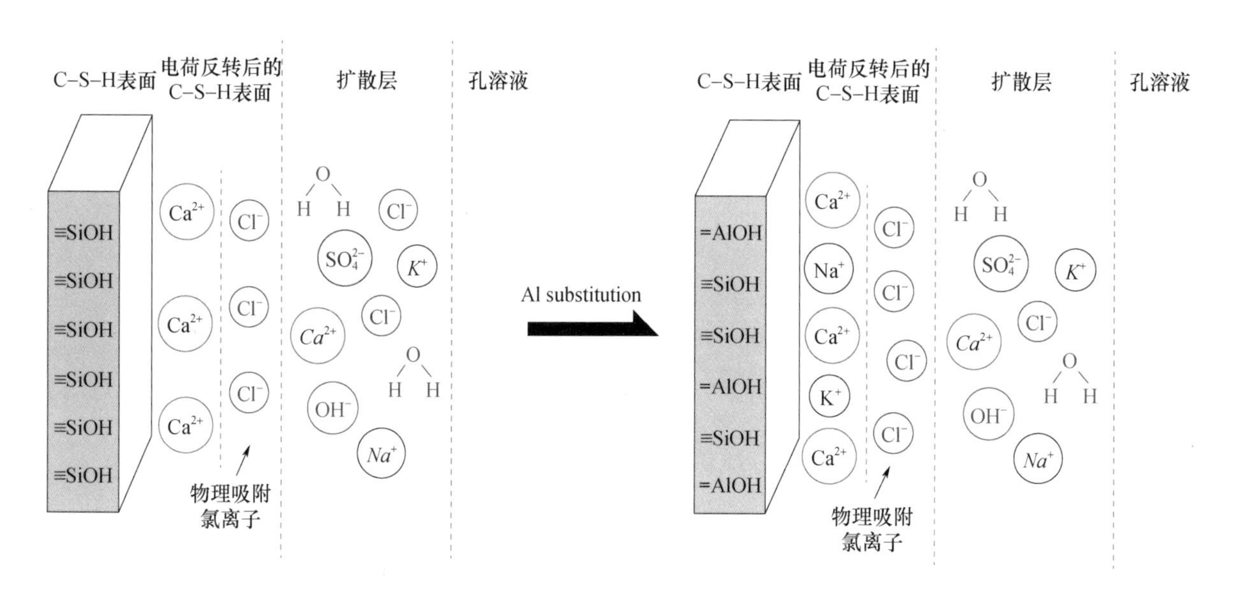

图 3-21　基于扩散电层理论的 Al 替代前后 C-S-H 凝胶的物理吸附氯离子示意图

3.1.3　孔结构特征与氯离子迁移的量化关系

本研究通过水灰比与水泥粒度调控水泥浆体孔隙率与孔径分布，建立了孔隙率及孔径分布与退汞残余法所得孔隙曲折度的量化关系，从而根据有效介质理论提出基于孔隙曲折度的氯离子扩散系数评价方法，为基于 Cl^- 迁移性能的浆体组成优化提供理论依据。

多孔材料孔隙曲折度计算过程中，存在两个根本前提：（1）孔隙曲折度反映了离子在孔隙中的实际迁移路程，由于其迁移路径距离始终大于或等于材料几何尺寸，因此曲折度不小于 1；（2）离子仅能通过其中的孔隙进行迁移，无法通过多孔材料中的固相，即当孔隙率趋近于 1 时，离子迁移路径长度逼近多孔材料几何尺寸，孔隙曲折度趋近于 1。

针对水泥基材料，Nakarai 等通过实验结果拟合提出采用双曲正切函数对水泥浆体孔隙率与孔隙曲折度的关系进行经验性描述：

$$\tau=-1.5\tanh[8.0(\varphi_{gel}+\varphi_{cap}-0.25)]+2.5 \tag{3-13}$$

式中　φ_{gel}、φ_{cap}——水泥浆体中的凝胶孔及毛细孔含量。

由于计算方式简单，Sun 等人采用 Nakarai 方法计算孔隙曲折度，较为准确地计算了水泥浆体的氯离子扩散系数（误差在 20%~40%）。

Androutsopoulos 等提出波浪孔结构模型（Corrugated Pore Structure Model，CPSM），并建立了退汞残余百分数与孔隙曲折度的关系［式（3-14）］。由于进汞 / 退汞压力与孔径直接对应［式（3-15）］，而退汞残余百分数又取决于累积进汞量与进汞 / 退汞压力，因此退汞残余百分数法计算孔隙曲折度过程中包含了孔径特征的影响，但是仍缺少对孔径分布与孔隙曲折度关系的量化描述。

$$\tau=4.6242\cdot\ln(4.996/(1-\alpha_{en})-1)-5.8032 \tag{3-14}$$

$$P=-4\gamma\cos\theta/d \tag{3-15}$$

式中 α_{en}——退汞残余百分数，即退汞残余体积与累计进汞体积的比值；

P——进汞 / 退汞压力；

γ——汞表面张力；

θ——汞 - 多孔材料接触角；

d——孔隙直径。

在上述计算模型基础上，项目组通过调整水灰比与控制水泥粒度制备了不同孔结构的水泥砂浆，研究了水泥浆体孔结构对氯离子迁移的影响。水泥砂浆的试验配合比见表 3-10，不同粒度的硅酸盐水泥由气流分级机分选获得。

表 3-10 不同孔结构控制水泥砂浆的试验配合比

系列	样品编号	水泥中位径（μm）	水灰比（体积比）
水灰比调控系列（W）	WP1.0	10.2	1.00
	WP1.2		1.20
	WP1.4		1.40
	WP1.6		1.60
	WP1.8		1.80
粒度调控系列（S）	SP20	20.5	1.25
	SP14	14.9	
	SP10	10.2	
	SP6	6.6	
	SP3	3.2	

根据水泥浆体的体积密度，可由累计进汞量计算浆体孔隙率（表 3-11）。与累计进汞量变化趋势一致，即水泥浆体孔隙率随水灰比的增大而增大，随水泥粒度的减小先降低后轻微升高。硬化水泥浆体孔隙率取决于新拌水泥浆体初始孔隙率与浆体水化程度，其中初始孔隙率可由式（3-16）与式（3-17）计算。

表 3-11 硅酸盐水泥浆体累计进汞量、体积密度与孔隙率

ID	D_{50}(μm)	*W/C*	体积密度（g/mL）	累计进汞量（mL/g）	孔隙率（%）
WP1.0	10.2	1.00	2.10	0.060	12.68
WP1.2		1.20	1.98	0.082	16.26
WP1.4		1.40	1.84	0.117	21.50
WP1.6		1.60	1.75	0.150	26.25
WP1.8		1.80	1.70	0.157	26.69
SP20	20.5	1.25	2.00	0.127	25.28
SP14	14.9		1.95	0.097	18.94

续表

ID	D_{50} (μm)	W/C	体积密度（g/mL）	累计进汞量（mL/g）	孔隙率（%）
SP10	10.2	1.25	1.91	0.093	17.85
SP6	6.6		1.89	0.080	15.22
SP3	3.2		1.82	0.100	18.22

$$S=V_c/(V_c+V_w)=V_c/(V_c+V_c\cdot W/C)=1/(1+W/C) \tag{3-16}$$

$$P_0=1-S \tag{3-17}$$

式中　S——新拌水泥浆体的固体体积含量；

V_c——水泥浆体中水泥的体积含量；

V_w——水泥浆体中水的体积含量；

W/C——水泥浆体的水灰体积比；

P_0——水泥浆体的初始孔隙率。

如图 3-22 所示，水灰比越大意味着新拌水泥浆体中固体体积含量越小，因此水泥浆体初始孔隙率随水灰比的增大而显著增大。随着水灰比增大，水泥浆体水化程度仅从 82.3% 提高至 89.8%，提高幅度远小于初始孔隙率，因此硬化水泥浆体孔隙率随着水灰比的增大有所增大。当水灰比一定时，水泥浆体初始孔隙率保持恒定。与预期结果一致，水泥粒度越小，对应水化程度越高，即有更多水化产物对初始孔隙进行填充，导致水泥浆体孔隙率下降。

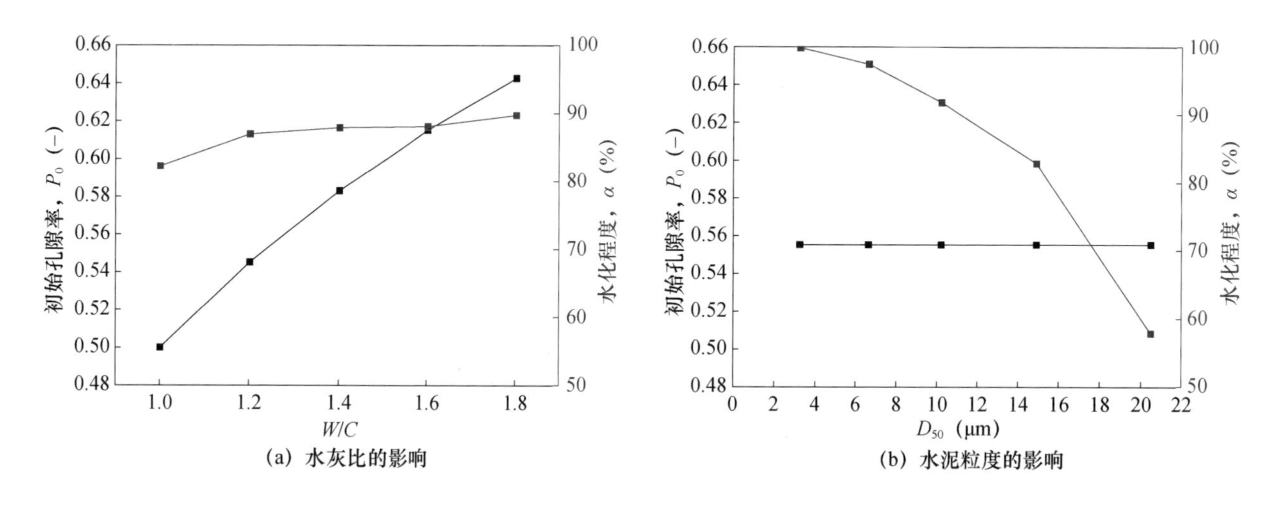

图 3–22　硅酸盐水泥浆体初始孔隙与 28d 水化程度

由图 3-23（a）可知，不同水灰比下水泥浆体的孔隙分布峰均出现于 100nm 以内的范围中，且呈明显的多峰分布特征，分布峰中心分别位于 3~4nm、6~8nm 及 20~40nm 处。水灰体积比固定为 1.25 时，水泥粒度对浆体孔径分布的影响如图 3-23（b）所示。SP20 在 5~500nm 范围内表现出连续分布特征，多峰分布特征并不显著。当水泥 D_{50} 处于 3.2~14.9μm 范围内时，水泥浆体最可几孔径随粒度的降低而减小。此外，各孔径分布峰高度随水泥粒度的减小而显著降低，这主要是因为减小水泥粒度会加速水泥水化，进而对孔隙产生更有效的填充，因此各孔径范围的孔隙含量均有所下降。

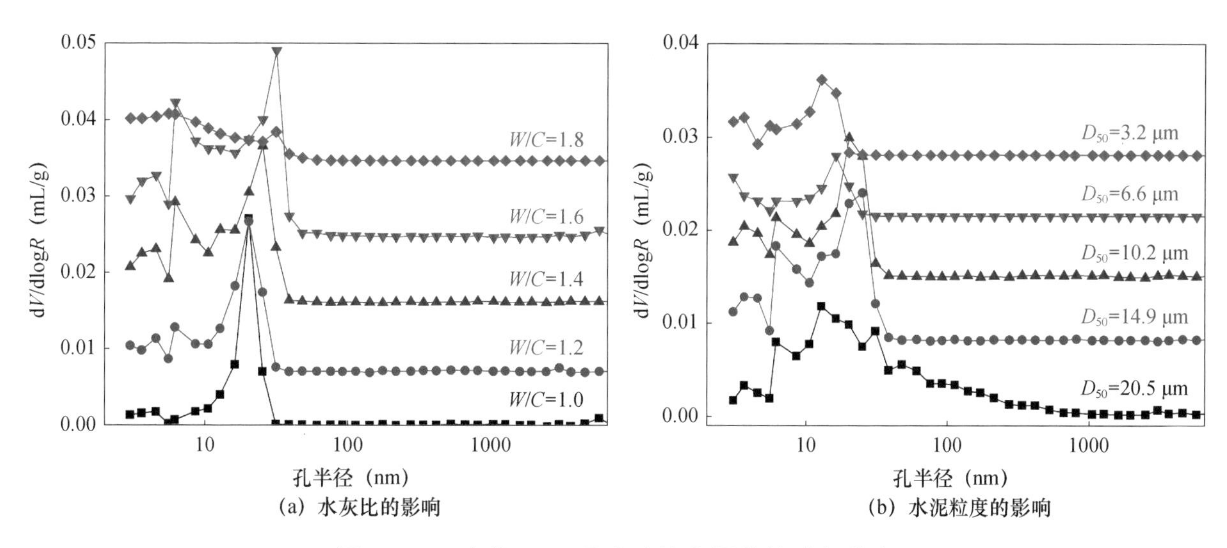

图 3-23 水化 28d 后硅酸盐水泥浆体孔径分布

基于 Mindess 分类标准将孔隙分为＜ 5nm、5~20nm、20~50nm 与＞ 50nm 四个范围，分别对应水泥浆体中的凝胶孔、小毛细孔、大毛细孔与大孔。为弱化水泥浆体孔隙率的影响，对各孔径范围孔隙含量进行归一化处理，结果如图 3-24 所示。WP1.0 中大毛细孔的归一化含量最高，达 57.6%，而凝胶孔含量最低，仅为 6.2%［图 3-24（a）］。水灰比 1.0 时水泥浆体水化程度明显低于其他水泥浆体（图 3-22），因此水化产物对浆体孔隙的填充作用较弱，小毛细孔含量较低。当浆体水灰比增大至 1.2 时，浆体大毛细孔含量下降，但水灰比继续增大过程中，大毛细孔含量并未随之显著下降，而是趋于稳定，其含量约为 39%。

与水灰比的影响截然不同，水泥粒度对浆体中各孔径范围的孔隙归一化含量影响非常显著，主要体现在对毛细孔的影响上［图 3-24（b）］。随着浆体中水泥粒度的降低，小毛细孔含量由 37.6%（SP20）增长至 80.9%（SP3），而大毛细孔变化趋势与之相反。

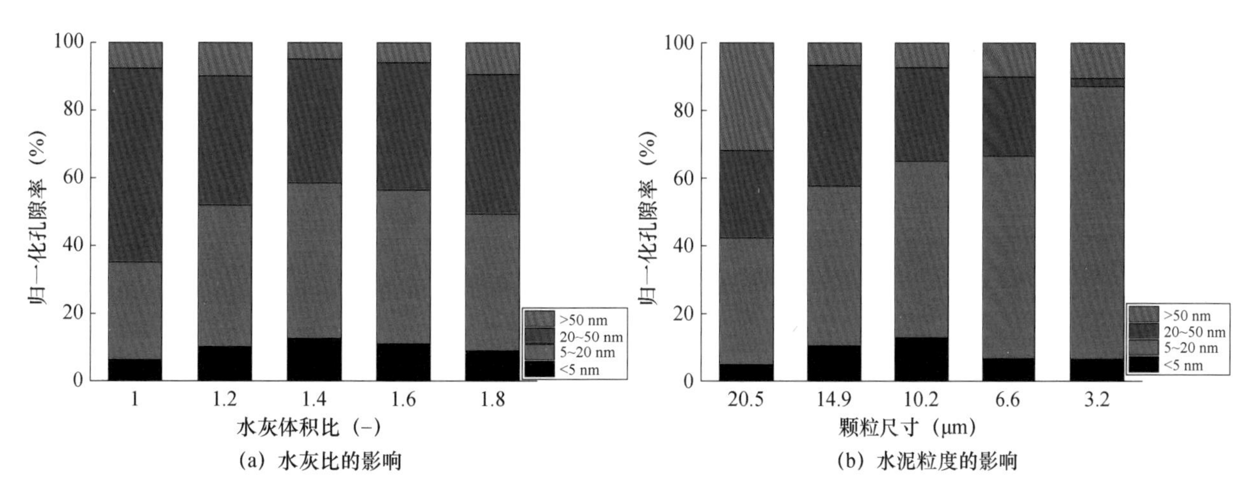

图 3-24 水泥浆体各孔径范围的归一化孔隙含量

根据式（3-14），由退汞残余百分数计算孔隙曲折度，并将退汞残余法计算所得孔隙曲折度与Nakarai方法计算结果进行对比，如图3-25所示，在常用的水灰比范围（1.0~1.6体积比，对应0.32~0.52质量比）或水泥粒度范围（D_{50}=10~20μm）中，两种方法所得孔隙曲折度基本一致。当浆体中水泥粒度较小时，退汞残余法与Nakarai方法计算所得孔隙曲折度则有明显差异，这是由于Nakarai方法建立过程中并未考虑细粒度胶凝材料使用导致的孔径显著细化现象，而实际使用过程中为加速水泥强度发展，提高水泥细度或掺入细粒度胶凝材料已是常见手段，因此Nakarai方法在孔径显著细化的水泥浆体孔隙曲折度计算中具有局限性。

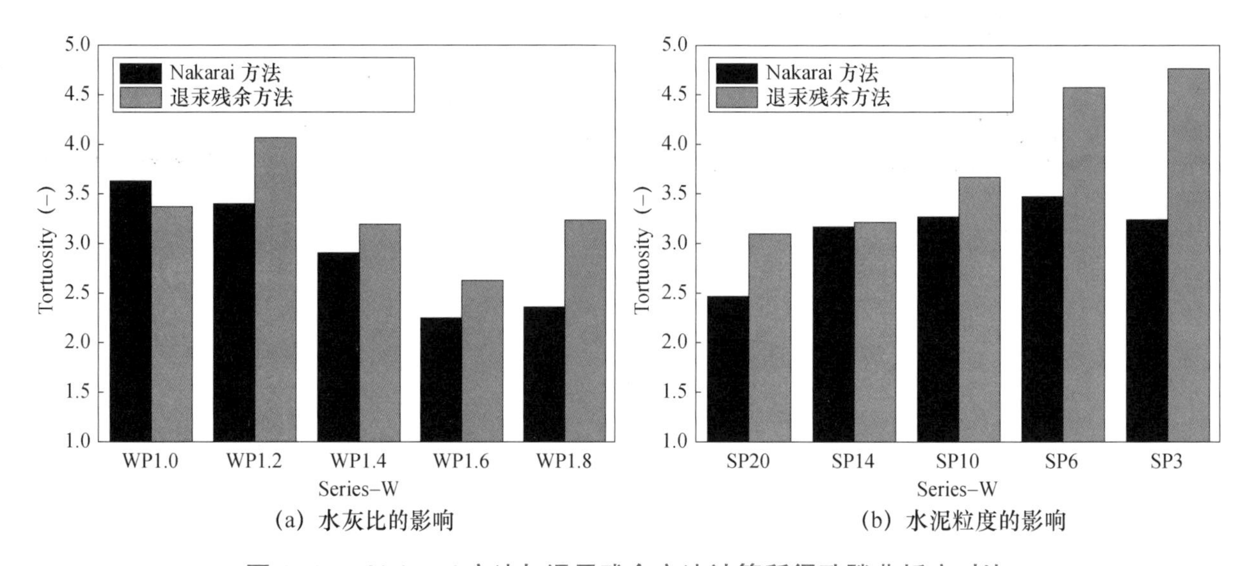

(a) 水灰比的影响　　(b) 水泥粒度的影响

图 3-25　Nakarai 方法与退汞残余方法计算所得孔隙曲折度对比

水泥浆体孔隙曲折度随孔隙率变化过程如图3-26所示，经过曲线拟合发现水泥浆体中孔隙曲折度与孔隙率关系遵循Archie方程：

$$\tau=a^{-1}\varphi^{1-m} \tag{3-18}$$

式中　a、m——Archie方程参数，根据拟合结果a=0.5464及m=1.4071。

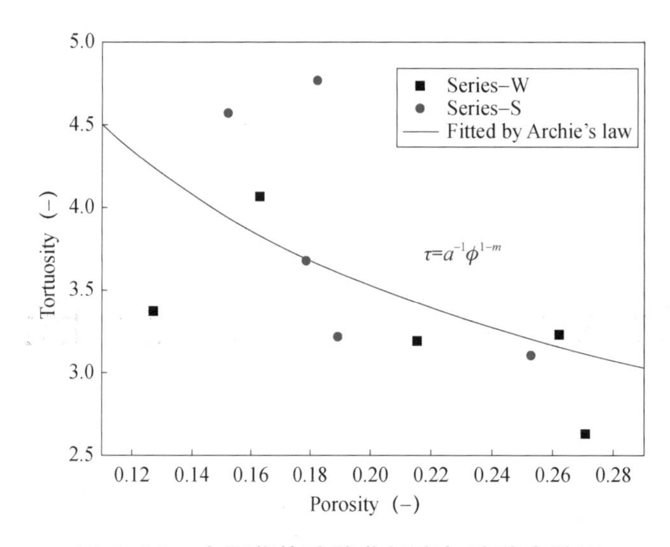

图 3-26　水泥浆体孔隙曲折度与孔隙率关系

本文提出采用“孔隙曲折度贡献系数”对“各孔径范围对浆体孔隙曲折度的贡献”进行描述，而浆体孔隙曲折度等于各孔径范围的孔隙相对含量与对应曲折度贡献系数的乘积之和，如式（3-19）：

$$\tau=\sum_{i=1}^{4} a_i p_i \tag{3-19}$$

式中　i——各孔径范围，具体而言 i=1~4 分别对应< 5nm、5~20nm、20~50nm 与> 50nm 的孔径范围；

p_i——孔径范围 i 对应的相对孔隙含量；

a_i——孔径处于孔径范围 i 中的孔隙对应的曲折度贡献系数。

根据最小二乘法对水泥浆体孔隙曲折度与各孔径范围的相对孔隙含量的关系进行回归分析，即可获得各范围孔隙对应的曲折度贡献系数，见表 3-12。不难发现，凝胶孔（半径< 5nm）曲折度贡献系数为负值，而其他尺寸孔隙的曲折度贡献系数均为正值，且曲折度贡献系数随着孔径的增大而减小，其中大孔的曲折度贡献系数为 1.17，仅为小毛细孔贡献系数的 18.3%。凝胶孔为 C-S-H 胶团堆积后形成的孔隙，即凝胶孔始终伴随着 C-S-H 而存在。C-S-H 作为硅酸盐水泥水化后的基本水化产物，在水泥浆体或砂浆中始终连续分布，凝胶孔的联通性极高，因此不利于水泥浆体孔隙曲折度的提高。对毛细孔而言，孔径越小，说明相同孔隙率下孔隙分叉越多，进而导致离子实际迁移距离增大。从曲折度贡献系数角度，为提高水泥浆体孔隙曲折度，应重点提高小毛细孔（5~20nm）相对含量，而非一味强调孔径无限制细化。

表 3–12　回归分析所得各孔径范围孔隙的曲折度贡献系数

孔径范围 i (nm)	< 5	5~20	20~50	> 50
曲折度贡献系数 (-)	-7.25	6.38	3.22	1.17

与水泥浆体相比，细骨料的掺入会提高砂浆的不均匀性，难以保证压汞法测试过程中选取的 1~2g 样品具有代表性。此外，由于浆体 - 细骨料之间存在的界面过渡区是砂浆的薄弱区域，在破碎或切割等制样过程中，容易引入裂纹从而造成孔结构测试结果失真，因此应该根据浆体孔结构特征对砂浆孔隙曲折度进行计算。

根据水泥砂浆配比，细骨料含量容易通过式（3-20）进行计算。硬化水泥砂浆可视为由细骨料、界面过渡区与浆体基体组成（图 3-27），浆体基体的体积含量则相当于砂浆总体积减去细骨料与界面过渡区体积含量［式（3-21）］。因为细骨料为惰性材料，不随水化发生变化，而新拌砂浆中浆体体积则等于硬化砂浆中的界面过渡区体积与浆体基体体积之和（不考虑砂浆体积收缩）。由式（3-22）可知，砂浆中界面过渡区体积可由骨料表面积与界面过渡区厚度的乘积确定。

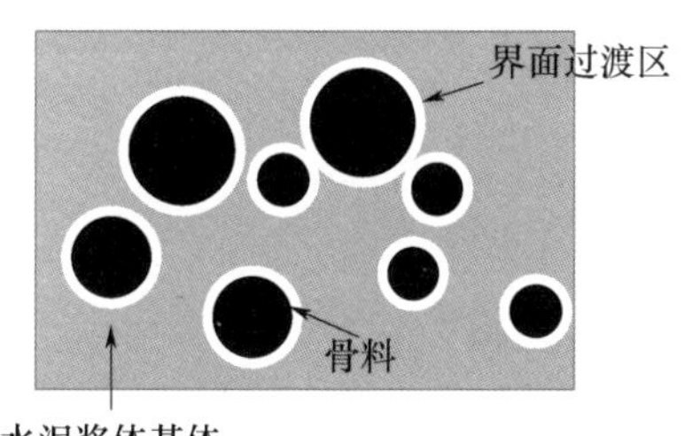

图 3–27　水泥砂浆组成示意图

$$v_{agg}=V_{agg}/(V_{agg}+V_c+V_w)\times 100\% \quad (3\text{-}20)$$

$$v_p=(1-v_{agg}-v_{ITZ})\times 100\% \quad (3\text{-}21)$$

$$v_{ITZ}=d_{ITZ}\cdot S_{agg}\cdot v_{agg}\times 100\% \quad (3\text{-}22)$$

式中 V_{agg}、V_c 与 V_w——分别为砂浆中细骨料、硅酸盐水泥与水的体积；

v_p、v_{agg} 与 v_{ITZ}——分别为硬化水泥砂浆中浆体基体、细骨料与界面过渡区的体积含量；

d_{ITZ}——界面过渡区厚度；

S_{agg}——细骨料表面积；

W/C——水灰比（以体积计）。

在界面过渡区体积含量计算过程中，细骨料的比表面积设定为 21.51mm^2/mm^3。现有研究表明，界面过渡区厚度主要取决于砂浆水灰比，当水灰比为 0.4~0.5（以质量计）时，界面过渡区厚度通常为 15~20μm。本文所用水灰比为 1.0~1.8，折合为质量比则相当于 0.32~0.58，因此界面过渡区厚度设定值分布范围应适当扩大，水灰比调控系列砂浆界面过渡区厚度变化范围假设为 10~25μm，而当水灰比恒定为 1.25（体积比）时，砂浆界面过渡区厚度则恒设定为 15μm。在此基础上，按照式（3-20）至式（3-22）对水泥砂浆各组分体积含量进行计算，结果见表 3-13。

表 3-13　水泥砂浆中界面过渡区厚度与各组分体积含量

ID	W/C	v_{agg} (%)	d_{ITZ} (μm)	v_{ITZ} (%)	v_p (%)
WM1.0	1.00	63.96	10	13.76	22.27
WM1.2	1.20	61.74	15	19.92	18.34
WM1.4	1.40	59.66	20	25.67	14.67
WM1.6	1.60	57.72	20	24.83	17.44
WM1.8	1.80	55.91	25	30.06	14.03
SM20	1.25	61.21	15	19.75	19.04
SM14					
SM10					
SM6					
SM3					

Cl^- 无法通过砂浆内的细骨料，仅能通过浆体基体与界面过渡区中的孔隙进行迁移，因此水泥砂浆的孔隙曲折度由浆体基体及界面过渡区的孔隙曲折度共同决定：

$$\tau_m=(v_p\tau_p+v_{ITZ}\cdot\tau_{ITZ})/(v_p+v_{ITZ}) \quad (3\text{-}23)$$

式中 τ_m、τ_{ITZ}——水泥砂浆与界面过渡区的孔隙曲折度；

τ_p——砂浆中浆体基体的孔隙曲折度。

浆体基体的孔隙曲折度取值与退汞残余法所得浆体孔隙曲折度一致（表 3-14），此时砂浆中界面过渡区的孔隙曲折度即为计算砂浆曲折度的关键参数。氯离子扩散系数与孔隙曲折度的基本关系可以通过有效介质理论进行描述，如式（3-24）：

$$D_{app}=\delta D_f/\tau^2 \quad (3\text{-}24)$$

式中　D_{app}——表观氯离子扩散系数；

D_f——Cl^- 在水中的扩散系数，可取值为 $2.03\times10^{-9}m^2/s$；

δ——孔隙阻塞率，可由式（3-25）确定，且因为水泥基材料最可几孔径通常为15~60nm，所以孔隙阻塞率可视为定值0.01。

$$\delta=0.395\tanh[4(\lg r_c+6.2)]+0.405 \tag{3-25}$$

式中　r_c——水泥砂浆的最可几孔径。

由式（3-24）可知，由于 δ 与 D_f 均可视为定值，因此界面过渡区与浆体基体曲折度的比值可以由二者的氯离子扩散系数确定，如式（3-26）所示。根据计算机模拟结果，界面过渡区的氯离子扩散系数通常为水泥浆体氯离子扩散系数的7~11倍，因此界面过渡区与浆体的氯离子扩散系数比值可取为0.35。联立式（3-20）至式（3-22），可计算界面过渡区与砂浆孔隙曲折度，结果见表3-14。其中，WM1.6的界面过渡区曲折度计算值为0.923，曲折度应始终≥0，因此表3-14中WM1.6的界面过渡区曲折度近似为1。由于界面过渡区的孔隙曲折度远远低于水泥浆体，因此砂浆的孔隙曲折度均低于相应水泥浆体的孔隙曲折度。随着水灰比的增大，水泥砂浆的孔隙曲折度明显下降，其中WM1.2的孔隙曲折度为2.692，当水灰比提高至1.6时，相应的砂浆孔隙曲折度下降至1.675。当水灰比一定时，水泥砂浆的孔隙曲折度随水泥粒度的降低而显著增大，如SM20的孔隙曲折度仅为2.077，当水泥 D_{50} 降低至3.2μm时，其孔隙曲折度增大了53.5%。

$$\tau_{ITZ}/\tau_p=(D_p/D_{ITZ})^{1/2} \tag{3-26}$$

式中　D_p——氯离子在水泥浆体中的扩散系数；

D_{ITZ}——氯离子在砂浆界面过渡区中的扩散系数。

表3-14　界面过渡区与砂浆的孔隙曲折度计算值

ID	τ_{ITZ} (–)	τ_m (–)
WM1.0	1.181	2.537
WM1.2	1.424	2.692
WM1.4	1.120	1.876
WM1.6	1.000	1.675
WM1.8	1.133	1.802
SM20	1.087	2.077
SM14	1.126	2.153
SM10	1.287	2.462
SM6	1.601	3.060
SM3	1.668	3.189

基于有效介质理论［式（3-24）］，根据砂浆孔隙曲折度计算氯离子扩散系数，并与RCM测试所得氯离子扩散系数进行对比（图3-28），可以发现两种方法所得氯离子扩散系数呈现出良好的线性相关性（R^2=0.987）且与现有文献的研究结论一致，水泥砂浆的表观氯离子扩散系数始终低于RCM法所得氯离子扩散系数，根据线性拟合结果［式（3-27）］，表观氯离子扩散系数计算值约相当于RCM法测试结果的48.2%。根据式（3-28），水泥砂浆表观氯离子扩散系数除了受砂浆孔结构影响，还与水泥砂浆的氯离子固化能力相关。在RCM测试过程中，试样测试时间仅持续了24h，远远低于氯离子达到平衡

固化所需要的时间。因此，RCM 法测得的氯离子扩散系数高于理论计算值，但二者之间良好的线性相关性表明了基于退汞残余百分数的孔隙曲折度用于氯离子扩散系数预测的准确性。

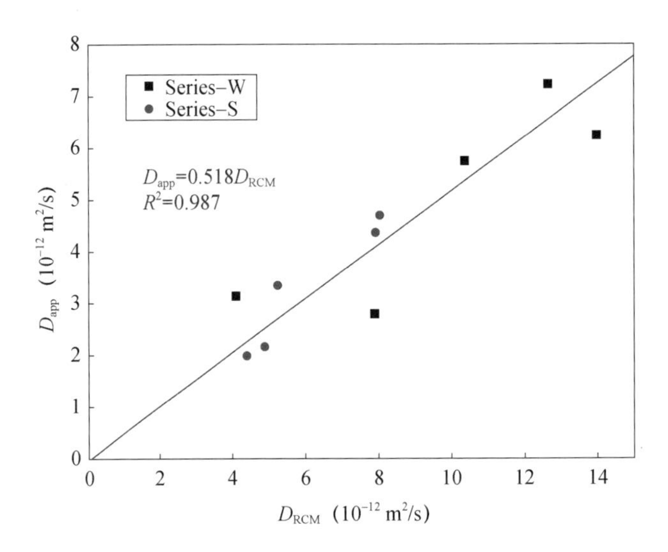

图 3–28　RCM 法所得氯离子扩散系数与基于曲折度计算的表观氯离子扩散系数关系

$$D_{app}=0.518 \cdot D_{RCM}\ R^2=0.987 \tag{3-27}$$

式中　D_{RCM}——RCM 测试所得水泥砂浆的氯离子扩散系数。

$$D_{app}=D_{eff}/\varphi(1+\partial c_b/\partial c) \tag{3-28}$$

式中　D_{eff}——水泥砂浆的有效氯离子扩散系数，仅取决于砂浆孔结构特征；

φ——砂浆孔隙率；

$\partial c_b/\partial c$——水泥砂浆的氯离子固化能力；

c_b 与 c——水泥砂浆中固化氯离子与游离氯离子浓度。

联立式（3-23）、式（3-24）与式（3-27），即可得到 RCM 法砂浆氯离子扩散系数与基于退汞残余百分数计算的水泥浆体孔隙曲折度之间的关系：

$$\begin{aligned}D_{RCM}&=\delta \cdot D_f/(0.518 \cdot \tau_m^2)=(\delta \cdot D_f/0.518) \cdot (v_p+v_{ITZ})^2/(v_p\tau_p+v_{ITZ}\tau_{ITZ})^2\\&=(\delta \cdot D_f/0.518) \cdot (v_p+v_{ITZ})^2/\tau 2\ p(v_p+0.35v_{ITZ})^2\end{aligned} \tag{3-29}$$

其中，砂浆中浆体基体体积含量（v_p）与界面过渡区体积含量（v_{ITZ}）取决于砂浆配比，在已知组成的水泥砂浆中可视为定值。

式（3-29）中，$\delta \cdot D_f/0.518$ 与 $(v_p+v_{ITZ})^2/(v_p+0.35v_{ITZ})^2$ 两项可视为常数，因此 RCM 氯离子扩散系数仅与曲折度有关。由于水泥浆体孔隙率与曲折度关系遵循 Archie 方程，易得 $D_{RCM}\propto\tau_p^{0.8142}$，水泥浆体孔隙率每增大 10%，氯离子扩散系数将增大 8%。在孔径分布对氯离子扩散系数影响方面，将各孔径范围孔隙的曲折度贡献系数代入式（3-29），可得孔径分布对氯离子扩散系数的贡献，如式（3-30）所示。由于小毛细孔（5~20nm）的曲折度贡献系数最大，因此提高小毛细孔的相对含量能有效提高浆体曲折度，进而大幅度降低氯离子扩散系数，而凝胶孔（＜5nm) 的曲折度贡献系数为负值，因此不利于氯离子扩散系数的降低。从孔隙曲折度角度，小毛细孔相对含量提高 10%，能使氯离子扩散系数降低 33.5%，而凝胶孔相对含量每提高 5%，氯离子扩散系数将提高 30.0%。

$$D_{RCM}=(\delta \cdot D_f/0.518) \cdot (v_p+v_{ITZ})^2/(v_p+0.35v_{ITZ})^2 \cdot 1/(-7.25p_1+6.38p_2+3.22p_3+1.17p_4)^2 \quad (3\text{-}30)$$

式中 p_1、p_2、p_3、p_4——凝胶孔（< 5nm）、小毛细孔（5~20nm）、大毛细孔（20~50nm）与大孔（> 50nm）的相对孔隙含量。

综上所述，为降低水泥砂浆的氯离子扩散系数，关键在于提高水泥浆体的孔隙曲折度。降低水泥浆体孔隙率是提高孔隙曲折度的有效途径。另外，从曲折度贡献系数角度，提高孔径 5~20nm 范围的孔隙相对含量能显著提高孔隙曲折度，进而表现出氯离子扩散系数的下降。

3.1.4 基于多区间级配与化学活性匹配的高抗蚀水泥设计模型

普通复合硅酸盐水泥的颗粒尺寸分布区间主要集中 10~30μm，粗、细颗粒含量均较少，导致水泥浆体堆积密度较低；由于不同水泥组分活性的匹配不合理，导致水泥浆体中连通孔隙多，收缩大、易开裂，增大侵蚀离子迁移速率，最终导致抗蚀性差。有鉴于此，本研究提出了多区间级配与化学活性匹配优化高抗蚀硅酸盐水泥的设计模型（图 3-29）：（1）通过多区间级配的逐级填充实现水泥粉体最紧密堆积，使水泥浆体致密均匀；（2）根据不同组分对水泥胶凝性的贡献率，优化水泥中不同活性、不同粒度区间组分的匹配，使不同组分能够协调持续水化，获得更稳定、氯离子固化能力更强的水化产物，并改善浆体孔结构分布，最终改善材料物理性能和抗侵蚀性。

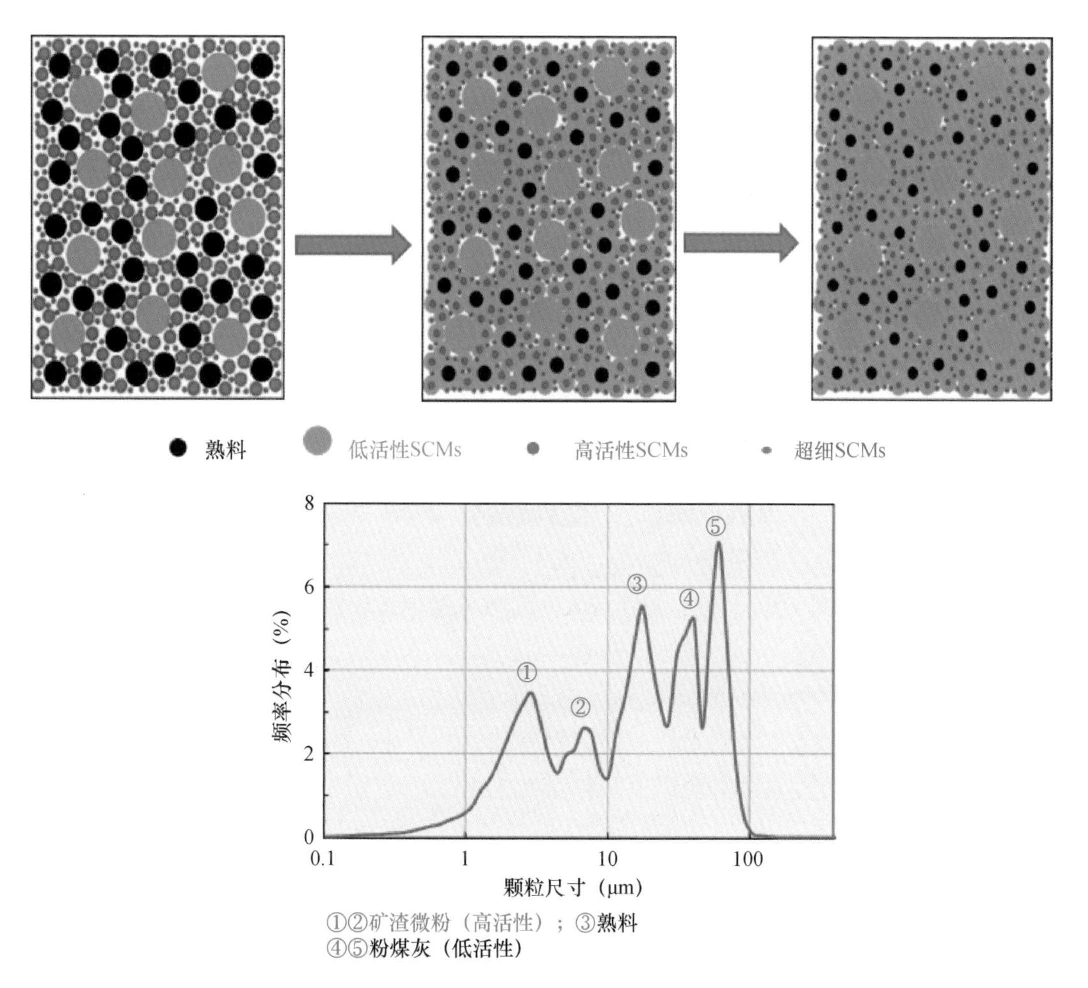

图 3-29 多区间级配模型设计高抗蚀硅酸盐水泥的颗粒堆积及浆体结构示意图

根据水泥浆体水化过程中胶凝材料固相的体积变化，采用胶凝材料孔隙填充能力对其胶凝能力进行评价，并据此确定逐级填充思想下复合水泥各级胶凝材料种类，再根据颗粒级配理论计算各级胶凝材料用量，从初始堆积与水化进程两方面实现水泥浆体结构的致密化。

水泥浆体水化过程中胶凝材料的体积变化如图 3-30 所示。新拌水泥浆体仅由水与胶凝材料组成，新拌浆体中的水可分为自由水与非蒸发水（W_n），同样地，新拌水泥浆体中的胶凝材料也可分为未水化胶凝材料与完全水化胶凝材料（C_h）。根据体积守恒定律，非蒸发水与完全水化胶凝材料的体积之和等于化学收缩与水化产物体积之和：

$$W_n+C_h=CS+HP \tag{3-31}$$

式中　CS——单位体积水泥浆体中胶凝材料的化学收缩（mL/cm^3）；

HP——单位体积水泥浆体中水化产物的体积（cm^3/cm^3）。

此时，将胶凝材料水化过程固相体积增长量定义为胶凝材料的孔隙填充能力：

$$\Delta V=HP-C_h=W_n-CS \tag{3-32}$$

式中　ΔV——胶凝材料的孔隙填充能力（cm^3/cm^3）。

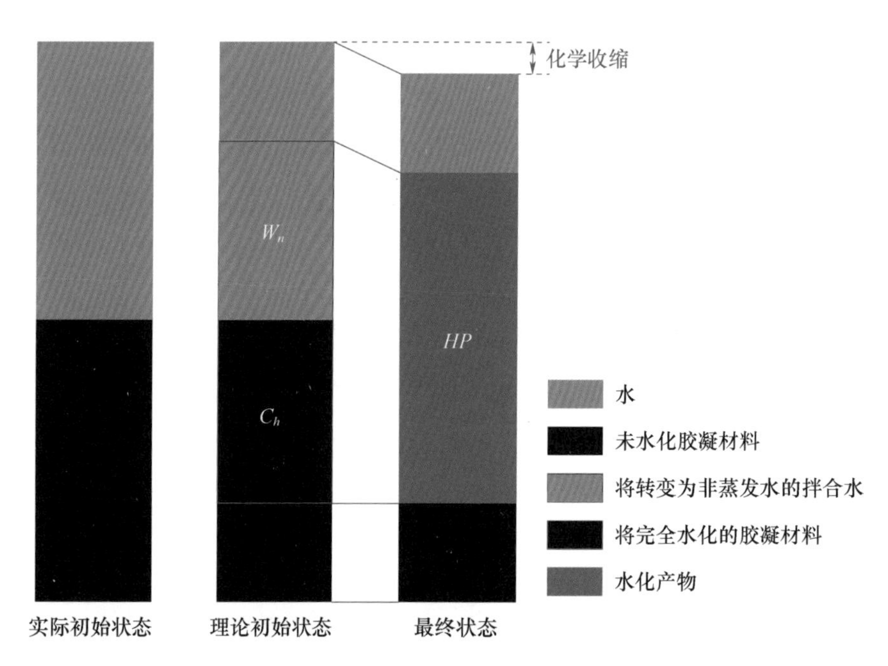

图 3-30　水化前后水泥浆体中固相与液相体积的变化示意图

依据式（3-32）对各粒度硅酸盐水泥（Portland cement, PC）、高炉矿渣（Blast furnace slag, BFS）与粉煤灰（Fly ash, FA）的孔隙填充能力进行计算，如图 3-31 所示。胶凝材料的孔隙填充能力在水化早期的迅速增长代表了胶凝材料的快速水化，导致需水量增大。为合理控制水泥浆体的需水量与凝结时间，水泥 1h 孔隙填充能力应不高于 0.022cm^3/cm^3。对于中间粒度硅酸盐水泥（D_{50}=10.0μm 与 15.1μm），其水化 1d 的孔隙填充能力并未显著增长，不足最终孔隙填充能力的 30%。而水化至 28d 时，其孔隙填充能力基本完全发挥，即中间粒度硅酸盐水泥水化较为温和，且后期水化充分。

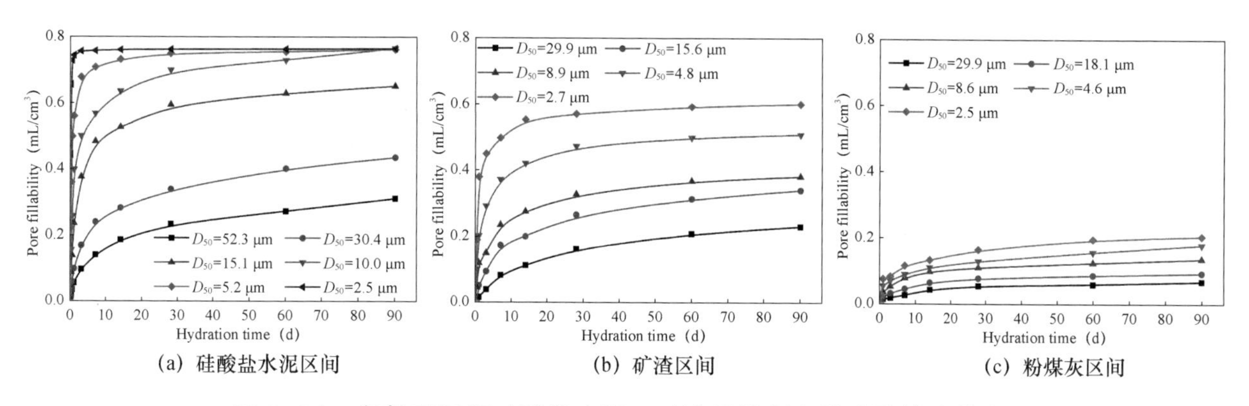

(a) 硅酸盐水泥区间　(b) 矿渣区间　(c) 粉煤灰区间

图 3-31　各粒度区间硅酸盐水泥、矿渣及粉煤灰的孔隙填充能力

不同粒度矿渣及粉煤灰孔隙填充能力发展过程与中粒度硅酸盐水泥的一致，均在水化 3~28d 有明显增长。D_{50} 为 2.7μm 的矿渣的孔隙填充能力与相似粒度硅酸盐水泥较为接近，且与中间粒度硅酸盐水泥相当。而由于水化活性低，不同粒度区间粉煤灰的孔隙填充能力均远远低于硅酸盐水泥与矿渣。

细粒度硅酸盐水泥（D_{50}=2.5μm）的孔隙填充能力增长极快，水化龄期 1d 时该粒度硅酸盐水泥已近完全水化，不利于后期水泥浆体的进一步致密化，因而不适宜将过细的硅酸盐水泥放置于高抗蚀复合水泥的细粒度区间。D_{50}=2.7μm 的细粒度矿渣孔隙填充能力与硅酸盐水泥相当，且其孔隙填充能力在水化 3d 仍保持明显增长趋势，温和且持续的水化进程有利浆体结构的持续密实，因此复合水泥的细粒度区间应填充矿渣。

对处于 4~50μm 范围的胶凝材料，硅酸盐水泥的孔隙填充能力显著高于相同粒度区间的矿渣，且在水化后期也能持续增长，因此复合水泥的中间粒度区间应该填充硅酸盐水泥，以确保复合水泥具有较强的孔隙填充能力。

当胶凝材料粒径大于 50μm 时，硅酸盐水泥的孔隙填充能力与辅助性胶凝材料的区别较小。若将复合水泥粗粒度区间胶凝材料设置为硅酸盐水泥或矿渣等高活性胶凝材料，将导致高活性材料胶凝性能的浪费（硅酸盐水泥浆体 28d 未水化相含量甚至超过 60%）。此时考虑在不显著降低复合水泥整体孔隙填充能力的情况下形成骨架支撑结构，仅需少量水化即可保证水化产物与未水化颗粒的良好粘结以有利于力学性能的发展，应该将粉煤灰置于复合水泥的粗粒度区间。

综上所述，为保证复合水泥高效、持续发挥其胶凝性能，实现水化过程中的浆体结构致密化，复合水泥的细（< 4μm）、中（4~50μm）及粗（> 50μm）粒度区间应分别填充矿渣、硅酸盐水泥与粉煤灰。

为进一步提高提高颗粒堆积密度，将复合水泥的颗粒粒度分布划分为五个区间，分别为< 4μm、4~15μm、15~30μm、30~50μm 与 50~90μm。为确定各粒度区间胶凝材料的用量，首先采用 Fuller 分布模型［式（3-33）］计算各粒度区间胶凝材料含量，结果见表 3-15。

$$U(x)=100\cdot(x/D)^m \tag{3-33}$$

式中　$U(x)$——筛析通过量，即小于筛孔尺寸 x 的颗粒含量，%；

D——复合水泥中最大颗粒粒径，本文取 D=90μm；

m——颗粒分布指数，对胶凝材料体系可取 m=0.4。

表 3-15　基于 Fuller 分布的复合水泥各粒度区间胶凝材料用量

材料	BFS	PC	PC	PC	FA
尺寸分布（μm）	＜4	4~15	15~30	30~50	50~90
累计含量（%）	28.8	48.8	64.4	79.0	100.0
增加含量（%）	28.8	20.0	15.6	14.6	21.0

由于水泥浆体中的颗粒未直接相互接触，因此需要根据颗粒间距对基于 Fuller 分布计算的各粒度区间胶凝材料用量进行修正。将胶凝材料颗粒直径与颗粒间距之和视为“复合颗粒”尺寸，根据胶凝材料颗粒直径与复合颗粒直径的线性关系（图 3-32），可以获得胶凝材料颗粒的频率分布函数：

$$F(d_0)=\lambda\,[d_0/(\lambda d_0+C)]^3\cdot F(\lambda d_0+C) \tag{3-34}$$

式中　$F(d_0)$——胶凝材料频率分布；

d_0——胶凝材料直径；

λ、C——胶凝材料颗粒直径与复合颗粒直径线性关系的特征参数，取决于胶凝材料种类。

对式（3-34）进行积分并归一化后即可获得颗粒间距修正的胶凝材料理论最佳分布：

$$\Phi(d_0)=100\cdot[(\lambda D+C)/D]^3[d_0/(d_0+C)]^3[(\lambda d_0+C)/(\lambda D+C)] \tag{3-35}$$

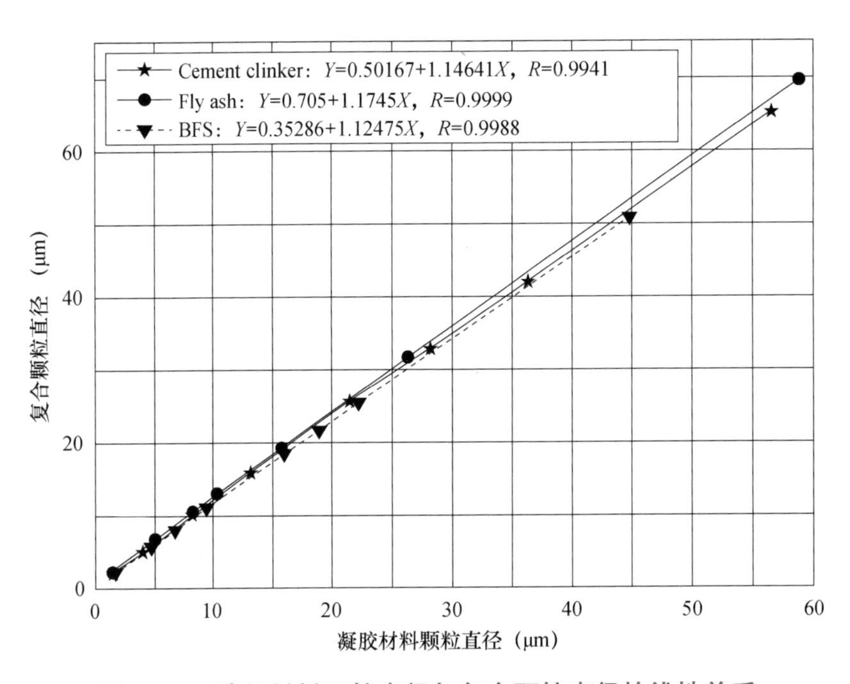

图 3-32　胶凝材料颗粒直径与复合颗粒直径的线性关系

经颗粒间距修正后的各粒度区间胶凝材料含量见表 3-16。易知修正后细粒度矿渣需求量显著下降，由原来接近 30% 降低至 23.5%，而 4~15μm 范围的硅酸盐水泥含量增大了 2.6%，其他粒度胶凝材料的用量仅有轻微上升。

表 3-16 基于颗粒间距修正的复合水泥组成

材料	BFS	PC	PC	PC	FA
尺寸分布（μm）	＜4	4~15	15~30	30~50	50~90
增加含量（%）	28.8	20.0	15.6	14.6	21.0
修正增加含量（%）	23.5	22.6	17.0	15.4	21.5

由变形约束作用关键影响因素，当水泥浆体未水化相含量为30%~40%，且未水化相尺寸在5~10μm时，未水化相具有较为合适的约束作用距离与作用面积，对浆体变形有较好的约束作用。根据Zhang等人的研究结果，不同粒度硅酸盐水泥、矿渣及粉煤灰7d水化程度见表3-17。假设胶凝材料颗粒均为球体，则经过水化后的未水化颗粒尺寸、原始尺寸及水化程度的关系如式（3-36）所示，通过未水化胶凝材料颗粒直径及水化程度计算未水化颗粒直径：

$$1-\alpha=d^3/d_0^{\ 3} \tag{3-36}$$

$$d=d_0\cdot(1-\alpha)^{1/3} \tag{3-37}$$

式中 d——胶凝材料水化后未水化颗粒的直径（μm）；

d_0——未水化胶凝材料颗粒直径（μm）；

α——凝胶材料水化程度（无量纲）。

由于复合水泥粒度分布范围广，不可能将所有未水化颗粒尺寸均控制在最有利于体积变形约束效应的粒度范围（5~10μm），因此只能在不显著改变颗粒级配的基础上对复合水泥特定粒度范围的胶凝材料含量进行局部优化。D_{50}=9.9μm的硅酸盐水泥区间水化7d后，其未水化颗粒的尺寸为5.3μm，处于最有利于未水化相发挥约束效应的粒度范围，因此应提高复合水泥中D_{50}=9.9μm的硅酸盐水泥区间的含量。而大尺寸未水化颗粒在提高约束作用距离的同时会降低约束面积，不利于未水化相对变形约束作用的发挥，且大尺寸未水化颗粒会显著增大浆体微结构不均匀性，进而增大开裂风险，因此应该适当减少粗粒度区间胶凝材料用量。根据上述分析，基于未水化相特征的关系对复合水泥组成的优化结果见表3-18。

表 3-17 硅酸盐水泥、矿渣及粉煤灰水化程度及未水化颗粒尺寸

材料	BFS	PC	PC	PC	FA
尺寸分布（μm）	＜4	4~15	15~30	30~50	50~90
7d 水化程度（%）	80	85	70	55	10
未水化颗粒含量（%）	20	15	30	45	90
原始粒径，D_{50}（μm）	2.2	9.9	19.3	33.9	52.1
未水化颗粒尺寸（μm）	1.3	5.3	12.9	26.0	50.3

表 3–18　基于未水化相特征优化的复合水泥组成

材料	BFS	PC	PC	PC	FA
尺寸分布（μm）	＜4	4~15	15~30	30~50	50~90
原始含量（%）	23.5	22.6	17.0	15.4	21.5
改性含量（%）	24.0	25.0	17.0	15.0	19.0

根据各胶凝材料水化程度及含量即可计算复合水泥水化后的未水化相含量［式（3-38）]，按表 3-18 所示组成，复合水泥浆体未水化相含量为 37.3%，同样有利于发挥未水化相对体积变形约束效应。

$$\beta_b=\sum_{i=1}^{5}=\beta_i p_i \tag{3-38}$$

式中　β_b——复合水泥浆体未水化相含量（%）；

p_i、β_i—— 分别表示复合水泥中 i 粒度区间胶凝材料含量与相应胶凝材料水化后未水化相的含量。

4% 掺量偏高岭土使水泥浆体中的 AFm 相含量提高了 131.7%，而将偏高岭土掺量提高 4 倍时，AFm 相含量仅增长了 48.3%，说明大量掺入偏高岭土并不能显著提高水泥浆体的氯离子固化能力，这与 Bai 等人报道的偏高岭土掺量大于 5% 时混凝土抗氯离子侵蚀能力无显著增长的结论一致。此外，偏高岭土掺量小于 15% 时，复合水泥化学收缩与自收缩均随偏高岭土掺量的提高而增大，即提高偏高岭土掺量会增大体积变形，从而提高水泥浆体开裂风险。为在有效提高复合水泥氯离子固化能力的同时不显著增大体积变形与开裂风险，将复合水泥中偏高岭土的掺量设定为 4%。

硅灰对氯离子物理吸附的促进作用主要通过增大水化产物比表面积实现，但硅灰的使用会极大降低水泥浆体的化学固化氯离子能力，即使是 4% 掺量的硅灰也将使水泥浆体中 AFm 相含量下降 23.7%，根据 AFm 相与化学固化氯离子能力的幂函数相关关系，在较低含量水平下 AFm 相含量的轻微下降会导致化学固化能力的急剧降低，因此高活性富硅辅助性胶凝材料用量应控制在较低水平。与硅灰类似，纳米 SiO_2 也常用于复合水泥性能优化，且纳米 SiO_2 粒径更小，能充当晶核作用以加速 C-S-H 的生成，因此纳米 SiO_2 比硅灰更有利于促进 C-S-H 生成，对水泥浆体微结构有更为显著的致密化作用。换言之，生成相同 C-S-H 量或达到相同浆体密实效果，纳米 SiO_2 所需用量比硅灰更少，更能降低高活性富硅辅助性胶凝材料掺入后对水化产物化学固化氯离子能力的降低作用。由于纳米 SiO_2 掺量在 1.25% 以上时会出现严重的团聚现象，极有可能导致浆体孔隙率上升，因此复合水泥中纳米 SiO_2 的含量设定为 1%。综上所述，引入 4% 偏高岭土及 1% 纳米 SiO_2 两种功能性组分，根据胶凝组分的体积分数及密度，即可得到高抗蚀复合水泥设计配合比（表 3-19）。

表 3–19　高抗蚀复合水泥设计配合比

材料	BFS	PC	PC	PC	FA	MK	NS[a]
尺寸范围（μm）	＜4	4~15	15~30	30~50	50~90	2~7	—[b]
密度（g/cm^3）	2.79	3.15	3.15	3.20	2.65	2.50	2.20
含量（wt%）	20	25	17	17	16	4	1

注：a—NS 指纳米 SiO_2；b—纳米 SiO_2 的 BET 比表面积为 $380m^2/g$。

通过颗粒分级获得满足颗粒级配理论模型要求的硅酸盐水泥、矿渣与粉煤灰，各胶凝料粒度分布如图 3-33 所示。

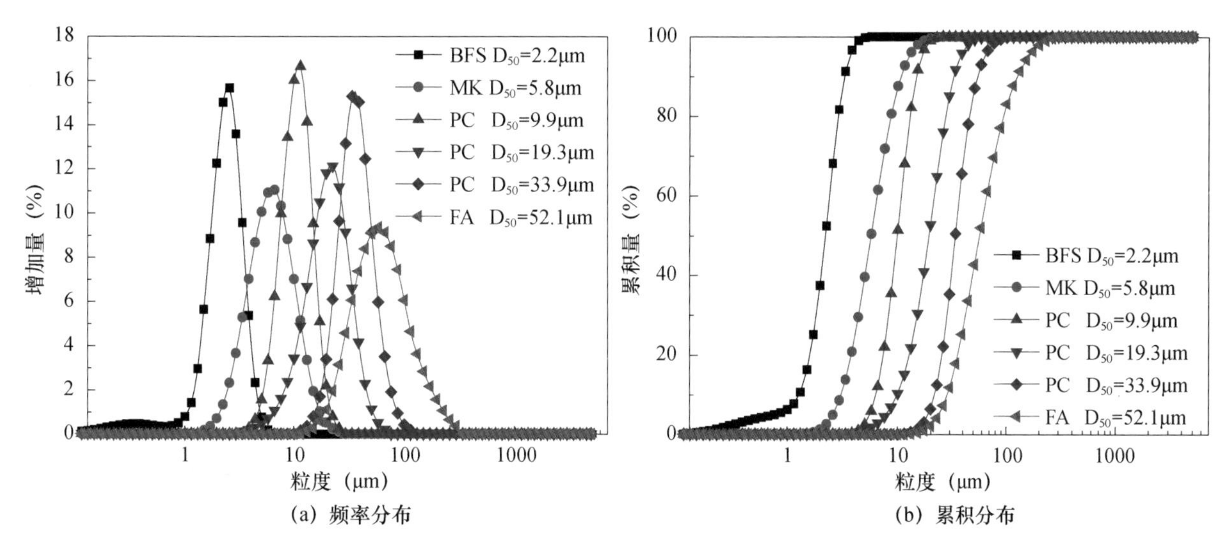

图 3–33　高抗蚀复合水泥各组分的粒度分布

分别制备级配复合水泥、参比复合水泥、硅酸盐水泥、高抗蚀复合水泥性能进行对比（表 3-20），其中级配复合水泥不含偏高岭土与纳米 SiO_2，其他胶凝材料的粒度分布及用量与高抗蚀复合水泥一致。参比复合水泥不含偏高岭土与纳米 SiO_2，其他胶凝材料用量与高抗蚀复合水泥一致，所有胶凝材料与石膏共同粉磨至（370 ± 10）m^2/kg。硅酸盐水泥采用 95% 硅酸盐水泥熟料与 5% 石膏共同粉磨至（370 ± 10）m^2/kg。

表 3–20　高抗蚀复合水泥、级配复合水泥、参比复合水泥与硅酸盐水泥配合比（质量分数，%）

材料	矿渣	熟料	熟料	熟料	粉煤灰	偏高岭土	纳米 SiO_2
粒度分布范围（μm）	＜4	4~15	15~30	30~55	55~90	—	—
中位尺寸（μm）	2.2	9.9	19.3	33.9	52.1	5.8	—
高抗蚀复合水泥（HCR）	20	25	17	17	16	4	1
级配复合水泥（GB）	21	26	19	18	16	—	—
参比复合水泥（REF）	21% 矿渣 + 63% 硅酸盐水泥熟料 + 16% 粉煤灰						
硅酸盐水泥（PC）	100% 硅酸盐水泥熟料						

注：所有水泥内掺 5% 二水石膏（质量分数）。

如图 3-34 所示，水灰比为 0.5 时，硅酸盐水泥 3d 抗折强度为 6.5MPa，级配复合水泥 3d 抗折强度明显高于参比复合水泥，仅比硅酸盐水泥的低约 17%，而高抗蚀复合水泥 3d 抗折强度则与硅酸盐水泥基本一致。复合水泥 28d 强度增长明显，其中高抗蚀复合水泥 28d 抗折强度高达 9.0MPa。水泥抗压强度发展趋势与抗折强度类似，其中高抗蚀复合水泥 3d 强度接近硅酸盐水泥，28d 强度略高于硅酸盐水泥，达到 53.2MPa。

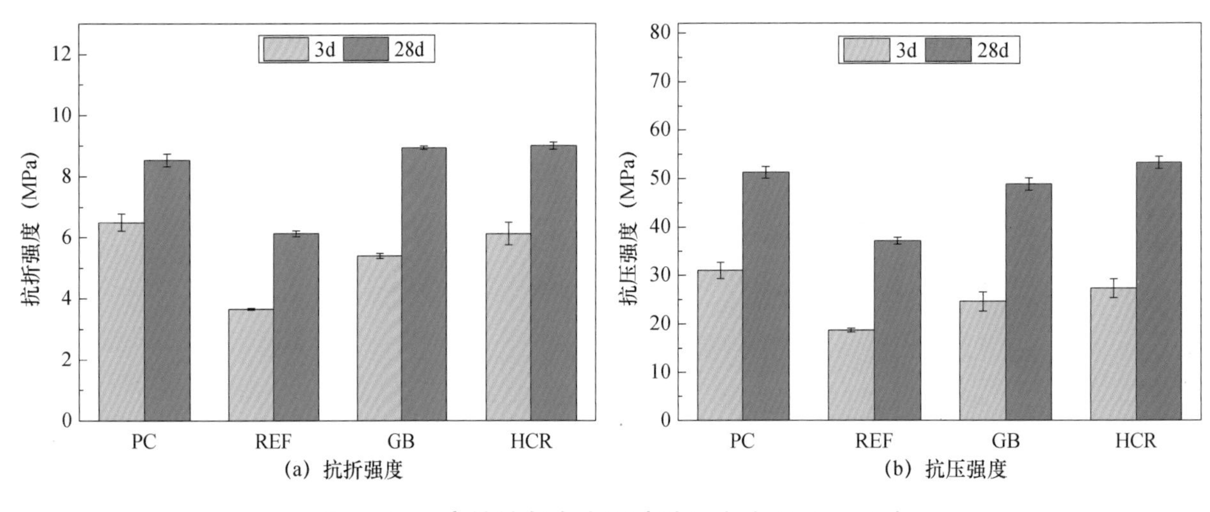

图 3-34 高抗蚀复合水泥胶砂强度（*W*/*B*=0.50）

水泥浆体的微观弹性模量频率分布如图 3-35 所示。根据特征模量值从低到高，浆体主要物相包括

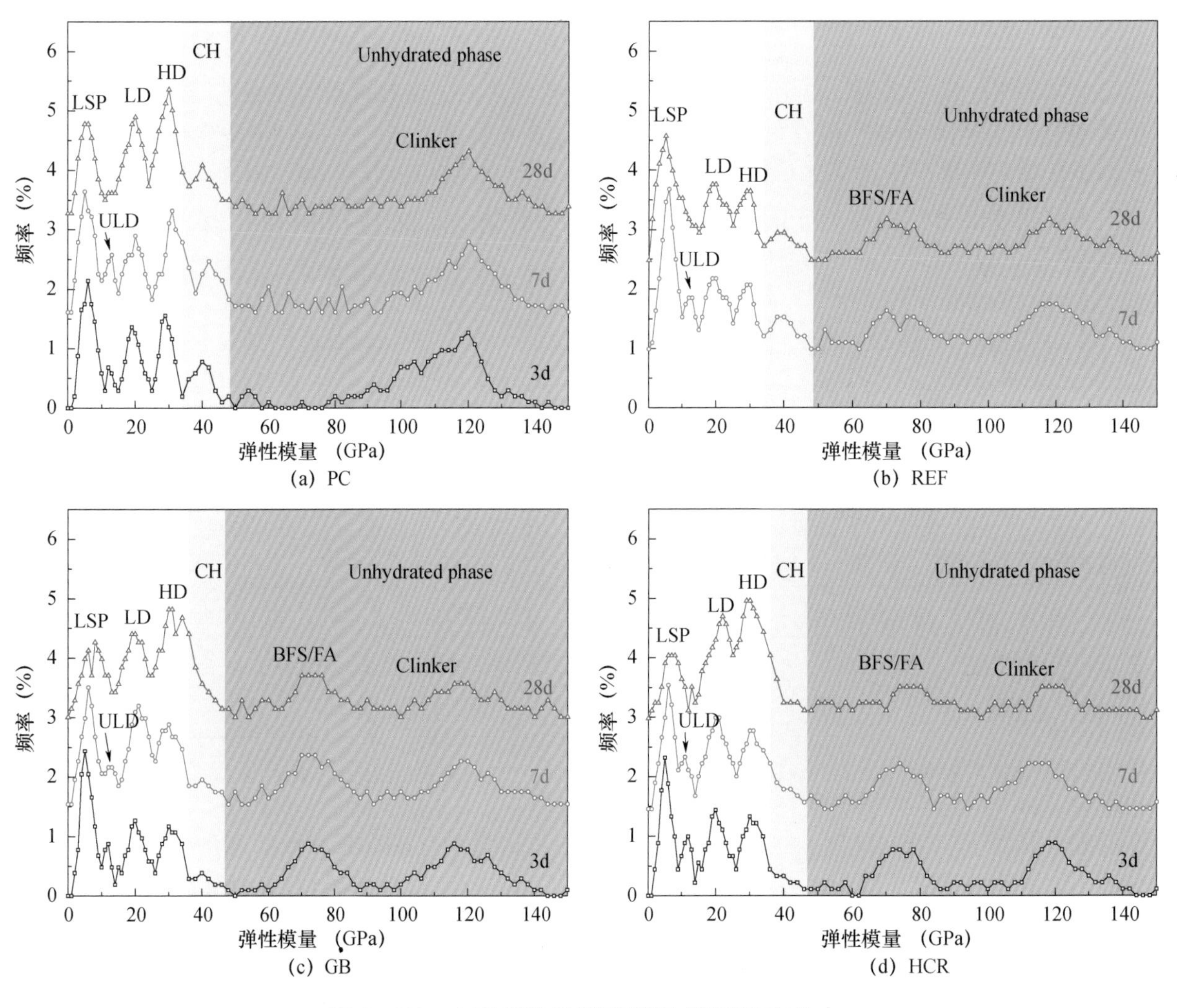

图 3-35 水泥浆体的微观弹性模量频率分布

低模量相（LSP）、超低密度 C-S-H(ULD C-S-H)、低密度 C-S-H 相（LD C-S-H）、高密度 C-S-H 相（HD C-S-H）、$Ca(OH)_2$(CH) 与未水化相（UP），其中 ULD C-S-H 主要分布于 9~12GPa 处，且仅存在于早龄期样品中。硅酸盐水泥浆体中的未水化相主要为水泥熟料，其特征弹性模量值约为 120GPa，与文献中水泥熟料特征模量值类似。复合水泥浆体弹性模量频率分布曲线 72GPa 处的频率分布峰即代表浆体中未水化的矿渣与粉煤灰［图 3-35（c）］。

通过 Gaussian 线型分峰拟合对不同龄期下水泥浆体中各相含量进行量化分析。以高抗蚀复合水泥浆体为例（图 3-36），早龄期样品中包含 ULD C-S-H，当水化龄期为 28d 时，ULD C-S-H 分布峰消失，而 LD C-S-H 及 HD C-S-H 含量均明显提高，未水化矿渣 / 粉煤灰及熟料的弹模分布峰面积均显著下降。表 3-21 表明，水化 3d 后硅酸盐水泥浆体中未水化熟料含量为 42.50%，28d 时未水化熟料含量下降至 31.63%，与此同时，CH 含量也从 10.12% 上升至 13.40%。在级配复合水泥与高抗蚀复合水泥浆体中，由于矿渣及粉煤灰等稀释了熟料含量，且火山灰反应也加剧了 CH 的消耗，因此相同龄期下复合水泥浆体中未水化熟料及，CH 含量均低于硅酸盐水泥浆体。由于矿渣及粉煤灰水化较慢，因此不同龄期下复合水泥浆体中的未水化相含量始终高于硅酸盐水泥浆体。除此之外，早龄期时 LDC-S-H 与 HD C-S-H 含量较为接近，而在 28d 龄期样品中，高抗蚀复合水泥浆体中的 C-S-H 主要以高密度形式存在，HD C-S-H 比 LDC-S-H 含量高约 41%。

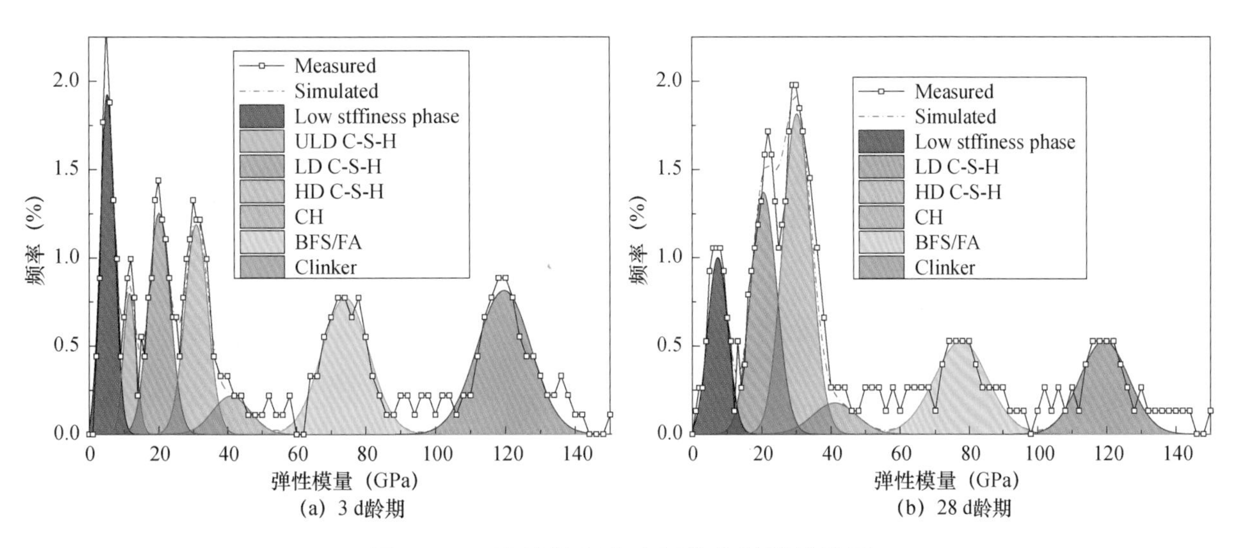

图 3-36 高抗蚀复合水泥浆体的弹性模量

表 3-21 高抗蚀复合水泥相含量

样品编号	龄期	低刚度相*	超低密度 C-S-H	低密度 C-S-H	高密度 C-S-H	氢氧化钙	矿渣 / 粉煤灰	熟料
PC	3d	17.71	3.19	13.56	12.92	10.12	—	42.50
	7d	16.72	3.48	14.25	18.86	11.07	—	35.62
	28d	14.78	—	20.01	20.17	13.40	—	31.63
REF	3d	—	—	—	—	—	—	—
	7d	20.65	3.91	14.20	8.75	7.17	18.29	27.02
	28d	21.22	—	15.24	11.85	7.43	18.85	25.40

续表

样品编号	龄期	低刚度相*	超低密度 C-S-H	低密度 C-S-H	高密度 C-S-H	氢氧化钙	矿渣 / 粉煤灰	熟料
GB	3d	15.57	5.18	11.92	13.63	5.09	21.18	27.43
	7d	14.76	3.73	19.24	16.38	5.06	20.52	20.30
	28d	12.81	—	19.06	30.41	4.63	17.14	15.94
HCR	3d	15.21	5.57	14.88	15.33	4.55	20.31	24.15
	7d	13.59	4.25	19.09	18.02	4.12	19.23	21.70
	28d	11.52	—	21.47	30.27	4.55	16.97	15.22

将水泥浆体划分为水化产物尺度与固相尺度，再采用 Mori-Tanaka 方法对不同尺度下水泥浆体的力学性能进行均质化计算。如图 3-37 所示，由于硅酸盐水泥浆体中的 CH 含量高于复合水泥浆体的，因此不同龄期下硅酸盐水泥浆体的水化产物弹性模量比复合水泥浆体的高约 4%。水化产物弹性模量随龄期增大而提高，28d 时水化产物弹性模量通常比 7d 的高 5%~10%，主要原因就在于随着水化反应的进行，水化产物中的 C-S-H 由较低密度向较高密度状态转变。固相的弹性模量主要取决于未水化相，水化龄期越长水泥浆体水化程度越高，特征模量远高于水化产物的未水化相含量的下降，因此固相弹性模量随着下降［图 3-37（b）］。尽管复合水泥浆体中未水化相含量高于硅酸盐水泥，但是复合水泥浆体的未水化相中有 40%~50% 为特征模量远低于熟料（约 120GPa）的矿渣及粉煤灰（约 72GPa），因此经过均质化计算后高抗蚀复合水泥浆体固相弹性模量略低。

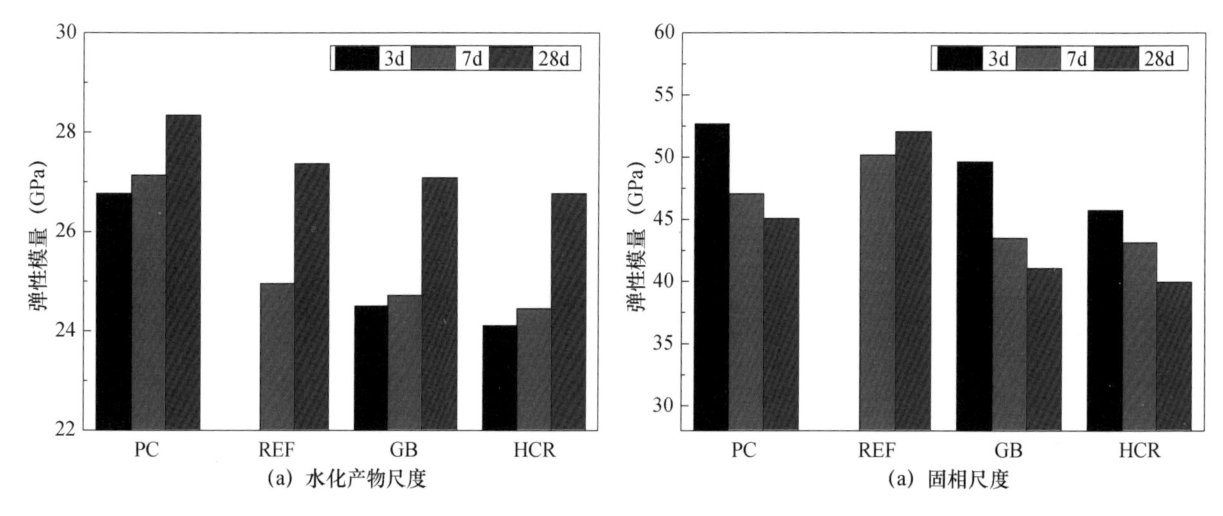

图 3-37 高抗蚀水泥浆体中水化产物与固相弹性模量

硅酸盐水泥化学收缩迅速增长，水化 12h 时化学收缩明显高于复合水泥。由于细粒度矿渣水化，1d 时级配复合水泥与高抗蚀复合水泥的化学收缩已相当于硅酸盐水泥的 90%，水化 3d 后高抗蚀复合水泥的化学收缩已高于硅酸盐水泥，达到 3.28mL/100g。由于参比复合水泥中的辅助性胶凝材料水化慢，其化学收缩在水化 5d 内明显低于其他水泥［图 3-38（a）］。复合水泥与硅酸盐水泥的化学收缩在 3~7d 时增长速率减缓，7d 后已趋于稳定，其中高抗蚀复合水泥 3d 化学收缩为已达其 28d 化学收缩的 70.2%。

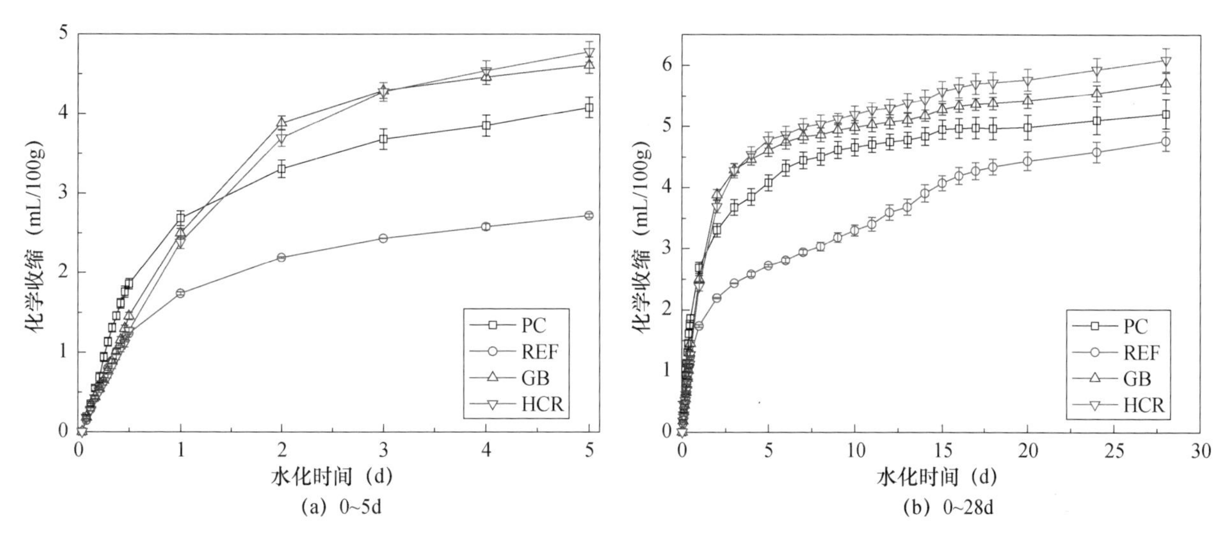

图 3-38　高抗蚀复合水泥化学收缩

由表 3-22 可以发现，进行 RCM 测试时高抗蚀复合水泥砂浆的加载电压高达 60V，定性说明了高抗蚀复合水泥砂浆具有较高的致密程度。即使经过 48h 的氯离子加速迁移试验，高抗蚀复合水泥砂浆的氯离子渗透深度仅为（8.8 ± 0.4）mm，仅相当于 24h 加速迁移试验后级配复合水泥砂浆氯离子渗透深度的 60.4%。根据加载电压与渗透深度进行水泥砂浆氯离子扩散系数计算。复合水泥砂浆的氯离子扩散系数均明显低于硅酸盐水泥砂浆，其中级配复合水泥砂浆的氯离子扩散系数为 $(5.28 \pm 0.85) \times 10^{-12}$ m^2/s，约为参比复合水泥砂浆的 66.1%，而高抗蚀复合水泥砂浆的扩散系数更是低至 $(0.94 \pm 0.06) \times 10^{-12}$ m^2/s，比参比复合水泥砂浆的扩散系数低了一个数量级，说明经过胶凝材料颗粒级配调控与功能性组分的优化，高抗蚀复合水泥的氯离子迁移性能得到了极大改善。

表 3-22　高抗蚀复合水泥砂浆的氯离子扩散系数（RCM 法）

ID	加载电压（V）	持续时间（h）	渗透深度（mm）	氯离子扩散系数（$\times 10^{-12}$ m^2/s）
PC	25	24	20.7 ± 2.3	10.24 ± 0.28
REF	30	24	19.1 ± 2.1	7.99 ± 0.93
GB	35	24	14.6 ± 0.6	5.28 ± 0.85
HCR	60	48	8.8 ± 0.4	0.94 ± 0.06

依据建材行业标准 JC/T 1086—2008 对高抗蚀复合水泥的氯离子扩散系数进行测试。如图 3-39 所示，复合水泥的氯离子扩散系数均已达到《海工硅酸盐水泥》国家标准的要求（不大于 1.5×10^{-12} m^2/s）。与参比复合水泥相比，基于颗粒逐级填充设计的级配复合水泥氯离子扩散系数下降了 56.1%，达到了

$0.54\times10^{-12}\ m^2/s$，然而仍未达到国家重点研发计划项目指南的要求。而通过功能性组分进行优化的高抗蚀复合水泥的氯离子扩散系数低至 $0.36\times10^{-12}\ m^2/s$，表明其抗氯离子侵蚀能力取得了显著提高，达到了国家重点研发计划项目指南要求。

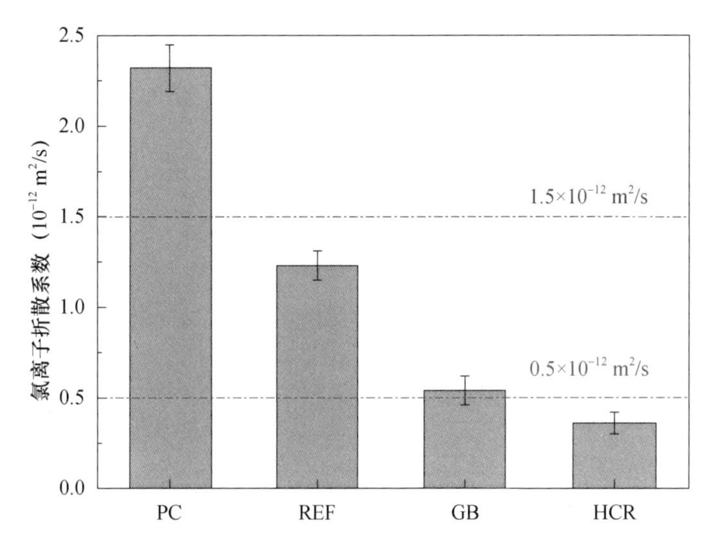

图 3-39　高抗蚀复合水泥的氯离子扩散系数（JC/T 1086—2008）

如图 3-40 所示，水泥浆体的氯离子固化量随 Cl^- 浓度的提高而增大。复合水泥浆体的氯离子固化量均高于硅酸盐水泥浆体，在 3mol/LNaCl 溶液中达到平衡固化后，硅酸盐水泥浆体的氯离子固化量为 9.50mg/g，仅相当于参比复合水泥浆体的 83.2%，而通过引入偏高岭土与纳米 SiO_2 等功能性组分，高抗蚀复合水泥浆体的氯离子固化量更是提高至 12.76mg/g。采用 Freundlich 型等温线对各水泥浆体在不同浓度 Cl^- 中的氯离子固化量进行拟合，具体参数及相关性系数见表 3-23。

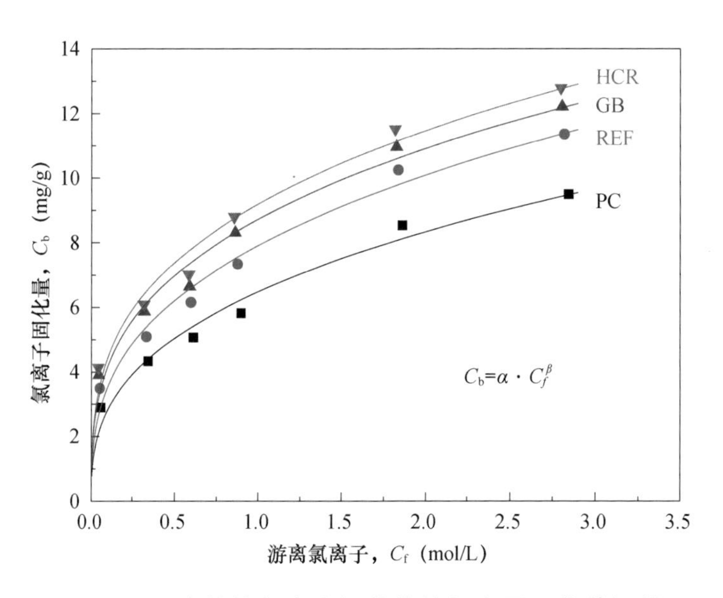

图 3-40　高抗蚀复合水泥浆体的氯离子固化等温线

表 3-23 Freundlich 型氯离子固化等温线拟合参数

Sample ID	α	β	R^2
PC	6.48	0.364	0.968
REF	7.92	0.351	0.971
GB	8.73	0.323	0.970
HCR	9.20	0.318	0.968

对在 NaCl 溶液中达到平衡固化的水泥浆体进行 DTG 分析（图 3-41），并进行化学固化氯离子含量计算。矿渣发生火山灰反应后生成水滑石［$Mg_4Al_2(OH)_{14} \cdot 3H_2O$］，其基本结构与 AFm 相相近，仅相当于 AFm 主层中的 Ca^{2+} 被 Mg^{2+} 所取代。在 NaCl 溶液中水滑石的层间阴离子同样能与 Cl^- 发生离子交换生成含 Cl^- 水滑石，但由于主层阳离子的差异，含 Cl^- 水滑石不属于 Friedel 盐。在基本主层结构不变的情况下，水滑石与 Friedel 盐的热分解过程基本一致，因而依旧可以通过主层结构水与 Cl^- 摩尔数比值（6：2）进行化学固化离子含量计算。如图 3-42（a）所示，在 1mol/LNaCl 溶液中达到饱和固化后，硅酸盐水泥中的 Cl^- 化学固化量为 2.27mg/g，仅相当于其总固化量的 39.1%，即该浓度下 Cl^- 主要以物理方式固化于硅酸盐水泥浆体中。在复合水泥浆体中，Cl^- 化学固化量占总固化量的 45%~50%，高抗蚀复合水泥浆体中 Cl^- 化学固化量达 4.31mg/g，接近硅酸盐水泥的两倍。对于在 3mol/LNaCl 溶液中达到饱和固化的水泥浆体样品，化学效应在固化过程占主导地位，此时高抗蚀复合水泥浆体中的 Cl^- 化学固化量达 7.75mg/g，占总固化量的 60.1%，与参比复合水泥浆体相比，高抗蚀复合水泥浆体的化学固化量提高了 20.5%。

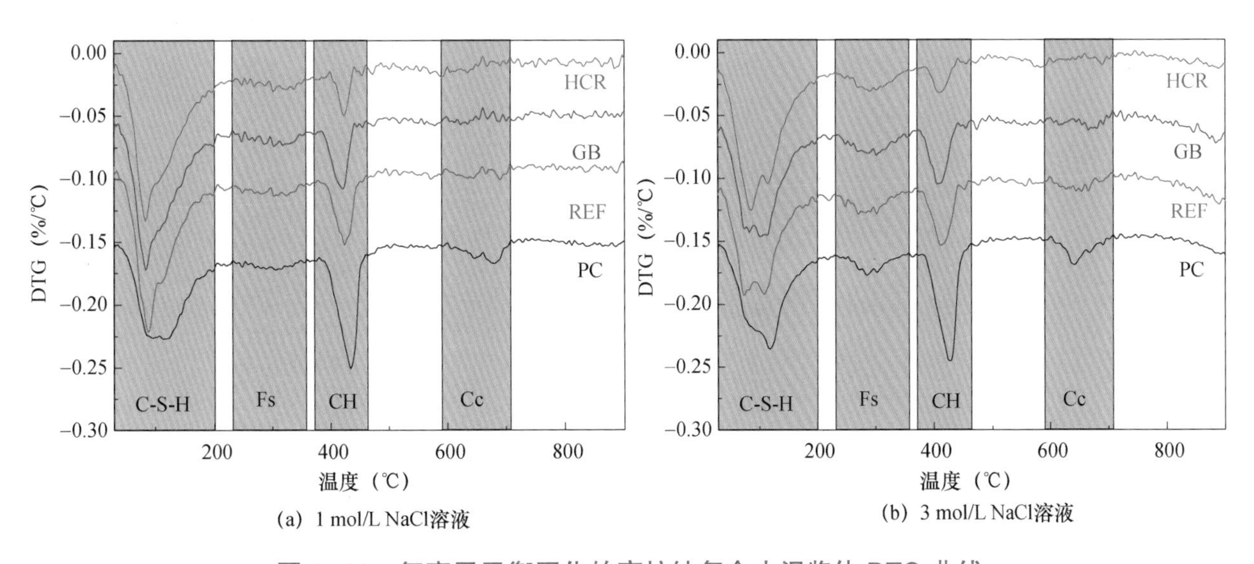

图 3-41 氯离子平衡固化的高抗蚀复合水泥浆体 DTG 曲线

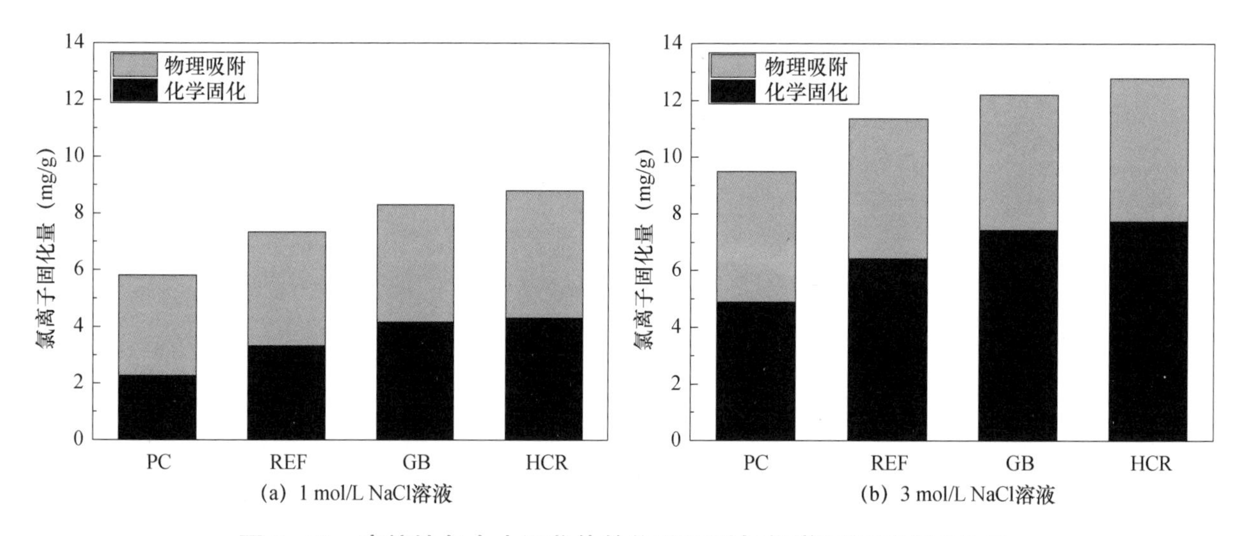

图 3–42　高抗蚀复合水泥浆体的物理吸附与化学固化氯离子含量

如图 3-43 所示，水化早期高抗蚀复合水泥浆体孔隙率高于相同龄期的硅酸盐水泥浆体孔隙率，硅酸盐水泥浆体中有 4.2% 孔隙半径大于 100nm，而高抗蚀复合水泥浆体中的孔隙半径基本都小于 100nm。随着水化龄期的增长，高抗蚀复合水泥浆体 28d 孔隙率明显降低，略高于硅酸盐水泥浆体，这是因为高抗蚀复合水泥中细粒度区间（< 4μm）与粗粒度区间（> 50μm）分别由矿渣与粉煤灰替代，使硅酸盐水泥的孔隙填充能力始终高于辅助性胶凝材料，从而导致高抗蚀复合水泥浆体孔隙率高于硅酸盐水泥。

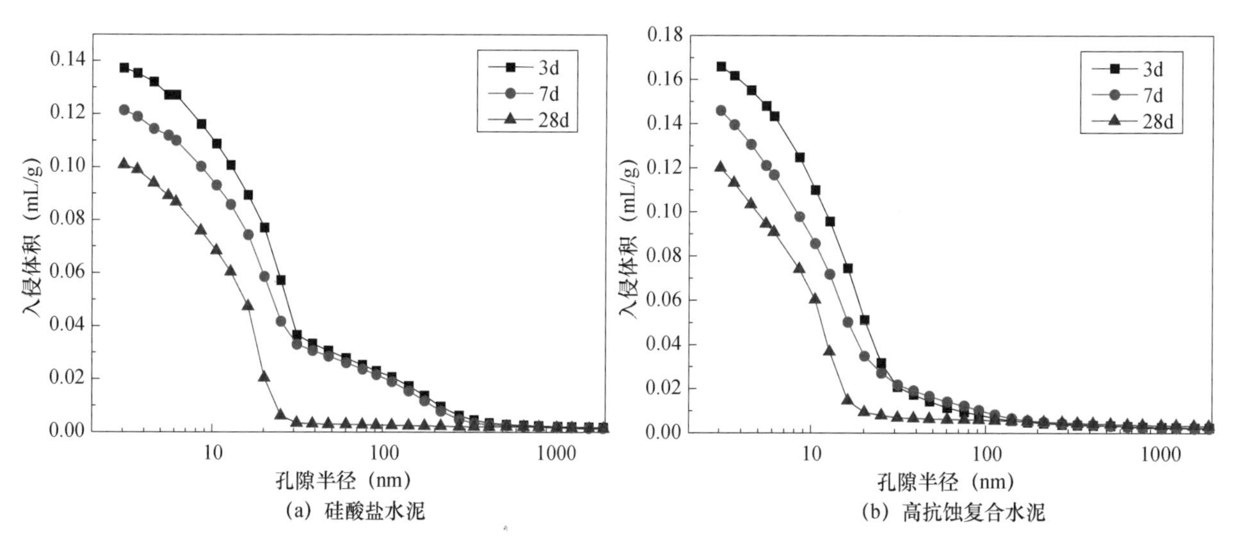

图 3–43　硅酸盐水泥与高抗蚀复合水泥浆体累计进汞量

如图 3-44 所示，硅酸盐水泥浆体 3d 及 7d 时的孔径分布基本一致，当水化龄期为 28d 时，浆体中孔半径 10~30nm 的孔隙含量明显提高，此时最可几孔径为 16.3nm。高抗蚀复合水泥浆体 7d 时与 3d 时的最可几孔径无明显差异，但是由于水化产物大量生成，其凝胶孔含量显著提高。随着水化反应的持续进行，高抗蚀复合水泥孔隙填充能力高效发挥，使得 28d 浆体中半径 20nm 以上孔隙基本消失，最可几孔径下降至 10.5nm，仅相当于硅酸盐水泥浆体的 64.4%，同时凝胶孔含量也明显提高。

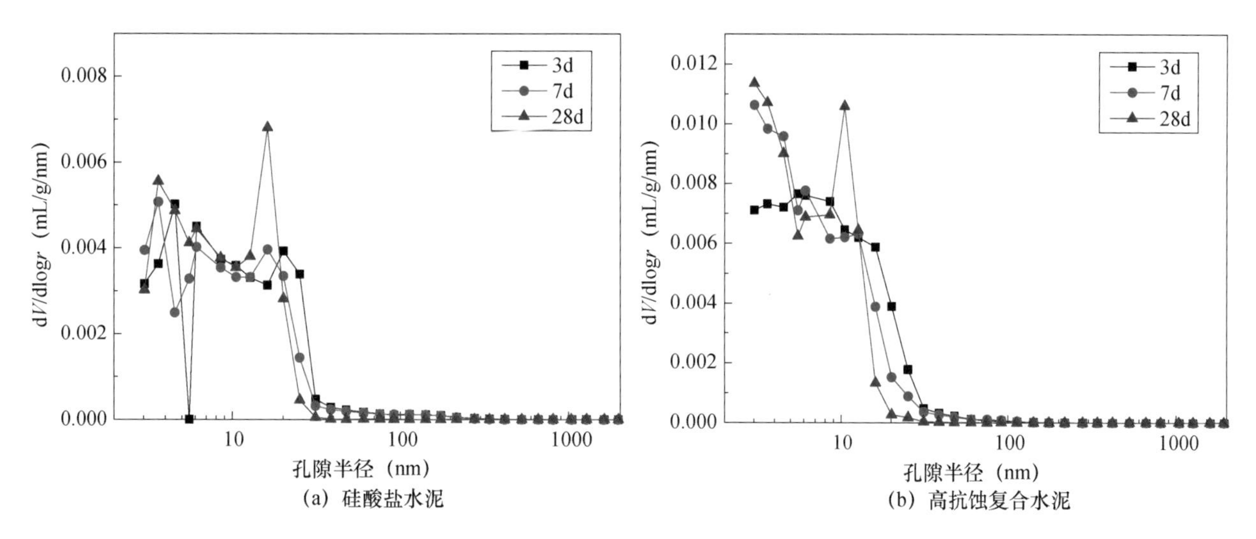

图 3-44 高抗蚀复合水泥与硅酸盐水泥浆体的孔径分布

根据 28d 水化龄期水泥浆体的进汞 - 退汞曲线（图 3-45），由退汞残余百分数计算水泥浆体孔隙曲折度（表 3-24）。由于参比复合水泥浆体的累计进汞量远高于其他水泥浆体，因此在退汞残余体积无明显增大的情况下其曲折度最低。经过胶凝材料的颗粒级配设计，级配复合水泥浆体的孔隙曲折度为 5.08，远远高于参比复合水泥浆体的孔隙曲折度。通过纳米 SiO_2 对孔隙的分割与填充作用，高抗蚀复合水泥浆体的孔隙曲折度进一步增大至 5.87，与级配复合水泥浆体相比提高了 15.6%。

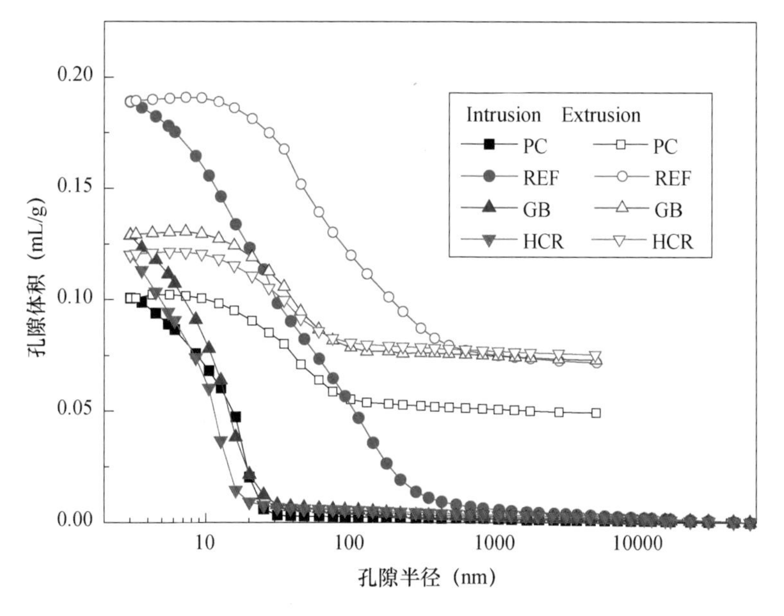

图 3-45 高抗蚀复合水泥浆体的进汞 - 退汞曲线（28d 龄期）

表 3-24　高抗蚀复合水泥浆体的孔隙率、最可几孔径与孔隙曲折度

ID	入侵体积（mL/g）	孔隙率（%）	最可几孔径（nm）	退汞残余百分数(%)	孔隙曲折度（-）
PC	0.101	19.23	16.3	49.05	4.26
REF	0.189	31.94	25.3	38.04	3.24
GB	0.129	22.29	12.6	56.68	5.08
HCR	0.120	20.32	10.5	62.95	5.87

由 28d 龄期水泥浆体的孔径分布（图 3-46）可以看出，经过胶凝材料颗粒级配与功能性组分的优化，级配复合水泥浆体孔径明显细化，而高抗蚀复合水泥浆体最可几孔径则进一步下降，仅为级配复合水泥的 83.3%。与此同时，高抗蚀复合水泥浆体中的凝胶孔含量也明显高于其他复合水泥。

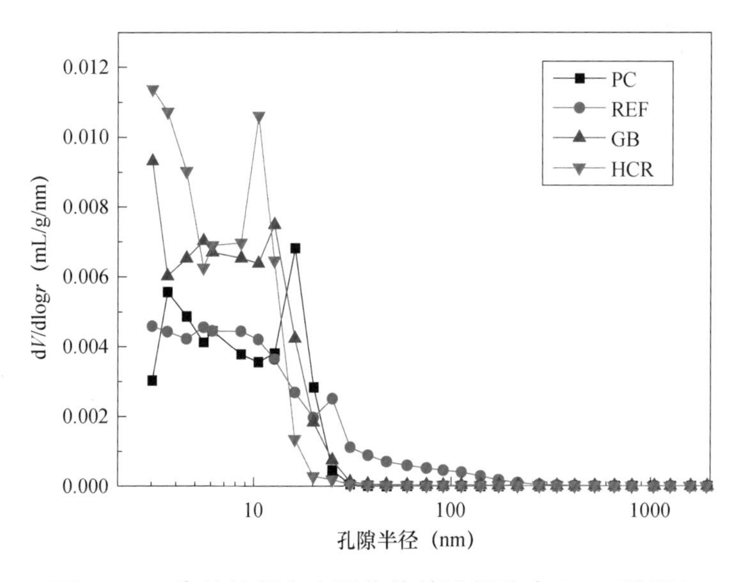

图 3-46　高抗蚀复合水泥浆体的孔径分布 (28d 龄期)

28d 龄期复合水泥浆体与硅酸盐水泥浆体的物相组成如图 3-47 所示。与参比水泥浆体相比，级配复合水泥与高抗蚀复合水泥浆体中的钙矾石特征衍射峰（2θ=9.05°）强度明显提高，而 $Ca(OH)_2$ 特征衍射峰（2θ=26.62°）则有明显减弱，且高抗蚀复合水泥浆体的 $Ca(OH)_2$ 特征衍射峰强度最弱。经过胶凝材料颗粒级配与功能性组分的优化，辅助性胶凝材料大量水化，从而提高了浆体中水化产物含量，这也与级配复合水泥与高抗蚀复合水泥浆体中水化硅酸钙特征衍射峰 ($Ca_{1.5}SiO_{3.5}\cdot xH_2O$, 2θ=22.88°）的出现相吻合。为更清楚地对比各水泥浆体中钙矾石及 AFm 相等含量较少的晶体矿物，在 2θ=5°~17° 范围内对水泥浆体进行慢速扫描，如图 3-47（b）所示。参比复合水泥浆体中钙矾石与硅酸盐水泥的差别不大，而随着矿渣的水化，级配复合水泥浆体中的钙矾石特征衍射峰提高，同时水滑石 /CO_3-AFm 特征峰显著。在高抗蚀复合水泥浆体中，钙矾石衍射峰强度进一步提高，水滑石 /CO_3-AFm 特征峰增强并不显著。由于复合水泥中含有粉煤灰，因此在 2θ=16.42° 处出现莫来石衍射峰。与此同时，各水泥浆体中均出现了 C_4AF 衍射峰，因为辅助性胶凝材料对水泥熟料的稀释作用，复合水泥浆体中

的 C_4AF 衍射峰强度与硅酸盐水泥浆体相比均有所下降。

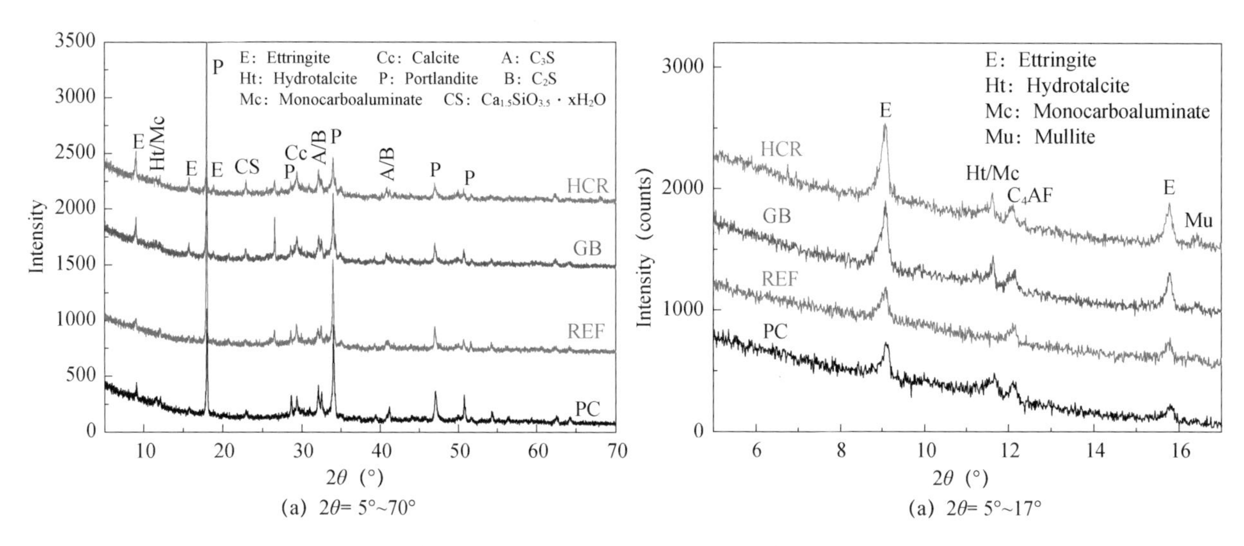

图 3–47 高抗蚀复合水泥浆体的 XRD 谱图（28d 龄期）

如图 3-48 所示，各水泥浆体主要在 30~200℃与 380~450℃范围出现失重峰，分别对应了浆体中 C-S-H 与 $Ca(OH)_2$ 的分解，而中心值约 90℃的尖锐失重峰则代表了浆体中钙矾石的分解。高抗蚀复合水泥浆体中在 30~200℃范围的失重量高于级配复合水泥，说明了高抗蚀复合水泥中纳米 SiO_2 发生水化后生成了更多的 C-S-H。根据 380~450℃范围计算浆体中 $Ca(OH)_2$ 含量（图 3-49），级配复合水泥浆体的 $Ca(OH)_2$ 含量由参比水泥浆体的 8.01% 下降至 5.92%，说明了经胶凝材料颗粒级配优化后，在胶凝材料种类与含量一致的情况下，级配复合水泥的胶凝性能在 28d 时已得以高效发挥。而高抗蚀复合水泥浆体的 $Ca(OH)_2$ 含量进一步降至 3.81%，说明了功能性组分对 $Ca(OH)_2$ 的急剧消耗，进而生成更多的水化产物（主要为 C-S-H），与 30~200℃范围失重量的显著提高相吻合。

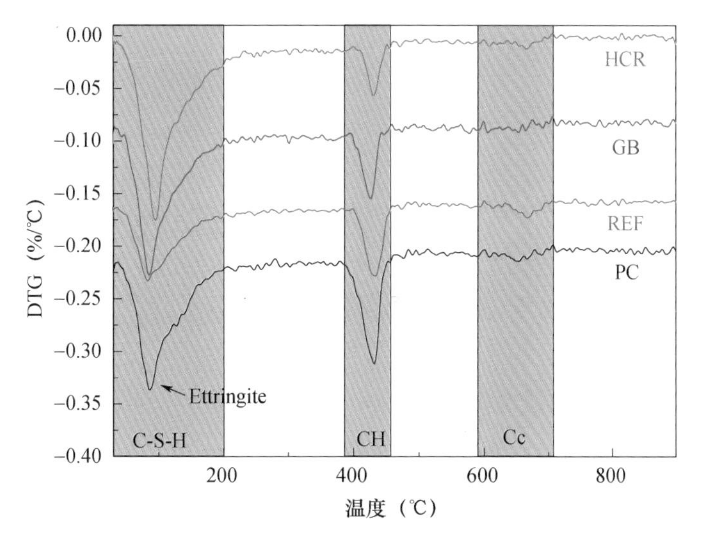

图 3–48 高抗蚀复合水泥浆体的 DTG 曲线（28d 龄期）

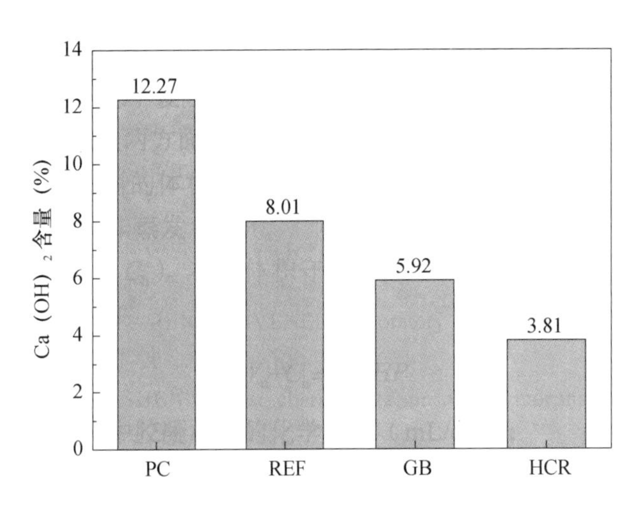

图 3–49　高抗蚀复合水泥浆体的 $Ca(OH)_2$ 含量（28d 龄期）

各水泥浆体水化产物 Al/Ca 与 Si/Ca 摩尔数比的关系如图 3-50 所示。与硅酸盐水泥相比，参比水泥水化产物 Si/Ca 比与 Al/Ca 比仅有轻微提高，相比之下级配水泥水化产物的 Al/Ca 比明显提高，其 Si/Ca 比也主要分布于 0.8~1.0。随着高抗蚀复合水泥中偏高岭土与纳米 SiO_2 的水化，水化产物的 Al/Ca 比与 Si/Ca 比进一步提高，此时 Al/Ca 主要分布于 0.23~0.32 范围内。依据 Richardson 与 Groves 提出的 C-S-H 化学组成与结构关系，级配复合水泥的 C-S-H 质子化程度（*w/n* 值）明显高于参比复合水泥的，而当偏高岭土及纳米 SiO_2 参与水化后，高抗蚀复合水泥浆体中的 C-S-H 质子化程度有所提高。同时可以发现，高抗蚀复合水泥浆体中的 C-S-H 以五聚体及八聚体为主，其聚合程度明显高于其他水泥水化生成的 C-S-H。

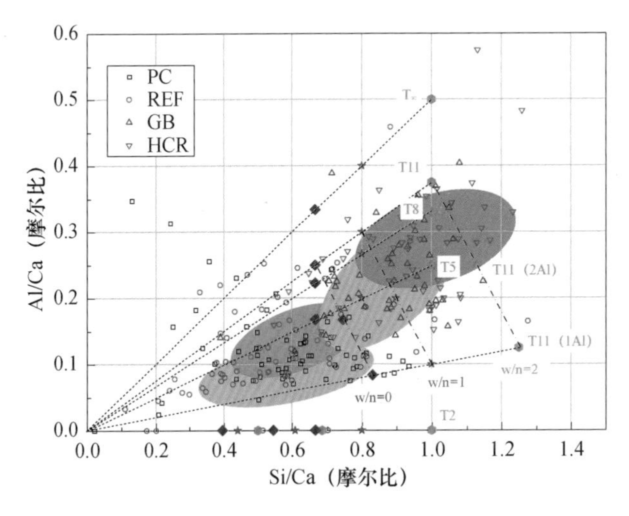

图 3–50　高抗蚀复合水泥浆体水化产物的 Al/Ca 比与 Si/Ca 比

对 ^{29}SiNMR 谱图进行分峰以量化表征 C-S-H 微观结构（图 3-51）。硅酸盐水泥浆体中含有大量的水泥熟料，其中以 C_2S 为主。硅酸盐水泥水化产物中 $Q^{2(1Al)}$ 特征峰面积较小，C-S-H 中的硅氧四面体主要还是以 Q^2 与 Q^1 形式存在[图 3-51（a）]。在参比复合水泥浆体中，出现了化学位移中心位于 -75.70ppm

与 -108.59ppm 的峰，分别代表了浆体中未水化的矿渣与粉煤灰，其中的 Si^{4+} 分别主要以 Q^0 与 Q^4 形式存在。经过颗粒级配优化调控后，级配复合水泥中未水化水泥熟料含量显著降低，C_2S 含量由参比水泥浆体的 23.58% 下降至 11.25%（表 3-25），同时矿渣 / 粉煤灰含量也有所下降。高抗蚀复合水泥浆体中 C-S-H 特征峰面积已明显高于未水化相，表明高抗蚀复合水泥水化程度明显高于其他水泥，由表 3-25 可知，此时代表 C-S-H 的硅酸盐相含量为 67.85%，其中 $Q^{2(1Al)}$ 含量高达 25.56%，与不含功能性组分的级配复合水泥相比提高了 13.9%。

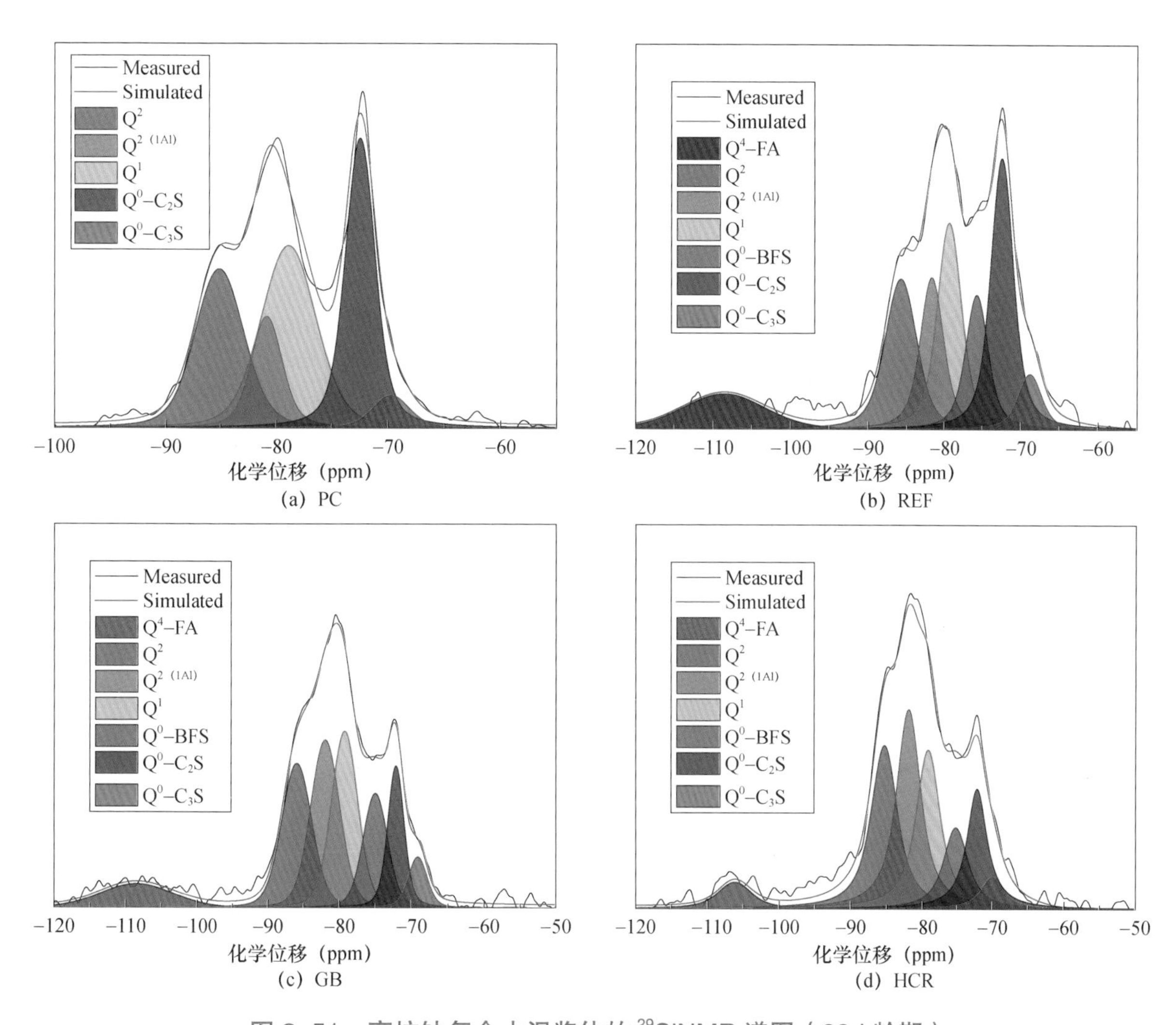

图 3–51 高抗蚀复合水泥浆体的 ^{29}SiNMR 谱图（28d 龄期）

采用式（3-6）与式（3-7）分别计算 C-S-H 的平均链长与 Al/Si（表 3-25）。与能谱统计定性分析结果一致，复合水泥水化生成的 C-S-H 聚合程度均高于硅酸盐水泥，其中高抗蚀复合水泥水化生成的 C-S-H 平均链长为 7.89，与参比复合水泥相比提高了 32.2%。由于矿渣的大量水化，级配复合水泥浆体中 C-S-H 的 Al/Si 比为 0.176，明显高于参比复合水泥的 0.138。由于偏高岭土参与水化反应进一步提高了胶凝体系中的 Al^{3+} 含量，进而增强了对 Si^{4+} 的取代，高抗蚀复合水泥水化生成的 C-S-H 高达 0.188。

表 3-25　水泥浆体的未水化相组成与 C-S-H 结构

ID	未水化相（%）				水合产物（%）			MCL	Al/Si
	Alite	Belite	BFS	FA	Q^1	$Q^{2(1Al)}$	Q^2		
PC	3.91	28.63	—	—	31.26	11.58	24.62	4.69	0.086
REF	4.93	23.58	11.73	9.11	19.32	14.01	17.32	5.97	0.138
GB	4.53	11.25	12.86	7.55	21.45	22.44	19.92	7.00	0.176
HCR	3.81	13.54	10.64	4.16	20.42	25.56	21.87	7.89	0.188

3.2 高抗蚀复合硅酸盐水泥生产与应用关键技术

3.2.1 高抗蚀复合硅酸盐水泥的抗侵蚀性调节机制

高抗蚀复合水泥浆体的内部相对湿度发展过程如图 3-52 所示。硅酸盐水泥浆体相对湿度在 1d 时即开始下降，2d 时其相对湿度已下降至 97.00%，而此时级配复合水泥与高抗蚀复合水泥浆体才开始发生湿度下降。由于细粒度矿渣开始发生火山灰反应，此时级配复合水泥浆体相对湿度下降速率明显高于硅酸盐水泥浆体。由于偏高岭土的水化需要消耗更多的水，而纳米 SiO_2 水化过程虽然需要水较少，但是其生成的 C-S-H 对浆体内部的水具有更强的吸附作用，导致相对湿度加速下降，因此高抗蚀水泥浆体的内部相对湿度下降得比级配复合水泥更快。3d 时级配水泥浆体相对湿度为 96.93%，仍高于硅酸盐水泥浆体相对湿度，而此时高抗蚀硅酸盐水泥已下降至 94.42%。水泥浆体饱和度随水化龄期的增长而下降，高抗蚀复合水泥浆体饱和度与硅酸盐水泥的相差不大（表 3-26）。与相对湿度发展过程类似，参比复合水泥浆体的饱和度始终明显高于硅酸盐水泥与其他复合水泥浆体。

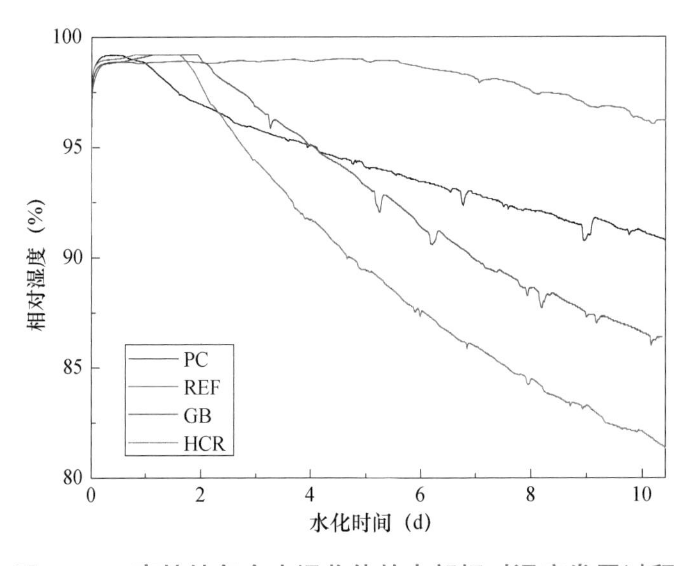

图 3-52　高抗蚀复合水泥浆体的内部相对湿度发展过程

表 3-26 水泥浆体非蒸发水量与浆体饱和度

ID	1d		3d		7d	
	NEW (g/g)[a]	S (–)[b]	NEW (g/g)	S (–)	NEW (g/g)	S (–)
PC	0.111	0.974	0.150	0.959	0.152	0.950
REF	0.081	0.985	0.084	0.979	0.099	0.973
GB	0.078	0.978	0.130	0.955	0.157	0.943
HCR	0.091	0.978	0.132	0.955	0.157	0.942

注：a：NEW，非蒸发水含量；b：S，饱和程度。

考虑溶解盐导致的相对湿度下降后，根据 Kelvin's law 与 Laplace's law 计算水泥浆体毛细应力（图 3-53）。硅酸盐水泥浆体在 15h 处即开始产生毛细应力，而高抗蚀水泥浆体与级配复合水泥浆体则均在约 2d 时才产生毛细应力。由于毛细应力发展较快，水化 4d 后级配复合水泥浆体毛细应力即与硅酸盐水泥浆体相同，随水化过程的持续进行，二者毛细应力差距进一步增大。由于纳米 SiO_2 加速了相对湿度下降，因此高抗蚀复合水泥浆体在 3d 时的毛细应力就已略高于硅酸盐水泥浆体，其 3d 时的收缩应力为 6.50MPa。水化龄期 7d 时，高抗蚀复合水泥浆体的收缩应力为 18.47MPa，比级配复合水泥浆体高 44.7%，此时硅酸盐水泥浆体收缩应力为 8.50MPa，仅相当于高抗蚀复合水泥浆体的 46.0%。

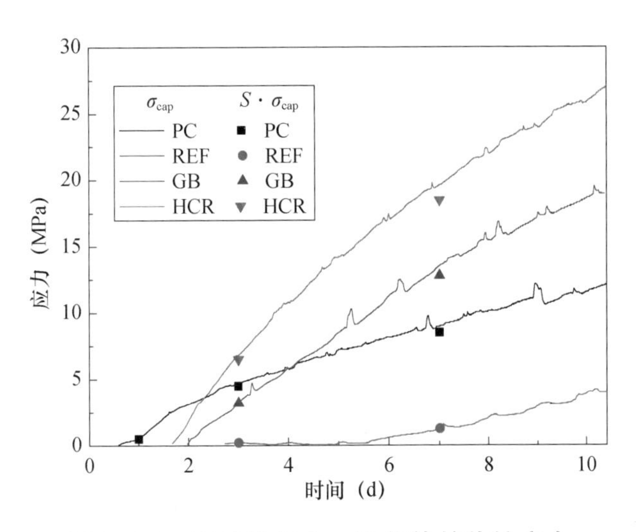

图 3-53 高抗蚀复合水泥浆体的收缩应力

水泥浆体收缩应力的巨大差异并未导致自收缩的显著差异，如 7d 时高抗蚀复合水泥浆体的收缩应力约为硅酸盐水泥浆体的 2.2 倍，此时高抗蚀复合水泥浆体的自收缩仅比硅酸盐水泥的高 32.1%，这说明了高抗蚀复合水泥浆体具有更强的抵抗变形能力。本文提出采用归一化自收缩对水泥浆体的体积变形进行评价，即基于收缩应力对水泥浆体自收缩进行归一化计算，如式（3-39）所示：

$$\varepsilon_{Nor}=\varepsilon_{AS}/(S\cdot\sigma_{cap}) \quad (3\text{-}39)$$

式中 ε_{Nor}——水泥浆体的归一化自收缩（$10^{-12}\cdot Pa^{-1}$）；

ε_{AS}——水泥浆体自收缩（μm/m）;

S——水泥浆体饱和度（-）;

σ_{cap}——通过浆体内部相对湿度计算的毛细应力（MPa）。

对比硅酸盐水泥、级配复合水泥与高抗蚀复合水泥浆体的归一化自收缩，可以发现3d时高抗蚀复合水泥浆体的归一化自收缩比级配复合水泥浆体的高57.1%，这主要是因为高抗蚀复合水泥中的功能性组分快速水化使收缩应力迅速增大。此时仍可以清楚看到3d时高抗蚀复合水泥浆体的归一化自收缩仍低于硅酸盐水泥浆体。当水化龄期为7d时，各水泥浆体的归一化自收缩均明显下降，这主要是因为随着水化反应的进行，高抗蚀水泥浆体力学性能合理发展，对体积变形具有较高的约束作用。高抗蚀复合水泥中的功能性组分仅加速了水化3d内的浆体收缩应力发展，对应力发展的加速作用并未持续发生，因此7d时高抗蚀复合水泥浆体的归一化自收缩甚至比级配复合水泥浆体的略低（图3-54）。

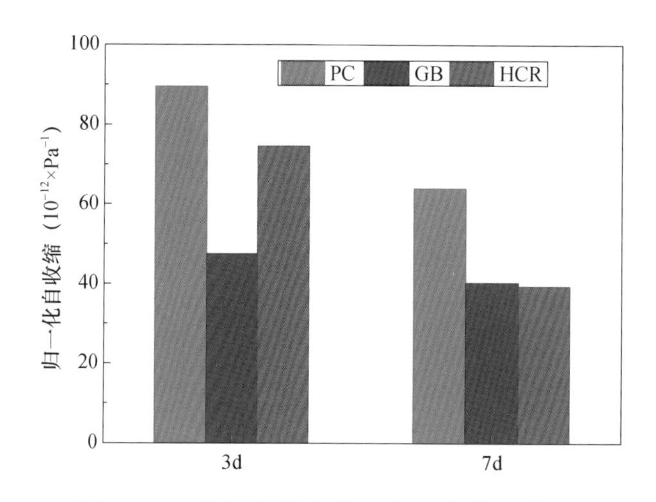

图3–54　单位收缩应力下水泥浆体自收缩

根据水泥浆体多尺度力学性能计算结果，固相弹性模量略高于级配复合水泥浆体及高抗蚀复合水泥浆体的，应对收缩应力有较高的抵抗能力，然而与归一化自收缩计算结果并不相匹配。固相弹性模量取决于未水化相，硅酸盐水泥浆体中的未水化相均为水泥熟料，其特征弹性模量约为120GPa，而级配复合水泥与高抗蚀复合水泥中的未水化相含有40%~50%的矿渣与粉煤灰，其特征模量约为72GPa，仅相当于水泥熟料的60%，因此高抗蚀复合水泥浆体固相弹性模量较低。根据纳米压痕点阵统计结果（图3-55），3d与7d龄期下级配复合水泥与高抗蚀复合水泥的未水化相含量均高于硅酸盐水泥，根据未水化相对浆体变形的约束机制，未水化相含量越高，其约束面积越大，对变形的约束作用也就越显著。除此之外，由于高抗蚀复合水泥浆体中的未水化相有约50%为弹性模量相对熟料较低的矿渣与粉煤灰，相当于弱化了水泥浆体微区弹性模量的差异，改善了浆体微结构的均匀性，最终提高了高抗蚀复合水泥浆体的变形约束能力。

如图3-56（a）所示，级配复合水泥与高抗蚀复合水泥浆体孔隙率均高于硅酸盐水泥，但对应的氯离子扩散系数却远远低于硅酸盐水泥砂浆。水泥浆体的孔径显著细化，级配复合水泥浆体最可几孔径仅为硅酸盐水泥浆体的77.1%，其氯离子扩散系数与硅酸盐水泥砂浆相比明显下降。高抗蚀复合水泥浆体最可几孔径进一步降低至10.5nm，因此其氯离子扩散系数最小。然而，参比复合水泥浆体最可几孔径比硅酸盐水泥浆体高了55.2%的情况下，其氯离子扩散系数仍略低于硅酸盐水泥砂浆［图3-56（b）］。

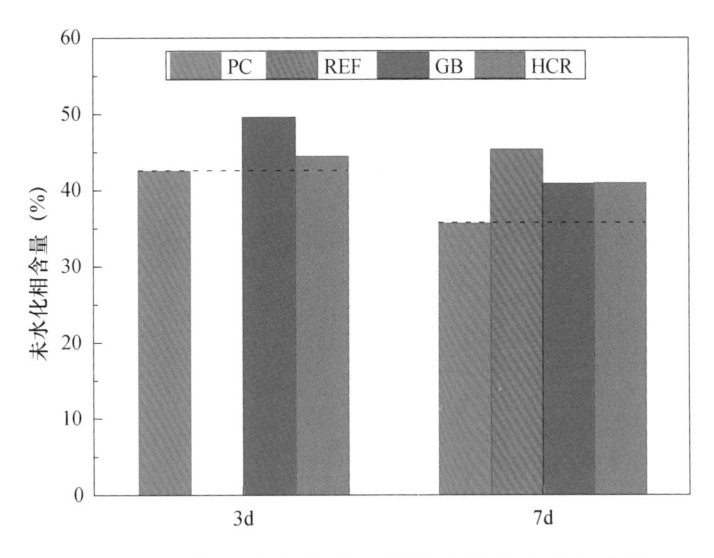

图 3-55 高抗蚀复合水泥浆体中的未水化相含量

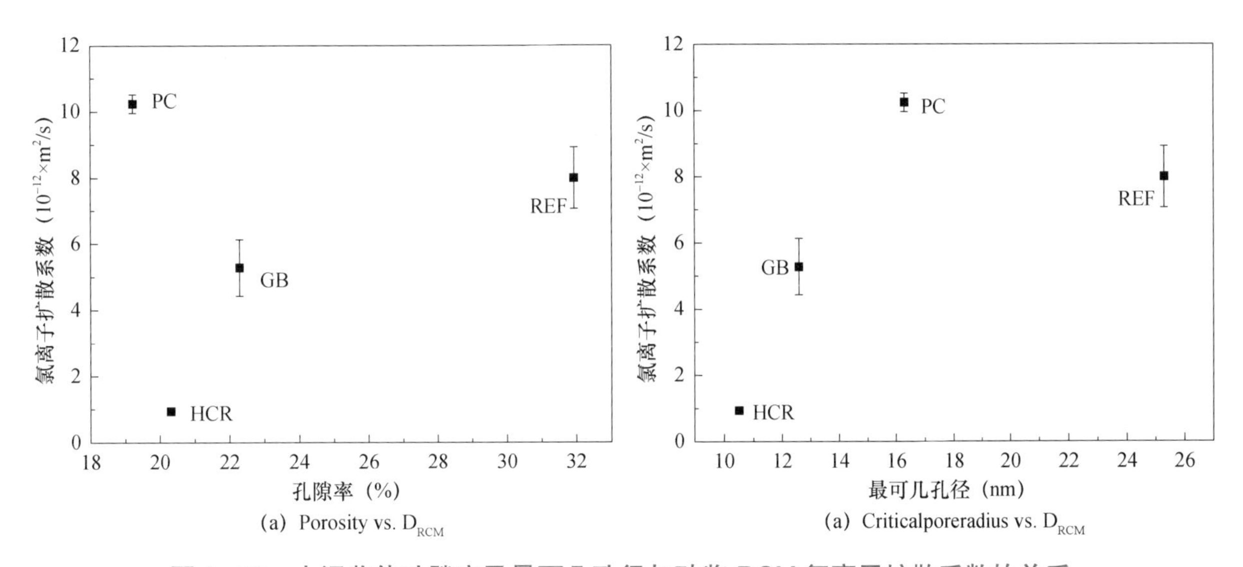

图 3-56 水泥浆体孔隙率及最可几孔径与砂浆 RCM 氯离子扩散系数的关系

基于 Mindess 分类标准将孔隙分为＜ 5nm、5~20nm、20~50nm 与＞ 50nm 四个范围，分别对应水泥浆体中的凝胶孔、小毛细孔、大毛细孔与大孔，进而统计水泥浆体在各孔径范围的孔隙相对含量，如图3-57所示。高抗蚀复合水泥浆体中的小毛细孔含量为75.9%，与级配复合水泥浆体相比提高约6.5%，而大毛细孔含量则为2.7%，仅相当于级配复合水泥浆体大毛细孔含量的20.1%。从曲折度贡献系数角度，小毛细孔含量的提高与大毛细孔含量的降低能有效提高水泥浆体的孔隙曲折度，进而延长 Cl^- 在水泥浆体中的迁移路径，提高 Cl^- 的迁移难度。此外，曲折度计算过程并未考虑带电孔壁对氯离子迁移的阻滞作用。由于 Ca^{2+}、K^+ 与 Na^+ 等阳离子吸附于带负电的孔壁表面，因此 Cl^- 在凝胶孔中的迁移时受孔壁正电荷的静电引力影响，导致其迁移速率下降。高抗蚀复合水泥浆体中的凝胶孔含量明显高于级配复合水泥浆体，导致了氯离子扩散系数的进一步下降（图 3-58）。

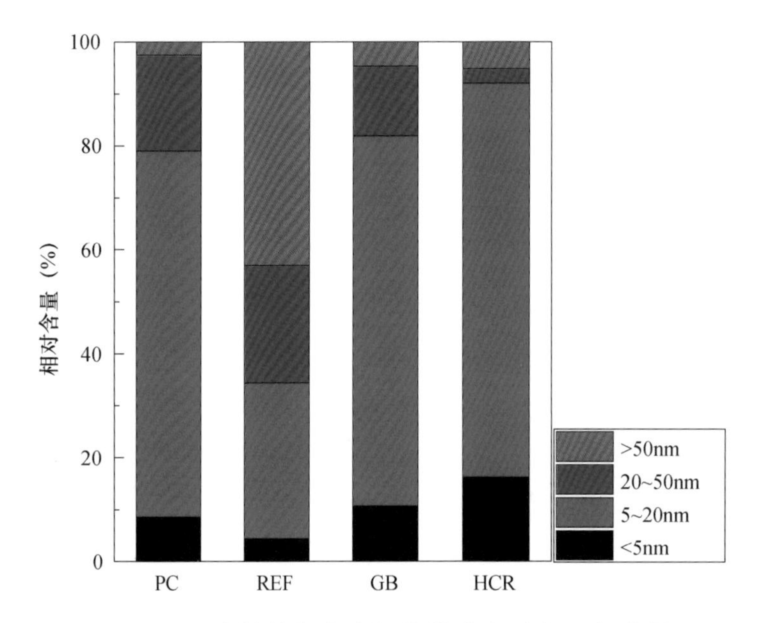

图 3–57　高抗蚀复合水泥浆体中各孔径区间含量

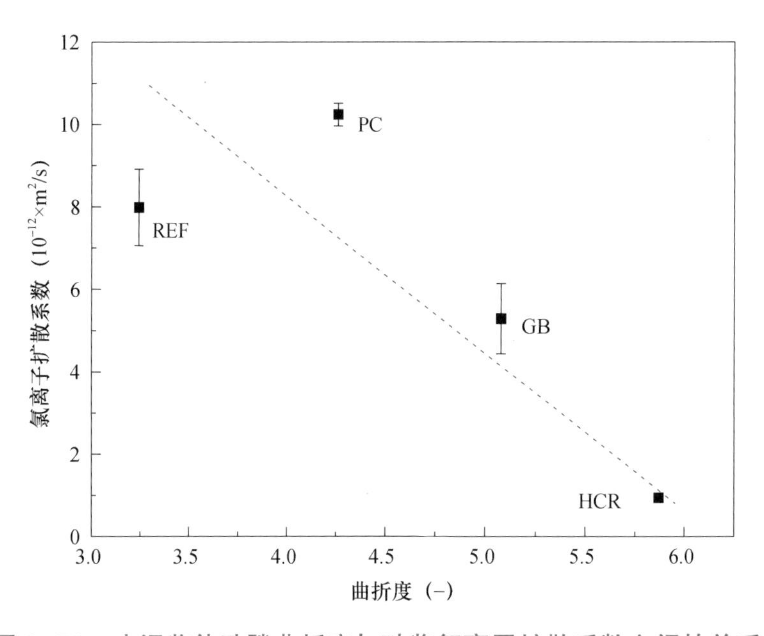

图 3–58　水泥浆体孔隙曲折度与砂浆氯离子扩散系数之间的关系

高抗蚀复合水泥的氯离子固化量最高，而硅酸盐水泥浆体的氯离子固化量仅约为其 74.4%，这与 SEM 直接观测结果（图 3-59）相符。在 3mol/LNaCl 溶液中达到平衡固化后，硅酸盐水泥浆体中仅出现了少量的 Friedel 盐，而参比复合水泥浆体 Friedel 盐含量有所提高，而且通常集中于微小区域。经过胶凝材料颗粒级配优化调控，矿渣等辅助性胶凝材料大量水化，因此 Friedel 盐生成量明显增大，并以单层薄片状分布于水泥浆体中。在偏高岭土水化后，高抗蚀复合水泥浆体中 Friedel 盐生成量进一步提高，Friedel 盐发生“边—面”接触，以团簇状形式均匀分布于水泥浆体中。

(a) PC　　(b) REF

(c) GB　　(d) HCR

图 3-59　在 3mol/LNaCl 溶液中达到平衡固化后水泥浆体的微观形貌

如图 3-60 所示，于 3mol/LNaCl 溶液中达到平衡固化后，水泥浆体中的钙矾石发生分解，生成的 AFm 相有利于促进 Friedel 盐的进一步形成。由于高抗蚀复合水泥浆体中钙矾石、水滑石及 AFm 相含量均明显高于参比复合水泥，因此高抗蚀复合水泥浆体的化学固化氯离子数量比参比复合水泥的提高了 20.5%。

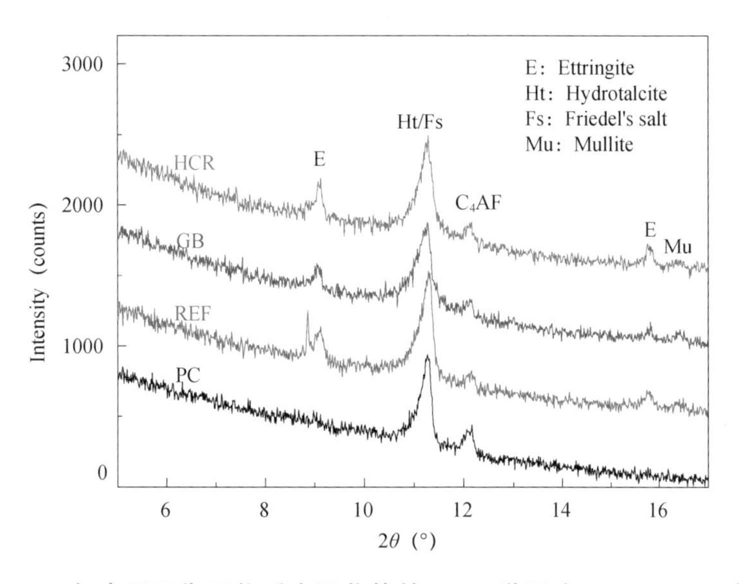

图 3-60　氯离子平衡固化后水泥浆体的 XRD 谱图（3mol/LNaCl 溶液）

复合水泥浆体中的物理固化氯离子主要与C-S-H含量、组成及结构有关。由于水泥浆体在40~200℃范围的失重主要由C-S-H分解导致，因此根据水泥浆体在此温度范围内的失重量与物理固化氯离子数量的关系探讨C-S-H含量与物理固化能力的关系。如图3-61所示，复合水泥浆体的物理固化氯离子数量随40~200℃范围失重幅度的增大而增大，而硅酸盐水泥浆体的物理固化氯离子含量则与复合水泥浆体间的发展趋势差异明显。C-S-H为无定型物质，其表面积巨大，能提供大量的Cl^-吸附位点，因此C-S-H含量是物理固化氯离子能力的重要影响因素。同时也应注意到C-S-H组成、结构对单位水化产物对Cl^-吸附能力的影响。辅助性胶凝材料水化后Al^{3+}会取代C-S-H链上的Si^{4+}，提高了C-S-H上可供Cl^-吸附的位点数目密度，进而提高了单位含量C-S-H对Cl^-的物理固化能力。根据^{29}Si NMR计算结果，参比水泥浆体C-S-H的Al/Si摩尔数比是硅酸盐水泥（Al/Si=0.086）的1.6倍，而级配复合水泥浆体C-S-H的Al/Si比更是高达0.176。因此，在C-S-H含量差别不大甚至较低时，复合水泥浆体的物理固化氯离子能力仍显著高于硅酸盐水泥浆体。此外，溶液pH越高，OH^-与Cl^-的竞争吸附作用越显著，因此在较高pH下水泥浆体的物理吸附氯离子能力有所下降。由于高抗蚀复合水泥中辅助性胶凝材料及功能性组分的水化过程大量消耗$Ca(OH)_2$，因此达到平衡固化时外部溶液的pH始终低于其他水泥（图3-62）。简而言之，C-S-H本身Al/Si比的提高与外部溶液pH的下降是高抗蚀复合水泥浆体的物理固化能力明显优于其他复合水泥的重要原因。

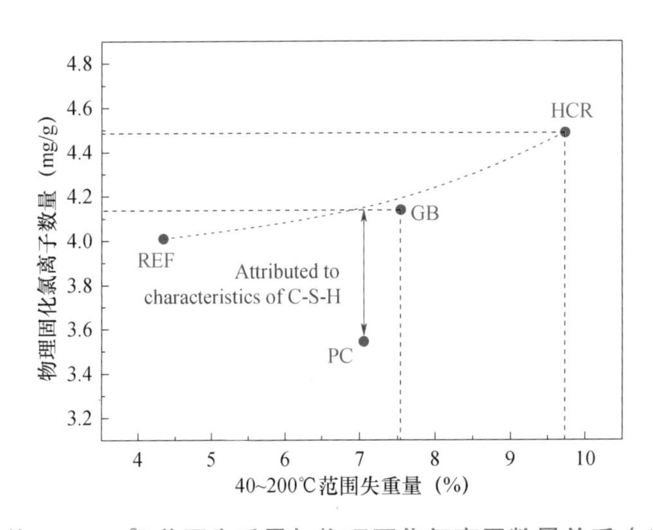

图3-61 水泥浆体40~200℃范围失重量与物理固化氯离子数量关系（1mol/LNaCl溶液）

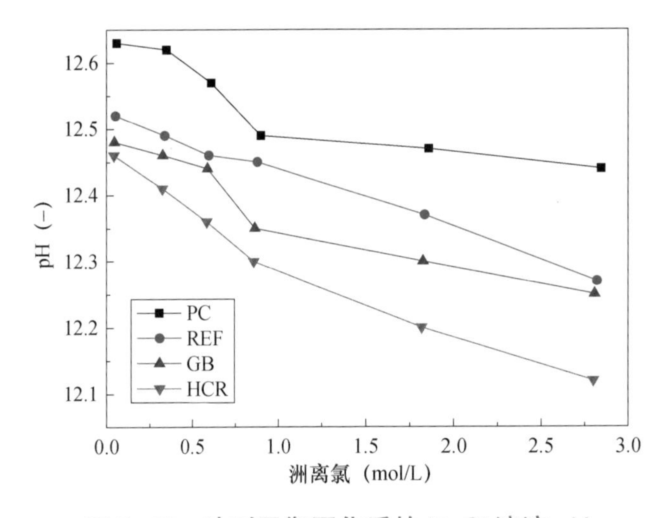

图3-62 达到平衡固化后的NaCl溶液pH

对比级配复合水泥与高抗蚀复合水泥浆体的物理固化能力可以发现，尽管高抗蚀复合水泥浆体在40~200℃范围的失重量比级配复合水泥的失重量提高了约29.1%，但是高抗蚀复合水泥浆体的物理固化氯离子数量并未如预期一般发生同步增长，仅比级配复合水泥的物理固化氯离子数量提高了8.4%，这是因为C-S-H的质子化程度对氯离子物理固化作用同样有影响。质子化程度越高，说明表面Ca^{2+}浓度越低，通过双电层作用对氯离子的吸附能力越弱，进而对单位C-S-H的物理固化氯离子能力产生负面影响。根据能谱统计结果与Richardson-Groves模型，高抗蚀复合水泥C-S-H的质子化程度明显高于级配复合水泥，因此高抗蚀复合水泥的物理固化氯离子能力增长不如预期。

3.2.2　高抗蚀复合硅酸盐水泥的生产示范

根据上述对高抗蚀复合硅酸盐水泥的实验室研究成果，项目组在华润水泥东莞公司开展了多次工业化试验，成功实现了生产示范，前后共生产高抗蚀复合硅酸盐水泥约3500t。试生产阶段发现高抗蚀硅酸盐水泥基材料生产过程中存在矿渣水分含量波动大、初始粒径差别大、喂料系统锁风与辊子密封效果差等问题，导致立磨运行不稳定，产量与质量波动大，生产能耗高。针对上述问题，对生产系统进行硬件优化与软件升级。利用闲置的调配库，增加一台移动伸缩带式输送机（图3-63），实现将不同品质矿渣分别入库。调配库底使用喂料称进行配比，入磨矿渣可按照质管部下达的生产配比要求达到精准配料。在调配库底，新增一套大水分矿渣搭配装置，由棒闸控制的大斜角钢板仓，外配振动器，用输送带送到钢板圆筒仓，仓底用裙边皮带喂料称精确喂料，保证物料水分大于15%时能正常下料，又能均匀地与喂料皮带上水分小矿渣均匀搭配，降低入磨综合水分。通过以上技改实现了不同品质原料精确搭配，提高了入磨物料均化效果，合理控制了入磨水分，保证了产品质量稳定，降低了生产成本。

此外，在地坑皮带下料口处安装振动筛和破碎机（图3-64），粒径大于25mm的物料经过振动筛筛分后，进入颚式破碎机进行破碎，达到合格粒径后再入库进行均化入磨，入磨物料粒径全部达到磨机工艺设计要求，磨机料层稳定，磨况平稳。通过前端大块物料的筛分、破碎，降低入磨物料粒径，实现磨况稳定，提高台产，提高粉磨的比表面积。

图3-63　移动伸缩带式输送机

图 3-64　下料口处安装的振动筛和破碎机

翻板阀旁加一台螺旋铰刀（图 3-65），改为连续性喂料，铰刀内连续有 2m 长的物料堆积，形成物料自锁风结构，密闭效果好，并且铰刀不存在结料问题。同时，利用废弃物料，改变辊子密封形式，减少了漏风，替代了进口备件，减少了维修工作量，降低了生产与维护成本。针对高抗蚀硅酸盐水泥多组分分别粉磨与高精度粒度分布控制的需求，智能化升级生产中控系统，降辊时间改为中控可调节方式，增加了磨机可操作性，减少了磨机跳停次数（图 3-66）。

图 3-65　喂料系统自锁风优化

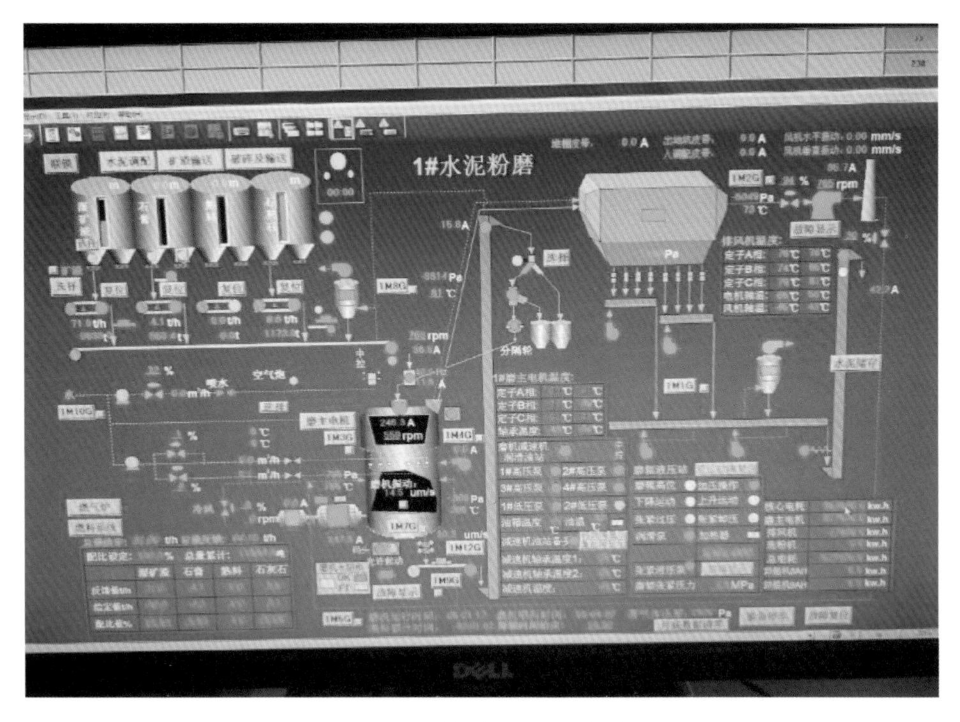

图 3-66 中控操作系统智能化升级

在生产系统软硬件协同升级的基础上，重点调试生产控制参数。矿渣粉磨初期，因料层不稳定导致矿渣立磨多次跳停，因此通过选粉机转速梯级提升以及降低喂料量保证料层的稳定，即选粉机转速由 555r/min 提升至 640r/min，喂料量由 72t/h 降低至 59t/h，同时通过提高喷水量进一步控制料层稳定性。此时矿渣立磨运行平稳，但出磨物料比表面积小于 500m^2/kg，无法满足高抗蚀复合硅酸盐水泥的生产要求。因此，通过进一步提升选粉机转速至 702r/min，并将喂料量控制在 50t/h，磨内喷水 7t/h，最终实现比表面积大于 500m^2/kg 的矿渣生产，单台立磨产量为 50t/h，比常规矿渣的产量低约 30%。

依照硅酸盐水泥生产流程，首先设定辊压机平均功率 530kW，选粉机功率转速设定为 80%，此时台产量高（约 135t/h），但磨尾斗提电流最高达 61A，磨尾斗提电流高报，库顶斜槽、铰刀冒灰堵料，磨机出现跳停。改用手动喂料调整方式，确定库顶铰刀正常工作的最大喂料量为 120t/h，同时为保证小仓料位平衡，限制产量≤ 120t/h 的情况下，辊面压力降至 160MPa，辊压机功率小于 380kW，此时辊压机运行正常。为保证辊压机两边不失压，辊压机氮气卸到 5.0MPa（基础压力值为 70MPa），使辊压机滑阀半开并提升选粉机转速。过程中喂料量控制在 115t/h，辊压机功率控制在 310~320kW，选粉机转速在 82%~85%。为提升高抗蚀复合水泥细度，选粉机转速提高至 97%，辊面压力由 165MPa 提高至 260MPa，下料口宽度由 165mm 提高到 188mm，此时高抗蚀复合水泥样品比表面积为 516 m^2/kg。

基于工业化生产试验的测试结果，适当提升水泥中 SO_3 的含量有助于提升复合水泥的抗蚀性能。由于入磨硅酸盐水泥的脱硫石膏含量约为 6%，因此生产高抗蚀复合水泥时额外引入 5% 脱硫石膏，使复合水泥 SO_3 含量约为 3.2%。在工业试验的工艺参数基础上，进行高抗蚀复合水泥工业化生产时，将选粉机转速最高调至 96%，台产为 108t/h，但由于生产线上脱硫石膏秤的最大流量仅为 10t/h，难以实现预期控制参数，因此通过降低辊压机功率控制台产，进而减少脱硫石膏需求量，保证出磨水泥 SO_3

含量指标合格，此时台产约为95t/h。工业化生产的生产数据与基本性能见表3-27和表3-28。

表3-27 高抗蚀复合硅酸盐水泥工业化试验的主要统计数据

试验	生产日期	生产时长 (h)	产量 (t)	物料消耗 (t)				能耗	
				熟料	矿粉	脱硫石膏	助磨剂	总用电量 (kW·h)	综合电耗 (kW·h/t)
第一次	2019年4月10日	11	1036.01	468.45	481.6	95.51	0.287	38868	37.52
第二次	2019年10月15日	4	481.58	190.2	272.5	20.98	0.168	21866	22.02
第三次	2019年11月21—22日	20.7	2006.08	858.64	1014.2	148.05	0.702	51240	25.54

表3-28 工业化生产高抗蚀复合硅酸盐水泥的基本性能

试验	物理性能								化学分析		
	密度 (g/cm^3)	比表面积 (m^2/kg)	45μm (%)	稠度 (%)	初凝 (min)	终凝 (min)	抗压（MPa）3d	抗压（MPa）28d	LOI	SO_3	Cl^-
第一次	2.95	517	2.3	28.9	249	291	20.6	65.1	1.57	2.71	0.017
第二次	2.95	518	1.8	30.5	285	330	20.8	57.4	1.79	1.76	0.026
第三次	2.95	497	2.9	30.5	265	333	21.0	62.4	2.12	3.27	0.024

最终示范时对过程中生产的高抗蚀复合硅酸盐水泥取样，送第三方检测结果表明，在辅助胶凝材料总量为51%时，水泥的28d抗压强度达58.4MPa，水泥胶砂28d龄期的氯离子扩散系数低至$0.45\times10^{-12}m^2/s$，28d抗海水侵蚀系数1.10；3d水化热195kJ/kg，28d干缩率0.046%；水泥净浆1h的扩展度经时损失仅7.6%；各项技术指标均达到了国家重点研发计划项目提出的要求。

3.2.3 工程应用示范

成功实施高抗蚀复合硅酸盐水泥的生产示范后，所试制的产品在唐山LNG接收站的罐体主体工程、宁波舟山港主通道工程、深圳LNG项目配套码头工程等典型的海洋工程中进行了示范应用。

唐山LNG接收站的罐体主体工程（图3-67）位于渤海滨海浅滩，地表侵蚀性离子浓度高、沿岸盐度可达33%，环境风速高、温差大。工程中使用本项目研制的高抗蚀复合硅酸盐水泥、混凝土总方量约9000m^3；由于混凝土结构致密，初始堆积密度提升与孔隙分布显著细化，混凝土28d强度在56~60MPa、抗渗等级为P10、抗冻等级为F200。高抗蚀复合硅酸盐水泥的应用，解决了该工程大温差下混凝土冻融损坏严重和氯离子侵蚀的问题。

图 3–67 唐山 LNG 接收站的罐体主体工程

针对浙江宁波舟山港海水腐蚀性强、潮差大、冲刷强、风浪大的特点，宁波舟山港主通道工程采用本课题研究的高抗蚀硅酸盐水泥制备混凝土并应用于工程建筑水位变动区、浪溅区及水下区等强侵蚀环境（图 3-68）。要求水位变动和浪溅区混凝土 28d 氯离子扩散系数不大于 $6.5 \times 10^{-12} m^2/s$，84d 为 $2.5 \times 10^{-12} m^2/s$；水下区和泥下区 28d 为 $7.0 \times 10^{-12} m^2/s$，84d 为 $3.0 \times 10^{-12} m^2/s$。使用高抗蚀复合水泥混凝土后，氯离子扩散系数 28d 低至 $5.5 \times 10^{-12} m^2/s$，84d 为 $2.3 \times 10^{-12} m^2/s$，高抗蚀硅酸盐水泥基材料的应用大幅度降低了混凝土的氯离子扩散系数，工程应用效果良好。高抗蚀复合水泥基材料改善海工混凝土力学性能发展过程，提升了混凝土致密程度，进而解决了大风浪强力冲刷下混凝土严重腐蚀的问题。

图 3–68 舟山港主通道工程施工过程

深圳 LNG 码头主要面临环境高温高湿、岸堤受冲刷严重、侵蚀性离子浓度高等问题，工程要求护岸沉箱用混凝土 28d 氯离子扩散系数不大于 $7.0 \times 10^{-12} m^2/s$、28d 强度不低于 30MPa，现有水泥基材料难以低成本地同时实现这两个关键指标。将本课题研究的高抗蚀水泥基材料用于护岸沉箱与泵房基础等关键部位后，其 28d 氯离子扩散系数下降至 $6.5 \times 10^{-12} m^2/s$，同时保证强度仍大于 40MPa，完全满足了工程实际需要（图 3-69）。海洋工程结构材料的性能改善原因主要在于经过胶凝材料精确设计，混凝土的性能发展平稳且持续，进而保证了体积稳定性与化学稳定性，降低了严苛条件下混凝土的开裂风险，最终实现了海洋工程用高抗蚀复合水泥基材料力学性能、抗裂性能与耐蚀性的协同优化。

图 3–69　深圳 LNG 项目配套码头工程施工过程

3.3 成果总结

（1）针对高抗蚀复合硅酸盐水泥设计，建立了熟料微量组分及微结构量化表征方法，揭示了水泥早期强度的关键影响因素以及熟料矿物组成对水泥抗蚀性的基本关系；试验表明，对于高抗蚀复合硅酸盐水泥的制备，所选择熟料的 C_3S 应在 55% 以上，同时 C_3A 含量不宜少于 5%。

（2）通过量化水泥浆体中各孔隙区间对孔隙曲折度的贡献，阐明了孔隙曲折度、孔隙率与孔径分布对氯离子扩散系数的影响。研究表明，5~20nm 小毛细孔对水泥浆体中孔隙曲折度贡献系数最大；孔隙曲折度提高 10%，砂浆氯离子扩散系数下降 17.4%；孔隙率降低 10%，氯离子扩散系数降低 8%；特别是小毛细孔相对含量提高 10%，氯离子扩散系数降低 33.5%。

（3）根据紧密堆积理论建立的“区间窄分布，整体宽分布”颗粒级配模型设计的高抗蚀复合硅酸盐水泥，在水泥设计时利用偏高岭土与硅灰调控水化产物组成与结构，可显著提高水泥浆体对氯离子的固化能力，成功制备了氯离子扩散系数低至 $0.45 \times 10^{-12} m^2/s$ 的高抗蚀复合硅酸盐水泥。其中，硅灰可提高水泥浆体对氯离子的物理吸附能力，而偏高岭土则可增加水泥浆体对氯离子的化学结合能力。

（4）水化产物对氯离子物理吸附的能力主要取决于其内比表面积，高 Al/Si 的 C-S-H 可提供更多吸附位点的密度，增加其物理吸附能力，相反，低 Al/Si 比、质子化程度高时则会降低 C-S-H 对氯离子的物理吸附能力；水化产物对氯离子的化学结合能力取决于 AFm 相的形成量，AFm 相通过离子交换，将氯离子结合在其结构中，形成新的产物相——Friedel 盐。

（5）在华润水泥东莞公司成功实现了高抗蚀复合硅酸盐水泥的工业化生产示范，解决了生产过程中各组分粒度及分布精确控制等关键问题，并实现了稳定生产；试制产品在唐山 LNG 接收站罐体等典型海洋工程中实现了应用示范，均满足了工程的高抗蚀设计要求。

参考文献

[1] JENSEN O M. Autogenous deformation and RH-change—self-desiccation and self-desiccation shrinkage (in Danish) [D]. Building Materials Laboratory, Technical University of Denmark, 1993.

[2] NELSON J S, SIMMONS E C. Diffusion of methane and ethane through the Reservoir Cap Rock: Implications for the Timing and Duration of Catagenesis [J]. AAPG Bulletin, 1995, 79(7): 1064-1073.

[3] ARCHIE G E. The electrical resistivity log as an aid in determining some reservoir characteristics [J]. Transactions of the AIME, 2013, 146(1): 54-62.

[4] GARBOCZI E J, BENTZ D P. Computer simulation of the diffusivity of cement-based materials [J]. Journal of Materials Science, 1992, 27(8): 2083-2092.

[5] BOUDREAU B P. The diffusive tortuosity of fine-grained unlithified sediments [J]. Geochimica et Cosmochimica Acta, 1996, 60(16): 3139-3142.

[6] NAKARAI K, ISHIDA T, MAEKAWA K. Multi-scale physicochemical modeling of soil-cementitious material interaction [J]. Soils and Foundations, 2006, 46(5): 653-663.

[7] ISHIDA T, IQBAL P O N, Anh H T L. Modeling of chloride diffusivity coupled with non-linear binding capacity in sound and cracked concrete [J]. Cement and Concrete Research, 2009, 39(10): 913-923.

[8] SUN G W, SUN W, ZHANG Y S, et al. Relationship between chloride diffusivity and pore structure of hardened cement paste [J]. Journal of Zhejiang University-Science A, 2011, 12(5): 360-367.

[9] ANDROUTSOPOULOS G P, SALMAS C E. Tomography of macro-meso-pore structure based on mercury porosimetry hysteresis [J]. Chemical Engineering Communications, 2007, 181(1): 137-177.

[10] ANDROUTSOPOULOS G P, SALMAS C E. Tomography of macro-meso-pore structure based on mercury porosimetry hysteresis loop scanning—Part II: MP hysteresis loop scanning along the overall retraction line[J]. Chemical Engineering Communications, 2000, 181(1): 179-202.

[11] GUO Y Q, ZHANG T S, LIU X Y, et al. The pore fillability of cementitious materials and its application in predicting compressive strength of gap-graded blended cements [J]. Construction and Building Materials, 2018, 168: 805-817.

[12] NETO A A M, CINCOTTO M A, REPETTE W. Mechanical properties, drying and autogenous shrinkage of blast furnace slag activated with hydrated lime and gypsum [J]. Cement and Concrete Composites, 2010, 32(4): 312-318.

[13] ZENG Q, LI K F, FEN-CHONG T, et al. Analysis of pore structure, contact angle and pore entrapment of blended cement pastes from mercury porosimetry data [J]. Cement & Concrete Composites, 2012, 34(9): 1053-1060.

[14] QOMI M J A, KRAKOWIAK K J, BAUCHY M, et al. Combinatorial molecular optimization of cement hydrates [J]. Nature communications, 2014, 5(1): 303-329.

[15] WANG H, DE LEON D, FARZAM H. C_4AF reactivity—chemistry and hydration of industrial cement, ACI Materials Journal, 111 (2) (2014).

[16] GRISHCHENKO R O, EMELINA A L, MAKAROV P Y. Thermodynamic properties and thermal behavior of Friedel's salt [J]. Thermochimica Acta, 2013, 570: 74-79.

[17] SHI Z, GEIKER M R, DE WEERDT K, et al. Role of calcium on chloride binding in hydrated Portland cement–metakaolin-limestone blends [J]. Cement and Concrete Research, 2017, 95: 205-216.

[18] ELAKNESWARAN Y, NAWA T, KURUMISAWA K. Electrokinetic potential of hydrated cement in relation to adsorption of chlorides [J]. Cement and Concrete Research, 2009, 39(4): 340-344.

[19] VIALLIS-TERRISSE H, NONAT A, Petit J-C. Zeta-Potential study of calcium silicate hydrates interacting with alkaline cations [J]. Journal of Colloid and Interface Science, 2001, 244(1): 58-65.

[20] JENNINGS H M. Colloid model of C-S-H and implications to the problem of creep and shrinkage [J]. Materials and Structures, 2004, 37(265): 59-70.

[21] GÜNTHER J. REDHAMMER, GEROLD T, et al. Structural variations in the brownmillerite series Ca2(Fe2-xAlx)O5: single-crystal X-ray diffraction at 25℃ and high-temperature X-ray powder diffraction (25℃ ≤ T ≤ 1000), Am. Mineral. 89 (2004) 405–420.

[22] BRUNO T, KAREN L. SCRIVENER, FREDERIC P.GLASSER. Phase compositions and equilibria in the $CaO-Al_2O_3-Fe_2O_3-SO_3$ system, for assemblages containing ye'elimite and ferrite $Ca_2(Al,Fe)O_5$, Cement and Concrete Research. 54 (2013) 77-86.

[23] BEAUDOIN, J. J., AND RAMACHANDRAN, V. S., A new perspective on the hydration characteristics of cement phases, Cement and Concrete Research. 22 (4) (1992) 689-694.

[24] CONSTANTINIDES G, ULM F-J. The nanogranular nature of C-S-H [J]. Journal of the Mechanics and Physics of Solids, 2007, 55(1): 64-90.

[25] ULM F-J, VANDAMME M, BOBKO C, et al. Statistical indentation techniques for hydrated nanocomposites: concrete, bone, and shale [J]. Journal of the American Ceramic Society, 2007, 90(9): 2677-2692.

[26] JENSEN O M, HANSEN P F. Autogenous deformation and RH-change in perspective [J]. Cement and Concrete Research, 2001, 31(12): 1859-1865.

[27] JENSEN O M, HANSEN P F. Water-entrained cement-based materials: I. principles and theoretical background [J]. Cement and Concrete Research, 2001, 31(4): 647-654.

[28] LURA P. Autogenous deformation and internal curing of concrete [D]. Delft University, 2003.

[29] TAZAWA E-I, MIYAZAWA S. Experimental study on mechanism of autogenous shrinkage of concrete [J]. Cement and Concrete Research, 1995, 25(8): 1633-1638.

[30] BARCELO L, MORANVILLE M, CLAVAUD B. Autogenous shrinkage of concrete: a balance between autogenous swelling and self-desiccation [J]. Cement and Concrete Research, 2005, 35(1): 177-183.

[31] SORELLI L, CONSTANTINIDES G, Ulm F-J, et al. The nano-mechanical signature of ultra high performance concrete by statistical nanoindentation techniques [J]. Cement and Concrete Research, 2008, 38(12): 1447-1456.

[32] CONSTANTINIDES G, RAVI CHANDRAN K S, Ulm F J, et al. Grid indentation analysis of composite microstructure and mechanics: Principles and validation [J]. Materials Science and Engineering: A, 2006, 430(1): 189-202.

[33] BENTZ D P, GARBOCZI E J, QUENARD D A. Modelling drying shrinkage in reconstructed porous materials: application to porous Vycor glass [J]. Modelling and Simulation in Materials Science and Engineering, 1998, 6(3): 211-236.

[34] LURA P, JENSEN O M, VAN BREUGEL K. Autogenous shrinkage in high-performance cement paste: An evaluation of basic mechanisms [J]. Cement and Concrete Research, 2003, 33(2): 223-232.

[35] HAECKER C J, GARBOCZI E J, BULLARD J W, et al. Modeling the linear elastic properties of Portland cement paste [J]. Cement and Concrete Research, 2005, 35(10): 1948-1960.

[36] 吴兆琦，刘克忠．我国特种水泥的现状及发展方向 [J]. 硅酸盐学报，1992 (4): 365-373.

[37] MICHEL M, GEORGIN J F, AMBROISE J, et al. The influence of gypsum ratio on the mechanical performance of slag

cement accelerated by calcium sulfoaluminate cement [J]. Construction & Building Materials, 2011, 25(3): 1298-1304.
[38] SNELLINGS R, SCHEPPER M D, BUYSSER K D, et al. Clinkering reactions during firing of recyclable concrete [J]. Journal of the American Ceramic Society, 2012, 95(5): 1741-1749.
[39] CHEN I A, JUENGER M C G. Incorporation of coal combustion residuals into calcium sulfoaluminate-belite cement clinkers [J]. Cement & Concrete Composites, 2012, 34(8): 893-902.
[40] SHANG D, WANG M, XIA Z, et al. Incorporation mechanism of titanium in Portland cement clinker and its effects on hydration properties [J]. Construction & Building Materials, 2017, 146(344-349).
[41] CHANG J, ZHANG Y, SHANG X, et al. Effects of amorphous AH_3 phase on mechanical properties and hydration process of $C_4A_3\bar{S}$-$C\bar{S}H_2$-CH-H_2O system [J]. Construction and Building Materials, 2017, 133(314-322).
[42] MA S, SHEN X, GONG X, et al. Influence of CuO on the formation and coexistence of 3CaO・SiO_2 and 3CaO・$3Al_2O_3$・$CaSO_4$ minerals [J]. Cement and concrete research, 2006, 36(9): 1784-1787.
[43] 李晓冬，沈裕盛，黎学润，等．SO_3掺杂对高镁熟料 Alite 晶型和水化性能的影响 [J]. 硅酸盐学报，2013 (10): 1381-1386.
[44] STRIGÁČ J, PALOU M T, KRIŠTÍN J, et al. Morphology and chemical composition of minerals inside the phase assemblage C-C_2S-$C_4A_3\bar{S}$-C_4AF-$C\bar{S}$ relevant to sulphoaluminate belite cements [J]. Ceramics Silikaty, 2000, 44(1): 26-34.
[45] XU Z, ZHOU Z, PENG D, et al. Effects of nano-silica on hydration properties of tricalcium silicate [J]. Construction & Building Materials, 2016, 125(1): 1169-1177.
[46] 王少鹏，黎学润，何杰，等．用 X 射线衍射精确表征硅酸三钙多晶型 [J]. 硅酸盐学报，2014, 42(2): 178-183.
[47] NOHEDA B, COX D E, SHIRANE G, et al. A monoclinic ferroelectric phase in the $Pb(Zr_1$-$xTi_x)O_3$ solid solution [J]. Applied Physics Letters, 1999, 74(14): 2059-2061.
[48] ALLRED J M, AVCI S, CHUNG D Y, et al. Tetragonal magnetic phase in Ba_1- $xKxFe_2As_2$ from x-ray and neutron diffraction [J]. Physical Review B, 2015, 92(9): 094515.
[49] SUN G, ZHANG Y, SUN W, et al. Multi-scale prediction of the effective chloride diffusion coefficient of concrete [J]. Construction and Building Materials, 2011, 25(10): 3820-3831.
[50] BINNEMANS K. Interpretation of europium (III) spectra [J]. Coordination Chemistry Reviews, 2015, 295(1-45).
[51] QIN X, LIU X, HUANG W, et al. Lanthanide-Activated phosphors based on 4f-5d optical transitions: theoretical and experimental aspects [J]. Chemical Reviews, 2017, 117(5): 4488-4527.
[52] WANG X, CHANG H, XIE J, et al. Recent developments in lanthanide-based luminescent probes [J]. Coordination Chemistry Reviews, 2014, 273-274(201-212).
[53] CHAUDAN E, KIM J, TUSSEAU-NENEZ S, et al. Polarized luminescence of anisotropic $LaPO_4$: eu nanocrystal polymorphs [J]. Journal of the American Chemical Society, 2018, 140(30): 9512-9517.
[54] TU D, LIU Y, ZHU H, et al. Breakdown of crystallographic site symmetry in lanthanide - doped $NaYF_4$ crystals [J]. Angewandte Chemie, 2013, 125(4): 1166-1171.
[55] COUMES C C D, COURTOIS S, PEYSSON S, et al. Calcium sulfoaluminate cement blended with OPC: A potential binder to encapsulate low-level radioactive slurries of complex chemistry [J]. Cement and Concrete Research, 2009, 39(9): 740-747.
[56] 刘赞群，李湘宁，邓德华，等．硫酸铝盐水泥与硅酸盐水泥净浆水分蒸发区硫酸盐破坏对比 [J]. 硅酸盐学报，2016, 44(8): 1173-1177.
[57] 吴红．硅酸盐水泥和硫铝酸盐水泥复合的生态设计 [D]. 北京：北京工业大学，2007.
[58] CHAMPENOIS J-B, DHOURY M, COUMES C C D, et al. Influence of sodium borate on the early age hydration of calcium sulfoaluminate cement [J]. Cement and Concrete Research, 2015, 70(83-93).
[59] SPIESZ P, BROUWERS H J H. The apparent and effective chloride migration coefficients obtained in migration tests [J]. Cement and Concrete Research, 2013, 48: 116-127.
[60] ELFMARKOVA V, SPIESZ P, BROUWERS H J H. Determination of the chloride diffusion coefficient in blended cement mortars [J]. Cement and Concrete Research, 2015, 78: 190-199.

[61] 张同生 . 水泥熟料与辅助性胶凝材料的优化匹配 [D]. 广州 : 华南理工大学 , 2012.

[62] ZHANG T S, YU Q J, WEI J X, et al. Effects of size fraction on composition and fundamental properties ofPortland cement [J]. Construction and Building Materials, 2011, 25(7): 3038-3043.

[63] ZHANG T S, YU Q J, WEI J X, et al. Effect of size fraction on composition and pozzolanic activity of high calcium fly ash [J]. Advances in Cement Research, 2011, 23(6): 299-307.

[64] KUROKAWA D, HONMA K, Hirao H, et al. Quality design of belite–melilite clinker [J]. Cement & Concrete Research, 2013, 54: 126-132.

[65] KIM J, MICHELIN S, HILBERS M, et al. Monitoring the orientation of rare-earth-doped nanorods for flow shear tomography [J]. Nature nanotechnology, 2017, 12(9): 914.

第4章

水下工程用高抗蚀铝酸盐水泥基材料关键技术

铝酸盐水泥作为一种拥有100多年发展史的特种水泥，具有优异的耐海水腐蚀性能，曾经是专为海洋工程研发的胶凝材料。美中不足的是，铝酸盐水泥的水化产物对环境的温湿度十分敏感，在高温湿热的服役环境中会发生晶型转变，整个结构体系体积减缩、孔隙率增加、内结合力降低，由此导致后期强度大幅下降，因此，严重制约了铝酸盐水泥优良耐海水腐蚀性能在海洋工程中发挥作用。基于铝酸盐水泥本身的这些优劣性，为充分发挥铝酸盐水泥的耐海水腐蚀优势，更好地服务于海洋工程的建设，亟须开展抑制铝酸盐水泥晶型转变的研究，以此制备适用于海洋工程用的高抗蚀铝酸盐水泥。

4.1 铝酸盐水泥相转变抑制技术及水下工程用高抗蚀铝酸盐水泥基材料的研究

4.1.1 铝酸盐水泥晶型转变评价技术的研究

1. 晶型转变评价的关键影响因素

铝酸盐水泥的主要矿相组成为铝酸一钙（CA）、二铝酸一钙（CA_2）和钙铝黄长石（C_2AS）。其中，CA和CA_2加水（H）水化反应如下：

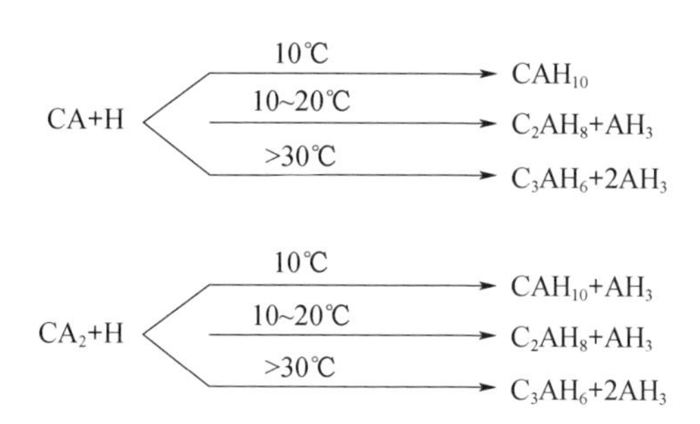

铝酸盐水泥常温下水化生成的介稳相CAH_{10}和C_2AH_8，最终会不可逆地转化为热力学稳定相C_3AH_6。

$$2CAH_{10} \longrightarrow C_2AH_8+AH_3+9H \quad 23\sim38℃$$
$$3C_2AH_8 \longrightarrow 2C_3AH_6+AH_3+9H \quad 38\sim45℃$$
$$2CAH_{10} \longrightarrow 2C_3AH_6+AH_3+11H \quad \geqslant 45℃$$

铝酸盐水泥水化产物的晶型转变与环境的温湿度密切相关。如表4-1所示，在潮湿环境，20℃常温干燥条件下铝酸盐水泥晶型转变缓慢；但随着温度及湿度的提高，晶型转变速率迅速增加。表4-2为不同温度下铝酸盐水泥发生晶型转变50%时所需时间。数据表明，低温条件下晶型转变需要几十年，几乎未发生晶型转变；10℃时晶型转变需要十几年，20℃晶型转变需要几年，30℃需要几个月，50℃需要几十个小时，90℃时瞬间发生晶型转变，几乎直接生成了 C_3AH_6。这一现象表明温湿度是影响铝酸盐水泥晶型转变的关键因素，也是决定铝酸盐水泥强度稳定性的重要指标。既然铝酸盐水泥存在晶型转变，那么我们在铝酸盐水泥的实际工程应用中，如何对其晶型转变进行有效的、准确的评价呢？显然，我们不可能等待铝酸盐水泥在常温条件下出现晶型转变。因此，需要在高温养护条件下，通过人为的方式加速铝酸盐水泥的晶型转变，通过测定其在该养护条件下与常温养护某一龄期的抗压强度比，进而评价该铝酸盐水泥的晶型转变程度和强度稳定性。在这一评价过程中，显然铝酸盐水泥的养护条件及养护龄期成为重要的影响指标。

表 4–1　湿度对铝酸盐水泥晶型转变的影响

环境条件	低温（＜20℃）	高温（＞20℃）
干燥	相对稳定	发生晶型转变
潮湿	缓慢转变	迅速转变为 C_3AH_6 和 AH_3

表 4–2　不同温度下铝酸盐水泥发生晶型转变 50% 时的时间

温度（℃）	CAH_{10}	C_2AH_8
5	＞20y	＞20y
10	19y	17y
20	2y	21m
30	75d	55d
50	32h	21h
90	2min	35s

对已有研究的调研发现，在铝酸盐的养护条件及养护龄期选用上现有研究没有统一的标准，其养护温度从 38℃、40℃等一直到 70℃，养护龄期 28d、56d 或 90d 等。为此，为更准确、更有效和更为直接地评估铝酸盐水泥的晶型转变程度及其强度稳定性，课题主要从铝酸盐水泥的养护条件和养护龄期对其抗压强度影响方面开展了研究。

2. 关键影响因素值的确定

实验选取了四种不同配比组成的铝酸盐水泥，在 20℃、30℃、40℃、50℃、60℃和 70℃六个不同养护温度下，按照《铝酸盐水泥》（GB/T 201—2015）制备水泥砂浆试样，并测定其在 3d、7d、28d 和 90d 四个不同龄期下的抗压强度。为消除水灰比对铝酸盐水泥抗压强度的影响，实验在保持一定流动度范围的情况下，选择同样的水灰比。

表 4-3 为铝酸盐水泥试样所用的水灰比及流动度，表 4-4 至表 4-7 为四种铝酸盐水泥在不同养护温度及养护龄期下的抗压强度结果。从表 4-4 至表 4-7 可见，铝酸盐水泥养护温度在 20~40℃时，3d 和 7d 的抗压强度下降幅度不大，28d 和 90d 的抗压强度大幅下降；在 40~50℃时，早期 3d 和 7d 的抗压强度出现明显下降，后期 28d 和 90d 仅有小幅下降；随着温度的进一步升高，在 50~70℃时，抗压强度无论在哪个龄期都基本趋于稳定。这表明，温度 50℃和 28d 龄期是铝酸盐水泥抗压强度变化、趋于

稳定的转折点。为此，实验选取铝酸盐水泥养护温度为50℃、养护龄期28d作为晶型转变评价的关键影响因素值。

表4-3 铝酸盐水泥砂浆的水灰比和流动度

铝酸盐水泥编号	A	B	C	D
水灰比	0.44	0.44	0.44	0.44
流动度（mm）	148	151	147	153

表4-4 不同养护条件下样品A抗压强度 MPa

养护温度（℃）	龄期			
	3d	7d	28d	90d
20	67.6	79.1	83.3	85.1
30	66.3	75.1	84	84
40	60.8	66.9	29.7	27.7
50	51.5	28.7	27.9	28.9
60	41.3	30.2	27.6	29.4
70	35.1	28.9	28.6	29.6

表4-5 不同养护条件下样品B抗压强度 MPa

养护温度（℃）	龄期			
	3d	7d	28d	90d
20	62	78.7	85.6	84.5
30	67	76.3	83.7	83.7
40	67	76.3	83.7	83.7
50	35	26.5	30.3	30.5
60	32.6	30.7	31	32.1
70	32.5	29.1	30.1	30.8

表4-6 不同养护条件下样品C抗压强度 MPa

养护温度（℃）	龄期			
	3d	7d	28d	90d
20	80.3	90.1	95.6	95.6
30	88.4	86.5	88.1	88.1
40	78.5	72.4	44	50

续表

养护温度（℃）	龄期			
	3d	7d	28d	90d
50	67.2	32.8	32.7	33.7
60	48.4	34.4	33.1	31.5
70	48.4	34.4	33.1	31.5

表 4–7 不同养护条件下样品 D 抗压强度 MPa

养护温度（℃）	龄期			
	3d	7d	28d	90d
20	71.1	72.3	102.7	104.9
30	70.6	68.9	95	102.8
40	56.8	61.8	65.7	58.4
50	45.1	55.1	54.3	55.2
60	42.7	53.2	55.2	56.1
70	41.8	54.4	53.9	53.8

3. 铝酸盐水泥晶型转变评价指标

由上述可见，铝酸盐水泥 50℃水养 28d 时抗压强度基本达到稳定。为此，实验以铝酸盐水泥在 50℃水养和标准养护条件下 28d 的抗压强度比，即抗压强度保留率作为评估铝酸盐水泥晶型转变的指标。其计算公式如下：

铝酸盐水泥晶型转变评价指标：

$$R=\frac{P50}{P20}\times 100\% \quad (4\text{-}1)$$

式中 R——强度保留率，以百分数表示 %；

$P50$——50℃水养 28d 抗压强度，MPa；

$P20$——常温养护 28d 抗压强度，MPa。

强度保留率可以快速地检测铝酸盐水泥的晶型转变程度。该值越高表明晶型转变程度越低，即该铝酸盐水泥的强度稳定性越好。建立于大量实验基础上的该评价方法更简便、更快速、更准确。该方法对于下述用于海水的高抗蚀铝酸盐水泥的晶型转变评价有着极其重要的作用。

4.1.2 铝酸盐水泥晶型转变抑制技术的研究

1. 熟料组成优化技术——调整熟料相中 CA_2 相的含量

在铝酸盐水泥中，较之 CA，CA_2 具有较慢的水化速率，其水化产物中存在更多的铝胶，而铝胶的存在能减缓铝酸盐水泥的晶型转变速率，降低铝酸盐水泥的强度损失。为此，实验拟通过调整水泥熟料矿物中的 CA_2 组成来降低铝酸盐水泥晶型转变速率。

实验选取 CA_2 组成含量分别为 10%、20%、30%、40%、50% 和 60% 的六种铝酸盐水泥。在 50℃水养条件下，研究其在 3d、7d 和 28d 下抗压强度发展规律。其结果如图 4-1 所示。

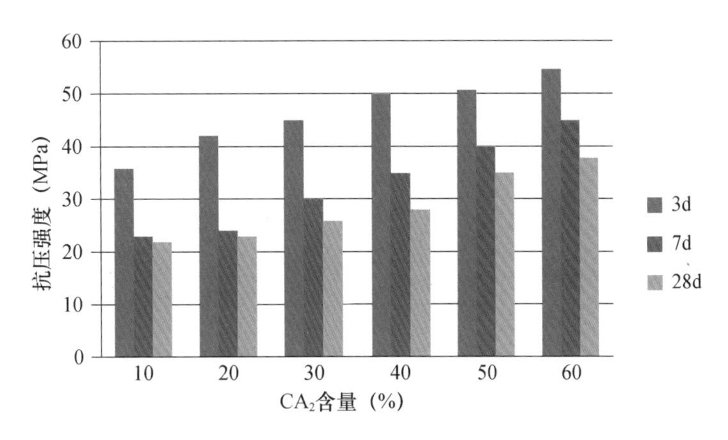

图 4-1　50℃养护条件下不同 CA_2 含量铝酸盐水泥的抗压强度

由图 4-1 可见，在 3d、7d 和 28d 三个龄期下，随着 CA_2 含量的增加，铝酸盐水泥的抗压强度呈增大的趋势。这表明，CA_2 确实可延缓铝酸盐水泥水化产物的晶型转变；在 CA_2 含量相同的情况下，随着龄期的延长，抗压强度均呈下降的趋势，但下降的幅度随 CA_2 含量的不同而有所区别。CA_2 含量低于 30% 时，下降幅度较大；CA_2 含量高于 30% 时，下降幅度较小。这说明，CA_2 延缓铝酸盐水泥晶型转变的程度与其含量紧密相关，CA_2 含量越高，延缓程度越明显。在综合考虑铝酸盐水泥的成本及性能的基础上，选取铝酸盐水泥中 CA_2 含量在 35%~55% 为最佳。

2. 熟料组成优化技术——掺杂活化熟料相中的 C_2AS

铝酸盐水泥矿物体系中除了水化产物易发生晶型转变的铝相矿物（CA 和 CA_2）外，还存在一种 C_2AS 相。该相约占铝酸盐水泥熟料体系的 30% 左右。该矿相的特点是水化活性极差，但水化产物水化钙铝黄长石较为稳定。因此，若改善 C_2AS 的水化活性，提高铝酸盐熟料体系中改性 C_2AS 的含量，则不但能增加较为稳定的水化钙铝黄长石相的含量，而且能降低 CA 和 CA_2 矿相的含量，最终达到延缓铝酸盐水泥水化产物晶型转变的目的。

主要利用离子的尺度效应，选取了钙同族元素 MgO 对 C_2AS 进行掺杂改性，研究其对 C_2AS 矿相及水化活性的影响。

（1）MgO 掺杂

自然界中的 Mg 主要存在于硅酸镁、白云石、菱镁矿、白云石等矿物中，来源广泛，CaO、MgO 晶体结构相似，Mg^{2+} 能够取代 Ca^{2+} 固溶在熟料矿物中。因此，Mg^{2+} 可以固溶于铝酸钙熟料矿物中。

为提高 C_2AS 的水化活性，在理论设计的 C_2AS 矿物组成基础上，研究了 MgO 分别掺杂 1%、2% 和 3% 对 C_2AS 烧成的影响。图 4-2 所示为掺有 MgO 的 C_2AS 的 XRD 衍射图谱。

由图 4-2 可知，烧成熟料中未发现原料矿物衍射峰，证明该制备工艺下熟料反应充分。当在 C_2AS 体系中加入 MgO 时，随着 MgO 掺量的增加，衍射图谱中某一晶面的衍射峰逐渐增强。当 MgO 掺量大于 2% 时，在 C_2AS 中生成了明显的衍射峰。

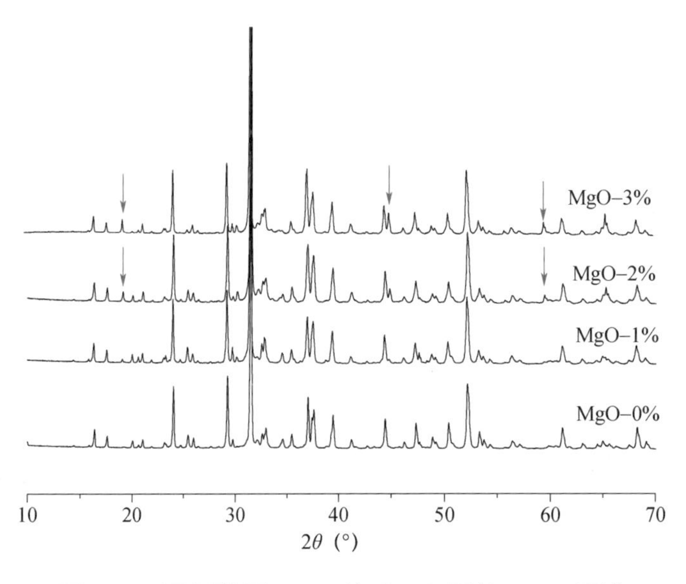

图 4–2　不同掺量 MgO 的 C_2AS 晶体 XRD 图谱

（2）MgO 和 CaO 复合掺杂

由上述研究可知，一定掺量的 MgO 可使 C_2AS 某一晶面的衍射峰逐渐增强。这表明一定掺量的 MgO 活化了 C_2AS 的晶体结构。为促使 C_2AS 中形成具有较大活性的矿相，实验选取 MgO 和 CaO 复合掺杂，在掺入 MgO 的同时，通过复合掺杂 CaO 调整 Ca 和 Si 的比例，以其出现晶格缺陷改善晶体的水化活性。其 XRD 的分析结果如图 4-3 所示。

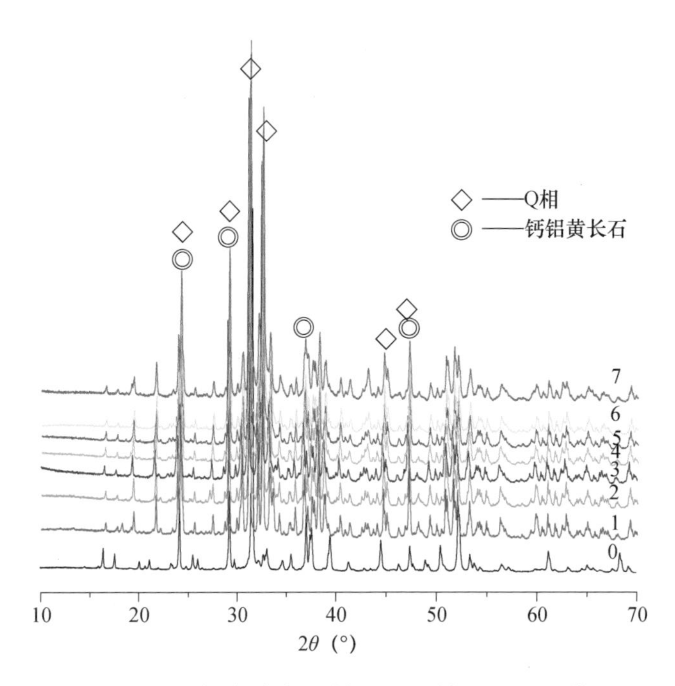

图 4–3　复合掺杂改性 C_2AS 的 XRD 图谱

由图 4-3 可见，复合掺杂改性的 C_2AS 样品物相晶体重构生成水化活性较好的 Q 相。在 CaO 和 MgO

的协同作用下，改性 C_2AS 重构配位键合形成晶格缺陷，从晶体学角度来讲，这些晶格缺陷的产生将有助于晶体水化活性的提高。

综合上述掺杂对 C_2AS 结构的影响结果可知，低于 2%MgO 对 C_2AS 的结构基本无影响，2% 掺量的 MgO 能促使 C_2AS 某一晶面的衍射峰增强。复合掺杂 C_2AS 样品物相发生晶格缺陷，晶体重构生成水化活性较好的 Q 相。

（3）复合掺杂对 C_2AS 相微观形貌的影响

采用 SEM 对复合掺杂后的 C_2AS 熟料矿相形貌进行了分析研究，结果如图 4-4 所示。由图 4-4 可以看出，C_2AS 矿物主要呈不规则的边缘钝化的块状、短柱状，并且这些块状、短柱状紧密堆积。复合掺杂的 C_2AS 试样主要呈长六方柱状，这些柱状体相互交叉搭接，在柱状体间存在大量的空隙。从有利于矿相水化活性的角度来看，与纯 C_2AS 矿相相比，这些大量存在的空隙更利于水化时水分子的进入，从而可能有利于 C_2AS 水化活性的提高。

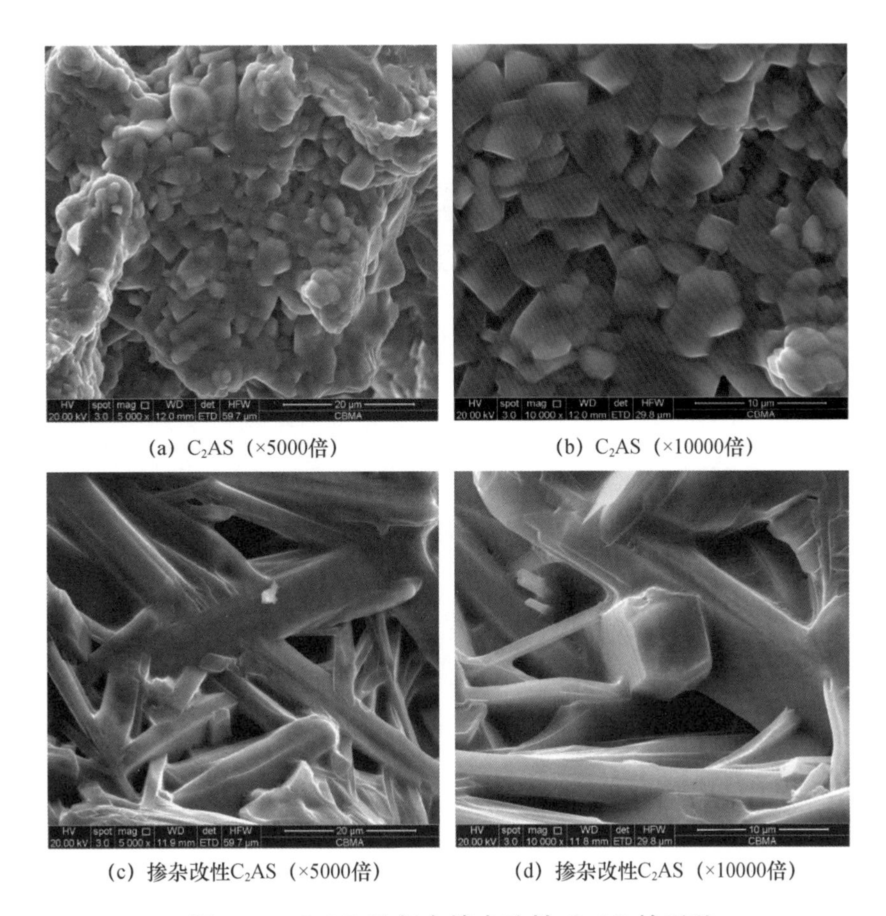

(a) C_2AS（×5000倍） (b) C_2AS（×10000倍）

(c) 掺杂改性C_2AS（×5000倍） (d) 掺杂改性C_2AS（×10000倍）

图 4–4 C_2AS 及复合掺杂改性 C_2AS 的形貌

（4）复合掺杂对 C_2AS 水化活性的影响

选取纯 C_2AS 和分别掺有 MgO、BaO、SrO 的 C_2AS 作为参照样，在采用 0.5 水灰比的条件下，对复合掺杂的 C_2AS（Q-C_2AS）水化性能进行了研究。相关水化热图谱如图 4-5 所示。

由图 4-5 可以看出，无论哪种掺杂均使 C_2AS 的第一个水化放热速率峰增强，这表明掺杂可以提高 C_2AS 早期水化反应活性。但掺入 2% 的 MgO 和 BaO 试样水化活性仅稍许改善，掺入 2%MgO 的试样

7d 水化放热总量仅提高了约 28J/g。这表明,MgO 和 BaO 虽对 C_2AS 的活性有所提高,但改善幅度不大。复合掺杂时，早期水化放热速率显著提升。从图 4-5（b）的累积放热曲线图可看出，复合掺杂改性试样的水化放热总量大幅提升，7d 的水化总放热量达到了 400J/g。这表明复合掺杂能显著提高 C_2AS 的 7d 水化反应活性。

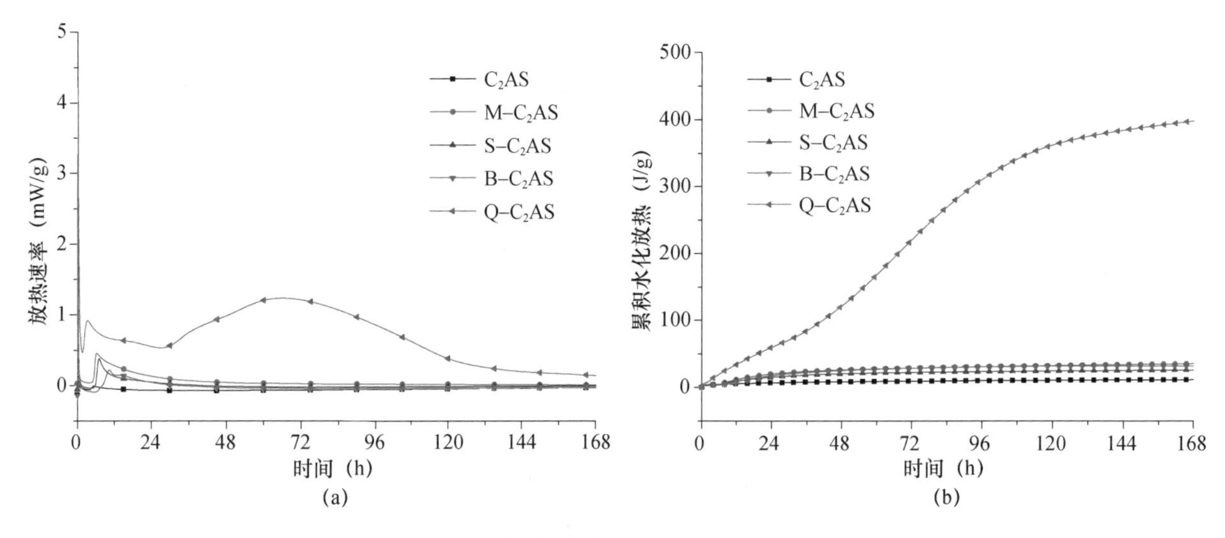

图 4–5　C_2AS 及复合掺杂改性 C_2AS 的水化放热图谱

图 4-6 是八种复合掺杂 C_2AS 的水化放热表征。其中，1 对应 MgO 含量为 2.21%；2 对应 MgO 含量为 2.76%；3 对应 MgO 含量为 3.09%；4 对应 MgO 含量为 3.31%；5 对应 MgO 含量为 3.64%；6 对应 MgO 含量为 3.86%；7 对应 MgO 含量为 4.42%。由图 4-6 可看出，七种复合改性改性的 C_2AS 均具有很高的水化活性，7d 的水化总放热量约为 400J/g。其中，当复合掺杂氧化镁含量为 2.21% 时，复掺改性 C_2AS 的水化活性最高。

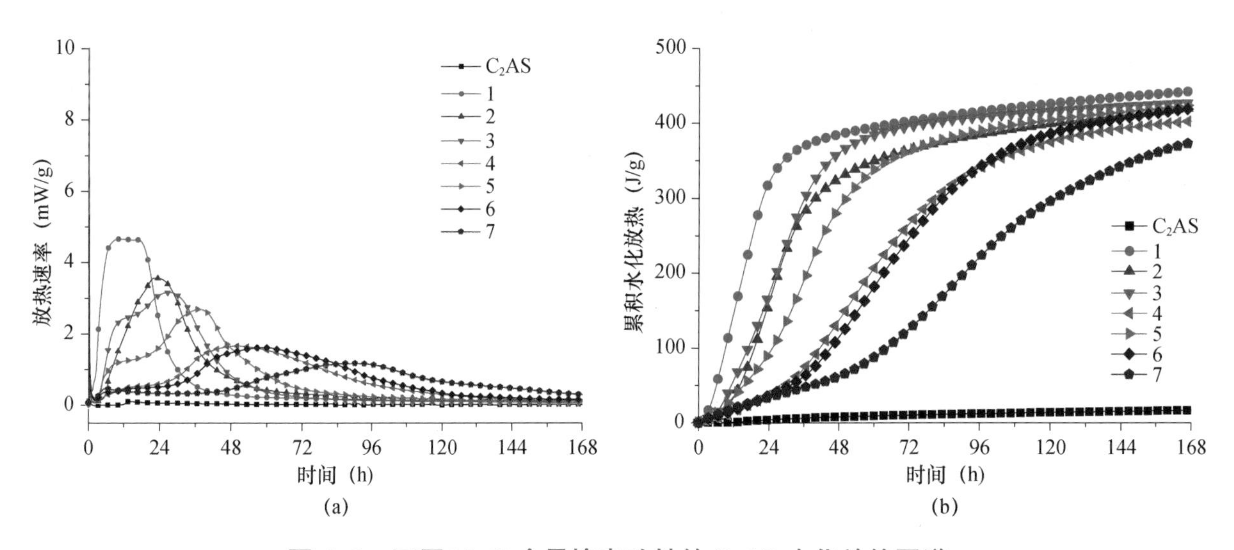

图 4–6　不同 MgO 含量掺杂改性的 C_2AS 水化放热图谱

（5）复合掺杂改性 C_2AS 的水化产物组成分析

为了进一步研究复合掺杂改性 C_2AS 是否存在晶型转变问题，实验对复合掺杂改性的 C_2AS 水化产物组成进行了分析。图 4-7 所示为在 50℃养护 3d 的复合掺杂改性 C_2AS 的 XRD 图谱。

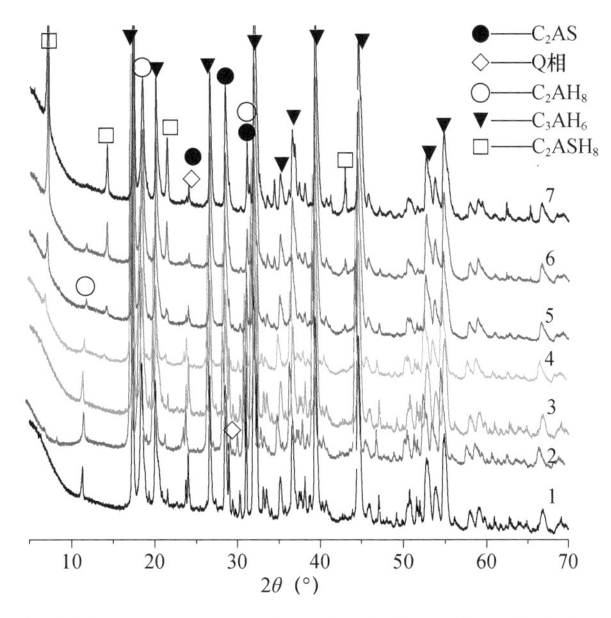

图 4–7　复合掺杂改性 C_2AS 在 50℃养护 3d 的水化产物 XRD 图谱

由图 4-7 可看出，在 50℃养护 3d 的情况下，其水化产物以 C_3AH_6、C_2AH_8 和 C_2ASH_8 为主。其中还有少量的未水化的 C_2AS 和复合掺杂改性 C_2AS。随着氧化镁含量的增加，水化钙铝黄长石在 d 值为 1.243nm 处的主要特征峰强度逐渐增强，其水化产物中的水化钙铝黄长石逐渐增多。这表明，复合掺杂改性有助于形成更多热力学稳定的水化钙铝黄长石。

复合掺杂改性时，早期水化放热速率显著提升，相对于 C_2AS 矿物具有边缘钝化的块状、短柱状的形貌特性而言，由于改性 C_2AS 相具有长柱状的特性，因此水化活性大幅提高，由此可见，复合掺杂改性能显著提高 C_2AS 的 7d 水化反应活性，当氧化镁含量为 2.21% 时，改性 C_2AS 的水化活性最高。50℃水中养护 3d 的水化产物的 XRD 分析表明，复合掺杂改性有助于形成更多热力学稳定的水化钙铝黄长石。

3. 改性铝酸盐水泥及水化特性

基于上述的熟料组成优化技术，通过调整钙铝比及改性 C_2AS，制备改性铝酸盐水泥。其主要矿物组成见表 4-8。

表 4–8　改性铝酸盐水泥的矿物组成

水泥种类	水泥熟料主要矿物组成（%）		
	CA	CA_2	C_2AS
普通铝酸盐水泥	45~55	10~17	10~20
改性铝酸盐水泥	12~20	40~55	25~30

由表 4-8 可看出，改性铝酸盐水泥中 CA_2 和 C_2AS 的含量大幅提高，而 CA 的含量下降。

（1）水化产物的组成及形貌分析

由图 4-8 可知，改性铝酸盐水泥在 50℃养护 7d 的主要水化产物为 C_2AH_8、C_3AH_6、C_2ASH_8 及少量 C-S-H。C_2ASH_8 水化相的存在表明改性铝酸盐水泥具有了稳定水化产物，这在一定程度上减少了水化铝酸钙的量，可达到减缓晶型转变的效果。

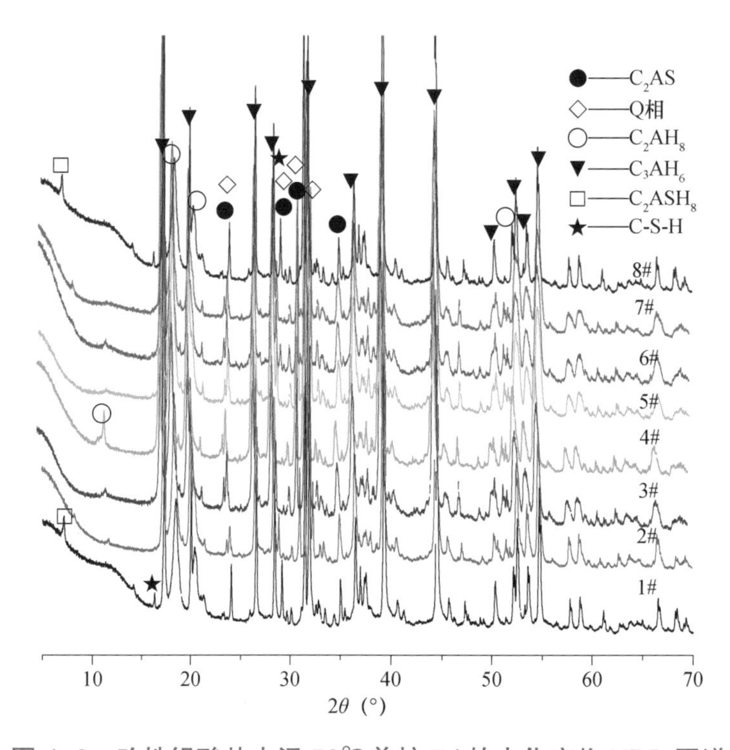

图 4-8　改性铝酸盐水泥 50℃养护 7d 的水化产物 XRD 图谱

图 4-9 所示为 50℃养护 7d 的铝酸盐水泥的水化产物 SEM 图谱。可以看出，普通铝酸盐水泥中存在大量短柱状的 C_3AH_6；在改性铝酸盐水泥中仅有少量的短柱状的 C_3AH_6，水化产物主要以针簇状的 C_2AH_8、C_2ASH_8 及凝胶态的 C-S-H 存在。这表明改性铝酸盐水泥对水化产物晶型转变的延缓或抑制效果较好。

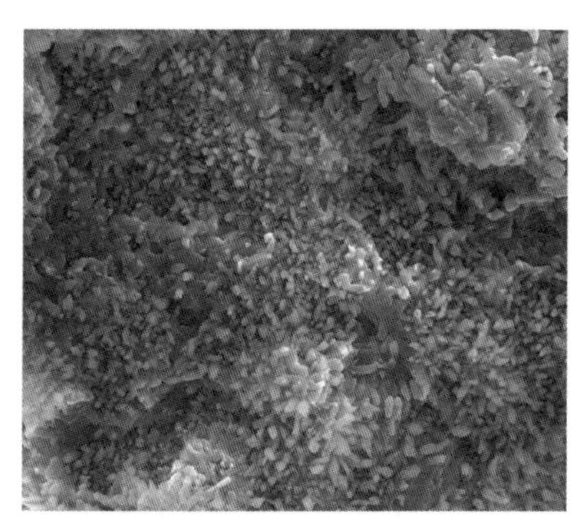

普通铝酸盐水泥（×10000）

改性铝酸盐水泥（×10000）

图 4-9　水泥水化产物的 SEM 图谱

（2）强度性能

在 20℃和 50℃两个不同养护温度下，按照国标 GB/T 201—2015《铝酸盐水泥》制备水泥砂浆试样，并测定其在 28d 的抗压强度。为消除水灰比对铝酸盐水泥抗压强度的影响，实验在保持一定流动度范围的情况下，选择同样的水灰比 0.44。其抗压强度实验结果见表 4-9。

表 4-9 铝酸盐水泥的抗压强度

水泥种类	28d 抗压强度（MPa）	
	20℃	50℃
普通铝酸盐水泥	85	22.7
改性铝酸盐水泥	83.9	39.4

从表 4-9 可看出，在 20℃养护条件下，改性铝酸盐水泥和普通铝酸盐水泥的抗压强度相当；在 50℃养护条件下，较之普通铝酸盐水泥，改性铝酸盐水泥的抗压强度提高了将近 18MPa。抗压强度保留率为 46.96%。这表明，该熟料组成优化技术确实可延缓铝酸盐水泥晶型转变，产生一定的抑制效果。

综上所述：（1）CA_2 延缓铝酸盐水泥晶型转变的程度与其含量紧密相关，CA_2 含量越高，延缓程度越明显。在综合考虑铝酸盐水泥的成本及性能的基础上，CA_2 含量在 35%~55% 为最佳。

（2）复合掺杂 C_2AS 样品物相发生晶格缺陷，晶体重构生成水化活性较好的 Q 相。其形貌由未改性前的边缘钝化块状、短柱状变为长六方柱状，这些柱状交叉分布，其中存在大量的空隙。晶格缺陷及结构空隙有利于 C_2AS 水化活性提高，其水化产物中存在更多热力学稳定的水化钙铝黄长石。在复合掺杂 C_2AS 体系中，氧化镁含量为 2.21% 时，复合掺杂改性 C_2AS 的水化活性最高。

（3）基于调整钙铝比及复合掺杂改性 C_2AS 两种技术，制备的改性铝酸盐水泥强度保留率为 46.96%。其水化反应速率及水化活性与钙铝比及复合掺杂 MgO 含量等参数相关。从水化总放热量上看，较之普通铝酸盐水泥，改性铝酸盐水泥的水化活性均有所提高。其水化产物以针簇状的 C_2AH_8、C_2ASH_8、凝胶态的 C-S-H 及少量 C_3AH_6 为主。从微观结构分析和宏观性能来看，该熟料组成优化技术确实可延缓铝酸盐水泥晶型转变，产生一定的抑制效果。

4. 辅助胶凝材料协同改性铝酸盐水泥

为进一步提高改性铝酸盐水泥的强度保留率，达到更好的晶型转变抑制效果，试验选取几种辅助胶材，研究了辅助胶材对改性铝酸盐水泥晶型转变的影响。

辅助胶材选用 S95 硅灰，有关水泥砂浆的配比和流动度见表 4-10。按照国标铝酸盐水泥水泥砂浆标准成型，测试了试样在 20℃和 50℃养护条件下的 1d、3d、7d、28d、6m 和 1y 的抗压强度。

表 4-10 水泥砂浆配比及流动度

试样编号	水灰比	铝酸盐水泥（g）	S（g）	ISO 标准砂（g）	流动度（mm）
0%S	0.42	450	—	1350	155
20%S	0.42	360	90	1350	163
25%S	0.42	337.5	112.5	1350	157
30%S	0.42	315	135	1350	162

图 4-10 所示为掺有不同量硅灰的改性铝酸盐水泥在 20℃和 50℃养护条件下的各龄期抗压强度。

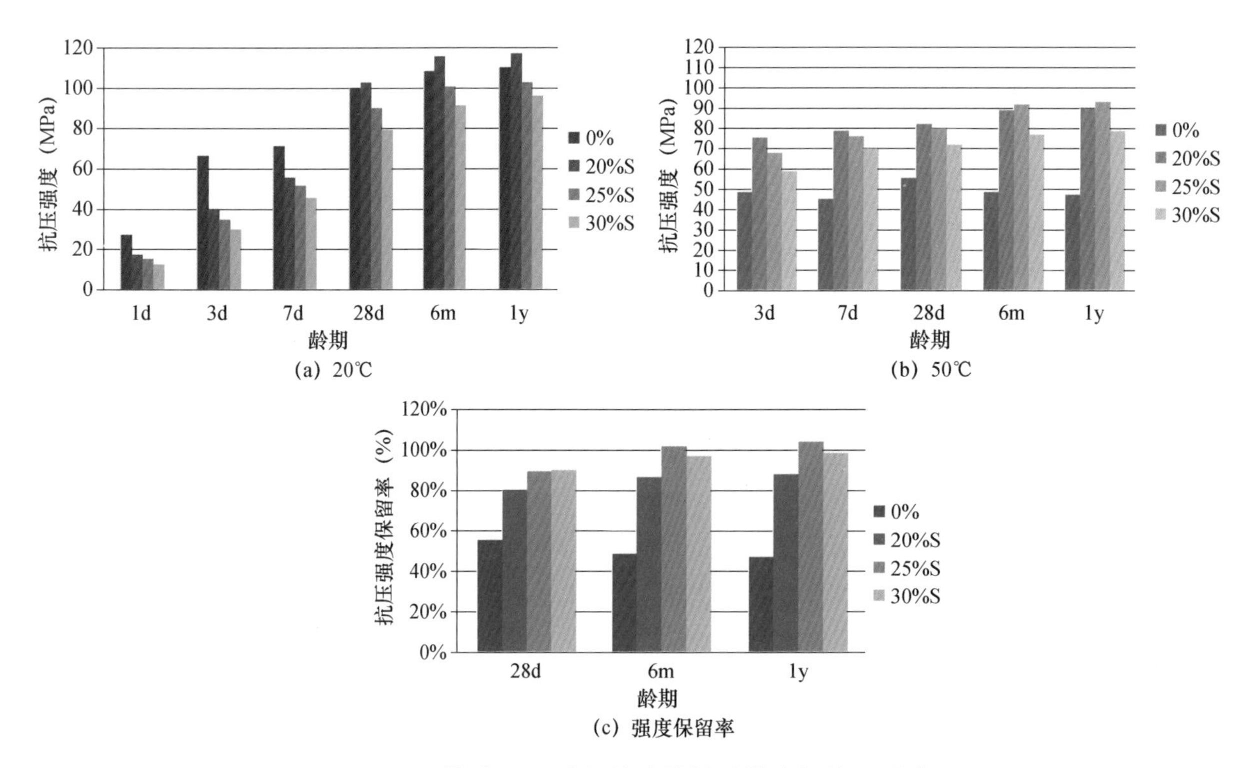

图 4-10　掺有不同硅灰的改性铝酸盐水泥抗压强度

从图 4-10 可看出，在 20℃养护条件下，在 1d 到 7d 的早龄期下，随着硅灰掺量的增大，抗压强度降低；从 28d 到 1y 时，抗压强度存在一个最大值，即当硅灰掺量为 20% 时，抗压强度最高。在 50℃养护条件下，各龄期的强度变化规律基本类似，即随着硅灰掺量的增大，抗压强度先增后减。这一现象表明，掺入硅灰虽然降低了 20℃养护下改性铝酸盐水泥的早期抗压强度，但能大幅提高 50℃养护条件下改性铝酸盐水泥的抗压强度。当硅灰掺量为 25% 时，其 28d、6m 和 1y 的抗压强度保留率最高，尤其是后期可接近 100%。

硅灰协同改性铝酸盐水泥能大幅提高其 50℃养护条件下抗压强度。当硅灰掺量为 25% 时，其 28d、6m 和 1y 的抗压强度保留率最高，28d 强度保留率在 80% 以上，28d 抗压强度可在 60MPa 以上。

4.1.3　高抗蚀铝酸盐水泥耐化学腐蚀基础理论及其评价技术

氯离子的侵蚀作用主要体现在两个方面：其一，对混凝土的水泥石结构造成破坏，这主要体现在混凝土孔结构的劣化及混凝土孔溶液中的自由氯离子浓度超过一定阈值。其二，对混凝土中的钢筋腐蚀作用破坏。这主要体现在混凝土中孔溶液中氯离子的侵蚀和外部氯离子对钢筋的侵蚀两方面。本节将着重针对这个问题，从高抗蚀铝酸盐水泥的矿物组成入手，分别从离子 / 模拟海水侵蚀下浆体内部微结构演变的规律及离子外侵时水泥胶砂 - 钢筋电极的抗腐蚀性能等方面展开研究，并在此基础上形成高抗蚀铝酸盐水泥抗氯离子渗透测定方法。

1. 离子 / 模拟海水侵蚀下高抗蚀铝酸盐水泥浆体微结构的演变规律

氯离子对混凝土水泥石结构破坏主要体现在孔结构的劣化及孔溶液中自由氯离子浓度的超标。但若氯离子能与水泥石中的某种水化产物反应或者被某种水化产物表面吸附，并且新生成的水化产物能优化孔结构等，则此时氯离子不但不会对水泥石结构造成破坏，而且能通过改善孔结构特征，进而减缓氯离子对钢筋的进一步电化学腐蚀。为此，在表征水泥的抗氯离子侵蚀性方面，有必要研究该水泥与氯离子的结合情况。

不同种类的胶凝材料具有不同的矿物组成特性，因而其结合氯离子的性能亦具有较大差异。已有研究表明，与普通硅酸盐水泥相比，铝酸盐水泥具有更强结合氯离子形成 Friedel's 盐的能力；普通硅酸盐水泥砂浆在硫酸盐化学侵蚀作用下完全破坏，而铝酸盐水泥砂浆只因盐物理结晶作用导致边缘轻微损伤。与传统铝酸盐水泥相比，本项目制备的高抗蚀铝酸盐水泥矿物组成又有所调整，这主要体现在其 CA/CA_2 的相对比例上，因此高抗蚀铝酸盐水泥与氯离子的结合特性显然会有别于传统的铝酸盐水泥。基于此，本节采用了水化热、X 射线粉末衍射（XRD）、综合热分析（TG-DSC）、压汞（MIP）等分析测试手段，在模拟海水侵蚀的条件下（含有氯离子和硫酸盐离子等），探讨了具有不同 CA/CA_2 矿相比例的铝酸盐水泥的抗海水侵蚀性能及泥浆体微结构的演变规律。

（1）水泥试样的制备

实验选用水泥的标准：其矿物组成中所含的 CA 与 CA_2 矿相总量相近。为此，实验所用水泥为上述工业生产制备的高抗蚀铝酸盐水泥和两种不同产地的普通铝酸盐水泥，这两种普通铝酸盐水泥分别为郑州登峰熔料有限公司和凯诺斯铝酸盐水泥公司生产的 CA50-J7 和 JC83 水泥，三种水泥分别标记为 J1、J2 和 J3。有关三种铝酸盐水泥的矿物组成与粒径分布表 4-11 和图 4-11 所示。试验用砂为 ISO 标准砂，拌和水采用自来水（TW）与海水（SW），其中海水根据 ASTM D1141—98 (2013) 采用去离子水按浓度比 1 : 1 配制，其化学组成见表 4-12。

表 4-11　不同铝酸盐水泥的矿物组成　　*w*/%

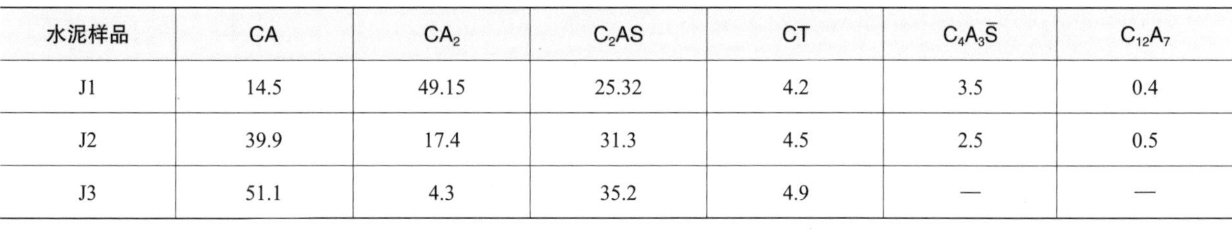

水泥样品	CA	CA_2	C_2AS	CT	$C_4A_3\bar{S}$	$C_{12}A_7$
J1	14.5	49.15	25.32	4.2	3.5	0.4
J2	39.9	17.4	31.3	4.5	2.5	0.5
J3	51.1	4.3	35.2	4.9	—	—

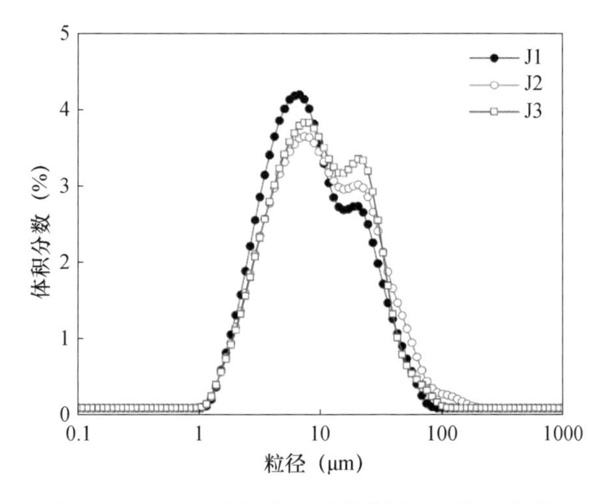

图 4-11　不同铝酸盐水泥的粒径分布曲线

表 4-12 海水的化学组成 g/L

NaCl	$MgCl_2$	Na_2SO_4	$CaCl_2$	KCl	$NaHCO_3$
24.53	5.20	4.09	1.16	0.695	0.201

为保证温度一致，成型前 24h 将所用原材料均置于 20℃的实验室环境中。胶砂强度试件所取水胶比为 0.44，胶砂比为 1∶3，试件尺寸为 40mm × 40mm × 160mm。相应水胶比的净浆试件选用 20mm × 20mm × 20mm 的试模。两种拌和水试件成型后均在温度为 (20 ± 1)℃、相对湿度为 (60 ± 5)% 的条件下养护 24h 后脱模，随即在相同养护条件下养护至规定龄期。胶砂试件分别测定其 1d、3d、28d 和 90d 强度，净浆试件在相应龄期破型后用无水乙醇终止水化，存放试样于密封干燥器中备用，其中块状试样用于测试孔隙结构，粉末试样用于 XRD 测试和氯离子滴定。

微观表征：采用日本 Rigaku D/max 2550X 射线粉末多晶衍射仪，工作电压 40kV，工作电流 250mA，DS 为 1/2°，RS 为 0.15mm，滤波片为石墨弯晶单色器。采用连续扫描模式，2θ 扫描范围为 5°~75°，扫描速度为 2°/min。采用德国 NETZSCH 公司 STA 449C 型 TG-DSC 联合热分析仪。采用 N_2 作为保护气氛，升温速率为 10℃/min,扫描的温度范围是 30~1000℃。采用 FEI 公司生产的 QUANTA 200FEG-ESEM 观察，加速电压为 20kV，低真空模式。采用压汞测孔仪（Quantachrome AUTOSCAN-60）进行高压测孔，测试水泥浆体样品的孔结构，并采用 Quanta chrome Autoscan PORO2 PC SoftwareVer3.00 软件及 Excel 软件协同进行数据处理。采用瑞典 Thermalmat 公司生产的等温微量热仪（TAM Air 08 Isothermal Calorimeter）测试 20℃自来水与海水拌和下铝酸盐水泥浆体的水化放热速率和放热量。固定水胶比为 0.5。

氯离子结合量：采用硝酸银滴定法进行测定。即将达到预定养护条件的净浆试块敲碎后用无水乙醇浸泡 3d 使其终止水化，然后研磨成粉末，取 10g 样品与 120mL 去离子水于烧杯中混合，用磁力搅拌器搅拌 5min，然后静置 24h，用定性滤纸进行过滤，除去沉淀。用移液管准确提取滤液 30mL 两份，分别置于烧杯中，加入铬酸钾指示剂 5 滴，立即用硝酸银溶于滴定至砖红色。记录消耗硝酸银的量。溶液中游离氯离子的量可用式（4-2）计算。

$$P=\frac{0.03545\,CV_1}{G\frac{V_2}{V_3}}\times 100 \tag{4-2}$$

式中 P——净浆试块中游离氯离子的量，%；

C——硝酸银浓度，mol/L；

G——净浆样品质量，g；

V_1——消耗硝酸银体积，mL；

V_2——滴定时取滤液的体积，mL；

V_3——总共加入去离子水的体积，mL。

（2）具有不同矿物组成的铝酸盐水泥抗压强度发展规律

图 4-12 所示为采用不同拌和水下所得三种铝酸水泥砂浆在不同龄期的抗压强度。由图 4-12 可见，自来水拌和［图 4-12（a）］时，28d 龄期内三种水泥的抗压强度均随龄期增长而逐渐增加，但此后 90d 抗压强度较 28d 几乎没有变化，其中两种水泥的强度略有降低。

海水拌和［图 4-12（b）］时，3d 内水泥的抗压强度发展规律与自来水拌和时一致，后期强度的发展规律有所不同。养护至 28d 时，三种水泥的抗压强度较自来水拌和时均有明显提高，其中 J1 型水泥的抗压强度更是高出 1 倍，并且超过了 J2 和 J3 水泥的抗压强度。进一步养护至 90d，J1 型水泥的强度依然远高于 J2 和 J3 两种水泥，且与同龄期采用自来水拌和时相比，J1 型水泥试样的 90d 强度较高。由此可见，当铝酸盐水泥中 CA 与 CA_2 总量一定时，在海水拌和下，其 CA/CA_2 比值较小即 CA_2 含量较高时，试样的后期抗压强度较高。具有较高 CA_2 含量的高抗蚀铝酸盐水泥 28d 抗压强度达到 100MPa，90d 抗压强度在 80MPa 以上。

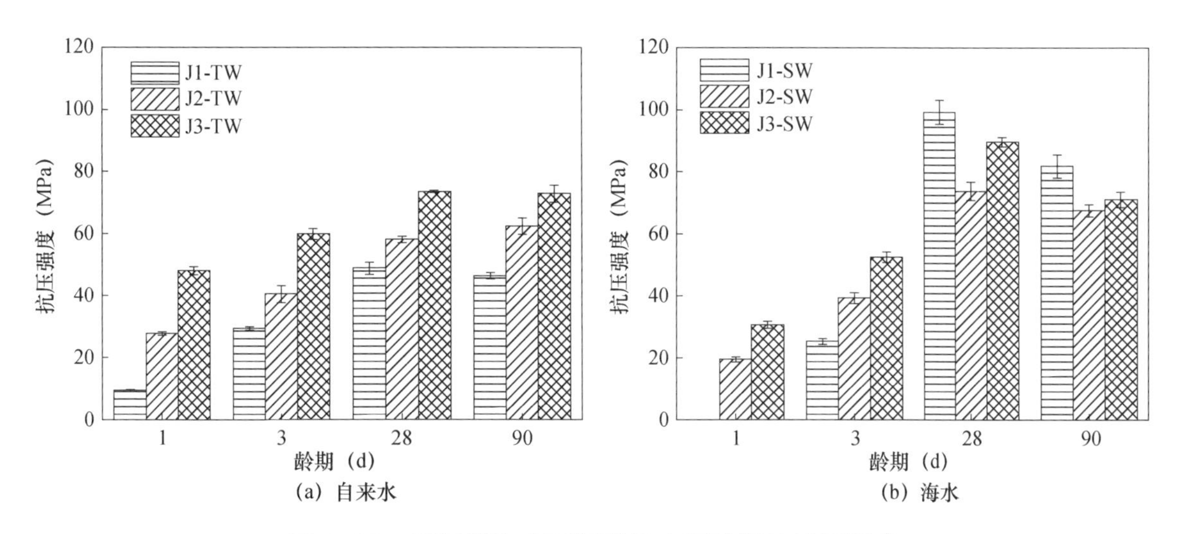

图 4–12　不同拌和水下铝酸盐水泥砂浆的抗压强度

上述铝酸盐水泥砂浆强度发展规律成因显然与铝酸盐水泥中的不同矿相组成及其与水中的碱离子作用密切相关。较之 CA，CA_2 水化速率较慢，因此对于 CA_2 含量较高的 J1 水泥试样，其强度发展规律为早期强度较低，后期强度提升显著。就海水和自来水拌和对强度发展的影响后续将结合微结构的分析进行解释。

海水拌和的早期强度（1d 的和 3d 的）较低，28d 强度较高，90d 强度 J1 显著提升，而 Na^+ 和 K^+ 亦可以作为非均相成核位点，降低成核势垒，从而提高 CAC 的水化程度。因此，海水拌和时，随着其延缓水化的作用减弱，Na^+ 和 K^+ 开始发挥成核位点作用，促进 CAC 水化，使得后期强度较自来水拌和时明显提升。CA/CA_2 比例越低，强度提升越显著，这可能是因为大量 CA_2 在后期的水化速率加快，浆体中水化产物的增加量更多所致。

综上可知，当铝酸盐水泥中 CA 与 CA_2 总量一定时，在海水拌和下，其 CA/CA_2 比值越小，试样的后期抗压强度越高。本实验中，具有较高 CA_2 含量的高抗蚀铝酸盐水泥 28d 抗压强度达到 100MPa，90d 抗压强度在 80MPa 以上。

（3）具有不同矿物组成铝酸盐水泥的氯离子结合量

图 4-13 所示为海水拌和时三种水泥的氯离子结合量随龄期的变化关系。结果表明，海水中的大部分氯离子在 1d 时已被结合，且结合量随 CA/CA_2 比例的增加而逐渐增大。当养护至 7d，三种 CAC 的氯离子结合量均有不同程度的增长，其中 J1 型水泥增长幅度最为明显，其氯离子结合量已略高于另外两种水泥。此后 J1 型水泥仍保持缓慢增长趋势，而 J2 型和 J3 型水泥的氯离子结合量几乎没有增加。这表明，较之普通铝酸盐水泥，高抗蚀铝酸盐水泥的后期氯离子结合能力较强。

该实验现象可解释如下：水泥对氯离子的结合主要与其水化产物对氯离子物理吸附及化学结合生成 Friedel's 盐有关。因此，同等条件下，水化速率快即意味着在相同时间能生成更多水化产物，氯离子被结合的可能性也更大。对 CA_2 含量较高的 J1 型水泥而言，由于 CA_2 的水化活性较差，同时海水对其早期水化的延缓作用更为显著，因此 1d 时其水化程度最低，即浆体中水化产物生成量最少，氯离子结合量最低；后期源自浆体中前期大量未水化的 CA_2 持续水化，故随着龄期增长，其氯离子结合量逐渐增加。对 CA 含量较高的 J2 和 J3 型水泥而言，CA 本身的水化速率较快，同时在海水的促进作用下，使得这两种水泥的水化产物在前期已大量形成，因此，其后期氯离子结合量无明显变化。

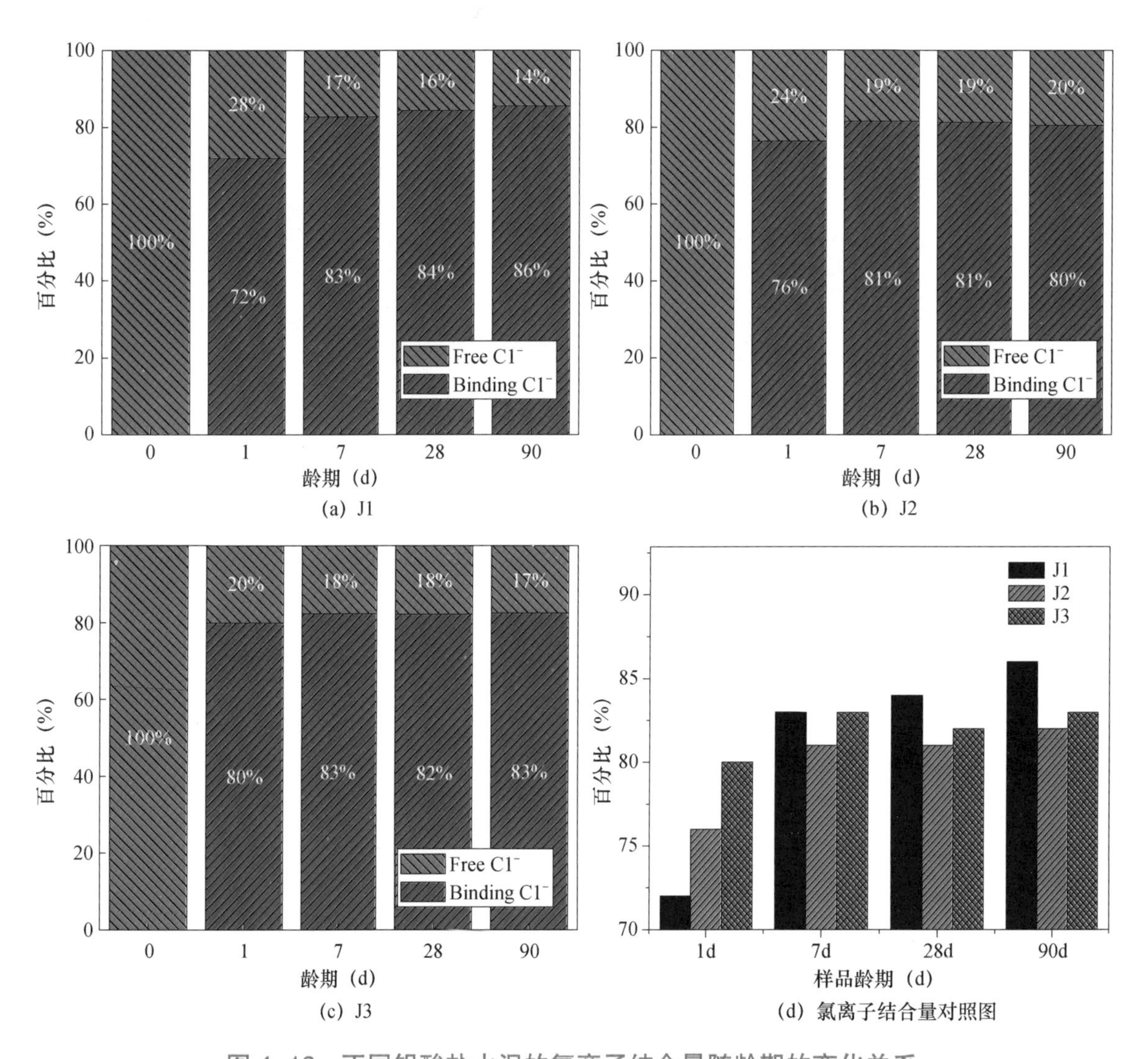

图 4-13　不同铝酸盐水泥的氯离子结合量随龄期的变化关系

由此可见，在海水拌和下，较之普通铝酸盐水泥，高抗蚀铝酸盐水泥的水化速率较慢，这主要因其矿相组成中 CA_2 含量较高，CA_2 水化反应速率较慢所致。然而，高抗蚀铝酸盐水泥浆体所特有的水化环境可促进 F 盐的形成，这有益于固结氯离子，发挥抗氯离子侵蚀作用；后期随着水化龄期的延长，CA_2 水化加速铝胶 AH_3 大量生成，孔溶液中 pH 降低，进而促使 F 盐溶解。F 盐溶解后释放出的氯离子并未进入孔溶液中而是以物理吸附方式与水化产物或孔壁结合，因而就高抗蚀铝酸盐水泥而言，其随着龄期的延长，氯离子结合能力不断增强。

（4）具有不同矿物组成铝酸盐水泥浆体的微结构演变

水化进程：图 4-14 和图 4-15 分别为自来水和海水拌和时三种 CAC 的水化放热速率和累积放热量随

时间的变化关系。由图可以看出：无论是自来水还是海水拌和，随着 CA/CA_2 比例的增加，CAC 的水化放热峰提前，峰值放热速率增大，累积放热量也逐渐提高。自来水拌和时，三种水泥的水化放热均集中在 48h 以内；海水拌和时，三种水泥的水化放热均有所延缓，其中 J1 型水泥甚至在 60h 左右才出现放热峰值。进一步分析可知，海水对 CAC 水化的延缓主要体现在诱导期，且 CA/CA_2 比例越低，诱导期延长越显著。众所周知，CA_2 的水化速率远低于 CA，故 CA/CA_2 比例越高，CAC 的水化速率越快，放热量增大，反之亦然。一般认为，诱导期长短与水泥初期的水化速率直接相关。海水拌和时，三种 CAC 的诱导期均出现延长，这可能是因为海水拌和时，铝酸盐水泥的主要矿相 CA 和 CA_2 的溶解受阻，进而水化速率减缓所致。

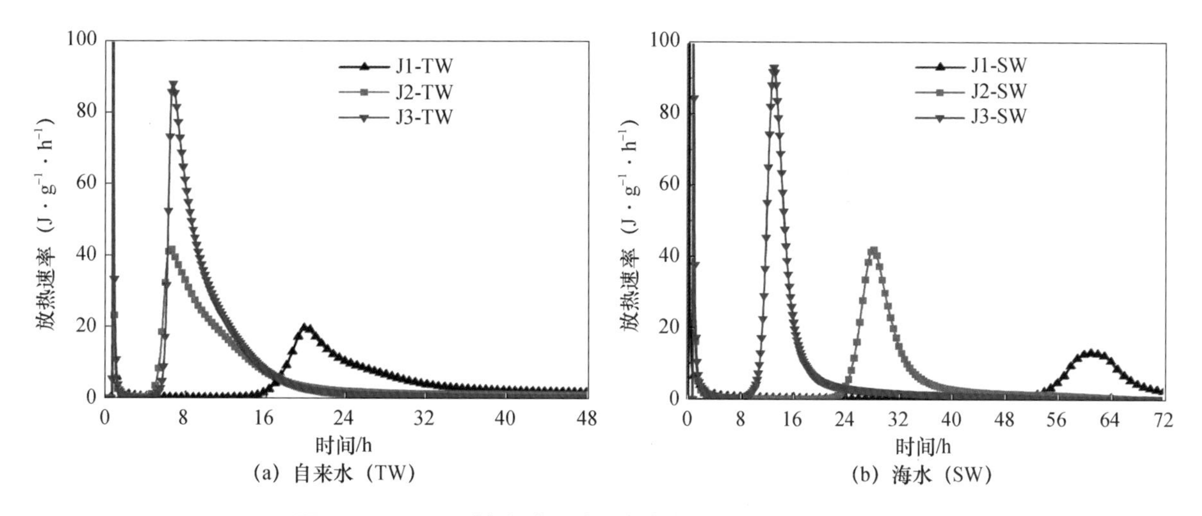

图 4-14 不同拌和水下铝酸盐水泥的水化放热曲线

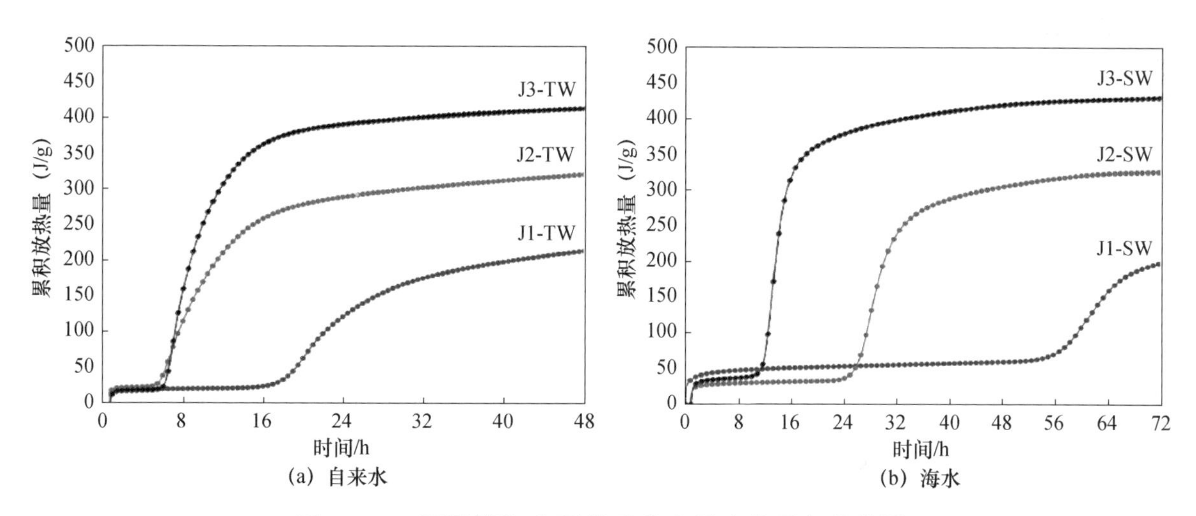

图 4-15 不同拌和水下铝酸盐水泥水化累积放热量

水化产物的物相组成：图 4-16 为自来水与海水拌和时三种 CAC 净浆水化 1d、28d 和 90d 的 XRD 谱。由图 4-16（a）可见，水化 1d 龄期时，在自来水拌和下其水化产物主要为 CAH_{10}、C_2AH_8 和 AH_3；在海水拌和时，C_2AH_8 的特征峰几乎看不到，水化产物以 CAH_{10} 和 AH_3 为主，只在 J1 即高抗蚀铝酸盐水泥的水化产物中出现明显的 Friedel's 盐衍射峰。这表明，铝酸盐水泥中 CA/CA_2 值越低，越有助于早期 F 盐的形成。与 J2 和 J3 两种普通铝酸盐水泥相比，J1 无论在哪种水拌和条件下，其 CAH_{10} 的衍射峰强度都明显较低，这主要因 J1 矿相组成中 CA_2 含量较高，CA_2 水化反应速率较慢所致。由图 4-16（b）和图 4-16（c）中可看出，三种水泥浆体中 CAH_{10} 的衍射峰强度较自来水拌和时均显著增强；在同样采用海水拌和下，J1 型水泥所含的 CAH_{10} 和 AH_3 的衍射峰强度明显强于 J2 和 J3，F 盐的特征峰随龄期增长逐步消失。这一现象表明，海水拌和能促进铝酸盐水泥的后期水化；随着龄期延长，J1 中的 CA_2 矿相水化加速，因 CA_2 相具有较高的 A/C 比，故其水化产物中出现大量呈凝胶状的 AH_3。

结合上述氯离子结合量及水化热分析可推知，J1 中 F 盐衍射峰的消失可能与水泥硬化体中氯离子的存在形态密切相关。在水化早期，J1 水泥浆体所特有的水化环境（例如 pH，水化产物产生的速率、数量等）可促进 F 盐的形成，从而发挥早期固结氯离子、减少氯离子侵蚀的作用；随着水化龄期的延长，由于水化产物中出现铝胶 AH_3，孔溶液中的 pH 降低，进而导致 F 盐的溶解。结合上述游离氯离子量的变化趋势可推知，溶解后的氯离子并未进入孔溶液而是可能以物理吸附方式与水化产物或孔壁结合，从而进一步达到固结氯离子的目的。XRD 谱中亦未发现与硫酸盐和镁离子有关的侵蚀产物，这表明该浓度海水中的硫酸盐和镁离子对 CAC 无明显的化学侵蚀作用。

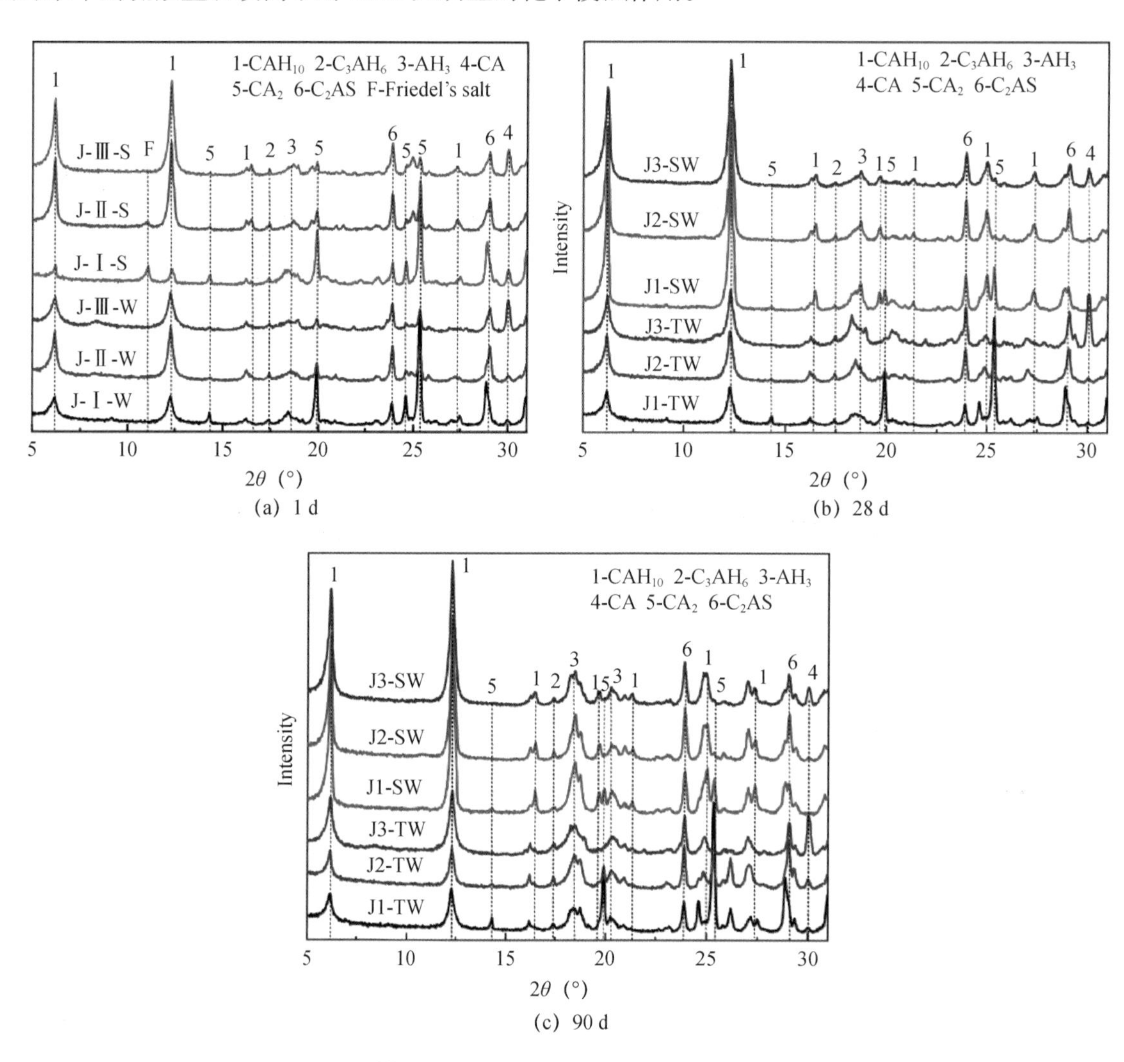

图 4-16 不同拌和水下铝酸盐水泥净浆在不同龄期的 XRD 谱

图 4-17 所示为采用自来水与海水拌和时三种 CAC 净浆水化 90d 时的 TG-DSC 曲线。由图 4-17 可见，无论采用何种拌和水，三种水泥净浆的失重峰均主要为 CAH_{10} 和铝凝胶（AH_3），其中 CAH_{10} 的失重

峰在 120℃左右，AH_3 的失重峰在 270℃左右。区别在于，采用海水拌和时，三种 CAC 净浆中 CAH_{10} 的失重峰较自来水拌和时明显增强，尤其是 J1 水泥。

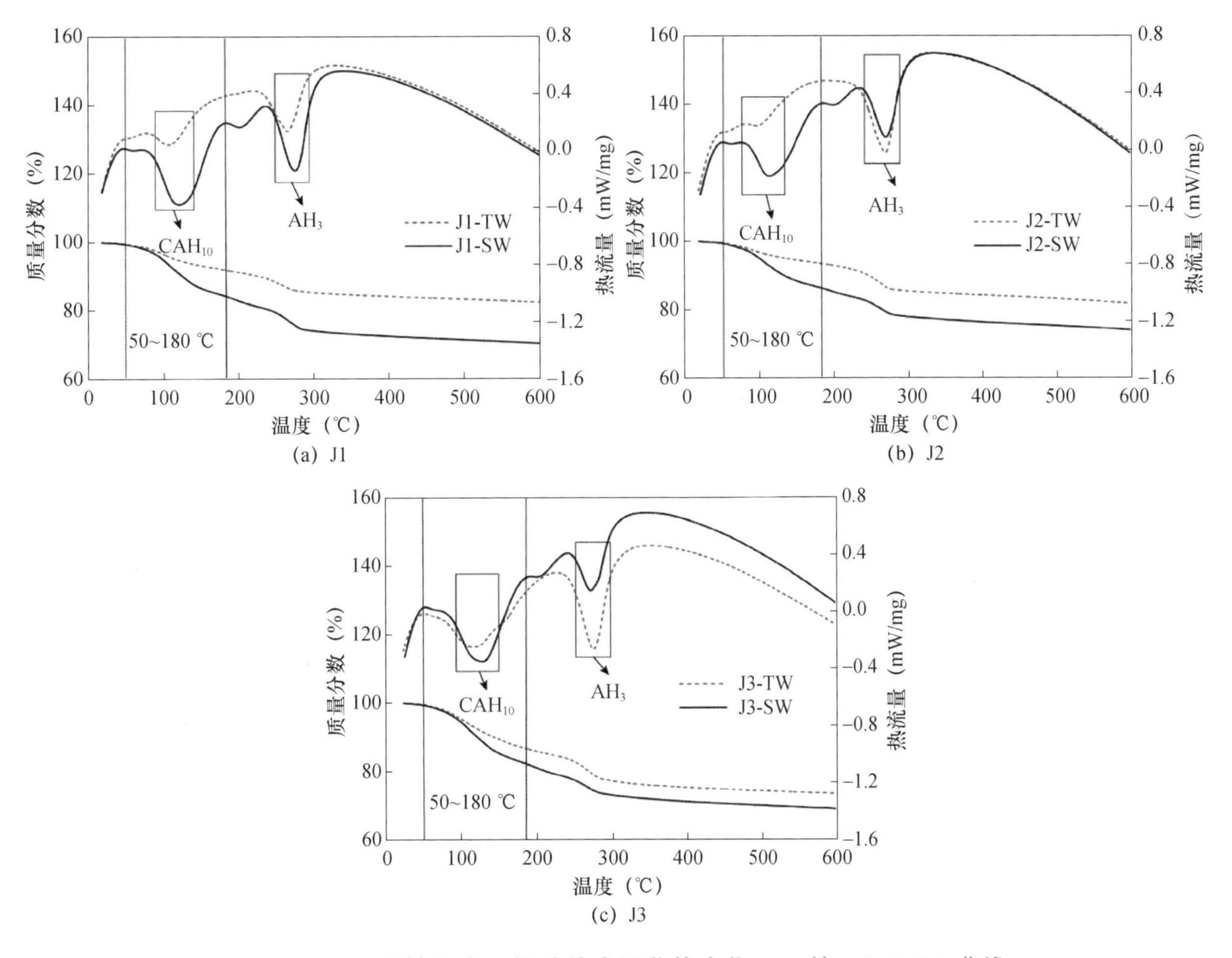

图 4–17 不同拌和水下铝酸盐水泥浆体水化 90d 的 TG–DSC 曲线

表 4-13 列出了三种 CAC 净浆在 50~180℃（CAH_{10} 的失水温度区间）间的质量损失率。结果显示，与自来水拌和相比，海水拌和时三种水泥浆体的质量损失率明显增加，尤其是 J1 型水泥质量损失率均增加约一倍，这与 XRD 谱（图 4-16）中 CAH_{10} 衍射峰变化规律基本一致。

表 4–13 不同拌和水下铝酸盐水泥净浆的质量损失率

样品编号	质量损失（%）	
	自来水	海水
J1	7.51	14.83
J2	5.90	8.85
J3	12.50	16.71

硬化体的孔结构特征：图 4-18 为自来水与海水拌和时三种 CAC 净浆水化 90d 时的孔径分布曲线。由图 4-18 可见，与自来水拌和相比，海水拌和时 J1 型水泥试样的孔径分布峰值明显向孔径较小的方向移动，降低至 40nm 左右，而 J3 水泥试样则基本没有变化。表 4-14 统计了各样品中孔径小于 100nm（凝胶孔与过渡孔）、100~1000nm（毛细孔）和大于 1000nm（大孔）三类孔的体积百分比及孔隙率等孔隙特征参数。由表 4-14 可知，自来水拌和时三种试样的孔隙率相差不大。而海水拌和时，三种试样的孔隙率均出现不同程度的降低。其中，J1 的变化最为明显，其所对应的孔径 100~1000nm 的孔体积分数降低至 25%，尤其是小于 100nm 的孔从 29% 增加到 68%，增加幅度在三种水泥中最高。这些硬化体中孔结构的变化现象表明在海水拌和下，铝酸盐水泥中 CA/CA_2 越小即 CA_2 含量越高，其硬化浆体中孔径较小的孔数量越多，硬化体更为致密。结合上述分析可知，这主要归因于其浆体中形成了一种新的固相产物 Friedel's 盐以及氯离子被吸附在水化产物或者孔壁上，即氯离子结合。

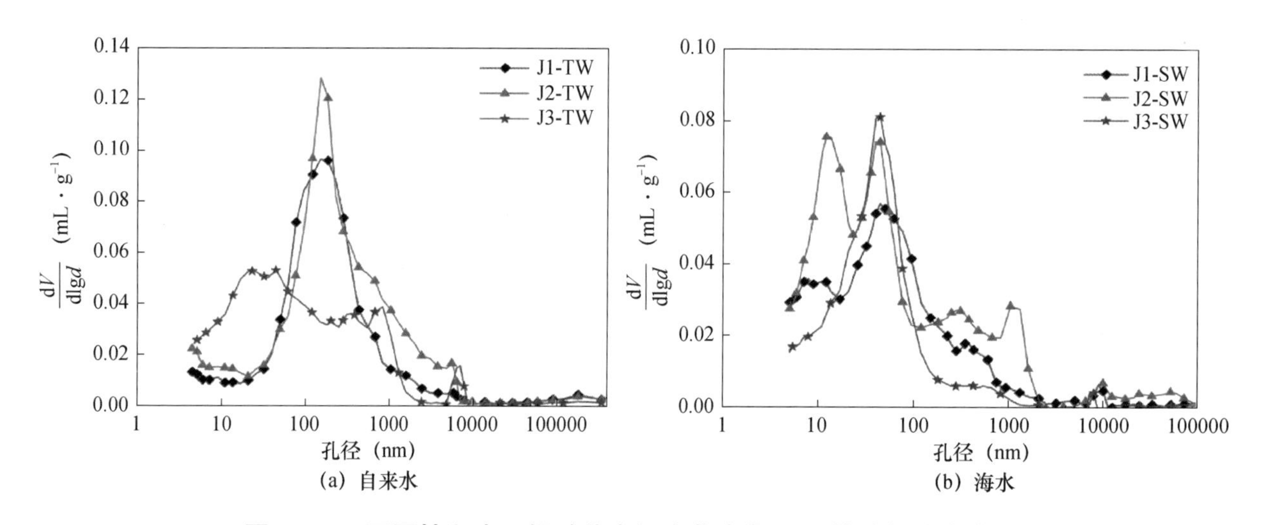

图 4-18 不同拌和水下铝酸盐水泥净浆水化 90d 的孔径分布曲线

表 4-14 不同拌和水下铝酸盐水泥净浆的孔隙特征参数

样品	孔径分布（%）			气孔率（%）
	＜100nm	100~1000nm	＞1000nm	
J1-TW	29.11	60.54	10.35	16.58
J2-TW	23.18	74.16	2.67	18.83
J3-TW	55.70	42.18	2.12	15.33
J1-SW	68.48	25.10	6.42	12.58
J2-SW	60.39	21.49	18.12	17.94
J3-SW	59.08	20.38	10.09	13.29

综上可知，在海水拌和下，铝酸盐水泥中 CA/CA_2 比例越低，其后期氯离子结合量越大，硬化体中孔结构越致密，所对应的硬化体抗压强度越高，即高抗蚀铝酸盐水泥硬化体结构更为致密：孔径小于 100nm 的孔隙数量明显增多，最可几孔径明显降低。

2. 氯离子作用下高抗蚀铝酸盐水泥钢筋的电化学腐蚀过程

研究富氯盐环境下混凝土结构内部的钢筋腐蚀过程是评估混凝土结构抗侵蚀性能以及护筋能力的重要组成部分，其对实际工程应用具有一定的理论指导意义。因此，首先采用了电化学测试技术研究高抗蚀铝酸盐水泥（GCAC）加筋体系的耐氯盐腐蚀性能。为此，开展了两部分实验：一是模拟 Cl^- 渗透到钢筋表面的极端恶劣情况，分析钢筋直接浸泡在分别掺加 1%、3%、5% NaCl 的高抗蚀铝酸盐水泥孔溶液中的电化学腐蚀过程；二是模拟实际钢筋混凝土结构，进一步分析钢筋被 30mm 厚的 GCAC 胶砂层包裹后分别浸泡在 3%、9%、15% NaCl 溶液中的腐蚀过程。之后，研究了不同矿物组成对铝酸盐水泥胶砂 - 钢筋电极抗氯离子侵蚀性能的影响机理。

（1）在 GCAC 水泥孔溶液中的钢筋电化学腐蚀过程

腐蚀溶液及钢筋电极的制备：模拟氯离子穿透 GCAC 浆体结构渗入钢筋表层所处孔溶液的环境，探究钢筋在 GCAC 孔溶液中直接接触氯离子的腐蚀过程。

腐蚀溶液的具体制备过程如下：

首先使用循环水真空泵将搅拌均匀的改性铝酸盐水泥净浆（水灰比 0.44）进行抽滤，抽滤所用滤膜孔径为 200nm，从水泥加水到开始抽滤的时间间隔为 20min，抽滤过程如图 4-19 所示。然后向抽滤得到的孔溶液中分别掺加质量分数（相比于原来孔溶液质量）为 1%、3% 和 5% 的 NaCl，配制得到腐蚀溶液，纯 GCAC 孔溶液作为空白组。此外，采用电感耦合等离子发射光谱仪测得的纯 GCAC 与同强度等级（52.5 级）P·I 硅酸盐水泥孔溶液中的元素浓度分布（测试结果为稀释 5 倍后的数值）见表 4-15。

图 4-19　GCAC 孔溶液的真空抽滤过程

表 4-15　GCAC 孔溶液中的元素浓度

水泥类型	元素浓度（mg/L）					
	K	Na	Ca	Mg	Al	S
GCAC	100.2	9.63	73.41	0.02	18.48	2.05
P·I	710.3	25.96	93.19	0.01	1.38	256.7

钢筋电极的制备及钝化：钢筋电极的制备过程如图 4-20 所示，钢筋工作面暴露面积为 $0.785cm^2$。由于钢筋的腐蚀过程从表面的钝化膜破坏开始，因此将处理好的钢筋电极浸泡在强碱溶液［0.6mol/L KOH+0.2mol/LNaOH+0.001mol/L$Ca(OH)_2$］中钝化 8d，使钢筋表面形成钝化膜（图 4-21）。最后，将钝化结束的钢筋电极置于相应的腐蚀溶液中浸泡至测试龄期。

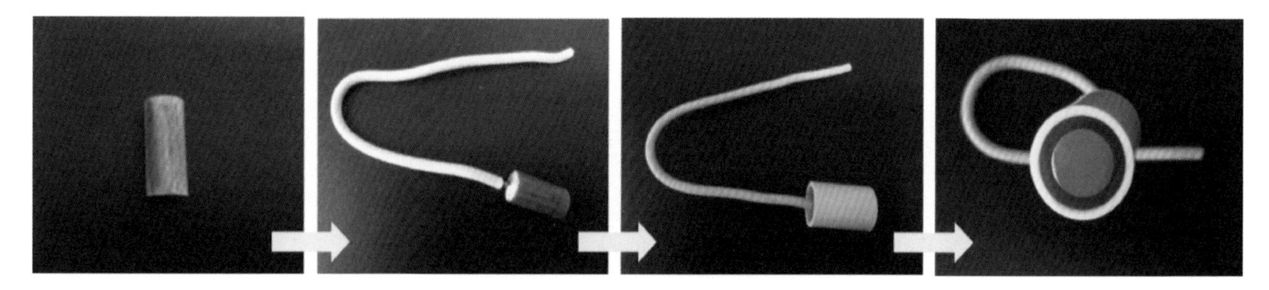

图 4-20　钢筋电极的制备过程

图 4-21　钢筋电极的钝化过程

将钝化处理模拟后的钢筋电极分别浸泡在含有不同浓度 NaCl 的改性铝酸盐水泥孔溶液中并密封保存，以降低孔溶液发生碳化的程度。试验分组及对应腐蚀溶液见表 4-16。

表 4-16　钢筋电极腐蚀试验分组

试验分组	腐蚀溶液
A	GCAC 孔溶液
B	GCAC 孔溶液 +1% NaCl
C	GCAC 孔溶液 +3% NaCl
D	GCAC 孔溶液 +5% NaCl

由表 4-16 可见，钢筋电极与浸泡溶液的体积比为 1∶5 左右。定期对浸泡腐蚀的钢筋电极进行电化学测试，观测钢筋的腐蚀状态。浸泡过程中钢筋电极的工作面要完全暴露在腐蚀溶液中，不与容器壁接触，以保证测试结果的准确性。

孔溶液中氯离子浓度对钢筋表面成膜钝化与腐蚀电位的影响：钢筋电极在强碱溶液中钝化过程的腐蚀电位如图 4-22 所示。四组钢筋电极的腐蚀电位均随龄期延长逐渐升高并趋于平稳。在钝化 1d 时，钢筋电极的腐蚀电位大幅提高，升高了 360mV 左右，说明钢筋表面的钝化膜逐渐形成；钝化 1~4d，腐蚀电位仍然不断上升但趋势渐缓，说明钝化膜厚度增加并逐渐趋于稳定；钝化 4~8d 时，各组钢筋电极的腐蚀电位基本上已经稳定不变，标志着此时的钢筋表面已经形成一层完整的钝化膜，钝化阶段可以结束。

0
−240
−480
−720
−960
−1200
腐蚀电位（mV）
0
2
4
6
8
浸泡时间（d）
A（CAC+0% NaCl）
B（CAC+1% NaCl）
C（CAC+3% NaCl）
D（CAC+5% NaCl）

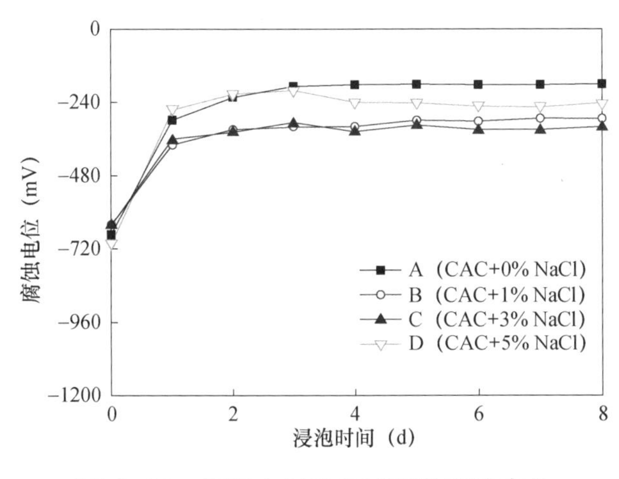

图 4-22　钢筋电极钝化过程的腐蚀电位

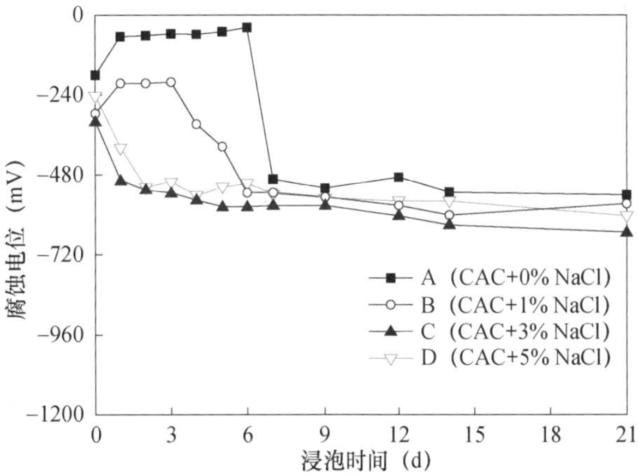

0
−240
−480
−720
−960
−1200
腐蚀电位（mV）
0
3
6
9
12
15
18
21
浸泡时间（d）
A（CAC+0% NaCl）
B（CAC+1% NaCl）
C（CAC+3% NaCl）
D（CAC+5% NaCl）

图 4-23　钢筋电极腐蚀过程的腐蚀电位

将钝化完好的各组钢筋电极分别浸泡在掺加不同含量 NaCl 的 GCAC 孔溶液中，其腐蚀电位随龄期延长的变化规律如图 4-23 所示。从图中可以看出，浸泡在纯 GCAC 孔溶液中 A 组钢筋电极的腐蚀电位在 1d 时有所提升，且在浸泡 1~6d 内保持平稳状态，这意味着钢筋电极进一步发生钝化，新拌 GCAC 浆体的孔溶液依然对钢筋具有一定程度的保护能力；浸泡 7d 时，A 组钢筋电极的腐蚀电位急剧降低至 -480mV 左右，说明钢筋电极表面导电性差的钝化膜结构被破坏，钢筋脱钝并开始发生腐蚀；7d 龄期后，A 组钢筋电极的腐蚀电位继续下降，腐蚀过程进一步发展。与空白组（A 组）相比，浸泡在掺加 1% NaCl 的 GCAC 孔溶液中的 B 组钢筋电极在 1~3d 内的腐蚀电位也有一定程度的提高，但在浸泡 3~6d 内开始逐渐降低，说明掺加 NaCl 会破坏 GCAC 孔溶液对钢筋的保护能力，使得钢筋的脱钝腐蚀过程提早发生。而分别浸泡在掺加 3% 和 5% NaCl 的 GCAC 孔溶液中的 C 组及 D 组钢筋电极的腐蚀电位在 1~2d 时已经开始下降，这说明钢筋表面的钝化膜在此条件下不能稳定存在，且较高掺量的 NaCl 会进一步加快 GCAC 孔溶液中钢筋的腐蚀。总体来说，GCAC 孔溶液中掺加 NaCl 的浓度越高，钢筋脱钝、腐蚀的开始时间越早，且随着浸泡龄期的延长，钢筋发生腐蚀破坏的程度逐渐加深。进一步讲，纯 GCAC 孔溶液具有维持钢筋钝化状态的能力，但在 Cl^- 渗透到钢筋表面所处孔溶液的极端恶劣情况下，钢筋的腐蚀可能完全受 Cl^-/OH^- 的控制，Cl^- 浓度越大，钢筋发生腐蚀的可能性越大。

孔溶液中氯离子浓度对钢筋电化学阻抗的影响：图 4-24 所示为浸泡在 GCAC 孔溶液中 A 组钢筋电极的电化学阻抗谱图。从图 4-24（a）看出，A 组钢筋电极的 Nyquist 曲线在不同龄期均呈现为一段圆弧，这符合电化学交流阻抗谱的基本特征。浸泡 0d 时圆弧直径很大，表现为电容特性，此时钢筋电极表面具有一层完整的钝化膜；当龄期为 1d、3d 和 6d 时，圆弧直径增大，说明钢筋发生钝化，这与其腐蚀电位结果相符；而 7d 龄期时，A 组钢筋电极的 Nyquist 曲线表现为一段压扁的圆弧，且圆弧直径骤减，说明此时腐蚀体系所含的不再是简单的双电层电容，钢筋电极的电化学性质发生明显变化，钝化膜破坏，腐蚀开始发生；当浸泡龄期为 21d 时，圆弧直径相比 7d 时进一步减小，这意味着钢筋腐蚀发展迅速。此外，从图 4-24（b）所示的 Bode 曲线中可以看出，A 组钢筋电极阻抗模值和相位角值均随腐蚀龄期延长呈现出先增大后减小的趋势，这与 Nyquist 曲线表达的信息相吻合，说明钢筋经历了进一步钝化和脱钝、腐蚀破坏的过程。

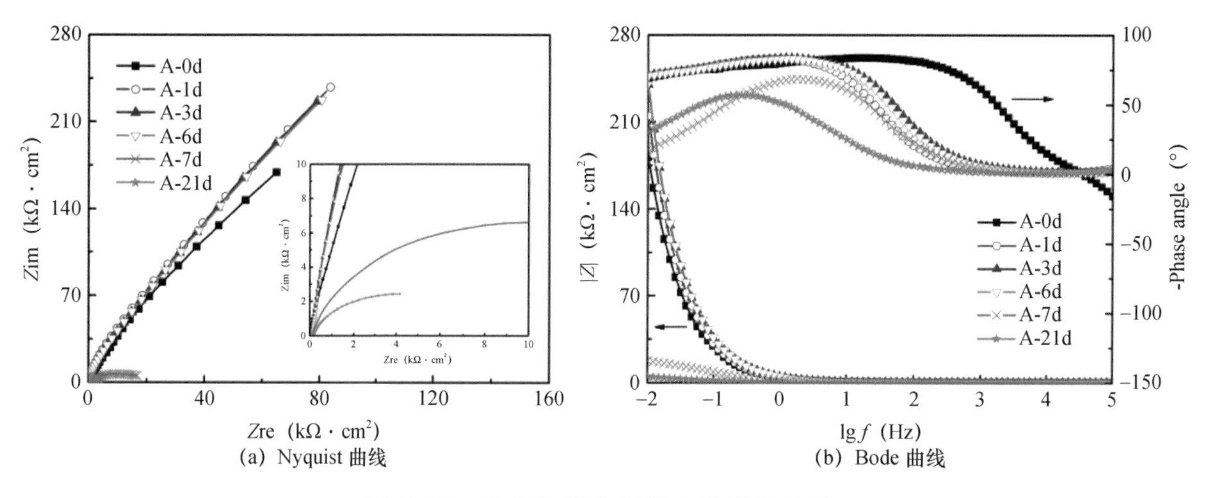

图 4-24　A 组钢筋电极的电化学阻抗谱

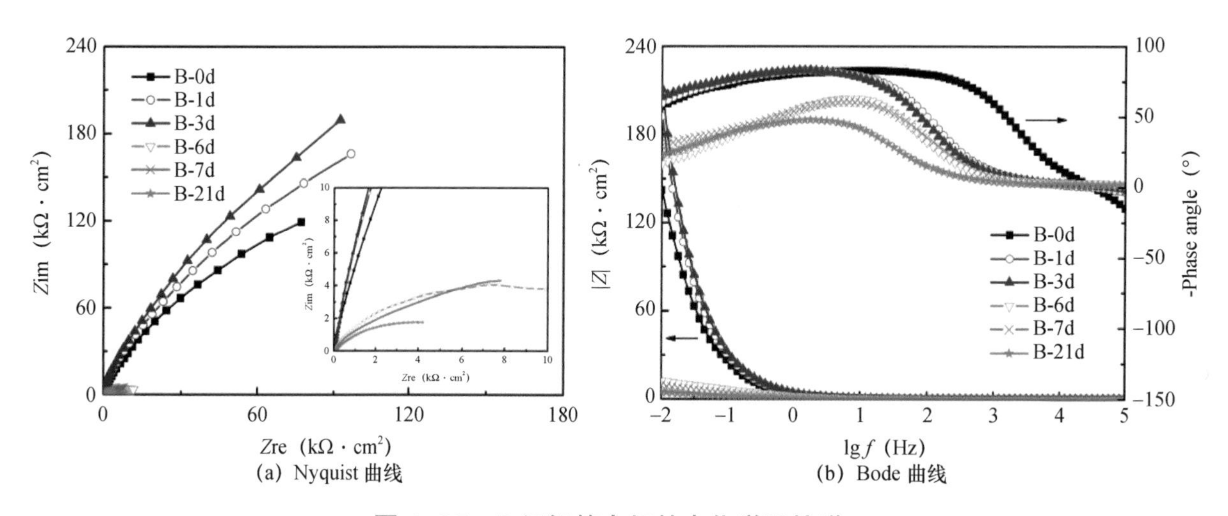

图 4-25　B 组钢筋电极的电化学阻抗谱

浸泡在掺加 1% NaCl 的 GCAC 孔溶液中 B 组钢筋电极的电化学阻抗谱如图 4-25 所示。由图 4-25（a）可知，B 组钢筋电极的 Nyquist 曲线变化规律与 A 组的结果相似。浸泡 0d 时，圆弧直径较大，此时钢筋的钝化状态较好；浸泡 1d 和 3d 时，圆弧直径进一步增大，说明钢筋电极仍然处于较好的钝化状态；当龄期增加至 6d 时，圆弧直径大幅减小，结合 B 组钢筋电极的腐蚀电位变化可知，其在

3~6d 内的腐蚀电位逐渐降低，说明钢筋表面的钝化膜逐渐被消耗殆尽，钢筋开始发生腐蚀；当龄期继续延长至 21d 时，圆弧直径进一步减小，钢筋腐蚀过程逐渐发展，腐蚀程度加深。如图 4-25（b）所示，B 组钢筋电极的阻抗模值在浸泡 6d、7d 和 21d 时已经降至 15kΩ · cm^2 之内，相比其初始值降低了一个数量级，且相位角值也随着龄期的延长呈降低趋势，进一步表明了钢筋腐蚀进程的逐渐发展。

浸泡在掺加 3% NaCl 的 GCAC 孔溶液中 C 组钢筋电极的电化学阻抗谱如图 4-26 所示。由图 4-26 (a) 可知，相比 A 组和 B 组钢筋电极，C 组钢筋电极在浸泡 1d 时的 Nyquist 曲线已经表现为一段压扁的圆弧且直径较 0d 时显著减小，说明此时钢筋电极的电化学性质已经发生改变，钢筋表面的钝化膜无法稳定存在，腐蚀逐渐发展；浸泡 3d 时，圆弧半径进一步减小，且 Nyquist 曲线表现出沿直线发展的趋势，这可能是因为整个体系的腐蚀过程由电化学控制转变为扩散控制所导致的；随着龄期进一步延长至 21d，圆弧直径继续减小但幅度不大，说明 C 组钢筋电极在该阶段的腐蚀速率可能相对减缓。在图 4-26（b）所示的 Bode 曲线上，C 组钢筋电极的阻抗模值和相位角值随龄期增长逐渐降低。浸泡 1d 时，阻抗模值已经降至 12.5kΩ · cm^2 之内，且随龄期延长进一步减小，这意味着钢筋表面的钝化膜经历了腐蚀破坏过程，且相比于 A 组和 B 组钢筋电极的腐蚀更为快速。值得注意的是，随着钢筋腐蚀的发展，Bode 图中频率 - 相位角曲线的波峰呈现出从一个变为两个的趋势，说明腐蚀体系的时间常数从一个变为两个，这一现象与钢筋电极表面腐蚀产物不断积累有关。

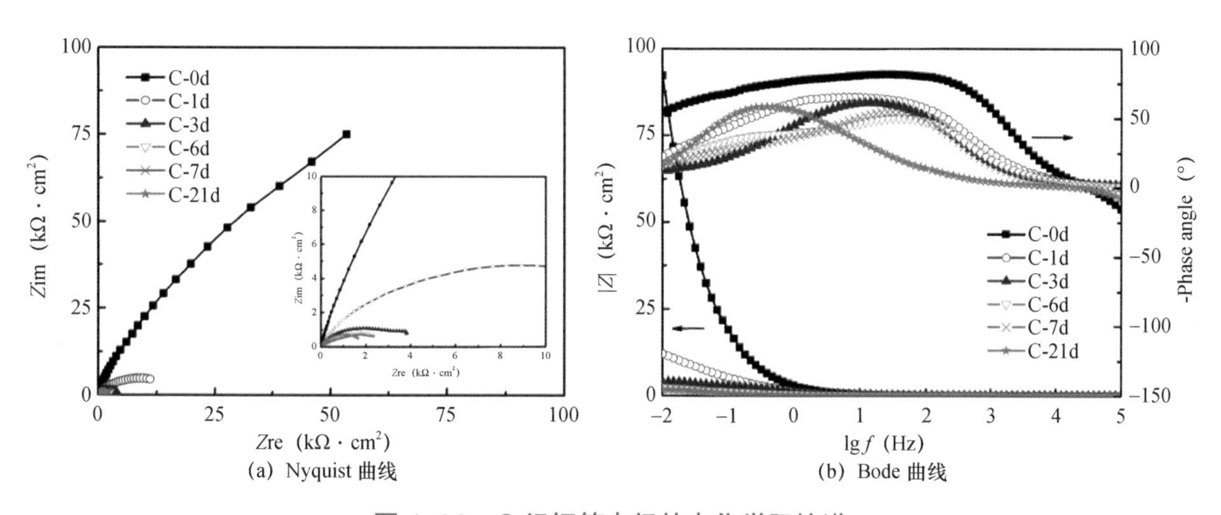

(a) Nyquist 曲线　　(b) Bode 曲线

图 4-26　C 组钢筋电极的电化学阻抗谱

图 4-27 所示为浸泡在掺加 5% NaCl 的 GCAC 孔溶液中 D 组钢筋电极的电化学阻抗谱。如图 4-27（a）所示，D 组钢筋电极的 Nyquist 曲线圆弧变化规律与 C 组钢筋电极相似。浸泡 1d 时，圆弧直径已经显著减小，且随着浸泡龄期的延长进一步减小，预示着钢筋腐蚀的逐渐发展。而从图 4-27（b）中可以看出，D 组钢筋电极的阻抗模值与相位角值同样随着腐蚀龄期延长而降低。浸泡 1d 时，阻抗模值降低至 50kΩ · cm^2 以内；浸泡 3d 后，阻抗模值继续降低至 12.5kΩ · cm^2 以内。此外，频率 – 相位角曲线的波峰逐渐由一个向两个过渡，这对应于 Nyquist 图中圆弧直径的同步变化，说明腐蚀体系的时间常数表现为从一个逐渐变为两个的趋势，这主要是由于钢筋电极表面累积的腐蚀产物对整个电化学腐蚀体系的干扰造成的。

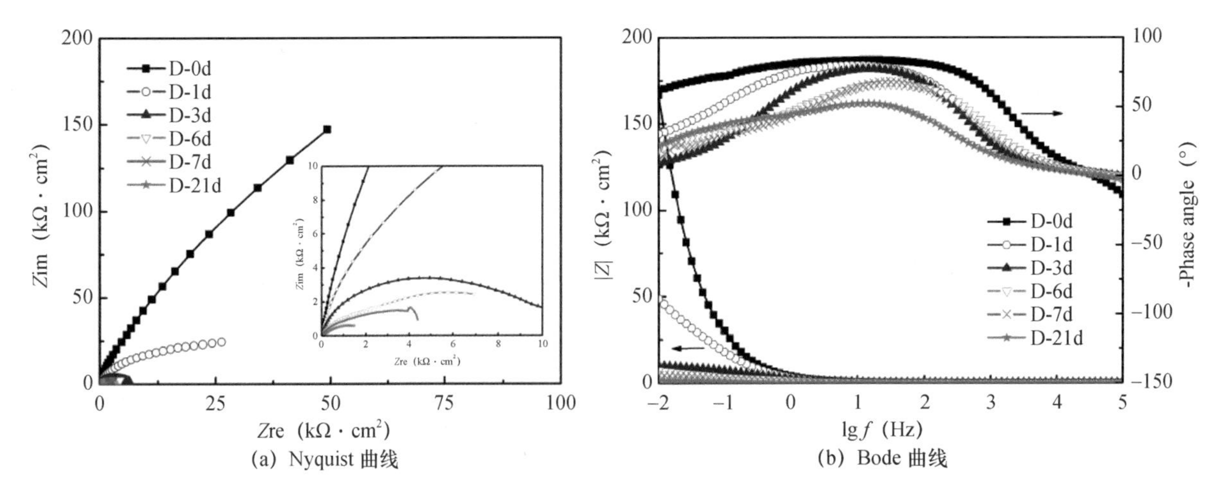

(a) Nyquist 曲线　　(b) Bode 曲线

图 4–27　D 组钢筋电极的电化学阻抗谱

在不同氯离子浓度下钢筋电极阻抗谱的数据拟合：为了进一步分析钢筋电极在含有不同浓度 NaCl 的 GCAC 孔溶液中的脱钝情况，采用等效电路对钢筋电极的阻抗谱进行数据拟合，获得了等效电路中各元件的电化学参数。表 4-17 列出了各组钢筋电极在不同腐蚀环境中电荷转移电阻 R_{ct} 随龄期的变化规律。从表中可以看出，A 组钢筋电极的 R_{ct} 值在 6d 内处于上升阶段，相比初始值（0d）增大了约 300kΩ · cm²，说明钢筋表面始终保持较好的钝化状态；浸泡 7d 时，A 组钢筋电极的 R_{ct} 值突降至 18.11kΩ · cm²，意味着钝化膜受到破坏，导电性增强；而后随着龄期的继续增长，R_{ct} 值进一步下降，腐蚀逐渐扩展。B 组钢筋电极的 R_{ct} 值在 3d 内逐渐升高，钢筋在此龄期内保持稳定的钝化状态；4d 时，B 组钢筋电极的 R_{ct} 值下降到 128.5kΩ · cm²，说明钝化膜对钢筋的保护作用被削弱；6d 时的 R_{ct} 值已经降低了一个数量级，达到 11.73kΩ · cm²，说明钢筋表面钝化膜几乎被完全消耗；6d 后，B 组钢筋电极的 R_{ct} 值随龄期延长继续降低，说明钢筋的腐蚀逐渐推进。C 组和 D 组钢筋电极的 R_{ct} 值在 1d 时就已经大幅降低且 D 组的降低幅度更大，这表明在含有较高浓度 NaCl 的 GCAC 孔溶液中，钢筋的钝化状态受到威胁，钝化膜无法稳定存在；3d 时，C、D 两组钢筋电极的 R_{ct} 值已经降低了两个数量级，并随龄期延长进一步减小；21d 时，C 组和 D 组钢筋电极的 R_{ct} 值已经降低至 2kΩ · cm² 左右，说明钢筋受到严重腐蚀。

表 4–17　钢筋表面电荷转移电阻 R_{ct} 随腐蚀龄期的变化

组别	R_{ct} (kΩ · cm²)						
	0d	1d	3d	4d	6d	7d	21d
A	552.2	915.8	838.0	839.7	843.2	18.11	7.587
B	272.1	417.8	554.3	128.5	11.73	9.944	5.662
C	151.0	13.18	3.755	3.467	2.720	2.237	2.406
D	339.1	50.07	9.228	7.425	6.504	4.270	1.913

不同氯离子浓度下钢筋电极的线性极化曲线：图 4-28 所示为浸泡在 GCAC 孔溶液中的 A 组钢筋电极在各腐蚀龄期的线性极化曲线。由图可知，0d 时，A 组钢筋电极的电流密度 - 电位关系的线性拟合效果很差，这主要是因为此时钢筋表面的钝化膜完好、导电性差，腐蚀尚未发生，因此，电流密度

与电位之间不能呈现出较好的线性关系；1~6d 龄期内，电流密度与电位之间的线性关系依然较差；但当龄期增加至 7d 和 21d 时，腐蚀电流密度与电位之间的线性关系增强，说明钢筋表面的钝化膜被破坏，钢筋逐渐发生腐蚀。

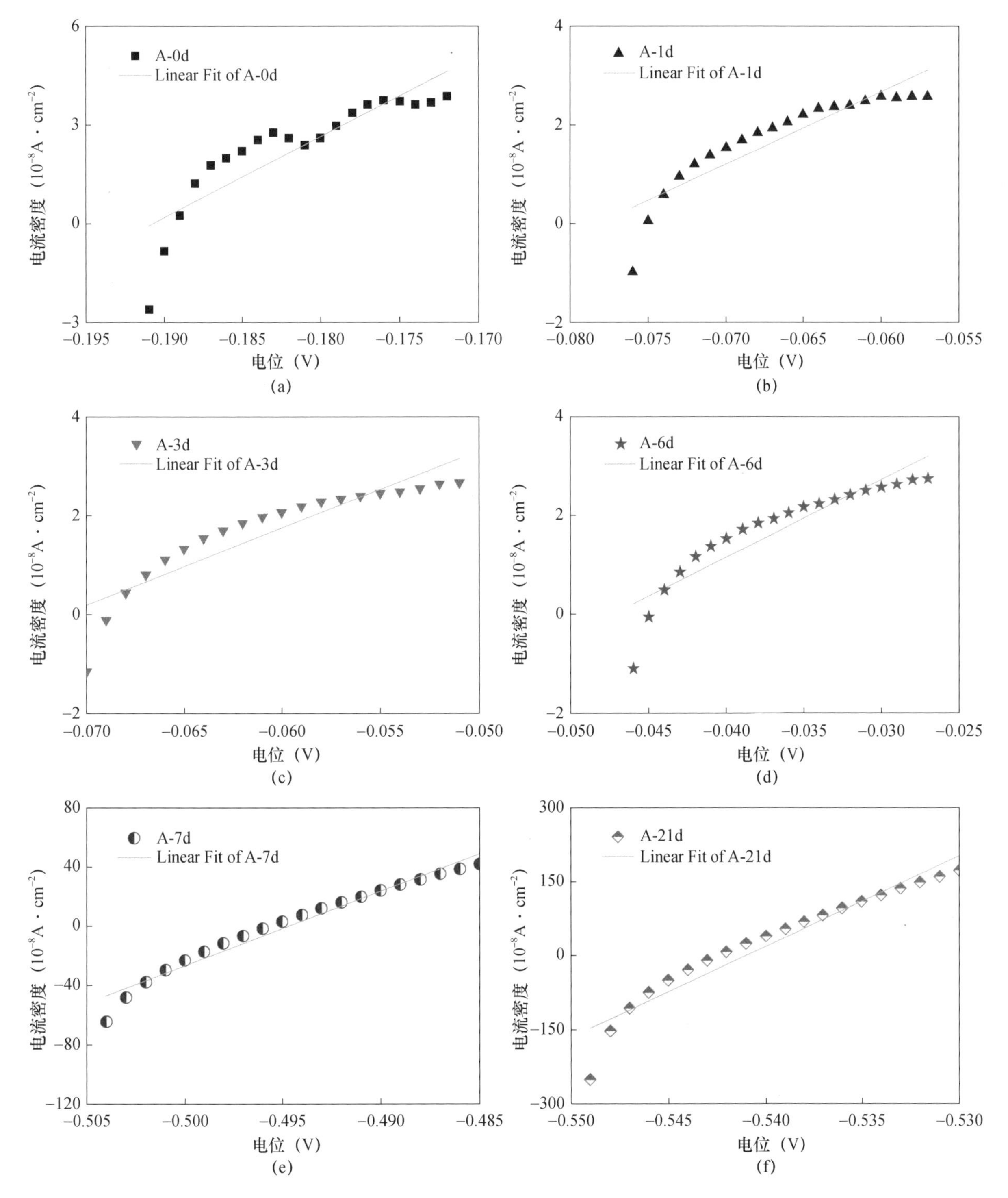

图 4–28　A 组钢筋电极的线性极化曲线

图 4-29 所示为浸泡在掺加 1% NaCl 的 GCAC 孔溶液中 B 组钢筋电极的线性极化曲线。从图中可以看出，0d 时，B 组钢筋电极的电流密度随电位的变化发生明显波动，说明钢筋表面的钝化膜完好，电阻值较大，较小的扰动电压并不能很好地极化表面的钝化膜；随着腐蚀龄期延长，电流密度与电位的线性关系也逐渐增强，说明钢筋表面的钝化膜逐渐被破坏；21d 时，钢筋电极的电流密度与电位之间基本呈线性关系，钢筋腐蚀进一步发展。这与上述腐蚀电位和电化学阻抗谱的测试结果相符。

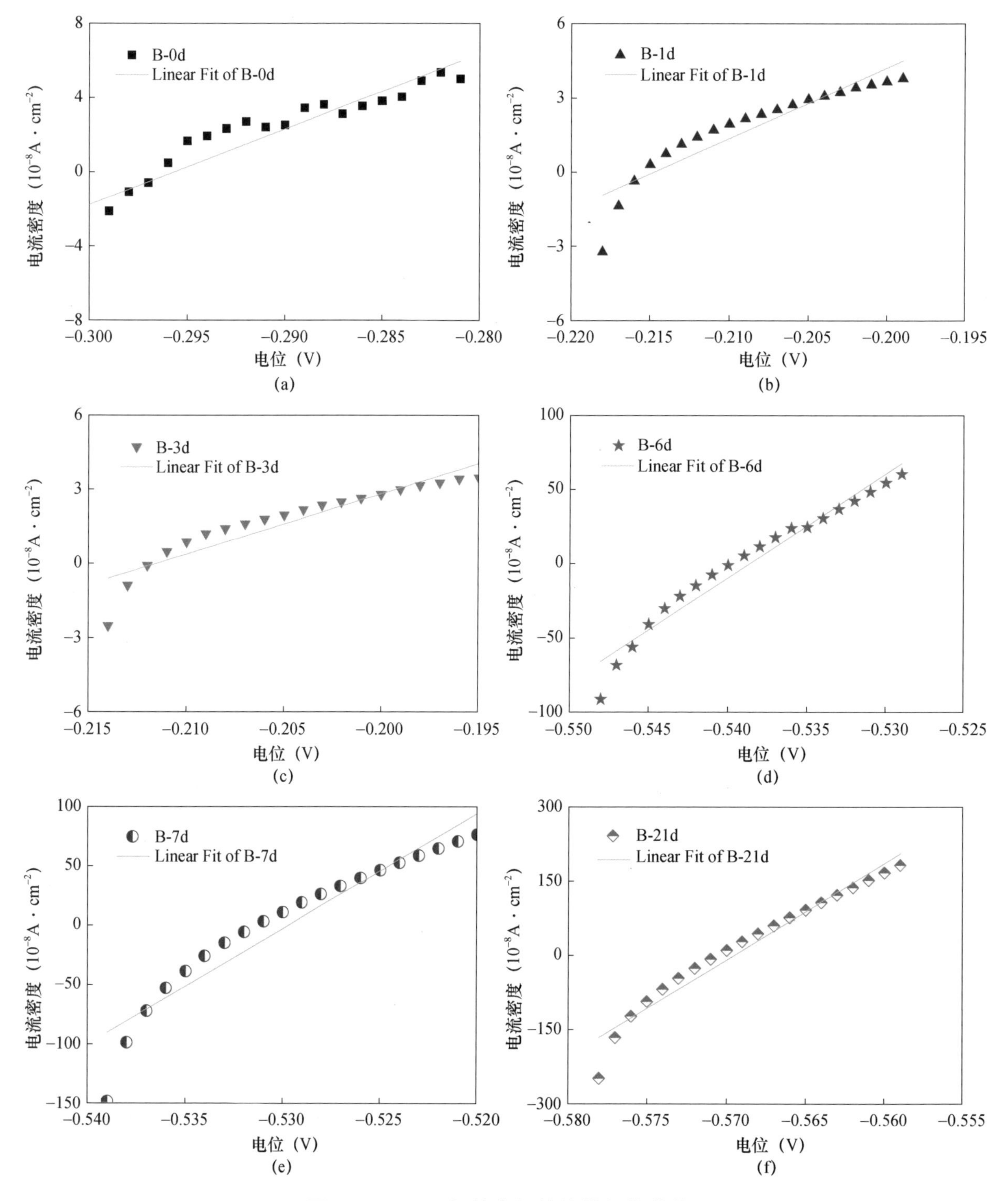

图 4–29　B 组钢筋电极的线性极化曲线

浸泡在掺加 3% NaCl 的 GCAC 孔溶液中 C 组钢筋电极的线性极化曲线如图 4-30 所示。从图中可以看出，与 A 组和 B 组钢筋电极相比，C 组钢筋电极的电流密度与电位在浸泡 1d 时已经呈现出较为明显的线性关系，且随着龄期的延长，线性关系进一步增强。这说明 C 组钢筋电极表面钝化膜发生破坏的时间较早，钢筋电极的腐蚀进程随着龄期的延长进一步加快。

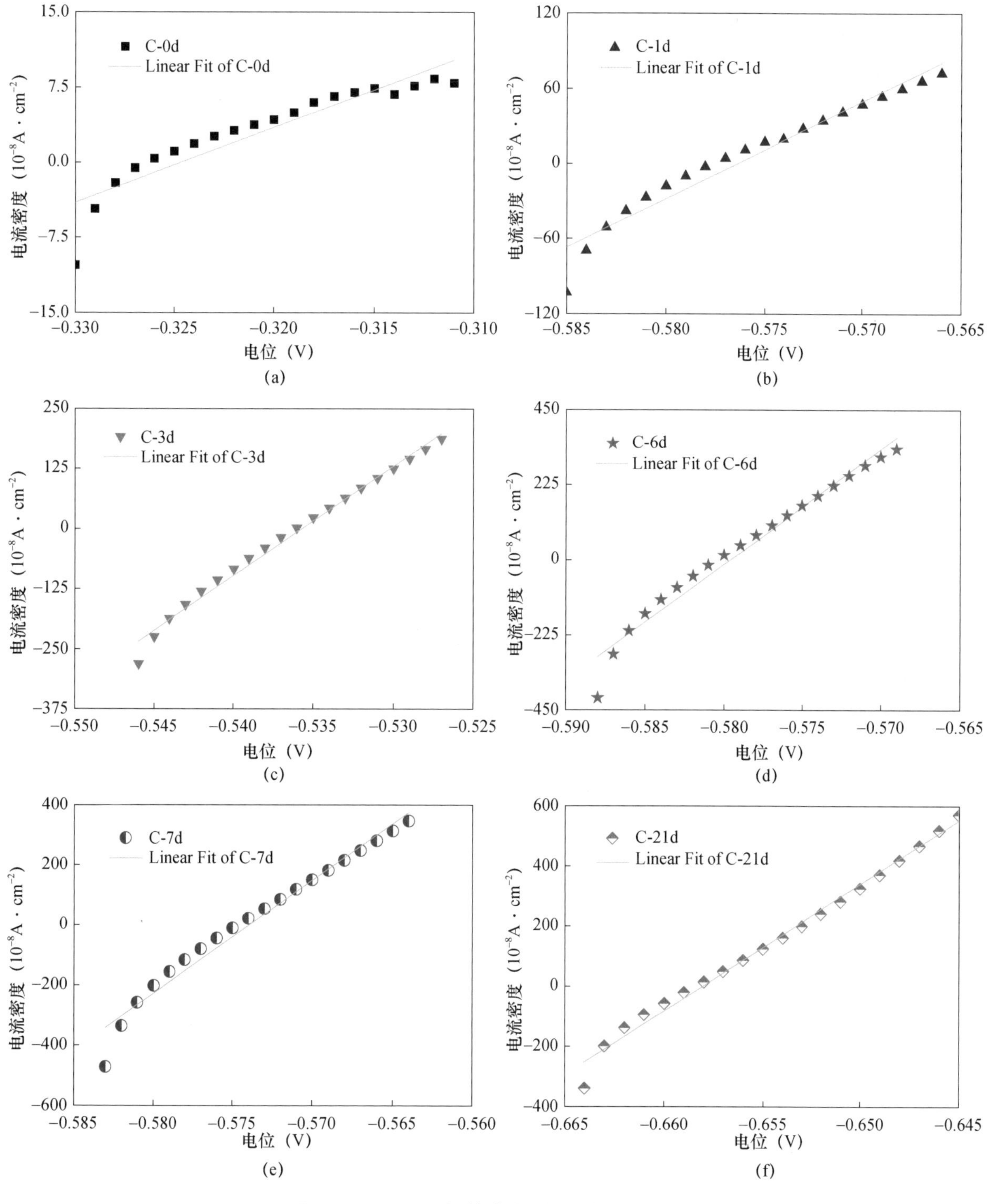

图 4-30 C 组钢筋电极的线性极化曲线

浸泡在掺加 5% NaCl 的 GCAC 孔溶液中 D 组钢筋电极在各龄期的线性极化曲线如图 4-31 所示。由图可见，D 组钢筋电极的电流密度与电位之间的关系随龄期延长的变化规律与 C 组钢筋相似。0d 时，由于钢筋表面的钝化膜完整，电荷转移电阻很大，因此线性极化效果较差；但随着龄期的延长，腐蚀电流密度与电位之间逐渐表现出较好的线性关系，说明钢筋钝化膜被破坏，腐蚀进一步发展。

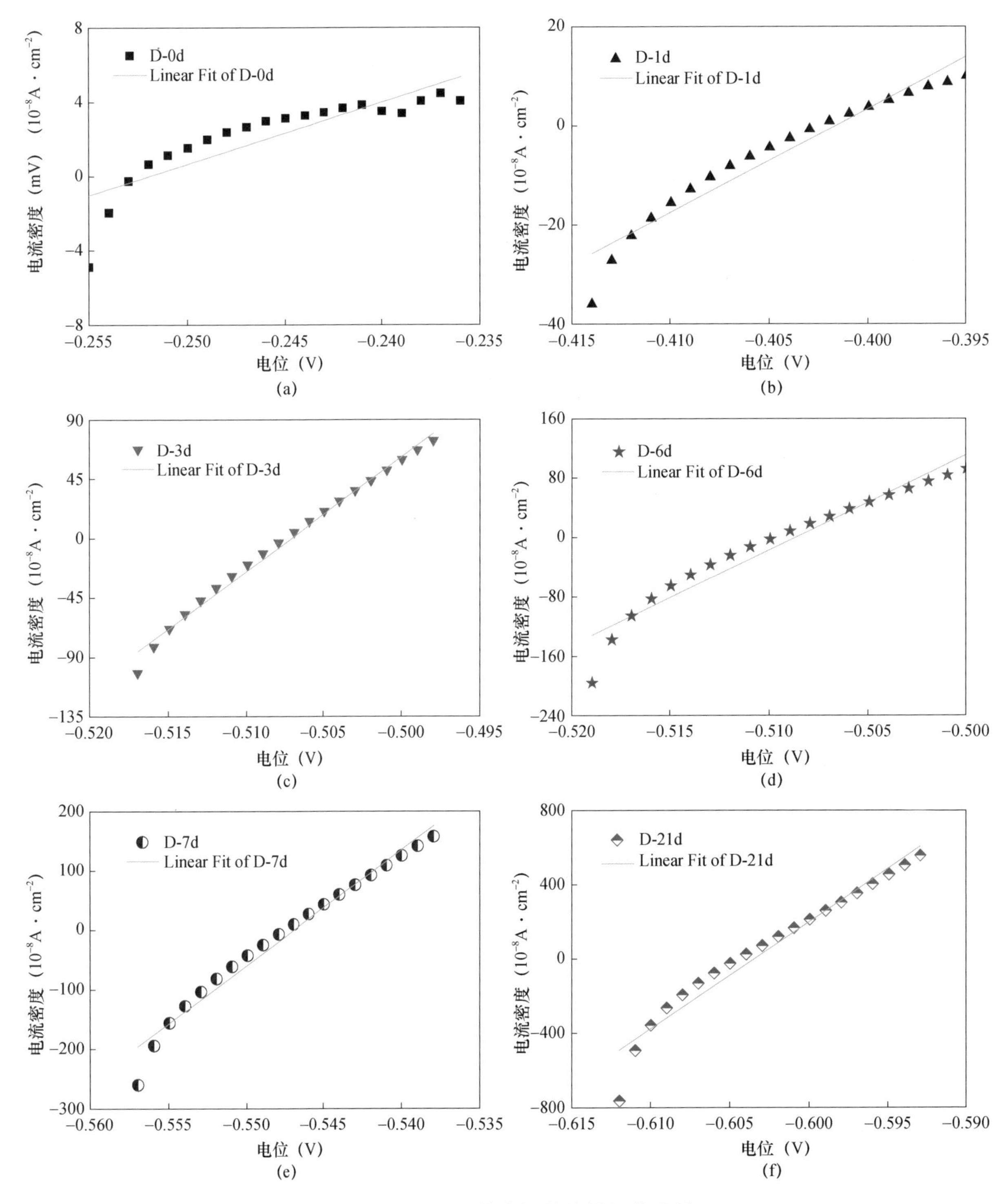

图 4-31 D 组钢筋电极的线性极化曲线

为方便对比分析，将各组钢筋电极在不同龄期电流密度与电位关系的线性拟合结果进行了汇总，详见表 4-18。从表 4-18 中可以看出，0d 时，各组钢筋电极的初始极化电阻 R_p 均大于 100kΩ · cm^2，说明钢筋表面具有一层完整的钝化膜；此时各组钢筋电极的线性相关系数 R^2 均较小，说明微弱的电位极化不足以很好地极化钢筋表面的钝化膜。随着龄期的延长，各组钢筋电极的极化电阻 R_p 值均在某一龄期发生突降且线性相关系数 R^2 逐渐升高。结合上述腐蚀电位和电化学阻抗测试结果分析，A 组和 B 组钢筋电极发生腐蚀的时间较晚，而 C 组和 D 组钢筋电极发生腐蚀的时间较早。A 组钢筋电极的 R_p 值在浸泡 6d 内均维持在高于初始值 230kΩ · cm^2 的水平；浸泡 7d 时，A 组钢筋电极的 R_p 突降至 19.9kΩ · cm^2，此时的线性相关系数 R^2 在 0.9 以上，说明钢筋脱钝，腐蚀开始扩展。B 组钢筋电极的 R_p 值在浸泡 3d 内逐渐升高，这与前述 R_{ct} 值的变化规律相符；4d 时，B 组钢筋电极的 R_p 值降至 3d 时的 1/3 左右，说明钢筋钝化膜被消耗；当龄期增加至 6d 时，B 组钢筋电极的 R_p 值已经降为 14.3kΩ · cm^2，R^2 达到 0.955，这表示此时钢筋表面的钝化膜几乎完全失效，钢筋腐蚀逐渐发展。而 C 组和 D 组钢筋电极的 R_p 值均在浸泡 1d 时就已经降低了一个数量级且 D 组 R_p 值的下降幅度更大，两组的线性相关系数 R^2 也在 0.9 以上；随着龄期的进一步增长，C 组和 D 组钢筋电极的 R_p 值继续降低，与两者的 R_{ct} 值变化规律同样相符，说明 C、D 两组钢筋电极的钝化膜在其所处的含较高浓度 Cl^- 的 GCAC 孔溶液中不能稳定存在。

表 4-18　钢筋电极的线性极化拟合结果

组别	拟合项	腐蚀龄期						
		0d	1d	3d	4d	6d	7d	21d
A	R_p (kΩ · cm^2)	404.4	683.0	639.9	609.8	635.6	19.9	5.4
	R^2	0.743	0.803	0.806	0.831	0.825	0.963	0.922
B	R_p (kΩ · cm^2)	246.5	350.0	409.2	139.2	14.3	10.3	5.1
	R^2	0.825	0.846	0.855	0.925	0.955	0.907	0.954
C	R_p (kΩ · cm^2)	133.6	12.8	4.4	4.6	2.9	2.7	2.4
	R^2	0.844	0.946	0.988	0.982	0.968	0.969	0.989
D	R_p (kΩ · cm^2)	297.7	47.5	11.5	7.4	7.8	5.1	1.7
	R^2	0.719	0.933	0.990	0.957	0.934	0.972	0.948

不同氯离子浓度下钢筋腐蚀形貌：图 4-32 所示为浸泡在掺加不同含量 NaCl 的 GCAC 孔溶液中各组钢筋电极的宏观腐蚀形貌（这里仅列出每组其中一个钢筋电极的宏观腐蚀形貌变化）。从图中可以直观看出，未发生腐蚀的位置呈现银白色金属光泽，发生腐蚀的位置呈现铁锈色，且有腐蚀产物积累。各组钢筋电极工作面上的腐蚀均以点蚀开始，然后逐渐向四周扩展，且腐蚀产物累积的位置多为环氧树脂层与钢筋表面的交界处，而后向钢筋电极工作面的中心位置发展。纵向来看，随着腐蚀龄期的延长，各组钢筋电极表面上积累的腐蚀产物越来越多，说明钢筋腐蚀程度越来越严重。横向来看，四组钢筋电极的腐蚀程度由深到浅的排序为：D 组＞ C 组＞ B 组＞ A 组，即 GCAC 孔溶液中 NaCl 掺量越

高，钢筋腐蚀越严重，表面腐蚀产物越多。但从 23d 时各组钢筋的腐蚀形貌上观察，A 组钢筋电极的腐蚀程度似乎比 B、C 两组更为严重。整体来看，各组钢筋电极宏观腐蚀形貌的变化规律进一步证实了上述腐蚀电位、电化学阻抗谱及线性极化测试的结果。

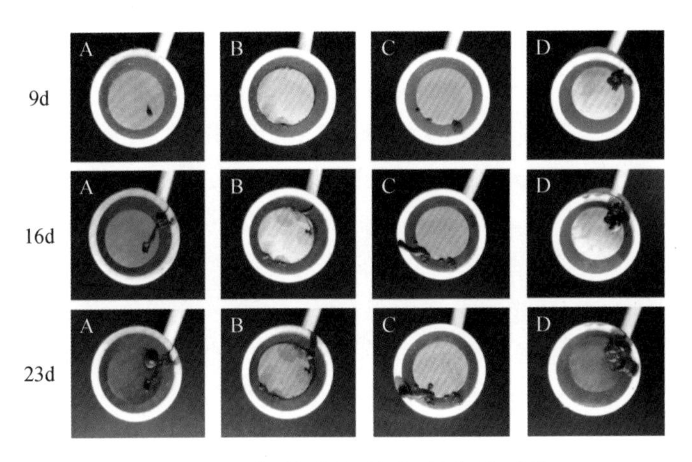

图 4–32　钢筋电极的宏观腐蚀形貌

GCAC 新拌浆体的孔溶液在一定程度上依然具有维持钢筋钝化状态的能力。GCAC 孔溶液中钢筋的腐蚀情况与掺加的 NaCl 浓度呈线性关系：孔溶液中掺加的 NaCl 含量越高，钢筋发生腐蚀的时间越早且腐蚀程度越严重。当 Cl^- 渗透到钢筋表面所处孔溶液的极端恶劣情况下，GCAC 失去对钢筋的保护能力，钢筋的腐蚀完全受孔溶液中 Cl^-/OH^- 的控制，Cl^- 浓度越大，钢筋发生腐蚀的可能性越大。浸泡在纯 GCAC 孔溶液中的钢筋在第 7d 时完全脱钝；浸泡在掺加 1% NaCl 的 GCAC 孔溶液中的钢筋在 3~6d 内逐步转变为腐蚀活化状态；浸泡在掺加 3% 和 5% NaCl 的 GCAC 孔溶液中钢筋表面的钝化膜无法稳定存在，仅在侵蚀 1~2d 内就已经处于腐蚀活化状态。

（2）GCAC 胶砂试样中的钢筋电化学腐蚀过程

腐蚀溶液的制备：为分析 CAC 胶砂 - 钢筋试件的电化学腐蚀过程，分别以浓度为 3%、9% 和 15% 的 NaCl 溶液作为腐蚀溶液。将养护一周并涂覆环氧的 CAC 胶砂 - 钢筋电极浸泡在不同浓度的氯盐溶液中，试验分组见表 4-19。试验采用连续浸泡的腐蚀方式，腐蚀溶液与浸泡试件的体积比为 20 : 1，试件圆柱侧面为腐蚀面，且腐蚀溶液一个月更换一次。浸泡的 CAC 胶砂 - 钢筋试件定期进行电化学测试，观察浸泡过程中试件电化学参数的变化。

表 4–19　CAC 胶砂 - 钢筋电极的腐蚀试验分组

试验分组	CAC 胶砂保护层厚度（mm）	腐蚀溶液
W	30	去离子水
MRI	30	3% NaCl
MRII	30	9% NaCl
MRIII	30	15% NaCl

CAC 胶砂 - 钢筋电极的制备：选用直径 10mm、长度 30mm 的 Q235 光圆钢筋段，在经过表面去油污、

除浮锈、超声清洗等处理后，在钢筋段的一端焊接铜导线。焊接后使用万用表检测其是否通电，然后在钢筋段的两个端面涂覆环氧树脂进行密封，钢筋段的圆柱侧面为暴露面，暴露面积为 942.5mm^2。待环氧树脂固化后，将焊接导线完好的钢筋段对中放入内径 70mm、长度 35mm 的 PVC 管中，然后向钢筋段与 PVC 管之间的空隙灌入搅拌好的 CAC 砂浆［水泥砂浆的搅拌依据 GB/T 17671—1999（ISO 679：1989）《水泥胶砂强度检验方法》中规定的程序进行］，人工插捣振动成型，并使用刮刀将浇筑表面抹平。

所有 CAC 胶砂 - 钢筋电极均在温度为 20℃、相对湿度为 65% 的环境中养护 24h 后脱模，然后继续在 20℃的水中养护 8d。CAC 胶砂 - 钢筋电极的制备过程如图 4-33 所示。

图 4–33　CAC 胶砂 - 钢筋电极的制备过程

电化学测试表征：采用经典的三电极体系。上述制备的钢筋电极及 CAC 胶砂 - 钢筋电极作为工作电极，参比电极和对电极分别采用雷磁 232 饱和甘汞电极（SCE）以及雷磁 213 铂电极。试验所用电化学工作站为 CHI 660E 电化学工作站。测试时，将饱和甘汞电极和铂电极同时插入待测试件所在的腐蚀溶液中，并与待测试件、电化学工作站和计算机连接成三电极电化学测试系统。

电路连接完毕后，首先测试腐蚀体系的腐蚀电位（E_{corr}）。待测试件的腐蚀电位通过电化学工作站的开路电位（OCP）程序进行测试，待测试件的腐蚀电位为其与饱和甘汞电极之间的电势差。如果 OCP 在 300s 内的变化范围不超过 ±2mV，则该电化学测试系统已处于稳定状态，此时的 OCP 即为试件的腐蚀电位。通过分析腐蚀电位的变化规律，可以了解钢筋表面钝化膜成膜与脱钝过程。

电化学阻抗谱测试通过电化学工作站的交流阻抗（EIS）程序进行测试。当开路电位测试结束，腐蚀体系处于稳定状态后开始测试其交流阻抗谱，测试时的控制电位为腐蚀电位，测试频率范围为 10^5~10^{-2}Hz，测试结束直接获得腐蚀体系的阻抗实部 - 虚部图（Nyquist 图）和频率 - 阻抗 / 相位角图（Bode 图）。采用 ZSimp Win 软件对电化学阻抗谱数据进行拟合处理，解析阻抗谱对应等效电路的模型和各电学元件的参数。

线性极化测试通过电化学工作站的线性扫描伏安法（LSV）程序进行测试。当交流阻抗测试完毕后开始进行线性极化测试，电压扫描范围为 E_{corr} ± 10mV，扫描速率为 0.5mV/s。将测得的极化曲线进行线性拟合，就得到了线性极化电阻（R_p），通过 R_p 的变化规律，可以了解钢筋的腐蚀速率。

氯离子浓度对腐蚀电位的影响：图 4-34 所示为浸泡在不同浓度 NaCl 溶液中 GCAC 胶砂 - 钢筋电极的腐蚀电位。由图可知，浸泡在去离子水中的 W 组（空白组）GCAC 胶砂 - 钢筋电极的初始腐蚀电位为 -258mV，随着龄期的延长，其腐蚀电位在浸泡 28d 内均有所提升，平均维持在 -200mV 左右，这说明 W 组 GCAC 胶砂中钢筋表面的钝化膜稳定存在且进一步得到强化，GCAC 胶砂层在一定程度上可以使钢筋保持良好的钝化状态；浸泡 40d 时，W 组 GCAC 胶砂 - 钢筋电极的腐蚀电位重新降低至 -258mV，说明钢筋表面钝化膜在 28d 到 40d 内逐渐弱化；当龄期增加至 60d 时，W 组的腐蚀电位发生大幅度下降，降低至 -594mV，说明此时钢筋表面钝化膜破坏，钢筋开始发生腐蚀；90d 时，腐蚀电位进一步降低，说明钢筋腐蚀程度加深；但 W 组试件在浸泡 90d 后的腐蚀电位随龄期延长有所波动，这可能是因为腐蚀速率减缓造成的。浸泡在 3% NaCl 溶液中 MR Ⅰ组 GCAC 胶砂 - 钢筋电极的腐蚀电位随龄期延长不断降低，说明在该浓度 NaCl 溶液中，GCAC 砂浆层内部钢筋表面的钝化膜不能稳定存在，但其腐蚀电位在 28d 内降低幅度较小，说明钢筋表面钝化膜逐渐被削弱，但不足以致使钢筋发生明显腐蚀；浸泡 40d 时，MR Ⅰ组 GCAC 胶砂 - 钢筋电极的腐蚀电位相比 28d 降低了 300mV 左右，说明钢筋表面的钝化膜已被消耗殆尽，钢筋发生腐蚀；随着龄期延长至 60d，腐蚀电位继续降低，钢筋腐蚀程度进一步加剧；60d 后，MR Ⅰ组试件的腐蚀电位变化幅度减小。相比之下，浸泡在 9% NaCl 溶液中的 MR Ⅱ组 GCAC 胶砂 - 钢筋电极的腐蚀电位在 200d 内的变化较为平稳，上下波动基本保持在 ±200mV 以内，说明 MR Ⅱ组 GCAC 胶砂内部钢筋的腐蚀程度相对轻微，在此氯盐环境中 GCAC 胶砂起到了很好的保护钢筋的作用。而浸泡在 15% NaCl 溶液中 MR Ⅲ组 GCAC 胶砂 - 钢筋电极的腐蚀电位在 120d 内的变化规律与 MR Ⅱ组试件相似，保持在相对稳定的状态；但 180d 时，MR Ⅲ组试件的腐蚀电位急剧下降，说明此时渗透到钢筋表面的 Cl^- 浓度达到了钝化膜破坏阈值。

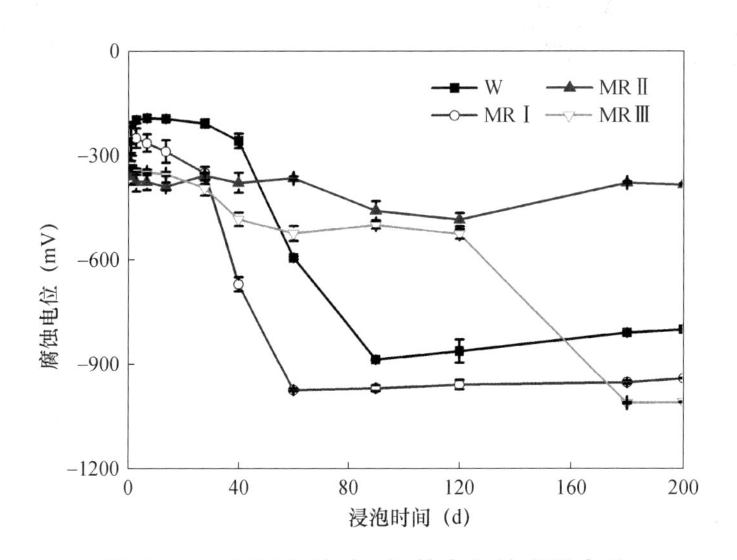

图 4-34　GCAC 胶砂 - 钢筋电极的腐蚀电位

整体来看，四组试件腐蚀电位突降的时间先后顺序为：MR Ⅰ > W > MR Ⅲ > MR Ⅱ。针对 MR Ⅰ组试件的腐蚀电位最早发生突降，这可能是因为在低浓度 NaCl 溶液中侵入浆体的 Cl^- 浓度也较低，短期内 GCAC 砂浆保护层结合 Cl^- 生成 Friedel 盐的量较少，大多数渗入浆体的 Cl^- 仍然以自由态存在，所以浸泡在低浓度氯盐溶液中 MR Ⅰ组试件内部的钢筋较快被腐蚀。而浸泡在去离子水中的空白组（W 组）试件内部钢筋发生腐蚀主要是由于本试验采用较大水灰比（0.6）制备的 GCAC 砂浆结构密实度较低，从而导致外界水分入侵造成的。不同于上述两组试件，浸泡在高浓度 NaCl 溶液中的 MR Ⅲ组试件内部钢筋发生腐蚀的时间较晚，可能的原因包括：在高浓度 NaCl 溶液中，NaCl 更容易结晶并附着在试件表面作为一层屏障，延缓溶液中 Cl^- 向浆体内部的渗透；GCAC 砂浆保护层结合 Cl^- 生成大量 Friedel's 盐，从而细化了孔结构，阻碍了外界 Cl^- 的进一步侵入；Cl^- 与水化产物的结合过程伴随着孔溶液中游离 OH^- 的增多，这使得 GCAC 孔溶液的碱度提高，从而达到更好的保护钢筋的效果。但浸泡腐蚀后期，渗透到钢筋表面的 Cl^- 浓度逐渐接近钢筋钝化膜破坏阈值，最终使得 MR Ⅲ组试件内部的钢筋发生腐蚀。对于 MR Ⅱ组 GCAC 胶砂 - 钢筋试件而言，其在测试龄期内的腐蚀电位变化始终保持相对平稳的原因可能是在其所处的

9%NaCl 溶液中，外界 Cl^- 渗透到浆体内部的过程与 GCAC 浆体结合 Cl^- 的过程接近动态平衡状态，因而到达 MRⅡ组试件内部钢筋表面的游离 Cl^- 浓度在有限的测试龄期内还不足以对钢筋构成太大的威胁。

氯离子浓度对电化学阻抗谱的影响：浸泡在去离子水中 W 组 CAC 胶砂 - 钢筋电极的电化学阻抗谱如图 4-35 所示。从图 4-35（a）中可以看出，W 组试件的 Nyquist 图在不同腐蚀龄期均表现为两段相互连接的圆弧，浸泡 7d、28d 时，圆弧半径很大且随龄期延长进一步变大，说明钢筋表面钝化膜在该段时间内稳定存在且略有加厚，钢筋处于较好的钝化状态；浸泡 60d 和 90d 时，低频区阻抗弧半径急剧减小，说明砂浆保护层电阻以及钢筋表面电荷转移电阻均发生突降，钢筋腐蚀。而由图 4-35（b）所示的 Bode 图可知，浸泡 28d 内，W 组试件的阻抗模值变化不大，基本维持在 21400Ω · cm^2 左右，此时低频区对应的相位角也较大，说明钢筋表面有一层导电性较差的钝化膜；当龄期延长至 60d 和 90d 时，两者的 Bode 图曲线基本重合，此时阻抗模值和相位角值显著减小，说明钢筋表面钝化膜已经破坏，腐蚀不断发展。

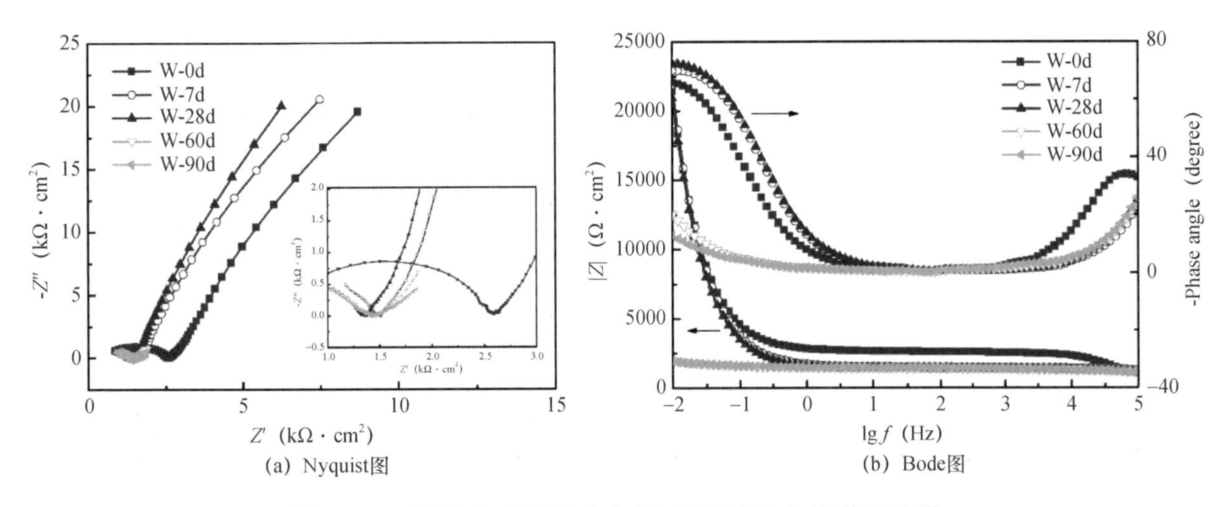

(a) Nyquist图 (b) Bode图

图 4-35 浸泡在去离子水中 W 组试件的电化学阻抗谱

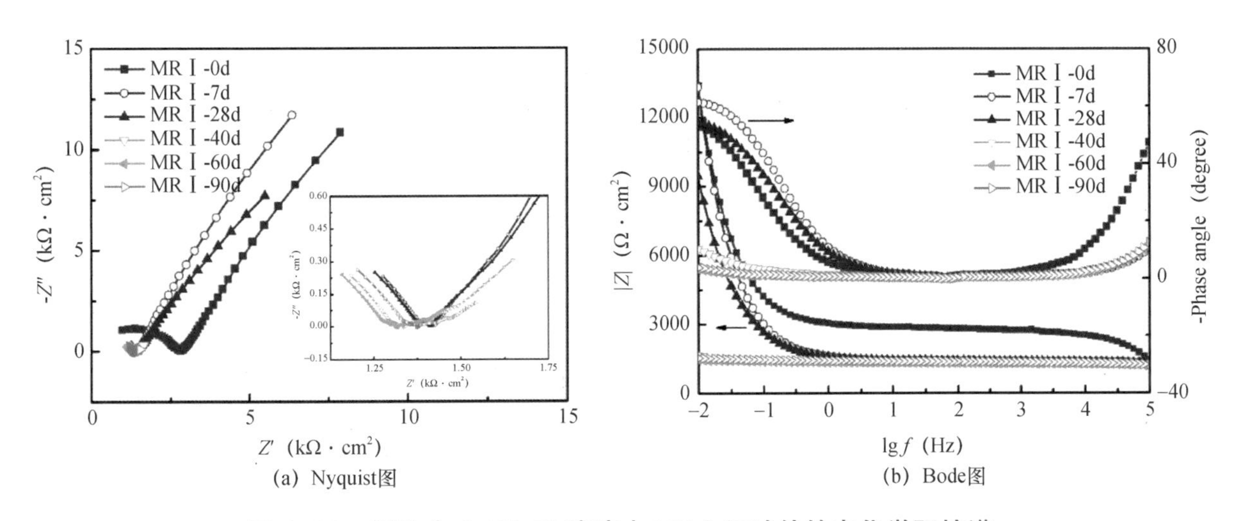

(a) Nyquist图 (b) Bode图

图 4-36 浸泡在 3%NaCl 溶液中 MRⅠ组试件的电化学阻抗谱

浸泡在 3% NaCl 溶液中 MRⅠ组 CAC 胶砂 - 钢筋电极的电化学阻抗谱如图 4-36 所示。由图 4-36（a）可知，与 W 组试件 Nyquist 图的变化规律相似，MRⅠ组试件在浸泡 28d 内的阻抗弧半径均较大，说明钢筋处于相对良好的钝化状态；但浸泡 40d 后，低频区和高频区均表现为一段压扁的圆弧，且随龄期进一步延长，圆弧半径逐渐减小，这主要是因为 Cl^- 长期向 CAC 胶砂中渗透，钢筋表面的 Cl^- 浓度达到一定的阈值，使得钝化膜发生破坏，钢筋电阻急剧降低造成的。同时，从图 4-36（b）中也可以看出，MR Ⅰ 组 CAC 胶砂 - 钢筋电极的阻抗模值与相位角值也在浸泡 40d 时发生突降，进一步说明钢筋已经处于腐蚀活化状态，这与上述腐蚀电位的测试结果相符。

浸泡在 9% NaCl 溶液中 MR Ⅱ 组 CAC 胶砂 - 钢筋电极的电化学阻抗谱如图 4-37 所示。从图 4-37（a）中可以看出，浸泡 90d 内，随着龄期的延长，阻抗弧半径先减小后增大，但整体来说变化不大，说明钢筋表面钝化膜的破坏较为微弱，不足以引起钢筋的严重腐蚀，这主要是因为高浓度 NaCl 溶液中，大量侵入的 Cl^- 与水化产物结合生成 Friedel，盐，使得砂浆保护层结构更加致密，进一步提高了 CAC 砂浆层对钢筋的保护能力。而且从 Bode 图［图 4-37（b）］中也可以看出，MR Ⅱ 组 CAC 胶砂 - 钢筋电极的阻抗模值和相位角随腐蚀龄期延长略有降低但变化不大，说明该 NaCl 浓度下，钢筋腐蚀情况较弱，CAC 砂浆保护钢筋的能力较强。

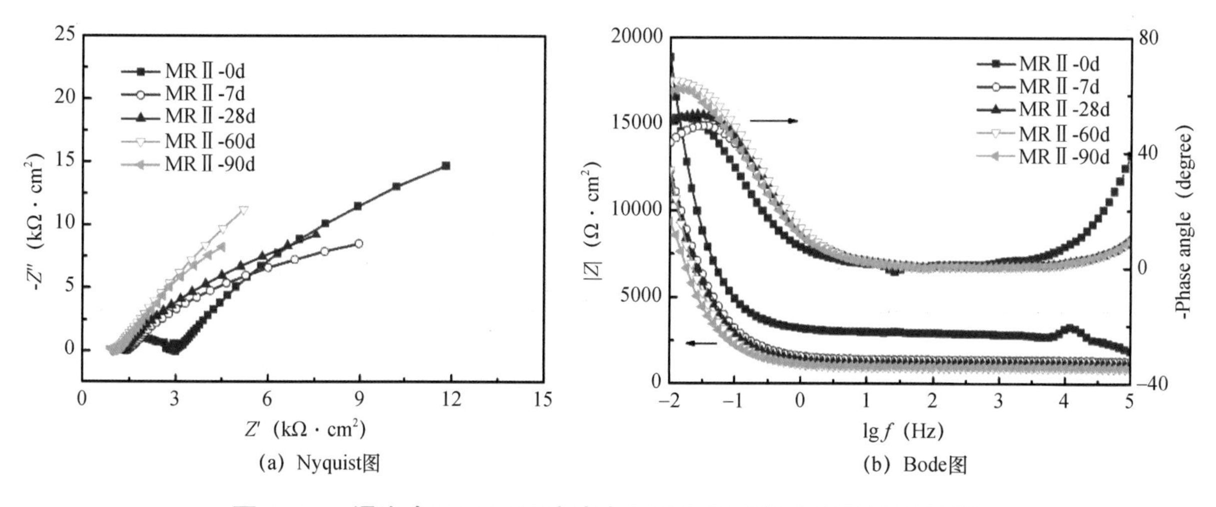

(a) Nyquist图　(b) Bode图

图 4–37　浸泡在 9%NaCl 溶液中 MR Ⅱ 组试件的电化学阻抗谱

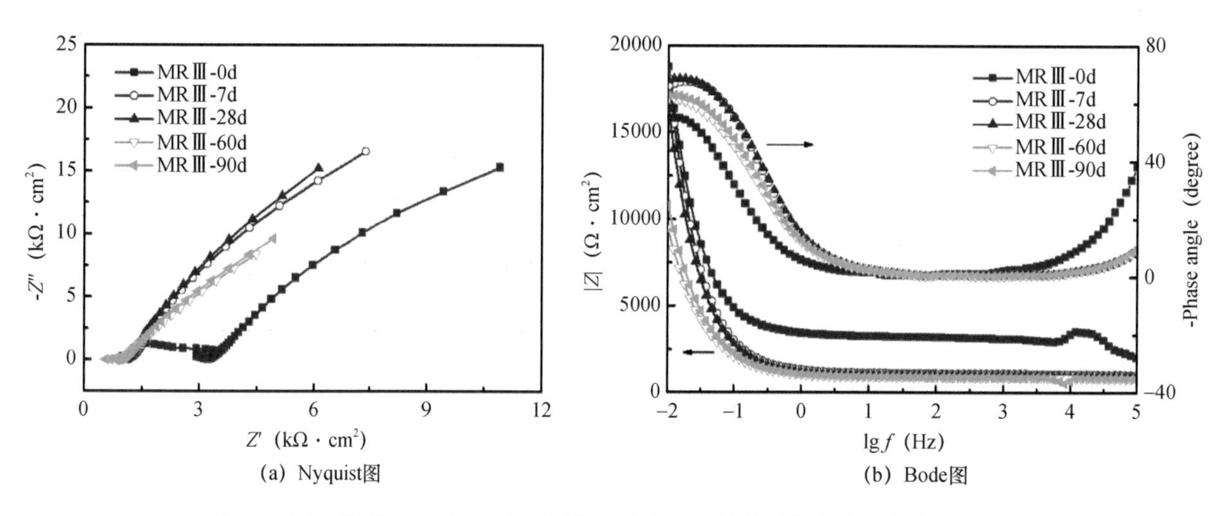

(a) Nyquist图　(b) Bode图

图 4–38　浸泡在 15 % NaCl 溶液中 MR Ⅲ 组试件的电化学阻抗谱

浸泡在 15% NaCl 溶液中 MR Ⅲ 组 CAC 胶砂 - 钢筋电极的电化学阻抗谱如图 4-38 所示。由图 4-38（a）

可见，与 MR Ⅱ组试件的 Nyquist 曲线变化规律相似，阻抗弧半径随浸泡龄期延长并未出现明显变化，说明钢筋表面钝化膜破坏速率较慢，这主要得益于 Friedel 盐的生成使得砂浆结构致密化，在一定程度上阻碍了 Cl^- 进一步侵入。同时，在 Bode 图［图 4-38（b）］中，MR Ⅲ组阻抗模值和相位角值随腐蚀龄期延长的降幅较小，进一步说明钢筋的腐蚀进程较为缓慢，即使在较高浓度的 NaCl 溶液中浸泡 90d 后，钢筋的腐蚀程度依然较低，CAC 胶砂层起到了很好的钢筋保护作用。

氯离子浓度对腐蚀电位的影响：Nyquist 曲线可以间接反映出 Cl^- 在 GCAC 砂浆层中的迁移过程。但是，为了定量分析氯盐浓度对 GCAC 胶砂 - 钢筋试件腐蚀过程的影响，有必要确定拟合等效电路中各元件的电化学参数。其中，通过 ZSimpWin 软件拟合电化学阻抗谱实部 - 虚部数据得到的 GCAC 胶砂层电阻 R_c 随腐蚀龄期的变化规律如图 4-39 所示，钢筋表面电荷转移电阻 R_{ct} 的数值见表 4-20。

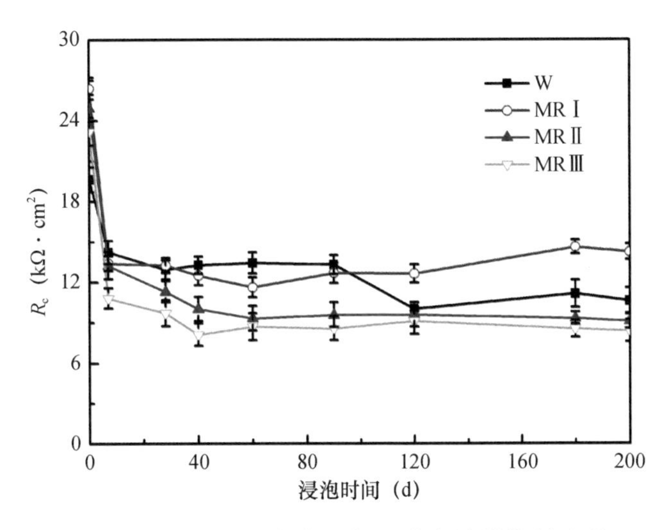

图 4-39　GCAC 胶砂层电阻随腐蚀龄期的变化

表 4-20　钢筋表面电荷转移电阻值 R_{ct}

组别	对应的腐蚀溶液	腐蚀龄期（d）	R_{ct} (kΩ · cm²)
W	去离子水	0	4.41×10^{11}
		7	1.42×10^{12}
		28	4.84×10^{13}
		40	2.42×10^{9}
		60	33.42
		90	13.29
		120	11.43
		180	12.30
		200	12.53
MR Ⅰ	3%NaCl 溶液	0	1.02×10^{12}
		7	1.34×10^{11}
		28	1.96×10^{8}

续表

组别	对应的腐蚀溶液	腐蚀龄期（d）	R_{ct} (kΩ · cm²)
MR Ⅰ	3%NaCl 溶液	40	26.41
		60	12.08
		90	12.68
		120	12.63
		180	14.59
		200	13.71
MR Ⅱ	9%NaCl 溶液	0	8.57×10^{9}
		7	2.61×10^{9}
		28	4.32×10^{8}
		40	1.00×10^{8}
		60	5.51×10^{8}
		90	9.71×10^{7}
		120	9.75×10^{6}
		180	5.19×10^{8}
		200	1.83×10^{8}
MR Ⅲ	15%NaCl 溶液	0	8.32×10^{9}
		7	2.40×10^{9}
		28	1.24×10^{8}
		40	8.83×10^{7}
		60	5.17×10^{6}
		90	8.96×10^{7}
		120	2.41×10^{5}
		180	8.71
		200	7.12

水泥砂浆电阻值 R_c 的大小反映了 GCAC 砂浆保护层微观结构的好坏。随着腐蚀龄期的延长，各组试件中 GCAC 砂浆保护层的电阻值均呈下降趋势，说明其微观结构逐渐劣化。尤其是在 7d 龄期内，各组试件的 R_c 值下降最为明显，这主要是由于砂浆层吸水饱和过程造成的；试件所在盐溶液浓度越大，该龄期内 GCAC 砂浆电阻值降低程度越大。W 组试件的 R_c 值在 7d 内降低了 5.42kΩ ·cm²，而 MR Ⅲ 组试件的 R_c 值在 7d 内下降了 12.37kΩ · cm²，这可能与腐蚀溶液中的导电离子数量有关。28~90d 内，各组试件的 R_c 值降低趋势逐渐平缓，说明 GCAC 砂浆层的密实状态相对稳定，受氯盐

侵蚀的影响较小。但120d时，空白组（W组）试件的R_c值明显减小，由90d时的13.29kΩ·cm^{2}降低至4.34kΩ·cm^2，这可能是由于GCAC的水化产物随龄期延长发生晶型转变，从而导致浆体孔结构劣化造成的；浸泡在NaCl腐蚀溶液中各组试件的R_c值随龄期延长没有发生显著变化，这可能归因于侵入浆体的Cl^-结合水化铝酸钙生成了Friedel's盐，一方面抑制了水化铝酸钙的晶型转变，另一方面细化了浆体孔结构。

电荷转移电阻R_{ct}随龄期的变化情况直观地反映了钢筋的脱钝与腐蚀进程。从表4-20中可以看出，W组试件的R_{ct}值在28d龄期内逐渐增大，说明钢筋表面具有一层稳定的钝化膜，这与上述腐蚀电位和电化学阻抗谱结果一致；40d时，W组的R_{ct}值略有降低；当龄期增加至60d时，R_{ct}值相比40d时降低了8个数量级，说明钢筋从钝化状态转变为活化状态，在此过程中钢筋表面的钝化膜完全被破坏；60d后随着龄期的延长，W组试件的R_{ct}值继续降低，说明钢筋腐蚀程度加剧。MRⅠ组试件的R_{ct}值从0d开始便随龄期延长逐渐减小，且在40d时突降至26.41kΩ·cm^2，相比28d降低了7个数量级，说明钢筋脱钝，钝化膜被击穿；60d时，MRⅠ组试件的R_{ct}值进一步减小，但后续随龄期延长，R_{ct}值的降低趋势减缓，这与腐蚀电位测试结果相符，可能是因为腐蚀后期随着Cl^-与GCAC水化产物结合生成Friedel's盐，浆体结构越来越致密，从而阻碍了外界Cl^-的进一步侵入。MRⅡ组试件的R_{ct}值同样随龄期延长不断降低，但相比于W和MRⅠ组试件来说，MRⅡ组试件的R_{ct}值在200d内变化较小，最多降低约3个数量级，说明即使在较高浓度氯盐侵蚀条件下，GCAC砂浆层内部的钢筋依然可以维持相对良好的状态，这主要得益于GCAC较强的Cl^-结合能力，从而减弱了游离Cl^-对钢筋的攻击。此外，MRⅢ组试件的R_{ct}值在120d内的变化规律和MRⅡ组试件相似，但其在180d时突降至8.71kΩ·cm^2；相比于W和MRⅠ组试件，MRⅢ组试件的R_{ct}值突降时间被延缓，说明高浓度氯盐侵蚀条件下，GCAC胶砂依然可以保护钢筋在较长时间内不受破坏。

不同氯离子浓度下GCAC胶砂-钢筋电极的线性极化曲线：图4-40所示为浸泡在去离子水中W组GCAC胶砂-钢筋电极的线性极化曲线。由图可知，浸泡40d内，W组GCAC胶砂-钢筋电极的电流密度与电位之间的线性关系较差，说明该阶段内钢筋表面的钝化膜受损程度较小，微弱的电位不能很好地极化钢筋表面钝化膜，GCAC砂浆保护层对钢筋具有一定程度的保护能力；60d时，W组GCAC胶砂-钢筋电极的电流密度与电位之间呈现出良好的线性关系，且随龄期延长进一步增强，说明钢筋表面的钝化膜完全被破坏，钢筋腐蚀进程加速。

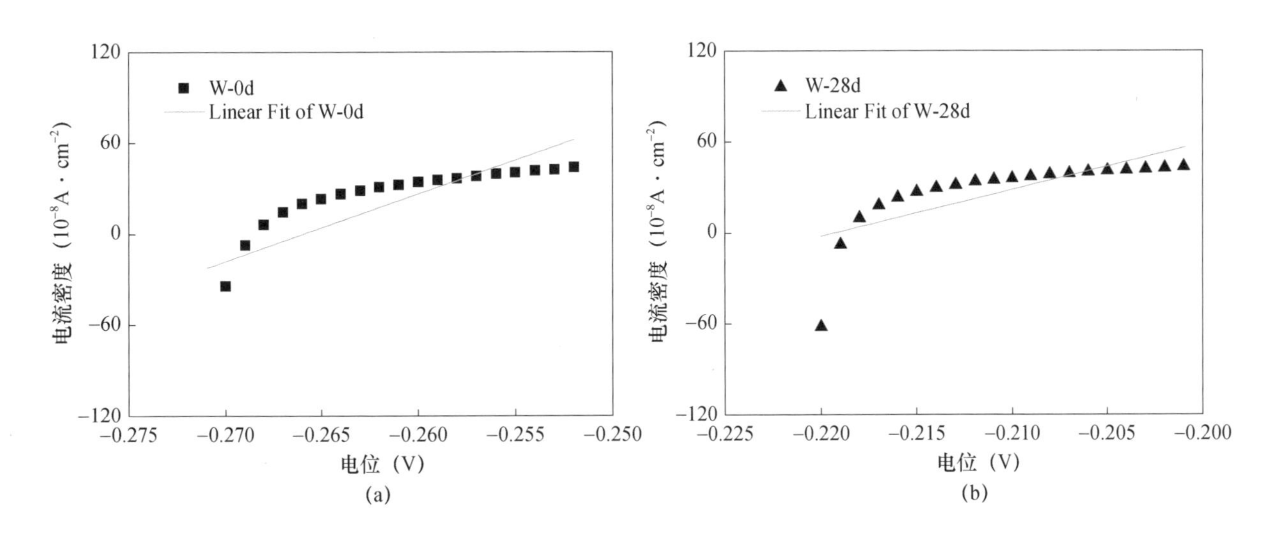

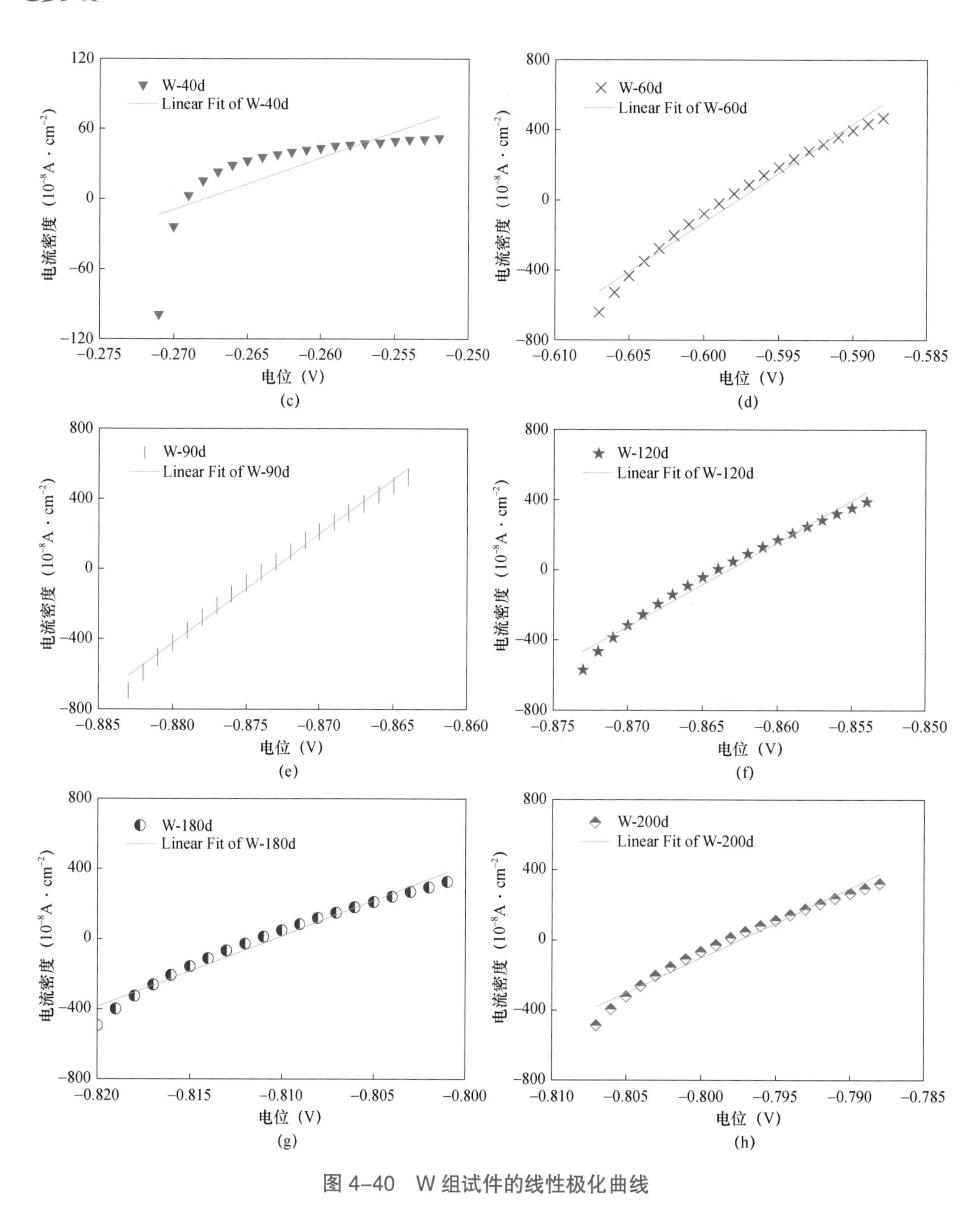

图 4-40 W 组试件的线性极化曲线

图 4-41 所示为浸泡在 3%NaCl 溶液中 MR Ⅰ组 GCAC 胶砂 - 钢筋电极的线性极化曲线。从图中可以看出，相比于 W 组试件，MR Ⅰ组试件内部钢筋发生腐蚀的初始时间提前。28d 内，MR Ⅰ组 GCAC 胶砂 - 钢筋电极的电流密度与电位之间的线性关系较差，说明钢筋表面的钝化膜完整度较高；当龄期增加至 40d 时，电流密度与电位之间已经具有较好的线性关系，说明钢筋表面的 Cl^- 浓度积累到一定

的阈值，使得钢筋表面钝化膜被击穿；40d 后随着龄期的延长，MR Ⅰ组 GCAC 胶砂 - 钢筋电极的电流密度与电位之间的线性关系进一步增强，说明钢筋腐蚀程度加深。

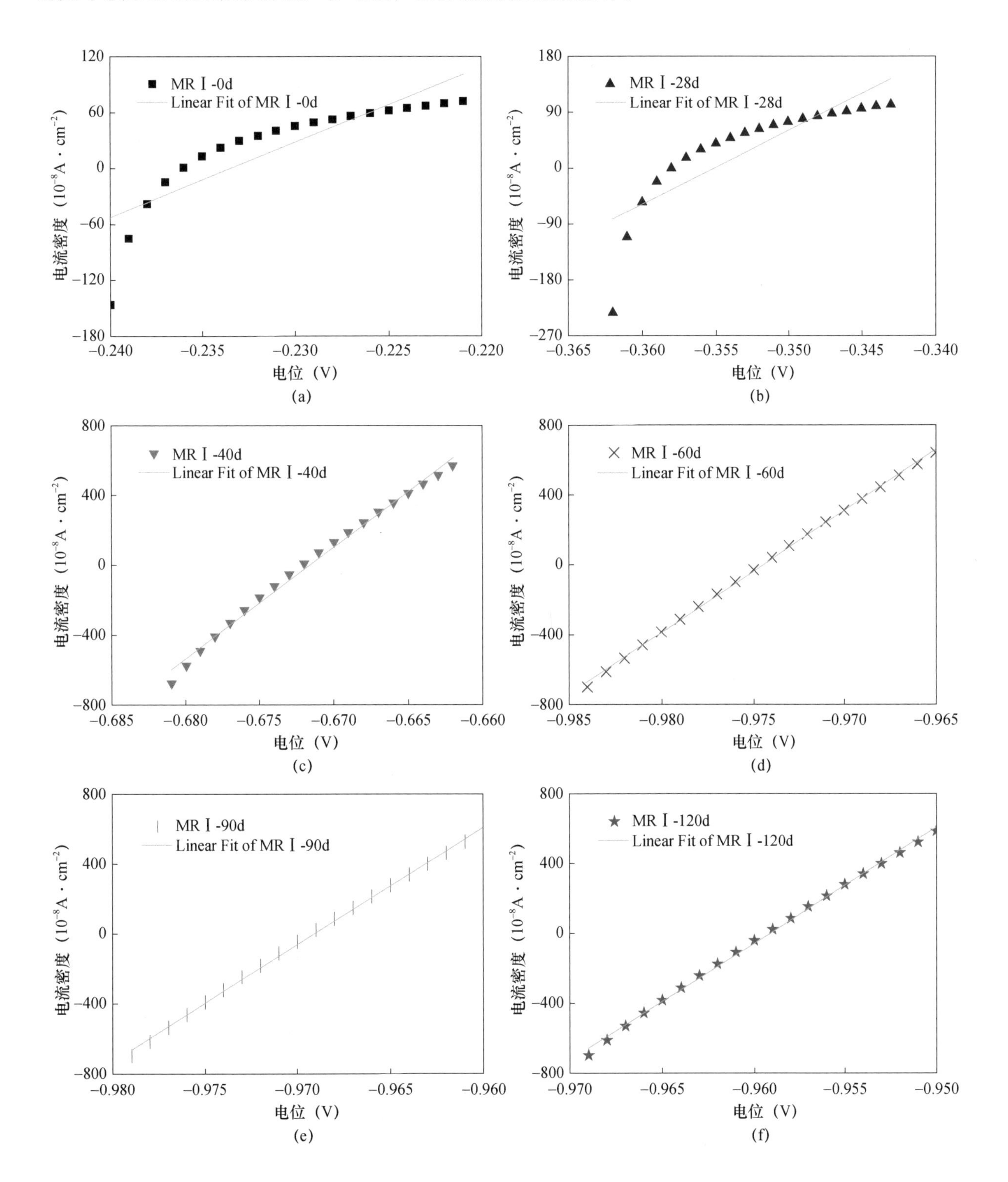

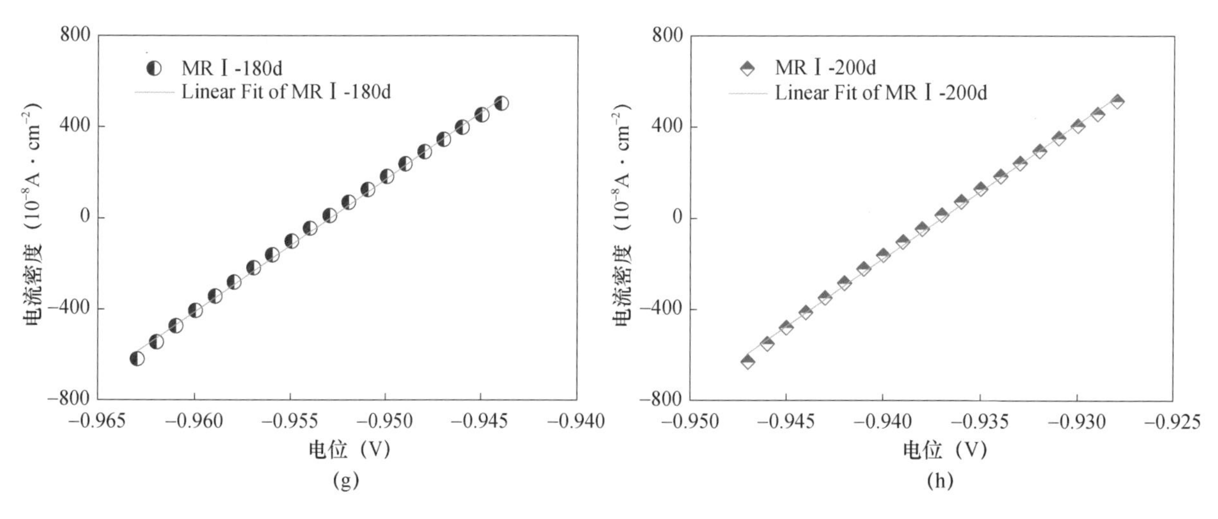

图 4-41　MRI 组试件的线性极化曲线

浸泡在 9%NaCl 溶液中 MRⅡ组 GCAC 胶砂 - 钢筋电极的线性极化曲线如图 4-42 所示。由图可见，浸泡 200d 内，MRⅡ组试件的电流密度与电位之间均无明显的线性关系，说明该龄期内钢筋表面的钝化膜仍然处于相对稳定的状态，钢筋没有发生严重腐蚀。这与上述腐蚀电位和电化学阻抗的测试结果相符，意味着在较高浓度氯盐侵蚀条件下，GCAC 胶砂层可以较好地保护钢筋不被腐蚀。

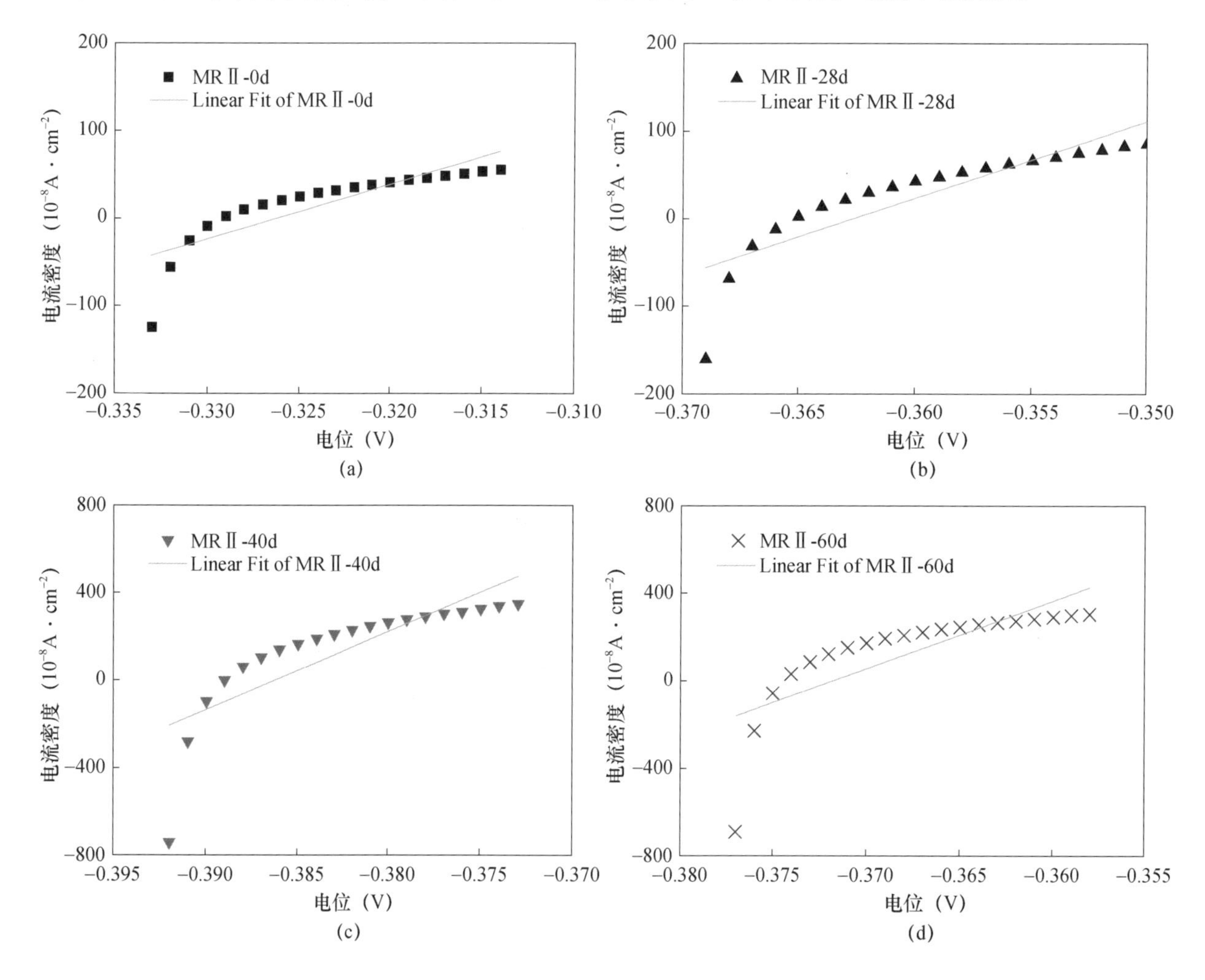

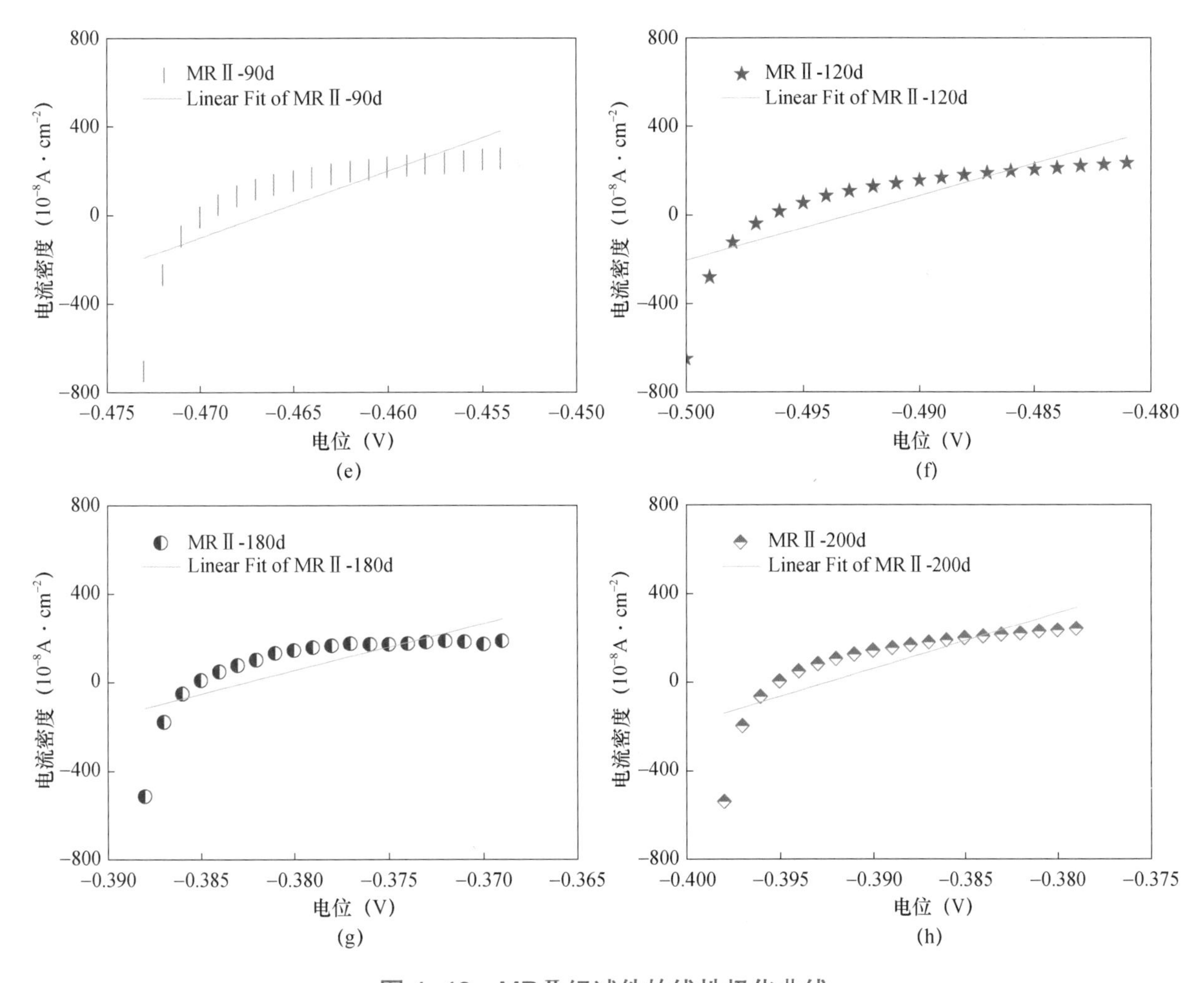

图 4-42　MR Ⅱ组试件的线性极化曲线

浸泡在 15% NaCl 溶液中 MR Ⅲ 组 GCAC 胶砂 - 钢筋电极的线性极化曲线如图 4-43 所示。从图中可以看出，与 MR Ⅱ组试件的线性极化测试结果相似，在 120d 内，MR Ⅲ 组 GCAC 胶砂 - 钢筋电极的电流密度与电位之间也没有呈现出明显的线性关系，在此腐蚀龄期内 MR Ⅲ 组试件内部钢筋表面的钝化膜依然相对完好，钢筋没有受到严重腐蚀。但 180d 时，MR Ⅲ 组的电流密度与电位之间呈现出良好的线性关系，预示着此时渗透到钢筋表面的游离 Cl^- 浓度已经达到导致钢筋锈蚀的阈值。

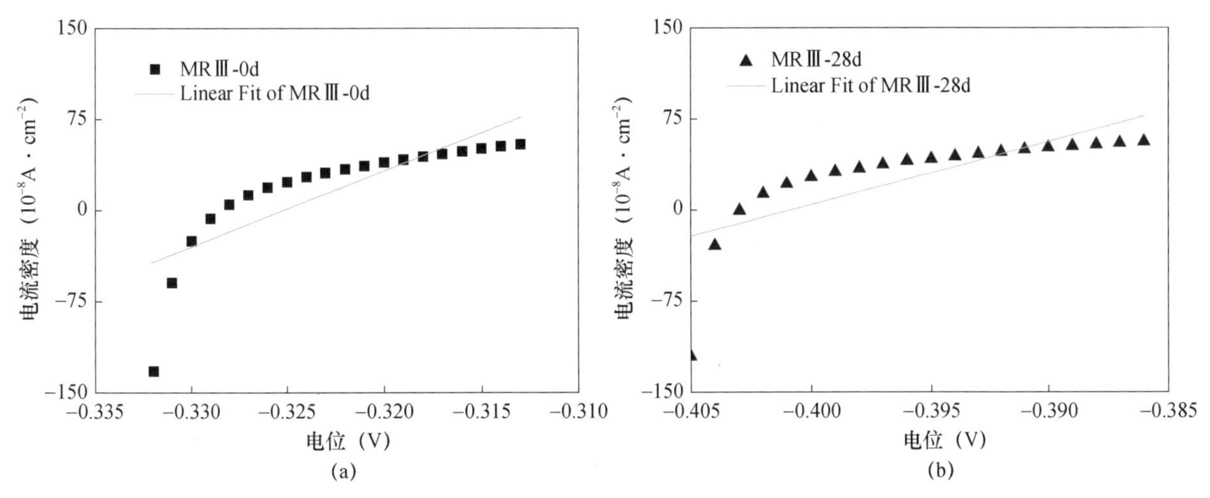

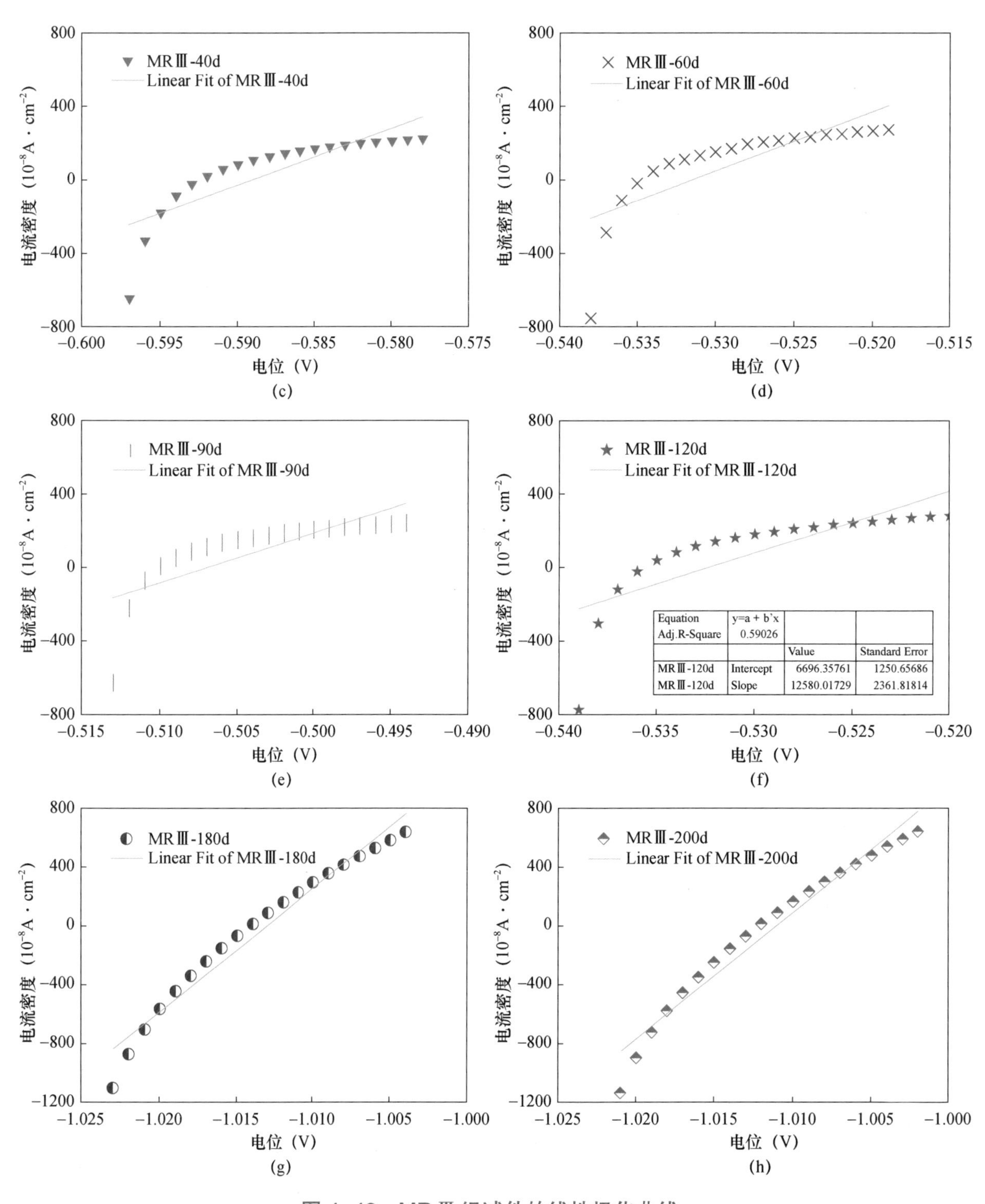

图 4-43 MR Ⅲ 组试件的线性极化曲线

为方便对比，将各组 GCAC 胶砂 - 钢筋电极在不同腐蚀龄期的电流密度与电位之间关系的线性拟合结果进行了汇总，拟合结果见表 4-21。从表中可以看出，0d 时，各组 GCAC 胶砂 - 钢筋电极的极化电阻 R_p 值保持在 12~23kΩ · cm^2，线性相关系数 R^2 保持在 0.5~0.7，说明钢筋表面有一层相对完整的钝化膜。随着龄期的延长，各组试件的 R_p 值变化规律不一。其中，W 组试件的 R_p 值先增大后减小。

浸泡28d内，W组试件的R_p值逐渐增大，说明钢筋表面的钝化膜得到增强，GCAC胶砂的护筋能力较好；当龄期继续增加至60d时，W组试件的R_p值降低了一个数量级，线性相关系数R^2也达到0.977，说明钢筋表面钝化膜被破坏，腐蚀电流密度提升到40d时的10倍左右；60d后随着龄期的延长，W组试件的R_p值始终处于较低的数值范围。对于MRⅠ组试件来说，其R_p值在浸泡7d内有所增大，说明氯盐侵蚀早期GCAC胶砂内部钢筋表面的钝化膜依然可以稳定存在；但28d后，MRⅠ组试件的R_p值基本随着龄期的延长逐渐降低，说明钢筋腐蚀程度逐渐加深；40d时，MRⅠ组试件的R_p值减小至1.57kΩ·cm²，腐蚀电流密度提升至28d时的8倍左右，线性相关系数R^2达到0.993，这表示相比于W组试件，由于Cl^-侵入砂浆层，MRⅠ组试件更早发生腐蚀，这与上述腐蚀电位及电化学阻抗谱测试结果相符。不同于其他组，MRⅡ组GCAC胶砂-钢筋电极的R_p值变化幅度在200d内均相对平缓，而且R^2始终保持在0.5~0.7，说明在此浓度氯盐侵蚀条件下内部钢筋的腐蚀速率较慢，GCAC胶砂的护筋能力较强，这可能得益于GCAC浆体自身对外界Cl^-的固化和阻滞作用。此外，MRⅢ组试件R_p值在120d内的变化规律与MRⅡ组试件一致，R_p降低幅度较小；但当龄期延长至180d时，MRⅢ组试件的R_p值降低至1.19kΩ·cm²，R^2达到0.9以上，此时钢筋表面导电性差的钝化膜结构已被消耗殆尽，因而使得电流密度与电位之间表现出较好的线性关系。

表4-21 GCAC胶砂-钢筋电极的线性极化拟合结果

组别	拟合项	腐蚀龄期								
		0d	7d	28d	40d	60d	90d	120d	180d	200d
W	R_p (kΩ·cm²)	22.7	32.2	32.6	22.5	1.79	1.60	2.08	2.48	2.52
	R^2	0.545	0.563	0.521	0.523	0.977	0.992	0.980	0.973	0.973
MRⅠ	R_p (kΩ·cm²)	12.4	14.0	8.41	1.57	1.43	1.49	1.50	1.72	1.69
	R^2	0.720	0.637	0.694	0.993	0.999	0.998	0.998	0.998	0.998
MRⅡ	R_p (kΩ·cm²)	16.1	11.0	11.3	11.2	13.0	8.91	6.92	12.49	10.60
	R^2	0.691	0.779	0.742	0.640	0.574	0.570	0.613	0.521	0.611
MRⅢ	R_p (kΩ·cm²)	16.0	22.1	19.4	4.32	8.30	9.92	7.95	1.19	1.16
	R^2	0.646	0.563	0.534	0.668	0.582	0.569	0.590	0.962	0.960

值得注意的是，MRⅢ组试件在腐蚀前的初始R_p值与MRⅡ组几乎相同，但浸泡28d内MRⅢ组试件的R_p值呈上升趋势，而MRⅡ组试件的R_p值呈下降趋势。这可能是因为相比之下，MRⅡ组试件所在NaCl溶液的浓度较低，在浸泡早期外界Cl^-侵入浆体后，MRⅡ组试件浆体内部的游离Cl^-浓度不足以使得Friedel's盐结晶析出，从而影响钢筋表面钝化膜的稳定性；而MRⅢ组试件所在NaCl溶液的浓度较高，侵入浆体的Cl^-可以较快被结合，从而保证在腐蚀早期MRⅢ试件内部钢筋表面的钝化膜依然保持稳定。

不同氯离子浓度下钢筋腐蚀形貌：在不同浓度NaCl溶液中浸泡侵蚀200d后各组GCAC胶砂中钢筋的宏观腐蚀形貌如图4-44所示。从图中可以看出，W组试件内部的钢筋表面出现较大面积的红褐色锈斑；MR Ⅰ组钢筋表面也出现较多的锈痕；MR Ⅱ组试件内部的钢筋表面存在少量的点蚀坑，但相对来说较为光洁；MR Ⅲ组钢筋表面的光洁度比 MR Ⅱ组要差，表面同样存在红褐色锈斑。整体来看，W 组试件内部的钢筋在 200d 时的腐蚀情况最严重，这可能是由于制备的 GCAC 砂浆结构较为疏松，同时伴随着 GCAC 水化产物晶型转变对孔结构造成的不利影响，从而使得水、氧和二氧化碳更易渗透到浆体内部，加速钢筋的腐蚀。浸泡在较低浓度 NaCl 溶液中 MR Ⅰ组钢筋的腐蚀程度次于 W 组，MR Ⅰ组钢筋的锈蚀可能是因为 GCAC 对较低浓度的 Cl^- 结合力也较弱，大多数 Cl^- 以游离态存在而导致的。而浸泡在较高浓度 NaCl 溶液中 MR Ⅱ组和 MR Ⅲ组试件内部钢筋的腐蚀程度较弱，其中 MR Ⅱ组钢筋的腐蚀程度最低。总之，四组试件内部钢筋的腐蚀形貌变化规律与上述腐蚀电位、电化学阻抗谱及线性极化测试结果表现出较好的一致性。

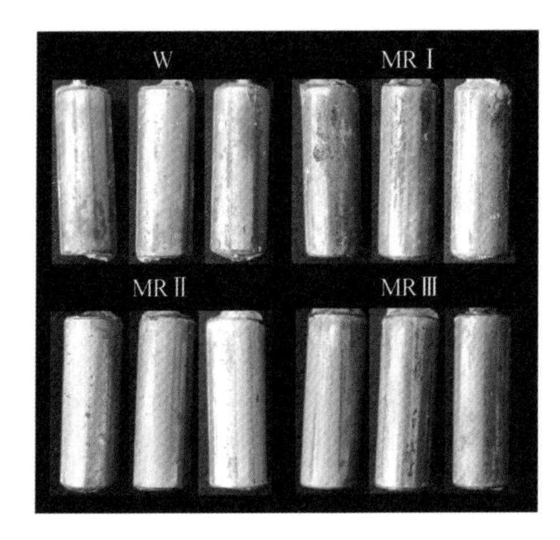

图 4-44　侵蚀 200d 后 GCAC 胶砂中钢筋的宏观腐蚀形貌

（3）矿物组成对 CAC 胶砂 - 钢筋电极抗氯离子侵蚀性能的影响

腐蚀电位：图 4-45（a）所示为在去离子水浸泡下三种 CAC 胶砂 - 钢筋电极的自腐蚀电位随龄期的变化关系。由图可以看出，在去离子水浸泡下，J- Ⅰ型和 J- Ⅱ水泥胶砂 - 钢筋电极在 1d 时的腐蚀电位在 -350mV 左右，3d 时腐蚀电位均略有降低，但此后随着龄期延长，两种 CAC 胶砂 - 钢筋电极的腐蚀电位均逐渐增加，尤其是 J- Ⅱ水泥胶砂 - 钢筋，表明这两种胶砂中钢筋表面的钝化膜逐渐增强，在所涉龄期内均未受到腐蚀。而 J- Ⅲ型水泥胶砂 - 钢筋电极的初始腐蚀电位较两外两种水泥胶砂中钢筋明显更高，但 28d 内其腐蚀电位发生急剧下降，由初始的 -94mV 下降到 -422mV，可见该 CAC 胶砂中钢筋表面的钝化膜一开始便受到破坏，钢筋开始发生腐蚀；随后龄期中腐蚀电位均稳定在 -500mV 左右，表明胶砂中钢筋处于电化学平衡状态。图 4-45（b）所示为在 NaCl 溶液浸泡下三种 CAC 胶砂 - 钢筋电极的自腐蚀电位随龄期的变化关系。结果显示，三种 CAC 胶砂 - 钢筋电极在 1d 时的腐蚀电位较去离子水浸泡时均出现不同程度的降低，这可能与 Cl^- 和 Na^+ 进入孔溶液中增强了砂浆基质的导电性有关。但此后随着龄期延长，三种 CAC 胶砂 - 钢筋电极腐蚀电位的发展规律截然不同。对 J- Ⅰ型水泥胶砂 - 钢筋电极，其腐蚀电位随着龄期增长呈缓慢下降趋势，表明钢筋表面钝化膜逐渐削弱，钢筋腐蚀程度较轻。对 J- Ⅱ水泥胶砂 - 钢筋电极，其腐蚀电位在 28d 内均稳定在 -530mV 左右，随后随着龄期延长逐渐增加，说明钢筋表面的钝化膜未受到破坏且后期逐渐增强，使钢筋保持良好的钝化状态。而对于 J- Ⅲ型水泥胶砂 - 钢筋电极，其腐蚀电位在 14d 内发生急剧下降，由 1d 时的 -423mV 下降到 -654mV，随后稳定在 -550mV 左右，这与在去离子水中浸泡的规律基本一致，表明该水泥胶砂中钢筋表面的钝化膜极易被破坏，使得钢筋一开始便受到腐蚀。

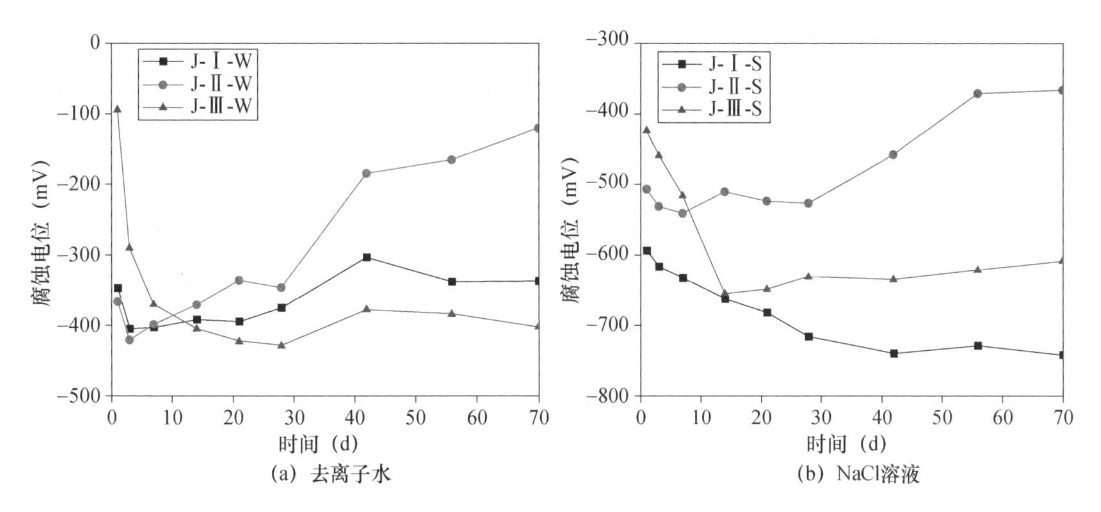

（a）去离子水　（b）NaCl溶液

图 4–45　不同浸泡溶液下铝酸盐水泥胶砂中钢筋电极自腐蚀电位随龄期的关系

电化学阻抗谱：图 4-46 所示为 J-Ⅰ型水泥胶砂 - 钢筋电极在去离子水与 NaCl 溶液浸泡下的电化学阻抗谱。从图 4-46（a）和图 4-46（c）可以看出，所有试件的 Nyquist 图在不同腐蚀龄期均表现为两段相互连接的圆弧。其中，左边高频区阻抗弧是一段几乎完整的半圆弧，反映 CAC 砂浆微观结构特性；右边低频区阻抗弧仅含有左半部分圆弧，主要表征 CAC 砂浆与钢筋界面处钝化膜的电化学特性。去离子水浸泡下，水泥胶砂 - 钢筋电极在所涉龄期内，低频区阻抗弧的斜率基本没有变化，说明低频区阻抗弧的直径随龄期延长未发生变化。根据钝化状态钢筋的低频区阻抗弧的典型特征，可以判定钢筋表面钝化膜在该段时间内稳定存在，钢筋未被腐蚀。同时结合图 4-46（b）所示的 Bode 图可以看出，随着龄期延长，胶砂 - 钢筋电极的阻抗模值由 60kΩ · cm^2 左右逐渐增长到约 100kΩ · cm^2，且相位角值亦随着龄期逐渐增大，进一步表明了钢筋表面的钝化膜在逐渐增强，保护钢筋不受腐蚀。而在 NaCl 溶液浸泡下，Nyquist 图显示胶砂 - 钢筋电极在频区阻抗弧的斜率随着龄期延长略有降低，且 Bode 图中阻抗模值基本没有变化，相位角也只出现轻微减小，表明在 NaCl 溶液侵蚀下钢筋表面的钝化程度虽然在逐渐降低，但对钢筋的影响不大。

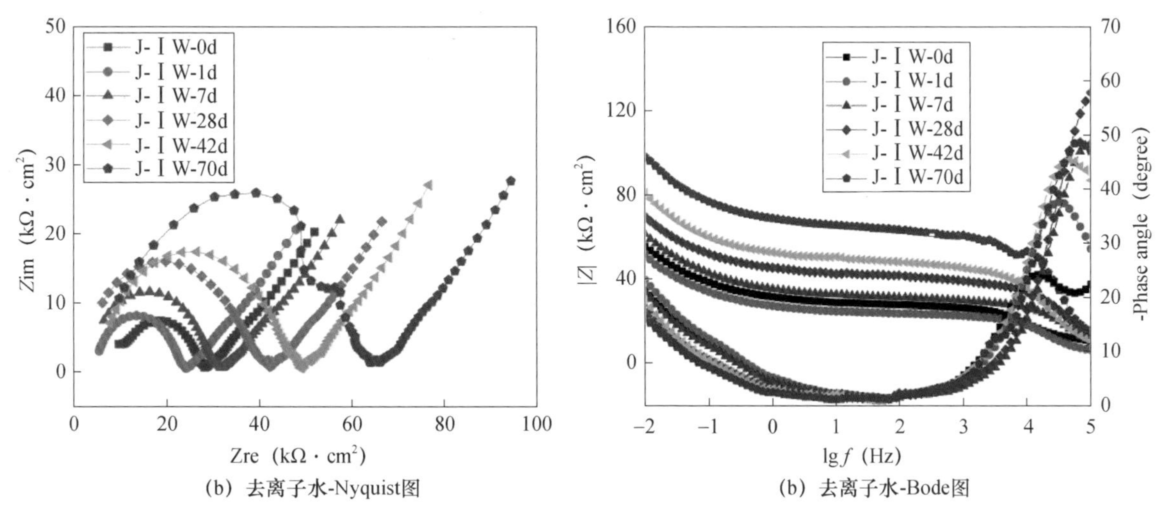

（b）去离子水-Nyquist图　（b）去离子水-Bode图

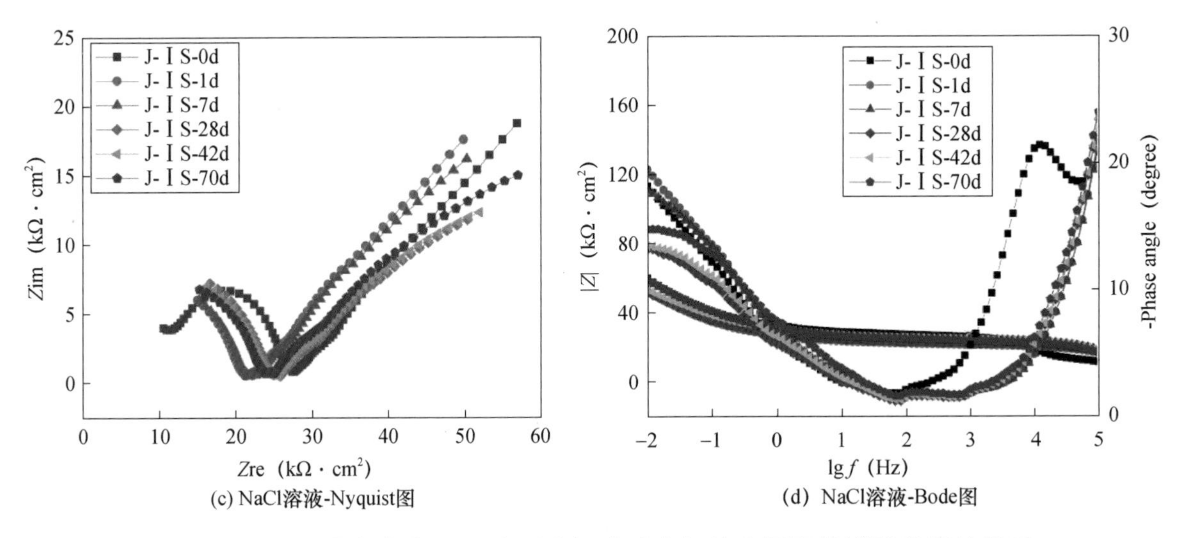

(c) NaCl溶液-Nyquist图
(d) NaCl溶液-Bode图

图 4–46　不同浸泡溶液下 J–Ⅰ型水泥胶砂中钢筋电极阻抗谱随龄期的关系

图4-47所示为J-Ⅱ型水泥胶砂-钢筋电极在去离子水与NaCl溶液浸泡下的电化学阻抗谱。由图4-47（a）和图4-47（c）所示的Nyquist图可以看出，无论在何种溶液浸泡下，随着龄期延长，该水泥胶砂-钢筋电极在低频区的阻抗弧斜率明显增大，即低频区阻抗弧的直径随龄期延长进一步变大，说明钢筋表面钝化膜在该段时间内稳定存在且逐渐加厚，钢筋表面的钝化程度增强。图4-47（b）和图4-47（d）所示的Bode图也显示，胶砂-钢筋电极的阻抗模值和相应的相位角均随龄期的延长而增加，表明钢筋处于较好的钝化状态。这与腐蚀电位测试结果相符，表明钢筋在J-Ⅱ型水泥胶砂中能够形成较为稳定的钝化膜，具有较好的抗氯离子侵蚀性能。

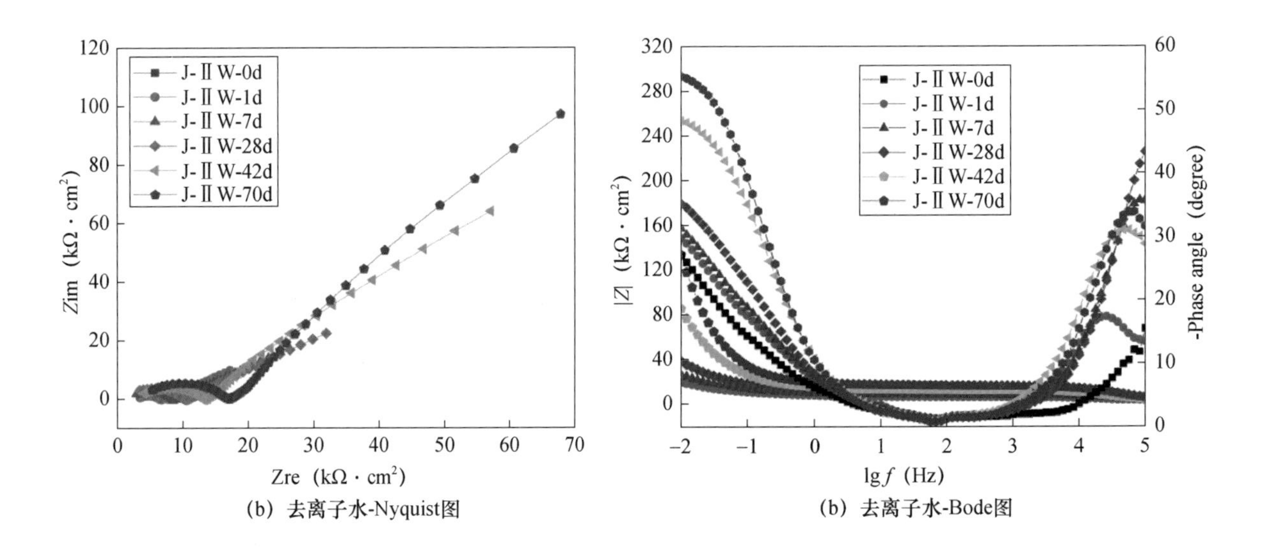

(b) 去离子水-Nyquist图
(b) 去离子水-Bode图

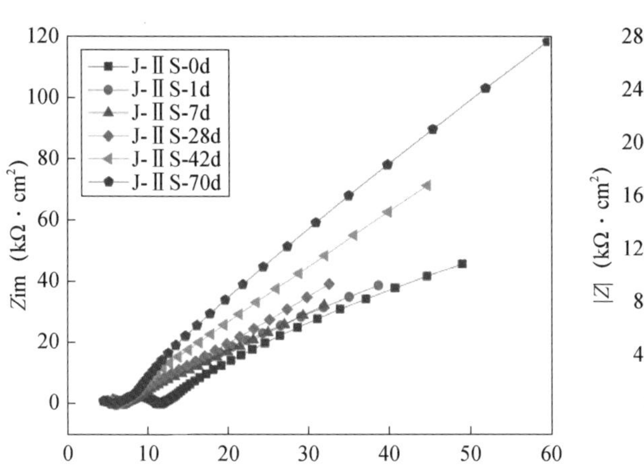

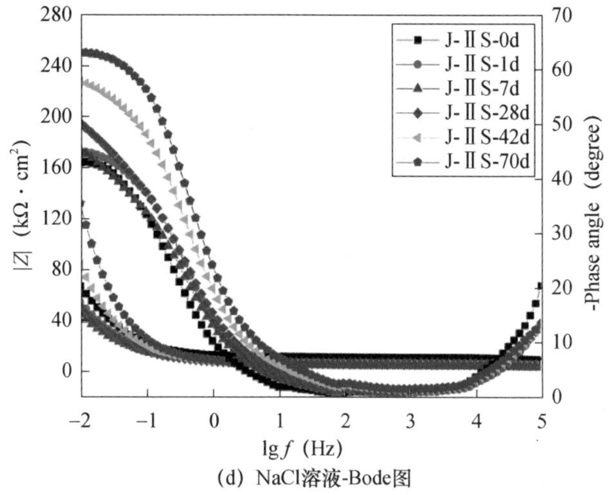

(c) NaCl溶液-Nyquist图 (d) NaCl溶液-Bode图

图 4-47 不同浸泡溶液下 J-Ⅱ型水泥胶砂中钢筋电极阻抗谱随龄期的关系

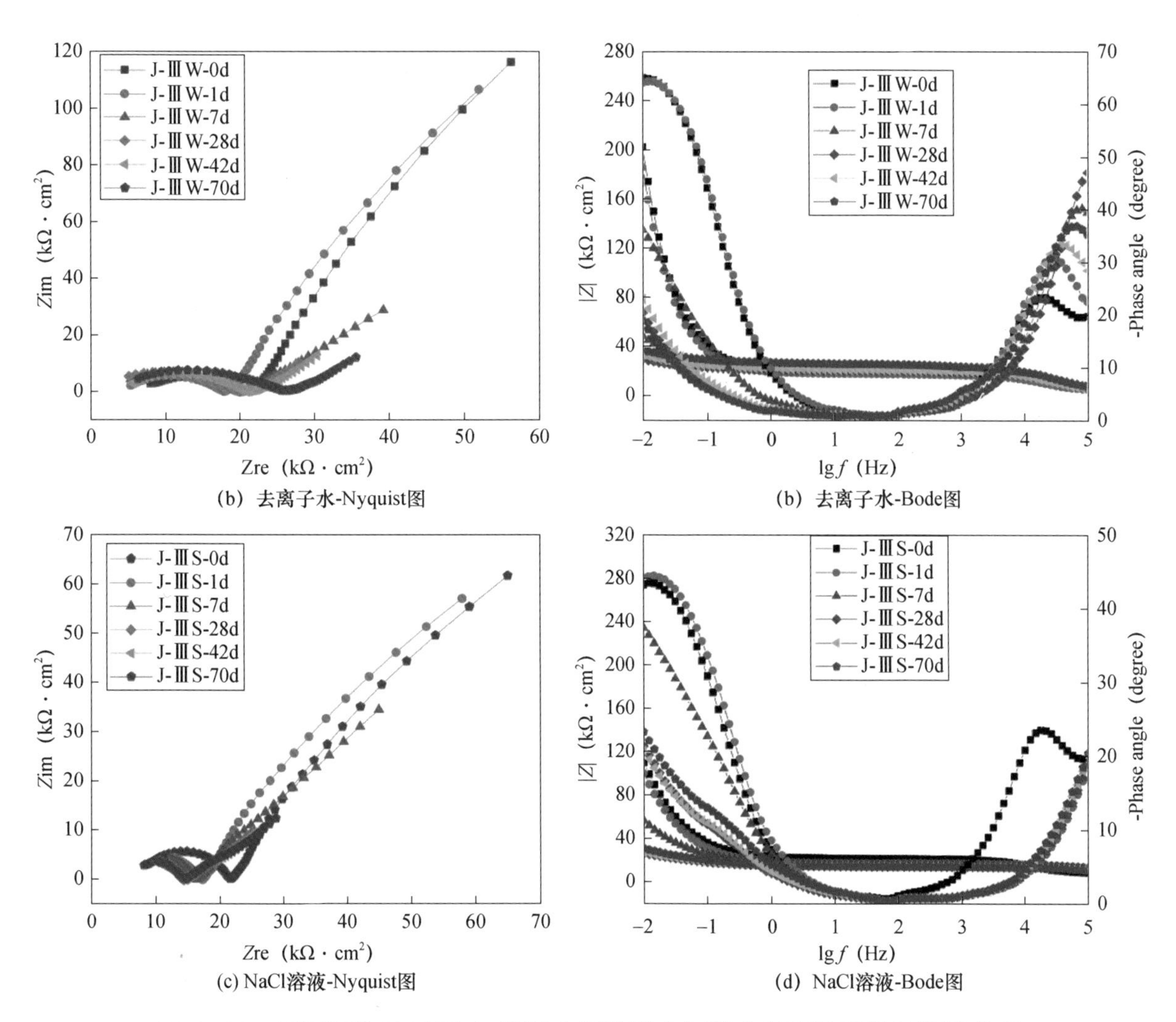

图 4-48 不同浸泡溶液下 J-Ⅲ型水泥胶砂中钢筋电极阻抗谱随龄期的关系

图 4-48 所示为 J-Ⅲ型水泥胶砂 - 钢筋电极在去离子水与 NaCl 溶液浸泡下的电化学阻抗谱。无论何种溶

液浸泡下，该水泥胶砂 - 钢筋电极的 Nyquist 图和 Bode 图的变化规律较 J-Ⅰ型和 J-Ⅱ型水泥胶砂 - 钢筋电极截然不同。Nyquist 图显示，两种溶液浸泡 7d 内，钢筋电极在低频区的阻抗弧直径均随着龄期的延长而逐渐减小，说明浸泡早期钢筋表面钝化膜并不稳定，对钢筋的保护能力较弱。而当浸泡龄期延长至 28d 以后，阻抗弧直径大幅减小，说明钢筋表面的钝化膜已被严重破坏，钢筋处于易受腐蚀状态。Bode 图的变化规律与 Nyquist 图一致，两种溶液浸泡至 28d 时阻抗模值与相位角值均在浸泡 28d 时发生突降，进一步说明钢筋已经处于腐蚀活化状态，表明该水泥砂浆对钢筋的保护作用要弱于 J-Ⅰ型和 J-Ⅱ型水泥，抗氯离子侵蚀性能较差。

线性极化曲线：图 4-49 所示为 NaCl 溶液浸泡下 J-Ⅰ型水泥胶砂 - 钢筋电极的线性极化曲线。由图可见，随着龄期延长，该水泥胶砂 - 钢筋电极的电流密度与电位之间的线性关系无明显变化，说明在 NaCl 溶液浸泡下钢筋表面的钝化膜几乎没有发生变化，钢筋未受到明显腐蚀。表 4-22 列出了在去离子水和 NaCl 溶液浸泡下胶砂 - 钢筋电极电流密度与电位之间关系的线性拟合结果。由表可知，两种溶液浸泡下，该水泥胶砂 - 钢筋电极的电流密度与电位之间的线性关系均较好，线性相关系数 R^2 始终在 0.96 左右，且极化电阻 R_p 随着龄期增长也无明显变化，这与腐蚀电位和交流阻抗结果基本一致。一般认为，电流密度与电位之间的线性关系越差，即线性相关系数越小，则钢筋表面的钝化程度越好。本试验中，该水泥胶砂 - 钢筋电极在两种溶液浸泡下的线性相关系数均高达 0.96，说明钢筋的钝化程度较低，但在 NaCl 溶液中钢筋并未受到明显腐蚀，这说明该水泥胶砂具有较好的抗氯离子迁移性能，使氯离子在 70d 内未侵入钢筋表面或未达到钢筋腐蚀的阈值，因此钢筋未受明显腐蚀。

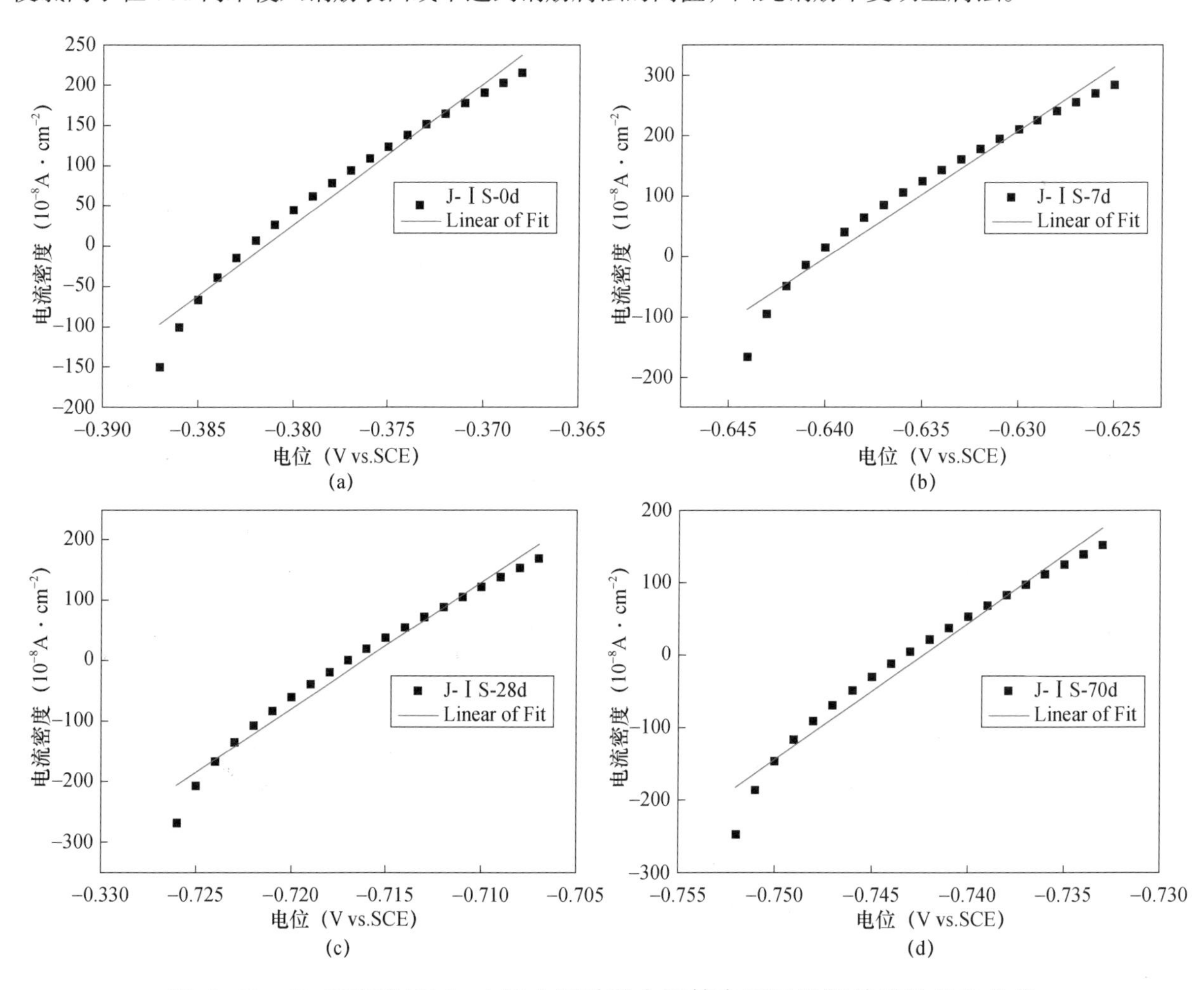

图 4-49　NaCl 浸泡下 J-Ⅰ型水泥胶砂中钢筋在不同龄期的线性极化曲线

表 4-22 不同浸泡溶液下 J-Ⅰ型水泥胶砂中钢筋的线性极化拟合结果

线性匹配结果	J-Ⅰ S		J-Ⅰ W	
	R_p (Ω · cm²)	R^2	R_p (Ω · cm²)	R^2
0d	5.69×10^3	0.967	5.32×10^3	0.964
7d	4.74×10^3	0.956	5.71×10^3	0.965
28d	4.78×10^3	0.972	6.62×10^3	0.973
70d	5.33×10^3	0.963	9.72×10^3	0.981

图 4-50 为 NaCl 溶液浸泡下 J-Ⅱ型水泥胶砂 - 钢筋电极的线性极化曲线，表 4-23 为该胶砂 - 钢筋电极电流密度与电位之间关系的线性拟合结果。由图表可知，0d 时该胶砂 - 钢筋电极的电流密度与电位之间的线性关系较差，去离子水和 NaCl 溶液浸泡下的线性相关系数 R^2 分别为 0.938 和 0.803，表明覆盖在钢筋表面的钝化膜较完整。随着龄期延长，两种浸泡溶液中试件的线性相关系数均逐渐降低，且极化电阻 R_p 由初始的 6.45×10^3Ω · cm²、1.89×10^3Ω · cm² 分别增加到 1.60×10^4Ω · cm²、1.52×10^4Ω · cm²，这表明该胶砂中钢筋表面钝化膜没有受到破坏，且随着龄期延长不断强化，表现出较好的抗氯离子侵蚀性能。

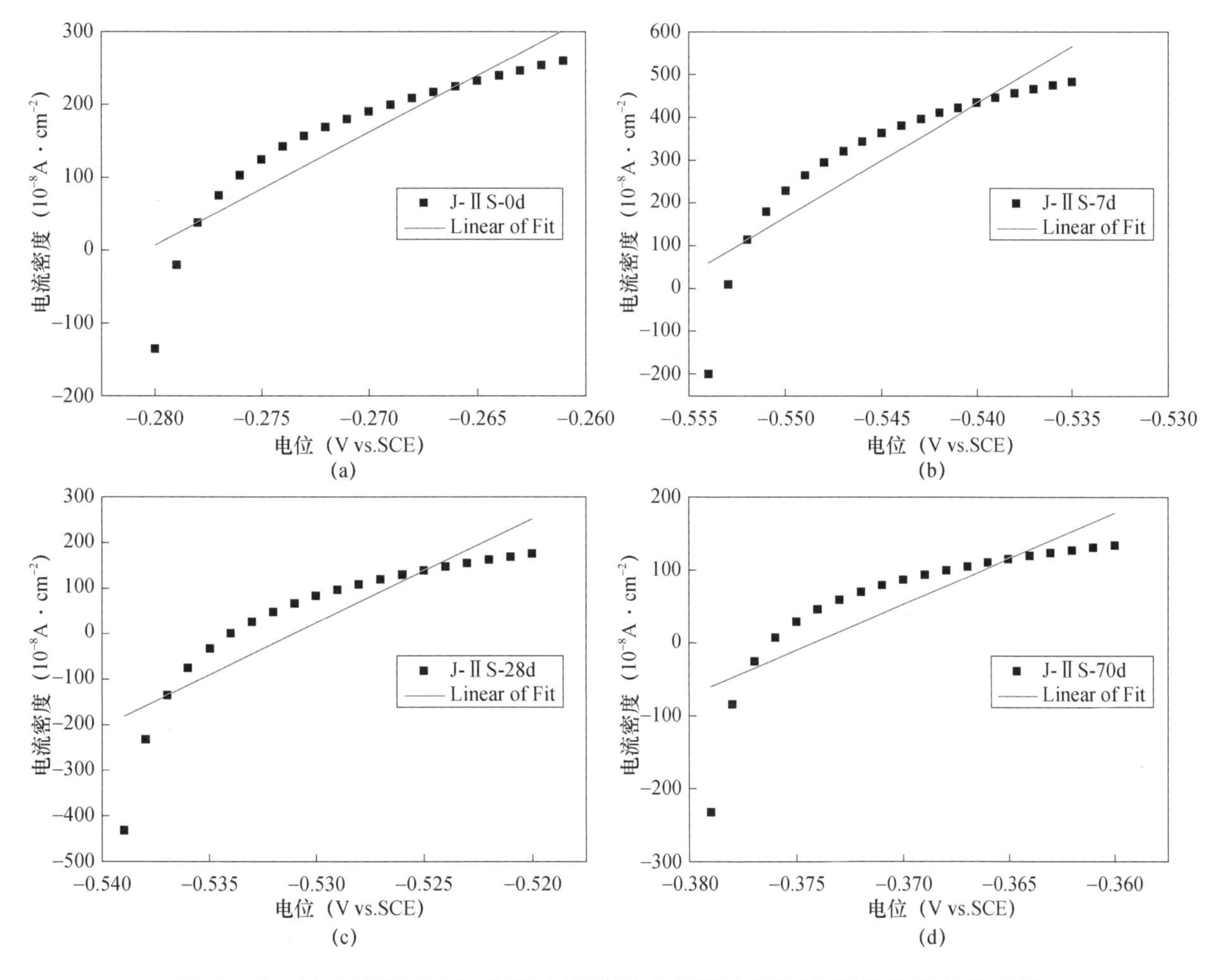

图 4-50 NaCl 浸泡下 J-Ⅱ型水泥胶砂中钢筋在不同龄期的线性极化曲线

表 4–23 不同浸泡溶液下 J–Ⅱ型水泥胶砂中钢筋的线性极化拟合结果

线性匹配结果	J–Ⅱ S		J–Ⅱ W	
	R_p (Ω · cm²)	R^2	R_p (Ω · cm²)	R^2
0d	6.45×10^3	0.803	1.89×10^3	0.938
7d	3.77×10^3	0.779	2.37×10^3	0.905
28d	4.39×10^3	0.741	3.45×10^3	0.884
70d	1.60×10^4	0.670	1.52×10^4	0.753

图 4-51 所示为 NaCl 溶液浸泡下 J-Ⅲ型水泥胶砂 - 钢筋电极的线性极化曲线。结果显示，0d 时胶砂 - 钢筋电极的电流密度与电位之间的线性关系并不明显，钢筋表面形成了稳定的钝化膜。但随着龄期延长，电流密度与电位之间的线性关系逐渐增强，说明在 NaCl 侵蚀下钢筋表面的钝化膜受到破坏。表 4-24 列出了该胶砂 - 钢筋电极在两种溶液浸泡下电流密度与电位之间关系的线性拟合结果。由表可见，在 NaCl 溶液浸泡下，胶砂 - 钢筋电极的极化电阻 R_p 由初始的 $1.06 \times 10^4\Omega \cdot cm^2$ 降低到 $2.84 \times 10^3\Omega \cdot cm^2$，线性相关系数 R^2 由 0.824 上升到 0.949，在去离子水浸泡下极化电阻 R_p 和线性相关系数 R^2 也出现相同的变化趋势，说明钢筋表面的氯离子浓度已经积累到一定的阈值，使得钢筋表面钝化膜破坏，开始受到腐蚀。这与腐蚀电位和电化学阻抗谱结果一致，进一步证明了该水泥胶砂对钢筋的保护作用较弱，抗氯离子侵蚀性能较差。

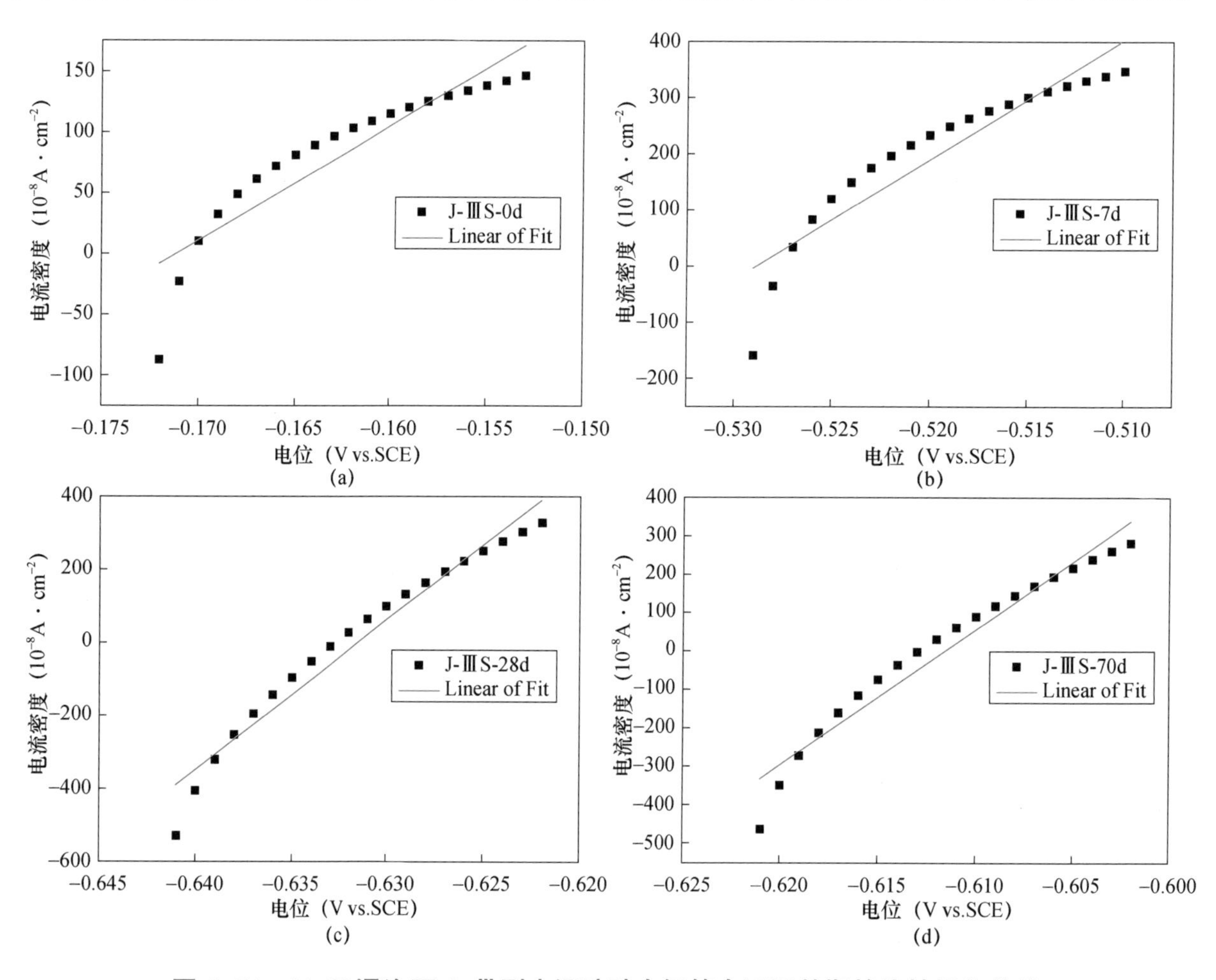

图 4–51 NaCl 浸泡下 J–Ⅲ型水泥胶砂中钢筋在不同龄期的线性极化曲线

表 4-24　不同浸泡溶液下 J-Ⅲ型水泥胶砂中钢筋的线性极化拟合结果

线性匹配结果	J-Ⅲ S		J-Ⅲ W	
	R_p (Ω · cm²)	R^2	R_p (Ω · cm²)	R^2
0d	1.06×10^4	0.824	2.90×10^4	0.620
7d	4.69×10^3	0.851	4.25×10^3	0.890
28d	2.44×10^3	0.958	2.86×10^3	0.971
70d	2.84×10^3	0.949	3.60×10^3	0.977

CAC 胶砂 - 钢筋电极抗氯离子侵蚀性能与 CAC 中 CA/CA_2 比例无明显关系。对 CA/CA_2 比例从小到大的 J-Ⅰ型、J-Ⅱ型和 J-Ⅲ型铝酸盐水泥来说，70d 内 J-Ⅱ型水泥胶砂中的钢筋抗腐蚀性最优，J-Ⅰ型水泥次之，J-Ⅲ型水泥最差。对 J-Ⅰ型水泥胶砂 - 钢筋电极，钢筋初始钝化程度较低。在去离子水浸泡下钢筋表面钝化膜能基本保持稳定；在 NaCl 溶液侵蚀下，70d 内钢筋表面钝化膜随龄期延长缓慢削弱，钢筋受到轻微腐蚀。对 J-Ⅱ型胶砂 - 钢筋电极，钢筋初始钝化程度较高。在去离子水和 NaCl 溶液浸泡下，钢筋的钝化膜均随着龄期延长而逐渐增厚，钢筋几乎不受腐蚀破坏，砂浆保护层具有较好的抗氯离子侵蚀性。对 J-Ⅲ型胶砂 - 钢筋电极，钢筋初始钝化程度较高，但在去离子水和 NaCl 溶液浸泡初期钝化膜便出现破坏，钢筋开始腐蚀，砂浆保护层抗氯离子侵蚀性较差。

4.1.4　水下高抗蚀铝酸盐水泥基材料研究

高抗蚀铝酸盐水泥具有较强的耐海水侵蚀和耐生物腐蚀性能，因而其更适宜作为水下不分散砂浆或混凝土、水下构建等应用于海水的水下工程。水下不分散砂浆和混凝土除了要求材料具备较强的耐海水腐蚀性外，还要求材料体系具有较强的抗分散性和流动性，否则易被海水冲刷而无法成型。为此，本节在采用高抗蚀铝酸盐水泥作为主要胶凝材料的基础上，开展了其作为水下不分散砂浆或混凝土的应用研究。

实验采用了两种技术途径来实现铝酸盐水泥基材料的抗水下分散性能：其一，调控凝结时间，通过调节高抗蚀铝酸盐水泥的工作性与其凝结时间之间的最佳匹配度实现水下不分散性目标；其二，掺入水下抗分散剂或调整可分散胶粉的量以提高浆体黏聚性，实现铝酸盐水泥基材料水下浇筑时浆体流失量少且不离析和分层。

1. 所用原材料和试验方法

（1）原材料

水泥：郑州登峰熔料有限公司生产的高抗蚀铝酸盐水泥；其化学成分和物相组成分别见表 4-25 和表 4-26。砂石料：河砂中砂及 5~31.5 碎石。二水石膏：纯度 96%。外加剂：聚羧酸减水剂（粉剂）、水下抗分散剂、凝结时间调节剂等。

表 4-25　水泥化学成分　%

化学成分	SiO_2	Al_2O_3	CaO	MgO	Fe_2O_3	TiO_2	K_2O	Na_2O
高抗蚀铝酸盐水泥	5.56	58.93	29.21	0.42	1.79	2.94	0.35	0.09

表 4-26 高抗蚀水泥熟料物相组成 %

化学成分	CA	CA_2	C_2AS	CT	C_4A_3S	$C_{12}A_7$	MA
高抗蚀铝酸盐水泥	14.5	49.15	25.32	4.2	3.5	0.4	1.1

（2）试验方法

水中试件成型试验：铝酸盐水泥浆体、砂浆和混凝土参照《水下不分散混凝土试验规程》（DL/T5117—2000）直接浇筑法和导管法两种试验方法成型（图 4-52 和图 4-53）。导管法选取 600mm × 400mm × 450mm 的水箱，通过一根 PPC 管浇筑水深 300mm 的试模中。水温保持在（20 ± 3）℃，浇筑完成 1h 时将试模取出对试件表面抹平后再放入水中，24h 拆模后再将试件放入（20 ± 3）℃水中养护至规定龄期。净浆和砂浆试件尺寸为 40mm × 40mm × 160mm，混凝土试件尺寸为 150mm × 150mm × 150mm。

图 4-52 水下直接浇筑法

图 4-53 水下导管浇筑法

抗分散性试验：水下不分散材料抗分散性测试有悬浊物含量、浊度和 pH 三种测定法。在 1000mL 烧杯中加入 800mL 水，然后将 300g 净浆、400g 砂浆或 500g 混凝土从水面自由落下，10~20s 内完成后将烧杯静置 3min。用吸管在 1min 内将烧杯中的水轻轻吸取 600mL 作为试验样品，迅速进行测试。pH 计校准后用滤纸吸干电极上的水分，然后将电极插入所取水样中，读取 pH，以两次平均值为准。浊度测定使用北京东南诚信科技有限公司 WZS-200 型液体浊度仪进行，以两次计算平均值为准（图 4-54）。悬浊物含量测试时，量取充分混合均匀试样 100mL 抽吸过滤，使水分全部通过滤膜，再以每次 10mL 蒸馏水连续洗三次，继续洗滤以除去过量水分。停止洗滤后，取出载有悬浮物的滤膜放在原恒重的称量瓶里，移入 103~105℃烘箱中烘干 1h，再在干燥器中冷却至室温，称其质量。反复烘干、冷却、称量，直至两次称量的质量差≤ 0.4mg 为止。

悬浊物含量 C (mg/L) 按下式计算：

$$C=(A-B)\times 10^6/V \tag{4-3}$$

式中 C——水中悬浊物浓度，mg/L；

A——悬浮物 + 滤膜 + 称量瓶质量，g；

B——滤膜 + 称量瓶质量，g；

V——试样体积，mL。

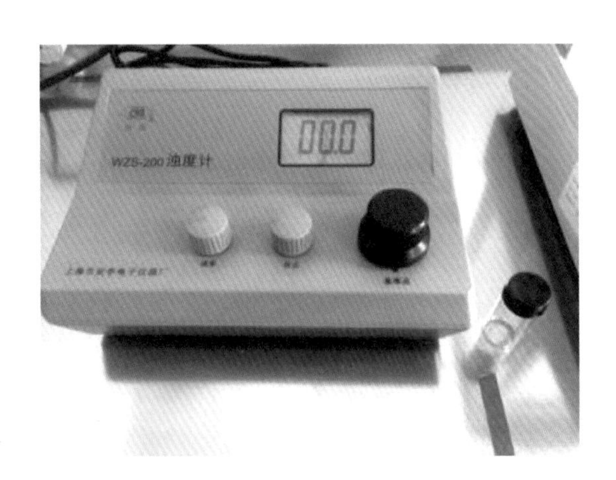

图 4-54　浊度计

2. 水下高抗蚀铝酸盐水泥砂浆的研究

（1）凝结时间调控

表 4-27 为单掺酒石酸和葡萄糖酸钠的试验组成配比。图 4-55 和图 4-56 所示为缓凝剂对砂浆的流动度的影响曲线。从中可以看出，随着酒石酸和葡萄糖酸钠掺量的增加，其初始流动度变化不大，这表明单掺酒石酸和葡萄糖酸钠时，其掺量多少对其初始流动度无较大影响。但是，就 30min 流动度而言，随着酒石酸或葡萄糖酸钠掺量的增加，其流动度均呈现出先增大后减小的趋势。这表明，缓凝剂的存在一个最佳掺量。从 30min 的流动度损失来看，葡萄糖酸钠的最小损失为 50mm，而酒石酸的最小损失则达到了 80mm。这表明，即使在掺碳酸锂早强剂的前提下，单掺酒石酸或葡萄糖酸钠均无法解决砂浆流动度损失大的问题。为此，开展了下述两种缓凝剂复掺的实验。

表 4-27　试验配合比

编号	胶凝材料（g）	砂（g）	水（g）	聚羧酸减水剂（%）	葡萄糖酸钠（‰）	酒石酸（‰）	碳酸锂（‰）	可再分散乳胶粉（‰）	有机硅（‰）
E1	1400	1600	420	1.5	0.5	—	0.1	2.0	5.0
E2	1400	1600	420	1.5	1.0	—	0.1	2.0	5.0
E3	1400	1600	420	1.5	1.5	—	0.1	2.0	5.0
E4	1400	1600	420	1.5	2.0	—	0.1	2.0	5.0
F1	1400	1600	420	1.5	—	0.5	0.1	2.0	5.0
F2	1400	1600	420	1.5	—	1.0	0.1	2.0	5.0
F3	1400	1600	420	1.5	—	1.5	0.1	2.0	5.0
F4	1400	1600	420	1.5	—	2.0	0.1	2.0	5.0

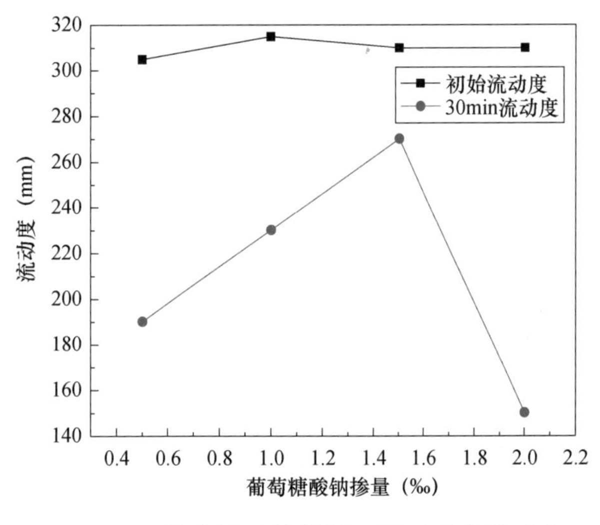

图 4-55　葡萄糖酸钠掺量不同时砂浆流动度

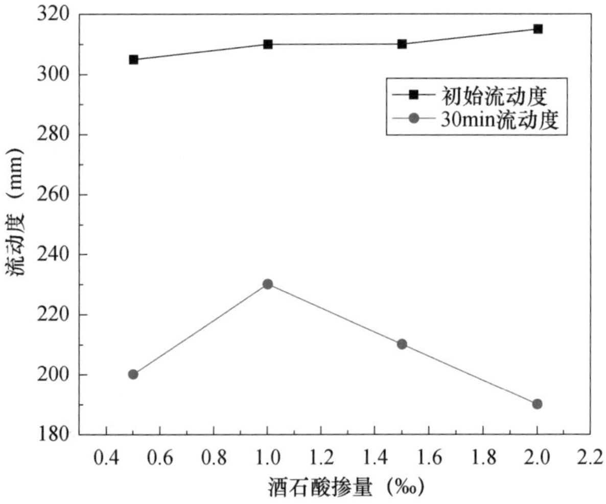

图 4-56　酒石酸掺量不同时砂浆流动度

从图 4-56 中看出，酒石酸存在一个最佳掺量。考虑到两种缓凝剂复合掺杂的作用，实验暂定酒石酸的掺量为 0.7‰。在此基础上，实验通过改变葡萄糖酸钠的掺量来确定二者的最佳配合比。表 4-28 为复掺酒石酸和葡萄糖酸钠的试验组成配合比。其实验试验结果如图 4-57 和图 4-58 所示。

表 4-28　试验配合比

编号	胶凝材料（g）	砂（g）	水（g）	聚羧酸减水剂（%）	葡萄糖酸钠（%）	酒石酸（%）	碳酸锂（%）
G1	1400	1600	420	1.5	0.3	0.7	0.1
G2	1400	1600	420	1.5	0.6	0.7	0.1
G3	1400	1600	420	1.5	0.9	0.7	0.1

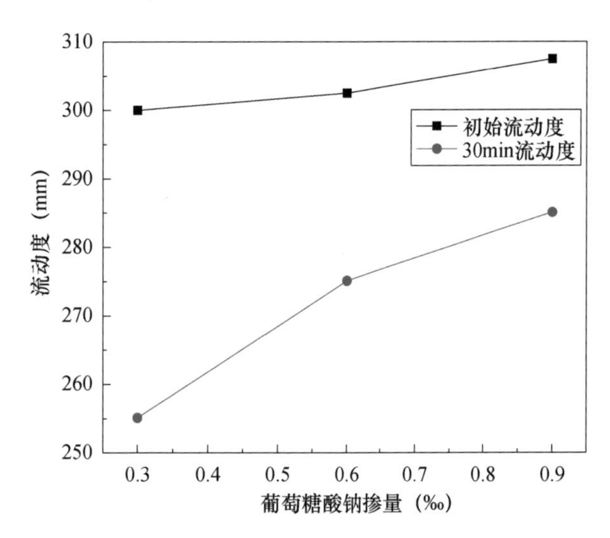

图 4-57　复合掺杂酒石酸和葡萄糖酸钠砂浆流动度

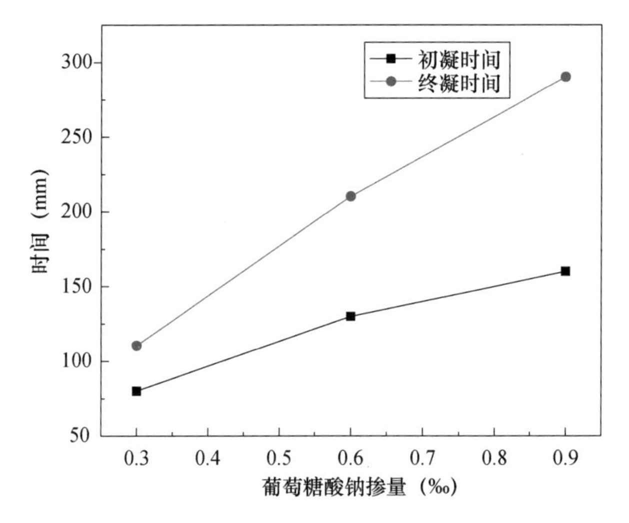

图 4-58　复合掺杂酒石酸和葡糖糖酸钠砂浆凝结时间

从图 4-57 可看出，随着葡萄糖酸钠的增多，砂浆的初始流动度小幅增加，而 30min 的流动度大幅增加，其 30min 流动度损失大幅降低。图中掺 0.9‰葡萄糖酸钠时，其流动度损失最小，同时从砂浆的实验现象来看，其泌水现象大为改善。图 4-58 所示为酒石酸和葡萄糖酸钠双掺对砂浆凝结时间的影响曲线。从图中可看出，随着葡萄糖酸钠掺量的增加，初终凝时间均延长，初凝时间的增加幅度随掺量增加有所降低，而终凝时间几乎呈线性增长。这表明，葡萄糖酸钠掺量不宜太大，可通过葡萄糖酸钠掺量的调节对砂浆凝结时间进行有效控制。实验确定酒石酸的掺量为 0.7‰ + 葡萄糖酸钠掺量为 0.6‰。

（2）增稠剂调控

在上述缓凝剂掺量的基础上，调整胶粉的掺量，试验配合比见表 4-29。在此配合比下，研究了胶粉对砂浆抗分散性及水陆强度比的影响。

表 4-29　试验配合比

编号	胶凝材料（g）	砂（g）	水（g）	聚羧酸减水剂（%）	葡萄糖酸钠（‰）	酒石酸（‰）	碳酸锂（‰）	可再分散乳胶粉（‰）	有机硅（‰）
H1	1400	1600	420	1.5	0.6	0.7	0.1	1.0	5.0
H2	1400	1600	420	1.5	0.6	0.7	0.1	2.0	5.0
H3	1400	1600	420	1.5	0.6	0.7	0.1	3.0	5.0
H4	1400	1600	420	1.5	0.6	0.7	0.1	4.0	5.0

图 4-59 为可再生乳胶对砂浆抗分散性的浊度和 pH 的影响曲线。从图中可见，随着胶粉掺量的增加，浆体水样的浊度和 pH 均呈下降趋势，并且下降幅度先快后慢，也就是存在一个拐点。这表明，随着胶粉掺量增加，砂浆的抗分散能力加强，即砂浆通过水层时浆体流失量减少，但胶粉存在一个最佳掺量。

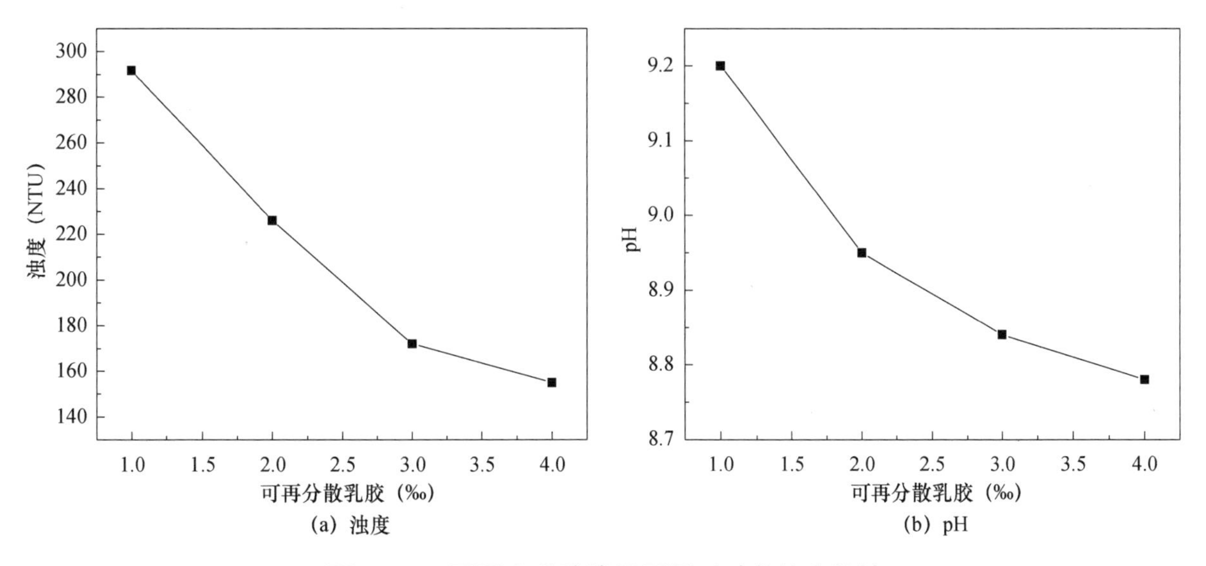

(a) 浊度　　(b) pH

图 4-59　可再生乳胶掺量不同时砂浆抗分散性

图 4-60 所示为胶粉对砂浆水陆强度比的影响曲线。由图 4-60 中可以看出，陆地成型的砂浆抗压强度值均高于水下成型的试样。随着胶粉掺量的增加，陆地成型的砂浆抗压强度降低，而水下成型的砂浆抗压强度呈先增后降趋势。这表明，在水陆不同成型环境下，胶粉所发挥的作用不同。在陆地成型条件下，胶粉的加入可使砂浆黏度增大，砂浆在搅拌中带入的气泡不易排出，进而造成砂浆孔隙率增大，结构不密实，抗压强度下降。而在水下成型时，适宜的胶粉掺量下，胶粉增黏作用对强度的贡献高于孔隙率增大产生的不利影响。低于该掺量，浆体容易被海水冲刷；高于该掺量时，因胶粉造成的孔隙率下降不利影响占主导。本实验中可再生乳胶掺量为 0.2% 时，7d 水陆强度比大于 80%，28d 水陆强度比大于 90%。

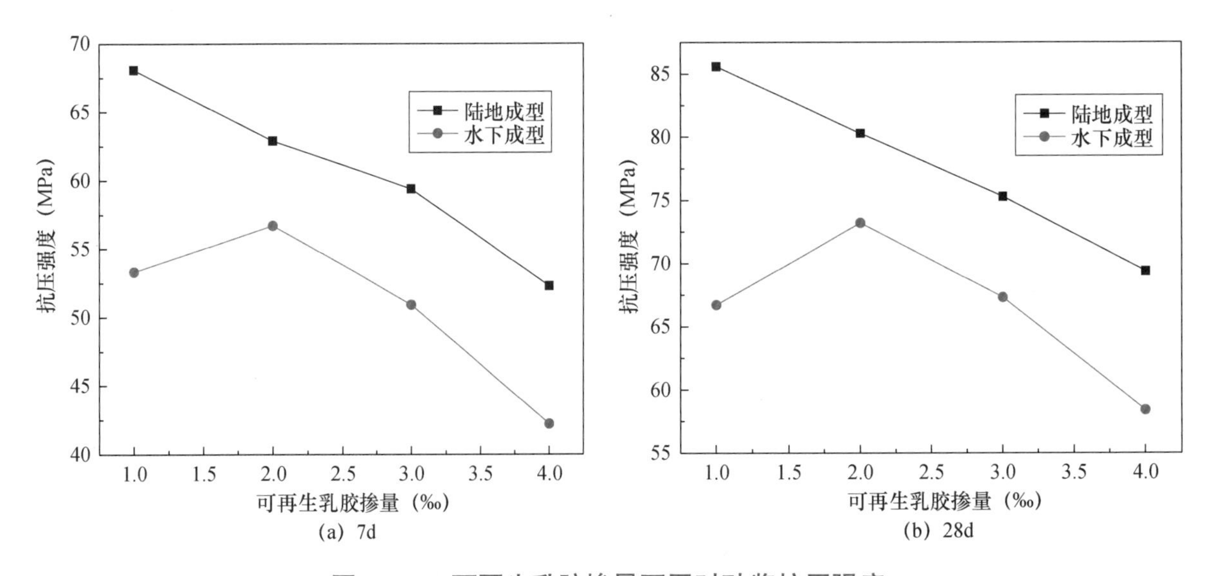

图 4-60　可再生乳胶掺量不同时砂浆抗压强度

（3）水下不分散剂调控

实验采取了三种不同的水胶比，在某种水胶比下，在保持其他参数不变的情况下，研究了水下不分散剂的掺量对砂浆的水下不分散性、水陆强度比的影响。其实验采用的砂浆配合比见表 4-30。

表 4-30　试验配合比

编号	高抗蚀铝酸盐水泥（g）	砂（g）	水（g）	水胶比	聚羧酸减水剂（%）	水下不分散剂（%）
E1	1400	1600	420	0.3	0.9	0.6
E2	1400	1600	420	0.3	0.9	0.8
E3	1400	1600	420	0.3	0.9	1.0
E4	1400	1600	420	0.3	0.9	1.2
F1	1400	1600	532	0.38	0.9	1.2
F2	1400	1600	532	0.38	0.9	1.5

续表

编号	高抗蚀铝酸盐水泥（g）	砂（g）	水（g）	水胶比	聚羧酸减水剂（%）	水下不分散剂（%）
F3	1400	1600	532	0.38	0.9	1.8
F4	1400	1600	532	0.38	0.9	2.1
G1	1400	1600	644	0.46	0.9	2.1
G2	1400	1600	644	0.46	0.9	2.4
G3	1400	1600	644	0.46	0.9	2.7
G4	1400	1600	644	0.46	0.9	3.0

从图 4-61 所示可以看出，在相同水胶比情况下，随着水下抗分散剂掺量增加，砂浆 pH 和浊度均降低。这表明水下适量抗分散剂能改善砂浆水下抗分散性能。随着水胶比的提高，要想达到相同的浊度或 pH，需相应提高水下抗分散剂的掺量。

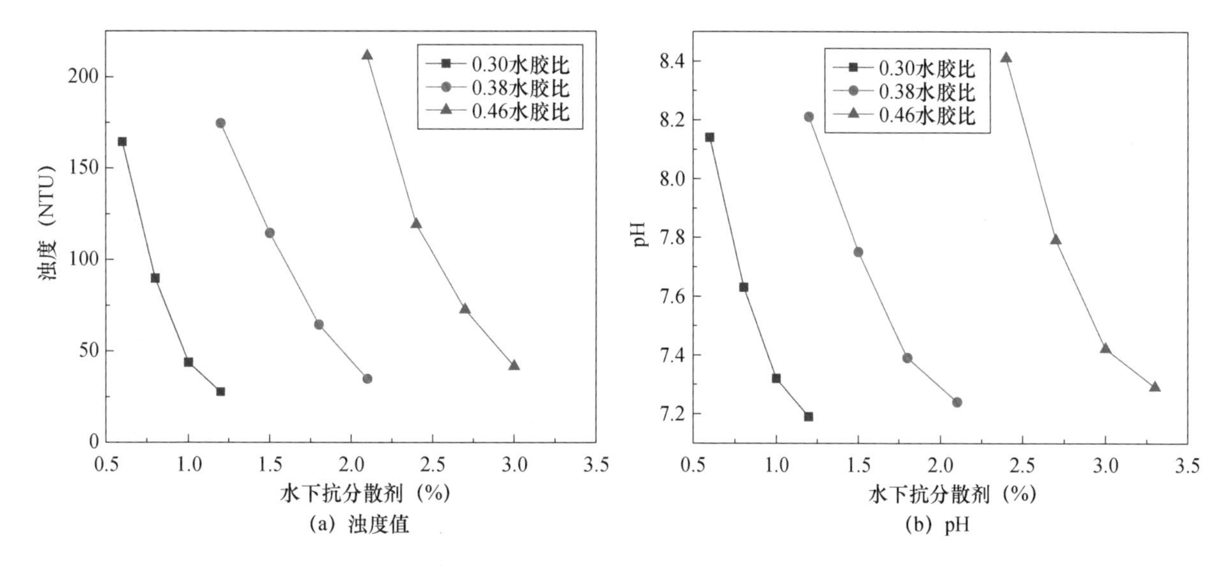

图 4–61　不同水胶比和不同抗分散剂掺量时砂浆的水下不分散性能

由图 4-62 中可以看出，在三种水胶比下，水陆成型的试样抗压强度发展趋势大致相同。所不同的是，随着水胶比的增大，水陆抗压强度最高值间的差值减少。这说明水下不分散剂掺量存在最佳值。当水下不分散剂的掺量太大时，砂浆会因黏度过大而导致成型过程中空气难以溢出，内部孔隙率增大，进而引起 7d 和 28d 陆地和水下成型抗压强度大幅降低。而当水下不分散剂在适量掺量范围时，由于水下不分散剂能在水泥颗粒、骨料之间形成密实的网状结构，从而增加砂浆的黏聚性、保水性和抗分散性，且砂浆水下成型通过水层时吸收少量水分，降低了砂浆的黏度，有利于气泡的溢出，导致水陆强度比提高。本实验中，当水胶比 0.30+ 水下不分散剂掺量 1.0% 和水胶比 0.38+ 水下不分散剂掺量 1.8% 时，铝酸盐水泥砂浆的水陆强度比 7d 和 28d 均大于 100%。

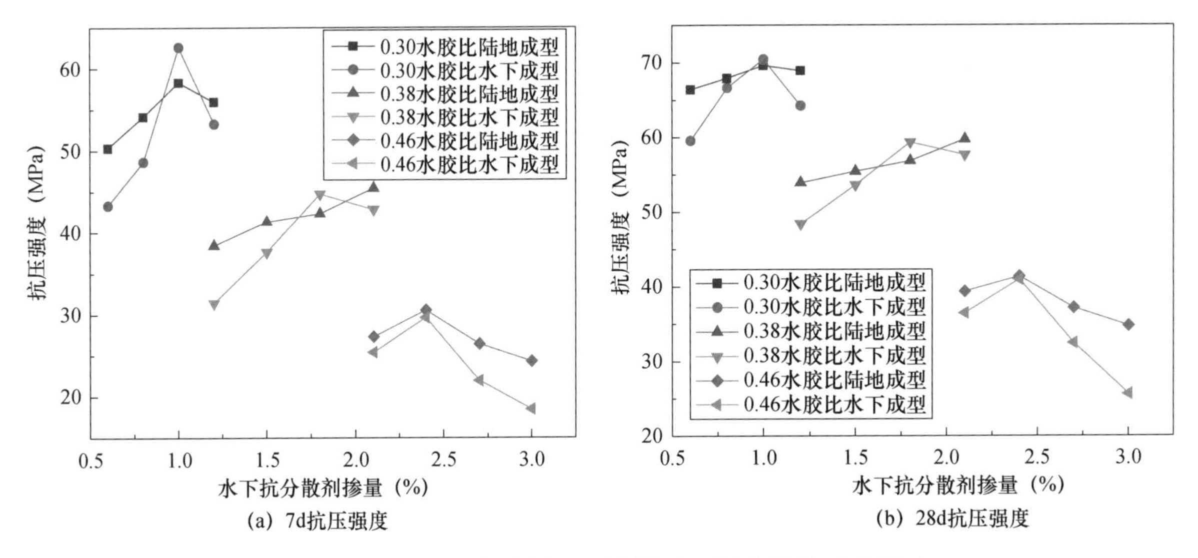

图 4-62　水下不分散剂不同掺量时不同水胶比砂浆强度

酒石酸和葡萄糖酸钠复合掺杂可解决高抗蚀铝酸盐水泥基砂浆流动度损失大的问题。在保持酒石酸掺量不变时，随着葡萄糖酸钠掺量的增加，初终凝时间均延长，初凝时间的增加幅度随掺量增加有所降低，而终凝时间几乎呈线性增长。这表明，葡萄糖酸钠掺量不宜太大，本实验确定酒石酸的掺量为 0.7‰ + 葡萄糖酸钠掺量 0.6‰。随着胶粉掺量增加，砂浆的抗分散能力提高；适宜的胶粉掺量下，胶粉增黏作用对强度的贡献高于孔隙率增大产生的不利影响。低于该掺量，浆体容易被海水冲刷；高于该掺量时，因胶粉造成的孔隙率下降不利影响占主导。本实验中可再生乳胶掺量为 0.2% 时，7d 水陆强度比大于 80%、28d 水陆强度比大于 90%。在相同水胶比情况下，随着水下抗分散剂掺量增加，砂浆 pH 和浊度均降低；随着水胶比的提高，若想达到相同的浊度或 pH，需相应提高水下抗分散剂的掺量。本实验中，当水胶比 0.30+ 水下不分散剂掺量 1.0% 和水胶比 0.38+ 水下不分散剂掺量 1.8% 时，铝酸盐水泥砂浆的水陆强度比 7d 和 28d 均大于 100%。

3. 水下高抗蚀铝酸盐混凝土的研究

上述研究表明，调控凝结时间和掺入水下抗分散剂等是高抗蚀铝酸盐水泥基材料实现其水下不分散性的有效技术途径。为此，针对实际工程中的具体需求及原材料等情况，试验选取水下不分散剂制备了 C30、C35 和 C40 高抗蚀铝酸盐水泥混凝土。表 4-31 为 C30 和 C35 高抗蚀铝酸盐水泥混凝土试验配合比。

表 4-31　C30 和 C35 高抗蚀铝酸盐水泥混凝土试验配合比

强度等级	编号	高抗蚀水泥（kg）	砂（kg）	碎石（kg）	水（kg）	聚羧酸减水剂（%）	水下抗分散剂（%）	消泡剂（g）
C30	X1	380	766	1059	185	0.8	0.8	300
	X2	380	766	1059	185	0.8	1.0	300
	X3	380	766	1059	185	0.8	1.2	300
	X4	380	766	1059	185	0.8	1.4	300

续表

强度等级	编号	高抗蚀水泥（kg）	砂（kg）	碎石（kg）	水（kg）	聚羧酸减水剂（%）	水下抗分散剂（%）	消泡剂（g）
C35	Y1	400	748	1077	175	1.0	0.8	400
	Y2	400	748	1077	175	1.0	1.0	400
	Y3	400	748	1077	175	1.0	1.2	400
	Y4	400	748	1077	175	1.0	1.4	400

（1）水下抗分散剂对混凝土工作性的影响

水下抗分散剂对C30和C35高抗蚀铝酸盐水泥混凝土工作性能影响的试验结果见表4-32。由表可以看出，C30和C35高抗蚀铝酸盐水泥混凝土的工作性能随水下抗分散剂掺量增大而降低，30min的坍落度和扩展度损失降低。这表明，较高掺量的水下抗分散剂可明显增加混凝土黏凝聚性，提高其水下的抗分散性。

表4-32 水下抗分散剂对C30和C35混凝土工作性能的影响

强度等级	编号	水下抗分散剂（%）	初始坍落度（mm）	30min坍落度（mm）	初始扩展度（mm）	30min扩展度（mm）
C30	X1	0.8	225	175	613	495
	X2	1.0	215	170	590	485
	X3	1.2	200	165	560	464
	X4	1.4	180	160	450	385
C35	Y1	0.8	220	170	610	492
	Y2	1.0	210	165	585	470
	Y3	1.2	200	160	550	435
	Y4	1.4	175	150	445	370

（2）水下抗分散剂对混凝土水陆强度比的影响

由表4-33中可以看出，随水下抗分散剂掺量增加，水样悬浊物含量均随之降低，这是由于随着水下抗分散剂掺量的增加浆体稠度增大所致。陆上成型试块7d和28d抗压强度均随水下抗分散剂掺量增加而降低，这是浆体黏性增大导致试块中含气量增大引起的。水陆强度比随水下抗分散剂掺量先增大后降低，其原因与砂浆中的影响规律一致。本实验中，水下抗分散剂掺量为1.2%时，水陆强度比超过100%。

表 4-33 水下抗分散剂对 C30 和 C35 混凝土水陆强度比的影响

强度等级	编号	水下抗分散剂（%）	悬浊物含量（mg/L）	陆上抗压强度（MPa）		水下抗压强度（MPa）		水陆强度比（%）	
				7d	28d	7d	28d	7d	28d
C30	X1	0.8	83.2	30.8	42.6	23.7	32.0	77	75
	X2	1.0	62.5	29.7	41.4	26.7	36.8	90	89
	X3	1.2	47.8	28.5	39.7	30.2	41.3	106	104
	X4	1.4	34.6	25.3	34.2	22.0	29.1	87	85
C35	Y1	0.8	78.3	34.3	49.5	27.8	39.1	81	79
	Y2	1.0	59.6	32.7	46.5	30.7	43.2	94	93
	Y3	1.2	45.2	31.3	44.1	34.1	47.6	109	108
	Y4	1.4	32.3	28.7	40.7	25.8	36.2	90	89

由此可见，调凝剂和掺水下抗分散剂均存在一个最佳掺量，采用适宜的调控凝结时间和掺水下抗分散剂技术措施，高抗蚀铝酸盐水泥可制备出抗离散性能优异，悬浊物含量低于 50mg/L；工作时间长、坍落度经时损失较小，2h 后仍能保持大于 300mm 流动度；水陆强度比在 1.0 以上的水下不离散混凝土。

4.2 高抗蚀铝酸盐水泥的示范生产与应用

高抗蚀铝酸盐水泥熟料烧成较普通铝酸盐水泥具有 CA/CA_2 比降低，烧成难度增加，熟料体系烧成范围窄等特点，首先在实验室模拟水泥烧成工艺来初步确定生产参数，在此基础上，根据生产线特点对燃烧器改造升级，提高火焰形状稳定性，并在回转窑内表面采用一种嵌入式测温系统进行无线温度监测，使回转窑各温度段的温度可控，同时增加下料仓的辅助下料设备精度，增设内部搅拌设备，预热器内下料管翻板阀增设远程控制系统，采用 XRD 精确定量熟料矿相和敏感标志物指标并实时反馈回转窑中控室，对回转窑生产全过程监控，实现对高抗蚀铝酸盐水泥质量的精确控制与生产。

4.2.1 实验室初步确定示范生产线的工艺参数

在 10MPa 下压制制备 25mm × 25mm × 150mm 水泥试样。为使水泥在烧成炉中试样内外具有较小的温度梯度差，实验模拟生产线上回转窑烧制升温曲线，设定 0~600℃加热时间为 30~80min，600~1200℃加热时间为 20~80min,1200~1400℃加热时间为 5~50min，1400℃保温 5~50min。实验结果表明，当烧成参数如下时：0~600℃加热 50min，600~1200℃加热 30min,1200~1400℃加热 10min，1400℃保温 10min，烧制高抗蚀铝酸盐水泥（CA/CA_2 在 0.5~1.20）的样品具有良好的理化性能。考虑到模拟环境与实际生产线差异，且由于高抗蚀铝酸盐水泥较普通铝酸盐水泥 CA/CA_2 比降低，烧成难度增加，回转窑预热器气固换热效率远远大于电炉环境等，初步设定高抗蚀水泥熟料烧成生产线工艺参数调整原则，即针对该熟料体系具有烧成范围窄等特点，预计划通过改进燃烧器、调整加料量的方式进行首批试生产。

4.2.2 高抗蚀铝酸盐水泥的示范生产

对一条日产水泥300t的带有5级预热器的回转窑生产线进行了升级改造，以满足高抗蚀铝酸盐水泥的生产要求。该回转窑的长/径比高达20（回转窑尺寸：ϕ2.2m×45m），示范线如图4-63所示。

图4–63 高抗蚀铝酸盐水泥生产示范线

1. 工业生产线烧成燃烧器改造

高抗蚀铝酸盐水泥生产需要严格的工艺控制，煅烧过程尤为重要。该生产线原用于生产普通铝酸盐水泥，若直接用来生产高抗蚀铝酸盐水泥存在锻烧过程中火焰形状及温度不易控制的问题，会造成熟料质量波动。长/径比高达20的日产300t回转窑，由于火焰在窑内填充率较大，微小的火焰波动就会在窑内造成截面温度不均匀分布；窑内物料填充率更容易受到物料量的影响，造成窑内通风面积波动较大，引起二次风速波动较大，火焰形状易受影响；窑台时产量（10t）及用煤量（1t）小，对投料和预热器分离效率高度敏感，易造成系统工况较大波动，工况条件更不易控制，对烧成带及火焰温度都会造成影响。通过改变燃烧器的喷煤管直径和喷煤管出口直径以及燃烧器风道结构设计，调整一次风的流量和出口风速，采用高风压、低风量设计强化煅烧使火焰自身具有较强的稳定性，减小窑况波动对火焰的影响；一次风量约占煤粉燃烧理论空气量的5%~8%，使窑内形成长火焰煅烧状态，根据高抗蚀铝酸盐水泥生产线的产量，依据煤粉成分、煤粉质量调整用煤量、用风量、窑尾的风温和负压、窑的转速以及物料填充料、二次风温、一次风量流体模拟设计燃烧器旋风，轴风。减小旋角，使热力更加集中稳定。燃烧器基础构造如图4-64所示，控制锻烧火焰，达到高抗蚀铝酸盐水泥生产烧成的温度稳定分布，且可以根据不同配料进行温度分布区间调节。改造后的示范线燃烧器如图4-65所示。

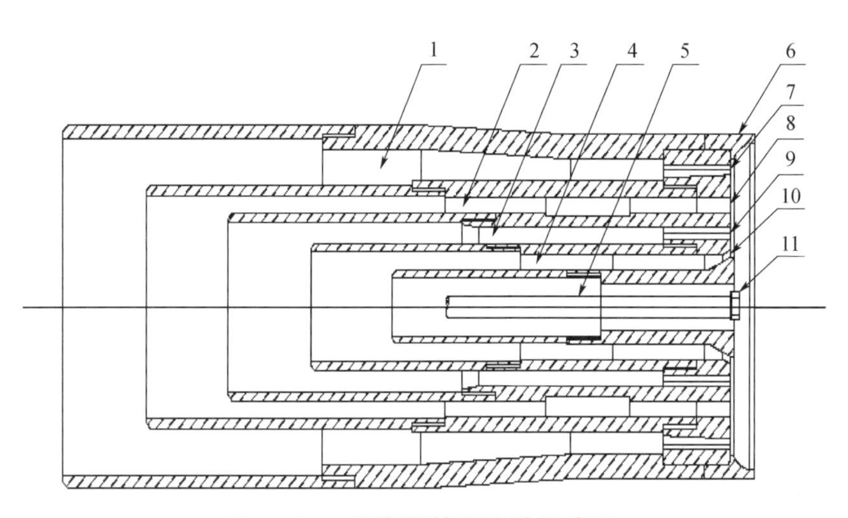

图 4-64　燃烧器基础构造示意图

1—外轴流风道；2—煤风道；3—外旋流风道；4—内旋流风道；5—中心通道；6—拢焰罩；7—外轴风喷嘴；8—煤风喷嘴；9—外旋流风喷嘴；10—内旋流风喷嘴；11—中心油枪喷嘴

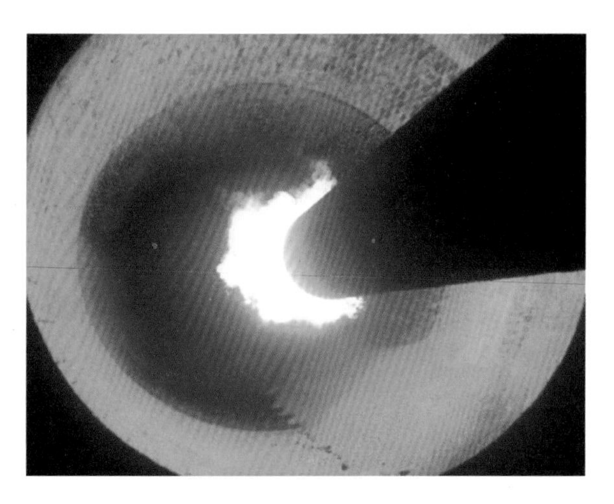

图 4-65　示范线燃烧器

2. 工业生产线实时监测系统监测的改造

回转窑各温度段的温度控制是保证连续生产中熟料质量的重要手段。为了掌握各种高抗蚀铝酸盐水泥熟料的烧成温度控制，在回转窑表面采用一种嵌入式系统实现回转窑无线温度监测的方法。通过该系统能够高效地完成回转窑温度测量。相对于传统测温方法，节省了成本，系统更加稳定，调试更加方便。采用 XRD 精确定量熟料矿相的结果，每间隔 1h 向窑操作室通报一次，并规定 $C_{12}A_7$ 能充分体现烧结程度，并敏感影响水泥性能的矿物含量在 0.8~1.2；增加下料仓的辅助下料设备精度，增加内部搅拌设备，预热器内下料管翻板阀增设远程控制等手段来实现对回转窑生产全过程监控，达到对高抗蚀铝酸盐水泥质量的精确控制，提高了水泥熟料的质量稳定性并实现了生产产品可调节。

3. 高抗蚀铝酸盐水泥示范生产及性能

高抗蚀铝酸盐水泥熟料矿物设计组成范围见表 4-34，按照此设计进行中试生产，配料化学组成见表 4-35，生产线参数见表 4-36，示范生产水泥熟料的物相组成见表 4-37。

表 4-34　高抗蚀铝酸盐水泥熟料矿物设计组成范围　w(%)

CA	CA_2	G-C_2AS
12~20	40~55	25~35

表 4-35　配料化学成分组成　w(%)

化学成分	SiO_2	Al_2O_3	CaO	MgO	Fe_2O_3	TiO_2	K_2O	Na_2O
高抗蚀铝酸盐水泥	5.56	58.93	29.21	0.42	1.79	2.94	0.35	0.09

表 4-36　高抗蚀铝酸盐水泥示范线生产部分基础生产参数可调范围

烧成带物料温度（℃）	投料量（t/h）	燃烧器外风道风压（Pa）	燃烧器内风道风压（Pa）	窑速（r/min）	窑尾排风量（m^3/h）	上升烟道温度（℃）	预热器出口温度（℃）
1320~1470	14~16	22000~24000	19000~16000	1.2~1.6	35400~36700	600~700	200~230

表 4-37　熟料物相组成　w(%)

配方编号	CA	CA_2	C_2AS	CT	C_4A_3S	$C_{12}A_7$	MA
高抗蚀铝酸盐水泥	14.5	49.15	25.32	4.2	3.5	0.4	1.1

高抗蚀铝酸盐水泥的强度保留率、氯离子扩散系数和耐海水侵蚀系数性能等检测结果见表 4-38。

表 4-38　高抗蚀铝酸盐水泥的性能指标

序号	考核指标要求	实测数据
1	氯离子扩散系数 $< 0.5\times10^{-12}m^2/s$	0.49
2	耐海水侵蚀系数 $K_{28}\geqslant 1.1$	1.13
3	砂浆稳定抗压强度达 50MPa 以上	77.4
4	28d 高温养护（50℃水）强度保留率≥ 70%	73.3%

4.2.3　高抗蚀铝酸盐水泥的工程示范

1. 高抗蚀铝酸盐水泥基压浆料应用于广西北海市西村港跨海大桥

北海市西村港跨海大桥位于北海市主城区东部，是北海市第一座跨海大桥，项目总投资约 9.4 亿元。作为北海市重点工程，该桥是连接北海银滩片区与海洋新城的重要通道。西村港跨海大桥主桥为主跨 238m 的双塔斜拉桥，设计全长 2544.4m，双向 6 车道，工程规划如图 4-66 所示。

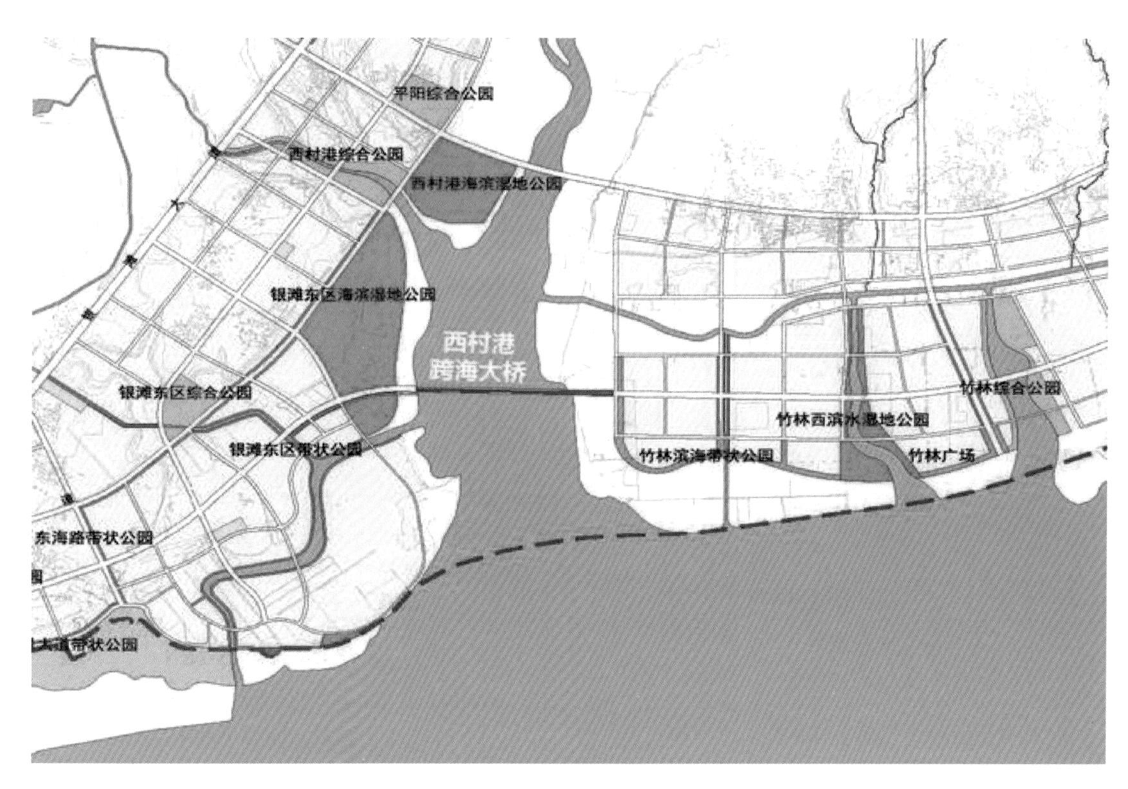

图 4–66 西村港跨海大桥工程规划图

从地理气候角度上，西村港跨海大桥位于南海北部湾，地处热带和亚热带，四季多台风，潮差大，因此该大桥易遭受较强的海水腐蚀并且施工条件恶劣。为此，根据工程设计要求，该桥塔采用一体式基础，承台厚度为 5m，顶部设 2m 厚锥形台帽与桥塔过渡。承台下设 35 根直径 2.5m 钻孔灌注桩。桩基采用摩擦桩设计，桩间距为 6.3m。期中桩基采用水下 C35 混凝土，承台及锥帽采用海工 C40 混凝土。

对于桩端承载力较弱而孔径大于 1.5m 的桩，桩底压浆是提高其承载力和减少沉降的重要措施。基于此，高抗蚀铝酸盐水泥基材料配制的压浆料在西村港跨海大桥 21 号承台钻孔桩施工中进行了示范应用。

（1）压浆料配比

正式示范之前，课题组研究人员根据当地气候与工程所处环境进行了大量的压浆料试配工作，以满足示范工程要求的工作性能和力学性能等。压浆料的最终配合比见表 4-39。

表 4–39 压浆料配合比

水泥	石膏	石粉	减水剂	硼酸	水	三聚磷酸钠	抗分散剂
1265.5	164	50	4.5	1	507	6	2

（2）压浆料的性能

压浆料性能按照《公路桥涵施工技术规范》（JTG/T F50—2011）的要求进行测试，见表 4-40。

表 4-40 压浆料性能

检测项目		性能指标要求	检测结果
凝结时间（h）	初凝	≥ 5	6.3
	终凝	≤ 24	9.1
流动度（s）	初始流动度	10~17	15
	30min 流动度	10~20	18
	60min 流动度	10~25	20
泌水率（%）	24h 自由泌水率	0	0
	3h 钢丝泌水率	0	0
压力泌水（%）	0.22MPa（孔道垂直高度≤ 1.8m 时）	≤ 2.0	1.5
自由膨胀率（%）	3h 自由膨胀率	0~2	0.9
	24h 自由膨胀率	0~3	1.0
充盈度		合格	合格
抗压强度（MPa）	3d	≥ 20	43.4
	7d	≥ 40	51.2
	28d	≥ 50	68.1
抗折强度（MPa）	3d	≥ 5	6.5
	7d	≥ 6	9.2
	28d	≥ 10	11.2

表 4-40 的数据表明，配制的压浆料各项性能指标均达到了 JTG/T F50—2011 的指标要求，并且 2d 抗压强度可以达到 43.4MPa，远高于标准要求的 20MPa，可以进行下一步的正式工程示范。

（3）压浆料终止条件的确定

桩底压浆是一种新工艺，截至目前就压浆料压浆终止条件还没有成熟的规范。业主给出的初始压浆终止标准是：①压浆量≥ 2000L；②压力大于 4MPa 并持荷 10min；③桩身上浮量超过 5mm。满足以上三个条件中任何一个条件即可终止压浆。然而在实践中发现，第一个条件很容易达到，但若仅满足第一个条件，其对桩底承载力提升效果不大，而要达到第二个条件还需增加注浆量，并且桩身在注浆过程中没有上浮现象。为使压浆真正达到效果，经过大量的压浆工艺试验后，将原压浆终止标准修定为：在桩身不上浮的情况下：①压浆量≥ 2500L；②压力大于 3~4MPa 并持荷 3~5min。同时满足这两个条件压浆即可终止。

（4）桩底压浆的效果分析

根据对钻孔桩压浆前后的承载力的试验分析，桩底压浆后桩端承载力和桩侧摩阻力都有很大提高。本次测试桩桩端承载力压浆前为 1600kN，压浆后达到 7470kN。压浆后总承载力比未压浆桩的总承载力提高了 99.67%。图 4-67 所示为示范工程的施工现场。

(a) 施工压浆设备

(b) 现场压浆施工

图 4–67　桩底压浆的施工现场

2. 高抗蚀铝酸盐水泥混凝土应用于杭甬高速复线

杭甬高速复线是连接大湾区的舟山跨海大桥、杭州湾跨海大桥、金塘大桥、沪昆高速等的重要通道。该线建成后将大大缩短长三角南翼与上海、江苏等省市之间的距离。

该项目施工重难点在于：海上桥梁下部桩基均属深长型钻孔桩，主线桥桩平均长度 98m，作业区域属海域滩涂区域，受潮汐影响，施工过程中需要在海上搭设平台作业。因此，受海潮、台风等不利因素的影响，该工程存在施工风险高、技术难度大、对施工工程材料耐腐蚀性能要求高等问题。

该工程所需的墩柱承台预制底板处于潮汐区，由于构件长期处于干湿交替环境，因而对材料的早期强度和耐海水腐蚀性强要求很高。为此，工程选用具有较高早期强度和优异耐海水侵蚀性能的高抗蚀铝酸盐水泥混凝土来解决这一问题。

（1）混凝土配比及性能测试

正式示范之前，根据当地气候与工程所处环境进行了大量的混凝土试配工作，以满足示范工程要求的工作性能和力学性能等。混凝土的最终配合比见表 4-41。混凝土的抗压强度见表 4-42，由表可见，该混凝土 28d 抗压强度在 35MPa 以上。

表 4–41　高抗蚀铝酸盐水泥承台预制底板混凝土配合比

项目		水泥	粉煤灰	矿粉	砂	碎石		水	外加剂
材料规格型号		高抗蚀铝酸盐水泥	F 类 II 级	S95	中砂	5~16mm	16~25mm	拌和用水	HA-JS3
理论配合比质量（kg）		250	88	101	751	311	727	142	4.69
调整项目	含水率（%）				4.1	0.5	0.2		
	含水量（kg）				31	2	1		
施工配合比质量（kg）		250	88	101	782	313	728	108	4.69

表 4-42 承台预制地板混凝土抗压强度 MPa

项目		抗压强度		
		7d	28d	90d
养护温度	20℃	25.1	36.4	42.3
	50℃	—	—	44.7

（2）施工示范现场

实际示范工程混凝土用量为 150m³。材料强度稳定性好，抗压强度比在 70% 以上。承台底板安装和承台浇筑后效果如图 6-68 所示。

图 4-68 承台底板安装和承台浇筑后效果

3. 高抗蚀铝酸盐水泥混凝土制备海浪冲刷区防浪工字扭构件

海浪冲刷区防浪工字扭构件，要求混凝土强度等级在 C30 以上，具有良好的耐海水腐蚀性能。高抗蚀铝酸盐水泥混凝土制备防浪工字扭构件工字扭构件工字扭构件，其配合比和抗压强度见表 4-43 和表 4-44。该混凝土 28d 抗压强度在 50MPa 以上，完全满足示范工程的性能要求。防浪工字扭构件将用于海洋工程护坡部位，强度稳定性好，具有良好的耐腐蚀性能。图 4-69 所示为防浪工字扭构件制备现场。

表 4-43 防浪工字扭构件高抗蚀铝酸盐水泥混凝土配合比

项目		水泥	硅灰	砂	碎石		水	外加剂
材料规格型号		高抗蚀铝酸盐水泥		中砂	5~16mm	16~25mm	拌和用水	HA-JS3
理论配合比质量（kg）		380	20	748	341	736	160	2.60
调整项目	含水率（%）			3.5	0.3	0.2		
	含水量（kg）			26	1	1		
施工配合比质量（kg）		380	20	774	342	132	108	2.60

表 4-44　防浪工字扭构件高抗蚀铝酸盐水泥混凝土抗压强度　MPa

项目		抗压强度		
		7d	28d	90d
养护温度	20℃	25.1	51.1	53.7
	50℃			55.2

图 4-69　防浪工字扭构件块制备现场

4.3 成果总结

课题以解决海洋环境水下工程用高抗蚀铝酸盐水泥的关键技术为目标，从铝酸盐水泥熟料组成优化、协同改性优化等方面开展了抑制铝酸盐水泥晶型转变的研究，形成了有效抑制铝酸盐水泥晶型转变的技术及性能评价体系，并在此基础上制备和生产了适用于海洋工程用的高抗蚀铝酸盐水泥，开展了针对高抗蚀铝酸盐水泥耐海水腐蚀的机理及评价方法研究，最后将高抗蚀铝酸盐水泥基材料应用于工程示范。

4.3.1　在铝酸盐水泥评价体系及晶型转变抑制技术方面

1. 铝酸盐水泥晶型转变评价体系

以铝酸盐水泥在 50℃水养和标准养护条件下 28d 的抗压强度比，或抗压保留率作为铝酸盐水泥的晶型转变的评价指标。该值越高表明晶型转变程度越低，即该铝酸盐水泥的强度稳定性越好。建立于大量实验基础上的该评价方法更简便、更快速、更准确，对于用于海工环境的铝酸盐水泥的晶型转变评价有着极为重要的作用。

2. 铝酸盐水泥熟料组成优化技术

基于调整钙铝比及复掺改性 C_2AS 的思路，将 CA_2 矿相的组成含量提到 35%~55%、将 C_2AS 掺杂改性为具有一定水化活性的物相，经此优化改性后的铝酸盐水泥强度保留率由原来的29.9%提高到46.96%。该熟料组成优化技术的确可延缓或抑制铝酸盐水泥的晶型转变。

3. 协同改性优化技术

选取硅灰协同改性铝酸盐水泥技术能大幅提高铝酸盐水泥50℃养护条件下抗压强度。硅灰协同改性铝酸盐水泥技术中，当硅灰掺量为25%时，其28d抗压强度可在60MPa以上，28d强度保留率提到70%以上。

4.3.2 在高抗蚀铝酸盐水泥生产示范方面

1. 实验室模拟初步确定烧成工艺参数

针对高抗蚀铝酸盐水泥熟料CA/CA_2比降低及熟料体系烧成范围窄等特点，实验选用了如下烧成工艺参数，即0~600℃加热50min，600~1200℃加热30min，1200~1400℃加热10min，1400℃保温10min。经该工艺烧制的高抗蚀铝酸盐水泥样品具有良好的理化性能。

2. 改造工业生产线的烧成燃烧器和实时监测系统

鉴于模拟环境与实际生产线差异、回转窑预热器气固换热效率远远大于电炉环境等实际问题，项目通过控制锻烧火焰，提高火焰形状稳定性，在窑内表面安装一种嵌入式测温系统进行无线温度监测，增设内部搅拌设备及远程控制系统等措施，实现对回转窑生产全过程监控，达到对高抗蚀铝酸盐水泥质量的精确控制。

3. 示范生产的高抗蚀铝酸盐水泥组成及各项性能指标

在郑州登峰熔料有限公司示范生产的高抗蚀铝酸盐水泥，经XRD定量分析出主要矿物含量为CA14.5%、$CA_2$49.15%和C_2AS 25.32%。该高抗蚀铝酸盐水泥砂浆稳定抗压强度达77.4MPa，28d强度保留率为73.3%，耐海水侵蚀系数K_{28}为1.13，氯离子扩散系数为$0.49\times10^{-12}m^2/s$。

4.3.3 在高抗蚀铝酸盐水泥耐化学腐蚀基础理论及其评价技术方面

1.CA/CA_2矿相组成比对其水化进程及微结构的影响机制

CA与CA_2总量一定时，CA/CA_2比例越高，早期水化速率越快，放热量越大。与参比样自来水拌和相比，海水会延长铝酸盐水泥的早期水化，且CA/CA_2比例越低，延缓作用越显著；但海水能显著促进铝酸盐水泥的后期水化，并能改善浆体的孔隙结构和密实性，进而大幅提升铝酸盐水泥强度（28d龄期尤为显著），且CA/CA_2比例越低，强度提升越显著。

2. 海水对高抗蚀铝酸盐水泥的腐蚀作用机理

在海水拌和下，高抗蚀铝酸盐水泥的主要水化产物仍以CAH_{10}和AH_3为主；高抗蚀铝酸盐水泥浆体所特有的水化环境可促进早期水化产物中F盐的形成，这有益于固结氯离子，发挥抗氯离子侵蚀作用；后期随着水化龄期的延长，CA_2加速水化铝胶大量生成，孔溶液中pH降低、F盐溶解。F盐溶解后释放出的氯离子主要通过物理吸附方式与水化产物结合，因而就高抗蚀铝酸盐水泥而言，随着龄期的延长，其氯离子结合能力不断增强。所涉龄期内硫酸盐和镁离子对高抗蚀铝酸盐水泥无明显化学侵蚀作用。

3.CA/CA_2矿相组成比对胶砂－钢筋电极抗氯离子侵蚀的作用机制

CA/CA_2比例越低，胶砂-钢筋试样的抗氯离子侵蚀作用越强。就高抗蚀铝酸盐水泥而言，钢筋初始钝化程度较低。在NaCl溶液侵蚀下，70d内钢筋表面钝化膜随龄期延长缓慢削弱，钢筋仅受到轻微腐蚀。

4.3.4 在制备水下高抗蚀铝酸盐水泥基材料方面

凝结硬化可控性及水下不分散性技术，调控凝结时间和掺水下抗分散剂的技术措施，可制备出悬浊物含量小于50mg/L、水陆强度比超过100%的高抗蚀铝酸盐水泥净浆、砂浆和混凝土材料。在本实验中，采用高抗蚀铝酸盐水泥配制的水下不离散混凝土坍落度经时损失较小，2h后仍能保持大于300mm，工作时间长；水陆强度比在1.0以上；抗离散性能优异，悬浊物含量低于50mg/L。

4.3.5 在工程示范方面

1. 压浆料示范应用于广西西村港跨海大桥钻孔桩

桩底压浆后桩端承载力和桩侧摩阻力都有较大提高。本次测试桩桩端承载力压浆前为1600kN，压浆后达到7470kN。压浆后总承载力比未压浆桩的总承载力提高了99.67%。

2. 混凝土示范应用于杭甬高速复线墩柱承台预制底板

材料强度稳定性好，混凝土28d抗压强度在35MPa以上，抗压强度比在70%以上。

3. 混凝土示范应用于某军事工程的防浪工字扭构件

混凝土28d抗压强度在50MPa以上，完全满足了示范工程的性能要求。

参考文献

[1] 王燕谋，苏慕珍．中国特种水泥[M].北京：中国建材工业出版社，2012：38.

[2] HEWLETT P C. Lea's chemistry of cement and concrete[M]. New York: Elsevier Butterworth Heinemann, 1988：725.

[3] Valentin A, Jadvyga K. The effect of temperature on the formation of the hydrated calcium aluminate cement structure [J]. Procedia engineering, 2013, 57: 99.

[4] 姜奉华，郑少华．铝酸盐水泥系统中硅铝酸二钙向Q相的转变[J].硅酸盐学报，2005，33（4）：462.

[5] 姜奉华．Q相-CA-$C_{12}A_7$铝酸盐水泥烧成的正交试验研究[J].济南大学学报，2005，19（1）：21.

[6] 姜奉华，徐德龙．含Q相铝酸盐水泥水化性能的研究[J].材料科学与工程学报，2005，23（2）：27.

[7] 姜奉华，徐德龙．微量组分对铝酸盐水泥系统中Q相形成的影响[J].硅酸盐学报，2005，33（10）：1276.

[8] 李早元，伍鹏，程小伟，等．矿渣对铝酸盐水泥石性能影响的研究[J].硅酸盐学报，2014，33（12）：3338.

[9] 王甲春，王玉彤，桂海清，等．混合材料对高铝水泥强度影响的试验研究[J].沈阳建筑工程学院学报（自然科学版），2002，18（2）：119.

[10] ÖNDER KIRCAA, İ. ÖZGÜR YAMANB, MUSTAFA TOKYAYB. Compressive strength development of calcium aluminate cement–GGBFS blends[J]. Cement and Concrete Composites, 2013，35 (1): 163.

[11] COLLEPARDI M, MONOSI S, Piccioli P. The influence of pozzolanic materials on the mechanical stability of aluminous cement[J]. Cement and Concrete Research, 1995，25 (5): 961.

[12] 马聪，步玉环，赵邵彪，等．固井用铝酸盐水泥改性试验研究[J].建筑材料学报，2015，18 (1): 100.

[13] 李早元，张松，张弛，等．热力采油条件下粉煤灰改善铝酸盐水泥石耐高温性能及作用机理研究[J].硅酸盐通报，2012，31 (5): 1101.

[14] 杨宏章，孙加林，章荣会．用碳酸钙微粉改性的铝酸盐水泥及其耐热性能[J].硅酸盐学报，2006，34(4): 452.

[15] LUZ A P, PANDOLFELLI V C. $CaCO_3$ addition effect on the hydration and mechanical strength evolution of calcium

aluminate cement for endodontic applications[J]. Ceramics international, 2012,38(2)：1747.
[16] 邢昊 . 石灰石粉对铝酸盐水泥性能影响研究 [D]. 长沙：中南大学，2010.
[17] 肖佳，勾成福，邢昊，等 . 石灰石粉对铝酸盐水泥性能的影响 [J]. 建筑材料学报 ,2011，14（3）: 366.
[18] DARWEESH H H M. Limestone as an accelerator and fill in limestone substituted alumina cement[J]. Ceramics international, 2004,30(2): 145.
[19] JULIEN B, KAREN L S. Limestone reaction in calcium aluminate cement-calcium sulfate systems[J]. Cement and Concrete Research, 2015，76: 159.
[20] 马保国，胡红梅，朱火明 . 减水剂对铝酸盐水泥的作用及机理研究 [J]. 中国建材科技，1996，5（2）:20.
[21] NG S, PLANK J. Formation for organo-mineral phases incorporating PCE superplasticizers during early hydration of calcium aluminate cement[C]// 14th international congress on the chemistry of cement.ICCC. China: Beijing, 2015.
[22] CHAVDA M A, KINOSHITA H. Phosphate modification of calcium aluminate cement to enhance stability for immobilization of metallic wastes[J]. Advances in applied ceramics, 2014, 113(8):453.
[23] FALZONE G, BALONIS M. X-AFm stabilization as a mechanism of bypassing conversion phenomena in calcium aluminate cements[J].Cement and concrete research, 2015,72:54.
[24] SANT G, SANT M B. Inorganic admixtures for mitigating against conversion phenomena in high-alumina cements: US, 0107934 [P]. 2016-04-21.
[25] D.DAMIDOT, B.LOTHENBACH, et al. Thermodynamics and cement science [J].Cement and concrete research, 2011,41(7): 679-695.
[26] M. BALONIS. The influence of inorganic chemical accelerators and corrosion inhibitors on the mineralogy of hydrated Portland cement systems (Ph. D. Dissertation) University of Aberdeen, Scotland, 2010, 2365.
[27] M.BALONIS, M.MEDALA, et al. Influence of calcium nitrate and nitrite on the constitution of AFm and AFt cement hydates, Adv. Cem. Res, 2011,23(3): 129-143.
[28] G.RENAUDIN, J.P. Rapin, et al. Thermal behavior of the nitrated AFm phase $Ca_4Al_2(OH)_{12}(NO3)_2 \cdot 4H_2O$ and structure determination of the intermediate hydrate $Ca_4Al_2(OH)_{12}(NO3)_2 \cdot H_2O$, Cement and Concrete Research, 2000, 30(2): 307-314.
[29] NAN S., BUQUAN M., et al. Effect of wash water and underground water on properties of concrete [J]. Cement and concrete research, 2002, 32(5): 777-782.
[30] ALHARTHY A.S., TAHA R, et al. Effect of water quality on the strength of flowable fill mixtures [J]. Cement and concrete composites, 2005, 27 (1): 33-39.
[31] ASTM C94, Standard specification for ready-mixed concrete, American society for testing and materials, philadelphia, 1992.
[32] WEGIAN F.M. Effect of seawater for mixing and curing on structural concrete [J]. The IES journal part A: civil & structural engineering, 2010, 3(4): 235-243.
[33] 陈兆林，唐筱宁，孙国峰，等 . 海水拌养混凝土耐久性试验与应用 [J]. 海洋工程 , 2008, 26 (4): 102-106.
[34] 孙峰，潘蓉，侯春林等 . 海水环境下水泥结石体性能试验研究 [J]. 水利与建筑工程学报 , 2012, 10(5): 9-13.
[35] AYMAN M.K., MEDHAT S.E., et al. Effect of type of mixing water and sand on the physico- mechanical properties of magnesia cement masonry units [J]. Housing and building national research center, 2012, 8(1): 8-13.
[36] TAREK U.M., HIDENORI H., et al. Performance of seawater-mixed concrete in the tidal environment [J]. Cement and concrete research, 2004, 34(4): 593-601.
[37] P. Hewlett, Lea's Chemistry of Cement and Concrete, Butterworth-Heinemann, 2003.
[38] FU BO, YANG CHANGHUI, CHENG ZHENYUN. J Huazhong Univ Sci Tech: Nat Sci Ed (in Chinese), 2013, 41(5): 34-38.
[39] HEKAL E E, KISHAR E, MOSTAFA H. Magnesium sulfate attack on hardened blended cement pastes under different circumstances[J]. Cem Concr Res, 2002(32): 1421–1427.
[40] MAES M, DE BELIE N. Resistance of concrete and mortar against combined attack of chloride and sodium sulphate[J]. Cem Concr Compos, 2014(53): 59–72.
[41] YAMINI O A, KAVIANPOUR M R, MOUSAVI S H. Experimental investigation of parameters affecting the stability of

articulated concrete block mattress under wave attack[J]. Appl Ocean Res, 2017, 64: 184–202.
[42] 施锦杰，孙伟．混凝土中钢筋锈蚀研究现状与热点问题分析 [J]. 硅酸盐学报 , 2010, 38(9): 1753–1764.
[43] SONG HA-WON , SHIM HYUN-BO, PETCHERDCHOO ARUZ, et al.Service life prediction of repaired concrete structures under chloride environment using finite difference method[J]. Cem Concr Compos, 2009(31): 120–127.
[44] GOWRIPALAN N, MOHAMED H M . Chloride-ion inducedcorrosion of galvanized and ordinary steel reinforcement in high-performance concrete[J]. Cem Concr Res, 1998, (28): 1119–1131.
[45] ANN K Y, KIM T S, KIM J H, et al. The resistance of high alumina cement against corrosion of steel in concrete[J]. Constr Build Mater, 2010, 24(8): 1502–1510.
[46] JIN S H, YANG H J, HWANG J P, et al. Corrosion behaviour of steel in CAC-mixed concrete containing different concentrations of chloride[J]. Constr Build Mater, 2016, 110: 227–234.
[47] MACIAS A, KINDNESS A, GLASSER F P. Corrosion behavior of steel in high alumina cement mortar cured at 5, 25 and 55 ℃ : Chemical and physical factors[J]. J Mater Sci, 1996, 31(9): 2279–2289.
[48] WANG Z P, ZHAO Y T, YANG H Y, et al. Influence of NaCl on the hydration of calcium aluminate cement constantly cured at 5, 20 and 40 ° C[J]. Adv Cem Res, 2019: 1–36.
[49] AYE T, OGUCHI C T, TAKAYA Y. Evaluation of sulfate resistance of Portland and high alumina cement mortars using hardness test[J]. Constr Build Mater, 2010, 24(6): 1020–1026.
[50] 王中平，彭相，赵亚婷，等．5~40℃不同硫酸盐侵蚀对铝酸盐水泥水化的影响 [J]. 硅酸盐学报 , 2019, 47(11): 1538–1545.
[51] YANG S, XU J, ZANG C, et al. Mechanical properties of alkali-activated slag concrete mixed by seawater and sea sand[J]. Constr Build Mater, 2019, 196: 395–410.
[52] 马保国，彭观良，陈友治，等．海洋环境对钢筋砼结构的侵蚀 [J]. 河南建材 , 2001(1): 28–31.
[53] 郭丽萍，张健，曹园章，等．超高性能水泥基材料复合盐侵蚀研究：合成 Friedel 盐和钙矾石在硫酸盐和氯盐溶液中的稳定性 [J]. 材料导报 , 2017, 31(23): 132–137.
[54] ASTM D1141-98(2013), Standard Practice for the Preparation of Substitute Ocean Water[S]. ASTM International, West Conshohocken, PA, doi, 2013.
[55] KLAUS S R, NEUBAUER J, GOETZ-NEUNHOEFFER F. Hydration kinetics of CA_2 and CA-Investigations performed on a synthetic calcium aluminate cement[J]. Cem Concr Res, 2013, 43: 62–69.
[56] KLAUS S, BUHR A, SCHMIDTMEIER D, et al. Hydration of calcium aluminate cement phases CA and CA_2 in refractory applications[C]. Proceeding of UNITECR, 2015.
[57] SINGH B, MAJUMDAR A J. The hydration of calcium dialuminate and its mixtures containing slag[J]. Cem Concr Res, 1992, 22(6): 1019–1026.
[58] GESSNER W, TRETTIN R, RETTEL A, et al. On the change of microstructure during the hydration of monocalcium aluminate at 20 ℃ and 50℃ [C]. Calcium Aluminate Cem, Proc. Int. Symp, 1990: 96–109.
[59] FUJII K, KONDO W, UENO H. Kinetics of hydration of monocalcium aluminate[J]. J Am Ceram Soc, 1986, 69(4): 361–364.
[60] GONI S, GAZTANAGA M T, SAGRERA J L, et al. The influence of NaCl on the reactivity of high alumina cement in water: Pore-solution and solid phase characterization[J]. J Mater Res, 1994, 9(6): 1533–1539.
[61] CURRELL B R, GRZESKOWLAK R, MLDGLEY H G, et al. The acceleration and retardation of set high alumina cement by additives[J]. Cem Concr Res, 1987, 17(3): 420–432.
[62] DAMIDOT D, RETTEL A, CAPMAS A. Action of admixtures on Fondu cement: part 1. Lithium and sodium salts compared[J]. Adv Cem Res, 1996, 8(31): 111–119.
[63] UKRAINCZYK N, VRBOS N, ŠIPUŠIĆ J. Influence of metal chloride salts on calcium aluminate cement hydration[J]. Adv Cem Res, 2012, 24(5): 249–262.
[64] 王小刚，史才军，何富强，等．氯离子结合及其对水泥基材料微观结构的影响 [J]. 硅酸盐学报 , 2013, 41(2): 187–198.
[65] MARINESCU M V A, BROUWERS H J H. Free and bound chloride contents in cementitious materials//Fib International Phd Symposium in Civil Engineering[C], 2010: 20–23.

[66] YUAN Qiang, SHI Caijun, SCHUTTER G D. Chloride binding of cement-based materials subjected to external chloride environment–Areview[J]. Constr Build Mater, 2009, 23(1): 1–13.

[67] SURYAVANSHI A K, SCANTLEBURY J D, LYON S B. Mechanism of Friedel’s salt formation in cements rich in Tri-Calcium Aluminate[J]. Cem Concr Res, 1996, 26(5): 717–727.

[68] 耿健，丁庆军，孙家瑛，等 . 3 种不同类型水泥固化氯离子的特点 [J]. 水泥 , 2009 (6): 23–26.

[69] BERMAN H A. Determination of chloride in hardened portland cement paste, mortar, and concrete[J]. J Mater, 1972, 7(3): 330–334.

[70] SCHEINHERROVÁ L, TRNÍK A. Hydration of calcium aluminate cement determined by thermal analysis[C]. AIP Conference Proceedings, AIP Publishing, 2017, 1866(1): 040034.

[71] ODLER I, RÖßLER M. Investigations on the relationship between porosity, structure and strength of hydrated Portland cement pastes. II. Effect of pore structure and of degree of hydration[J]. Cem Concr Res, 1985, 15(3): 401–410.

[72] 霍世金 . 硅酸盐水泥—铝酸盐水泥—石膏三元复合胶凝材料试验研究 [D]. 西安 : 西安建筑科技大学 ,2007.

[73] CHEN J H,LIANG C J,LI B.The effect of nano-Al_2O_3 additive on early hydration of calcium aluminate cement [J]. Construction and Building Materials,2018(158):755-760.

[74] XU L L,WANG P M,YANG X J.Effect of Calcium Sulfate on Early Hydration of Calcium Aluminate Cement-Based Blends[J].Journal of South China University of Technology:Natural Science Edition,2016,44:53-58.

[75] XU L L,LI N,WANG P M.Temperature Effect on Early Hydration of Calcium Aluminate Cement Based Ternary Blends [J]. Journal of the Chinese Ceramic Society,2016,44:1552-1557.

[76]［奥地利］W. 切尔宁 . 水泥化学与物理性能 [M]. 曾镜鸿，译 . 北京 : 中国建筑工业出版社 ,1991.

[77] SON H M,PARK S M,JANG J G.Effect of nano -silica on hydration and conversion of calcium aluminate cement [J]. Construction and Building Materials,2018(169):819-825.

[78] PARKER C.The corrosion of concrete -isolation of a species of bacterium associated with the corrosion of concrete exposed to at mospheres containing hydrogen sulfide[J].Australian Journal of Experimental Biology and Medical Science,1945(23): 81-90

[79] PARKDR C.Mechanics of corrosion of concrete sewers by hydrogen sulfide[J].Sewage and Industrial Wastes,1951,23(10): 1477-1485.

[80] 唐咸燕，肖佳，陈烽，等 . 混凝土的细菌腐蚀 [J]. 中国腐蚀与防护学报，2007，27（6）：373-378.

[81] 陈六平 . 材料的微生物腐蚀破坏机制研究进展 [J]. 江西科学，1996（1）：59 -66.

[82] 闻宝联 . 城市污水环境下混凝土腐蚀及耐久性研究 [D]. 天津：天津大学，2005.

[83] 王萌 . 城市生活污水对混凝土的腐蚀及防治研究 [D]. 石家庄：石家庄铁道大学，2015.

[84] 包昕 . 污水环境下混凝土的劣化行为及预测研究 [D]. 石家庄：石家庄铁道大学，2015.

[85] 孔丽娟，包昕，曹梦凡 . 生物膜对污水环境下混凝土腐蚀的影响 [J]. 硅酸盐学报，2016，44（2）：279-285.

[86] 韩宇栋，张君，高原 . 混凝土抗硫酸盐侵蚀研究评述 [J]. 混凝土，2011（1）：52-61.

[87] 金雁南，周双喜 . 混凝土硫酸盐侵蚀的类型及作用机理 [J]. 华东交通大学学报，2006，23（5）：4-8.

[88] 赵慧洁 . 冻融与硫酸盐双因素作用下污水管网混凝土耐久性研究 [D]. 郑州：郑州大学，2017.

[89] YUAN H F, DANGLA P, et al. Degradation modeling of concrete submitted to biogenic acid attack [J]. Cem Concr Res, 2015, 70: 25–30.

[90] 常雪婷．海洋微生物附着腐蚀铁铝金属间化合物的机制研究 [D]. 济南：山东大学，2007.

[91] 张小伟，张雄．混凝土微生物腐蚀的作用机制和研究方法 [J]. 建筑材料学报，2006(9):50-54.

[92] 刘赞群 . 混凝土硫酸盐侵蚀基本机理研究 [D]. 长沙：中南大学，2009.

[93] 水中和，魏小胜，王栋民 . 现代混凝土科学技术 [M]. 北京：科学出版社，2014.

[94] 高润东 . 硫酸钠晶体侵蚀混凝土时的演变特征 [J]. 材料科学，2012，2（1）：7-11.

[95] 孙红尧，李震，陈水根．耐微生物腐蚀涂料的研制 [J]. 水利水运工程学报，2002(2):14-18.

[96] 钱春香，任立夫，罗勉．基于微生物诱导矿化的混凝土表面缺陷及裂缝修复技术研究进展 [J]. 硅酸盐学报，2015,43(5):617-624.

[97] 杜洪彦，邱富荣，林昌健．混凝土的腐蚀机理与新型防护方法 [J]. 腐蚀科学与防护技术，2001(3):155-157.
[98] LOTO C A. Microbiological corrosion: mechanism, control and impact- a review [J]. International journal of advanced manufacturing technology, 2017, 92(9): 4210-4215.
[99] WOOD. Inhibition of sulafte reducing bacteria mediated degradation using bacteria which secrete antimicrobials: US,6630197 [P].2003,10,07.
[100] MILLER. Corrosion protection in concrete sanitary sewers: US,6056997 [P].2000,04,02.

第 5 章

快速施工用高抗蚀硫铝酸盐水泥基材料关键技术

海洋开发是我国战略发展方向之一，开发过程需要的大量海洋工程建设材料经受着多种严酷条件考验，例如，受到海水中 SO_4^{2-}、Cl^- 等离子侵蚀，又如，潮汐区、浪溅区等长期处于干湿交替循环和海浪冲刷。普通水泥基材料在海洋环境多重严酷条件下，容易破坏失效，寿命大幅度缩短，急需专用于海洋工程的胶凝材料，尤其是针对潮汐区等较短建设时间为鲜明特色的海洋快速施工材料，以保障海洋工程建设和海洋开发事业顺利发展。

硫铝酸盐水泥基材料是中国建筑材料科学研究总院自主发明的水泥品种，已制定多项技术标准，在全国推广和应用，大量出口至欧美等国家和地区。研究表明，硫铝酸盐水泥基材料不仅水泥水化速度快、凝结快、早期强度高，而且水化浆体密实度高、硫酸盐腐蚀强度保留率高、氯离子渗透率低、耐海水侵蚀性能好，适宜用于海洋工程建设。然而，现有硫铝酸盐水泥基材料存在凝结时间短、耐磨性不佳、碱度低，尤其水化早期碱度低等问题，由此导致钢筋易锈蚀、易碳化、表面易起砂等不足，尚不能完全满足海洋工程快速施工及耐久性需要，此外，硫铝酸盐水泥基材料早龄期强度也尚待进一步提高。

针对硫铝酸盐水泥基材料碱度低，易导致钢筋锈蚀、碳化甚至起砂的缺陷，以及凝结硬化难以调控、早后期强度发展不均衡和耐磨性相对较差等问题，本章从硫铝酸盐水泥基材料熟料矿物组成体系、辅助性胶凝材料和专用调凝材料入手开展研究，基于无水硫铝酸钙 - 硅酸二钙 - 铁相 - 硫酸钙 - 氧化钙（$C_4A_3\bar{S}$-C_2S-C_4AF-$CaSO_4$-CaO）多元体系设计高碱度海工硫铝酸盐水泥基材料熟料的矿物组成，通过提高硅酸盐矿物含量提升体系碱度，通过保留游离石膏、游离氧化钙矿相增加体系早期强度和碱度，建立相应的矿物匹配原则；开发硫铝酸盐水泥基材料熟料与辅助性胶凝材料复合优化技术，实现材料性能综合调控；结合体系的组成与性能特点，开发高抗蚀硫铝酸盐水泥基材料专用调凝材料，实现该材料凝结时间可调并保证其工作性能；在此基础上，开发出适用于海洋工程施工用快速施工用高抗蚀硫铝酸盐水泥基材料，同时形成了高抗蚀硫铝酸盐水泥基材料的制备成套技术以及其工程应用技术。结合上述研究工作，本章着重叙述如下几方面内容：

（1）快速施工用硫铝酸盐熟料体系设计及其微结构机理：硅酸二钙（C_2S）、无水硫酸钙（$C_4A_3\bar{S}$）和氧化钙（*f*-CaO）等矿物对硫铝酸盐熟料碱度、强度等性能的影响规律，硫铝酸盐熟料中 $C_4A_3\bar{S}/C_2S$ 比值对早后期强度的影响规律；$C_4A_3\bar{S}$-C_2S-C_4AF-$CaSO_4$-CaO 多元体系硫铝酸盐熟料的矿相组成优化匹配原则；铁相与 $C_4A_3\bar{S}$-C_2S-C_4AF-$CaSO_4$-CaO 熟料体系动力学参数；$C_4A_3\bar{S}$-C_2S-C_4AF-$CaSO_4$-CaO 熟料与辅助胶凝材料在水化过程中相互作用及水化产物微结构形成演化规律与作用机理。

（2）高抗蚀硫铝酸盐水泥基材料性能调控技术：熟料与辅助胶凝材料复合优化技术，以凝结时间和流变特性稳定控制为鲜明特征的硫铝酸盐水泥基材料专用减水剂与专用缓凝剂设计原则及应用机理，低温环境下高抗蚀硫铝酸盐水泥基材料的凝结硬化调控技术。

（3）快速施工用硫铝酸盐熟料工业生产与工程应用关键：快速施工用高抗蚀硫铝酸盐熟料工业制备关键方法与关键措施，快速施工用高抗蚀硫铝酸盐材料应用于海洋工程、低温工程案例。

本章内容涉及研究工作路线图如图 5-1 所示。

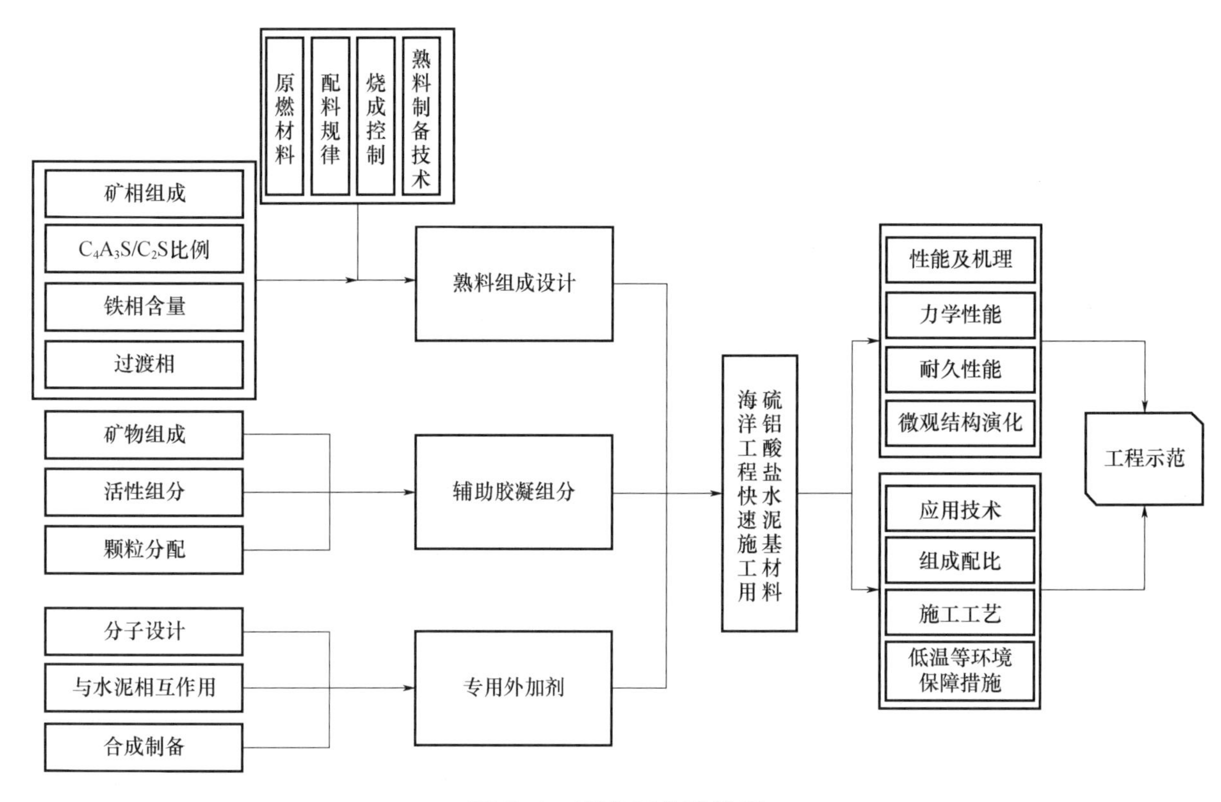

图 5–1　研究工作路线图

我国是海洋大国，具有全球第四长的海岸线和大量的离岸岛礁，有大量海洋工程亟待建设。本章研发的高抗蚀硫铝酸盐水泥基材料及应用技术将大大提高海洋工程建设的效率，实现快速施工，降低工程建设成本和全生命周期成本，为我国海洋事业发展做出贡献。

5.1 快速施工用硫铝酸盐水泥基材料设计

5.1.1 快速施工用高抗蚀硫铝酸盐熟料设计

本节针对快速施工用高抗蚀硫铝酸盐熟料性能预期目标，研究了硫铝酸盐熟料体系中各种矿相组成设计与性能优化，提出通过引入氧化钙与硫酸钙矿相提高硫铝酸盐熟料强度和碱度的设想，突破了传统硫铝酸盐熟料中不含有氧化钙的既有限制，探索硅酸二钙、无水硫铝酸钙、铁相、氧化钙、硫酸钙五种矿相对硫铝酸盐熟料体系的影响规律，获得了达到课题目标的快速施工用高抗蚀硫铝酸盐熟料体系，确定了快速施工用高抗蚀硫铝酸盐熟料体系各种矿相的适宜含量范围及熟料体系矿相组成原则。

1. 硅酸二钙与硫铝酸盐熟料性能

要保障快速施工用高抗蚀硫铝酸盐熟料具有良好碱度，提高体系硅酸二钙含量、辅助以适量无水硫铝酸钙是可行思路，原因是与无水硫铝酸钙水化产物相比较，硅酸二钙水化产物氢氧化钙是硫铝酸盐体系碱度主要提供者，可以通过提高硅酸二钙含量提高硫铝酸盐水化体系的碱度。图 5-2 表明，硫铝酸盐体系碱度伴随硅酸二钙含量增加而增加，基本呈线性关系。

无水硫铝酸钙在强度方面起着主导作用，尤其在小时级早强方面担负决定性角色，由于硫铝酸盐水泥基材料体系中硅酸二钙与无水硫铝酸钙含量总和占70%~95%，提高硅酸二钙含量必然降低无水硫铝酸钙含量，有可能对硫铝酸盐熟料强度发生不利影响，实际情况将如何？硅酸二钙含量分别为23.0%、34.5%、40.2%、51.7%、57.4%五组硫铝酸盐熟料试样强度（图5-3）结果表明，硅酸二钙含量与硫铝酸盐体系强度变化不呈线性关系；硅酸二钙含量超过51.7%后易导致熟料强度降低。

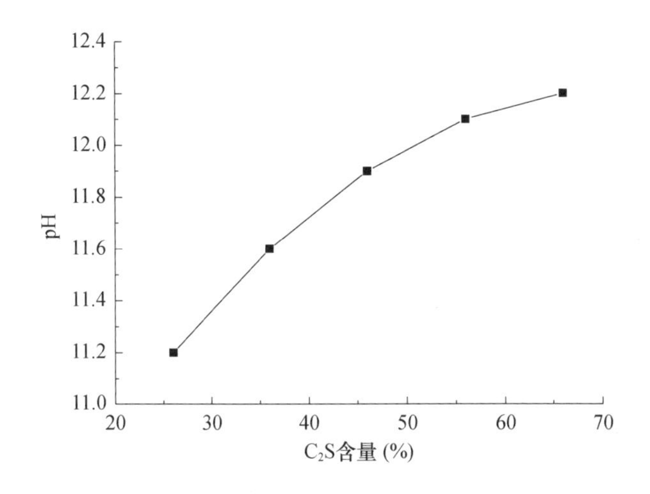

图5-2 硅酸二钙含量与硫铝酸盐熟料碱度

图5-3 硅酸二钙含量与硫铝酸盐熟料强度

硫铝酸盐熟料体系中硅酸二钙含量一般为8%~37%，伴随硅酸二钙含量增加，硫铝酸盐熟料体系微观结构可能会发生变化，硅酸二钙含量42%硫铝酸盐熟料与硅酸二钙含量21%硫铝酸盐熟料的微观结构对比如图5-4所示，分析可见，两种不同硅酸二钙含量的硫铝酸盐熟料微观特征如下：

（1）两种熟料中的无水硫铝酸钙均以六方板状和四边形柱状存在，晶体尺寸细小，一般为5~10μm，无重大差别；

（2）硅酸二钙含量42%熟料中的硅酸二钙矿相，呈圆形颗粒状或不规则聚合双晶状态，缺陷相对较多，有利于水化。

(a) 硅酸二钙含量42%熟料微观结构

(b) 硅酸二钙含量21%熟料微观结构

图5-4 不同硅酸二钙含量硫铝酸盐熟料微观结构

对硅酸二钙含量42%的硫铝酸盐熟料与硅酸二钙含量21%的常规硫铝酸盐熟料的孔结构参数进行测试，结果分别如图5-5、图5-6所示。

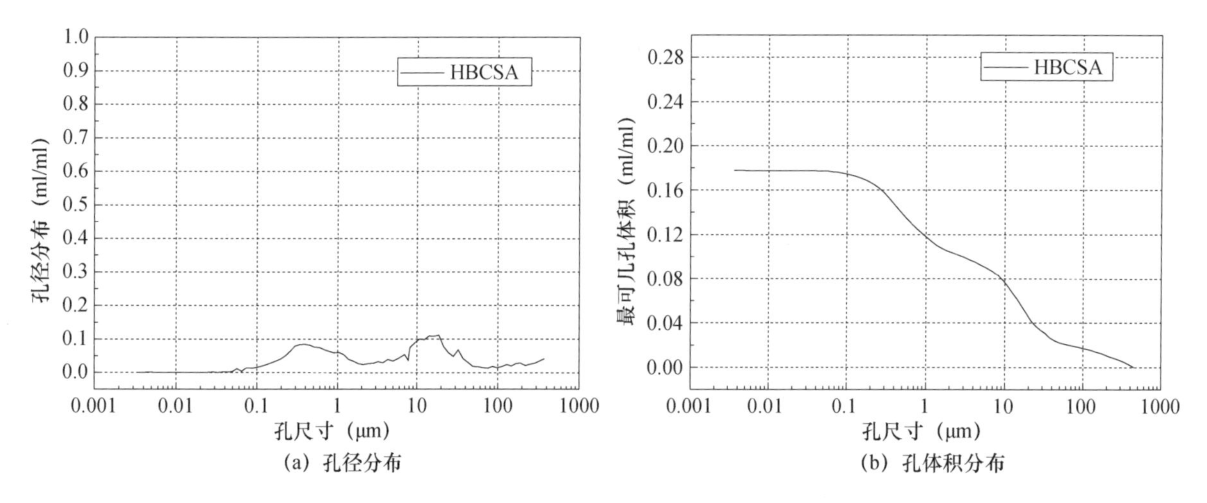

图5–5 硅酸二钙含量42%硫铝酸盐熟料孔结构

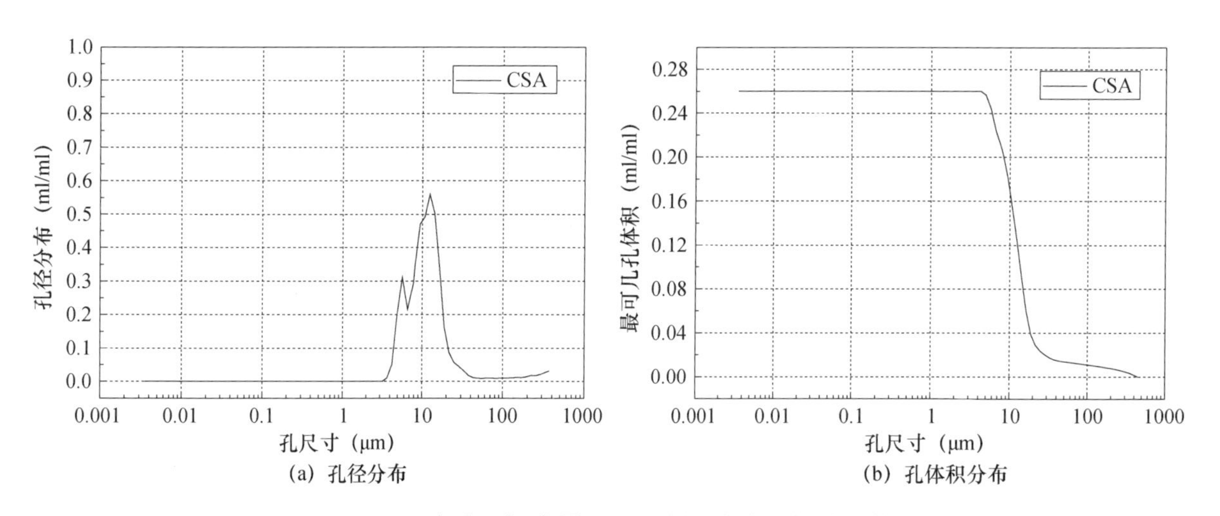

图5–6 硅酸二钙含量21%硫铝酸盐熟料孔结构

分析图5-5与图5-6可知：不同硅酸二钙含量硫铝酸盐熟料的孔结构参数存在较大差异：

（1）硅酸二钙含量42%硫铝酸盐熟料中存在0.1~5.0μm孔和10μm以上较大孔；

（2）硅酸二钙含量21%的常规硫铝酸盐熟料可几孔径分布于7~100μm；

（3）硅酸二钙含量高的硫铝酸盐熟料累计孔体积较高。

将上述两种不同硅酸二钙含量的硫铝酸盐熟料粉磨至相同勃式方法比表面积，进一步以氮吸附方法测定两种粉体的比表面积，结果见表5-1。分析可见：

（1）硅酸二钙含量较高的熟料粉体的氮吸附比表面积较高。原因为块状熟料经粉磨转化为粉体之后，小尺寸孔可以在粉体颗粒内部继续保留，大尺寸孔则随着固体转化为粉体的过程而消失。硅酸二钙含量高的熟料总孔体积小，不过其小尺寸孔在粉磨后仍然存在，而硅酸二钙含量高熟料中的大孔在粉磨之后消失。

（2）氮吸附方法反映了粉体颗粒的内比表面积信息，硅酸二钙含量提高有利于提高硫铝酸盐熟料体系的氮吸附比表面积，这些存在于粉体颗粒内的尺寸孔在熟料与水反应时提供更大接触面积，从而可使硅酸二钙高含量熟料具有更加优良的水化速度，从而具备潜在的强度优势。

表 5-1　不同硅酸二钙含量硫铝酸盐熟料粉体比表面积

	硅酸二钙含量 42% 熟料	硅酸二钙含量 21% 熟料
勃式比表面积 (m^2/kg)	452	456
氮吸附比表面积（m^2/g）	2.1227	1.7976

综合本节关于硫铝酸盐熟料体系中硅酸二钙含量变化对体系性能分析，可以获得如下结论：

（1）硫铝酸盐熟料碱度随着硅酸二钙含量的增加而增加，两者呈正相关；

（2）硅酸二钙含量变化与硫铝酸盐熟料体系强度变化，两者之间不呈现线性关系；但含量超过50% 之后，熟料 28d 强度将下降；

（3）增加硫铝酸盐熟料中硅酸二钙含量会对强度与碱度存在综合效应；

（4）硅酸二钙含量增加，有助于导致硫铝酸盐熟料中的小尺寸孔含量增加，同时这些小尺寸孔在熟料粉磨为粉体后可以较好保留，这种微观结构特点有助于熟料水化活性良好发挥，更好地促使硅酸二钙在硫铝酸盐熟料体系中性能的发挥。

2. 氧化钙与硫铝酸盐熟料性能

针对硫铝酸盐熟料体系中硅酸二钙含量提高至一定程度之后导致碱度提高与长龄期强度下降的矛盾，提出向传统硫铝酸盐熟料体系之中引入氧化钙矿相，提高熟料性能的概念，突破了传统硫铝酸盐熟料体系中不能含有氧化钙矿相的既有限制，通过开展不同含量的氧化钙与硫酸钙含量对硫铝酸盐熟料体系特性影响研究，发现氧化钙矿相对硫铝酸盐熟料强度和水化放热影响显著。

设计并烧成 5 组不同氧化钙含量的硫铝酸盐熟料，研究氧化钙含量对硫铝酸盐熟料体系性能影响规律，各组样品生料化学成分见表 5-2，熟料矿物理论组成设计见表 5-3，五组熟料样品烧成后的化学组成见表 5-4、以之计算获取的熟料实际矿物组成见表 5-5、各组样品熟料 X 衍射矿相分析如图 5-7 所示，各组样品熟料氧化钙含量测试值见表 5-6。

表 5-2　不同氧化钙含量硫铝酸盐熟料矿物组成设计（质量分数，%）

编号	$C_4A_3\bar{S}$	C_4AF	C_2S	*f*-CaO	$CaSO_4$	CT
C1	29.20	6.19	43.44	0.03	17.76	0.44
C2	29.01	6.17	43.16	0.44	17.82	0.44
C3	29.49	6.19	42.48	0.84	17.57	0.48
C4	29.61	6.19	41.70	1.19	17.85	0.51
C5	30.03	6.21	41.45	1.62	17.21	0.53

表 5-3 不同氧化钙含量硫铝酸盐生料化学组成（质量分数，%）

序号	SiO_2	Al_2O_3	Fe_2O_3	CaO	MgO	SO_3	TiO_2	Loss	合计
C1	10.81	11.37	1.45	35.25	2.10	10.19	0.18	27.81	99.17
C2	10.73	11.30	1.45	35.34	2.11	10.19	0.18	27.88	99.17
C3	10.53	11.45	1.45	35.28	2.09	10.09	0.20	27.88	98.96
C4	9.24	10.48	1.35	36.66	2.13	10.23	0.21	28.84	99.15
C5	9.06	10.05	1.31	37.19	2.16	9.90	0.19	29.31	99.15

表 5-4 不同氧化钙含量硫铝酸盐熟料的实际化学组成（质量分数，%）

序号	SiO_2	Al_2O_3	Fe_2O_3	CaO	MgO	SO_3	TiO_2	Loss	合计
C1	15.13	15.90	2.06	49.70	2.78	14.21	0.18	0.02	99.98
C2	15.01	15.76	1.99	49.63	2.88	14.32	0.33	0.04	99.96
C3	14.90	16.03	2.01	49.68	2.90	14.23	0.23	0.01	99.99
C4	13.17	15.02	1.89	51.59	3.01	14.59	0.32	0.04	99.63
C5	13.09	14.69	1.78	52.96	3.05	14.09	0.27	0.03	99.96

表 5-5 不同氧化钙含量硫铝酸盐熟料的实际矿物组成（质量分数，%）

编号	$C_4A_3\bar{S}$	C_4AF	C_2S	$CaSO_4$	非晶	合计
C1	18.24	5.89	41.24	12.63	16.13	94.13
C2	17.86	5.78	42.03	11.82	17.21	94.7
C3	18.68	6.14	41.48	12.57	15.96	94.83
C4	18.37	6.01	40.7	13.85	15.42	94.35
C5	19.63	5.82	41.14	13.52	15.33	95.44

表 5-6 不同氧化钙含量硫铝酸盐熟料实测 *f*-CaO 含量（质量分数，%）

编号	*f*-CaO
C1	0.05
C2	0.47
C3	0.86
C4	1.23
C5	1.58

分析图 5-7 可知，五组样品熟料中，C_4A_3S、C_2S、C_4AF 以及 f-$CaSO_4$ 特征峰型均完整，峰值计数

也较高，说明各组样品熟料中的各种矿相均发育良好。

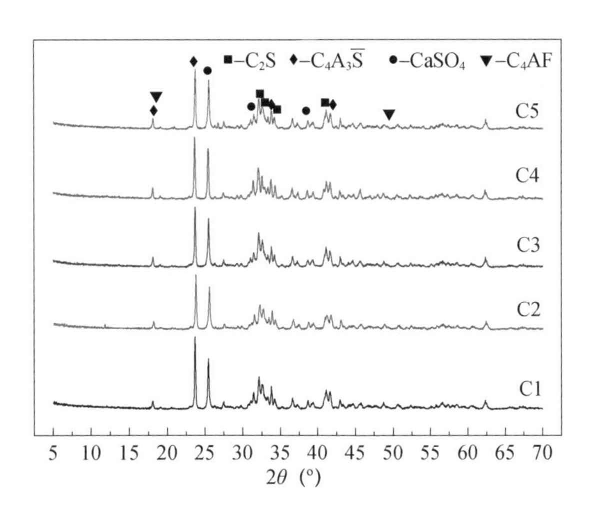

图 5-7 氧化钙含量与硫铝酸盐熟料矿相组成

分析表 5-4、表 5-5 和图 5-7 可见：煅烧后的各组样品熟料实际化学成分基本符合设计值，各组样品熟料实际矿物组成之中，C_2S 和 C_4AF 含量基本符合设计值，$C_4A_3\overline{S}$ 和 $CaSO_4$ 含量与设计值有一定差距，熟料 X 衍射图谱可见熟料的主要矿物组成为 C_2S、$C_4A_3\overline{S}$、$CaSO_4$ 和 C_4AF，但 $C_4A_3\overline{S}$ 和 $CaSO_4$ 的一部分可能以非晶态物质存在，这是引起样品熟料矿物实际组成与设计组成有所差别的原因。

各组熟料粉磨至比表面积（450 ± 20）m^2/kg 后与硬石膏粉体按 17∶3 质量比混合均匀，制成硫铝酸盐水泥基材料，以水灰比 0.5 进行胶砂成型，各组硫铝酸盐水泥基材料物理性能见表 5-7、图 5-8 所示，分析可见：

（1）各组硫铝酸盐水泥基材料标准稠度用水量与凝结时间没有明显区别，凝结时间基本都约 30min，各组样品的初凝和终凝时间相隔很短，为 2~4min。

（2）伴随熟料中氧化钙含量增多，熟料抗压强度依次增高，28d 天强度分别达到 73.3MPa、75.2MPa、80.6MPa，适宜氧化钙含量 C3 样品各龄期强度均较高，但当氧化钙含量过高时，C4 和 C5 水泥胶砂试块分别于 3d 和 7d 出现开裂现象。

（3）氧化钙含量略多的 C3 样品早期强度增长迅速，但是后期强度增加速度相对于氧化钙含量略低的 C1 和 C2 样品缓慢，出现此现象的原因可能是少量氧化钙可以促进早期水化速率，同时由于熟料体系中的游离硫酸钙可以促进贝利特的水化，早期水化过快需要消耗大量氢氧化钙和硫酸钙，阻碍了硅酸二钙矿相的后期水化。

表 5-7 不同氧化钙含量硫铝酸盐水泥胶砂抗压强度

编号	标准稠度（%）	凝结时间 (min)		抗压强度（MPa）				
		初凝	终凝	4h	1d	3d	7d	28d
C1	30.4	25	27	11.5	25.1	38.5	47.3	73.3
C2	30.9	24	28	15.3	36.5	49.8	58.9	75.2
C3	31.2	24	27	30.4	47.7	60.2	71.8	80.6

续表

编号	标准稠度（%）	凝结时间 (min)		抗压强度（MPa）				
		初凝	终凝	4h	1d	3d	7d	28d
C4	31.4	26	29	8.3	13.5	—	—	—
C5	31.0	26	30	1.39	6.53	15.3	—	—

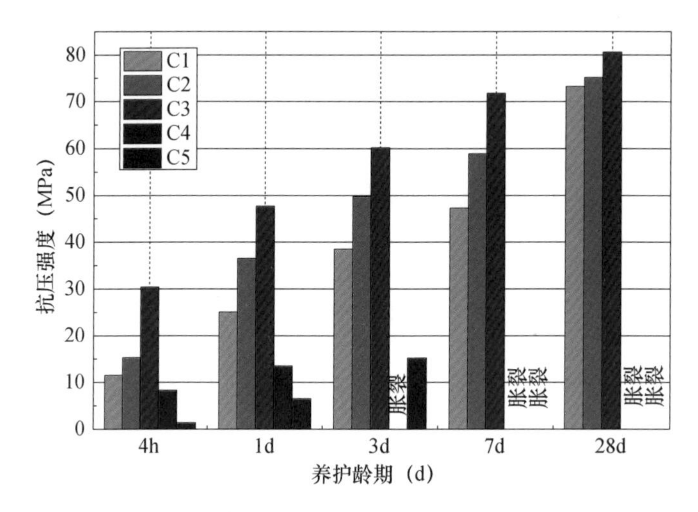

图 5-8　氧化钙含量与硫铝酸盐水泥不同龄期抗压强度

熟料化学反应速度可以水化放热状况进行一定程度的表征研究，C1 至 C5 五组不同氧化钙含量硫铝酸盐熟料样品的水化时间与放热速率、累计放热量之间关系的试验结果分别见图 5-9、图 5-10。

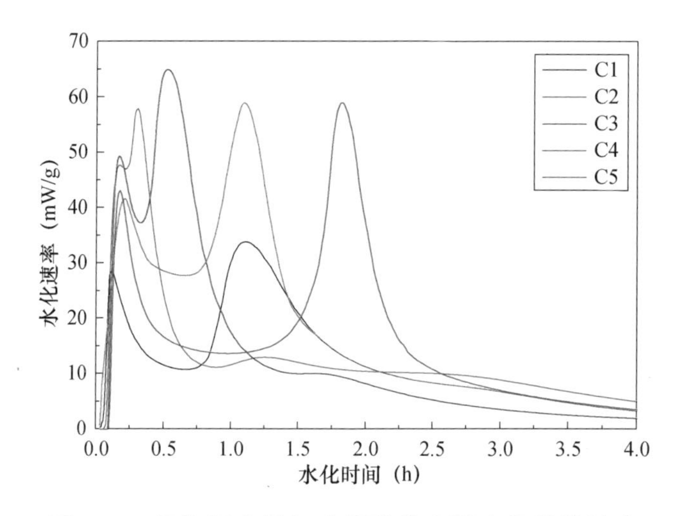

图 5-9　氧化钙含量与硫铝酸盐水泥水化放热速率

分析图 5-9 可见：

（1）五组硫铝酸盐样品在加水后 30min 之内均出现明显放热峰，可见氧化钙的引入未改变硫铝酸盐熟料体系反应速度快的本质；

（2）通过五组样品的 30min 之内的各放热峰之间比较可知：氧化钙含量适中的 C2 和 C3 样品反应速率相当并且是各组样品中最快者；氧化钙含量较高的 C4 和 C5 样品反应速率相当，均小于氧化钙含量较低的 C1 和 C2 样品的反应速率，同时伴随氧化钙含量的增加，C4 和 C5 样品的早期反应热峰值有所下降；氧化钙含量最低的 C1 样品反应速率最慢；上述现象说明氧化钙可以促进硫铝酸盐熟料初始反应速率，有助于课题快速施工目标的实现，但氧化钙的这一贡献存在含量最佳阈值。

（3）不同氧化钙含量样品的第一放热峰与第二放热峰的时间间隔存在明显差异：氧化钙含量适中的 C2 和 C3 硫铝酸盐熟料在第一反应峰结束后立即出现了第二反应峰，与之对比，氧化钙含量最低的 C1 熟料和氧化钙含量较高的 C4 样品第一反应峰和第二反应峰之间相隔约 1.5h，氧化钙含量最高的 C5 样品两个反应峰之间相隔近 2h。上述现象说明适宜含量的氧化钙可以使硫铝酸盐熟料的第二反应放热峰提前，有利于制备符合课题目标的快速施工用高抗蚀硫铝酸盐熟料；但是过量氧化钙会导致熟料样品第二放热峰延后，原因可能是较多氧化钙存在使初始水化反应过快，大量水化产物附着在矿相表面，对未水化熟料矿相形成部分包裹，阻碍了熟料矿物快速水化，降低了反应速率，导致了第二个水化放热峰的延后。

（4）氧化钙含量适中的 C2 和 C3 样品在第二反应放热峰之后，分别在 1.2h 和 1.7h 处存在一较小放热峰，原因可能是由于氧化钙促进了熟料粉体颗粒中的无水硫铝酸钙矿相溶解参与水化的速度，使得被无水硫铝酸钙包裹的部分硅酸二钙矿相裸露出来，可以参与水化反应，因此 C2 和 C3 的第三水化放热峰的出现时间有所提前。

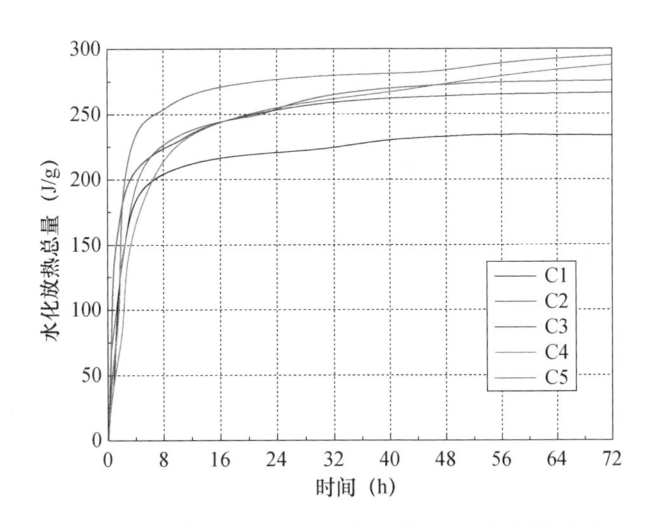

图 5-10 氧化钙含量与硫铝酸盐水泥水化放热总量

分析图 5-10 可见：

（1）氧化钙含量适中的 C3 样品水化最迅速，其次是 C2，最后是 C1、C5、C4；

（2）与图 5-9 各组样品早龄期强度增长趋势相吻合，水化 3d 放热总量的绝对值高低依次为 C5 ＞ C4 ＞ C2 ＞ C3 ＞ C1，与氧化钙含量呈正相关，说明氧化钙含量增加可以促进熟料水化，提高 3d 水化龄期的水化放热总量。

综述本节研究，可以得出如下结论：

（1）氧化钙含量可以超出传统硫铝酸盐熟料制备理论规定上限，突破既有理论限制而无损性能；

（2）适量氧化钙有助于加速硫铝酸盐熟料水化速度与3d之内龄期的水化放热量；

（3）适宜的氧化钙有助于提高硫铝酸盐熟料各龄期强度，有利于实现“快速施工”目的；

（4）本研究涉及硫铝酸盐熟料体系中只有20%~35%的无水硫铝酸钙矿相，早期水化活性差的硅酸二钙矿相高达37%~47%，适量氧化钙在此体系中会促进早期水化，有利于熟料强度快速发挥；

（5）过量氧化钙将过度加速硫铝酸盐熟料体系水化，造成体系早后期水化不均衡，影响体系的体积稳定性，使体系在3d或7d水化龄期时发生崩溃；

（6）氧化钙含量对硫铝酸盐熟料体系准稠度用水量和凝结时间影响不大，没有明显相关性。

3. 硫酸钙形态与硫铝酸盐熟料性能

硫铝酸盐水泥基材料体系中，提供硫酸钙组分的石膏是重要组分之一，设法加快硫铝酸盐水泥基材料中各种组分之间的反应速度，是获取更好小时级早龄期强度方法之一。传统硫铝酸盐水泥基材料采用天然石膏与熟料共同或者分别粉磨后混合获得成品水泥。天然石膏经过大自然长期陈化，热力学处于相对稳定状态，与熟料组分发生化学反应的速度较慢。将石膏经过高温热历史活化，破坏其热稳定状态，促使其与硫铝酸盐熟料更快发生化学反应速度，有望获取早龄期性能更加优异的快速施工用高抗蚀硫铝酸盐水泥基材料。

本节研究采用三种石膏探究硫酸钙在硫铝酸盐水泥基材料水化历程中的作用机理，分析水化硬化过程和微观结构的差异。分别进行力学性能、XRD、TG-DSC、ICP、pH和SEM等试验，对硫铝酸盐水化体系固相和液相的组成与结构进行试验与表征：（1）A试样：在硫铝酸盐生料组成设计时引入硬石膏；（2）B试样：经高温煅烧处理的硬石膏；（3）C试样：天然硬石膏。为与（3）形成对比，（2）的煅烧制度与硫铝酸盐熟料的煅烧制度一致，即1350℃。

将煅烧与未煅烧硬石膏进行X衍射分析，结果如图5-11所示。分析可见：

（1）煅烧与未煅烧硬石膏的主要成分都是$CaSO_4$；

（2）两种石膏衍射角31°附近谱峰存在差异，对此角度谱峰进行放大可见，未经煅烧的石膏较煅烧的石膏衍射线更宽，衍射线形宽化是晶体缺陷晶格畸变或晶粒细化的结果，畸变产生会导致硫酸钙性能出现差异。

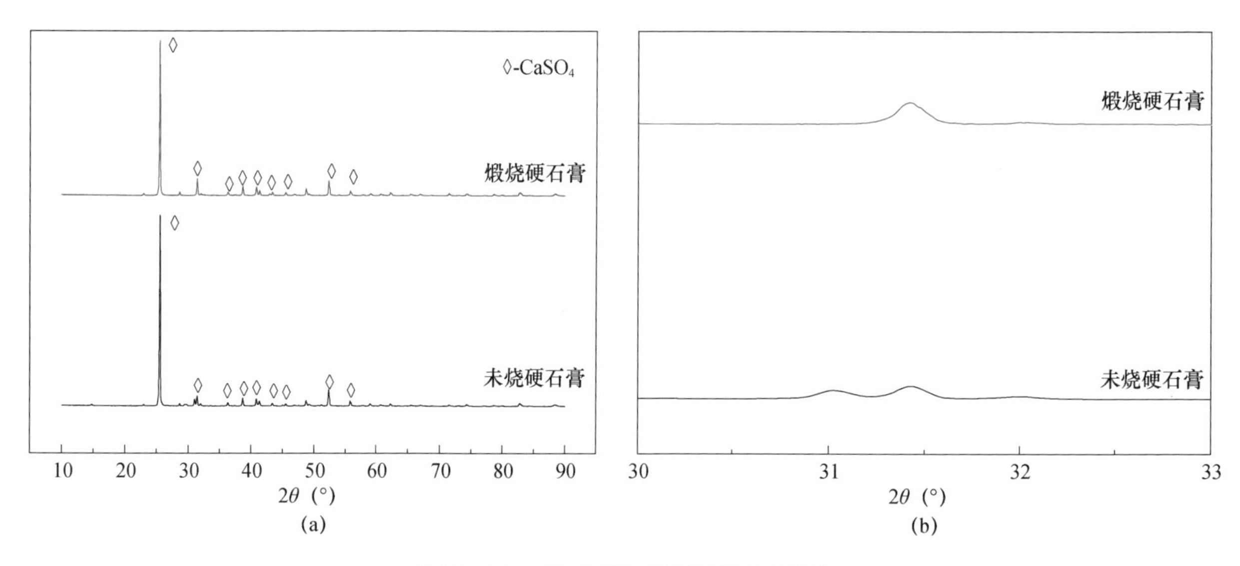

图5-11 不同形态石膏XRD图谱

掺加三种不同形态石膏的硫铝酸盐熟料抗压强度差异如图5-12所示，分析可知：外掺天然硫酸钙的硫铝酸盐水泥基材料C样品抗压强度小于硫铝酸盐熟料中含有高温热历史硫酸钙A样品的抗压强度，说明已经历高温热历史的硫酸钙更利于硫铝酸盐熟料水化，从而提高硫铝酸盐水泥基材料各龄期强度，原因是生料配料时预先设计富裕含量的硫酸钙在生料煅烧为熟料过程中为体系提供了更多液相，使得熟料体系中的各种矿物相互熔融，增加了各种矿物彼此间接触面积，促进熟料水化加速，从而提高了硫铝酸盐水泥基材料体系的强度。

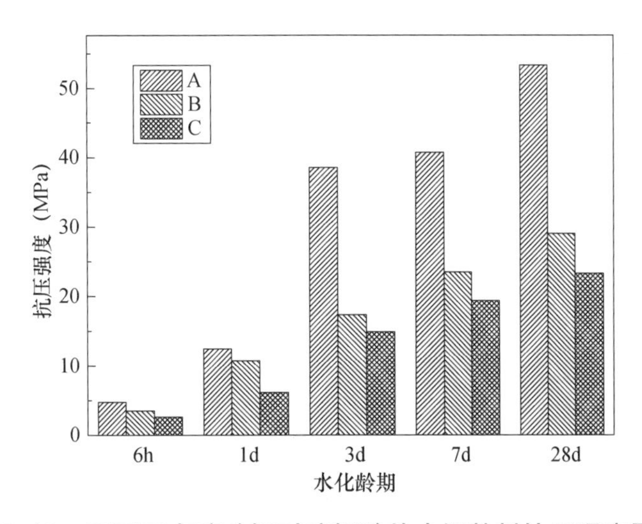

图5-12 不同形态硫酸钙对硫铝酸盐水泥熟料抗压强度影响

不同形态硫酸钙硫铝酸盐水泥基材料1d水化龄期放热速率和放热总量如图5-13所示。分析可知：

（1）当硫酸钙以高温热历史状态共存于硫铝酸盐熟料中时（A样品），可有效提高水泥水化放热速率；体现为0.4h之内的第一水化放热峰与0.4~1.9h第二个放热峰出现时间均较天然硫酸钙者提前，这两个放热峰分别对应熟料中各矿物溶解和无水硫铝酸钙的水化，说明高温热历史共存于熟料体系中的硫酸钙加速了无水硫铝酸钙水化，有利于水泥体系小时级水化活性发挥，有助于实现课题快速施工的目标。

（2）硫酸钙以高温热历史状态共存于硫铝酸盐熟料中的A样品的第三个水化放热峰较其余样品有所推迟，该放热峰对应水泥体系中硅酸二钙的水化，出现此现象是由于该体系中无水硫铝酸水化反应速度较快，水化产物钙矾石更多覆盖于硅酸二钙矿物表面所导致。

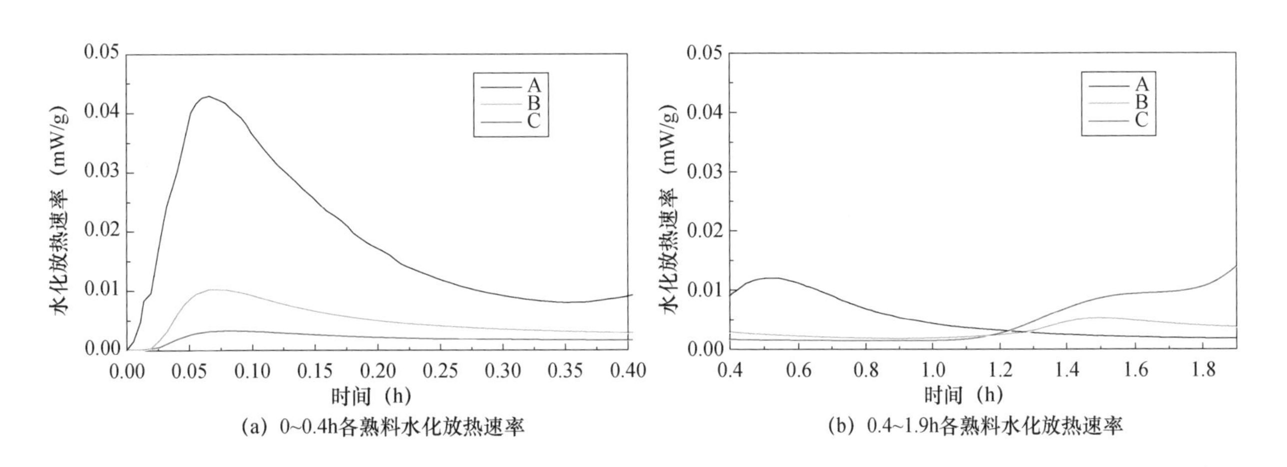

(a) 0~0.4h各熟料水化放热速率　　(b) 0.4~1.9h各熟料水化放热速率

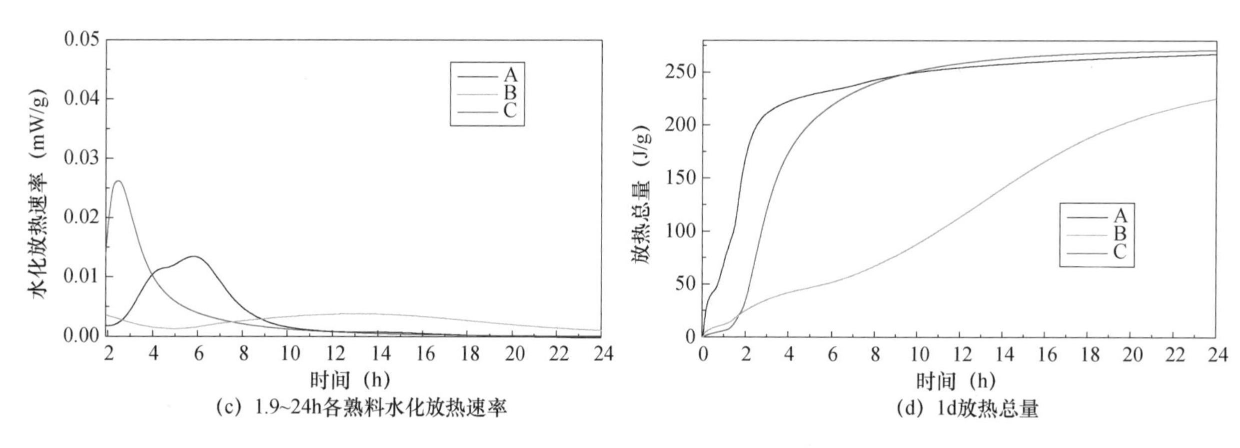

（c）1.9~24h各熟料水化放热速率　　（d）1d放热总量

图 5-13　不同形态硫酸钙对硫铝酸盐水泥水化放热影响

对含不同状态硫酸钙硫铝酸盐水泥基材料 4h、1d、3d、7d 和 28d 等龄期水化样品进行 X 衍射试验与 TG-DSC 热分析，结果分别如图 5-14、图 5-15。分析可知：

（1）硫酸钙形态不同，不会影响硫铝酸盐水泥基材料水化体系的物相组成，三种含不同形态硫酸钙硫铝酸盐水泥基材料水化样品中的物相均为钙矾石、硅酸二钙、硫酸钙、无水硫铝酸钙等。

（2）水化 4h 时 X 衍射谱表明，硫酸钙以高温热历史状态共存于硫铝酸盐熟料中的 A 样品水化时最早出现大量钙矾石，表明其水化速度最快，此结果与水化放热试验结论一致。

（3）水化 1d 龄期试样 X 衍射结果表明，硫酸钙以高温热历史状态共存于硫铝酸盐熟料中的 A 样品基本观察不到无水硫铝酸钙特征峰，与之对比，水化 7d 龄期含另外两种形态硫酸钙的硫铝酸盐水泥基材料水化样品中仍可观察到无水硫铝酸钙特征峰，说明当硫酸钙以高温热历史状态共存于硫铝酸盐熟料中时，体系中无水硫铝酸钙水化速度大幅度加快，有利于早龄期水化活性及强度的发挥，有助于实现课题快速施工目的。

（4）水化 28d 龄期时，三种硫酸钙状态硫铝酸盐水泥基材料水化样品的水化产物均为钙矾石、未水化硅酸二钙和少量单硫型钙矾石。

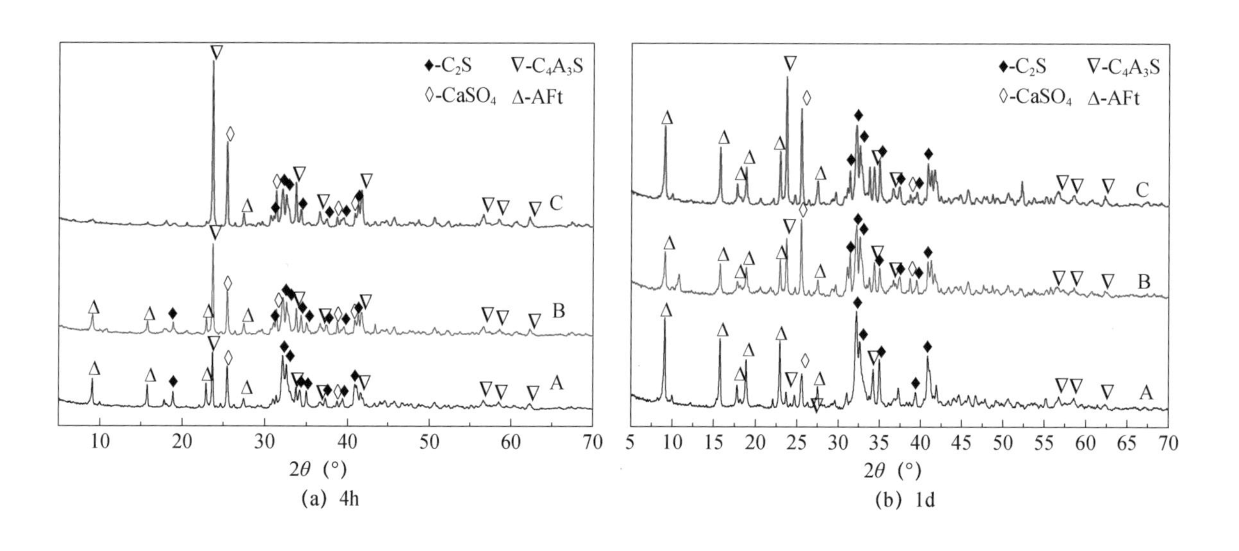

（a）4h　　（b）1d

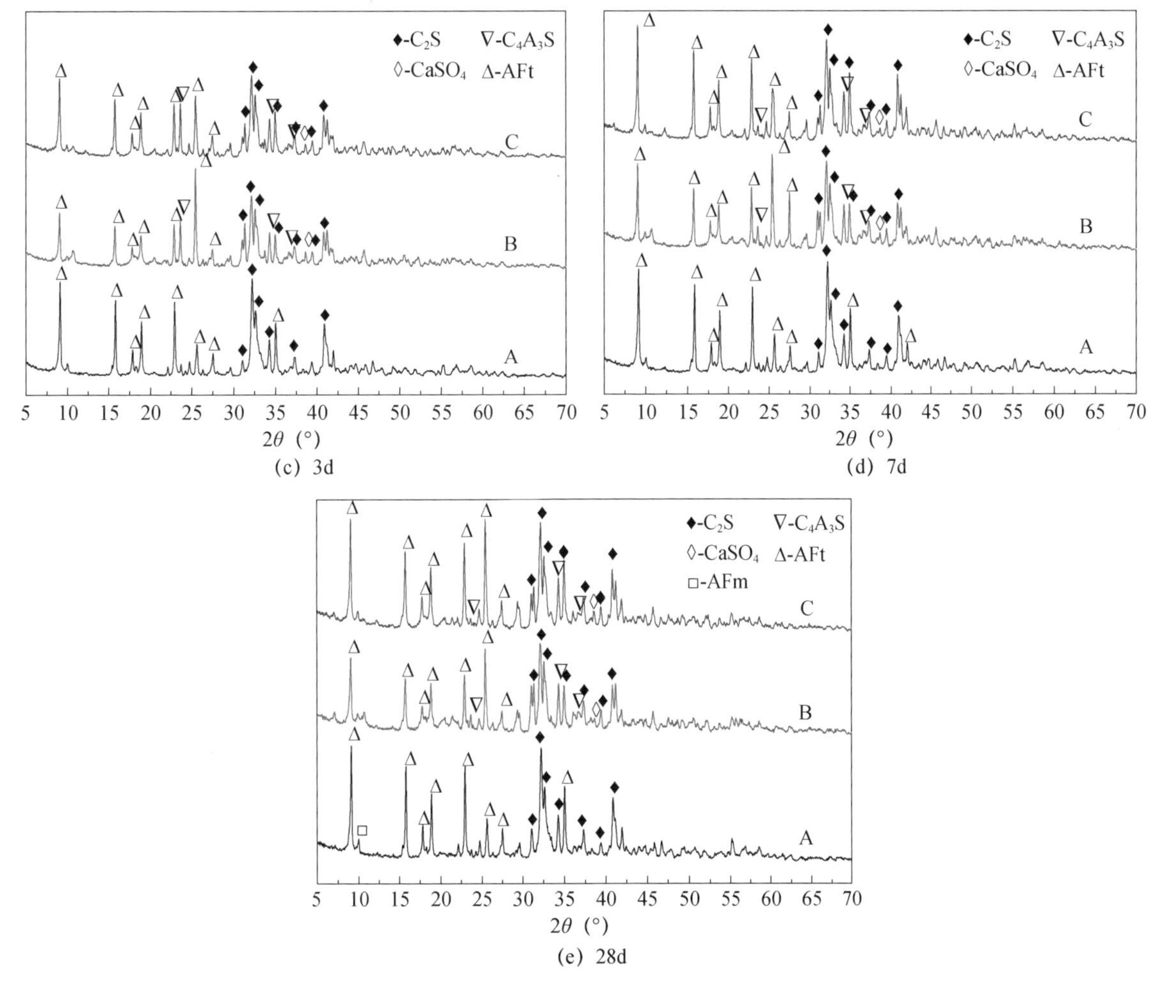

(c) 3d (d) 7d

(e) 28d

图 5-14 不同形态硫酸钙硫铝酸盐水泥水化试样 XRD 图谱

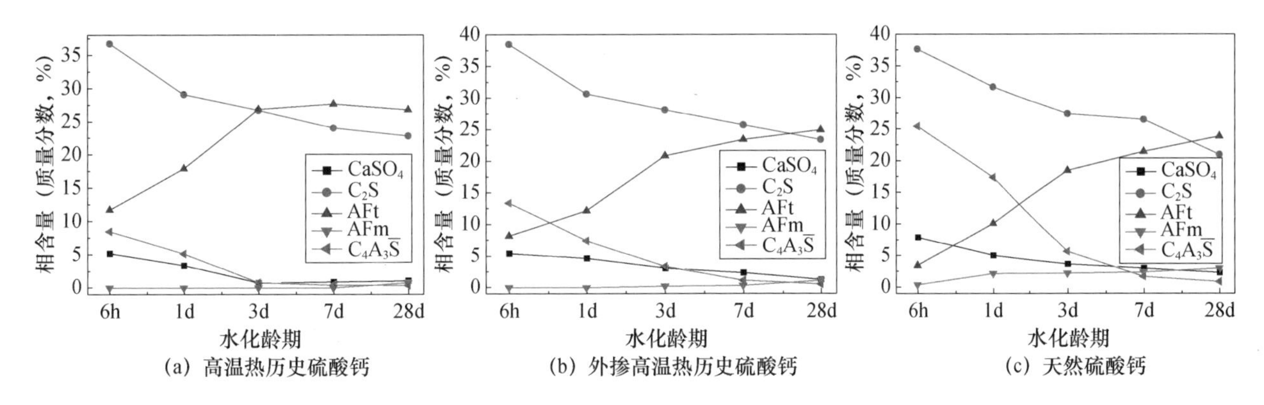

(a) 高温热历史硫酸钙 (b) 外掺高温热历史硫酸钙 (c) 天然硫酸钙

图 5-15 不同形态硫酸钙硫铝酸盐水泥试样各水化龄期物相组成

含有不同形态硫酸钙硫铝酸盐水泥 4h、1d、7d 和 28d 水化产物热失重结果如图 5-16 所示，分析可知：

（1）硫酸钙形态不同对硫铝酸盐熟料水化产物种类无明显影响，均为三硫型钙矾石、单硫型钙矾石、铝胶，随水化龄期延长，三硫型钙矾石含量呈现逐渐增多趋势；

（2）硫酸钙以高温热历史状态共存于硫铝酸盐熟料中的 A 样品，各龄期的三硫型钙矾石生成量均最多，说明该状态硫酸钙有利于硫铝酸盐熟料水化活性的及早发挥，此结果与之前的抗压强度、X 衍射、水化热等测试结果相一致；

（3）B、C 样品中单硫型钙矾石出现时间比 A 样品早，说明硫酸钙以高温热历史状态共存于硫铝酸盐熟料中时，由于熟料制备过程中的混合均匀性，可以促使熟料体系中的无水硫铝酸钙水化充分，而外掺硫酸钙无论是否经历高温热历史，均不能与熟料中的无水硫铝酸钙充分接触水化。

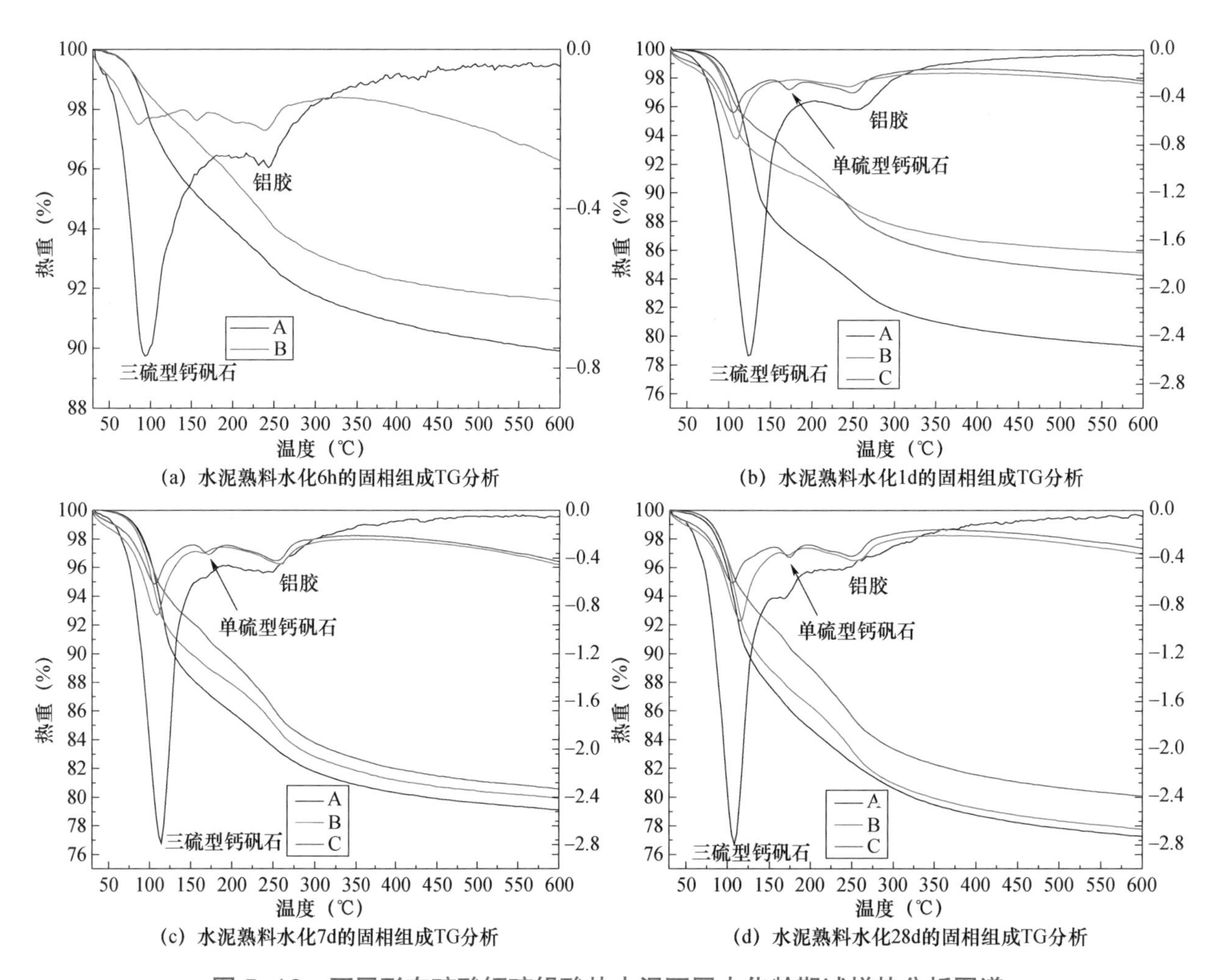

图 5-16　不同形态硫酸钙硫铝酸盐水泥不同水化龄期试样热分析图谱

含有不同形态硫酸钙硫铝酸盐水泥的各水化龄期液相 pH 变化如图 5-17 所示，分析可知：

（1）不同形态硫酸钙硫铝酸盐熟料不同水化龄期时液相 pH 分布于 10.7~12.05，整体呈先略微减少后增加趋势；

（2）pH 先减少的原因是，水化早期液相中溶解了足量的 $CaSO_4$，消耗液相中 CH 相生成钙矾石固相沉淀析出，导致液相中 OH^- 下降；

（3）pH 后增加的原因是：随着水化进行，水化液相中 $CaSO_4$ 逐渐被消耗，熟料中硅酸二钙水化生成的 CH 逐渐增多，同时水化产生的固相产物增多，液相减少，导致水化体系的 pH 上升；

（4）硫酸钙以高温热历史状态共存于硫铝酸盐熟料中的 A 样品水化液相 pH 随水化龄期推进，发展较为均衡；

（5）外掺高温热历史硫酸钙的 B 样品早龄期水化液相 pH 最低，28d 水化龄期 pH 最高；

（6）外掺天然硫酸钙 C 样品早龄期水化液相 pH 最高，28d 水化龄期 pH 最低；

（7）硫酸钙形态影响硫铝酸盐水泥水化液相 pH。

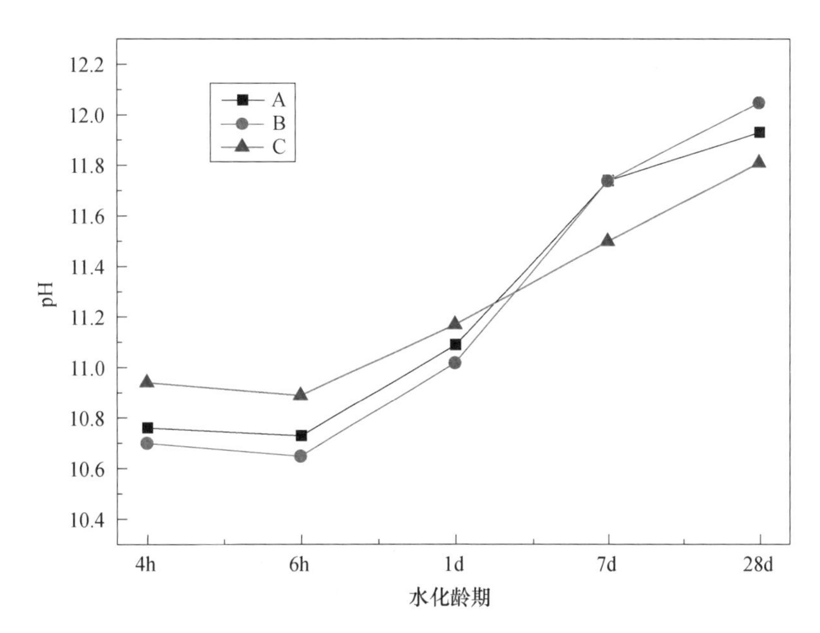

图 5-17　不同形态硫酸钙硫铝酸盐水泥水化试样 pH

硫铝酸盐水泥水化液相中处于活性状态的元素主要为 Ca、Si、Al、S，硫铝酸盐水泥水化通过液相进行，因此液相中这些离子含量与体系特性有着密切关系。通过 ICP-AES 分析表征不同形态硫酸钙硫铝酸盐水泥不同水化龄期液相中上述四种元素的离子浓度，结果如图 5-18 所示，分析可知：

（1）伴随着水化龄期延长，液相中各元素离子浓度呈现整体减少的趋势。

（2）水化 4h 龄期，以高温热历史状态共存于硫铝酸盐熟料中的 A 样品中硅元素离子含量远高于其余两种样品，代表该体系中硅酸二钙小时级水化速度很快，有利于 C-S-H 凝胶与钙矾石两种水化产物共同构建水化体系，从而有利于提高体系早龄期强度同时促使早后龄期性能均衡发展，此现象与前述的强度试验结果相一致。

（3）水化 28d 龄期，以高温热历史状态共存于硫铝酸盐熟料中的 A 样品中硅元素与钙元素的离子含量高于其余两种样品，代表该体系在水化 28h 龄期之后，依然保持有良好的 C-S-H 凝胶生成能力，有利于体系长龄期强度的均衡发展。

（4）与天然硫酸钙及外掺历经高温热历史硫酸钙的硫铝酸盐水泥基材料水化体系相比，以高温热历史状态共存于硫铝酸盐熟料中的 A 样品，在 4h、6h 等小时级水化龄期的液相中，硫、铝两种元素含量处于较高水平，同时又不处于最高状态。既可在早龄期形成较多钙矾石提高试体性能，又不至于形成过多钙矾石附着于未水化颗粒表面阻碍其水化速度。

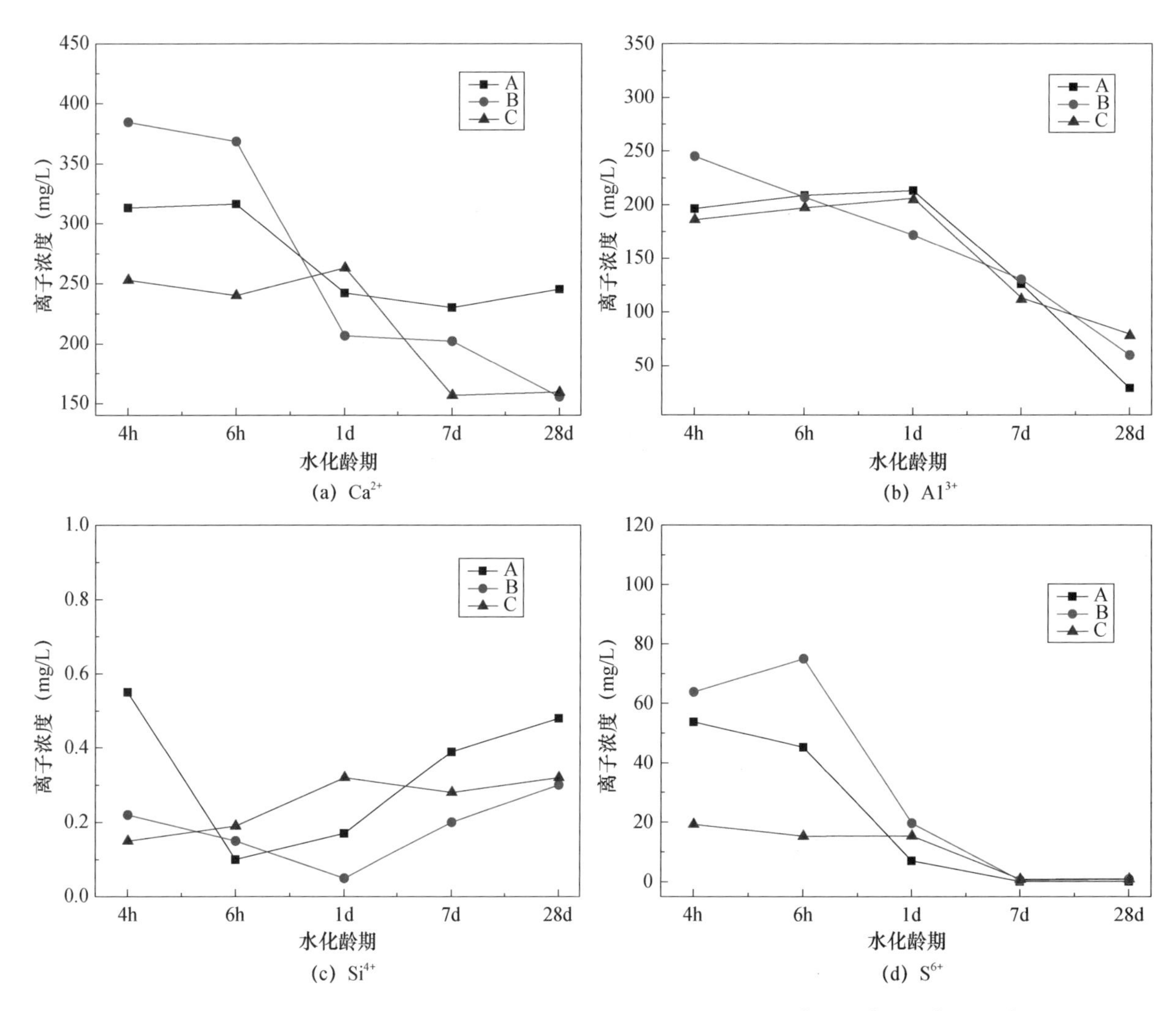

图 5-18　不同形态硫酸钙硫铝酸盐水泥不同水化龄期液相 Ca^{2+}、Si^{4+}、Al^{3+} 和 S^{6+} 浓度

含天然硫酸钙硫铝酸盐 C 试样水化样品与含历经高温热历史硫酸钙共存于硫铝酸盐熟料中的 A 试样水化样品的水化产物各龄期微观形貌如图 5-19、图 5-20 所示，分析可知：

（1）两种含不同形态硫酸钙的硫铝酸盐水化样品中的水化产物种类一样，均为针棒状 AFt、团簇状 C-S-H 凝胶和绒球状的 AH_3，无其他物相，此结果与前面的 X 衍射试验结果相一致。

（2）4h 水化龄期时，含历经高温热历史硫酸钙共存于硫铝酸盐熟料的 A 水化试样中，针状钙矾石出现数量较多；含天然硫酸钙硫铝酸盐水化试样 C 中，1d 水化龄期时钙矾石才大量出现。

（3）各水化龄期时，含历经高温热历史硫酸钙共存于硫铝酸盐熟料的 A 水化试样中钙矾石数量多于含天然硫酸钙硫铝酸盐的水化试样 C 中钙矾石数量。

（4）水化 28d 龄期时，含历经高温热历史硫酸钙共存于硫铝酸盐熟料的 A 水化试样微观结构密实性优于含天然硫酸钙硫铝酸盐的水化试样 C 的微观结构密实性，有利于试样力学性能的提高，这与前面的强度试验结果相一致。

综上所述，向硫铝酸盐熟料体系中引入高温热历史石膏，有利于体系性能提升，传统硫铝酸盐熟料中石膏仅扮演保障无水硫铝酸钙充分形成的角色，含量也无须较高，快速施工用高抗蚀硫铝酸盐熟料则可赋予石膏更多角色与责任。

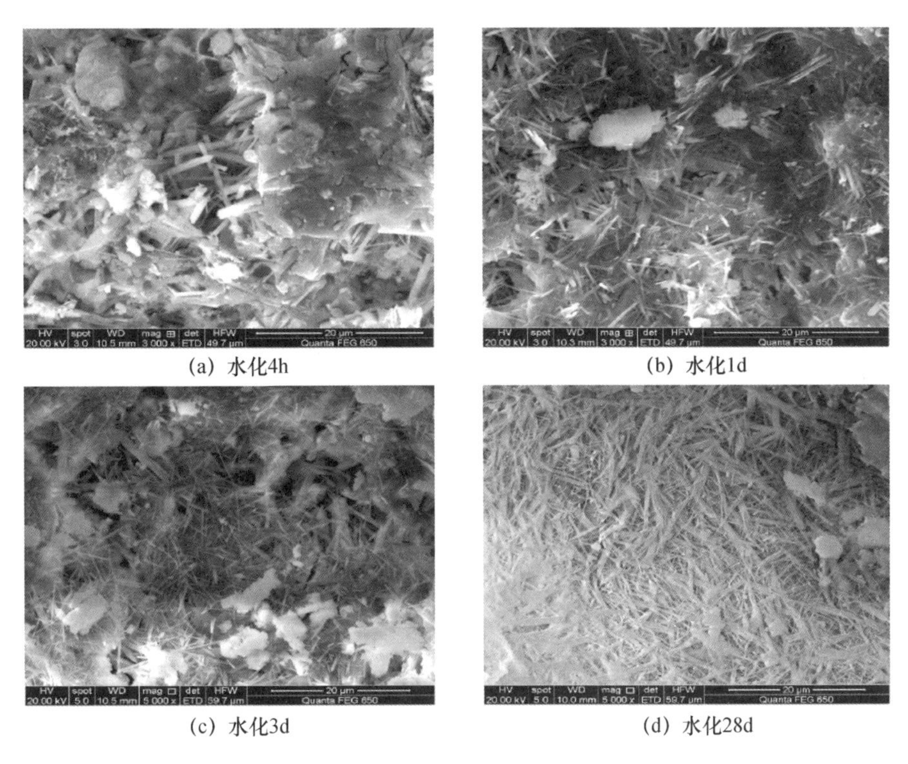

(a) 水化4h (b) 水化1d

(c) 水化3d (d) 水化28d

图 5-19 含天然硫酸钙硫铝酸盐熟料 C 样品不同水化龄期显微形貌

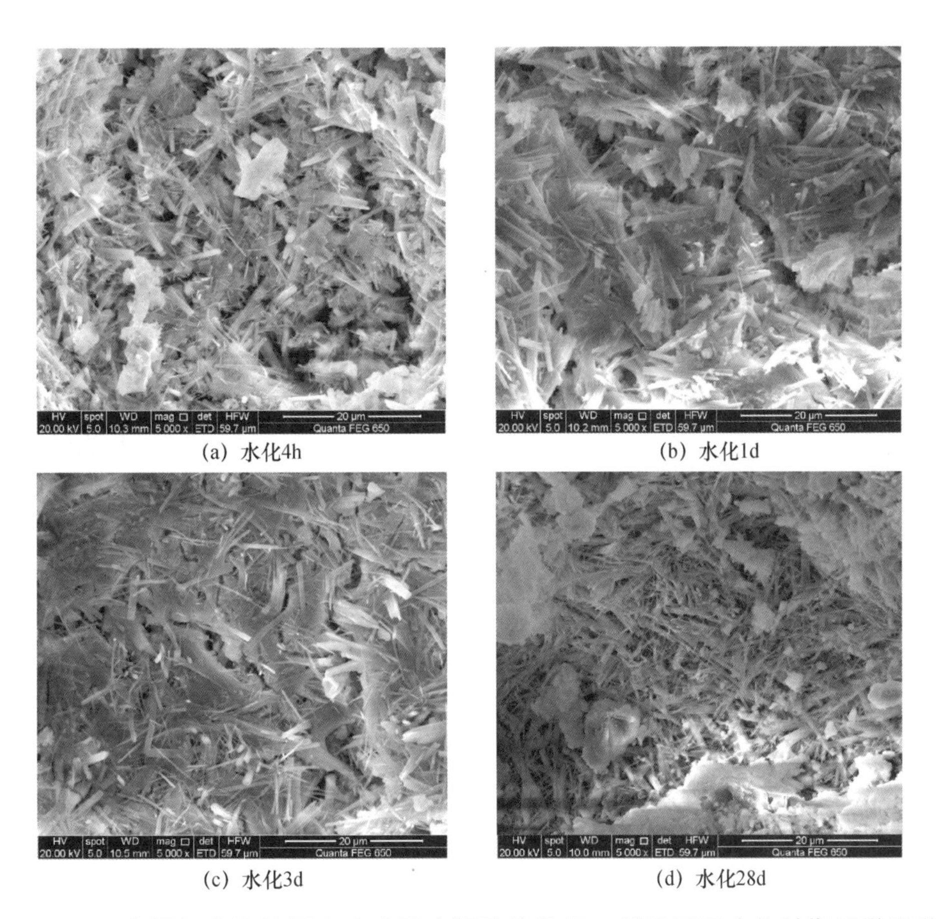

(a) 水化4h (b) 水化1d

(c) 水化3d (d) 水化28d

图 5-20 含历经高温热历史硫酸钙硫铝酸盐熟料 A 样品不同水化龄期显微形貌

4. 铁相与硫铝酸盐熟料烧成动力学

铁相是影响硫铝酸盐熟料烧成的关键因素，对熟料制备具有重大影响，本章研究了铁相含量对硫铝酸盐熟料烧成动力学参数的影响。铁相含量分别为 4%、12%、20% 时，硫铝酸盐熟料烧成动力学参数见表 5-8~表 5-10，分析可知，伴随铁相含量增加，硫铝酸盐熟料烧成动力学速率 K 提高、烧成活化能 E_a 降低，有利于熟料烧成。

表 5-8　低铁相含量（4%）硫铝酸盐熟料烧成动力学参数

温度（℃）	时间（min）	*f*-CaO（%）	*L*（%）	$K(\times 10^{-5}s^{-1})$	E_a(kJ/mol)
1200	10	17.9	4.8	3.3	69.1
	20	13.6	4.0		
	30	12.4	3.8		
1250	10	15.7	4.6	3.4	
	20	12.0	3.4		
	30	11.4	3.0		
1300	10	14.8	3.9	3.8	
	20	11.2	2.5		
	30	10.7	1.8		

表 5-9　中铁相含量（12%）硫铝酸盐熟料烧成动力学参数

温度（℃）	时间（min）	*f*-CaO（%）	*L*（%）	$K(\times 10^{-5}s^{-1})$	E_a(kJ/mol)
1200	10	11.4	3.6	6.1	41.7
	20	8.3	1.0		
	30	7.4	0.8		
1250	10	10.0	1.9	6.2	
	20	6.6	0.9		
	30	6.1	0.7		
1300	10	8.9	0.5	6.6	
	20	5.1	0.2		
	30	4.5	0.1		

表 5-10　高铁相含量（20%）硫铝酸盐熟料烧成动力学参数

温度（℃）	时间（min）	*f*-CaO（%）	*L*（%）	$K(\times 10^{-5}s^{-1})$	E_a(kJ/mol)
1200	10	11.1	3.4	6.1	36.2
	20	8.2	1.0		
	30	7.1	0.8		

续表

温度（℃）	时间（min）	f-CaO（%）	L（%）	$K(\times10^{-5}s^{-1})$	E_a(kJ/mol)
1250	10	9.0	1.8	6.5	36.2
	20	6.1	0.8		
	30	4.6	0.6		
1300	10	7.9	0.3	7.0	
	20	3.2	0.2		
	30	1.4	0.1		

5. 快速施工用高抗蚀硫铝酸盐熟料矿相设计原则

本节前面四部分内容研究了硫铝酸盐熟料各种矿相与性能对应规律，获得了同时具备高碱度与高小时强度的快速施工用高抗蚀硫铝酸盐熟料矿相组成种类及其组成范围，可以确定快速施工用高抗蚀硫铝酸盐熟料矿相匹配原则（表 5-11）。

表 5–11　快速施工用高抗蚀硫铝酸盐熟料矿相匹配原则

矿相种类	作用	建议范围（%）
无水硫铝酸钙	早期强度的提供者。其含量过低，熟料强度降低过快，应避免其含量过低	20~40
硅酸二钙	含量过高易导致体系强度降低过快，同时应注意其含量变化引起的强度与碱度综合效应	30~55
硫酸钙	熟料中的硫酸钙利于强度发展，优于外掺石膏。应结合无水硫铝酸钙含量和材料稳定性要求，综合考虑其含量	5~20
氧化钙	适当含量可显著提高熟料强度，含量过高，强度降低过快。应从体系的目标熟料矿物组成及性能综合考虑其含量	0.5~4.0
铁相	显著影响熟料烧成，含量高有助于熟料烧成。应结合熟料烧成工艺、性能等综合考虑	—

6. 快速施工用高抗蚀硫铝酸盐熟料矿相形成与制备

按照表 5-11 快速施工用高抗蚀硫铝酸盐熟料矿相匹配原则，配制矿相含量符合该表阈值的硫铝酸盐生料进行烧成，分析研究快速施工用高抗蚀硫铝酸盐熟料的形成过程。不同煅烧温度时，硫铝酸盐样品试块的外观形貌如图 5-21 所示，分析可知：

（1）950~1100℃温度范围内，硫铝酸盐样品试块体积尺寸基本无变化，样品的颜色呈现慢慢加深的趋势。

（2）1150~1200℃温度范围内，硫铝酸盐样品试块呈青绿色，随温度升高，样品颜色逐渐加深，此温度范围是过渡性矿物 $4CaO\cdot2SiO_2\cdot CaSO_4(C_5S_2\bar{S})$ 生成与分解阶段。

（3）1250℃时，硫铝酸盐样品试块颜色变为黑褐色，体积尺寸大幅度缩小。原因是达到一定煅烧温度后，生料中熔融出现液相，可以视为物料在此温度具备烧成潜力，可见快速施工用高抗蚀硫铝酸盐生料烧成温度依然大幅度低于硅酸盐生料。

（4）1400℃时，硫铝酸盐样品试块发生熔融，外观尺寸大幅度收缩，颜色变成深黑褐色，表明此时熟料内部矿相可能有异变。

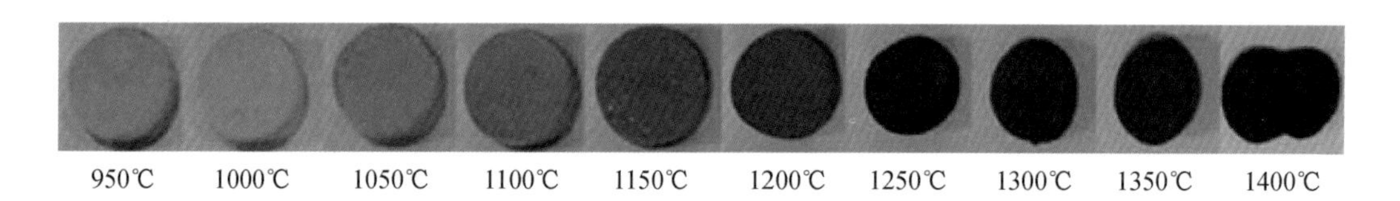

图 5-21　不同温度时快速施工用高抗蚀硫铝酸盐试样外观形貌

快速施工用高抗蚀硫铝酸盐熟料矿物形成过程中各温度节点时体系矿物 X 衍射定性与定量分析分别如图 5-22 和图 5-23 所示，分析可知：

（1）该熟料 1250℃时基本烧成。温度超过 1300℃时，$CaSO_4$ 开始分解，出现大量的无定型相。

（2）煅烧温度 950~1200℃时，CaO 衍射特征峰呈现由高到低变化趋势，煅烧温度超过 1200℃后，CaO 衍射特征峰很弱且不随煅烧温度继续升高而完全消失，说明样品中大多数 CaO 在 1200℃参与反应，形成了新的矿物，少量 CaO 可以在煅烧温度持续升高后一直存在。

（3）煅烧温度 950~1150℃时，C_2AS 大量生成，衍射分析表明熟料中存在的主要矿物为 CaO、C_2AS、$CaSO_4$。随着煅烧温度升高至 1200℃时，C_2AS 相基本消失，同时 C_5S_2S 和 C_4AS 矿相大量生成。

（4）煅烧温度 1100~1200℃范围时，C_2S 含量从 1100℃时稍有增加变化至 1200℃时基本稳定，$CaSO_4$ 含量也有所减少，表明煅烧温度 1200℃附近时硫铝酸盐样品矿物组成主要为 C_5S_2S、$C_4A_3\overline{S}$、$CaSO_4$ 和少量铁相及 CaO。

（5）煅烧温度 1250℃时，C_5S_2S 矿相消失，衍射分析表明此时快速施工用高抗蚀硫铝酸盐熟料主要矿物为 C_2S、$C_4A_3\overline{S}$、$CaSO_4$ 和少量铁相及 CaO，随着煅烧温度的逐渐升高，熟料矿物组成并未发生太大的变化，说明水泥熟料中各矿相在 1250℃时基本形成。

（6）煅烧温度高于 1350℃后，可以观察到 $C_4A_3\overline{S}$ 特征峰逐渐减弱，说明 $C_4A_3\overline{S}$ 在煅烧温度超过 1350℃后开始分解，快速施工用高抗蚀硫铝酸盐熟料的烧成温度不宜高于 1350℃。

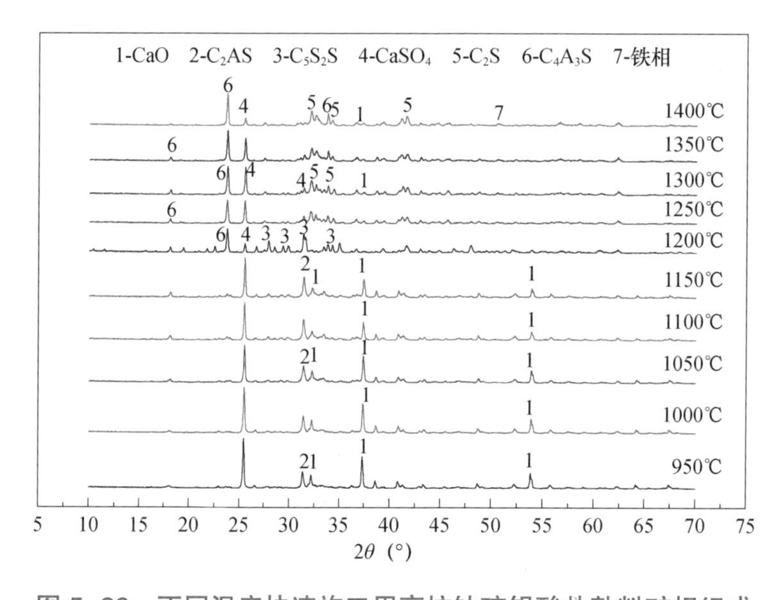

图 5-22　不同温度快速施工用高抗蚀硫铝酸盐熟料矿相组成

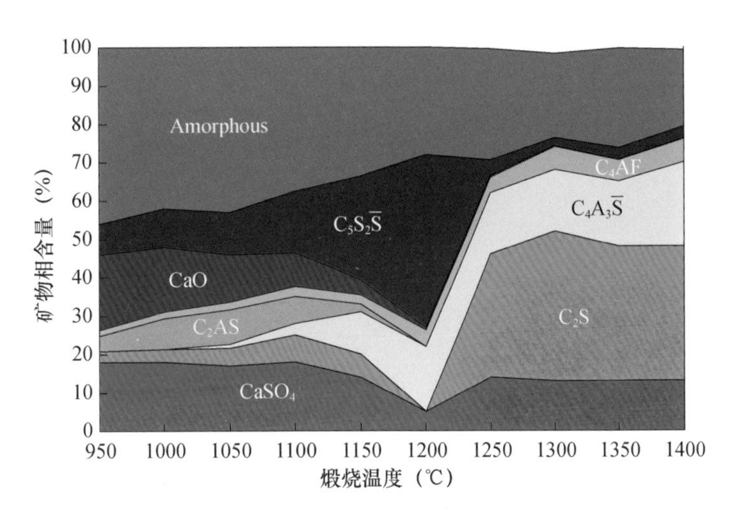

图 5-23 快速施工用高抗蚀硫铝酸盐熟料烧成过程中各种矿相含量的变化

将快速施工用高抗蚀硫铝酸盐水泥生料进行 30~1450℃温度范围的 TG-DSC 热分析试验，得到 TG 热失重曲线（黑色曲线）和 DSC 热流曲线（蓝色曲线），如图 5-24 所示，各煅烧温度节点对应的吸放热状况与质量损失情况见表 5-12，分析可知：

（1）106℃附近，DSC 曲线出现第一个吸热峰，同时 TG 曲线表明有较大质量损失，此为生料中物理结合水脱除反应。

（2）141℃附近，DSC 曲线出现一较大吸热峰，同时对应 TG 曲线有较为明显质量损失，此为二水石膏脱水反应：$CaSO_4 \cdot 2H_2O \xlongequal{} CaSO_4 \cdot (0.5)H_2O+(1.5)H_2O\uparrow$，随着温度的继续升高半水石膏会继续脱水：$CaSO_4 \cdot (0.5)H_2O \xlongequal{} CaSO_4+(0.5)H_2O\uparrow$。

（3）501℃附近，DSC 曲线出现一吸热峰，同时 TG 曲线伴随较明显质量损失，此为矾土原料中水铝石矿物分解：$Al_2O_3 \cdot H_2O \xlongequal{} \alpha\text{-}Al_2O_3+H_2O\uparrow$。

（4）544~800℃温度段，DSC 曲线出现较大吸热峰，同时 TG 曲线开始出现较大质量损失，此现象对应生料配入碳酸钙开始分解：$CaCO_3 \xlongequal{} CaO+CO_2\uparrow$。

（5）800~1150℃温度范围，硫铝酸盐生料煅烧体系一直处于吸热历程，此现象与 XRD 定性定量分析结果结合分析可知此阶段有过渡矿相 C_2AS 生成：$2CaO+Al_2O_3+SiO_2 \xlongequal{} 2CaO \cdot Al_2O_3 \cdot SiO_2(C_2AS)$。

（6）1181℃与 1209℃附近各有一个吸热峰，结合 XRD 定性定量分析数据分析可知样品体系中此时分别生成 C_4AS 和 C_5S_2S：

$$3CaO+3(2CaO \cdot Al_2O_3 \cdot SiO_2)+CaSO_4 \xlongequal{} 3CaO \cdot 3Al_2O_3 \cdot CaSO_4+3(2CaO \cdot SiO_2)$$

$$2(2CaO \cdot SiO_2)+CaSO_4 \xlongequal{} 4CaO \cdot 2SiO_2 \cdot CaSO_4$$

（7）1220℃开始出现一吸热峰，于 1236℃达到峰值温度，与 XRD 衍射图谱数据结合分析可知此阶段为过渡矿相 C_5S_2S 的分解：$4CaO \cdot 2SiO_2 \cdot CaSO_4 \xlongequal{} 2CaO \cdot SiO_2+CaSO_4$，可见，快速施工用高抗蚀硫铝酸盐水泥基材料熟料中 C_5S_2S 分解温度低于其在传统硫铝酸盐体系中的分解温度（1250~1300℃）。

（8）1305℃时开始出现另一吸热峰，伴随着较大质量损失，结合 XRD 衍射分析可知此为样品中 $CaSO_4$ 分解反应：$CaSO_4 \xlongequal{} CaO+SO_2+(0.5)O_2\uparrow$。

综上所述可知，与传统硫铝酸盐生料煅烧相比较，快速施工用高抗蚀硫铝酸盐生料体系煅烧过程中各种矿相衍变规律未有本质性变化，区别为，过渡矿相硫硅酸钙 $4CaO \cdot 2SiO_2 \cdot CaSO_4$ 分解温度提前，有利于 $2CaO \cdot SiO_2$ 硅酸二钙矿相形成，此现象使快速施工用高抗蚀硫铝酸盐水泥基材料熟料烧成温度比传统硫铝酸盐熟料的烧成温度降低约 50℃，有利于该熟料工业化制备时的节能。

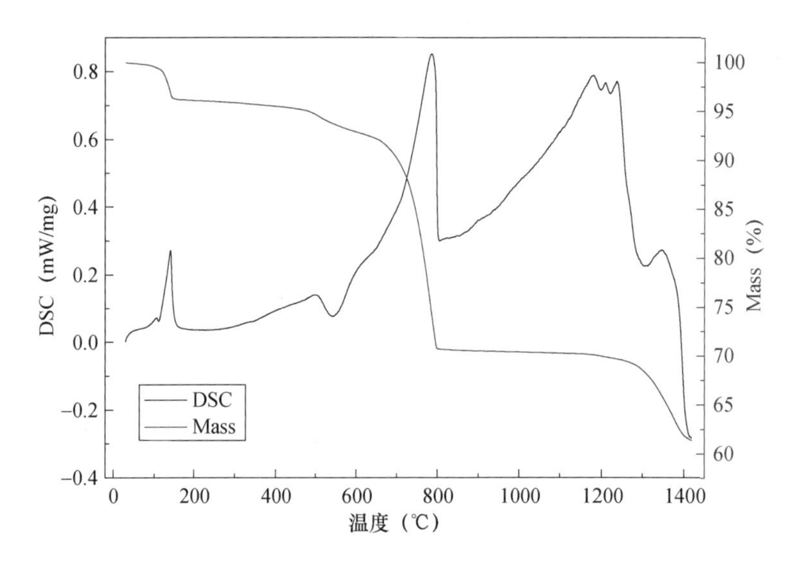

图 5-24　快速施工用高抗蚀硫铝酸盐水泥熟料烧成历程 TG-DSC 图谱

表 5-12　不同煅烧温度硫铝酸盐水泥生料的 TG-DSC 曲线特征分析

温度(℃)	DSC 曲线	TG 曲线
106	吸热峰(小)	失重
141	吸热峰(大)	失重(大)
501	吸热峰(小)	开始失重
544	开始出现吸热峰	失重(小)
787	吸热峰(大)	失重(大)
1181	吸热峰(小)	失重不明显
1209	吸热峰(小)	开始失重
1220	开始出现吸热峰	失重(小)
1236	吸热峰(小)	失重(小)
1305	开始出现吸热峰	失重(小)
1348	吸热峰(小)	失重(大)

根据前述研究，设计制备的快速施工用高抗蚀硫铝酸盐熟料矿物组成和强度见表 5-13。图 5-25 和图 5-26 分别为熟料背散射电子图像和熟料 XRD 衍射谱图。

表 5-13　快速施工用高抗蚀硫铝酸盐熟料矿相组成及强度

矿相组成(%)			抗压强度(MPa)		
硫铝酸钙	硅酸二钙	氧化钙 + 硫酸钙 + 铁相	4h	1d	28d
30	40	30	21.5	37.1	62.4

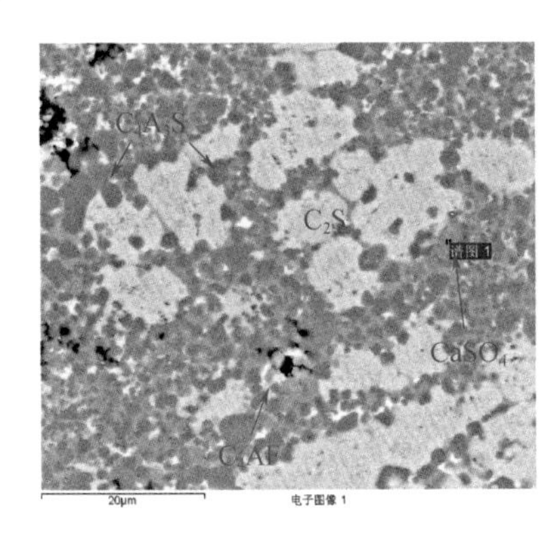

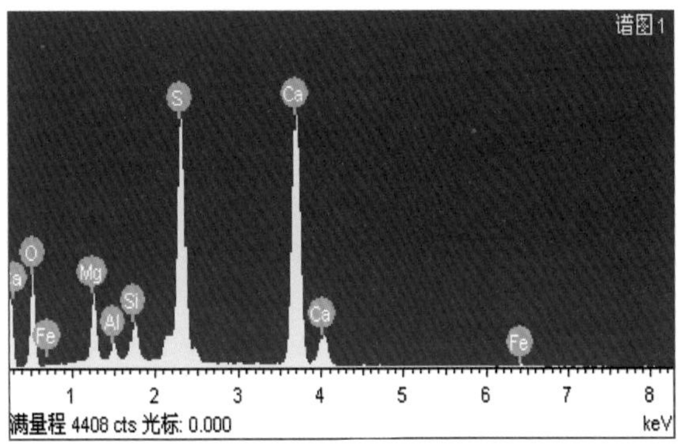

图 5-25 快速施工用高抗蚀硫铝酸盐熟料的背散射电子图像与能谱图

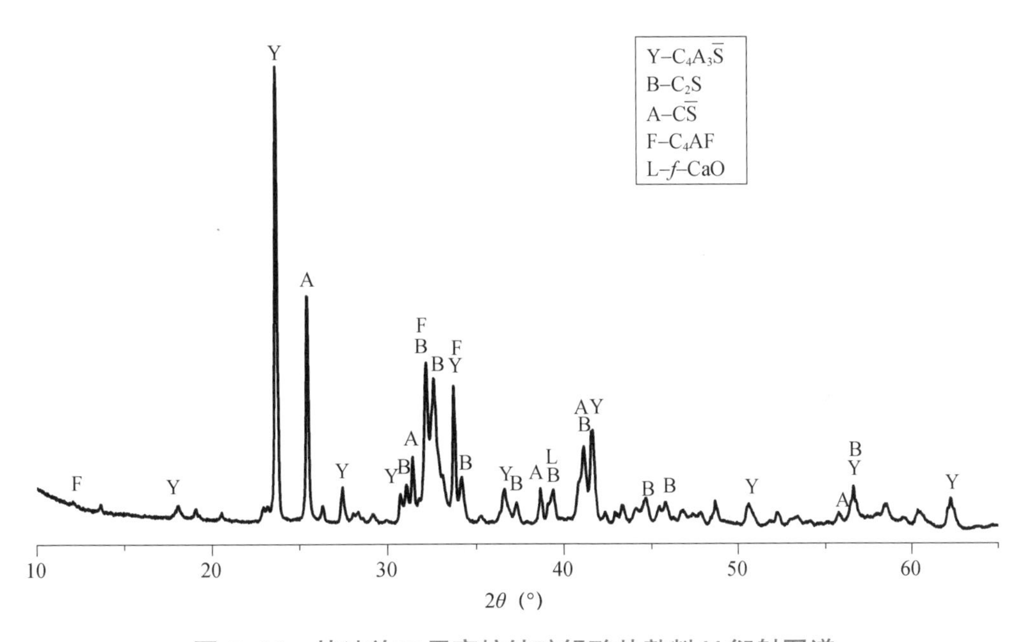

图 5-26 快速施工用高抗蚀硫铝酸盐熟料 X 衍射图谱

5.1.2 快速施工用高抗蚀硫铝酸盐水泥基材料性能调控

1. 快速施工用高抗蚀硫铝酸盐水泥基材料碱度调控

结构混凝土中的钢筋保护需要水化体系碱度 pH 高于 12，传统硫铝酸盐水泥基材料碱度一般低于 12，甚至 pH 会低于 11 或 10，因此需要对快速施工用高抗蚀硫铝酸盐水泥基材料进行碱度调控研究。

选用四种石膏与两种硫铝酸盐熟料。天然硬石膏与天然二水石膏各一种，化学无水硫酸钙（以下简称化学硬石膏）与化学二水硫酸钙（以下简称化学二水石膏）各一种。一种熟料为传统硫铝酸盐熟料，另一种熟料为快速施工用高抗蚀硫铝酸盐熟料。两种熟料与两种天然石膏的化学组成见表 5-14。将两种熟料粉体与四种石膏粉体按照设定比例称重混合均匀，配制为不同组成的硫铝酸盐水泥基材料，按照 GB 20472—2006 进行碱度测试。

表 5-14 石膏与硫铝酸盐熟料化学组成（质量分数，%）

试样	Loss	SiO_2	Al_2O_3	Fe_2O_3	CaO	MgO	SO_3
传统硫铝酸盐熟料	0.21	8.78	33.55	2.33	43.85	1.84	7.49
快速施工用硫铝酸盐熟料	0.44	13.53	15.08	1.26	50.69	2.57	15.25
天然硬石膏	7.68	1.34	0.77	0.15	38.75	2.04	48.34
天然二水石膏	20.95	4.29	1.07	0.36	29.92	2.45	39.71

以不同掺量化学硬石膏、天然硬石膏与传统硫铝酸盐熟料、快速施工用高抗蚀硫铝酸盐熟料分别制备硫铝酸盐水泥基材料，碱度测试结果见表 5-15。分析可知：

（1）以 100% 熟料不掺加其他组分制备的硫铝酸盐水泥基材料，硫铝酸钙含量较高的传统硫铝酸盐熟料制备水泥的水化碱度略低于快速施工用高抗蚀硫铝酸盐熟料，两种硫铝酸盐熟料制备水泥的碱度间没有本质性差别。

（2）化学硬石膏与天然硬石膏对硫铝酸盐熟料碱度影响的规律存在差异，同时，硫铝酸盐熟料种类不同，这种硬石膏来源的差异对水泥水化碱度的影响规律也不相同。

（3）化学硬石膏与传统硫铝酸盐熟料复合制备的水泥体系碱度较低：硬石膏掺量相同时，以化学硬石膏配制硫铝酸盐水泥基材料体系碱度 pH 比天然硬石膏配制者低 1 左右。化学硬石膏与天然硬石膏配制传统硫铝酸盐水泥基材料碱度特征也具有相同之处：当硬石膏掺量高于 10% 之后，伴随掺量加大，无论是化学硬石膏还是天然硬石膏硫铝酸盐水泥基材料体系，碱度下降均较为缓慢，天然硬石膏制备水泥体系碱度下降幅度略微快一些。

（4）对于快速施工用高抗蚀硫铝酸盐熟料，其与硬石膏复合的硫铝水泥体系碱度特征较为特别：与天然硬石膏复合时，伴随掺量加大，水泥体系碱度降低，5% 至 15% 石膏掺量范围内，硫铝酸盐水泥基材料碱度下降幅度明显；石膏掺量高于 15% 之后，碱度下降较为缓慢。与化学硬石膏复合配制水泥时，随石膏掺量增加，硫铝酸盐水泥基材料体系碱度一开始略有下降，当化学硬石膏掺量 5% 时，硫铝酸盐水泥基材料碱度发生大幅度增加；之后，即使化学硬石膏掺量不断增加至 40%，水泥碱度始终维持于相同水平不再发生明显变化，这预示可以采用掺加一定量化学硬石膏方法，使快速施工用高抗蚀硫铝酸盐熟料制备水泥获得较高碱度，起到保护混凝土中钢筋的作用。

表 5-15 不同种类硬石膏的硫铝酸盐水泥基材料碱度

传统熟料（质量分数，%）	快速施工用熟料（质量分数,%）	化学硬石膏（质量分数,%）	天然硬石膏（质量分数,%）	pH
100	0	0	0	11.43
95	0	5	0	10.16
90	0	10	0	9.86
80	0	20	0	9.79
70	0	30	0	9.71
95	0	0	5	11.12
90	0	0	10	10.99

续表

传统熟料（质量分数，%）	快速施工用熟料（质量分数,%）	化学硬石膏（质量分数,%）	天然硬石膏（质量分数,%）	pH
80	0	0	20	10.83
70	0	0	30	10.47
0	100	0	0	11.51
0	98	2	0	11.29
0	97	3	0	11.35
0	96	4	0	11.38
0	95	5	0	12.20
0	90	10	0	12.30
0	80	20	0	12.22
0	70	30	0	12.26
0	60	40	0	12.22
0	95	0	5	11.06
0	90	0	10	10.22
0	85	0	15	9.38
0	80	0	20	9.35

以化学二水石膏、天然二水石膏与传统硫铝酸盐熟料、快速施工用高抗蚀硫铝酸盐熟料分别制备硫铝酸盐水泥基材料，碱度测试结果见表 5-16。分析可知：

（1）对于传统硫铝酸盐熟料，石膏掺量相同时，化学二水石膏与天然二水石膏与该熟料配制水泥的水化碱度相差无几，水泥碱度均随二水石膏掺量增加而下降，规律无本质差别。

（2）对于快速施工用高抗蚀硫铝酸盐熟料，天然二水石膏与化学二水石膏对硫铝酸盐水泥基材料碱度影响规律截然不同：化学二水石膏与该熟料配制硫铝酸盐水泥基材料碱度随二水石膏掺量增加而快速下降，天然二水石膏与该熟料配制硫铝水泥碱度在 5% 二水石膏掺量时略有下降；当二水石膏掺量提高至 10% 时，硫铝水泥碱度 pH 上升至大于 12，天然二水石膏掺量进一步增加水泥碱度不发生明显变化，可见，天然二水石膏与快速施工用熟料复合制备硫铝酸盐水泥碱度较高，具有保护钢筋锈蚀效果。

表 5–16　不同种类二水石膏的硫铝酸盐水泥基材料碱度

传统熟料（质量分数,%）	快速施工用熟料（质量分数,%）	化学二水石膏（质量分数,%）	天然二水石膏（质量分数,%）	pH
100	0	0	0	11.43
95	0	5	0	11.24
90	0	10	0	10.58
80	0	20	0	10.03

续表

传统熟料（质量分数，%）	快速施工用熟料（质量分数，%）	化学二水石膏（质量分数，%）	天然二水石膏（质量分数，%）	pH
70	0	30	0	9.59
60	0	40	0	8.96
95	0	0	5	11.18
90	0	0	10	10.51
80	0	0	20	9.83
70	0	0	30	9.66
60	0	0	40	8.89
0	100	0	0	11.51
0	95	5	0	10.06
0	90	10	0	9.75
0	85	15	0	9.42
0	80	20	0	9.25
0	95	0	5	11.25
0	90	0	10	12.12
0	80	0	20	12.13
0	70	0	30	12.16

综上所述，石膏种类不同，硫铝酸盐熟料品种不同，所制备硫铝酸盐水泥基材料水化碱度的发展规律存在较大差异：

（1）对于硫铝酸钙含量较高的传统硫铝酸盐熟料，无论是硬石膏还是二水石膏，也无论是天然石膏还是化学石膏，复合制备硫铝酸盐水泥基材料的水化碱度均随石膏掺量增加而下降，不同种类石膏之间区别为碱度 pH 下降幅度有所差异。对于二水石膏，传统硫铝酸盐熟料制备水泥水化碱度与石膏掺量增加基本呈负相关连续下降；对于硬石膏，当掺量超过一定比例后，硫铝酸盐水泥基材料碱度下降速率缓慢。

（2）对于快速施工用高抗蚀硫铝酸盐熟料，当与化学硬石膏或天然二水石膏复合时，在石膏掺量高于 5% 或 10% 之后，硫铝酸盐水泥基材料碱度 pH 发生了上升，可高于 12，此后石膏掺量进一步增加，硫铝酸盐水泥基材料水化碱度不再发生明显变化，可以起到保护混凝土中钢筋的作用。

2. 矿渣微粉与快速施工用高抗蚀硫铝酸盐水泥基材料性能调控

快速施工用高抗蚀硫铝酸盐水泥基材料应用场景为海洋工程，为保护混凝土中的钢筋不受锈蚀，水泥的氯离子扩散系数应处于较低水准。对于通用硅酸盐水泥，矿渣微粉是一种具有较好抑制水泥氯离子扩散系数的物相。传统硫铝酸盐熟料与矿渣微粉复合将导致水泥强度性能衰减，因此一般不使用矿渣微粉作为混合材料。

本章构建的快速施工用高抗蚀硫铝酸盐熟料体系由于引入氧化钙与高温硫酸钙等物相，与矿渣微粉具有良好相容性，为引入矿渣微粉改善氯离子扩散系数提供了理论可能。

以快速施工用高抗蚀硫铝酸盐水泥基材料体系（KCSA）为基础，矿渣微粉掺量为变量，研究矿渣微粉对快速施工用高抗蚀硫铝酸盐水泥基材料抗 Cl^- 渗透性能的影响，并与普通硅酸盐水泥（OPC）和普通硫铝酸盐水泥基材料（CSA）进行对比，分析其抗 Cl^- 渗透性能的差异。

将矿渣微粉以 0、15%、30%、45%、60% 和 75% 的掺量分别掺入快速施工用高抗蚀硫铝酸盐熟料中，得到快速施工用高抗蚀硫铝酸盐水泥基材料，各样品配合设计见表 5-17。

表 5-17　矿渣微粉改性快速施工用高抗蚀硫铝酸盐水泥基材料配合比设计

样品编号	CSA	CSA-15	CSA-30	CSA-45	CSA-60	CSA-75
掺量（质量分数，%）	0	15	30	45	60	75

普通硅酸盐水泥（OPC）、普通硫铝酸盐水泥基材料（OCSA）与未参加矿渣微粉的快速施工用高抗蚀硫铝酸盐水泥基材料（KCSA）的氯离子扩散系数如图 5-27 所示，掺有矿渣微粉的快速施工用高抗蚀硫铝酸盐水泥基材料氯离子扩散系数如图 5-28 所示。

分析图 5-27 可知，未掺加矿渣微粉的快速施工用高抗蚀硫铝酸盐水泥基材料、普通硫铝酸盐水泥基材料和普通硅酸盐水泥三种水泥的氯离子扩散系数分别为 $224.1\times10^{-14}m^2/s$、$296.3\times10^{-14}m^2/s$ 和 $419.6\times10^{-14}m^2/s$，三者抗 Cl^- 渗透能力高低依次为未掺加矿渣微粉的快速施工用高抗蚀硫铝酸盐水泥基材料＞普通硫铝酸盐水泥基材料＞普通硅酸盐水泥。由此可知，水泥品种的差异是影响水泥基材料抗 Cl^- 渗透能力的重要因素之一。根据《水泥氯离子扩散系数检验方法》（JC/T/1086—2008）中氯离子渗透性评价标准，对于普通硅酸盐水泥的水泥氯离子渗透性评价是性能较差的"高"，普通硫铝酸盐水泥基材料和未掺加矿渣微粉的快速施工用高抗蚀硫铝酸盐水泥基材料的氯离子渗透性评价是"中"。

分析图 5-28 可知，掺入矿渣微粉后快速施工用高抗蚀硫铝酸盐水泥基材料胶凝体系的氯离子扩散系数呈先降低后增加的趋势：矿渣微粉掺量为 30% 的 CSA-30 样品氯离子扩散系数最低为 $48.7\times10^{-14}m^2/s$，较未掺加矿渣微粉者降低了 2.4 倍，氯离子渗透性评价为性能良好的"低"；当矿渣微粉掺量大于 30% 时，氯离子扩散系数有所增加，矿渣微粉掺量为 75% 的 CSA-75 氯离子扩散系数升至较高数值 $402.8\times10^{-14}m^2/s$；可见，矿渣微粉掺量存在最佳阈值，30% 矿渣微粉掺加可以有效降低体系氯离子扩散系数。

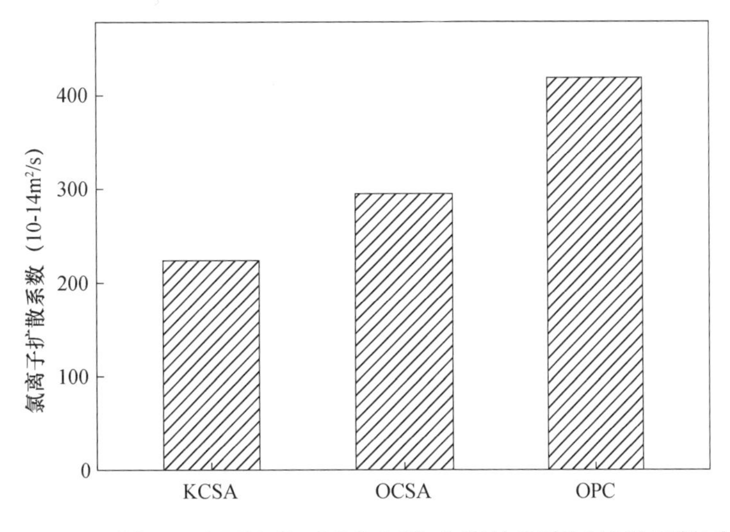

图 5-27　KCSA、OCSA 和 OPC 三种水泥的氯离子扩散系数对比

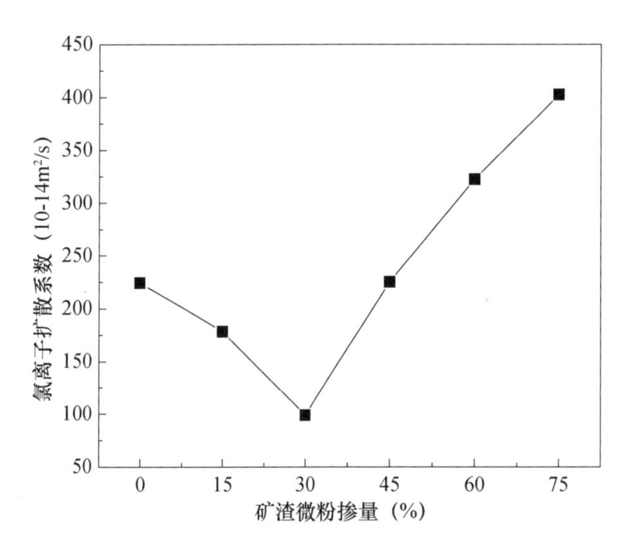

图 5–28　不同矿渣微粉掺量快速施工用高抗蚀硫铝酸盐水泥基材料的氯离子扩散系数

氯离子通过水泥孔径渗透到水泥基材料的内部，因此水泥的氯离子扩散系数与水化产物的氯离子结合能力及孔隙率有直接关系，孔隙率可以直接影响氯离子渗透到水泥基材料内部的速率和含量，水化产物结合氯离子的能力可以直接影响已渗透到基体内的有害氯离子数量。为研究水泥胶凝体系抗 Cl⁻ 渗透机理，对矿渣微粉复合制备的快速施工用高抗蚀硫铝酸盐水泥基材料的水化产物氯离子结合能力和孔结构特性进一步分析研究。如图 5-29 所示为掺加 0%、15%、30% 和 75% 矿渣微粉制备快速施工用高抗蚀硫铝酸盐水泥基材料水化浆体的孔结构参数测试结果（压汞法），分析可知：

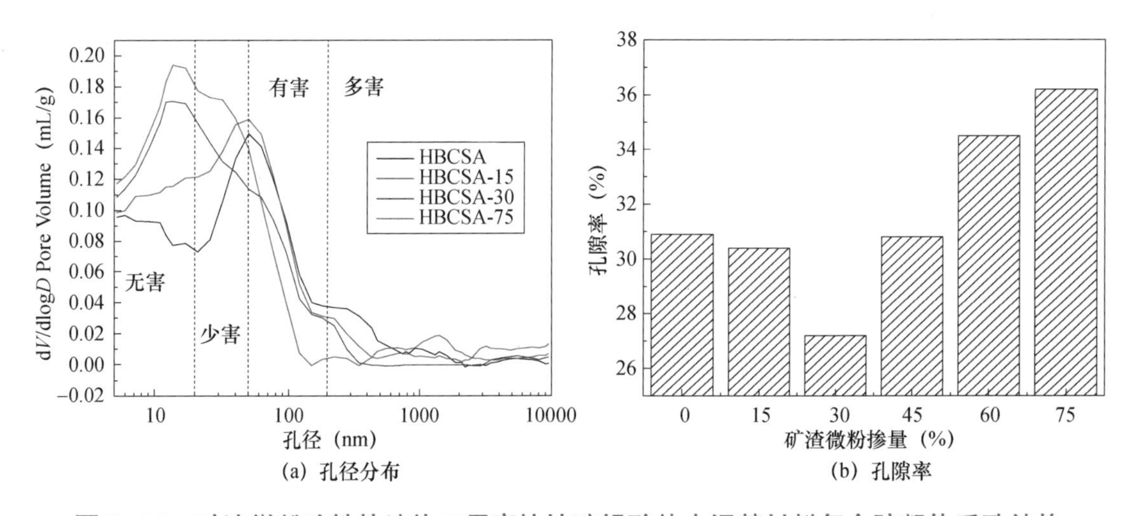

图 5–29　矿渣微粉改性快速施工用高抗蚀硫铝酸盐水泥基材料复合胶凝体系孔结构

（1）矿渣微粉快速施工用高抗蚀硫铝酸盐水泥基材料水化浆体的最可几孔径范围为 30~100nm，CSA-30 和 CSA-75 两个样品的最可几孔径分别为 10~50nm、10~60nm。根据孔的性质及对性能影响的不同，吴中伟院士将孔分为无害孔级（＜ 20nm）、少害孔级（20~50nm）、有害孔级（50~200nm）和多害孔级（＞ 200nm）。图 5-29 表明，矿渣微粉的加入使快速施工用高抗蚀硫铝酸盐水泥基材料水化浆最可几孔径更小，使有害孔径向少害孔径甚至无害孔径发展，有效提高了胶凝体系的密实程度：矿渣微粉掺加使 10nm 以下凝胶孔数量增加，凝胶孔增加原因是课题研发的快速施工用高抗蚀硫铝酸盐熟料可以激发矿渣微粉活性，凝胶孔增加可以降低水泥的孔隙率，使基体结构更加致密，提高抗 Cl^- 渗透性能。

（2）未掺加矿渣微粉 CSA 试样孔隙率为 30.9%，当矿渣微粉掺量小于 30% 时，随矿渣微粉掺量增加水泥水化浆体孔隙率有降低趋势，当矿渣微粉掺量大于 30% 时，水泥水化浆体孔隙率有增加的趋势，矿渣微粉掺量 30% 时孔隙率最低为 27.2%。对比空白样品 CSA，矿渣微粉掺量小于 30% 时，矿渣微粉增加了体系凝胶孔、无害孔的数量，降低了有害孔的数量，使基体结构更加密实，更为有效地阻止了外界的氯离子向内部渗透，提高了体系的抗 Cl^- 渗透性，使氯离子扩散系数降低。CSA-30 样品无害孔和少害孔较多，有害孔和多害孔较 CSA 和 CSA-75 更低，可见矿渣微粉掺量 30% 的 CSA-30 样品的体系结构更加致密。当矿渣微粉掺量大于 30%，水泥的孔隙率反而增加，矿渣微粉掺量 75% 的 CSA-75 样品无害孔和少害孔较 CSA-30 集中，有害孔和多害孔较多。

掺有矿渣微粉快速施工用高抗蚀硫铝酸盐水泥基材料 KCSA、普通硫铝酸盐水泥基材料 OCSA 和普通硅酸盐水泥 OPC 的氯离子结合量如图 5-30 所示，对比分析三种水泥的氯离子结合量数据可知：CSA 样品吸附量最多，OPC 样品吸附量最少。水泥结合氯离子能力的大小主要和水泥水化产物的种类和数量有关，根据水化产物结合氯离子性质的不同，可以分为化学结合和物理吸附。氯离子置换 AFm 中的 SO_4^{2-}、OH^- 等阴离子生成氟盐为化学结合，起到对氯离子的固定作用，降低渗透进水泥内部的有害氯离子含量。水泥水化产物 C-S-H 凝胶因具有双电层结构，对于带负电荷的氯离子吸附为物理吸附，以 C-S-H 凝胶为主导的水化产物对氯离子结合能力的贡献至关重要，另外，AFt 对于氯离子也有一定程度吸附贡献。掺加矿渣微粉快速施工用高抗蚀硫铝酸盐水泥基材料水化反应发生后除了生成 C-S-H 凝胶、氢氧化钙外，还生成数量远大于普通硅酸盐水泥的 AFt，这是其与普通硅酸盐水泥最主要区别，快速施工用高抗蚀硫铝酸盐水泥基材料水化产物中的 AFt 可为固化 Cl^- 提供大量“原料”，因此快速施工用高抗蚀硫铝酸盐水泥基材料固化 Cl^- 能力大于普通硅酸盐水泥。

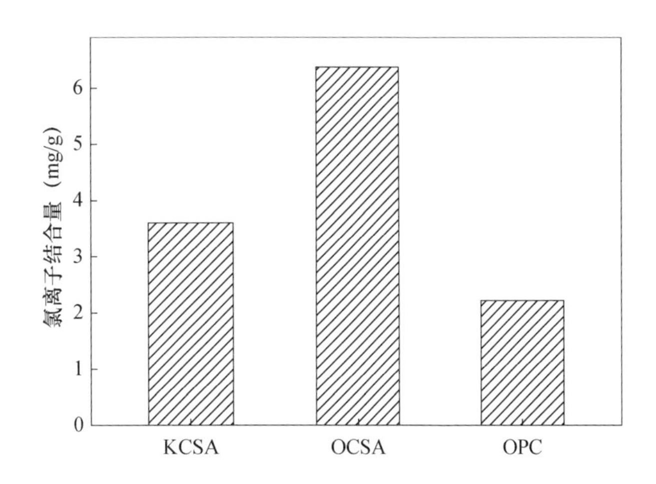

图 5-30 KCSA、OCSA 和 OPC 三种水泥的氯离子结合量

不同矿渣微粉掺量快速施工用高抗蚀硫铝酸盐水泥基材料胶凝体系氯离子结合量数据如图 5-31 所示，分析可知，伴随矿渣微粉掺量增加，体系氯离子结合量呈先增加后降低的趋势，矿渣微粉掺量为 30% 时氯离子结合量最高，为 4.44mg/g；矿渣微粉掺量大于 30% 时，氯离子结合量反而降低，这和之前研究的矿渣微粉掺量与抗氯离子扩散系数的规律相一致。

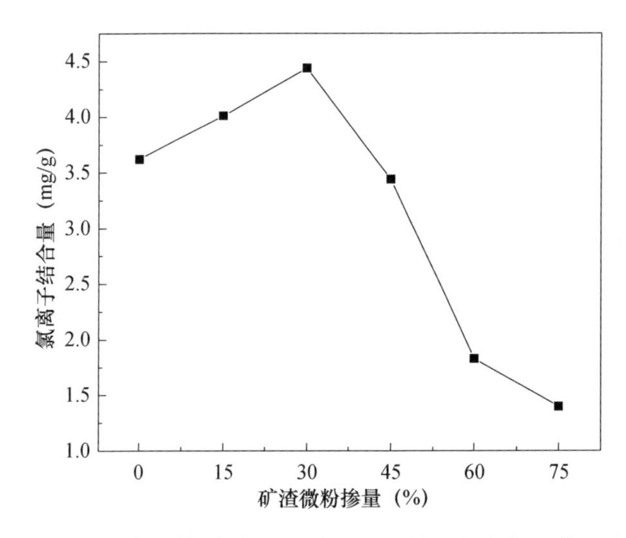

图 5-31　不同矿渣微粉掺量快速施工用高抗蚀硫铝酸盐水泥体系的氯离子结合量

为进一步分析矿渣微粉掺量对快速施工用高抗蚀硫铝酸盐水泥基材料氯离子结合能力的影响机理，对该水泥基材料胶凝水化产物组成及含量进行分析。不同矿渣微粉掺量快速施工用高抗蚀硫铝酸盐水泥基材料水化产物 X 衍射结果如图 5-32 所示，分析可知，矿渣微粉快速施工用高抗蚀硫铝酸盐水泥基材料水化后矿物主要是钙矾石 AFt、未反应的石膏和硅酸二钙 C_2S，未见氢氧化钙 CH 和单硫型钙矾石 AFm。伴随矿渣微粉掺量增加，快速施工用高抗蚀硫铝酸盐水泥基材料水化矿物组成变化不大，仍为钙矾石 AFt、石膏和未水化的硅酸二钙。矿渣微粉掺量对水化产物特征峰的峰值有影响：伴随矿渣微粉掺量增加，钙矾石 AFt 和硅酸二钙 C_2S 的 XRD 特征峰峰值减小，水化体系中 AFt 生成量降低。

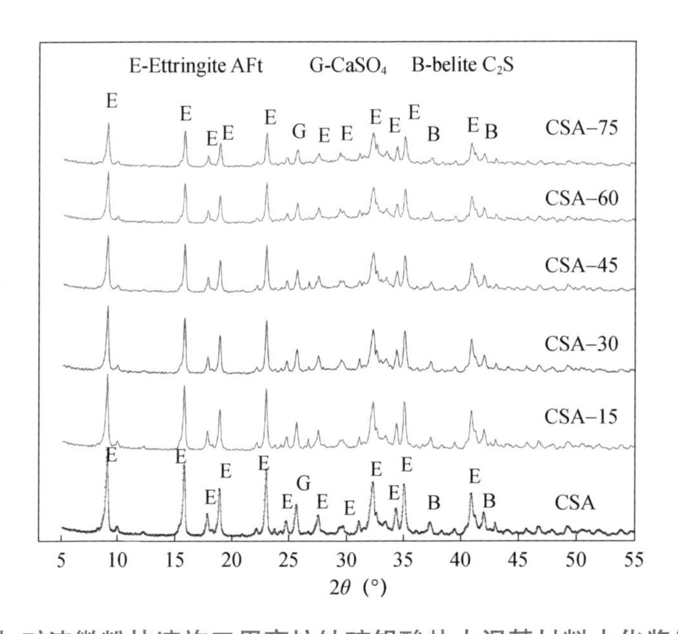

图 5-32　掺加矿渣微粉快速施工用高抗蚀硫铝酸盐水泥基材料水化浆体 X 衍射图谱

不同矿渣微粉掺量快速施工用高抗蚀硫铝酸盐水泥基材料水化浆体热重分析如图 5-33 所示，80~200℃脱水失重特征峰对应钙矾石 AFt 脱水失重峰，分析可知，不掺加矿渣微粉试样 80~200℃温度范围热重质量损失为19.45%，矿渣微粉掺量75%水泥水化体系失重峰值为11.87%，随矿渣微粉掺量增加，水泥水化产物钙矾石AFt的TG失重峰的峰值明显降低，说明钙矾石AFt生成量减少，与XRD分析结论相一致。

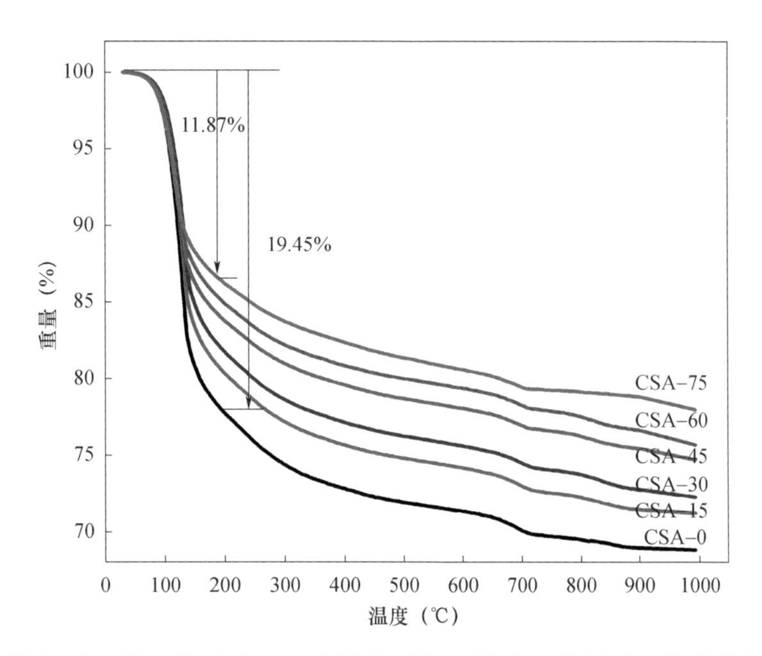

图5–33 掺加矿渣微粉快速施工用高抗蚀硫铝酸盐水泥基材料水化浆体热失重图谱

不同矿渣微粉掺量快速施工用高抗蚀硫铝酸盐水泥基材料水化浆体差示热重-扫描量热（TG-DSC）数据如图5-34所示，230~300℃范围为凝胶脱水吸热峰，分析图5-34可知，不同矿渣微粉掺量的CSA、CSA-30和CSA-75样品对应的DSC峰值分别是1.784J/g、1.971J/g和1.997J/g，说明伴随矿渣微粉掺量增加，快速施工用高抗蚀硫铝酸盐水泥基材料水化体系中凝胶生成量增加，可见，与传统硫铝酸盐熟料不同，快速施工用高抗蚀硫铝酸盐熟料具备良好激发矿渣微粉活性能力，可以加大水化试体中凝胶生成量，有利于提高水泥水化胶凝体系的氯离子吸附能力。

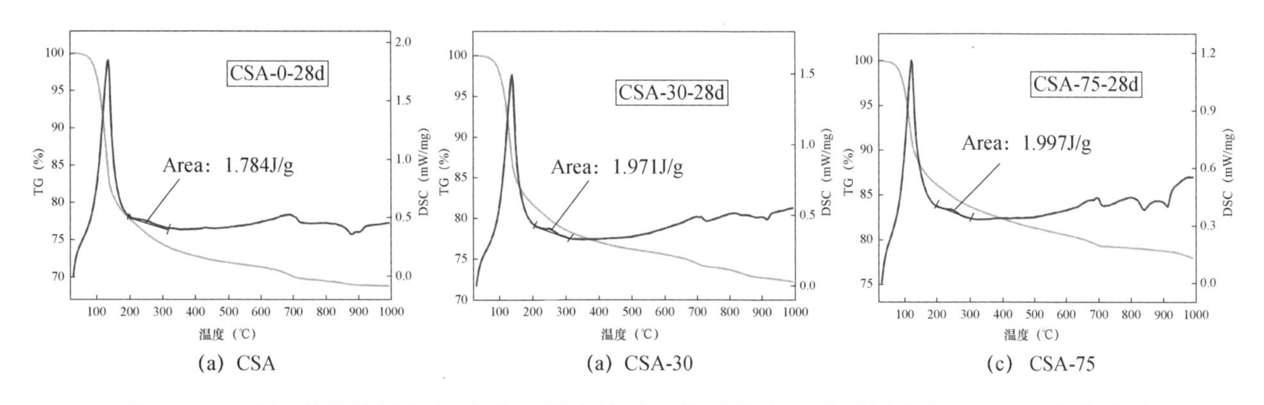

(a) CSA (a) CSA-30 (c) CSA-75

图5–34 矿渣微粉掺量与快速施工用高抗蚀硫铝酸盐水泥基材料水化CSH凝胶生成量

矿渣微粉掺量0%、30%的快速施工用高抗蚀硫铝酸盐水泥基材料水化浆体微观形貌如图5-35所示。

图（a）所示为不掺加矿渣微粉样品水化微观形貌，可见较为清晰的针棒状钙矾石 AFt，而掺加矿渣微粉 30% 样品水化浆体图（b）中，钙矾石 AFt 和 C-S-H 凝胶交错分布，结构均匀，这与前述孔隙率研究的矿渣微粉掺量 30% 氯离子扩散效果良好的结论相吻合。

(a) CSA样品水化微观结构

(b) CSA-30样品水化微观结构

图 5-35 矿渣微粉与快速施工用高抗蚀硫铝酸盐水泥基材料水化浆体显微形貌

综上所述，掺加矿渣微粉的快速施工用高抗蚀硫铝酸盐水泥基材料水化时，快速施工用高抗蚀硫铝酸盐熟料激发了矿渣微粉水化，增加了凝胶生成量，提高了凝胶孔含量，增大了与氯离子结合能力；矿渣微粉掺量适度增加可以提高复合胶凝体系凝胶生成量，针棒状钙矾石 AFt 构建的骨架中可以有更多凝胶进行填充，从而改善了浆体微观结构，降低了体系孔径，有效降低了孔隙率，阻挡了外界氯离子向体系内部渗透，提高了体系抗 Cl^- 渗透性，降低了氯离子扩散系数的数值。

3. 快速施工用高抗蚀硫铝酸盐水泥基材料耐磨性

硅酸盐水泥体系存在“抗压强度越高，耐磨性越好”的规律，硫铝酸盐水泥基材料体系是否依然如此？不同化学组成硫铝酸盐水泥基材料的耐磨性规律见表 5-18~ 表 5-20。

表 5-18 耐磨性试验用硫铝酸盐熟料化学组成

样品编号	熟料化学分析（%）					
	CaO	SiO_2	Al_2O_3	Fe_2O_3	MgO	SO_3
1	43.40	9.4	32.16	2.94	1.24	8.69
2	44.28	9.2	32.27	3.42	1.39	9.89
3	44.20	10.79	30.12	1.75	1.22	9.99
4	43.53	8.98	30.19	2.35	1.92	10.16
5	40.44	7.24	27.35	10.7	1.15	10.41
6	40.78	7.63	29.64	8.91	0.97	9.71

表 5-19 耐磨性试验用硫铝酸盐熟料制备水泥基材料抗压强度

样品编号	抗压强度（MPa）	
	3d	28d
1	76.35	81.00

续表

样品编号	抗压强度（MPa）	
	3d	28d
2	61.28	66.17
3	55.31	68.75
4	68.77	77.67
5	60.58	74.63
6	51.39	58.56

表 5–20　耐磨性试验硫铝酸盐水泥基材料样品磨损量

熟料样品	磨损量（kg/m^2）
1	2.86
2	1.73
3	2.32
4	2.82
5	3.64
6	2.13

图 5-36 所示为不同化学组成硫铝酸盐水泥基材料磨损量与水泥 28d 抗压强度的关系，分析可知，硫铝酸盐水泥基材料胶砂的耐磨性有随着水泥强度提高而降低的趋势，可见，与硅酸盐水泥耐磨性特征相反，强度高的硫铝酸盐水泥基材料不一定具有高的耐磨性。

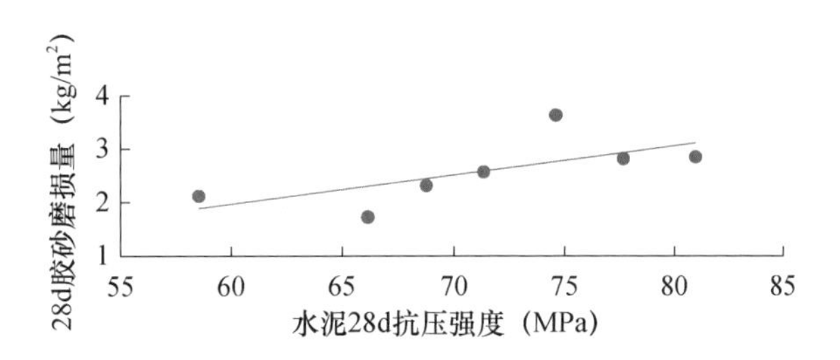

图 5–36　硫铝酸盐水泥基材料胶砂磨损量与 28d 抗压强度的关系

图 5-37 所示为磨损量与硫铝酸盐熟料中 SiO_2 含量的关系，分析可知，硫铝酸盐水泥基材料 28d 胶砂磨损量大致随熟料中 SiO_2 含量升高而降低，即硫铝酸盐熟料胶砂耐磨性伴随熟料中二氧化硅含量提高而提高。课题研制快速施工用高抗蚀硫铝酸盐水泥基材料熟料中二氧化硅含量高于传统硫铝酸盐熟料体系，预示其具有良好的耐磨性。

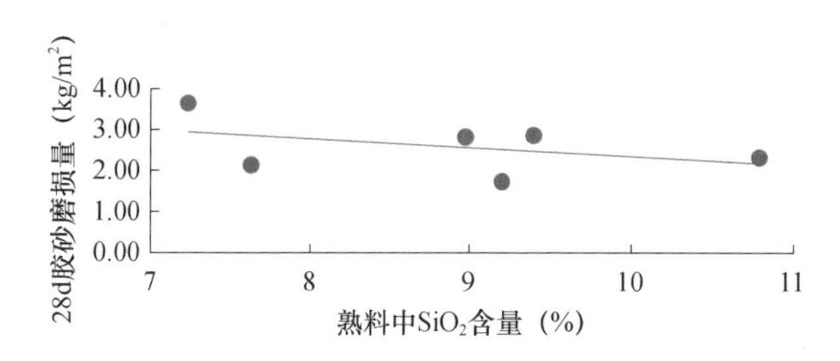

图 5-37 硫铝酸盐水泥基材料胶砂磨损量与熟料 SiO_2 含量的关系

图 5-38 所示为硫铝酸盐水泥基材料胶砂磨损量与熟料 Fe_2O_3 含量的关系。对于硅酸盐水泥，提高熟料 Fe_2O_3 含量，能够提高水泥耐磨性，分析图 5-38 可知，对于硫铝酸盐水泥基材料而言，此规律并不存在，提高硫铝酸盐熟料中的 Fe_2O_3 含量，并没有提高胶砂的耐磨性。硫铝酸盐水泥基材料熟料中 Fe_2O_3 含量有利于熟料烧成温度，快速施工用海洋硫铝酸盐熟料生产时应含有一定量 Fe_2O_3，但从耐磨性角度看，不应如硅酸盐熟料一样追求过高 Fe_2O_3 含量。

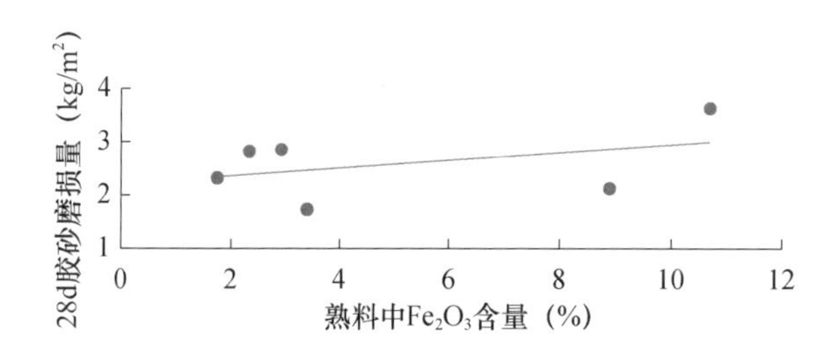

图 5-38 硫铝酸盐水泥基材料胶砂磨损量与熟料 Fe_2O_3 含量的关系

综上所述，提高硫铝酸盐水泥基材料强度及提高硫铝酸盐熟料中铁相含量对胶砂耐磨性能贡献不大，提高硫铝酸盐熟料中二氧化硅含量即提高体系中硅酸盐矿物含量从而提升硬化浆体中水化硅酸钙含量，有利于提高硫铝酸盐水泥基材料耐磨性，这与快速施工用高抗蚀硫铝酸盐熟料矿相体系匹配原则中需要提升硅酸二钙含量的研究成果互相吻合。

4. 辅助胶凝材料与快速施工用高抗蚀硫铝酸盐水泥基材料

与传统硫铝酸盐矿相组成不同，快速施工用高抗蚀硫铝酸盐熟料体系以含有氧化钙、硫酸钙与含量较高的硅酸二钙为特色，它与辅助胶凝材料匹配制备快速施工用高抗蚀硫铝酸盐水泥基材料的规律与传统硫铝体系将存在不同。

表 5-21 所示为矿粉、粉煤灰、石灰石三种辅助胶凝材料与快速施工用高抗蚀硫铝酸盐熟料匹配后各龄期抗压强度对比。三种辅助胶凝材料对强度影响规律存在不同：石灰石有利于硫铝酸盐水泥基材料 4h 强度，粉煤灰既不利于硫铝酸盐水泥基材料小时强度也不利于长龄期的 28d 强度，矿粉对快速施工用硫铝酸盐水泥基材料 4h 强度与 28d 强度都具有良好效果。

表 5-21　不同种类辅助胶凝材料同等掺量（15wt%）时快速施工用硫铝酸盐水泥基材料强度

辅助胶凝材料品种	抗压强度（MPa）			
	4h	1d	3d	28d
空白对比样	21.5	37.1	41.2	62.4
掺加矿粉	17.6	35.5	42.4	62.9
掺加粉煤灰	13.7	28.9	37.6	46.0
掺加石灰石	17.0	32.3	36.9	50.2

矿粉与氧化钙、硫酸钙的共同反应，是否会降低水泥水化体系碱度，表 5-22 对比了快速施工用高抗蚀硫铝酸盐熟料分别与不同掺量矿粉与粉煤灰匹配时的水泥水化碱度，可见矿粉掺量提高明显降低水泥水化体系的碱度。为解决这一问题，进行水泥体系掺加氧化钙含量与碱度影响研究，结果见表 5-23，分析表明，适宜含量氧化钙存在可以在使用较高掺量矿粉时，达到硫铝酸盐水泥水化体系碱度 pH 超过 12 的效果。

表 5-22　矿粉与粉煤灰对快速施工用高抗蚀硫铝酸盐水泥基材料水化碱度的影响

熟料（%）	矿粉（%）	粉煤灰（%）	pH
100	0	0	12.1
90	10	0	12.0
80	20	0	11.9
70	30	0	11.3
60	40	0	11.3
50	50	0	11.2
90	0	10	12.1
80	0	20	11.9
70	0	30	11.9

表 5-23　外掺氧化钙对快速施工用高抗蚀硫铝酸盐水泥基材料水化碱度的影响

熟料（%）	矿粉（%）	硫酸钙（%）	氧化钙（%）	pH
50	30	20	0	9.5
75	0	20	5	12.5
47.5	30	20	2.5	12.4

图 5-39 与表 5-24 为不同种类辅助胶凝材料与快速施工用硫铝酸盐熟料共同水化 28d 时的 X 衍射图谱及钙矾石 9.72% 角度特征峰计数率统计。结果表明，辅助胶凝材料掺入没有改变硫铝酸盐水泥基材料水化产物种类，但影响了单硫型钙矾石和三硫型钙矾石生成量。

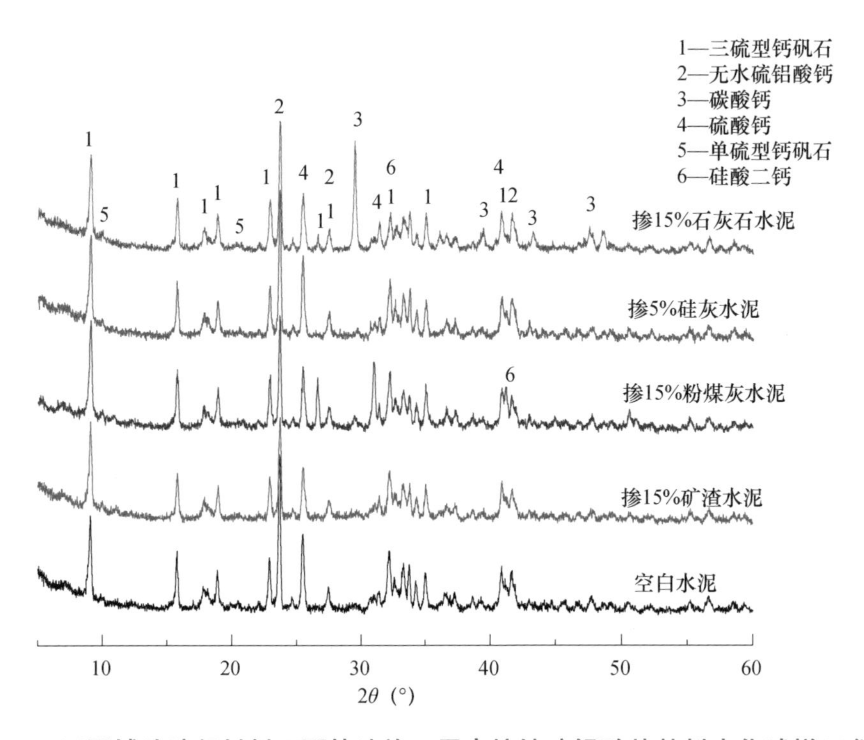

图 5-39　不同辅助胶凝材料匹配快速施工用高抗蚀硫铝酸盐熟料水化试样 X 衍射谱

表 5-24　不同辅助胶凝材料匹配快速施工用高抗蚀硫铝酸盐熟料水化试样 AFt 特征峰计数率

辅助胶凝材料	AFt 特征峰计数率		
	1d	3d	28d
空白对比硫铝酸盐水泥基材料	6924	5179	5883
掺矿粉硫铝酸盐水泥基材料	7061	5840	6471
掺粉煤灰硫铝酸盐水泥基材料	7505	6838	7333
掺硅灰硫铝酸盐水泥基材料	4480	6376	6191
掺石灰石硫铝酸盐水泥基材料	7369	7493	5610

5.1.3　快速施工用高抗蚀硫铝酸盐水泥基材料制备难点

与传统硫铝酸盐熟料匹配原则相比较，本章前述研究工作确立的快速施工用高抗蚀硫铝酸盐熟料矿相匹配原则，具有如下三方面特色：

（1）引入传统硫铝酸盐熟料体系中不允许存在的氧化钙矿物，其含量控制不超过 4%；

（2）将传统硫铝酸盐熟料体系中作为少量无足轻重残余物相存在游离硫酸钙提升为快速施工用硫铝酸盐体系重要组成物相，含量从传统体系一般低于 5% 大幅度上升至不超过 20%；

（3）大幅度降低传统硫铝酸盐体系中含量一般超过 50% 的硫铝酸钙物相，将其含量降低至 20%~40%。

综上所述，快速施工用高抗蚀硫铝酸盐熟料体系引入一种新物相、将一种少量残余物相升级为含量较高的必备物相、降低了一种主流物相的含量；上述三方面变化相当于将体系关键物相种类从传统的三种增加至五种，同时大幅度改变了各种关键物相的相对比例关系，这预示该体系工业化生产与传统体系可能存在重大差别，实验室研究发现该体系熟料烧成温度范围只有75℃，比传统体系100℃烧成温度范围狭窄了25℃，相对比例缩减了25%之多，给工业化制备质量控制带来重大挑战。在如此狭窄烧成温度范围条件下，要实现大规模连续性工业化生产，需要重点解决如下问题：

（1）熟料成品中氧化钙含量的波动性控制；

（2）熟料窑炉内运动结粒状况对温度比较敏感，需要频繁、精细调整工业窑炉运行参数；

（3）熟料烧成工业窑炉内的窑皮易形成阻碍气体与固体运动的厚皮与厚圈，不利于物料高温有效烧成，更不利于窑炉连续运行。

既有普通硫铝酸盐水泥熟料生产线较难解决上述难题，需要进行针对性的技术改造，使生料制备和熟料烧成系统可以适应快速施工用高抗蚀硫铝酸盐体系的工业化制备特点，相关装备与工艺的革新与改造主要集中于如下四个方面：

（1）针对快速施工用高抗蚀硫铝酸盐体系中关键主要物相种类从传统体系三种增加至五种而带来熟料结粒特性敏感、生料物料均匀性控制难度提升等难题，需要进行三环节连续均化：原材料堆场均化、原料均化库均化与生料低压空气搅拌，以保障生料均匀性满足需求；

（2）针对对快速施工用高抗蚀硫铝酸盐体系制备过程中窑炉内部易结皮结圈问题，需要进一步完善既有生产线的生料喂料秤及其控制系统、窑炉头部与尾部的煤粉计量与输送系统，窑炉关键节点温度和压力监控系统，以使生产线系统风、煤、料三因素彼此精准协调，减少厚皮厚圈的产生概率；

（3）针对快速施工用高抗蚀硫铝酸盐体系成品中需要保留传统体系中不存在的少量氧化钙物相且其含量不能存在较大波动的制备需求，需要建立工业生产线操作参数智能控制系统，以体系产品制备过程智能化快速反馈为核心，克服传统人工调节生产系统关键参数速度缓慢弊病，可以根据窑炉系统运行过程中温度、压力变化状况，快速调节生产系统生料供给、风量供给和能源供给，以实现产品体系中氧化钙含量稳定目标。

5.2 快速施工用高抗蚀硫铝酸盐水泥专用外加剂设计

5.2.1 硫铝酸盐水泥专用减水剂设计

减水剂通过在水泥颗粒及水泥水化产物表面的吸附发挥其减水分散作用，是否具有良好吸附能力，是减水剂达到良好效果的前提。硫铝酸盐水泥水化速度极快，快速生成的钙矾石大量消耗减水剂。将传统减水剂应用于硫铝酸盐水泥时会出现浆体初始流动度小、流动度损失快等问题。针对硫铝酸盐水泥水化特征，硫铝酸盐水泥专用减水剂的选择应遵循如下设计原则（图5-40）：

（1）具备在硫铝酸盐水泥及水化产物颗粒表面大量有效吸附的能力；

（2）具备控制硫铝酸盐水泥水化产物钙矾石大量快速生成，抑制钙矾石长大的能力。

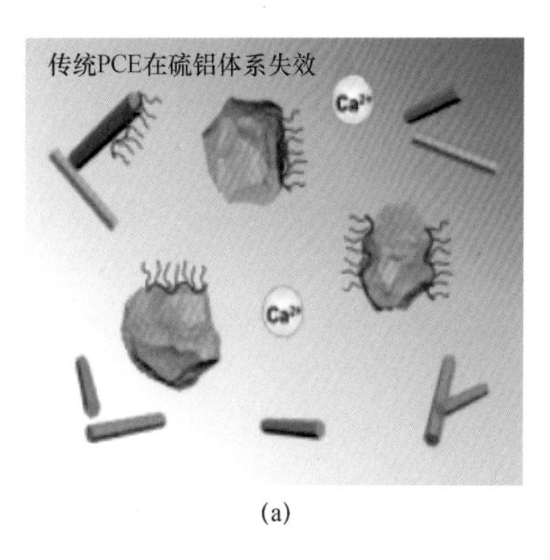

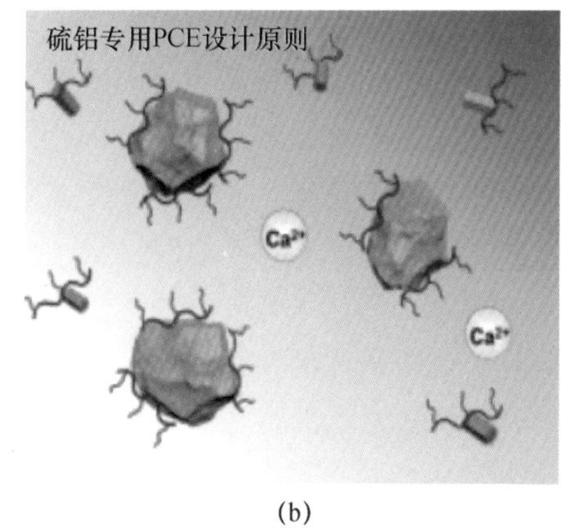

(a) (b)

图 5–40　硫铝酸盐水泥基材料专用减水剂选用的设计原则

根据上述硫铝酸盐水泥专用减水剂选用的设计原则，开发出电荷密度大幅度高于传统聚羧酸减水剂（LCD-PCE）的硫铝酸盐水泥专用减水剂（HCD-PCE）。专用 HCD-PCE 在水泥颗粒以及早期水化产物表面的吸附能力强，可以有效控制早期钙矾石 AFt 结晶生成及增长，可以显著改善硫铝酸盐水泥浆初始流动性及流动度经时保持性，达到净浆流动度≥ 240mm 效果。

传统减水剂（LCD-PCE）与硫铝酸盐专用减水剂（HCD-PCE）对硫铝酸盐水泥净浆流动度和流动度保持性的影响对比如图 5-41 所示，分析可知，与传统 LCD-PCE 相比，专用 HCD-PCE 表现出更好的分散效果：当专用 HCD-PCE 掺量为 0.5% 时，水泥净浆流动度可达到 250mm，继续增加掺量至 1.0% 时，流动度可达到 300mm；流动度保持性方面，专用 HCD-PCE 的流动度保持性也明显优于传统 LCD-PCE。

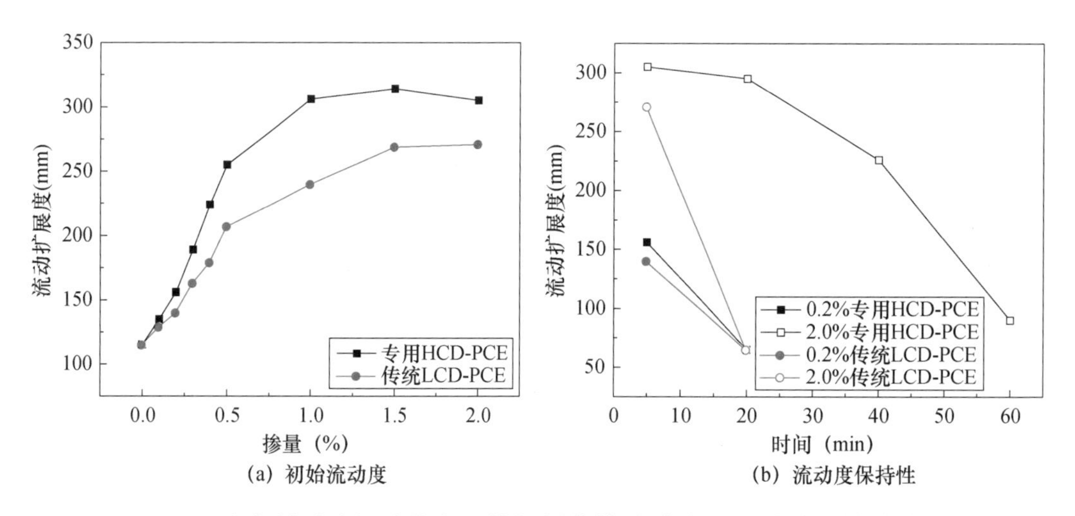

图 5–41　减水剂对硫铝酸盐水泥基材料浆体流动度和流动度保持性的影响

减水剂对水泥的分散效果与其在水泥表面的吸附行为密切相关。从图 5-42 减水剂在硫铝酸盐水泥中的吸附量趋势可以看出，由于专用 HCD-PCE 具有较高的电荷密度，在硫铝酸盐水泥颗粒和硫铝酸盐水泥水化产物表面可以大量有效吸附，在相同的掺量下，其吸附量要明显大于传统 LCD-PCE。

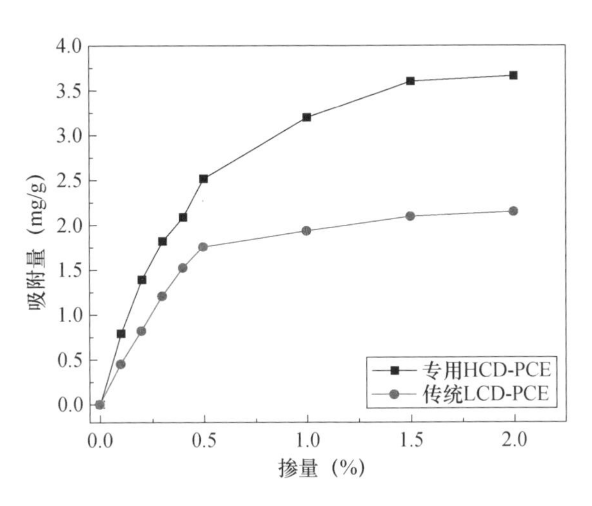

图 5-42 减水剂在硫铝酸盐水泥颗粒表面的吸附

传统 LCD-PCE 和专用 HCD-PCE 对硫铝酸盐水泥水化产物的影响如图 5-43 所示：专用 HCD-PCE 延缓钙矾石生成的作用与传统 LCD-PCE 相比更为明显。电子显微镜微观形貌可见，与传统 LCD-PCE 相比，掺有专用 HCD-PCE 的硫铝酸盐水泥浆体中，钙矾石晶体尺寸更为细小。

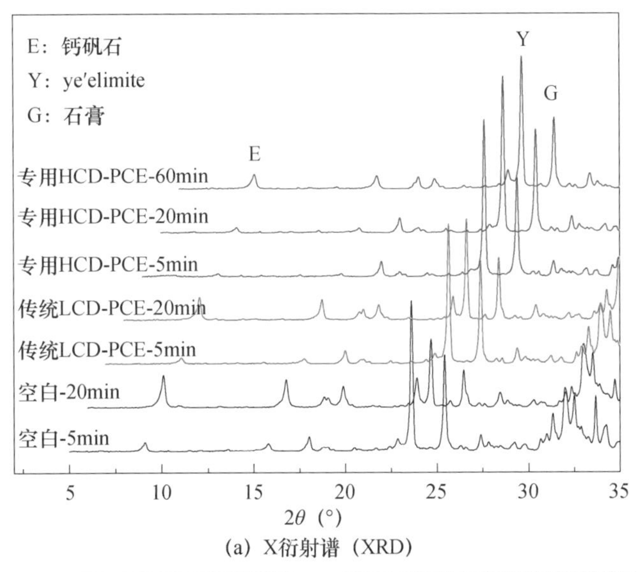

(a) X衍射谱（XRD）

(b) SEM

图 5-43 减水剂对硫铝酸盐水泥水化产物的影响

在上述研究基础上，向 HCD-PCE 中引入共聚阳离子单体得到进一步优化的硫铝酸盐专用减水剂 HCD-PCE-N 型，它与 HCD-PCE 以及传统减水剂 LCD-PCE 差异表征见表 5-25：

表 5-25　三种减水剂特性表征

减水剂种类	M_w (g/mol)	DPI (M_w / M_n)	电荷密度 (μeq/g) (pH=11)	电荷密度 (μeq/g)(pH=11, [Ca]=11mM)
LCD-PCE	58500	1.870	-1032	-83
HCD-PCE	94500	1.422	-4045	-2010
HCE-PCE-N	51500	1.908	-3801	-1290

传统减水剂 LCD-PCE 与专用减水剂 HCD-PCE、HCD-PCE-N 对硫铝酸盐水泥的初始流动度及经时流动度的影响对比如图 5-44、图 5-45 所示。分析可知，通过在专用减水剂 HCD-PCE 的基础上引入阳离子官能团制备的减水剂 HCD-PCE-N 的初始分散效果明显优于 HCD-PCE，其流动度保持性在 HCD-PCE 的基础上有所改善。

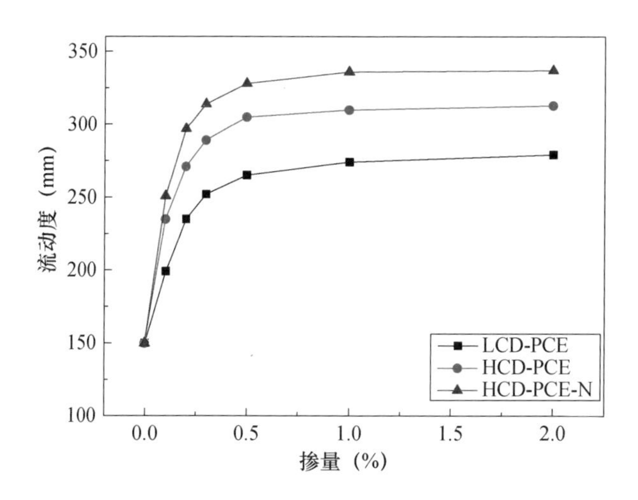

图 5-44　不同种类减水剂对硫铝酸盐水泥净浆初始流动度的影响

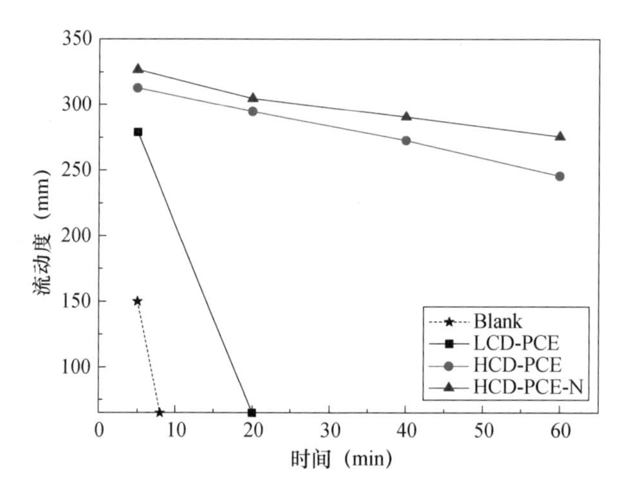

图 5-45　不同种类减水剂对硫铝酸盐水泥净浆经时流动度的影响

传统减水剂 LCD-PCE 与专用减水剂 HCD-PCE、HCD-PCE-N 在硫铝酸盐水泥颗粒表面的吸附量及其吸附比例如图 5-46 所示、经时吸附量对比如图 5-47 所示，分析可知：

（1）相同掺量时，HCD-PCE-N 初始吸附量明显大于其他减水剂，说明在 HCD-PCE 基础引入阳离子单体可以进一步增强减水剂的吸附能力。

（2）相同水化时间时，HCD-PCE-N 吸附量高于其他减水剂，说明其吸附能力更强。

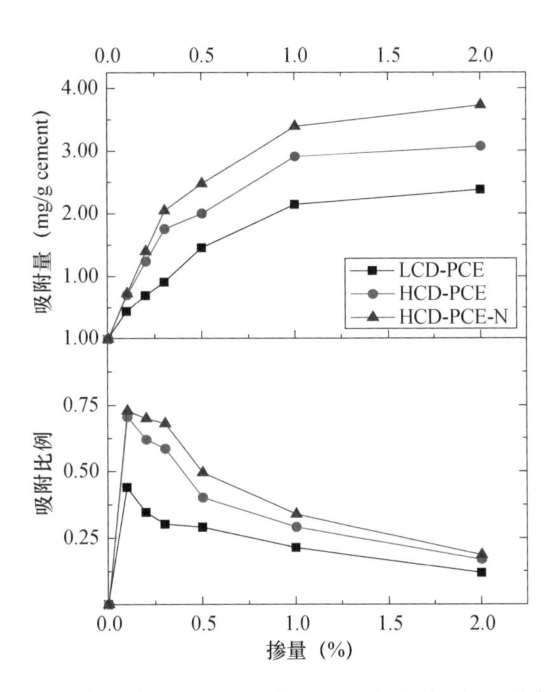

图 5-46　不同种类减水剂在硫铝酸盐水泥颗粒表面的初始吸附量

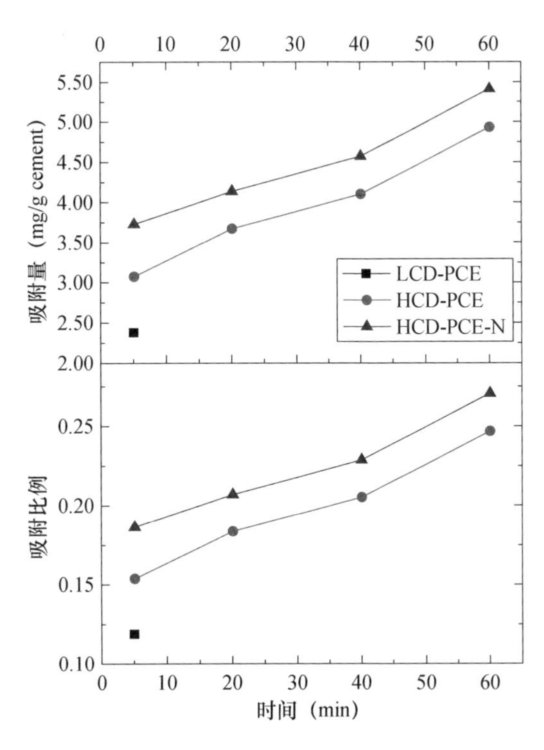

图 5-47　不同种类减水剂在硫铝酸盐水泥颗粒表面的经时吸附量

既有研究表明，水泥浆体固相比表面积增大主要源于钙矾石等水化产物的生成。由图 5-48 可见，伴随水化进行，硫铝酸盐水泥浆固相比表面积迅速增大，加入减水剂后，固相比表面积的增长速率放缓。在相同水化龄期，掺有 HCD-PCE 和 HCD-PCE-N 样品比表面积要远小于 LCD-PCE，这说明专用减水剂 HCD-PCD 和 HCD-PCE-N 对钙矾石生成的抑制效果明显强于传统减水剂 LCD-PCE。这也正是 HCD-PCE 与 HCD-PCE-N 减水剂掺加到硫铝酸盐水泥，流动度保持性良好的原因。

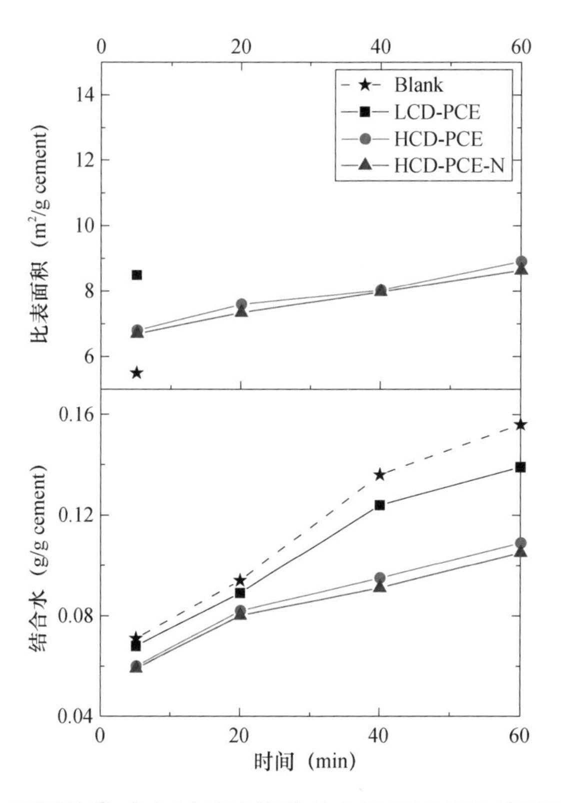

图 5–48　不同种类减水剂对硫铝酸盐水泥浆固相比表面积的影响

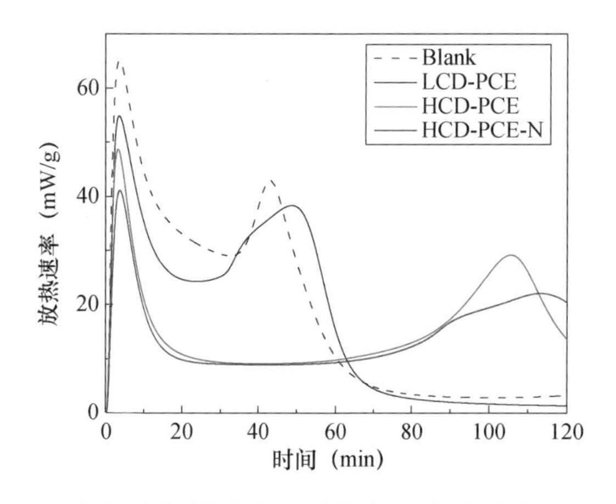

图 5–49　不同种类减水剂对硫铝酸盐水泥净浆水化放热速率的影响

水泥水化放热量可以较好反映出水泥水化进程快慢，图 5-49、图 5-50 为专用减水剂 HCD-PCE 和 HCD-PCE-N 对硫铝酸盐水泥水化放热速率及放热量影响，分析可知：

（1）传统 LCD-PCE 减水剂抑制硫铝酸盐水泥水化的效果并不明显，水泥水化放热峰与 2h 的总放热量与不掺加减水剂时比较接近；

（2）专用减水剂 HCE-PCE 抑制水泥水化作用明显，通过在 HCD-PCE 的基础上引入阳离子单体制备的减水剂 HCD-PCE-N 对进一步抑制了硫铝酸盐水泥水化，水化放热主峰放热速率降低，且出现时间的延迟，放热总量降低。

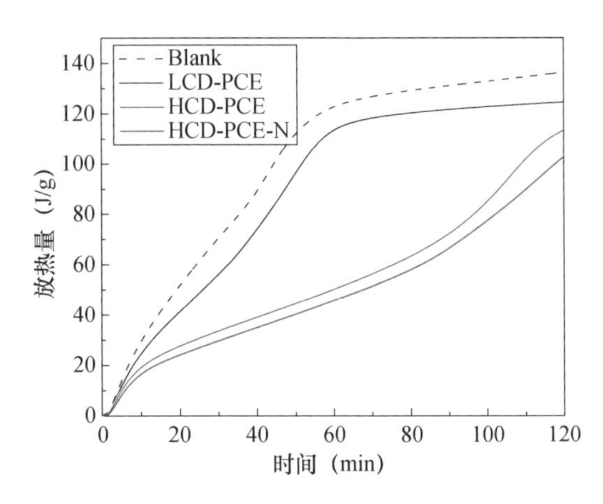

图 5-50　不同种类减水剂对硫铝酸盐水泥净浆水化放热量的影响

硫铝酸盐水泥水化主要产物为钙矾石，掺加三种减水剂的不同水化时间水泥浆体矿相组成 X 衍射分析如图 5-51 所示，分析可知：

（1）水化 5min 时，不掺加减水剂水泥浆体出现了少量钙矾石，掺加传统 LCD-PCE 体系钙矾石生成量略有减少，掺加专用减水剂 HCD-PCD 和 HCD-PCE-N 时，几乎没有钙矾石生成；

（2）伴随水化时间延长，不掺加减水剂水泥浆体钙矾石含量进一步增加，传统 LCD-PCE 对钙矾石抑制作用并不明显，专用 HCD-PCE 和 HCD-PCE-N 则明显抑制了硫铝酸钙水化，降低了钙矾石晶体含量，HCD-PCE-N 钙矾石生成的抑制作用更加明显。

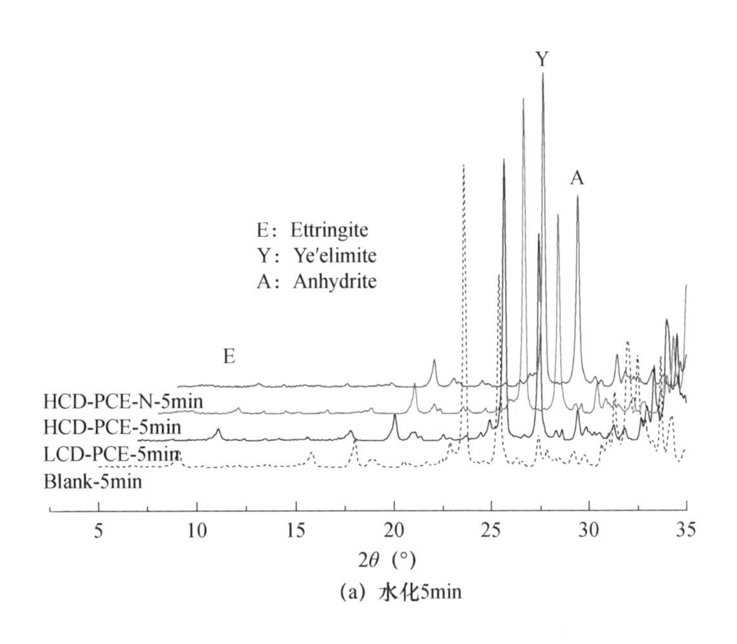

(a) 水化5min

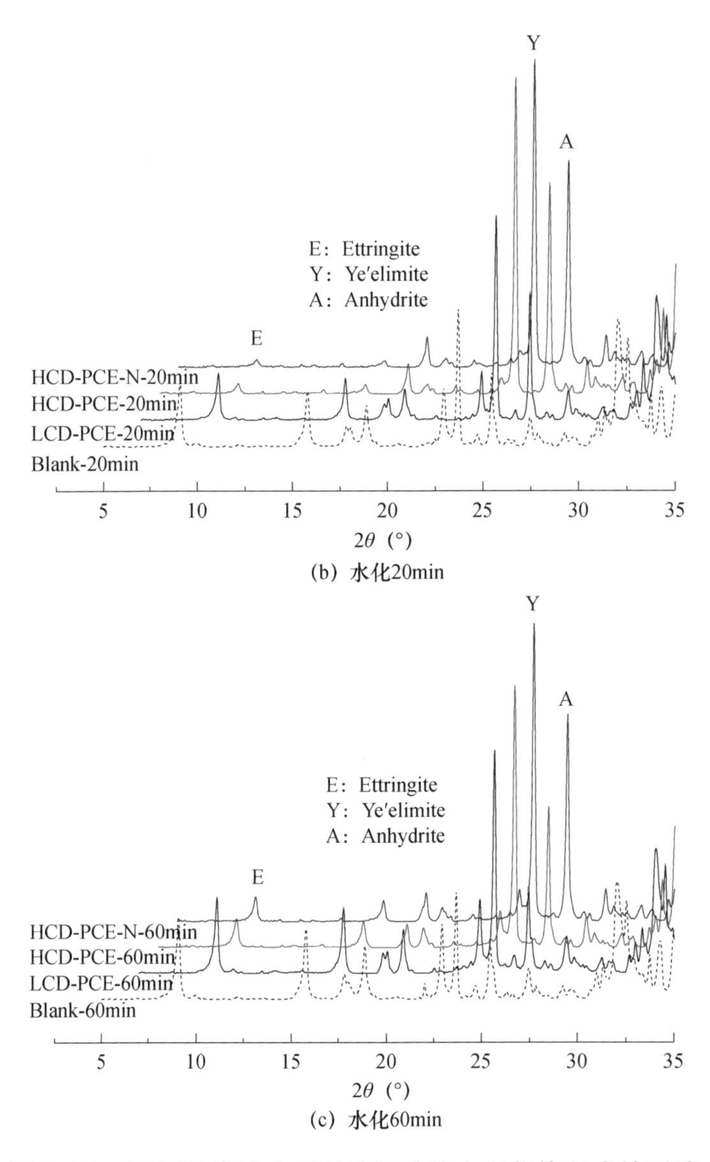

(b) 水化20min

(c) 水化60min

图 5–51　不同种类减水剂对硫铝酸盐水泥浆体组成的影响

在对水泥浆体中固相组分进行分析的同时，液相中离子组分和成分的变化也值得关注。对硫铝酸盐水泥液相中各离子随时间的变化进行分析，如图 5-52 所示。分析可知，传统缓凝剂 LCD-PCE 对液相离子的影响较小，硫铝酸盐水泥专用减水剂 HCD-PCE 与 HCD-PCE-N 的加入提高了液相中 [Ca]、[Al] 和 [Si] 的浓度，对 [Ca] 浓度的提高尤为明显。结合本节前述研究结果可以推测，专用减水剂加入后，减水剂分子在硫铝酸盐水泥水化产物尤其是钙矾石表面吸附，抑制了其成核或 / 和生长，使得钙矾石进一步生长需要更高的离子过饱和度，导致液相中离子升高，这进一步验证了专用减水剂对硫铝酸盐水泥水化浆体中钙矾石生长的抑制效果。

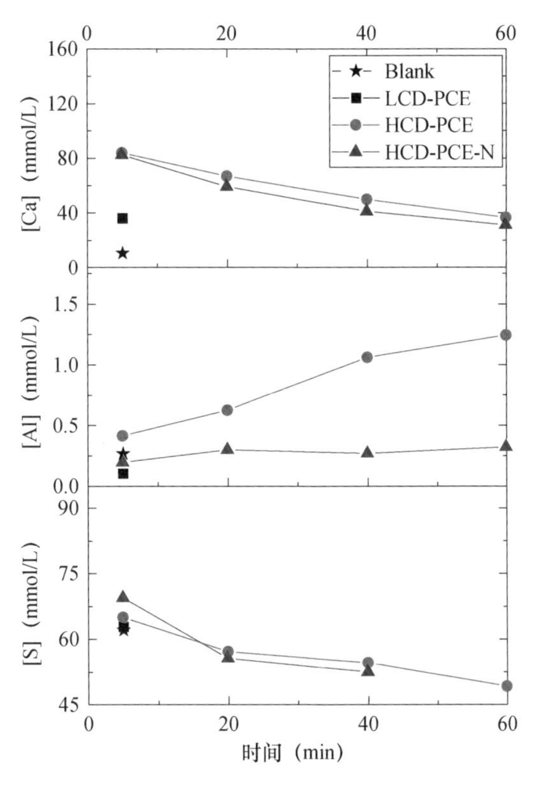

图 5-52　不同种类减水剂对硫铝酸盐水泥浆体孔溶液组成的影响

5.2.2　硫铝酸盐水泥专用缓凝剂制备

针对传统硫铝酸盐水泥缓凝剂存在的缓凝时间较难达到小时级别、会降低强度等缺点，本章开发出缓凝效果更为优异的硫铝酸盐水泥专用新型高分子缓凝剂（PSR），具有缓凝时间长且兼具一定的分散能力，温度适应范围广且能明显提高硫铝酸盐水泥强度，可以提高硫铝酸盐水泥流动度的三大特点。

柠檬酸钠（SC）、硼酸（BA）等传统缓凝剂以及新型高分子缓凝剂（PSR）对硫铝酸盐水泥凝结时间影响如图 5-53 所示，分析可知：

（1）传统缓凝剂硼酸只在较高温度时才有缓凝效果；

（2）传统缓凝剂柠檬酸钠在低温下缓凝效果显著，常温环境中只在 1h 内具有缓凝效果；

（3）新型高分子缓凝剂 PSR 缓凝效果相比传统缓凝剂明显提高，凝结时间与掺量呈现线性关系。

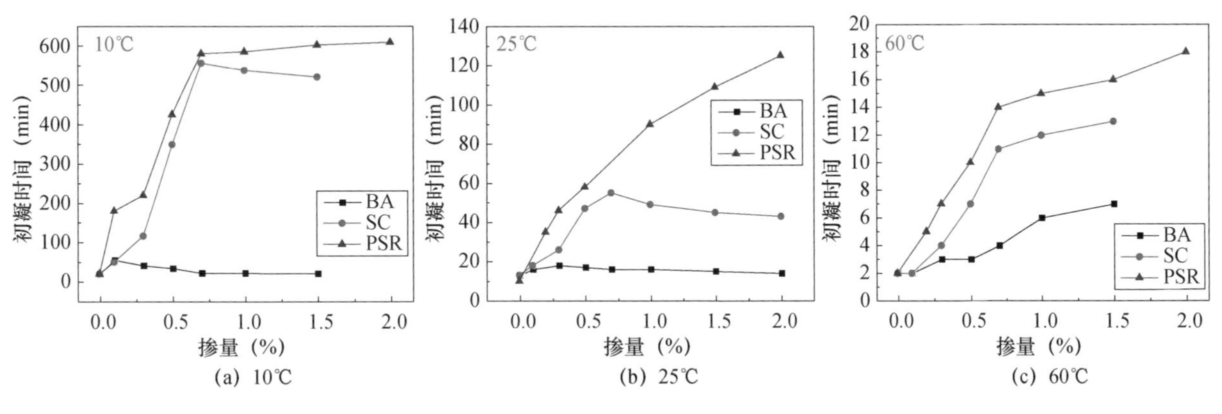

图 5-53　不同种类缓凝剂对硫铝酸盐水泥凝结时间的影响

不同温度环境中，柠檬酸钠（SC）、硼酸（BA）等传统缓凝剂以及新型高分子缓凝剂（PSR）对硫铝酸盐水泥水化热影响如图 5-54 所示，分析可知：

（1）10℃时，缓凝剂延缓了硫铝酸盐水泥矿物的溶解；

（2）25℃时，向硫铝酸盐水泥中加入缓凝剂，可在一定程度上延缓钙矾石生成，从而起到了缓凝作用；

（3）60℃时，新型高分子缓凝剂 PSR 延缓第二放热峰的效果明显优于传统缓凝剂。

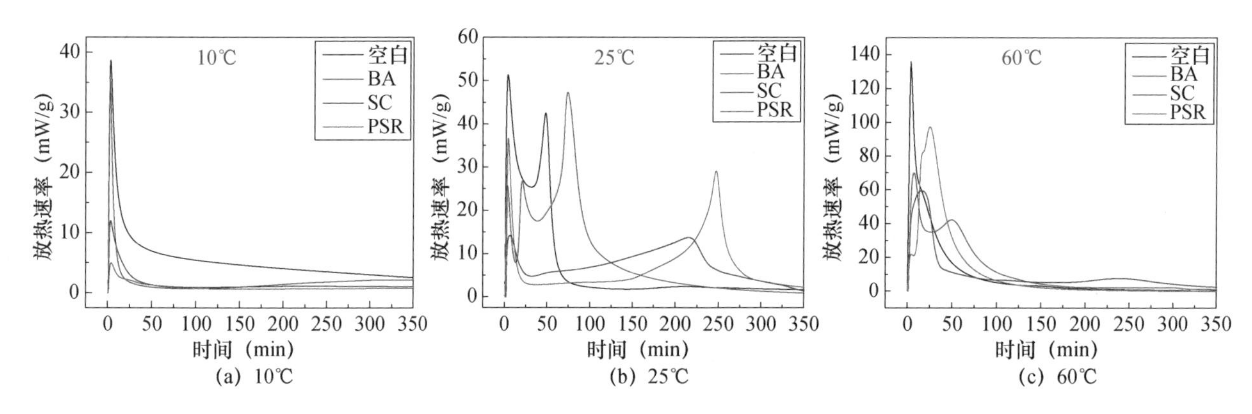

图 5-54 不同温度环境中不同种类缓凝剂对硫铝酸盐水泥水化热的影响

传统缓凝剂柠檬酸钠（SC）和新型高分子缓凝剂（PSR）在硫铝酸盐水泥水灰比 0.5、胶砂比 1∶3 时对强度影响如图 5-55 所示，分析可知：传统缓凝剂柠檬酸钠降低了 1d、3d 和 28d 强度，新型高分子缓凝剂具有明显提高 1d、3d 和 28d 强度的显著优点。

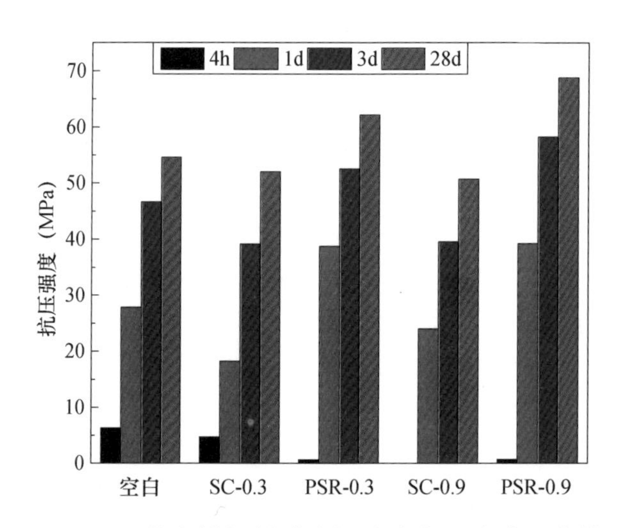

图 5-55 不同种类缓凝剂对硫铝酸盐水泥胶砂强度的影响

传统缓凝剂对硫铝酸盐水泥流动度基本没有影响，新型高分子缓凝剂不仅具有良好缓凝效果，还具有一定分散效果，其对硫铝酸盐水泥初始流动度和流动度保持性的影响如图 5-56 所示，分析可知，新型高分子缓凝剂掺量加入，明显改善了硫铝酸盐水泥的初始流动度，其掺量增加到 0.5% 时，水泥净浆初始流动度可达 240mm；当新型高分子缓凝剂掺量增加到 1.0% 时，水泥净浆 60min 内的流动度基本没有变化，保持性良好。

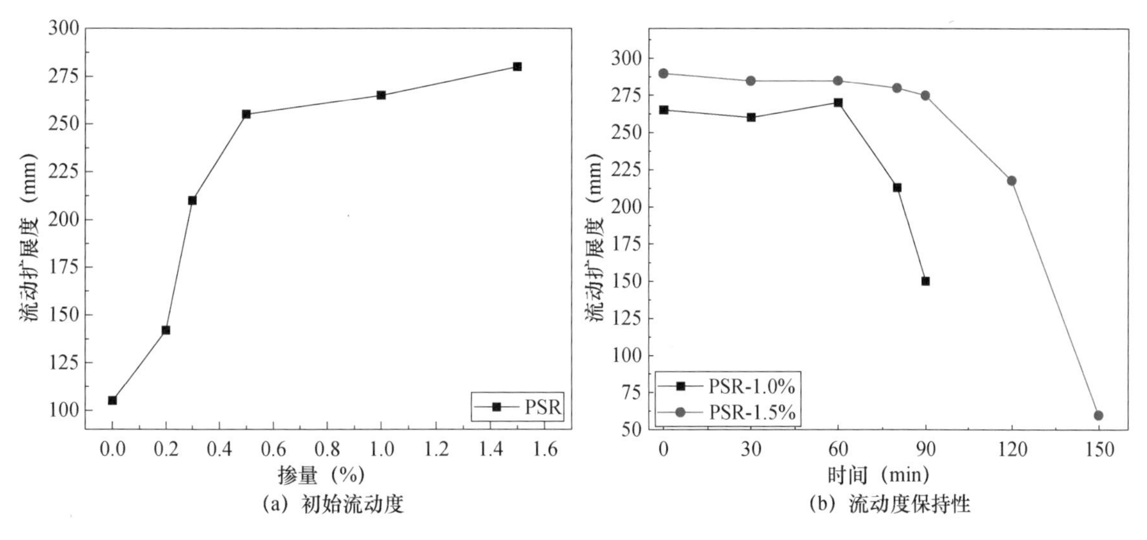

(a) 初始流动度　　(b) 流动度保持性

图 5-56　专用缓凝剂对硫铝酸盐水泥流动度的影响

作为一种新型外加剂，需要对硫铝酸盐水泥专用缓凝剂 PSR 作用机理进行分析，高分子缓凝剂 PSR 良好缓凝作用及流动性保持能力可能与它对硫铝酸盐水泥水化延迟作用有关，通过各种微观研究手段，进一步研究高分子缓凝剂 PSR 机理问题。

专用缓凝剂（PSR）对硫铝酸盐水泥水化热的影响如图 5-57 所示，分析可知，硫铝酸盐水泥水化速率极快，水泥水化第二放热峰出现在 1h 左右。在硫铝酸盐水泥中掺加专用缓凝剂 PSR，可以显著延缓水泥水化放热速率，且水泥水化放热总量也大幅度降低，说明专用缓凝剂 PSR 可以有效延缓硫铝酸盐水泥的水化，这与该缓凝剂对凝结时间的影响规律相一致。

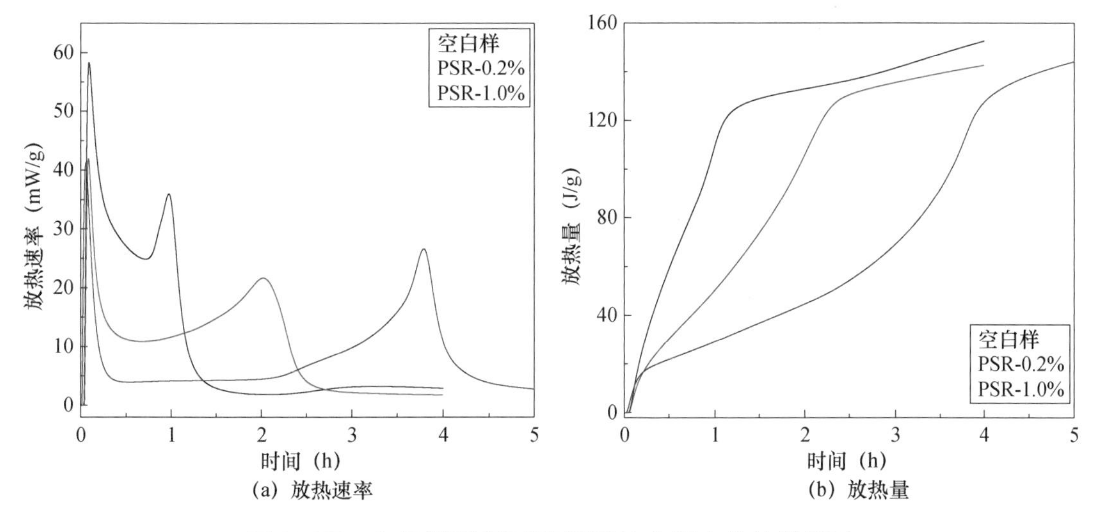

(a) 放热速率　　(b) 放热量

图 5-57　专用缓凝剂对硫铝酸盐水泥水化热的影响

高分子缓凝剂 PSR 对硫铝酸盐水泥水化 5min、60min 时水化产物影响的 X 衍射分析如图 5-58 所示，分析可知，空白样 5min 可形成明显钙矾石 AFt 相，高分子缓凝剂 PSR 明显抑制了钙矾石形成，即使在硫铝酸盐水泥水化 60min 时，掺有高分子缓凝剂 PSR 体系也仅有少量钙矾石生成，说明新型高分子缓凝剂缓凝效果是通过抑制钙矾石生成而达到。

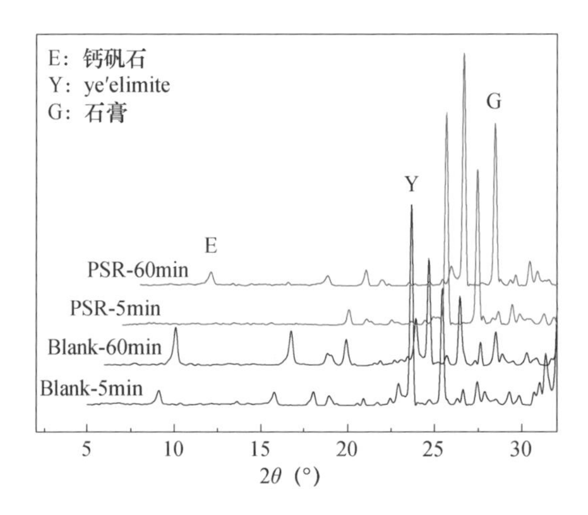

图 5-58　专用缓凝剂对硫铝酸盐水泥水化产物组成的影响（*W/C*=0.35，掺量 1%）

高分子缓凝剂 PSR 对硫铝酸盐水泥水化产物微观形貌影响结果如图 5-59 所示，分析可知：

（1）空白样水化 5min 时，可观察到大量初始形成的 AFt 晶体，水泥水化 60min 时，体系中存在大量针状 AFt 晶体；

（2）引入高分子缓凝剂 PSR 样品水泥水化 5min 时，难见 AFt 晶体；水化 60min 时，与空白浆体相比，AFt 晶体的尺寸要小得多；说明高分子缓凝剂 PSR 强烈抑制了钙矾石晶体的形成和生长。

图 5-59　专用缓凝剂对硫铝酸盐水泥水化产物显微形貌的影响（*W/C*=0.35，掺量 1.0%）

硫铝酸盐水泥水化的主要产物为钙矾石，钙矾石分子不稳定，环境温度不断升高时会有不同程度的失水，失水温度范围为25~125℃，高分子缓凝剂PSR对硫铝酸盐水泥不同水化时间的钙矾石热失质量测试结果如图5-60所示，一般可以通过钙矾石脱水比例计算出钙矾石在单位水泥体系里的质量比例，因此图5-60中钙矾石脱水比例可以反映该水化时刻水化产物中钙矾石量的多少，分析可知：

（1）空白样品水化5min时脱水比例约为5%，30min时脱水比例迅速增大到17%，说明此时有大量钙矾石生成，且在后边水化过程中钙矾石的生成量比较小，说明空白样品中钙矾石在水化前30min就大量生成。

（2）掺加高分子缓凝剂PSR样品中，5min时钙矾石失水比例仅有2%，60min时仅有5%，说明60min内只有很少钙矾石生成，即高分子缓凝剂PSR可以强烈抑制钙矾石的早期生成，抑制硫铝酸盐水泥早期水化反应。

根据$M_{AFt}=W_{AFt}/f_w$（W_{AFt}：TGA法测得水化水泥浆中钙矾石化学结合水的含量，f_w：钙矾石的含水量0.46）可推导出不同水化时间水泥浆体中AFt含量，结果见表5-26。由表5-26可以看出，高分子缓凝剂PSR明显抑制硫铝酸盐水泥水化过程中AFt晶体的形成，这与XRD研究结果相一致。

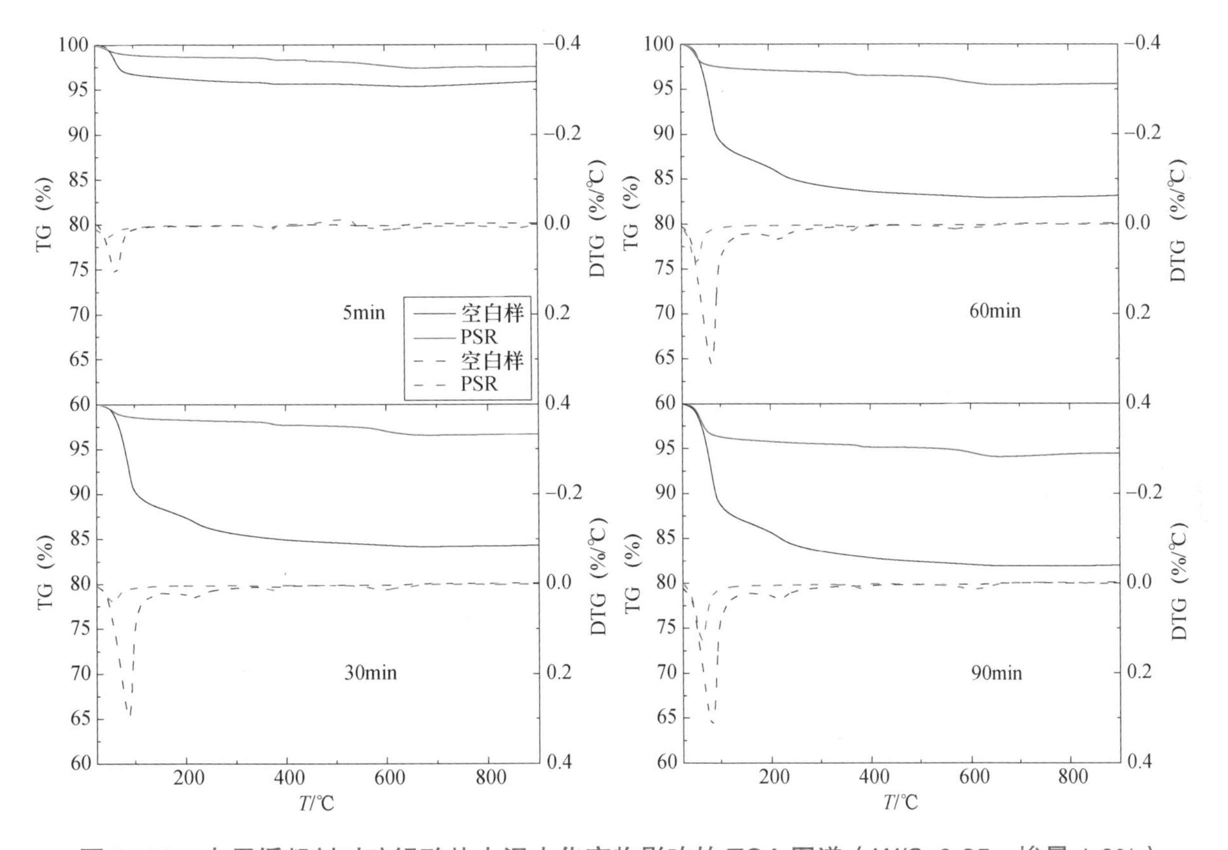

图5-60　专用缓凝剂对硫铝酸盐水泥水化产物影响的TGA图谱（W/C=0.35，掺量1.0%）

表5-26　不同水化时间硫铝酸盐水泥浆体中化学结合水和钙矾石含量（%，相对于水泥质量）

样品	化学结合水含量				钙矾石含量			
	5min	30min	60min	90min	5min	30min	60min	90min
空白样	7.94	12.66	14.93	14.99	16.06	28.54	32.37	34.77
PSR	1.83	3.04	4.88	7.06	2.53	5.42	10.10	15.75

本节上述研究表明，高分子缓凝剂 PSR 可以有效延缓硫铝酸盐水泥的凝结时间，降低水化放热量，机理为高分子缓凝剂 PSR 可以有效抑制早期钙矾石生成，同时大量吸附在钙矾石晶体表面抑制其晶体生长，使钙矾石晶体更加细小，避免了钙矾石晶体的桥接，从而延缓了硫铝酸盐水泥水化进程。

5.2.3 硫铝酸盐水泥专用减水剂和专用缓凝剂的复合

在工程应用中，快速施工用高抗蚀硫铝酸盐水泥不仅需要小时级高强度，同时也需要良好流动性与较长凝结时间，以保障施工性能良好，要求减水剂与缓凝剂复合应用于快速施工用高抗蚀硫铝酸盐水泥，本节探讨了两者匹配应用时对硫铝酸盐水泥的作用特色。

1. 不同掺量缓凝剂与固定掺量专用减水剂 HCD-PCE 的复合应用

水灰比为 0.35 时，如果不掺加任何外加剂，快速施工用高抗蚀硫铝酸盐水泥体系流动度基本为零，如果掺加 0.3%（以固含量计）专用减水剂 HCD-PCE，体系初始流动度可达 275mm。固定专用减水剂 HCD-PCE 掺量为 0.3%，复合掺加不同种类不同掺量缓凝剂（专用缓凝剂 PSR，传统缓凝剂柠檬酸钠 SC），水泥浆体初始流动度及流动度经时保持性参数如图 5-61、图 5-62 所示。

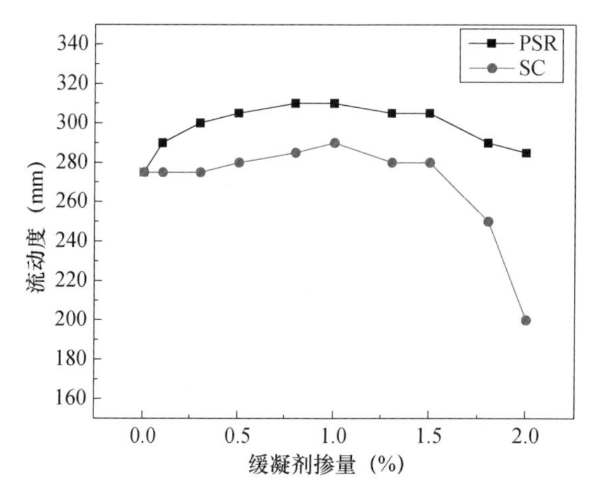

图 5-61　不同种类缓凝剂与 0.3% 专用减水剂复合使用时硫铝酸盐水泥体系的初始流动度

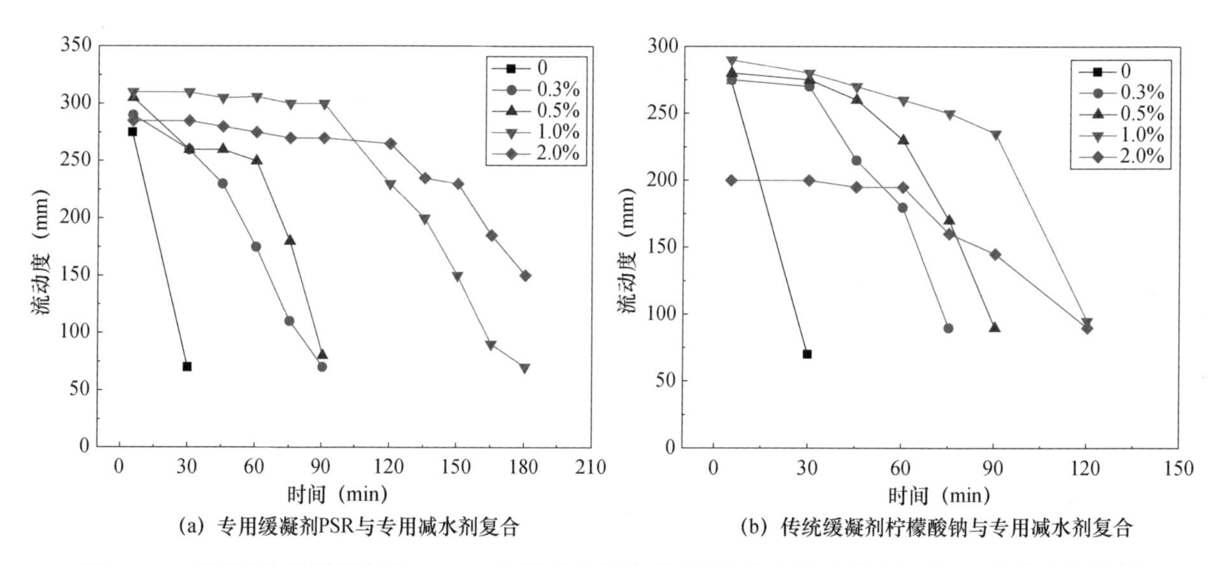

图 5-62　不同种类缓凝剂与 0.3% 专用减水剂复合使用时硫铝酸盐水泥体系流动度保持性

分析图 5-61 可知：0.3% 硫铝酸盐水泥专用减水剂 HCD-PCE 复掺少量缓凝剂时，硫铝酸盐水泥净浆的初始流动度较单掺加减水剂时略有提高，相比于传统缓凝剂柠檬酸钠，专用缓凝剂 PSR 对流动度提高幅度更明显；当柠檬酸钠掺量过大时，反而会降低硫铝酸盐水泥体系初始流动度，专用缓凝剂 PSR 即使掺量较大，也不会降低水泥体系初始流动度。

分析图 5-62 可知：当硫铝酸盐水泥专用减水剂 HCD-PCE 与缓凝剂复合使用时，随着缓凝剂掺量增加，硫铝酸盐水泥系流动度保持性不断提高，优于单掺减水剂者，说明专用减水剂 HCD-PCE 与缓凝剂复合使用时，缓凝剂对专用减水剂分散性无负面作用且提高了硫铝酸盐水泥体系初始流动度和流动度保持性，专用缓凝剂 PSR 对提高水泥净浆流动度保持性效果优于传统缓凝剂柠檬酸钠。

2. 不同掺量减水剂与固定掺量专用缓凝剂 PSR 的复合应用

本书开发的专用高分子缓凝剂 PSR 引入量 0.5% 时，硫铝酸盐水泥体系凝结时间可高于 60min，此时复合使用专用减水剂 HCD-PCE，硫铝酸盐水泥体系缓凝效果衍变如图 5-63 所示，初始流动度影响效果如图 5-64 所示，流动度保持性衍变状况如图 5-65 所示。

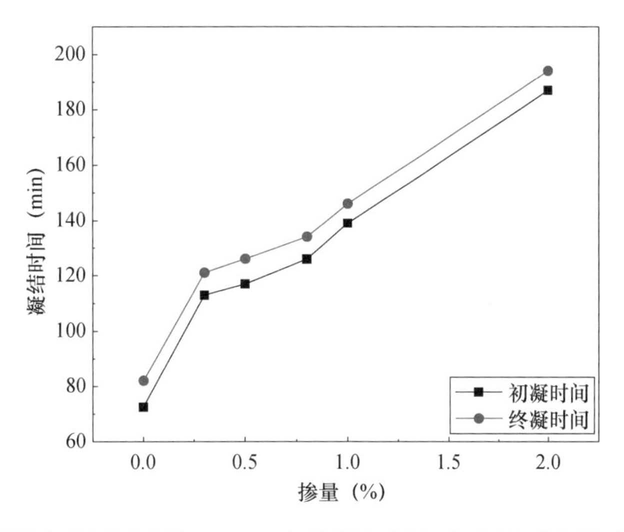

图 5-63　不同掺量专用减水剂与 0.5% 专用缓凝剂复合应用时硫铝酸盐水泥凝结时间

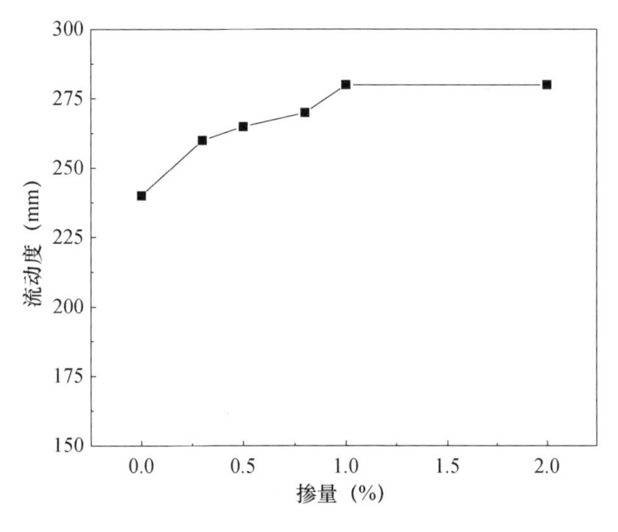

图 5-64　不同掺量专用减水剂与 0.5% 专用缓凝剂复合应用时硫铝酸盐水泥初始流动度

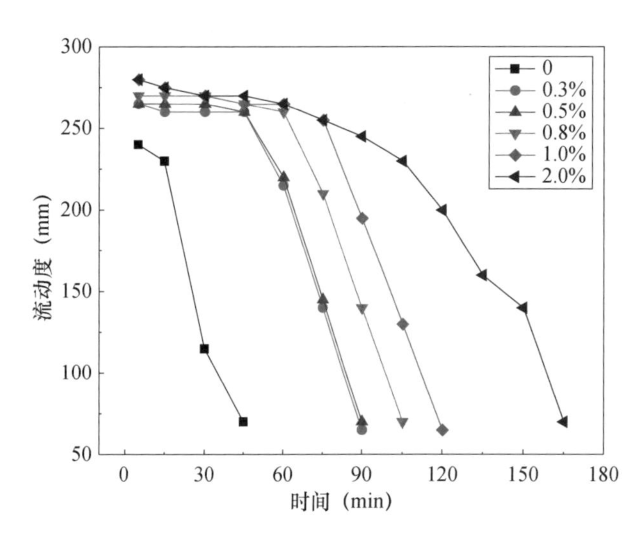

图 5–65　不同掺量专用减水剂与 0.5% 专用缓凝剂复合应用时硫铝酸盐水泥流动度保持性

分析图 5-63 可知，伴随专用减水剂 HCD-PCE 掺量增加，硫铝酸盐水泥凝结时间不断延长，说明专用减水剂 HCD-PCE 对专用高分子缓凝剂 PSR 的缓凝作用具有正面贡献。

分析图 5-64、图 5-65 可知，固定专用缓凝剂 PSR 掺量 0.5% 时，伴随专用减水剂 HCD-PCE 掺量增加，硫铝酸盐水泥初始流动度与流动度保持性仍呈现不断提高态势，即专用缓凝剂对减水剂使用无负面影响。

综上所述，硫铝酸盐水泥专用减水剂 HCD-PCE 与专用缓凝剂 PSR 复合使用时，对水泥缓凝效果、初始流动度、流动度保持性均具有正面叠加效应，无负面效果。在实际工程施工中，可以将这两种专用于硫铝酸盐水泥的外加剂放心复合应用。与传统型缓凝剂柠檬酸钠相比，专用缓凝剂 PSR 与专用减水剂 HCD-PCE 复合使用适配性更为优良。

5.2.4　低温环境外加剂与快速施工用高抗蚀硫铝酸盐水泥

温度对硫铝酸盐水泥基材料水化进程影响很大：室温时，不掺入缓凝剂的快速施工用高抗蚀硫铝酸盐水泥基材料可在十几分钟内快速凝结硬化；当温度降低至 10℃时，水灰比 0.35，快速施工用高抗蚀硫铝酸盐水泥初凝时间大幅度延长至 128min、终凝时间达到 174min；温度下降至 -10℃时，快速施工用高抗蚀硫铝酸盐水泥初凝时间延缓至 183min，终凝时间延长至 312min。若要保证快速施工用高抗蚀硫铝酸盐水泥基材料凝结时间满足工程施工 0.5~4h 内可调的要求，必须引入促凝剂缩短凝结时间。可以通过掺加专用减水剂 HCD-PCE 调节快速施工用高抗蚀硫铝酸盐水泥基材料浆体流动度，同时通过掺加促凝剂调节水泥浆体凝结时间。

在低温环境中，快速施工用高抗蚀硫铝酸盐专用减水剂 HCD-PCE 掺量 0.3% 时，快速施工用高抗蚀硫铝酸盐水泥基材料浆体流动度可达 295mm，在此基础上复掺促凝剂碳酸锂，碳酸锂掺量对流动度影响如图 5-66 所示，分析可知：低温时，在掺加 0.3% 专用减水剂 HCD-PCE 的基础上掺加促凝剂碳酸锂，小掺量时对流动度影响不大，当促凝剂碳酸锂掺量超过 1% 时，虽然硫铝酸盐水泥水化浆体流动度有一定幅度的下降，但仍可达 240mm，说明低温环境中专用减水剂 HCD-PCE 和促凝剂碳酸锂复配使用时，可以保证快速施工用高抗蚀硫铝酸盐水泥基材料达到施工要求的净浆流动度≥ 240mm。

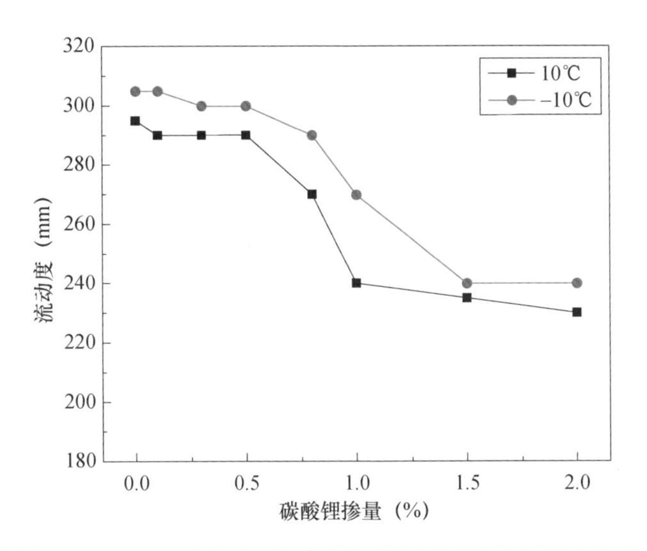

图 5-66　专用减水剂 HCD-PCE 和促凝剂碳酸锂共同使用时硫铝酸盐水泥水化浆体流动度

在低温环境中，促凝剂碳酸锂与硫铝酸盐专用减水剂复合时，快速施工用高抗蚀硫铝酸盐水泥基材料体系凝结时间如图 5-67 所示，分析可知：低温环境中掺加专用减水剂 HCD-PCE 后，硫铝酸盐水泥基材料初凝时间均超过 4h，-10℃时其凝结时间可达 5h 以上；专用减水剂与促凝剂碳酸锂复合使用可以大大缩短水泥浆体凝结时间，碳酸锂掺量 1% 时促凝效果显著。促凝剂碳酸锂与专用减水剂复合使用，可以加速硫铝酸盐水泥基材料在低温环境中的水化，合理调整掺量，可以使水泥体系满足凝结时间 0.5~4h 可调的施工需求。

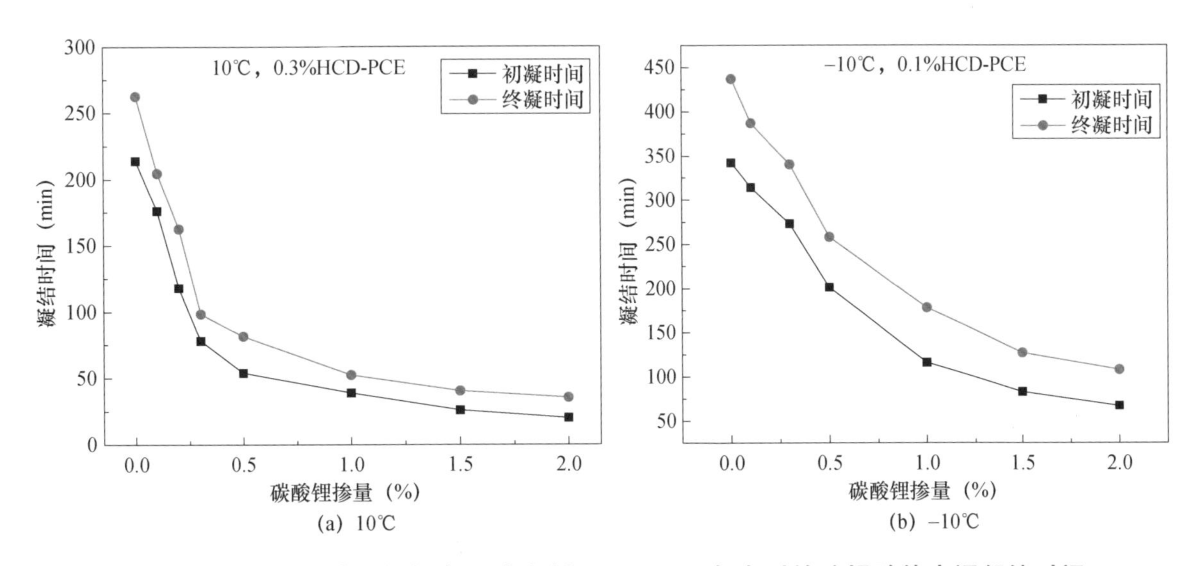

图 5-67　促凝剂碳酸锂与专用减水剂 HCD-PCE 复合时的硫铝酸盐水泥凝结时间

以矿相 X 衍射分析低温促凝剂与环境专用减水剂复合使用对快速施工用高抗蚀硫铝酸盐水泥基材料水化产物影响规律，结果如图 5-68 所示，分析可知：

（1）在 -10℃低温环境中，硫铝酸盐水泥基材料水化明显减缓，水化 10min 空白样品中基本没有检测到钙矾石特征峰，水化 2h 时，空白样中钙矾石特征峰方开始明显；

（2）促凝剂碳酸锂促进了水化产物钙矾石的生成；

（3）快速施工用高抗蚀硫铝酸盐水泥基材料专用减水剂 HCD-PCE 延缓了钙矾石生成；

（4）快速施工用高抗蚀硫铝酸盐专用减水剂复合促凝剂碳酸锂，可以加速硫铝酸盐水泥基材料水化进程。

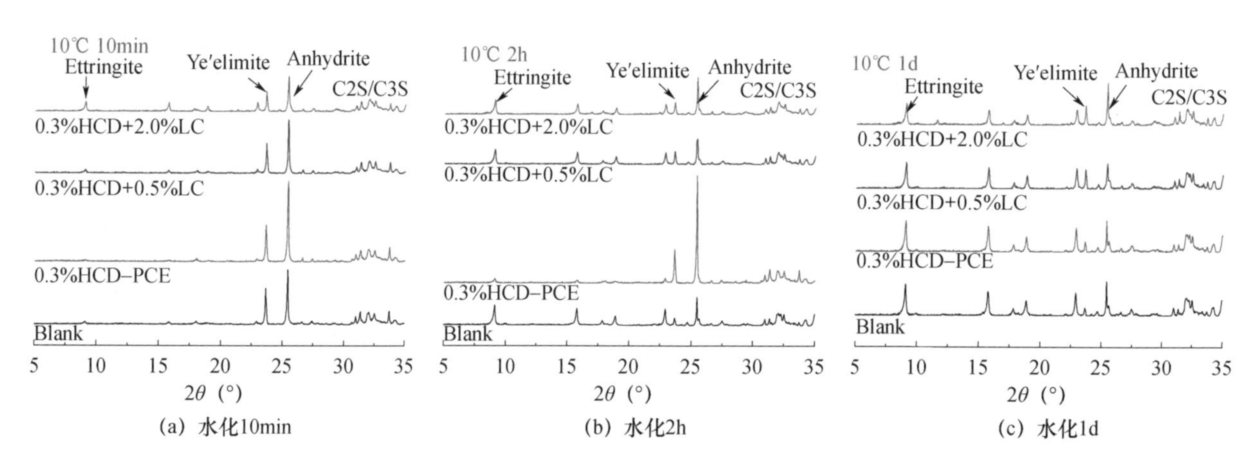

图 5-68　低温环境中专用减水剂与碳酸锂复合时硫铝酸盐水泥水化产物 X 衍射图谱

5.2.5　硫铝酸盐水泥专用减水剂、专用缓凝剂研究总结

本章针对钙矾石快速大量生成这一硫铝酸盐水泥水化特征，提出了硫铝酸盐水泥专用外加剂设计原则，研发出硫铝酸盐水泥专用减水剂与专用缓凝剂：

（1）提出硫铝酸盐水泥专用外加剂应具备在硫铝酸盐水泥及水化产物颗粒表面大量有效吸附能力的构想；

（2）提出硫铝酸盐水泥专用外加剂应具备控制硫铝酸盐水泥水化产物钙矾石的大量快速生成、抑制钙矾石尺寸长大的能力的观点；

（3）研制出硫铝酸盐水泥专用减水剂：通过大幅度提升减水剂电荷密度、提高减水剂在硫铝酸盐水泥颗粒及早期水化产物表面吸附能力，有效控制了快速施工用硫铝酸盐水泥早期钙矾石结晶与增长、显著改善了硫铝酸盐水泥浆初始流动性及流动度经时保持性；

（4）研制出硫铝酸盐水泥专用缓凝剂：可以有效延缓硫铝酸盐水泥水化，与传统缓凝剂相比，具有温度适应范围广、明显提高硫铝酸盐水泥后期强度、提高硫铝酸盐水泥流动度等三大优点；

（5）本书研发的硫铝酸盐水泥专用减水剂 HCD-PCE 与专用缓凝剂 PSR 复合使用时，对硫铝酸盐水泥缓凝效果、初始流动度、流动度保持性均具有正面叠加效应，无负面效果；

（6）本书研发的快速施工用高抗蚀硫铝酸盐水泥专用减水剂与促凝剂碳酸锂复合使用，可以使低温环境硫铝酸盐水泥基材料体系凝结时间 0.5~4h 内可调。

5.3 快速施工用高抗蚀硫铝酸盐水泥基材料工业生产关键

快速施工用高抗蚀硫铝酸盐产品生料与熟料设计化学组成（质量分数，%）见表 5-27，其生产工艺典型控制参数见表 5-28。

如前所述，快速施工用高抗蚀硫铝酸盐材料体系与既有硫铝酸盐材料体系差别较大，需要对既有硫铝酸盐材料工业生产线进行包括技术、工艺、装备在内的全方位技术改造，以保障工业生产线系统稳定运行，解决理论研究成果落地于实际工业化生产的各种难题，确立快速施工用高抗蚀硫铝酸盐水泥基材料工业制备关键技术。

表 5-27 工业生产快速施工用高抗蚀硫铝酸盐生料与熟料设计化学组成（质量分数，%）

	Loss	SiO_2	Al_2O_3	Fe_2O_3	CaO	MgO	TiO_2	SO_3
生料	27.81	7.91	13.24	2.47	35.70	1.54	0.70	9.72
熟料	—	11.21	18.29	3.49	49.18	2.12	0.96	13.46

表 5-28 快速施工用高抗蚀硫铝酸盐熟料工业制备试验时窑系统主要参数控制

预热器温度（℃）					分解炉温度（℃）		
一级出口	二级出口	三级出口	四级出口	五级出口	炉顶	炉中	炉底
10~330	520~540	680~720	790~810	800~820	900~930	890~910	810~830

窑控主参数					
窑尾烟室温度（℃）	二次风温（℃）	三次风温（℃）	生料下料量（t/h）	窑主机转速（r/min）	主排风机转速（r/min）
850~880	850~950	650~750	55	1850	1260

快速施工用高抗蚀硫铝酸盐产品制造工艺原则如下：

（1）为保证生料成分稳定，设定生料控制指标为 T_{CaCO_3}= 指标值 ±0.5wt%，T_{SO_3}= 指标值 ±0.3wt%。

（2）为保证生料易烧性，生料细度控制 0.08mm 方孔筛筛余 13wt%，生料水分控制小于 1.5wt%。

（3）为保证熟料烧成质量，控制熟料煅烧温度范围为 1275~1350℃，以避免 C_3A、$C_{12}A_7$ 等不合理矿相的生成。熟料密度控制为 950~1100g/L。

（4）熟料生产时，游离氧化钙和三氧化硫两种物相的监测频率为每小时一次，及时跟踪判断熟料烧成质量。

生产获得的快速施工用高抗蚀硫铝酸盐产品与现有传统硫铝酸盐产品相比，具有 4h 强度高、长龄期强度稳定发展、抗蚀性好、抵御氯离子渗透能力优、耐磨性良等显著特点，产品第三方检测代表性结果如下：

（1）4h 抗压强度 19.8MPa、1d 抗压强度 53.6MPa，28d 抗压强度 76.4MPa；

（2）28d 抗海水侵蚀系数（K_{28}）为 1.04，60d 抗海水侵蚀系数（K_{60}）为 1.21；

（3）氯离子扩散系数 $0.49\times10^{-12}m^2/s$；

（4）28d 龄期胶砂磨损量 1.947kg/m^2。

5.4 快速施工用高抗蚀硫铝酸盐水泥基材料工程应用案例

5.4.1 快速施工用高抗蚀硫铝酸盐水泥基材料（宁波—舟山港工程）

快速施工用高抗蚀硫铝酸盐水泥基材料应用于宁波—舟山港梅山港区 6 号至 10 号集装箱码头工程的闸门板与护轮坎，该码头工程服务于国家保税港区，位于浙江省宁波市正在申报国家级新区的梅山新区梅山岛东南侧、青龙山西侧，已建一期工程东北侧的深水岸线段，码头前方为梅山港区进港航道。该工程由码头平台、变电所平台和引桥组成。码头平台采用整体宽平台的结构形式，采用高桩梁板结构，排架间距为 10m，新建 5 个专业化集装箱泊位及相应的配套工程，码头岸线总长 2150m，其中，码头西侧 1079.16m 水工结构按可最大可靠泊 22000TEU 集装箱船预留，后 1070.84m 水工结构按最大可靠泊 20 万 t 级集装箱船设计；通过 6 座引桥与后方堆场相连，工程设计年通过能力 430 万 TEU。该工程为国家重点计划基础设施，已经建成，获得业内外好评，中央电视台新闻频道于 2021 年 2 月进行专门报道。快速施工用高抗蚀硫铝酸盐水泥基材料应用于工程的闸门板和护轮坎，闸门板为承受水压力的预制构件，护轮坎为预计承受货轮不可控碰撞的现浇部件。

快速施工用高抗蚀硫铝酸盐水泥基材料、专用减水剂和缓凝剂等原材料的典型混凝土配合比设计见表 5-29。

该混凝土坍落度、扩展度以及经时损失结果见表 5-30，可见其工作性良好，有利于工程施工。

该混凝土抗压强度见表 5-31，可见该混凝土 4h 抗压强度 16.1MPa，1d 抗压强度 28.5MPa，具有较高小时级早期强度，有利于快速施工；随着龄期增加，混凝土抗压强度不断增加，28d 和 56d 的抗压强度分别为 46.5MPa 和 52.5MPa，与传统硫铝酸盐水泥制备混凝土长龄期强度增长缓慢相比具有较大不同。

该混凝土电通量和扩散系数测试结果见表 5-32，可见该混凝土 28d 电通量小于 1000C，56d 电通量进一步降低至小于 800C；混凝土 56d 扩散系数小于 $2.0\times10^{-12}m^2/s$，耐久性预计可满足海洋环境 50 年服役寿命。

表 5-29 快速施工用高抗蚀硫铝酸盐水泥基材料配合比（kg/m^3）

快速施工用高抗蚀硫铝酸盐水泥	砂	石子	水	专用减水剂	专用缓凝剂
408	799	1058	155	2.0	6.1

表 5-30 快速施工用高抗蚀硫铝酸盐水泥基材料工作性能测试结果

初始			0.5h		
坍落度（mm）	扩展度（mm）	含气量（%）	坍落度 (mm)	扩展度 (mm)	含气量（%）
210	500	1.9	190	450	1.5

表 5-31　快速施工用高抗蚀硫铝酸盐水泥基材料抗压强度（MPa）

4h	1d	3d	28d	56d
16.1	28.5	34.5	46.5	52.5

表 5-32　快速施工用高抗蚀硫铝酸盐水泥基材料电通量和氯离子扩散系数

电通量（C）		氯离子扩散系数（$\times 10^{-12}m^2/s$）	
28d	56d	28d	56d
945	710	3.1	2.4

将上述快速施工用高抗蚀硫铝酸盐水泥基材料在水上搅拌船集中制备混凝土，泵送入模，采用插入式振动棒进行振捣浇筑，并制作混凝土抗压强度、电通量和扩散系数试块，浇筑后的混凝土及时覆盖保湿养护，4h 脱模，脱模后采用土工布洒水养护，共浇筑 5 段护轮坎，施工过程如图 5-69 和图 5-70 所示。

图 5-69　护轮坎现场浇筑

图 5-70　脱模后的护轮坎

对预留各段护轮坎混凝土的抗压强度、电通量和扩散系数的试块进行检测，抗压强度检测结果见表 5-33，混凝土电通量和扩散系数见表 5-33。

从表 5-33 抗压强度结果可见，快速施工用高抗蚀硫铝酸盐水泥基材料制备的护轮坎混凝土 4h 抗压强度不低于 17MPa，可很快满足快速施工的脱模强度，1d 混凝土抗压强度大于 30MPa，具有较高的抗压强度；混凝土后期强度不断增加，28d 抗压强度大于 56MPa，56d 抗压强度大于 64MPa，达到强度等级 C45 设计要求。

从表 5-34 混凝土电通量和扩散系数结果可见，快速施工用高抗蚀硫铝酸盐水泥基材料制备的护轮坎混凝土 28d 龄期电通量小于 600C，56d 龄期的混凝土电通量小于 500C，28d 龄期混凝土扩散系数不大于 $2.5\times10^{-12}m^2/s$，56d 龄期混凝土扩散系数不大于 $2.2\times10^{-12}m^2/s$，很好满足海洋环境下高耐久性设计要求。

工程应用结果表明，快速施工用高抗蚀硫铝酸盐水泥基材料所配制混凝土 4h 之内即可脱模，与传统胶凝材料 7~14d 方可脱模服役相比，有效利用潮汐之间很短的施工时间，很好地提高了施工效率，同时具有良好耐久性，提升了海洋环境下混凝土工程结构的耐久性，可满足海洋环境下快速施工的要求，在海洋工程中具有良好应用前景。

表 5-33　快速施工用高抗蚀硫铝酸盐水泥基材料护轮坎抗压强度

编号	抗压强度（MPa）				
	4h	1d	3d	28d	56d
第 1 段	18.1	33.2	45.1	58.8	67.6
第 2 段	17.2	31.5	44.0	57.2	65.8
第 3 段	18.5	34.1	46.8	60.8	68.9
第 4 段	17.1	30.2	43.2	56.5	64.1
第 5 段	18.9	34.1	47.0	59.1	68.5

表 5-34　快速施工用高抗蚀硫铝酸盐水泥基材料护轮坎电通量和氯离子扩散系数

编号	电通量（C）		氯离子扩散系数（$\times 10^{-12}m^2/s$）	
	28d	56d	28d	56d
1	568	442	2.5	2.2
2	589	501	2.5	2.1
3	435	348	2.4	2.1
4	412	312	2.3	2.0
5	455	358	2.4	2.1

将快速施工用高抗蚀硫铝酸盐水泥基材料在混凝土搅拌楼集中制备混凝土，采用轨道横向移动料斗进行布料，采用插入式振动棒进行振捣浇筑海洋码头闸门板，共预制 10 个闸门板，同时制作对各号闸门板混凝土预留抗压强度、电通量和扩散系数试块，浇筑后的闸门板进行及时覆盖保湿养护，发挥了快速施工用高抗蚀硫铝酸盐材料 4h 高强度优势，入模 4h 即脱模获得闸门板，脱模后采用土工布洒水养护，施工现场如图 5-71 和图 5-72 所示。

图 5-71　闸门板制备

图 5–72　脱模的闸门板

对预留各号闸门板混凝土的抗压强度、电通量和扩散系数的试块进行检测，抗压强度检测结果见表 5-35，混凝土电通量和扩散系数见表 5-37。

表 5-35 抗压强度结果可见，闸门板混凝土 4h 抗压强度达到 16PMa 以上，1d 抗压强度大于 30MPa，由于具有很高的早期强度，4h 即可脱模，与传统材料需要 3d 方能脱模相比，很好地满足海洋工程部件快速施工制作要求，闸门板后期强度不断增加，28d 抗压强度大于 58MPa，56d 抗压强度大于 65MPa，达到强度等级 C45 设计要求。

由表 5-36 电通量和扩散系数结果可见，闸门板混凝土 28d 电通量小于 600C，56d 电通量小于 500C，闸门板 28d 氯离子扩散系数不大于 $2.5\times10^{-12}m^2/s$，56d 氯离子扩散系数不大于 $2.2\times10^{-12}m^2/s$，具有较高的耐久性，有利于海洋环境服役寿命。

表 5–35　快速施工用高抗蚀硫铝酸盐水泥基材料各号闸门板抗压强度

编号	抗压强度（MPa）				
	4h	1d	3d	28d	56d
1 号闸门板	17.1	31.8	45.8	62.6	68.7
2 号闸门板	16.5	30.6	43.2	59.3	66.6
3 号闸门板	17.8	32.3	49.9	66.4	70.1
4 号闸门板	18.0	33.1	50.2	66.8	70.3
5 号闸门板	17.5	32.5	48.1	65.1	68.2
6 号闸门板	15.8	30.1	42.1	57.8	65.9
7 号闸门板	18.6	33.9	51.2	67.9	72.5
8 号闸门板	17.0	30.2	44.4	60.1	67.2
9 号闸门板	16.2	31.5	42.1	58.5	67.1
10 号闸门板	16.8	32.1	43.5	59.1	68.1

表 5-36　快速施工用高抗蚀硫铝酸盐水泥基材料各号闸门板电通量和氯离子扩散系数

编号	电通量（C）		氯离子扩散系数（$\times 10^{-12}m^2/s$）	
	28d	56d	28d	56d
1 号闸门板	462	310	2.4	2.1
2 号闸门板	495	300	2.5	2.2
3 号闸门板	505	401	2.2	2.0
4 号闸门板	410	321	2.3	1.9
5 号闸门板	560	410	2.5	2.1
6 号闸门板	400	320	2.1	1.8
7 号闸门板	425	385	2.4	2.2
8 号闸门板	570	450	2.5	2.1
9 号闸门板	410	352	2.4	2.2
10 号闸门板	450	400	2.3	2.1

5.4.2　低温环境快速施工用高抗蚀硫铝酸盐水泥基材料建筑板材应用

在低温环境中，水泥基材料强度发挥缓慢，不利于施工，快速施工用硫铝酸盐水泥基材料具备较好小时级强度，可应用于低温建筑施工领域，采用专用减水剂及促凝剂，可制备低温环境应用的具备快硬化、高早强、高流态、低收缩、高强度等特征的硫铝酸盐水泥基材料，以下介绍该材料应用于预制装配式墙板进行冬季建筑低温施工的案例。

2020 年 11~12 月，气温为 5~-5℃时，以快速施工用硫铝酸盐水泥基材料系列产品制作的装配式大型板材被用于滨海区域的秦皇岛某楼宇工程。此板材采用平模法进行制备，预先制作生产线平台支设模具，长度方向设有公母槽，宽度方向设置为横板并以螺杆固定，生产线平台底部铺设塑料胶质板作为底板以方便脱模；墙板浇筑制作之前，在横板、底板等模具内侧涂刷脱模剂。墙板制造的原料参数见表 5-37，板材性能见表 5-38，分析可见，由于应用了快速施工用硫铝酸盐水泥基材料系列产品，该墙板 4h 抗压强度可达 20MPa 以上，脱模时间可以因此大幅度缩短，从原先应用传统材料的 1~2d 缩短为 4h，制作完成 24h 后即可进行吊装施工，大幅度提升了工程建设效率，为冬期施工提供了材料保障，推动了建筑工程技术发展。

表 5-37　低温快速施工用硫铝酸盐水泥基材料墙板原材料配比　%

砂率（%）	水胶比	kg/m³									
		快速施工用硫铝酸盐水泥基材料	白云石粉	矿渣微粉	机制砂 Mx=1.95	石子（5~10mm）	专用减水剂	碳酸锂	硫酸铝	消泡剂	胶粉
70	0.41	380	10	140	1008	432	1.908 (0.36%)	0.106 (0.02%)	1.59 (0.3%)	0.53 (0.1%)	4.77 (0.9%)

表 5-38　低温快速施工用硫铝酸盐水泥基材料墙板关键性能

扩展度（mm）		T500（s）	抗压强度（MPa）100mm×100mm×100mm（标准养护）			抗拉粘结强度（MPa）		自由膨胀率（%）（干空 / 水中）	
初始	40min	初始	4h	1d	28d	7d	28d	7d	28d
780×780	640×640	2.0	20.3	30.8	46.8	2.10	2.13	-0.017/0.012	-0.020/0.022

快速施工用高抗蚀硫铝酸盐水泥基材料的快速制作、脱模、外观、安装，以及安装后楼宇外观如图 5-73~ 图 5-77 所示。

图 5-73　低温环境快速施工用高抗蚀硫铝酸盐水泥基材料墙板的快速制作

图 5-74　快速施工用高抗蚀硫铝酸盐水泥基材料低温墙板 4h 脱模

图 5-75　快速施工用高抗蚀硫铝酸盐水泥基材料低温墙板脱模后的外观

图 5-76　快速施工用高抗蚀硫铝酸盐水泥基材料低温墙板低温环境安装

图 5-77　快速施工用高抗蚀硫铝酸盐水泥基材料低温墙板安装完毕后的楼宇外观

5.5 成果总结

与传统硫铝酸盐材料相比，快速施工用高抗蚀硫铝酸盐水泥基材料具有许多鲜明特色，为海洋工程建设提供良好材料保障，本章对此进行了细致叙述，现简要总结如下：

（1）针对水化浆体碱度 pH 为 10~11 传统硫铝酸盐水泥易造成钢筋锈蚀、传统硫铝酸盐水泥标准对小时级强度不做要求等问题，快速施工用高抗蚀硫铝酸盐熟料突破了传统硫铝酸盐熟料体系中不能存在氧化钙这一传统原则，并将传统熟料体系中含量较低的硫酸钙矿相含量加以大幅度提升，同时加大了体系中硅酸二钙的相对含量，解决了传统硫铝酸盐熟料中氧化钙和硫酸钙难以与无水硫铝酸钙矿物共存的难题，利用各矿物协同效应保障该熟料碱度与小时级高强度，按照新的体系矿相组成匹配原则，可以获得 4h 抗压强度≥ 18MPa 的快速施工用高抗蚀硫铝酸盐水泥熟料。上述成果是在原有传统硫铝酸盐矿物组成体系上的理论突破，在矿相种类、矿相含量、熟料烧成控制技术等方面都进行了突破或创新，以此理论制备硫铝酸盐熟料性能与现有类似材料相比，高碱度、小时级高强与高耐久性等各种性能高度统一，突破了本领域关键理论，进一步夯实了我国在硫铝酸盐材料领域的领先地位。

（2）传统硫铝酸盐熟料与石膏共用将导致体系碱度下降，不利于混凝土钢筋服役，快速施工用高抗蚀硫铝酸盐熟料体系与化学硬石膏或天然二水石膏复合时，在石膏掺量高于 5% 或 10% 之后，可使硫铝酸盐水泥基材料碱度 pH 提高至 12 以上，起到良好保护混凝土中钢筋作用，有利于钢筋结构混凝土耐久性与安全性。

（3）快速施工用高抗蚀硫铝酸盐熟料具有良好激发矿渣微粉活性这一不同于传统硫铝酸盐熟料的特色，可以引入适宜矿渣微粉增加快速施工用高抗蚀硫铝酸盐水泥基材料水化时的凝胶生成量，提高水化浆体结构中凝胶孔含量、降低可几孔径、降低体系孔隙率，增大水化浆体与氯离子结合能力，阻挡外界氯离子向硫铝酸盐水泥基材料水化体系内部渗透，从而提高了抗 Cl^- 渗透性，优化了水泥体系氯离子扩散系数，有利于海洋工程服役安全。

（4）为适宜工程施工，设计出电荷密度大幅度高于传统聚羧酸减水剂的快速施工用高抗蚀硫铝酸盐专用减水剂，并引入阳离子单体，合成出净浆流动度≥ 240mm 的硫铝酸盐水泥专用减水剂，通过提高减水剂在水泥颗粒以及早期水化产物表面的吸附能力，显著控制钙矾石早期结晶成核、生成及增长，提高了初始分散效果，提高了快速施工用高抗蚀硫铝酸盐水泥浆初始流动性及流动度经时保持性。

（5）针对传统硫铝酸盐水泥缓凝剂可能降低强度、缓凝时间较难达到小时级别等缺点，开发出性能优异的硫铝酸盐水泥新型高分子缓凝剂。该专用缓凝剂在钙矾石表面大量吸附，抑制了晶体生长，促使钙矾石晶体细小化，避免了钙矾石晶体互相之间的桥接，从而延缓了快速施工用高抗蚀硫铝酸盐水泥的水化，降低水化放热量，有效延缓快速施工用高抗蚀硫铝酸盐水泥的凝结时间，具有温度适应范围广、明显提高硫铝酸盐水泥强度、提高硫铝酸盐水泥流动度等特点。

（6）快速施工用高抗蚀硫铝酸盐体系工业化制备具有自身特色，与传统硫铝酸盐体系差别较大，如在既有生产线制备需要进行针对性技术改造，以使生料制备和熟料烧成系统适应快速施工用高抗蚀硫铝酸盐体系工业化制备的特点。通过实施生料三环节连续均化、增加关键节点温度和压力监控系统、建立生产参数智能控制系统，解决了快速施工用高抗蚀硫铝酸盐熟料结粒状况对煅烧温度敏感的关键问题，使该材料可以在较窄的最佳烧成温度区间制备，以保障生产线系统整体稳定运行从而获得合格产品。

（7）快速施工用高抗蚀硫铝酸盐水泥基材料、专用减水剂、专用缓凝剂等产品应用于宁波—舟山港梅山港区 6 号至 10 号集装箱码头工程的闸门板与护轮坎等部件，应用性能测试表明该材料不仅具有良好4h强度，而且直至28d、56d龄期强度仍在不断增长，与传统材料数天方能拆模服役相比，大幅度缩短了施工时间，部件的氯离子电通量指标良好满足工程需求，满足海洋环境快速施工要求，具备良好耐久性，体现出良好应用前景。

（8）快速施工用硫铝酸盐水泥基材料应用于滨海区域的秦皇岛市楼宇工程，在冬季+5~-5℃的低温环境中制作装配式大型墙板构件，4h抗压强度可达20MPa以上，大幅度提升了工程建设效率，推动了建筑工程技术发展，为我国北方、西北等秋冬季低温地区装配式建筑产业发展提供了低温材料建设保障。

我国拥有1.8万千米海岸线，存在大量潮汐区，另外许多岛屿远离大陆，且受到海洋性气候影响，施工条件和施工时间常常不能保证，因此，需要小时级强度高的水泥基材料进行快速施工。目前尚无适于海洋条件下快速施工的材料，该类工程建设中只能采用普通水泥基材料，在海洋环境下存在抗蚀性差、服役寿命短等问题。本章研究与开发的快速施工用高抗蚀硫铝酸盐水泥基材料，应用于该类工程时，可大幅度缩短施工时间，将以往需要数天乃至一个月方能服役的构件建设周期缩短至数小时至一天之内，施工效率大幅度提高，同时，该材料耐久性良好，可大幅度降低全生命周期维护成本，减少拆建过程中资源能源消耗及环境污染，展现出良好的应用前景。

参考文献

[1] 王燕谋，苏慕珍，张量 . 硫铝酸盐水泥 [M]. 北京：北京工业大学出版社，1999.

[2] M. COLLEPARDI, S. MONOSI, G. MORICONI, et al, Tetracalcium aluminoferrite hydration in the presence of lime and calcium sulfate [J]. Cem. Concr. Res. 1979 (9): 431–437.

[3] B. TOUZO, K.L. SCRIVENER, F.P. GLASSER. Phase compositions and equilibria in the $CaO-A_{12}O_3-Fe_2O_3-SO_3$ system, for assemblages containing ye'elimite and ferrite $Ca_2(Al, Fe)O_5$[J]. Cem. Concr. Res, 2013 (54): 77–86.

[4] 李娟 . 高贝利特硫铝酸盐水泥的研究 [D]. 武汉 : 武汉理工大学 , 2013.

[5] L. SENFF, A. CASTELA, W. HAJJAJI, ET AL. Formulations of sulfobelite cement through design of experiments, Constr. Build. Mater, 2011(25): 3410–3416.

[6] EMANUELSON A, HENDERSON E, HANSEN S. Hydration of ferrite Ca_2AlFeO_5 in the presence of sulphates and bases, Cement and Concrete Research 1996, 26(11): 1689-1694.

[7] SUN G W, SUN W, ZHANG Y S, et al. Relationship between chloride diffusivity and pore structure of hardened cement paste[J]. Journal of Zhejiang University-Science A, 2011, 12(5): 360-367.

[8] NETO A A M, CINCOTTO M A, REPETTE W. Mechanical properties, drying and autogenous shrinkage of blast furnace slag activated with hydrated lime and gypsum[J]. Cement and Concrete Composites, 2010, 32(4): 312-318.

[9] GRISHCHENKO R O, EMELINA A L, MAKAROV P Y. Thermodynamic properties and thermal behavior of Friedel's salt[J]. Thermochimica Acta, 2013(570): 74-79.

[10] CHEN G, LEE H, YOUNG K L, et al. Glass recycling in cement production—an innovative approach [J]. Waste Manag, 2002, 22(7): 747-753.

[11] CHEN I A, HARGIS C W, JUENGER M C G. Understanding Expansion in Calcium Sulfoaluminate-Belite Cements [J]. Cement and Concrete Research, 2012, 42(1): 51–60.

[12] ALEXANDER K. Expansive cements and components thereof [M]. 1967.

[13] ZHANG L, SU M Z, WANG Y M. Development of the use of sulfo- and ferroaluminate cements in China [J]. Advances in Cement Research, 1999, 11(1): 15-21.

[14] 杨文武，钱觉时，范英儒 . 磨细高炉矿渣对海工混凝土抗冻性和氯离子扩散性能的影响 [J], 硅酸盐学报，2009,

37(1): 29-34
[15] 迟宗立，任光月，刘普清．硫铝酸盐水泥在冬季泵送混凝土施工中的试验研究 [J]. 混凝土，1999 (1): 44-46.
[16] MOFFATT E G, THOMAS M D A. Performance of rapid-repair concrete in an aggressive marine environment [J]. Construction & Building Materials, 2017, 132(Complete): 478-486.
[17] PIMRAKSA K, CHINDAPRASIRT P. Sulfoaluminate cement-based concrete [J]. 2018, 355-385.
[18] QUILLIN K. Performance of belite–sulfoaluminate cements [J]. Cement & Concrete Research, 2001, 31(9): 1341-1349.
[19] SENFF L, CASTELA A, HAJJAJI W, et al. Formulations of sulfobelite cement through design of experiments [J]. Construction & Building Materials, 2011, 25(8): 3410-3416.
[20] PUERTAS F, GARCÍA-DÍAZ I, PALACIOS M, et al. Clinkers and cements obtained from raw mix containing ceramic waste as a raw material. Characterization, hydration and leaching studies [J]. Cement & Concrete Composites, 2010, 32(3): 175-186.
[21] CHEN I A, JUENGER M C G. Incorporation of coal combustion residuals into calcium sulfoaluminate-belite cement clinkers [J]. Cement & Concrete Composites, 2012, 34(8): 893-902.
[22] 吴兆琦，刘克忠．我国特种水泥的现状及发展方向 [J]. 硅酸盐学报，1992 (4): 365-373.
[23] 薛君玕．论形成钙矾石相的膨胀 [J]. 硅酸盐学报，1984 (2): 123-129.
[24] 叶铭勋，卢保山，许温葭，等．低碱度水泥浆体中钙矾石通过液相形成的证据 [J]. 硅酸盐通报，1985 (5): 30-34.
[25] 章鹏．硫铝酸盐水泥性能的提升及其应用研究 [D]. 长沙湖南大学，2017.
[26] FRANK W, STEFAN B. Influence of calcium sulfate and calcium hydroxide on the hydration of calcium sulfoaluminate clinker = Einfluss von Calciumsulfat und Calciumhydroxid auf die Hydratation von Calciumsulfoaluminat-KlinderInfluence du sulfate de calcium et de l'hydroxyde d [J]. Zkg International, 2009, 62(12): 42-53.
[27] MICHEL M, GEORGIN J F, AMBROISE J, et al. The influence of gypsum ratio on the mechanical performance of slag cement accelerated by calcium sulfoaluminate cement [J]. Construction & Building Materials, 2011, 25(3): 1298-1304.
[28] GHORAB H Y, KISHAR E A, ELFETOUH S H A. Studies on the Stability of the Calcium Sulfoaluminate Hydrates, Part III: The Monophases [J]. Cement & Concrete Research, 1998, 28(5): 763-771.
[29] BING M, LI X, MAO Y, et al. Synthesis and characterization of high belite sulfoaluminate cement through rich alumina fly ash and desulfurization gypsum [J]. Ceramics-Silikáty, 2013, 57(1): 7-13.
[30] LI X, YU Z, SHEN X, et al. Kinetics of calcium sulfoaluminate formation from tricalcium aluminate, calcium sulfate and calcium oxide [J]. Cement & Concrete Research, 2014, 55(1): 79-87.
[31] KUROKAWA D, HONMA K, HIRAO H, et al. Quality design of belite–melilite clinker [J]. Cement & Concrete Research, 2013, 54(Complete): 126-132.
[32] WINNEFELD F, LOTHENBACH B. Hydration of calcium sulfoaluminate cements — Experimental findings and thermodynamic modelling [J]. Cement & Concrete Research, 2010, 40(8): 1239-1247.
[33] STRIGÁČ J, PALOU M T, KRIŠTÍN J, et al. Morphology and chemical composition of minerals inside the phase assemblage C-C_2S-$C_4A_3\bar{S}$-C_4AF-$C\bar{S}$ relevant to sulphoaluminate belite cements [J]. Ceramics Silikaty, 2000, 44(1): 26-34.
[34] 陈娟，胡晓曼，李北星．几种外加剂对硫铝酸盐水泥性能的影响 [J]. 水泥工程，2005(3) 13-15.
[35] HARGIS, CRAIG W, KIRCHHEIM, et al. Early age hydration of calcium sulfoaluminate (synthetic ye'elimite, C_4A_3S) in the presence of gypsum and varying amounts of calcium hydroxide [J]. Cement & Concrete Research, 2013 (48)105-115.
[36] GWON S, JANG S Y, SHIN M. Combined Effects of Set Retarders and Polymer Powder on the Properties of Calcium Sulfoaluminate Blended Cement Systems [J]. Materials, 2018, 11(5): 825.
[37] CHANG J, ZHANG Y, SHANG X, et al. Effects of amorphous AH_3 phase on mechanical properties and hydration process of C_4A_3S mathContainer Loading Mathjax -CS mathContainer Loading Mathjax H_2-CH-H_2O system [J]. Construction & Building Materials, 2017.
[38] 王永吉．Fe_2O_3 对硫铝酸盐水泥熟料矿物形成及性能的影响 [D]. 武汉：武汉理工大学，2015.
[39] 周华新，刘加平，刘建忠．低碱硫铝酸盐水泥水化硬化历程调控及其微结构分析 [J]. 新型建筑材料，2012, 39(1): 4-8.
[40] ZAJAC M, SKOCEK J, BULLERJAHN F, et al. Effect of retarders on the early hydration of calcium-sulpho-aluminate (CSA)

type cements [J]. Cement & Concrete Research, 2016 (84): 62-75.

[41] HARGIS C W, MOON J, LOTHENBACH B, et al. Calcium sulfoaluminate sodalite ($Ca_4A_{16}O_{12}SO_4$) crystal structure evaluation and bulk modulus determination [J]. Journal of the American Ceramic Society, 2014, 97(3): 892-898.

[42] LU Y, SU M, WANG Y. Microstructural study of the interfacial zone between expansive sulphoaluminate cement pastes and limestone aggregates [J]. Cement and concrete research, 1996, 26(5): 805-182.

[43] MARCHI M, COSTA U. Influence of the calcium sulphate and w/c ratio on the hydration of calcium sulphoaluminate cement [J]. Proceedings of the 13th ICCC, Madrid, Spain, 2011.

[44] WINNEFELD F, BARLAG S. Calorimetric and thermogravimetric study on the influence of calcium sulfate on the hydration of ye'elimite [J]. Journal of Thermal Analysis & Calorimetry, 2010, 101(3): 949-957.

[45] COSTA U, MARCHI M. Influence of the calcium sulphate and w/c ratio on the hydration of calcium sulfoaluminate cement [J]. 2011.

第6章

修补/防护用硫铝酸盐水泥基材料关键技术

发达国家的建筑业发展历程表明，随着经济的发展及其规模的扩大，新建建筑物、构筑物将会逐步减少，而既有建筑的修补/防护比例将会逐步上升。例如，美国新建建筑开始萎缩，而既有建筑维修改造业兴旺发达，据美国劳工部预测，既有建筑维修改造业将成为最受欢迎的九类行业之一，美国在既有建筑维修与加固上的投资已达建设总投资的50%，英国为70%，德国为80%，丹麦高达85%以上。既有建筑的修补/防护技术研究已引起越来越多学者的重视，国际预应力混凝土协会（FIP）早在1978年就成立了工程结构维修与加固工作组，并于1982年提出了《工程结构的检查与维修报告》及《工程结构的修补与防护报告》；近几年围绕既有建筑的防护、修补与加固举办的国际学术会议也越来越多。因此，可以预见修补/防护技术对全世界的建筑工程领域来说都将是研究重点和热点。

目前，关于海洋修补/防护工程用水泥基材料的研究还存在以下问题：

（1）尚未有专门针对严酷海洋环境下的修补/防护工程用硫铝酸盐系水泥的研发；

（2）修补/防护材料的粘结强度、抗蚀性等性能有待提高；

（3）修补/防护技术落后；

（4）修补/防护材料的生产、应用规模小等。

严酷海洋环境下的海工工程，极易受到海水侵蚀、海浪冲刷及干湿交替等作用而遭受破坏，严重影响其耐久性，缩短其服役寿命。

因此，海工工程对修补/防护的需求更加迫切，这就要求海洋修补/防护工程用胶凝材料需具有更高的性能，如凝结时间可控、高抗蚀、低收缩、长期性能稳定等，此外，作为修补/防护材料，界面性能的研究尤为重要，特别是粘结强度。

修补/防护材料按种类可以分为有机类和无机类，有机类由于施工性不好、成本高而使其应用受到限制；无机类应用最多的是双快水泥，包括双快硅酸盐水泥、双快硫铝酸盐水泥和双快氟铝酸盐水泥等。双快硅酸盐水泥在普通建筑工程修补/防护中应用较广，但在严酷海洋环境下，其抗海水腐蚀等耐久性不能很好地满足海洋工程修补/防护的要求；双快硫铝酸盐水泥主要矿物为无水硫铝酸钙和C_2S，虽然早期强度发展较快，但是强度绝对值较低，后期甚至出现强度倒缩现象，且该水泥与辅助胶凝材料相容性差，硬化体容易开裂。尽管硫铝酸盐水泥存在上述问题，但由于其具有快硬早强、防腐抗渗的特点，仍然被认为是最具潜力的海洋工程修补/防护用材料。

硫铝酸钙（$Ca_4Al_6O_{12}SO_4$，简写为$C_4A_3\$$，矿物名为ye'elimite）是硫铝酸盐水泥的主导矿物之一，和传统硅酸盐水泥相比，具有钙含量和煅烧温度低、高早强、微膨胀等一系列优点。C_3S是硅酸盐水泥熟料的主要组分，含量通常为50%~60%，熟料中C_3S矿物一般固溶少量Mg和Al等元素，称为阿利特（Alite）。阿利特水化快，在28d龄期内水化程度可达到70%以上，其强度绝对值和强度增进率均较高，对水泥28d强度起主导作用。

为此，基于$C_4A_3\$$和C_3S矿物水化性能特点，本研究基于硫铝酸盐水泥熟料体系，从矿相组成设计出发，以快硬早强矿物无水硫铝酸钙为主矿相，引入硅酸三钙（C_3S），调控液相辅以离子掺杂达到多矿相稳定共存形成条件，优化矿相体系。该熟料体系集合了硫铝酸盐特种水泥和硅酸盐水泥特点，水化早期$C_4A_3\$$矿物发挥早强、快硬、微膨胀的优点，同时阿利特矿物的引入，可获得稳定的中后期强度发展和较高的粘结强度；调控液相辅以离子掺杂的方式则可以调控矿相煅烧制度，解决以往需采用CaF_2才能实现多矿相稳定共存所导致的环境

问题，并调控矿相的微结构与活性以及水泥的水化硬化速率，实现水泥初凝数分钟到数小时可调；此外，研究修补/防护材料与基体间的粘结性能，开展修补/防护技术和抗蚀性等耐久性提升技术研究，有助于解决修补/防护材料的应用问题。该水泥烧成温度较硅酸盐水泥低，石灰石消耗量少，对促进水泥工业的节能减排具有重要意义，并具有广阔的应用前景，还可为海洋工程修补/防护专用硫铝酸盐水泥基材料的制备及应用奠定基础。

6.1 海洋工程修补/防护用硫铝酸盐水泥生产技术

6.1.1 修补/防护用硫铝酸盐水泥熟料矿相组成设计与制备技术

通过调控液相组成和含量，及调控液相辅以钡离子掺杂的方法，均实现了 $C_4A_3\$$ 和 C_3S 的稳定共存。

1. 液相调控对水泥熟料矿物形成影响

（1）正交试验设计

为了消除其他杂质对 $C_4A_3\$$ 和 C_3S 两种矿物形成共存的影响，本章水泥生料采用化学分析纯试剂 $CaCO_3$、SiO_2、$Al(OH)_3$、Fe_2O_3 和 $CaSO_4 \cdot 2H_2O$ 配料。

实验设计水泥熟料样品理论矿物组成见表 6-1。采用正交试验方法设计，选用正交表 $L_{16}(4^3)$，3 因素分别为 AIF 摩尔比、铁相含量和煅烧温度，每个因素考虑 4 个水平，具体见表 6-2。

表 6-1 水泥熟料样品理论矿物组成（质量分数，%）

熟料设计组成			
C_3S^a	C_2S	$C_4A_3\$$	$C_2A_{1-X}F_X{}^b$
15	57	23	5
15	52	23	10
15	47	23	15
15	42	23	20

注：[a] C = CaO, S = SiO_2, A = Al_2O_3, F = Fe_2O_3, \$ = SO_3。

[b] X 代表 Fe_2O_3 摩尔量，X 从 0.25 到 1 变化（X = 0.25、0.5、0.75 和 1）。

表 6-2 正交试验因素水平表

水平	因素		
	A/F[a] 摩尔比	煅烧温度（℃）	铁相含量（质量分数，%）
1	3	1320	5
2	1	1350	10
3	1/3	1380	15
4	0	1410	20

注：[a] A/F 为 Al_2O_3/Fe_2O_3 之比。

正交试验选择以熟料中游离钙含量作为评价指标，采用正交试验中的极差分析法确定影响熟料矿物 $C_4A_3\$$ 和 C_3S 形成共存的主次因素，其正交试验结果分析见表 6-3。

从表 6-3 可以看出，以游离氯化钙（以上简称 *f*-CaO）含量来分析因素和水平的影响，计算出 *M*（A/F 摩尔比）、*N*（煅烧温度）和 *L*（铁相含量）三个因素的极差分别为 1.78、7.97 和 1.6。因素 *N* 的极差最大，表明 *N* 对 *f*-CaO 含量影响最大，因此 *N* 因素是要考虑的主要因素。其次是因素 *M*（A/F 摩尔比），表明铁相组成对两者共存也有重要影响。因素 *L* 铁相含量的极差为 1.6，表明其水平改变时对 *f*-CaO 含量影响较小。

综上所述，各因素对对 *f*-CaO 含量的影响大小依次为 *N*、*M* 和 *L*，但考虑到 $C_4A_3\$$ 矿物在煅烧温度超过 1400 ℃大量分解。因此，后期实验优选熟料设计矿物铁相组成为 C_2F。

表 6–3　正交试验方案与结果

试验号	因素			游离钙含量（%）
	M(A/F 摩尔比)	*N* 煅烧温度（℃）	*L* 铁相含量（wt.%）	
	1	2	3	
1	1(3)	1(1320)	1(5)	2.68
2	1(3)	2(1350)	2(10)	1.45
3	1(3)	3(1380)	3(15)	0.59
4	1(3)	4(1410)	4(20)	0.31
5	2(1)	1(1320)	2(10)	2.34
6	2(1)	2(1350)	1(5)	1.56
7	2(1)	3(1380)	4(20)	0.36
8	2(1)	4(1410)	3(15)	0.28
9	3(1/3)	1(1320)	3(15)	2.08
10	3(1/3)	2(1350)	4(20)	1.03
11	3(1/3)	3(1380)	1(5)	0.82
12	3(1/3)	4(1410)	2(10)	0.30
13	4(0)	1(1320)	4(20)	1.92
14	4(0)	2(1350)	3(15)	0.89
15	4(0)	3(1380)	2(10)	0.28
16	4(0)	4(1410)	1(5)	0.16
K_1	5.03	9.02	5.22	
K_2	4.54	4.93	4.37	
K_3	4.23	2.05	3.84	
K_4	3.25	1.05	3.62	
极差	1.78	7.97	1.6	

（2）生料易烧性。易烧性指数（Burnability index，*BI*）也能反映水泥生料的易烧性。根据方程（6-1），利用不同煅烧温度下烧成熟料样品中的*f*-CaO 含量计算出 *BI* 值。

$$BI=3.75\frac{(A+B+2C+3D)}{\sqrt[4]{A-D}} \tag{6-1}$$

A、*B*、*C* 和 *D* 分别为相同铁相组成的熟料煅烧 1320℃、1350℃、1380℃和 1410℃时的*f*-CaO 含量。*BI* 值越低表明其易烧性越好。一般易烧性好的熟料样品其 *BI* 值≤ 60。不同铁相对熟料易烧性指数 *BI* 值的影响如图 6-1 所示。

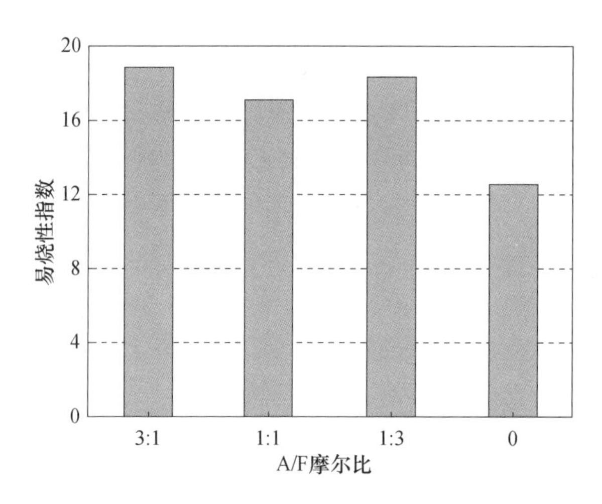

图 6-1　铁相对熟料易烧性指数的影响

从图 6-1 中可以看出，随着 A/F 摩尔比降低，*BI* 值从 18.86 降低到 12.53。这个结果也说明高含量的 Fe_2O_3 能促进熔剂性矿物对*f*-CaO 吸收，改善熟料易烧性和 C_3S 矿物的形成。

（3）相组成分析。XRD 是熟料相组成分析的重要手段。图 6-2 是不同铁相组成和含量的熟料样品 XRD 图谱。熟料的煅烧温度分别为 1320℃、1350℃、1380℃和 1410℃。

图 6-2（a）是设计铁相组成为 C_2F（A/F 为 0）的 XRD 图谱，从图中可以看出，不同煅烧温度熟料样品矿物显示出类似的组成。分析发现其熟料矿物组成为 C_2S、$C_4A_3\$$、C_3S 和 $C_2A_{0.5}F_{0.5}$ 固溶体。当铁相含量为 20%、煅烧温度为 1320℃时，熟料中 $C_4A_3\$$ 的衍射峰低于其他样品。这可能是由于铁相的实际组成是 $C_2A_{0.5}F_{0.5}$（2θ=12.16°，*d*=7.27Å），其形成消耗了更多的 Al_2O_3，导致矿物 $C_4A_3\$$ 生成量降低。当煅烧温度为 1380℃和 1410℃时，C_3S（2θ=29.38°，*d*=3.03Å）衍射峰较明显，表明煅烧温度提高有利于 C_3S 矿物形成，这与本文后面的 BSE 观察结果一致。

图 6-2（b）是设计铁相组成为 $C_2A_{0.25}F_{0.75}$（A/F 为 1/3）的 XRD 图谱。同样地，不同煅烧温度熟料矿物组成为 C_2S、$C_4A_3\$$、C_3S 和 $C_2A_{0.5}F_{0.5}$ 固溶体。相比于图 6-2（a），熟料中 $C_4A_3\$$ 的衍射峰更明显，这是因为生料中 A/F 增加，有利于生成更多 $C_4A_3\$$ 矿物。当铁相含量为 20%、煅烧温度为 1350℃时，$C_4A_3\$$ 和 C_3S 的衍射峰高于其他熟料样品，表明该铁相组成及其产生的高温黏度有利于促进 C_3S 的形成。当煅烧温度高于 1350℃时，熟料中 $C_4A_3\$$ 的衍射峰明显降低，表明 $C_4A_3\$$ 矿物出现了分解，其分解的硫酸盐抑制了 CaO 与贝利特的反应，从而抑制了 C_3S 的形成。因此，煅烧温度过高也不利于 $C_4A_3\$$ 和 C_3S 两相共存。

图 6-2（c）是铁相组成为 $C_2A_{0.5}F_{0.5}$（A/F 为 1）的 XRD 图谱。4 个熟料样品矿物组成相似，为

C_2S、$C_4A_3\$$、C_3S、C_3A、$C_{12}A_7$ 和 $C_2A_{0.69}F_{0.31}$ 固溶体。当生料中 A/F 摩尔比增加，铁相的实际组成为 $C_2A_{0.69}F_{0.31}$（2θ=12.26°，d=7.21Å）。其主要衍射峰相对于 $C_2A_{0.5}F_{0.5}$ 向右偏移，这是因为 C_2F 中的 Fe^{3+} 可在四面体和八面体位置，八面体的数量是四面体的两倍，随着 Al^{3+} 不断固溶到 C_2F 矿物中，由于其离子半径比 Fe^{3+} 小，优先进入四面体。因此，生料样品中 Al_2O_3 增加，铁相的晶格参数和主衍射峰也向较低的晶面间距（7.27~7.21Å）偏移。图 6-2（c）和图 6-2（d）也表示出 $C_{12}A_7$（2θ=18.03°）的特征衍射峰，这说明在煅烧过程中消耗 CaO 和 Al_2O_3 会改变熟料样品的组成。另外，除了 20% 铁相含量熟料样品外也观察到了明显的 C_3A（2θ=33.3°）的特征衍射峰，这个结果说明随着生料中 Al_2O_3 含量增加，促进了 $C_4A_3\$$ 分解，进而阻碍了 C_3S 矿物生成。熟料样品中出现急凝矿物 $C_{12}A_7$ 和 C_3A。这会对水泥质量产生不利影响，降低其流动性，增加其水化热。

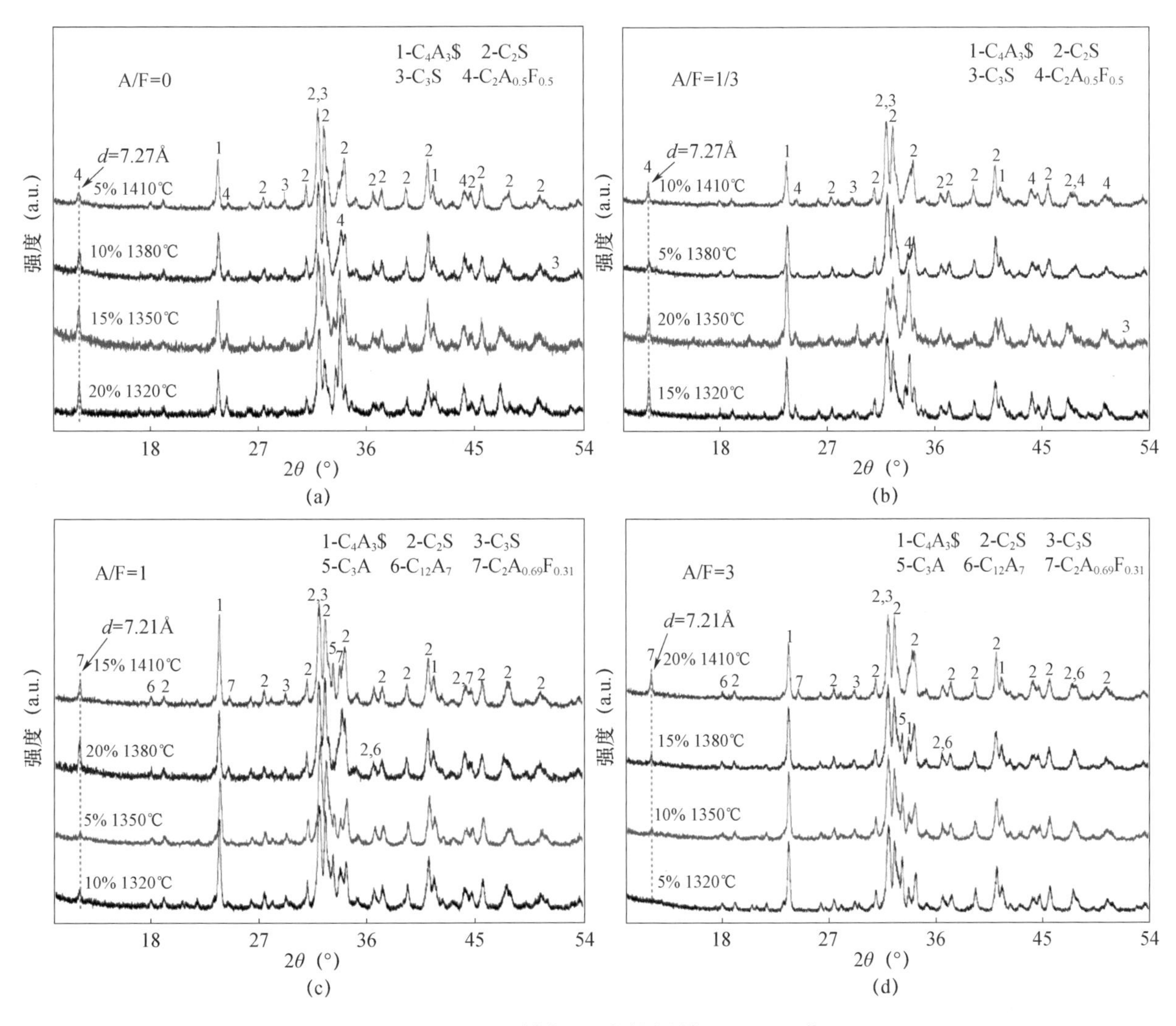

图 6-2 不同铁相组成熟料的 XRD 图谱

图 6-2（d）是铁相组成为 $C_2A_{0.75}F_{0.25}$（A/F 为 3）的 XRD 图谱。4 个熟料样品矿物组成也为 C_2S、$C_4A_3\$$、C_3S、C_3A、$C_{12}A_7$ 和 $C_2A_{0.69}F_{0.31}$ 固溶体。随着煅烧温度增加，熟料中 $C_4A_3\$$ 的衍射峰逐渐降低，且 C_3S 特征峰也很难观察到，这很可能由于 $C_4A_3\$$ 矿物分解的 SO_3 抑制 C_3S 的形成。一般而言，衍射

峰的强度与相的含量和结晶度有关。过高的 A/F 摩尔比不利于 C_3S 的形成，也不利于 $C_4A_3\$$ 和 C_3S 的共存。因此，液相的组成和含量对熟料矿物的形成有显著影响。

（4）微观结构分析。BSE 原理是基于物相平均原子序数不同，表现出的灰度值（亮度）也不同，通过观察熟料矿物相亮度，结合 EDS 分析，分辨出熟料矿物组成。不同铁相和煅烧温度熟料样品的 BSE-EDS 分析如图 6-3 所示。

Point+2 element	Molar ratio
Ca	24.33
Al	23.35
O	44.07
S	4.43
Fe	1.60
Si	2.23

Point+1 element	Molar ratio
Ca	41.02
Si	11.47
O	42.52
Al	3.54
Fe	0.68
S	0.77

(a) 20%铁相（A/F=1/3）

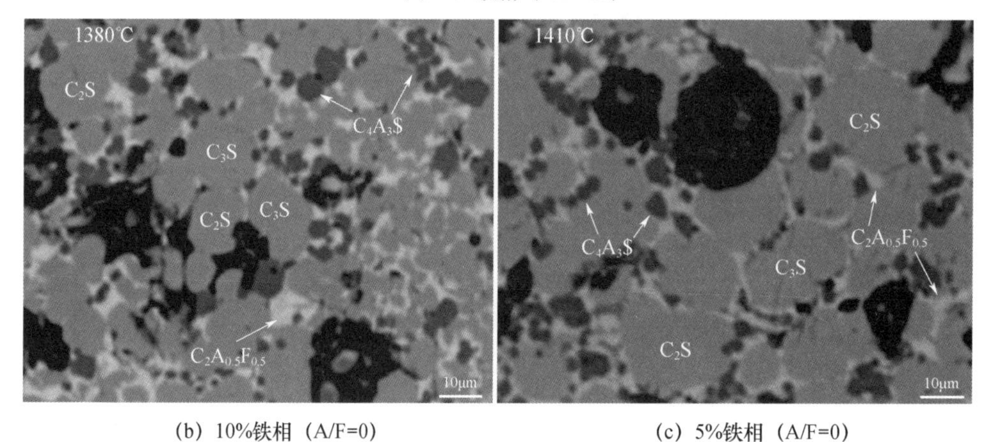

(b) 10%铁相（A/F=0）　　(c) 5%铁相（A/F=0）

图 6–3　不同铁相的熟料样品 BSE–EDS 分析

从图 6-3 中可知，随着 A/F 摩尔比和煅烧温度的不同，熟料矿物的显微结构变化较大。熟料样品由 C_2S、$C_4A_3\$$、C_3S 和 $C_2A_{0.5}F_{0.5}$ 固溶体组成。当煅烧温度为 1350℃时，熟料样品的微观结构相对松散［图 6-3(a)］。大部分硅酸盐矿物是 C_2S,C_3S 固溶体相对较少。黑色尺寸在 10μm 的颗粒是 $C_4A_3\$$ 矿物，在熟料样品中其轮廓呈现出清晰的多角形矿物，表明在煅烧温度 1350℃时，$C_4A_3\$$ 晶体没有溶解或分解到液相中，并保留了快速冷却时的规则外形，这也与前述的 XRD 结果吻合较好。另外，熟料矿物铁相呈明亮的无定形状包裹着 $C_4A_3\$$ 晶体。

图 6-3（b）给出了 10% 铁相（A/F 比为 0）的熟料样品的 BSE 图像，和图 6-3（a）相比，黑色 $C_4A_3\$$ 晶体的颗粒尺寸小于 10μm，轮廓也变得模糊，表明 $C_4A_3\$$ 矿物已经分解到液相和硅酸盐相形成固溶体，这也与 EDS 分析中元素相吻合。相比之下，C_2S 和 C_3S 晶体的粒径大于 10μm，且熟料样品孔隙率较低［图 6-3（b）］，表明提高煅烧温度增加了熔融液相量，从而可促进 C_3S 矿物形成。从图 6-3（c）可知，随着烧成温度的继续升高，熔融液相含量增加，熟料样品呈现出由铁相包裹的良好的六角形状的 C_3S 和大的圆形 C_2S 矿物。然而，$C_4A_3\$$ 矿物分解程度增加，晶体尺寸明显变小，这将

对 $C_4A_3\$$ 和 C_3S 矿物共存不利。因此，在煅烧过程中，铁相组成和含量在避免 $C_4A_3\$$ 分解和 C_3S 形成中起着重要作用。

2. 离子掺杂对水泥熟料矿物形成影响

在前期液相调控技术基础上，辅以钡离子掺杂技术，不仅可以降低 C_3S 矿物的形成温度，而且可以提高 $C_4A_3\$$ 矿物的分解温度，使两种矿物有更宽的稳定共存的温度区间，C_3S 和 $C_4A_3\$$ 矿物更易共存形成。

（1）$C_{4-x}B_xA_3\$$ 系列单矿物的制备。制备 $C_{4-x}B_xA_3\$$ 系列单矿物的原料为碳酸钙、二水石膏、三氧化二铝、碳酸钡及无水乙醇等 AR 级分析纯化学试剂。根据 $C_{4-x}B_xA_3\$$ 中钡的掺量不同，制备多组不同钡掺量的无水硫铝酸钡钙单矿物。经计算，按照 $C_{4-x}B_xA_3\$$ 系列单矿物的配料比来计算各个原料所需的质量见表 6-4。

表 6-4　$C_{4-x}B_xA_3\$$ 系列单矿物配料计算

%

钡掺量 x	$CaCO_3$	Al_2O_3	$BaCO_3$	$CaSO_4\cdot 2H_2O$
0	22.57	0.00	17.24	10.19
0.25	20.59	2.71	16.78	9.92
0.5	18.72	5.27	16.35	9.66
0.75	16.94	7.71	15.93	9.42
1.0	15.25	10.02	15.54	9.18
1.25	13.64	12.23	15.16	8.96
1.5	12.11	14.33	14.81	8.75
1.75	10.65	16.33	14.47	8.55
2.0	9.25	18.25	14.14	8.36

由于无水硫铝酸钡钙在高温时会分解，所以我们要把煅烧温度限制在一定范围内，以免温度过高导致硫铝酸钡钙单矿物分解，产生 $C_{12}A_7$ 和 CA 杂质相。进行了综合实验分析之后，我们采用了表 6-5 所示的烧成制度来制备高纯度的无水硫铝酸钡钙单矿物。

表 6-5　$C_{4-x}B_xA_3\$$ 系列单矿物煅烧制度设计

钡掺量 x（%）	煅烧次数 T	煅烧温度（℃）	硫掺量（%）	保温时间（h）
0	1	1300	1.00	4
0.25	2	1320	1.05	6
0.5	2	1350	1.05	6
0.75	2	1380	1.05	6
1.0	2	1380	1.05	6
1.25	2	1360	1.05	10

续表

钡掺量 x（%）	煅烧次数 T	煅烧温度（℃）	硫掺量（%）	保温时间（h）
1.5	2	1380	1.05	10
1.75	3	1380	1.05	10

在纯硫铝酸钙（x=0）的制备过程中，通过煅烧温度为1300℃、保温时间为4h、慢冷的冷却制度，即可制备纯度为97.8%的$C_4A_3\$$；当掺杂比例提高到1/15(x=0.25)，煅烧温度需提高至1320℃，保温时间延长至6h，煅烧次数增加为2次，即可制备纯度为97.7%的$C_{3.75}B_{0.25}A_3\$$；当掺杂比例提高到1/7(x=0.5)，煅烧温度需提高至1340℃，保温时间延长至6h，煅烧次数增加为2次，即可制备纯度为95.8%的$C_{3.5}B_{0.5}A_3\$$；当掺杂比例提高到3/13(x=0.75)，煅烧温度需提高至1360℃，保温时间延长至6h，煅烧次数增加为2次，即可制备纯度为94.5%的$C_{3.25}B_{0.75}A_3\$$；当掺杂比例提高到1/3(x=1)，煅烧温度需提高至1360℃，保温时间延长至6h，煅烧次数增加为2次，即可制备纯度为94.4%的$C_3BA_3\$$；当掺杂比例提高到5/11(x=1.25)，煅烧温度需提高至1380℃，保温时间延长至10h，煅烧次数增加为2次，即可制备纯度为95.8%的$C_{2.75}B1_{.25}A_3\$$；当掺杂比例提高到3/5(x=1.5)，煅烧温度需提高至1380℃，保温时间延长至10h，煅烧次数增加为2次，即可制备纯度为98.4%的$C_{2.5}B_{1.5}A_3\$$；当掺杂比例提高到7/9(x=1.75)，煅烧温度需提高至1400℃，保温时间延长至10h，煅烧次数增加为3次，即可制备纯度为98.4%的$C_{2.25}B_{1.75}A_3\$$；当掺杂比例提高到1(x=2)，煅烧温度需提高至1400℃，保温时间延长至10h，煅烧次数增加为5次，即可制备纯度为98.4%的$C_2B_2A_3\$$。同时通过Rietveld全谱拟合分析，发现随着钡掺量的提高，无水硫铝酸钡钙的立方晶系开始出现并且物相相对密度逐步提升，而无水硫铝酸钙的正交晶系随着钡掺量的提高而减少。说明在无水硫铝酸钡钙(3-x)CaO·xBaO·$3Al_2O_3$·$CaSO_4$的体系中，提高钡的含量x，会促使无水硫铝酸钡钙的晶型从正交晶系向着立方晶系转变。Ba^{2+}取代Ca^{2+}的数量逐渐增加，由于Ba^{2+}的离子半径比Ca^{2+}离子的离子半径大，导致无水硫铝酸钡钙矿物晶面间距增大，这也是在进行XRD衍射图谱分析时会发现XRD图谱向左偏移的原因。其精修图谱如图6-4所示。

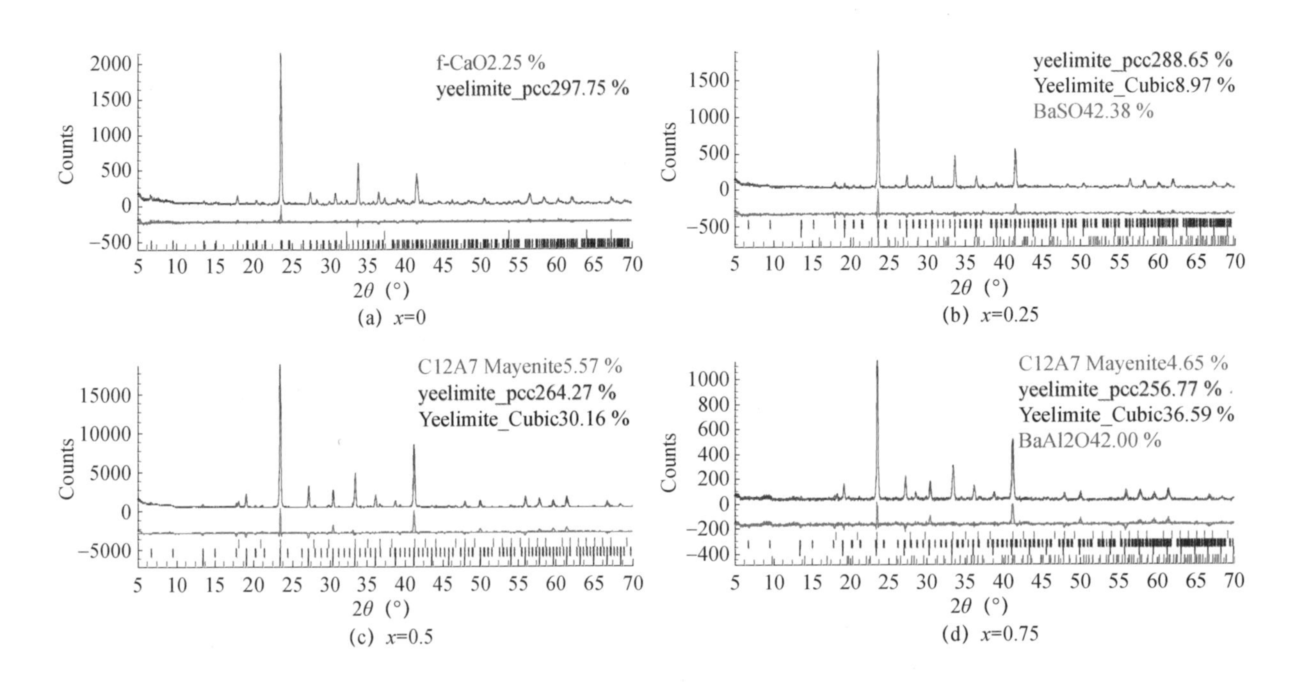

(a) x=0　(b) x=0.25

(c) x=0.5　(d) x=0.75

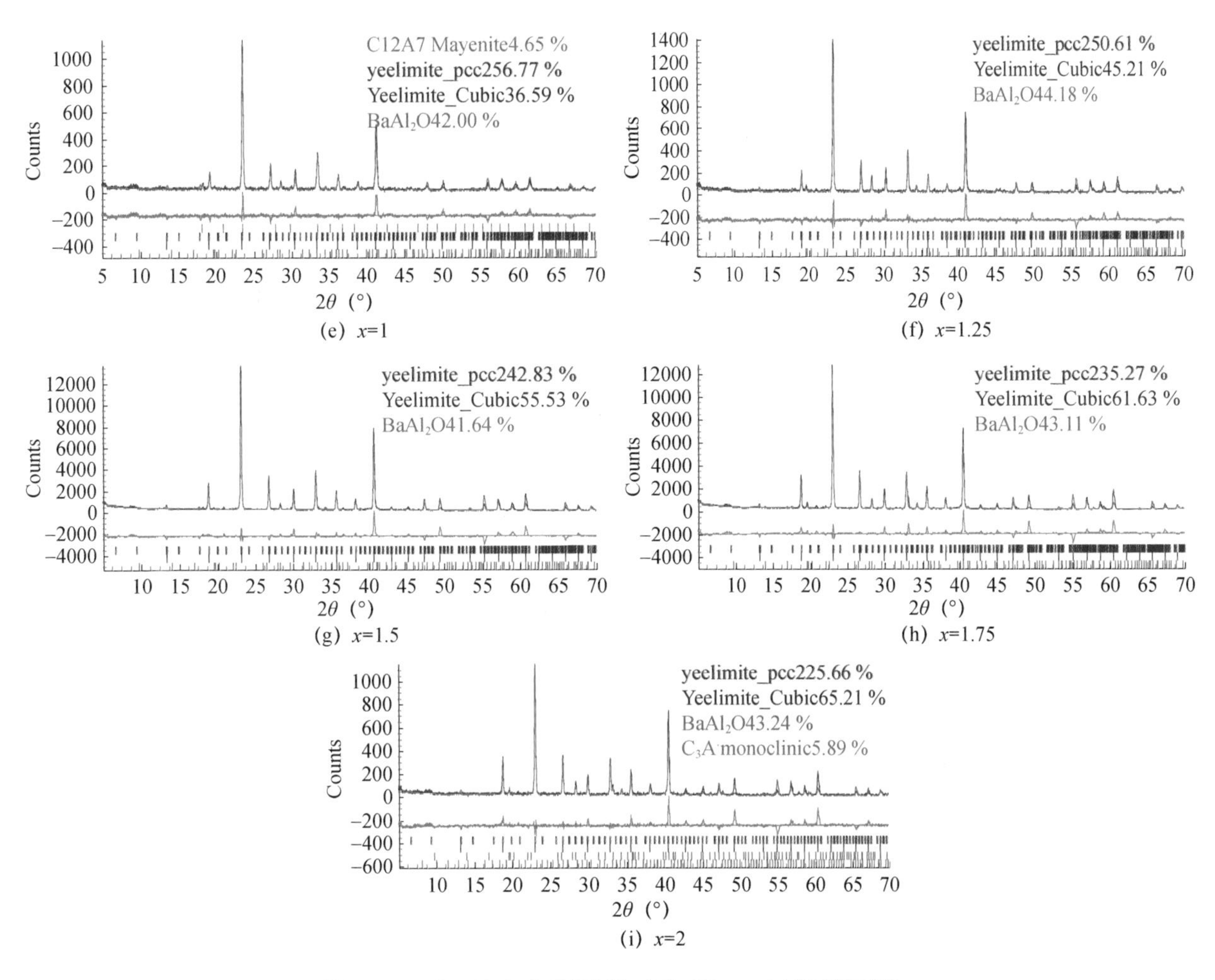

图 6-4　$C_{4-x}B_xA_3\$$ 系列单矿物 Rietveld 精修图谱

通过对 $C_{4-x}B_xA_3\$$ 系列单矿物样品 x=0 至 x=2 衍射对比图发现，随着 Ca 位 Ba 掺杂比例增大，$C_{4-x}B_xA_3\$$ 系列单矿物样品的特征衍射峰整体向左偏移。这说明，随着钡离子进入 $C_{4-x}B_xA_3\$$ 体系中，使晶格畸变，晶胞体积增大，致使了 XRD 衍射图像的偏移。

（2）钡离子掺杂提高 $C_{4-x}B_xA_3\$$ 矿物高温稳定性。

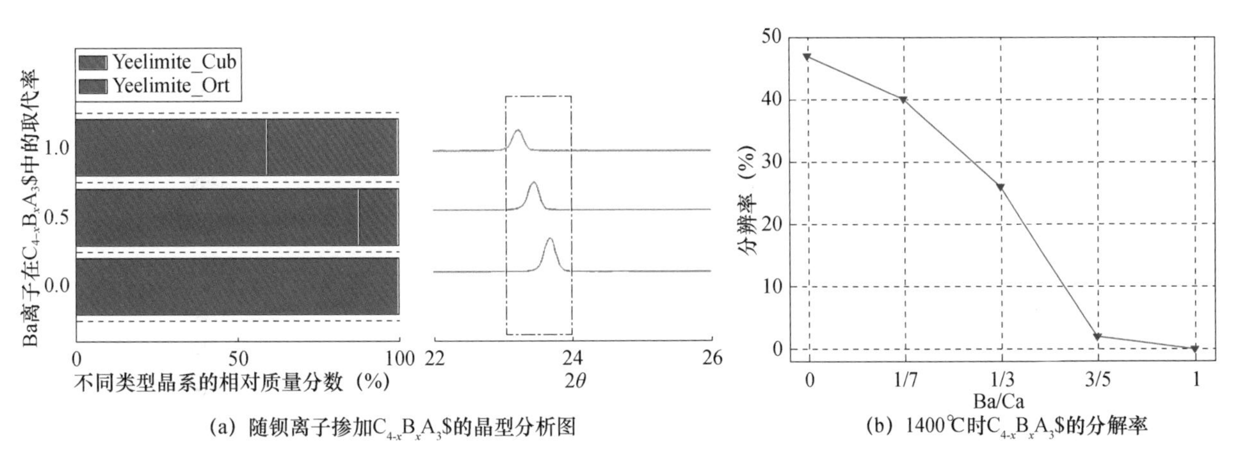

（a）随钡离子掺加$C_{4-x}B_xA_3\$$的晶型分析图　（b）1400℃时$C_{4-x}B_xA_3\$$的分解率

图 6-5　上述单矿物经过 1400℃保温 8h 后进行 Rietveld 定量分析获得其分解率

图 6-5 为上述单矿物经过 1400℃保温 8h 后进行 Rietveld 定量分析获得其分解率。实验发现随着 Ba 离子取代比例的增加其矿物高温稳定性逐渐增加（分解率逐渐降低），当 Ba/Ca 摩尔比为 3/5 时，在 1400℃具有良好的高温稳定性，这就为硫铝酸钙矿物与硅酸三钙矿物的复合提供了重要的基础条件。

图 6-5 为了进一步研究 $C_{4-x}B_xA_3\$$ 系列单矿物的矿物组成和显微结构，选取了 Ca 位 Ba 替代为 x=2.0 的样品进行 SEM 扫描电镜分析，如图 6-6 所示。通过图中各元素 mapping 图谱可以看出，元素较为均匀分布，并无显著的个别元素富集区，说明物相组成单一，在此验证了成功制备硫铝酸钡钙单矿物。EDS 面探图谱发现图中画圈的部分较为特殊（高钡高铝而低硫低钙），分析可知为杂质铝酸钡相（BA），与 XRD 分析结果一致。BA 相出现于矿物 $C_2B_2A_3\$$ 内部，侧面反映出 BA 是固相反应形成 $C_2B_2A_3\$$ 的中间相之一。根据图 6-6 中面总谱图中各个元素的比重，可以的到个元素的摩尔比。根据各元素的摩尔比对 S 进行归一化处理，得到 x=2.0 的 $C_{4-x}B_xA_3\$$ 单矿物平均实际 Ca/Ba 比为 0.9，趋近于理论 Ca/Ba 比 1，说明元素组成的统计表征符合预期设计。

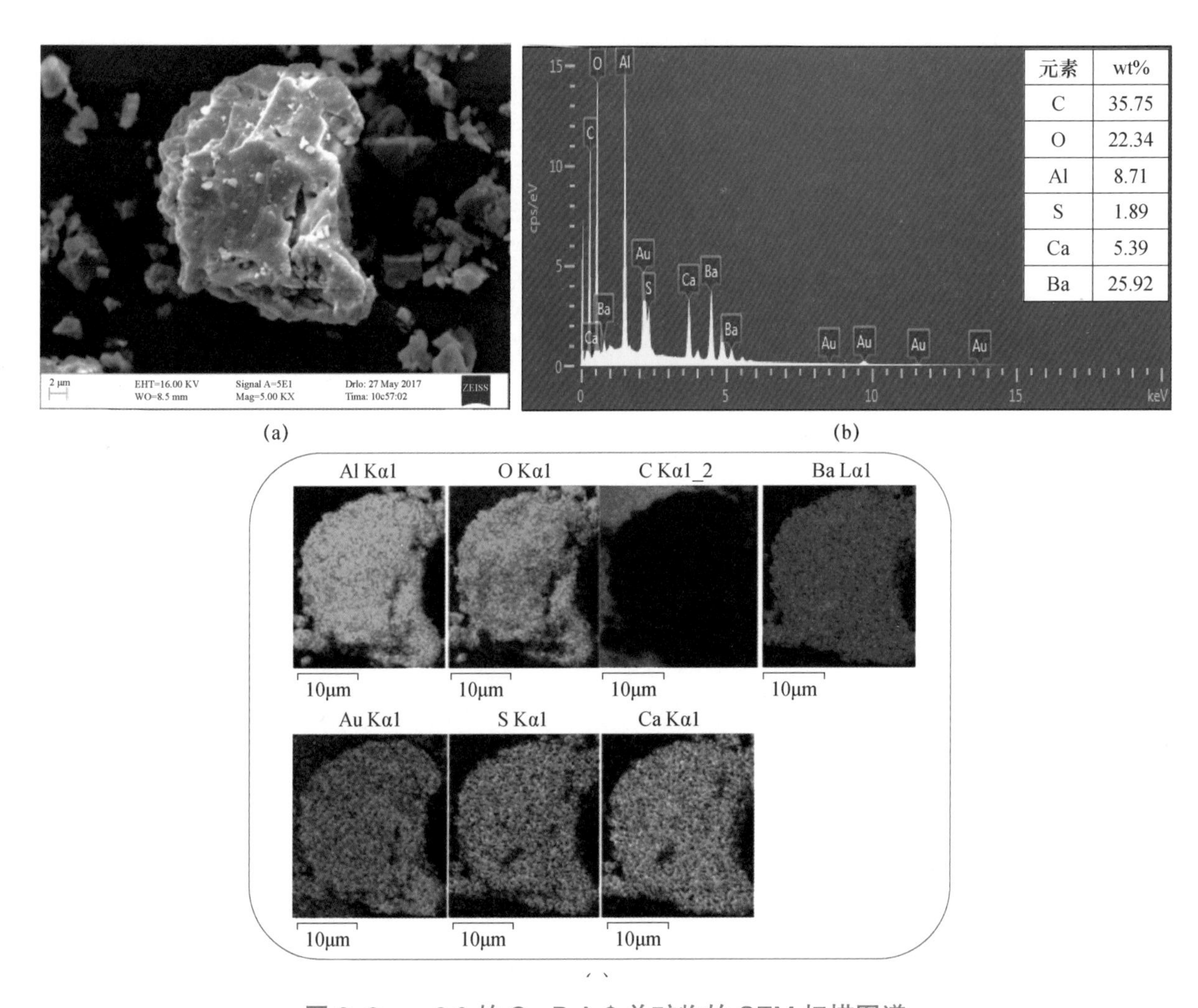

图 6–6 x=2.0 的 $C_{4-x}B_xA_3\$$ 单矿物的 SEM 扫描图谱

（3）实验配比设计。为了研究钡离子对熟料形成的影响，消除杂质的干扰，采用分析级 $CaCO_3$、SiO_2、$Al(OH)_3$、Fe_2O_3、$CaSO_4\cdot 2H_2O$ 和 $BaCO_3$ 制备熟料矿物。四种水泥生料原材料设计配比见表 6-6。

表 6-6　水泥生料设计配比（质量分数，%）

编号	$CaCO_3$	SiO_2	$Al(OH)_3$	Fe_2O_3	$CaSO_4 \cdot 2H_2O$	$BaCO_3$
RA	60.40	12.65	10.01	7.99	3.68	5.27
RB	61.45	13.75	9.94	5.96	3.65	5.24
RC	62.50	14.84	9.88	3.95	3.63	5.21
RD	63.53	15.91	9.82	1.96	3.61	5.18

（4）研究方法。水泥熟料是多矿物的聚集体，其形成过程经过一系列物理化学反应。本节主要研究离子掺杂对熟料矿物形成机制和过程。通过 XRD、SEM-EDS、DSC-TG 和岩相等表征手段阐明修补 / 防护用硫铝酸盐水泥熟料形成机制。

（5）水泥熟料相分析。利用 X 射线衍射分析熟料样品的矿物相组成。不同煅烧温度（分别为 1320℃、1350℃和 1380℃）和铁相含量熟料样品 XRD 图谱如图 6-7 所示。

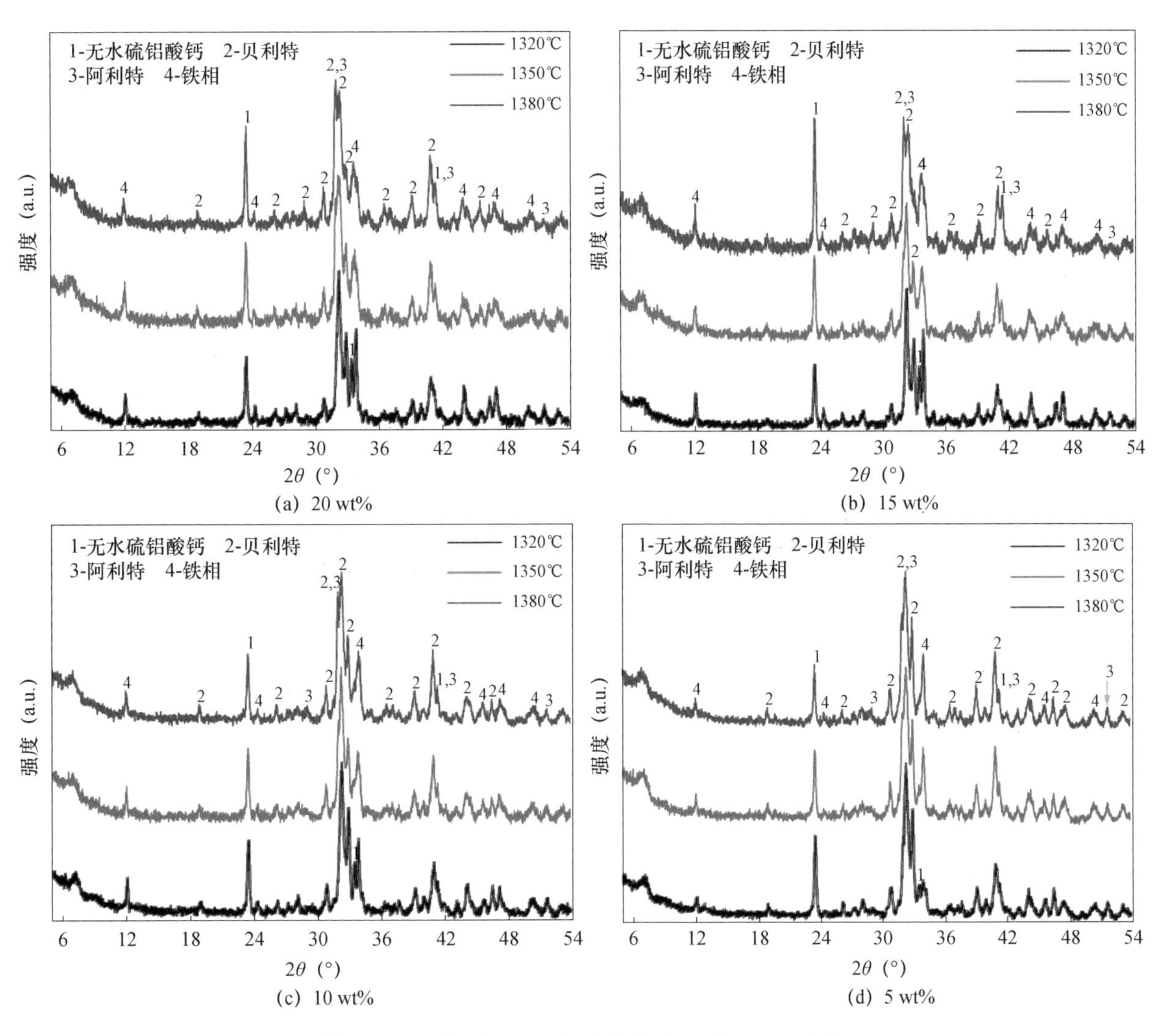

图 6-7　不同铁相含量的熟料样品的 XRD 图谱

从图 6-7 中可以看出，不同煅烧温度下熟料样品具有类似的矿物成分。水泥熟料矿物组成主要有贝利特、无水硫铝酸钙、阿利特和铁相。当铁相含量为 20wt%［图 6-7（a）］和 15wt%［图 6-7（b）］时，无水硫铝酸钙的衍射峰强度随煅烧温度的升高而增强。此外，无水硫铝酸钙的特征衍射峰向左移动（从 23.66° 到 23.51° ）。这可能是因为 Ba 的离子半径比 Ca 离子的大，Ba^{2+} 占据 Ca^{2+} 格点并在所有的熟料样品中形成硫铝酸钙钡，这一结果与后面的 BSE-EDS 观测结果一致。硫铝酸钙钡的水化活性高于硫铝酸钙，从而为硬化水泥浆体的早期强度提供了有利条件。

在所有熟料设计矿物组成中，设计的铁相组成为 C_2F 矿物，煅烧后实际铁相组成为 $C_2A_{0.5}F_{0.5}$（2θ=12.16°，d=7.27Å）。这很可能是 C_2F 矿物中 Fe^{3+} 有两种配位环境，形成四面体和八面体，其中后者的数量是前者的两倍。Al^{3+} 半径比 Fe^{3+} 小，其优先进入四面体。同样，由于钡元素也进入铁相固溶体，导致其特征衍射峰也向左移动（从 2θ=12.16° 到 2θ=12.13°）。随着煅烧温度增加，阿利特的特征峰（2θ=29.3°，d=3.03Å 和 2θ=51.8°，d=1.76Å）减弱，表明在煅烧温度高于 1350℃时，因铁相含量增加将促进无水硫铝酸钙溶解，这将阻碍阿利特的形成。

铁相含量为 10wt% 和 5wt% 的熟料样品 XRD 图谱分别如图 6-7（c）和图 6-7（d）所示。铁相和无水硫铝酸钙的特征衍射峰均向左移动，这表明钡元素已经固溶到这两种矿物中。钡元素固溶到高温熔融铁相中可以降低液相形成温度，改善液相黏度，为阿利特矿物形成提供了有利条件。随着煅烧温度的升高，阿利特的特征峰逐渐增加。一般来说，衍射峰的强度与铁相的含量和结晶度有关。因此，当铁相含量为 5wt% 时，阿利特在熟料矿物中的衍射峰更加明显，其实际含量相对较高。

基于以上结果，在煅烧温度为 1380℃、铁相含量为 5wt% 的熟料样品（称为 RD-1380）是进行放大制备样品的最佳实验方案。图 6-8 显示了由 Topas 4.2 软件计算的 RD-1380 样品的定量分析拟合图。

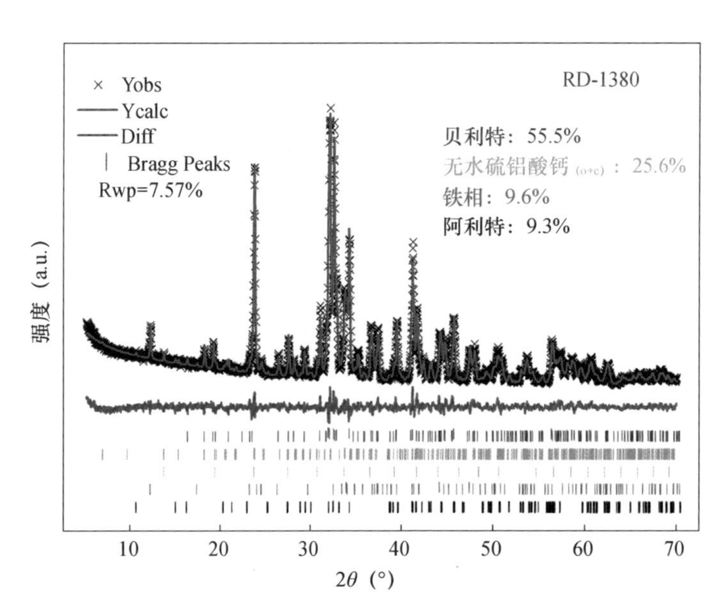

图 6–8 RD–1380 熟料矿物定量分析拟合图

从图 6-8 中可看出，熟料矿物组成为贝利特、无水硫铝酸钙、铁相和阿利特，其含量分别为 55.5wt%、25.6wt%、9.6wt% 和 9.3wt%，铁相含量为 10wt% 和 5wt% 的其他编号的熟料矿物定量相分析结果见表 6-7。所有熟料样品的结构精修 R_{wp} 值均低于 8%，这表明相组成的拟合结果是准确的。尽管 RD-1380 熟料样品的相组成与目标相组成有所不同，但无水硫铝酸钙和阿利特的含量都与设计组成最接近，两种矿物含量分别为 25.6wt% 和 9.3wt%，这将有利于水泥中后期强度的持续发展。

表 6-7　基于 Rietveld 方法获得的熟料的相组成及含量　%

熟料相	编号					
	RC-1320	RC-1350	RC-1380	RD-1320	RD-1350	RD-1380
贝利特	54.8	53.6	50.4	56.5	56.2	55.5
硫铝酸钙 $_{(o+c)}$	24.5	26.8	26.3	21.3	24.8	25.6
铁相	14.3	12.7	15.1	13.6	11.3	9.6
阿利特	6.4	6.9	8.2	8.6	7.7	9.3
R_{wp}	7.19	5.32	6.49	7.83	5.60	7.57

注：o 为正交相（Orthorhombic），c 为立方相（Cubic）。

（6）熟料形成综合热分析。不同铁相含量水泥生料的 TG-DSC 曲线如图 6-9 所示。利用热分析结果得到煅烧过程中化合物分解和形成的信息。从图 6-9 中可以看出，第一个吸热峰位于约 285℃，这是 $Al(OH)_3$ 分解导致的，在 650~820℃范围内出现了第二个很大的吸热峰，同时伴随着较大的失重，这是由于 $CaCO_3$ 分解产生的吸热峰。在 1230℃左右出现了第三个吸热峰，但没有质量损失，因此该峰可能是液相的形成，大约 1275℃放热峰可能是由于阿利特矿物的形成反应。当对铁相含量为 20wt% 的 RA 水泥生料进行煅烧时，在 1350℃左右吸热峰同时伴随质量损失，表明此时无水硫铝酸钙开始分解，导致阿利特矿物形成被抑制，这与前述的 XRD 分析结果一致［图 6-7（a）］。

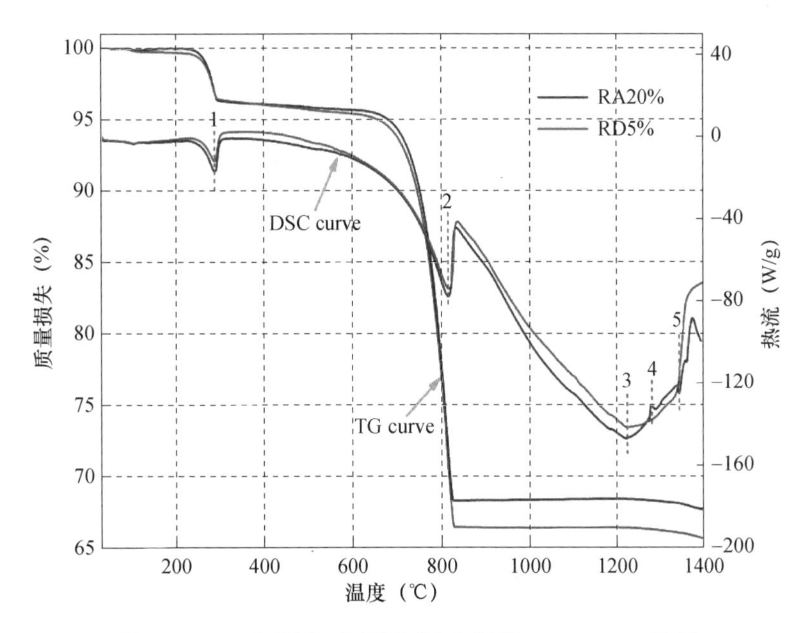

图 6-9　不同铁相含量水泥生料的 TG-DSC 曲线

（7）熟料显微结构分析。为了研究 Ba 离子对熟料矿物形成及显微结构的影响，对样品 RA-1320

和 RD-1380 进行了 SEM-EDS 分析，如图 6-10 所示。

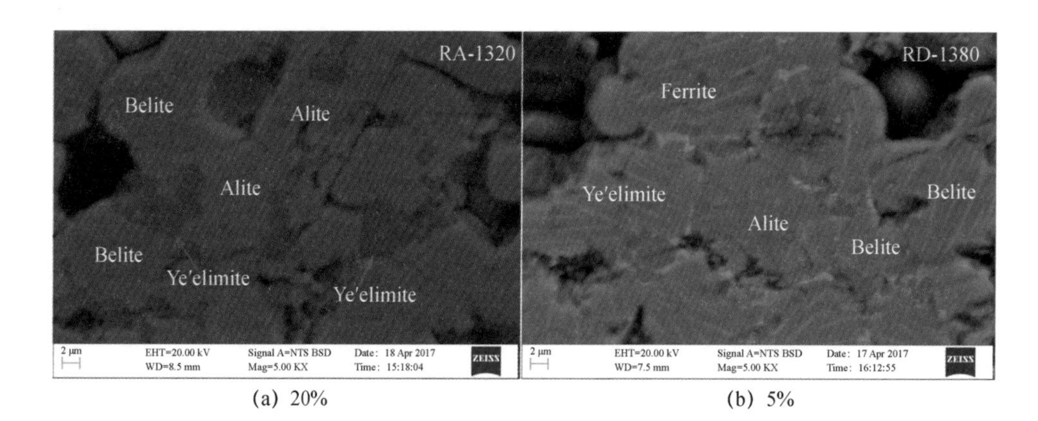

(a) 20%　　(b) 5%

图 6-10　不同铁相的熟料样品的 SEM-EDS 分析

由图 6-10 可知，各熟料矿物显微结构特征明显，浅灰色呈规则的几何外形区域对应于阿利特和贝利特，且矿物尺寸相对较大，为 10~20μm。较暗的多边形区域为无水硫铝酸钙，其晶体尺寸相对较小，约几微米。在熟料样品中较明亮的无规则的区域是铁相。与 RA-1320 熟料样品［图 6-10（a）］相比，RD-1380 样品中无水硫铝酸钙尺寸更小，如图 6-10（b）所示。

对 RD-1380 试样进行了 EDS 分析，得到的元素摩尔比见表 6-8。结果表明，熟料相无水硫铝酸钙中固溶了微量 Ba 元素。同时无水硫铝酸钙中也检测到了 Fe 元素。文献中报道了无水硫铝酸钙晶体结构框架中的 Al^{3+} 位点能被 Fe^{3+} 取代。Ba 元素能取代贝利特中的 Ca 元素形成固溶体，但没能在阿利特中检测到 Ba 元素。为了方便比较，测试得到的熟料相原子比和化学计量比的相应值见表 6-9。从表中可以看出，熟料矿相固溶量越多，其实际原子摩尔比均与化学计量比相差较大。此外，熟料在冷却过程中，在高温液相中 Ba 元素也会固溶到铁相中保留下来，这与前述的 X 射线衍射分析结果相一致。

表 6-8　RD-1380 样品能谱分析元素摩尔比（质量分数，%）

熟料相名称	化学计量比	元素					
		Al	Si	S	Ca	Fe	Ba
贝利特	C_2S	2.09	15.41	3.46	31.89	0.42	1.33
硫铝酸钙	$C_4A_3\$$	32.89	0.95	5.86	23.92	1.64	2.52
阿利特	C_3S	1.46	11.29	2.92	34.85	—	—

表 6-9　RD-1380 样品能谱分析平均原子比

原子比	*n*	(Ca+Ba)/Si	(Ca+Ba)/Al	(Ca+Ba)/S
能谱分析原子比				
贝利特	7	2.16		

续表

原子比	n	(Ca+Ba)/Si	(Ca+Ba)/Al	(Ca+Ba)/S
硫铝酸钙	5		0.80	4.50
阿利特	9	3.09		
理论化学计量比				
C_2S		2.0	—	—
$C_4A_3\$$		—	0.67	4.0
C_3S		3.0	—	—

注：n 代表测试点数，还包括了熟料相的理论原子比。

6.1.2 修补 / 防护用硫铝酸盐水泥的水化与性能调控技术

采用硼酸、聚羧酸减水剂等外加剂单掺和复掺将修补 / 防护用硫铝酸盐水泥（以下简称水泥）初凝时间控制在 3~117min，实现了水泥凝结时间数分钟至 2h 内可控。

1. 水泥熟料凝结时间的调控

硼酸掺量为 0.00%、0.05%、0.10%、0.20% 和 0.30% 的试样编号分别为 B_0、B_1、B_2、B_3 和 B_4，具体配比见表 6-10。

表 6–10　试样配比设计

试样编号	硼酸掺量 (wt/%)	水灰质量比
B_0	0.00	0.28
B_1	0.05	0.28
B_2	0.10	0.27
B_3	0.20	0.26
B_4	0.30	0.26

由图 6-11 可以看出，不同掺量的硼酸对修补 / 防护用硫铝酸盐水泥熟料的凝结时间影响显著。不掺硼酸时，水泥熟料的初凝和终凝时间分别为 50min 和 75min；当掺量仅为 wt=.05% 时，水泥熟料的初凝和终凝时间就分别增加为 76min 和 112min；随着硼酸掺量的增加，水泥熟料的凝结时间进一步延长，初凝和终凝时间间隔也随之增加。由此可以得出，硼酸能够显著延缓水泥熟料的凝结时间。

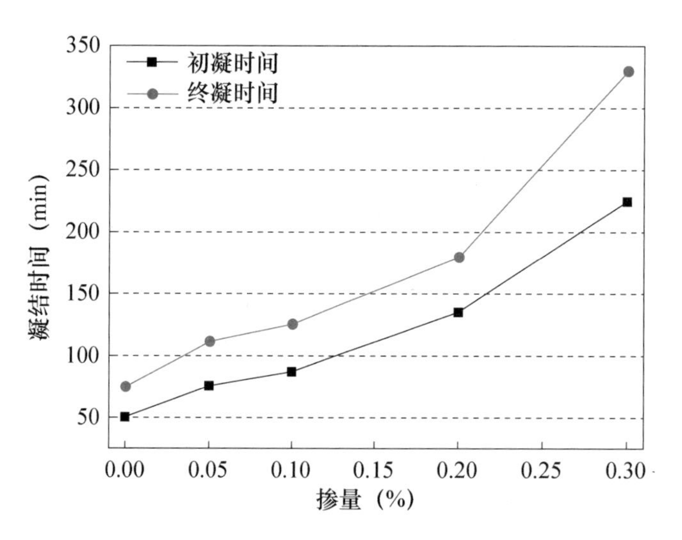

图 6-11　硼酸掺量对水泥熟料凝结时间的影响

2. 水泥凝结时间的调控

硼酸掺量对水泥凝结时间的影响如图 6-12 所示。

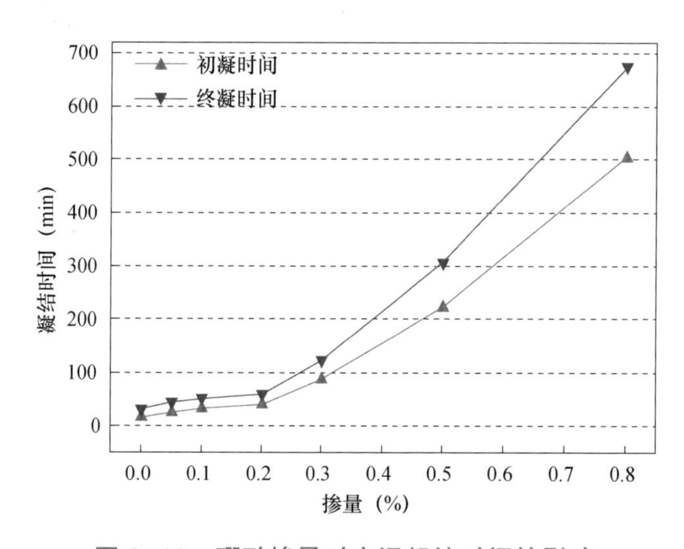

图 6-12　硼酸掺量对水泥凝结时间的影响

由图 6-12 可以看出，不同掺量的硼酸对修补 / 防护用硫铝酸盐水泥的凝结时间影响显著。不掺硼酸时，水泥的初凝和终凝时间分别为 17min 和 32min；当掺量为 *wt*=0.20% 时，水泥的初凝和终凝时间就分别增加为 40min 和 60min；随着硼酸掺量的继续增加，水泥的凝结时间进一步延长，初凝和终凝时间间隔也随之增加。由此可以得出，硼酸能够显著延缓水泥的凝结时间。

3. 聚羧酸减水剂对水泥凝结时间的影响

聚羧酸减水剂掺量对水泥凝结时间的影响如图 6-13 所示。

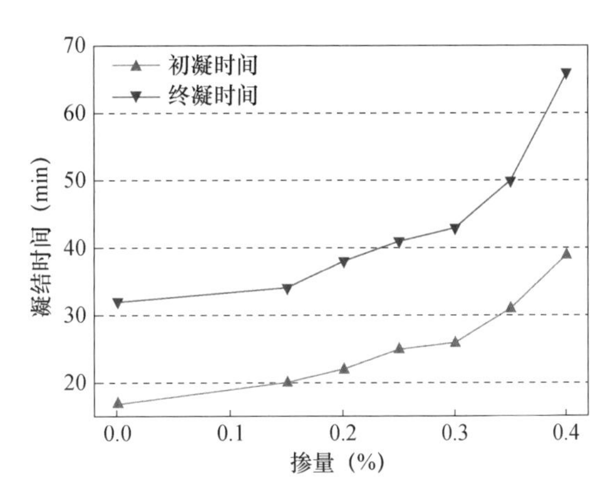

图 6–13　聚羧酸减水剂掺量对水泥凝结时间的影响

由图 6-13 可以看出，不同掺量的聚羧酸减水剂影响了修补 / 防护用硫铝酸盐水泥的凝结时间。不掺聚羧酸减水剂时，水泥的初凝和终凝时间分别为 17min 和 32min；当掺量为 *wt*=0.25% 时，水泥的初凝和终凝时间就分别增加为 26min 和 41min；随着聚羧酸减水剂掺量的继续增加，水泥的凝结时间进一步延长，由此可以得出，聚羧酸减水剂能够延缓水泥的凝结时间。

硼酸和聚羧酸减水剂复合掺量对水泥凝结时间的影响如图 6-14 所示。

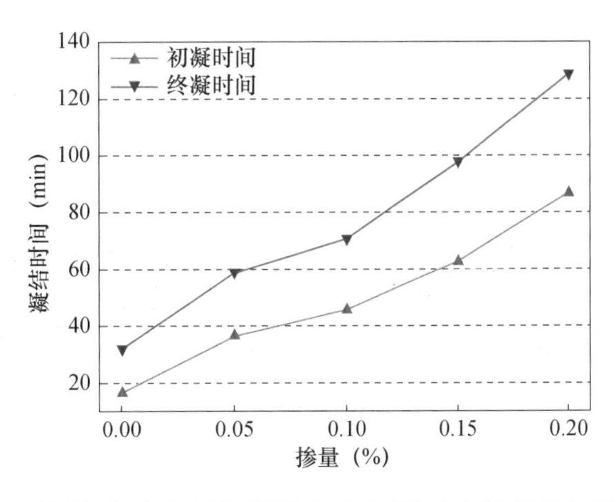

图 6–14　聚羧酸减水剂和硼酸复合掺量对水泥凝结时间的影响

由图 6-14 可以看出，掺入 *wt*=0.25% 的聚羧酸减水剂后初凝和终凝时间分别为 26min 和 41min，相比空白样，这已经延缓了硫铝酸盐水泥的凝结时间，而加入硼酸之后，凝结时间会进一步延长，可以根据施工要求确定复掺时硼酸的掺量。

4. 矿物组成与水泥性能的关系

（1）C_3S 单矿物水化有利于提高水泥粘结性能。图 6-15 为随龄期增长 C_3S 的水化产物定量分析，从图 6-15 中可以直观地看出，随着水化龄期的增长，C_3S 浆体中未水化的 C_3S 和自由水所占质量分数逐渐减小，而水化产物 $Ca(OH)_2$ 和 C-S-H 所占质量分数规律性地增大，尤其 C-S-H 凝胶的增幅更大，28d 时 C-S-H 凝胶所占比达到 52.43%，这非常有利于提高水泥的粘结性能。

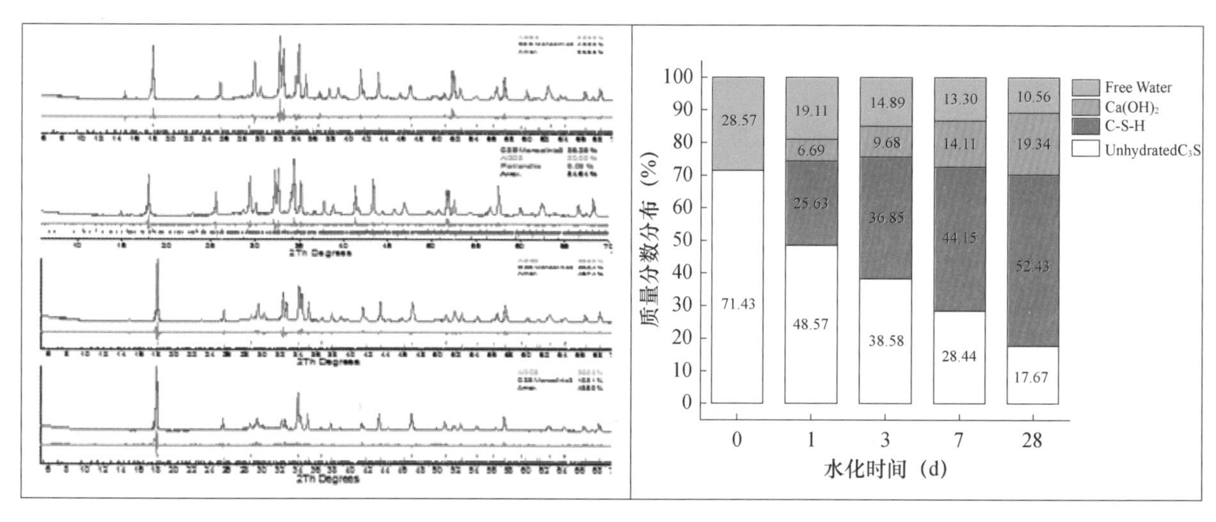

图 6-15　随龄期增长 C_3S 的水化产物定量分析

（2）$C_{4-x}B_xA_3\$$ 单矿物水化有利于提高水泥粘结性能。

由图 6-16 可以看出，Ba^{2+} 的掺入使得 $C_4A_3\$$ 水化产物中针棒状钙矾石的生成量减少，凝胶状水化产物增多，且水化 12h 后，掺 Ba^{2+} 样品的水化硬化浆体中 AFm 的生成量增加了 8.3%，进一步降低了针棒状钙矾石的占比，凝胶状水化产物的增多有利于提高水泥的粘结性能。

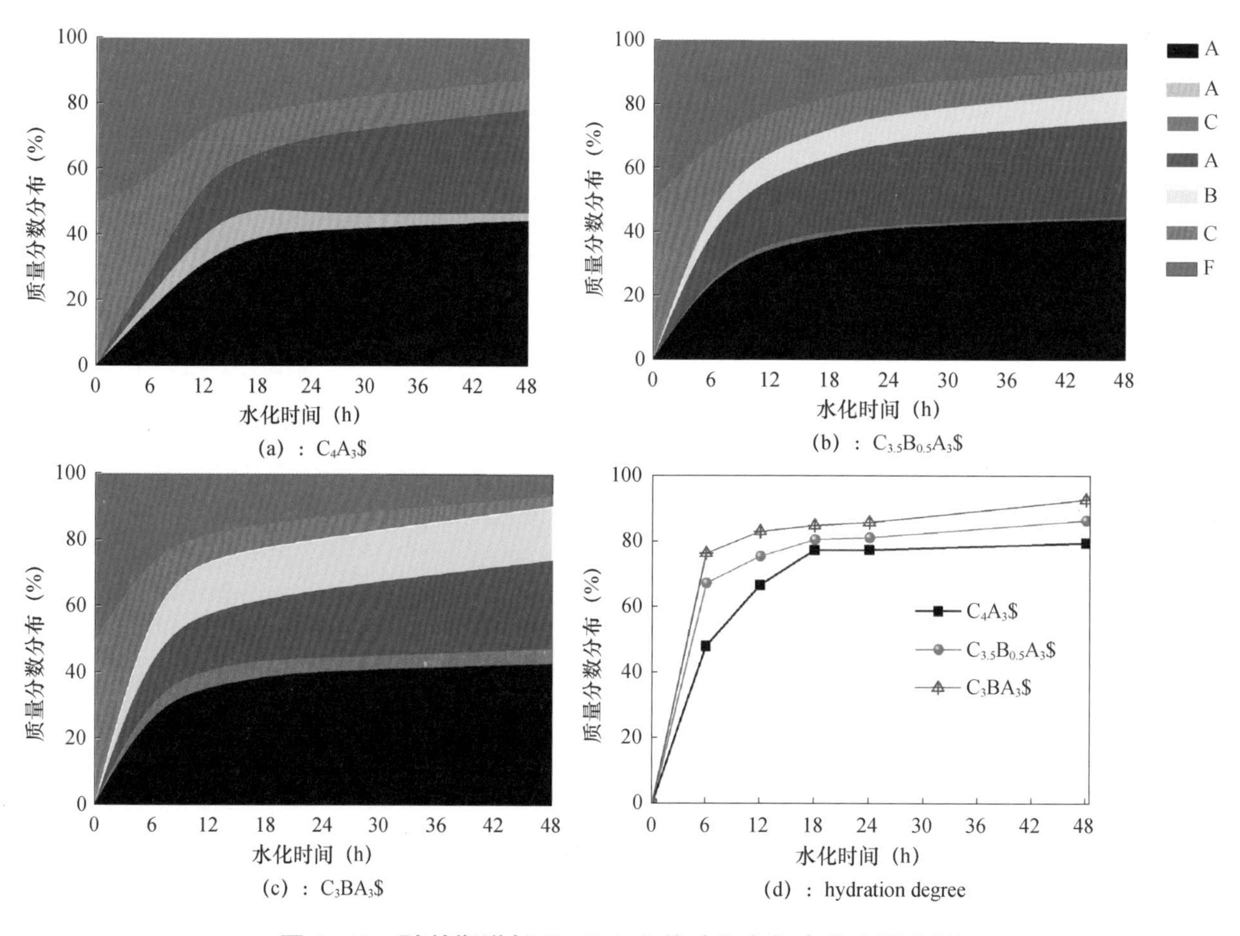

图 6-16　随龄期增长 $C_{4-x}B_xA_3\$$ 单矿物水化产物定量分析

为进一步证实，如图 6-17 和图 6-18 所示，由 $C_4A_3\$$ 和 $C_3BA_3\$$ 两试样的 DSC 曲线分析可知，Ba^{2+} 的掺入使得水化产物中 AFm 和铝胶的量减少了。通过 DSC-TG 和 XRD 分析得出，未掺 Ba 的矿物水化产物为 AFt、AFm、AH_3，掺 Ba 之后水化产物为 AFm、C_2AH_8、AH_3、$BaSO_4$，Ba 的掺入使得 $C_4A_3\$$ 水化产物中水化硫铝酸钙（AFm 和 AFt）的生成量减少，主要原因是矿物水化溶解沉淀过程中 $BaSO_4$ 先于水化硫铝酸钙形成，Ba^{2+} 对于固化 SO_4^{2-} 优先级最高，使得掺杂体系下水化硫铝酸钙生成量减少。

根据以上分析可以看出，掺杂 Ba 离子的硫铝酸钙的早期水化明显加快。第一阶段的主要原因可以推断为离子沉淀速率较快，从而导致较高的放热速率和更快的离子释放到溶液。先前的研究表明，在初期产生的较高离子不饱和度将导致二维蚀坑的出现，这一阶段的溶解速率主要与材料的组成／结构以及固液界面能有关。在不考虑缺陷或杂质存在的情况下，$C_{4-x}B_xA_3\$$ 矿物在理论上高度不饱和的条件下具有相似的溶解速率，这也与上述电导率分析相符。不同的是，$C_{4-x}B_xA_3\$$ 的水化产物 $BaSO_4$ 会在矿物表面或附近迅速形成，所起到的结晶成核作用促进后续的水化反应。图 6-19 为反应早期 $C_4A_3\$$ 和 $C_{4-x}B_xA_3\$$ 的水化过程。

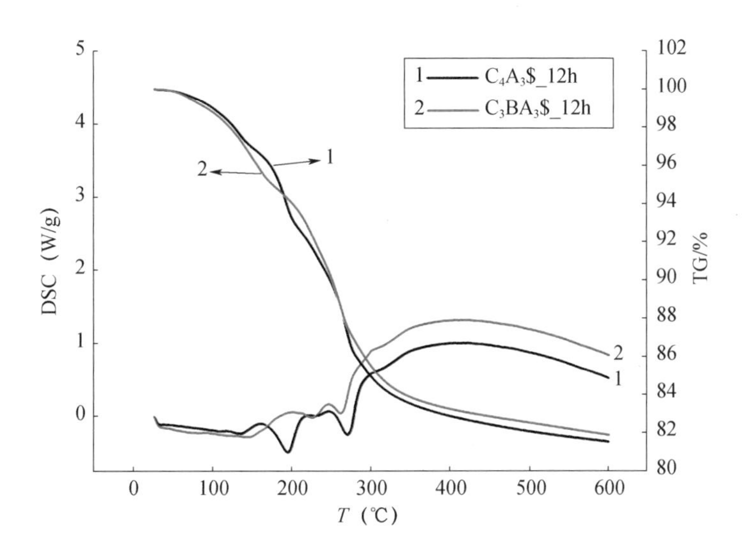

图 6-17　龄期为 12h 的水化样 DSC-TG 图谱分析

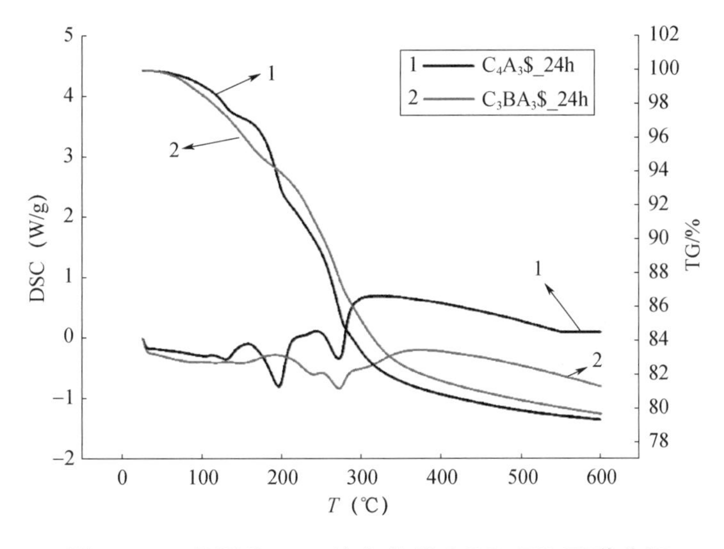

图 6-18　龄期为 24h 的水化样 DSC-TG 图谱分析

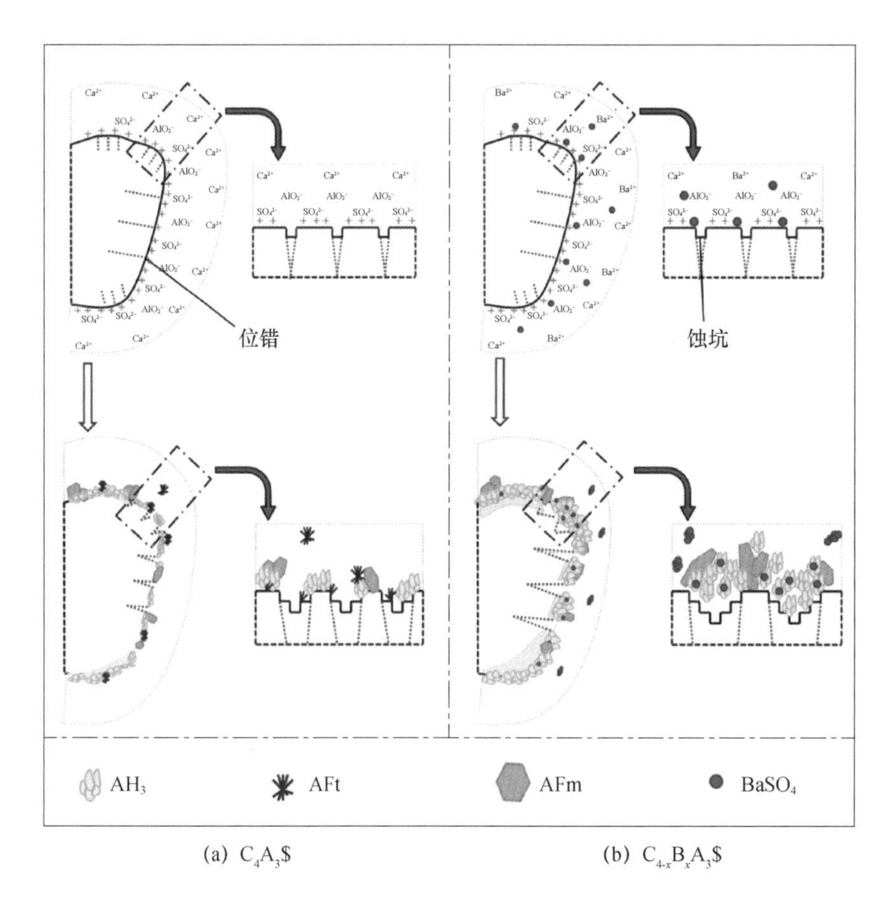

(a) $C_4A_3\$$　　(b) $C_{4-x}B_xA_3\$$

图 6–19　反应早期的水化过程

快硬硫铝酸盐水泥 $C_4A_3\$$ 含量为 57.7%，修补 / 防护用硫铝酸盐水泥 $C_{4-x}B_xA_3\$$ 含量为 49.0%，C_3S 含量为 8.0%。为排除其他因素影响，不掺加任何外加组分，在其他条件相同、无水硫铝酸钙含量较少的情况下，如图 6-20 所示，修补 / 防护用硫铝酸盐水泥砂浆的粘结强度值较高，C_3S 和 $C_{4-x}B_xA_3\$$ 对粘结性能的提高作用得到证实。

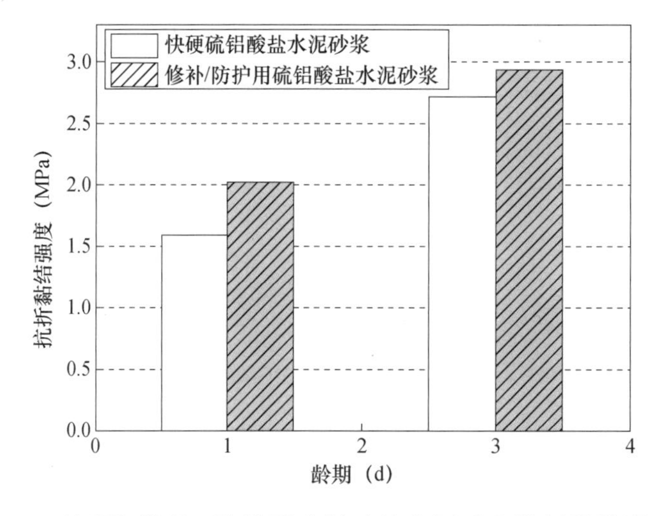

图 6–20　快硬和修补 / 防护用硫铝酸盐水泥砂浆抗折粘结强度对比

（3）C_3S 与粉煤灰协同水化有利于提高水泥抗蚀性能。

对比图 6-15 和图 6-21 可知，C_3S 与粉煤灰协同水化比 C_3S 单独水化产物类型和占比有明显变化，例如 $Ca(OH)_2$ 的占比明显降低，这对抗侵蚀性有利。

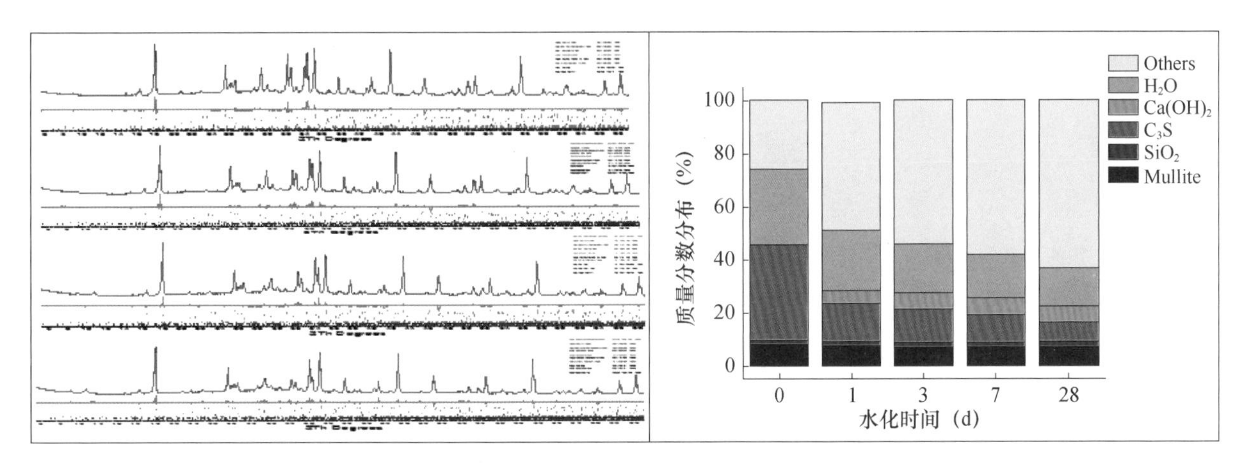

图 6-21　随龄期增长 C_3S 与粉煤灰协同水化产物定量分析

5. 水泥基材料的水化硬化性能分析

（1）水泥净浆分钟和小时强度的研究。

如前面研究结果所述，钡离子掺杂技术使水泥分钟和小时强度提高，基于该基础，由图 6-22 可以看出，碳酸锂复合聚羧酸减水剂可以显著地提高水泥的分钟和小时强度，随着碳酸锂掺量的增加，水泥的 30min、1h 和 2h 抗压强度随着碳酸锂掺量的增加而呈现先增加后下降的趋势，在掺量为 0.4% 时达到最大值，此时水泥的 30min 抗压强度达 8.9MPa，60min 达 19.8MPa。可见碳酸锂复合聚羧酸减水剂可显著提高水泥的分钟和小时强度，这是因为由图 6-23 可知，碳酸锂和聚羧酸减水剂复合可显著加快水泥的水化速率和增加放热量，使强度在很短的时间内得到快速增长。

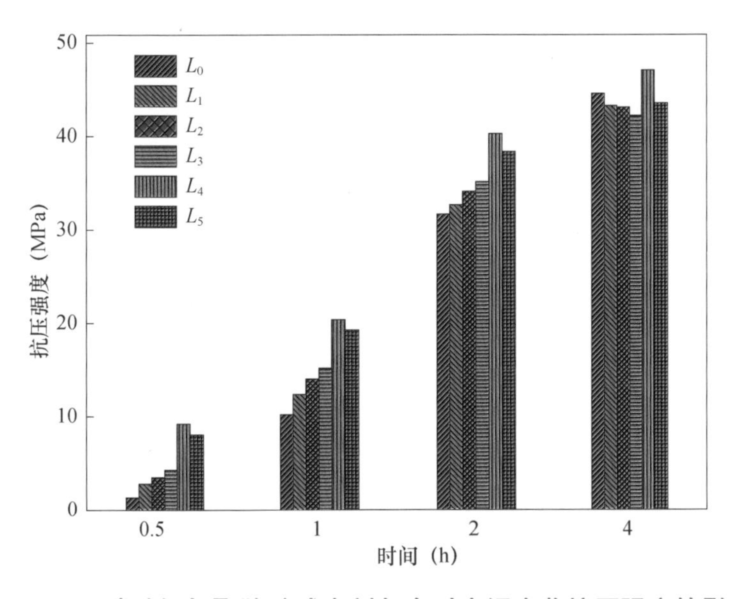

图 6-22　碳酸锂与聚羧酸减水剂复合对水泥净浆抗压强度的影响

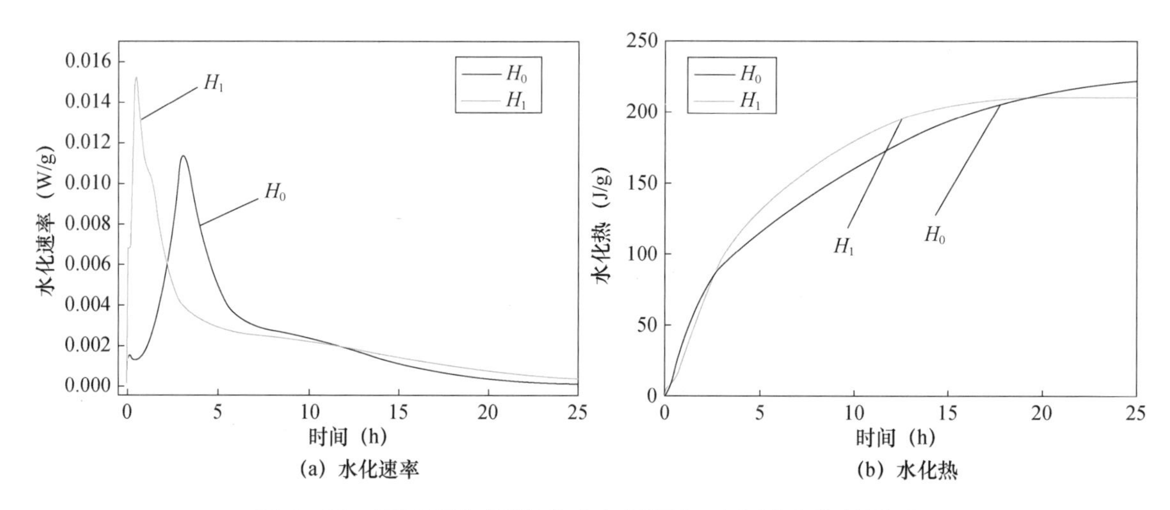

图 6-23 碳酸锂与聚羧酸减水剂复合对水泥水化的影响

（2）水泥砂浆分钟和小时强度的研究。

图 6-24 为 Li_2CO_3 掺量为 0.05%，胶砂比为 1∶1 时，不同聚羧酸减水剂掺量对水泥砂浆早期抗压强度的影响。试验结果表明，当聚羧酸减水剂掺量为 0.4% 时，水泥砂浆的 30min 抗压强度可达 6.6MPa，60min 抗压强度达 13MPa。

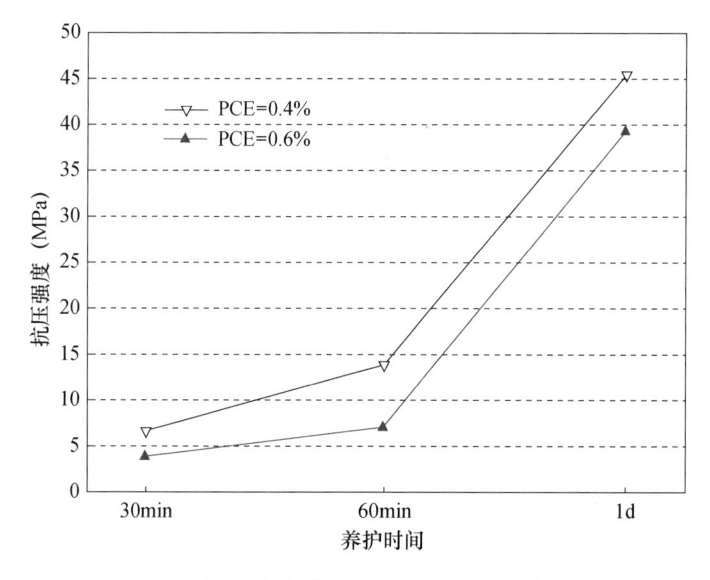

图 6-24 水泥砂浆的 30min 及 60min 抗压强度

（3）水泥抗压强度的研究。

为了比较修补 / 防护用硫铝酸盐水泥的力学性能，设计了与该水泥熟料矿物相近的贝利特硫铝酸盐水泥（BCSA）作为对比，BCSA 熟料设计组成为 60wt% 的 C_2S、30wt% 的 $C_4A_3\$$ 和 10wt% 的 C_4AF，按照文献采用煅烧温度为 1350℃，保温 30min 后急冷，借助 XRD Reitveld 方法对矿物进行定量分析，其结果如图 6-25 所示。所制备的修补 / 防护用硫铝酸盐水泥样品（RD-1380）与 BCSA 水泥

样品的粒度分布如图 6-26 所示。

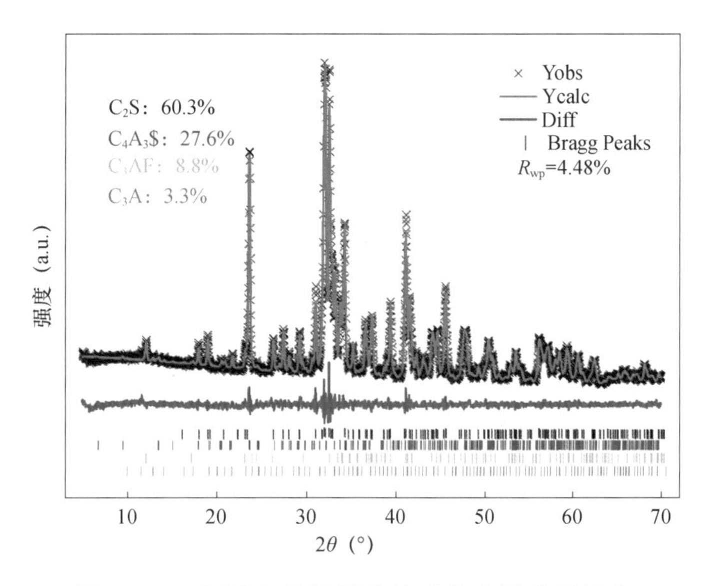

图 6–25　BCSA 熟料样品的矿物定量分析拟合

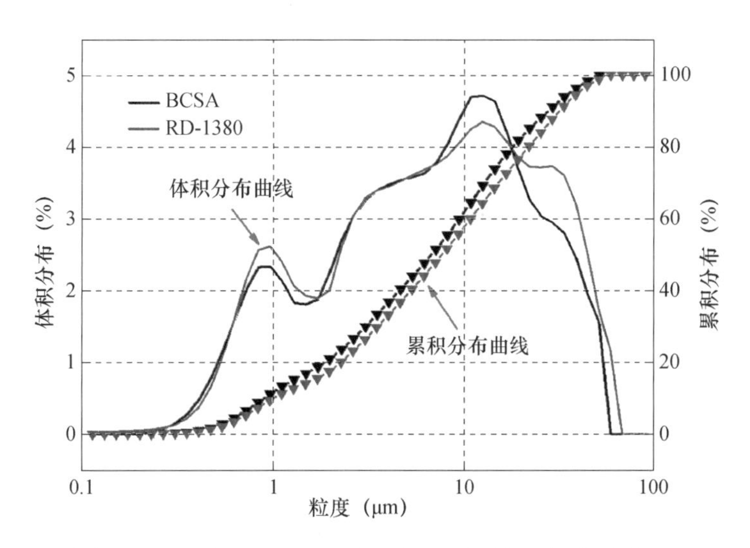

图 6–26　RD–1380 与 BCSA 水泥样品的粒度分布

RD-1380 与 BCSA 水泥样品不同龄期的抗压强度如图 6-27 所示。作为对比，还制备了水灰比为 0.5 的 BCSA 水泥浆体。修补 / 防护用硫铝酸盐水泥在任何水化龄期都比 BCSA 水泥浆体具有更高的抗压强度，尽管修补 / 防护用硫铝酸盐水泥中的无水硫铝酸钙固溶体含量较低。已报道的文献表明，硫铝酸钡钙水化较硫铝酸钙更快，因此其具有更高的早期强度。水化 3d 后，BCSA 的硬化水泥浆体强度缓慢增加，3~28d 水化龄期（中期）仅增加 4.5MPa，表明水化过程缓慢。然而，RD-1380 水泥硬化浆体的抗压强度有了持续的改善，3~28d 强度提高了 20.4MPa，这可能是水泥熟料中阿利特存在的缘故。水泥基体中阿利特的水化产生更多的 C-S-H 凝胶，这有利于改善硬化水泥浆体的密实度，即具有较高的强度。这个结果表明修补 / 防护用硫铝酸盐水泥能够改善 BCSA 水泥水化 3~28d 的力学性能。

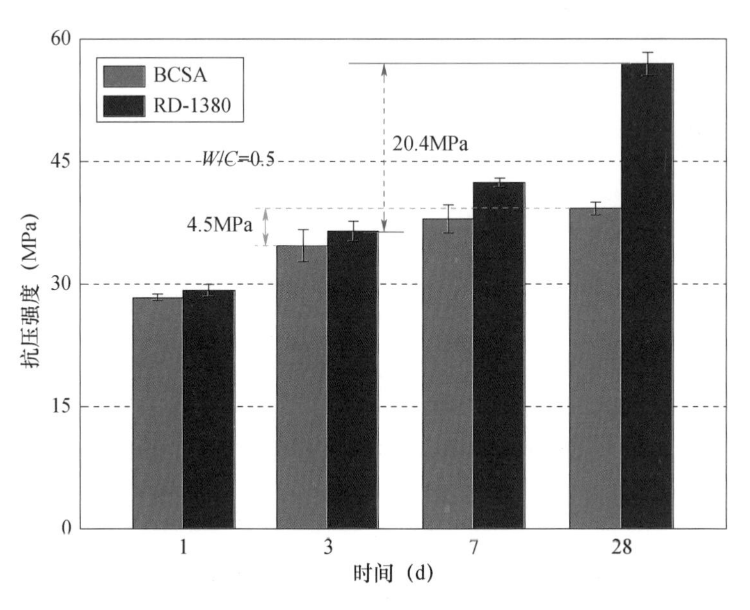

图 6-27　不同水化龄期 RD-1380 与 BCSA 水泥样品的抗压强度

利用工业原材料制备的修补 / 防护用硫铝酸盐水泥熟料，前述熟料物相分析表明，当硫源 SO_3=2wt% 来自 $CaSO_4$ 的熟料样品，Alite 特征衍射峰较 SO_3 为 3wt% 更明显，因此测试了其胶砂力学性能，见表 6-11。

表 6-11　修补 / 防护用硫铝酸盐水泥力学性能

编号	抗压强度（MPa）		
	1d	3d	28d
C-1	34.5	43.2	45.6
C-2	32.3	42.6	48.5
C-3	30.8	39.2	51.4
C-4	27.6	37.4	43.1

从表 6-11 可以看出，工业原材料制备的修补 / 防护用硫铝酸盐水泥，随着熟料中对水泥早期强度有显著贡献的无水硫铝酸钙含量减少，导致其 1d 和 3d 抗压强度逐渐降低，其中 C-3 和 C-4 两组试验 3d 抗压强度不到 42.5MPa。然而由于熟料体系中对中后期强度有显著贡献的硅酸盐矿物含量增加，C-3 水泥胶砂试样 3~28d 抗压强度增长了 12.2MPa，增长率最高为 32.1%，其次是 C-2 水泥样品，其 3d 至 28d 强度增长了 5.9MPa。因此，优选 C-2 和 C-3 水泥样品进行粘结强度试验。

（4）水泥粘结强度的研究。为了比较修补 / 防护用硫铝酸盐水泥的抗折粘结强度，采用市售快硬硫铝酸盐水泥与 C-2 和 C-3 水泥样品作为对比，市售快硬硫铝酸盐水泥熟料化学及矿物组成见表 6-12。按照相关标准测试其抗折粘结强度，修补 / 防护用硫酸盐水泥样品（C-2 和 C-3）与 CSA 水泥样品 28d 的抗折粘结强度如图 6-28 所示。

表 6-12 快硬硫铝酸盐水泥熟料化学基矿物组成（质量分数，%）

水泥	化学组成									矿物组成		
	L.O.I	CaO	SiO_2	Al_2O_3	Fe_2O_3	SO_3	MgO	TiO_2	$BaSO_4$	$C_4A_3\$$	C_2S	C_4AF
CSA	0.45	50.45	16.70	18.88	2.94	3.02	1.30	1.12	5.61	56.1	35.7	5.1

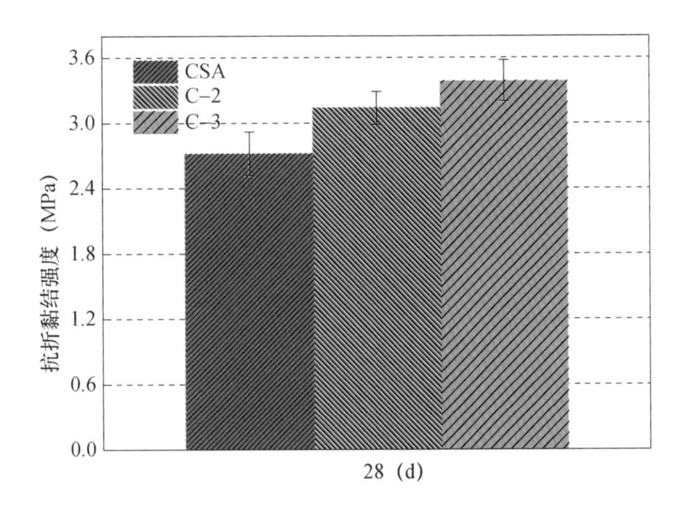

图 6–28 水泥砂浆抗折粘结强度

从图 6-28 中可以看出，采用半边修复法，以普通快硬硫铝酸盐水泥作为对比，阿利特改性硫铝酸盐水泥样品 C-2 和 C-3 砂浆 28d 抗折粘结强度分别为 3.14MPa 和 3.39MPa。硫铝酸盐水泥砂浆的粘结强度为 2.72MPa。其中，AMCSA 水泥 C-3 样品较 CSA 样品粘结强度提高了 24.6%。从表 6-12 可知，CSA 水泥中 $C_4A_3\$$ 矿物含量为 56.1wt%，高于 AMCSA 熟料中 $C_4A_3\$$ 含量，结合前述的抗压强度可知，阿利特矿物对改善硫铝酸盐水泥的粘结性能具有促进作用。

（5）水泥的水化及微观分析。

硬化水泥浆体微观结构的形成伴随着比较复杂的物理化学变化，且影响水泥的宏观性能。因此，探究修补 / 防护用硫铝酸盐水泥水化硬化过程，阐明宏观性能与微观结构之间的内在联系。这种从宏观到微观的认识过程，就是对事物从现象到本质的认识过程。在完成修补 / 防护用硫铝酸盐水泥熟料形成及性能研究后，本节利用水化热、XRD、DSC-TG 和 SEM 等现代分析手段，来探究该水泥水化动力学、水化产物组成与结构等一系列问题，为揭示修补 / 防护用硫铝酸盐水泥具有良好水化性能原因提供依据。

①修补 / 防护用硫铝酸盐水泥水化热。以普通硫铝酸盐水泥作为对比，修补 / 防护用硫铝酸盐水泥（C-3 水泥样品）水化 3d 放热曲线如图 6-29 所示。

从图 6-29 中可以发现，在水泥样品与水接触后，$C_4A_3\$$、游离石膏等矿物开始溶解和水化，两种水泥迅速溶解和与水反应放热，形成了两个放热峰。在水化前 2h，CSA 水泥第一和第二放热峰均高于 AMCSA 水泥。这主要是由于 CSA 水泥中 $C_4A_3\$$ 矿物总量高于 AMCSA 水泥，导致其早期溶解水化放热速率增加。在水化的 3~6h 出现了第三个水化放热峰，主要是由于 $C_4A_3\$$ 矿物与水或石膏加水的反应，在 AMCSA 水泥中，其熟料矿物中存在阿利特且熟料中形成了水化活性更高的 $C_3BA_3\$$ 矿物，致使其水化放热速率高于普通 CSA 水泥。在随后的 72h 内两种水泥进入水化稳定期。

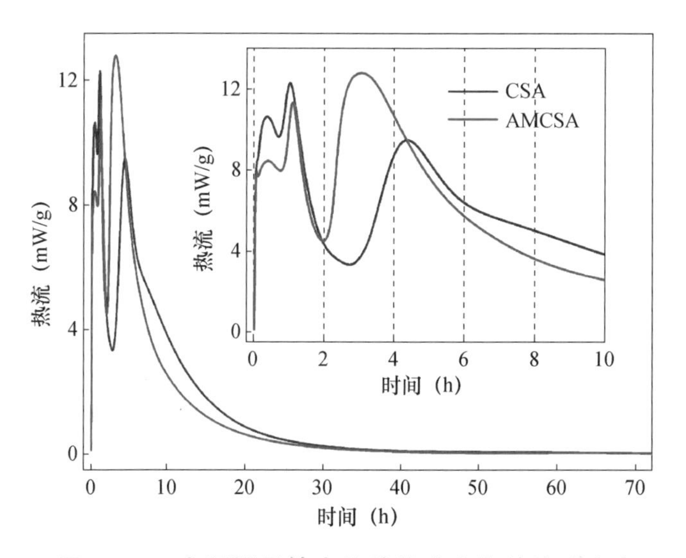

图 6–29　水泥样品的水化放热（水化放热速率）

②水泥水化产物 XRD 分析。XRD 是分析水化产物最重要的方法之一，能显示整个水化过程中水化产物的变化情况。图 6-30 为 AMCSA 水泥不同水化龄期的水化产物 XRD 图谱。

从图 6-30 可以看出，水化初期（4h），硬化浆体组成为水化产物钙矾石 AFt、未水化的 $C_3BA_3\$$、$CaSO_4$ 和贝利特。随着水化进行，当水化龄期为 1d 时，未水化的 $C_3BA_3\$$ 和 $CaSO_4$ 矿物衍射峰降低，AFt 衍射峰增强，表明水化产物含量逐渐增加。虽然熟料中阿利特参与水化反应，但是硬化浆体中没有发现 CH 存在。这可能是由于生成的 CH 按式（6-2）~ 式（6-4）参与反应形成其他水化产物而被消耗，因此 XRD 不能检测到其特征峰。3d 水化图谱中未水化的 $C_3BA_3\$$ 量虽然下降，但是水化产物 AFt 也没有增加，而 $CaSO_4$ 的衍射峰明显增加，推测可能是由于该体系中 AFt 不稳定，分解形成更多 $CaSO_4$，且硬化浆体中观察到 $BaSO_4$ 的衍射峰也证明了这一点。随着水化反应的继续进行，当水化龄期为 28d 时，未水化的 $C_3BA_3\$$ 和 $CaSO_4$ 衍射峰减弱，其水化产物 AFt 和 $BaSO_4$ 含量增加。另外，由于贝利特水化反应较慢，28d 龄期内其衍射峰变化微弱。

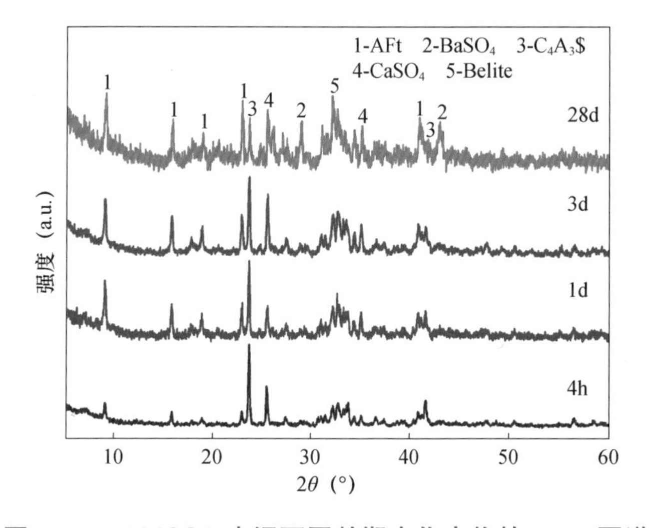

图 6–30　AMCSA 水泥不同龄期水化产物的 XRD 图谱

$$C_2ASH_8+CH \longrightarrow C_3ASH_4+5H \tag{6-2}$$

$$C_4A_3\$+8C\$H_2+6CH+74H \longrightarrow 3C_6A\$_3H_{32} \tag{6-3}$$

$$C_4A_3\$+2C\$H_2+6CH+6H \longrightarrow 3C_6A\$_3H_{12} \tag{6-4}$$

③水泥水化产物SEM分析。SEM分析可以显示整个水化过程中不同龄期水化产物的变化情况，是一种分析水化产物直观的方法。水泥样品水化4h、1d、3d和28d的SEM分析如图6-31所示。

从图6-31中可以看出，水化初期（4h），硬化水泥浆体主要组成为少量短棒状的水化产物AFt、C-S-H凝胶以及未水化的水泥颗粒，水化程度较低，浆体有较明显的孔洞和裂缝。当水化龄期为1d时，AFt晶体生长变大为针棒状，铝胶（AH_3）和C-S-H凝胶增多，孔隙和裂缝减少，浆体变得密实。水化3d龄期后硬化浆体的整体致密性良好，针状AFt晶体能在AH_3和C-S-H凝胶中起到骨架支撑作用，而C-S-H巨大的比表面积能胶结AFt晶体和其他水化产物，水化产物AFt和C-S-H凝胶等相互搭接后形成三维网状，构成了水泥石的骨架，对水泥的早期强度发展有利。随着水化反应的持续进行，当水化龄期为28d时，更多的水化产物形成使硬化浆体的结构得到进一步改善。浆体中出现了薄片状的AFm晶体，前文相同龄期的XRD分析中没有观察到AFm特征衍射峰，这可能是由于含量较少且晶体存在缺陷超过了XRD的检测极限所致。另外，28d水化龄期也没有发现CH晶体存在，这也证实了XRD结果中的结论。

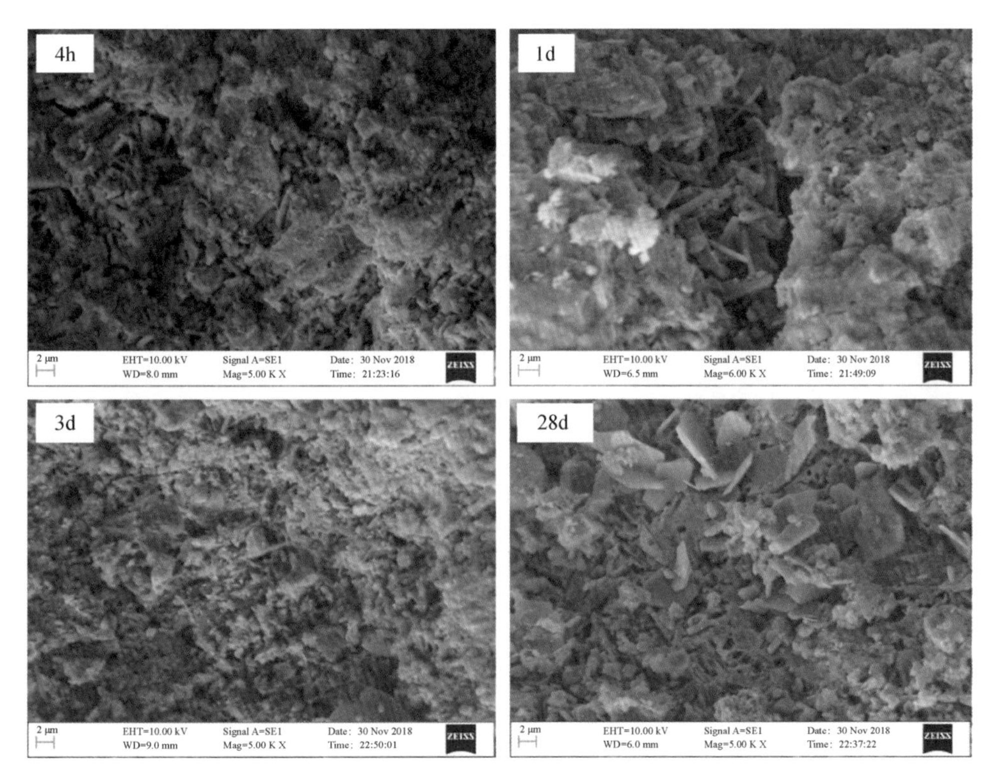

图6–31　不同龄期水泥水化样品的SEM图片

④水泥水化产物综合热分析。热分析也是一种常用来分析水泥水化产物的方法。图6-32所示为不同水化龄期硬化浆体DSC-TG曲线图。

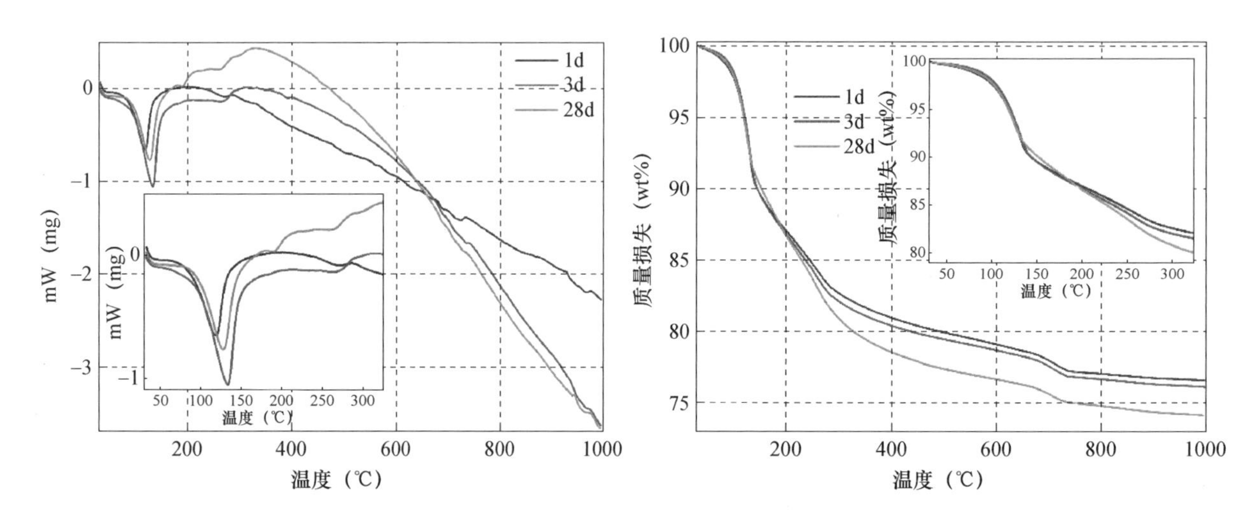

图 6-32　不同水化龄期水泥水化产物的 DSC-TG 曲线图

从图 6-32 中可以看出，不同水化龄期，在 DSC 曲线温度为 50~325℃范围内能观察到三个吸热峰。在 100~125℃范围内的第一个吸热峰是由于 C-S-H 凝胶和 AFt 脱水所致，由于修补 / 防护用硫铝酸盐水泥主矿相为 $C_4A_3\$$，且其水化速度较快，因此该阶段中吸热应为 AFt 失水。而在 175~200℃的第二个吸热峰为 AFm 脱水，在水化早期（1d 和 3d）不明显，只在水化龄期为 28d 观察到显著的吸热峰，表明出现了 AFt 向 AFm 转化，致使第一个吸热峰峰值小于水泥 3d 水化龄期的。这与前述的 SEM 分析结果相一致。在 280℃左右的第三个吸热峰为水化产物 AH_3 失水引起的。硬化浆体不同水化龄期，在温度 450℃左右没有观察到 CH 吸热峰［图 6-32（a）］，再次印证了 XRD 和 SEM 结果的一致性。而在 700℃左右观察到了 $CaCO_3$ 的吸热峰，这可能是由于处理样品碳化所致。由于 C-S-H 凝胶、AFt 和 AH_3 失水与分解，120℃和 280℃附件有两个明显的质量损失［图 6-32（b）］。

6.1.3　修补 / 防护用硫铝酸盐水泥工业化生产示范

考虑到生产实际情况，诱导结晶方法工艺复杂且生产成本较高，而通过调控液相组成和含量，辅以钡离子掺杂方法更易实现原材料的配料和均化，因此工业化生产采用此方法进行。分别在山东临朐胜潍特种水泥有限公司和山东鲁城水泥有限公司工程材料分公司进行了该水泥的示范生产。

1. 山东临朐胜潍特种水泥有限公司生产线及现场情况

山东临朐胜潍特种水泥有限公司主要生产硫铝酸盐水泥和油井水泥等。年产特种水泥 50 万 t。是全国特种水泥主要生产企业之一。企业生产设备先进，分析检测设备齐全，产品质量稳定，生产线的生产能力为日产熟料 500t。

2. 山东鲁城水泥有限公司工程材料分公司生产线及现场情况

山东鲁城水泥有限公司工程材料分公司拥有国内设备先进、规模较大、具有自主专利知识产权的窑外预分解特种水泥生产设备，其工程材料研究所成为省级技术中心。该公司具有先进的特种水泥和工程材料生产检测设备，快硬硫铝酸盐系列水泥年产能力 30 万 t，是中国转大的快硬硫铝酸盐水泥生产基地。公司 $\phi3m \times 48m$ 五级旋风预分解窑生产线是中国首次采用窑外预分解技术生产硫铝酸盐水泥的生产线，生产线的生产能力达到日产熟料 500t。公司以快硬硫铝酸盐水泥为主导产品，并大力研发生产多种工程材料新产品。

3. 生产示范关键技术指标

开展修补 / 防护用硫铝酸盐水泥工业化生产的技术研究，目的是建立该水泥在新型干法窑外分解窑系统的关键制备技术和生产工艺参数，为该水泥实现产业化生产和应用奠定了良好的基础。关键技术指标如下：

（1）水泥熟料矿物组成：无水硫铝酸钙、贝利特、阿利特和铁相；其矿物组成范围分别：40%~56%、30%~40%、0%~15% 和 5%~15%。

（2）修补 / 防护用硫铝酸盐水泥性能稳定，3~ 28d 力学性能较传统硫酸盐水泥有改善，28d 水泥砂浆粘结强度大于 3MPa。

4. 工业化试生产实施方案

（1）熟料矿物组成设计。在大量实验室结果基础上，确定了工业化试生产修补 / 防护用硫铝酸盐水泥熟料的 3 个方案，水泥熟料矿物组成见表 6-13。

表 6–13 工业化试生产熟料矿物组成设计（wt.%）

编号	熟料矿物组成				
	$C_4A_3\$$	$C_3BA_3\$$	C_2S	C_3S	C_2F
B-6	42.9	9.1	35.0	6.0	5.0
B-8	30.8	18.2	35.0	8.0	6.0
B-10	21.7	24.3	35.0	10.0	7.0

（2）原燃料选择。工业化试生产修补 / 防护用硫铝酸盐水泥熟料用的原材料主要有石灰石、铝矾土、石膏、重晶石和尾矿砂均为工业原材料，其化学组成见表 6-14。

表 6–14 工业化试生产原材料的化学组成（wt.%）

原料	L.O.I	CaO	SiO_2	Al_2O_3	Fe_2O_3	SO_3	MgO	BaO
石灰石	42.63	51.99	1.80	0.51	0.35	—	2.41	—
铝矾土	16.01	2.05	16.92	58.58	2.70	—	0.24	—
石膏	9.67	37.66	0.23	1.42	0.47	45.46	3.53	—
重晶石	6.45	1.09	2.98	0.88	0.24	27.27	0.39	59.56
尾矿砂	2.53	4.00	60.69	3.95	23.06	—	4.20	—

根据原材料石灰石、铝矾土、石膏、重晶石和尾矿砂中氧化物成分，采用累加试凑法进行计算，得出干基生料所需原材料的质量百分比，见表 6-15。

表 6–15 计算所得原材料配合比（wt.%）

编号	石灰石	铝矾土	石膏	重晶石	尾矿砂	合计
B-6	54.17	28.34	7.93	3.33	5.68	100
B-8	55.69	25.79	5.12	6.62	6.78	100
B-10	56.81	23.43	3.09	8.83	7.85	100

（3）水泥生料制备。水泥生料制备是确保水泥质量的主要环节。因此应严格按照实施方案控制生料质量，包括其化学组成、细度和均匀性。生料制备包括破碎、粉磨、均化等生产工艺过程。生料的检验及生产控制指标见表 6-16。

表 6–16　生料制备过程中控制指标

物料名称	检验项目	检测方法	检验频率
出磨生料	CaO	钙铁硫分析仪	次 /1 h
	Fe_2O_3	钙铁硫分析仪	次 /1 h
	SO_3	钙铁硫分析仪	次 /1 h
	细度	水筛法	次 /1 h
	化学全分析	化学滴定法	次 /2 h
入窑生料	化学全分析	化学滴定法	次 /2 h

（4）熟料烧成技术。与传统硫铝酸盐水泥熟料相比，修补 / 防护用硫铝酸盐水泥熟料中引入阿利特矿物，因此需要适当提高煅烧温度。根据实验室研究结果可知，在通过调控铁相组成和含量及辅以钡离子掺杂方法，其适宜的煅烧范围为 1320~1370℃。针对该熟料体系具有烧成温度范围窄等特点，因此在与企业技术和管理人员讨论工业化生产方案过程中，提出了试生产过程中的控制指标与工艺技术参数调整方案：

①立升重：考虑到钡离子的引入会导致熟料立升重增加，因此控制立升重在 1100g/L 左右。

②游离钙（*f*-CaO）：小于 0.2%。

③工艺技术参数调整：加强窑内通风，避免产生还原气氛、熟料结大块及黄心料出现；增加喷煤总量，调整分解炉和窑头喷煤比例；采取“长焰顺烧”，并适当降低窑速；提高熟料的冷却速度。

（5）出窑熟料物相分析。出窑修补 / 防护用硫铝酸盐水泥熟料每小时取样 1 次，测试熟料中 *f*-CaO 和立升重，熟料的平均样品由各小时样品取等量平均混合而成，平均熟料的化学分析见表 6-17。

表 6–17　工业化试生产熟料化学组成（wt.%）

熟料样品	CaO	SiO_2	Al_2O_3	Fe_2O_3	SO_3	MgO	BaO	总计
B-6	46.75	13.26	24.89	3.24	6.18	2.02	2.37	98.71
B-8	45.89	14.34	22.98	3.44	5.26	2.18	3.96	98.05
B-10	46.56	15.28	20.74	3.76	5.22	2.13	4.97	98.66

众所周知，普通硫铝酸盐水泥熟料立升重约为 950g/L，表观疏松，质地泛黄；而工业化试生产的修补 / 防护用硫铝酸盐水泥熟料立升重为 1100g/L，表明其相对密实，颜色呈青灰色，且略泛黑。从表 6-17 可知，工业化试生产水泥熟料化学组成与设计值基本相符，表明在试生产过程中各项控制指标合理。

工业化试生产的修补 / 防护用硫铝酸盐水泥熟料 XRD 图谱如图 6-33 所示。

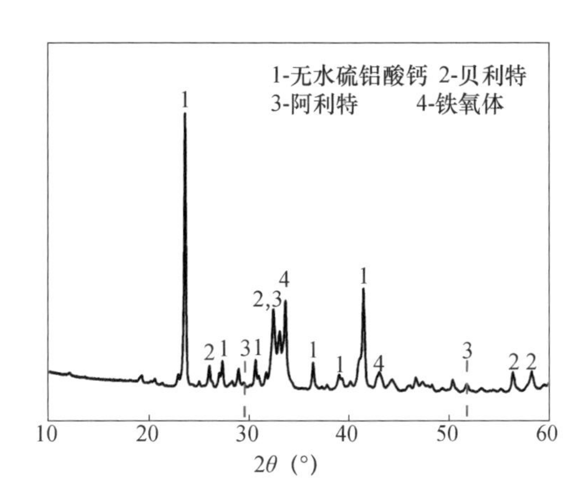

图 6–33 工业化试生产水泥熟料 XRD 图谱

从图 6-33 可知，工业化试生产水泥熟料矿物形成较好，为 $C_4A_3\$$（$C_3BA_3\$$）、C_2S、C_3S 和 C_4AF，没有检测到 *f*-CaO 的特征衍射峰（*d*=2.40Å）。其中主导矿物 $C_4A_3\$$（$C_3BA_3\$$）和 C_2S 衍射峰较强，表明熟料中两种矿物发育良好、含量较多。随着硫酸钡取代石膏含量增加，设计熟料组成中阿利特矿物含量增加，其特征衍射峰逐渐增加，其中 B-10 熟料样品中阿利特特征峰显著，表明熟料中阿利特含量较多；另外，$C_4A_3\$$ 的特征衍射峰向左偏移，表明形成了硫铝酸钡钙矿物。

为了确定工业化试生产修补 / 防护用硫铝酸盐水泥熟料矿物相组成及含量，对 B-10 熟料样品的矿物进行定量拟合，如图 6-34 所示。

从图 6-34 可知，工业化试生产熟料矿物定量分析拟合图吻合度较好，计算图谱和试验图谱的差值较低，R_{wp} 为 6.08 %，表明结果可信。B-10 熟料样品中无水硫铝酸钙（$C_4A_3\$$ 与 $C_3BA_3\$$ 之和）、贝利特、阿利特和铁相矿物含量分别为 48.5w%、32.6w%、11.7w% 和 7.2w%，与设计矿物组成接近，表明熟料矿物形成良好。

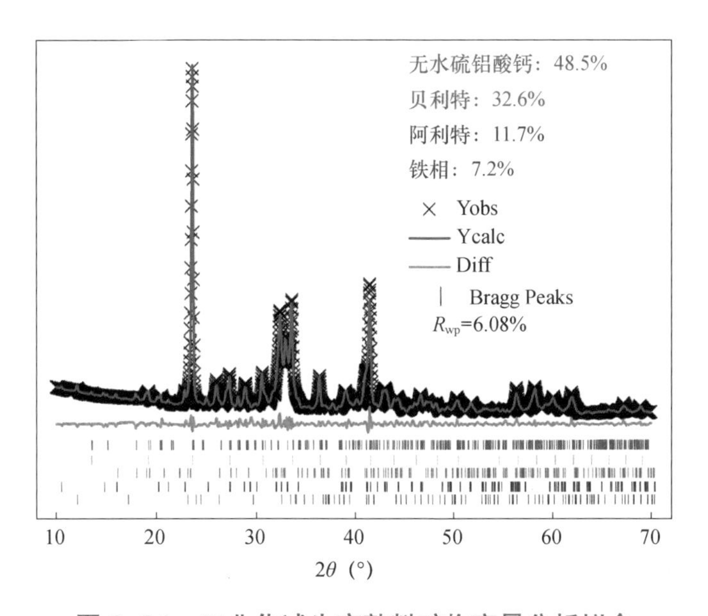

图 6–34 工业化试生产熟料矿物定量分析拟合

（6）工业化试生产水泥性能。试生产所得的修补 / 防护用硫铝酸盐水泥熟料，按一定比例的熟料与石膏共 5kg 破碎后，置于标准试验小磨中进行粉磨至比表面积为（370 ± 20）m^2/kg，得到修补 / 防护用硫铝酸盐水泥，测试其力学性能，并与 42.5 级普通硅酸盐水泥和 42.5 级快硬硫铝酸盐水泥进行对比，结果见表 6-18。

表 6-18　不同水泥抗压强度对比

水泥品种性能		高抗硫酸盐硅酸盐水泥（42.5 级）	快硬硫铝酸盐水泥（42.5 级）	修补 / 防护用硫铝酸盐水泥（纯试剂）	修补 / 防护用 CSA（临朐）	修补 / 防护用 CSA（鲁城）
抗压强度（MPa）	4h	—	6.9	—	7.7	7.5
	1d	—	33.0	27.9	29.3	30.8
	3d	17.0	42.5	36.7	39.8	42.7
	28d	42.5	45.0	65.2	53.4	54.5
28d 抗折粘结强度（MPa）		—	2.7	—	3.2	

从表 6-18 可以看出，修补 / 防护用硫铝酸盐水泥各龄期强度明显高于 42.5 级硅酸盐水泥。且由于 $C_{4-x}B_xA_3\$$ 的水化反应比 $C_4A_3\$$ 快（后续水化硬化部分会进行具体阐述），因此修补 / 防护用硫铝酸盐水泥超早龄期强度比快硬硫铝酸盐水泥高。但由于熟料矿相设计中整体 ye’elimite（$C_{4-x}B_xA_3\$+C_4A_3\$$）含量较少，导致修补 / 防护用硫铝酸盐水泥的早期强度略低，但由于 C_3S 的引入，使得该水泥的强度持续增长能力更强，中后期强度更高，3~28d 强度增幅明显，表明该水泥能改善 3~28d 龄期的力学性能，使中后期强度发展具有持续性。从表 6-18 还可以看出，修补 / 防护用硫铝酸盐水泥 28d 砂浆抗折粘结强度为 3.2MPa，高于快硬硫铝酸盐水泥的 2.7MPa，表明工业化试生产水泥性能达到预期目标，即引入阿利特矿物能改善硫铝酸盐水泥的粘结性能。

6.2 海洋工程修补 / 防护技术研究

6.2.1 水泥基材料粘结性能及其提升技术

1. 外加剂对硫铝酸盐水泥基材料力学与拉拔性能影响

碳酸锂是硫铝酸盐水泥常用的外加剂之一，其掺量对该水泥性能力学及物理性能有重要影响，碳酸锂对硫铝酸盐水泥砂浆抗折性能的影响如图 6-35 所示。

图 6-35 是碳酸锂掺量对硫铝酸盐水泥砂浆抗折性能的影响，其中每个数据是由 3 个试件平均值得来。从图 6-35 中可以发现，在 1h 时，掺入碳酸锂的试验组的抗折强度都比不掺碳酸锂的空白组要高，碳酸锂掺量为 0.04% 时的抗折强度最高，然而随着龄期的发展，1d 过后，空白组的抗折强度都要高于掺了碳酸锂的，说明碳酸锂的加入有利于改善硫铝酸盐的早期抗折强度，但会在一定程度上降低其后期强度。

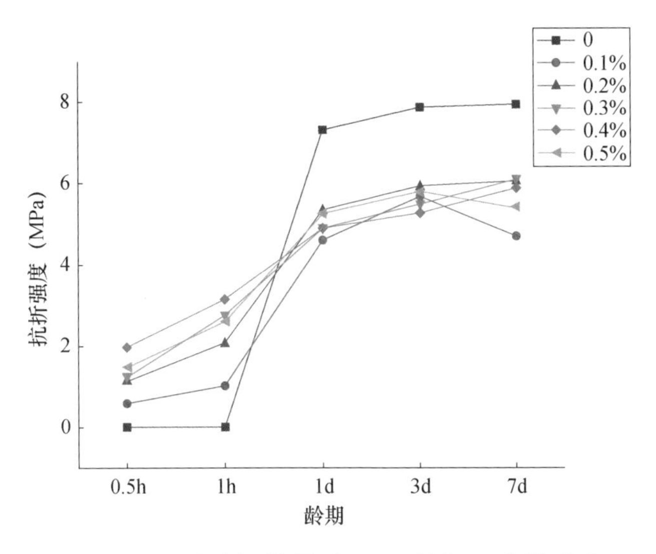

图 6–35　碳酸锂掺量对 CSA 抗折强度的影响

图 6-36 是碳酸锂掺量对硫铝酸盐水泥砂浆抗压强度的影响的数据图，其中每个数据是 6 个试件的平均值。从图 6-36 中可以发现，龄期 0.5~1h，空白组没有强度，碳酸锂能够加速凝结硬化过程，所以能够快速成型，同时，在这个时间段，早期抗压强度随着碳酸锂掺量的增加而提高，这是因为碳酸锂能够加速硫铝酸盐水泥早期水化过程，同时当碳酸锂掺量超过 0.04% 时抗压强度随着掺量的增长趋于平衡，这是因为碳酸锂的掺量快要达到饱和。随着龄期的增长，各组硫铝酸盐水泥砂浆的强度稳步提高。1~7d，空白组的强度增长率高于掺入碳酸锂的各个试验组，直到 7d 时，不加碳酸锂的试件抗压强度大于加入碳酸锂的各组数据，同时抗压强度随掺入碳酸锂的掺量的增加而降低。这可能是由于随着碳酸锂掺量的增加，硫铝酸盐水泥早期水化反应速度越来越快，促进了钙钒石晶体的生成，过多的钙钒石和其他产物形成水化反应速度致密层，影响了水化的进一步发展，同时数据中存在一些偏差，可能是由于早期水化反应过快形成的水化产物（钙钒石、铝胶等）分布不均匀，有一些位置多，有一些位置少，可能会形成强度薄弱区，导致测试出现一些偏差。

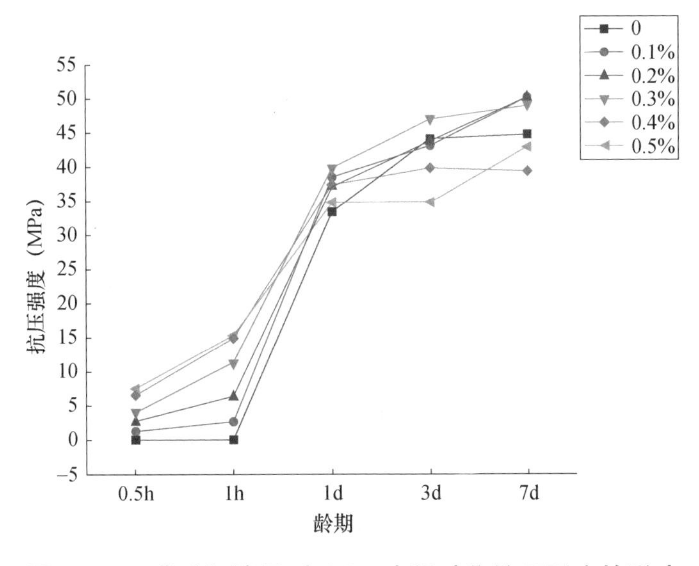

图 6–36　碳酸锂掺量对 CSA 水泥砂浆抗压强度的影响

图 6-37 为胶砂比 1 : 1，PCE 掺量为 0.4%，控制初始流动度≥ 130mm 时，不同 Li_2CO_3 掺量下，大流动度 CSA 砂浆的早期抗压强度变化规律，试验结果表明，当 Li_2CO_3 掺量大于 0.05% 时，CSA 大流动度砂浆的 1h 抗压强度可高达 13.8MPa，1d 抗压强度可达 45MPa，具有良好的超早强性能。

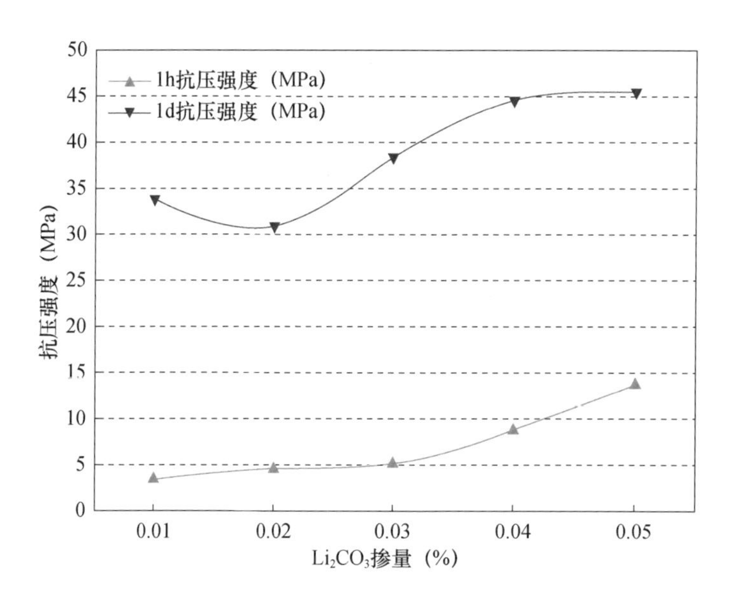

图 6-37 不同 Li_2CO_3 掺量时大流动度 CSA 砂浆的 1h 及 1d 抗压强度

图 6-38 为 Li_2CO_3 掺量为 0.05%，胶砂比为 1 : 1 时，不同聚羧酸减水剂掺量对 CSA 砂浆早期抗压强度的影响。试验结果表明，当碳酸锂掺量为 0.05%、聚羧酸减水剂掺量为 0.4%、胶砂比为 1 : 1 时，硫铝酸盐水泥砂浆的 30min 抗压强度可高达 6.6MPa，60min 抗压强度超过 13MPa。研究结果能较好满足性能指标要求。

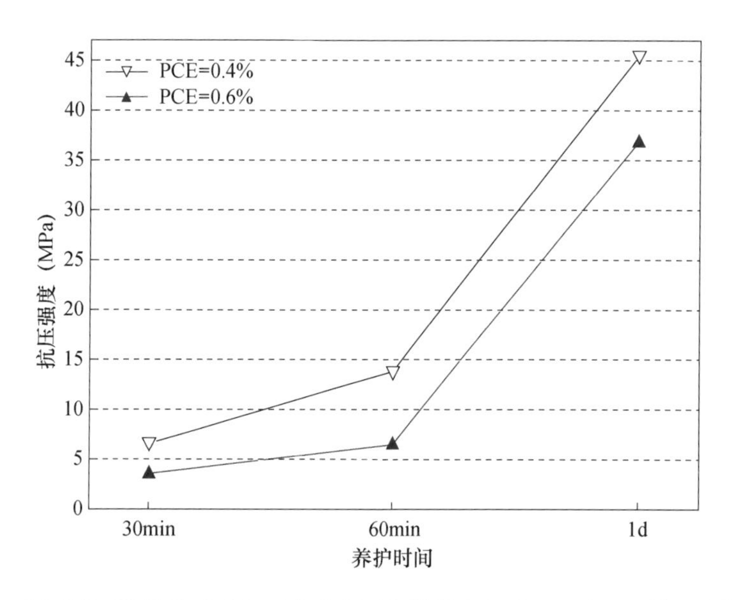

图 6-38 Li_2CO_3 掺量为 0.05% 时 CSA 砂浆的 30min、60min 及 1d 抗压强度

2. 界面处理工艺对修补/防护用硫铝酸盐水泥基材料粘结性能的影响

（1）折断面、切割面和磨光面对粘结性能的影响。粘结界面处理是去除旧基体表面杂物、损伤、附着物等，使其表面粗糙以提高粘结性能，它是新旧水泥基材料粘结的重要步骤。常用的处理工艺有物理法和化学法两类。

①物理法：是处理新老混凝土粘结界面的主要方法，分为机械处理、喷射处理。

机械处理包括人工凿毛法，用錾子和锤凿毛老混凝土表面，此方法方便、简单、快捷，不需要任何机械设备，易于操作，费用较低，是实际工程中最常用的方法；钢刷划毛法，基底混凝土终凝前、初凝后用钢刷划毛，钢刷划毛法只能对粘结面做轻度处理；机械切削法，在老混凝土表面按一定规律进行切槽，此方法施工过程简单易行，施工质量易于控制，粗糙度均匀可靠；气锤凿毛法，用气锤对混凝土表面进行凿毛。

喷射处理包括高压水射法，用高压水枪对老混凝土表面进行冲毛处理。这种方法工作效率高，无振动扬尘，界面干净湿润，不损坏原有钢筋，但价格高；喷砂（丸）法，用喷射机在老混凝土表面喷射钢球或小碎石，该方法噪声污染小，表面处理易于控制；喷烧法，将混凝土切割面用液化气和氧气通过高温火焰喷烧，利用炽热气体火焰的热冲击力及混凝土切割面不同矿物颗粒的热膨胀差异，使部分颗粒受热膨胀松动崩落，形成有些许凹凸像荔枝面一样的粗糙面效果。

②化学法：是处理新老混凝土粘结界面的另一类方法，用酸性溶剂侵蚀老混凝土表面，粗糙度不可控且会腐蚀钢筋，一般不采用该方法。

此外，还有植筋法等多种老混凝土表面处理方法。

图6-39为胶砂比为1∶1、水胶比W/C为0.30、聚羧酸减水剂掺量为0.4%时，界面粗糙度对抗折粘结强度的影响曲线。界面粗糙度处理工艺分为直接折断面、用切割机切割的切割面和用砂纸打磨光滑的磨光面。与大多文献类似，界面粗糙度越大，抗折粘结强度越高，由图6-39可见，磨光面组的粘结强度很低，且后期出现了强度倒缩，因此在修补时应避免界面过于光滑，切割面组的粘结强度虽较折断面组的粘结强度低，但相差不大，其3d抗折粘结强度也能达到3.5MPa，且其界面粗糙度相对于折断面更容易控制，因此后续的试验采用切割面作为粘结界面。

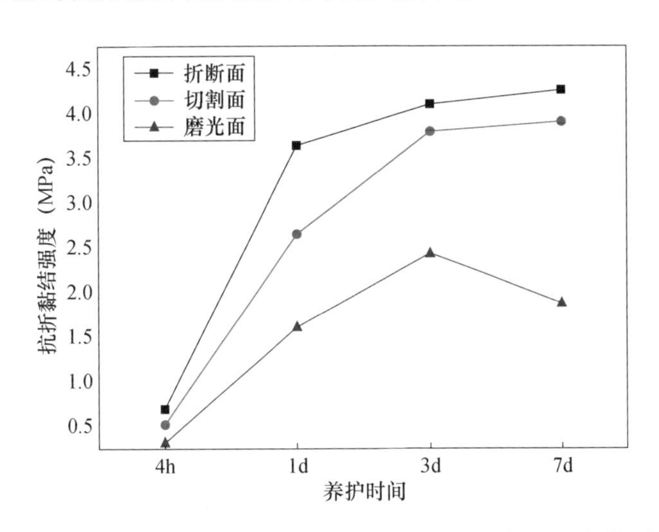

图6–39 折断面、切割面和磨光面对抗折粘结强度的影响

（2）切割面处理工艺对粘结性能的影响。

图6-40和图6-41所示为模拟和实际处理后的旧基体处理工艺图，分别为S1平滑面、S2单向切

割面和 S3 双向切割面，即切割面越来越粗糙。由图 6-42 可见，随着粗糙度的增大，采用修补 / 防护硫铝酸盐水泥基材料与旧基体粘结所制备的试件粘结性能提升明显，4h 抗折粘结强度即可达 3.1MPa，这是由于切割面粗糙度越大，有效粘结面积增加，可以吸附更多的修补材料。此外，随着界面粗糙度的增大，旧基体与修复材料之间的粘结性能得到改善，界面结合性能得到改善。

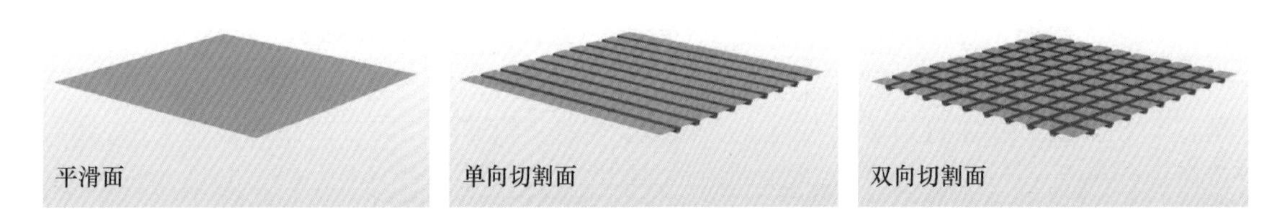

图 6-40　旧基体切割面处理工艺模拟

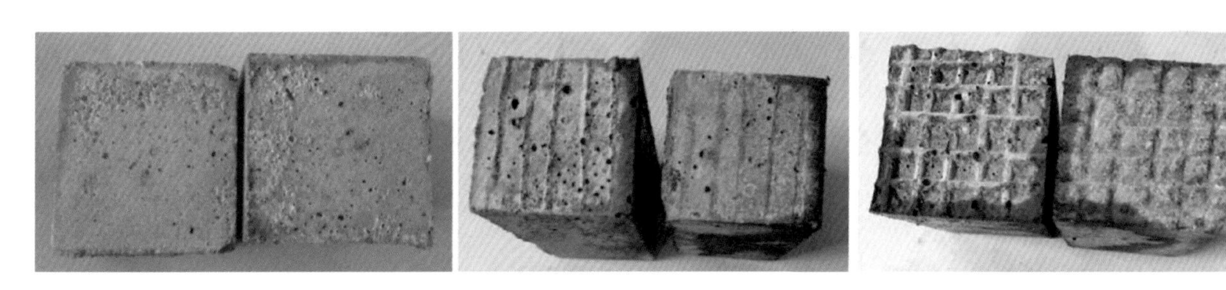

图 6-41　实际处理后的旧基体切割面

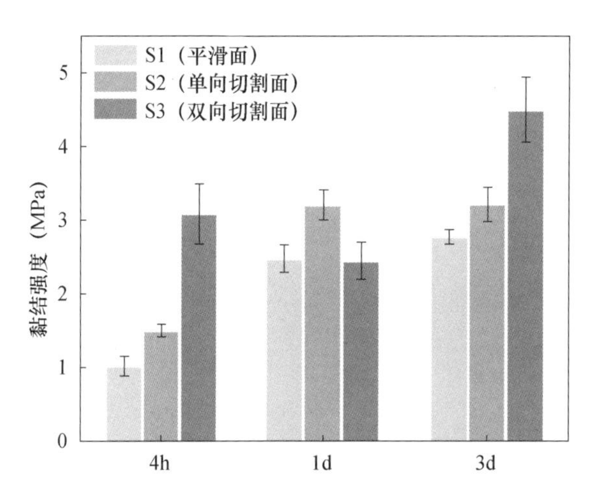

图 6-42　切割面粗糙度对粘结性能的影响

3. 界面干湿状态对抗折粘结性能的影响

图 6-43 所示为胶砂比为 1 : 1、水胶比 *W/C* 为 0.26、聚羧酸减水剂掺量为 0.4% 时，界面干湿状态对抗折粘结强度的影响曲线。可以看出，4h 龄期时界面干湿状态对抗折粘结强度无较大影响，但随着养护龄期的延长，界面干燥状态下的抗折粘结强度发展明显好于界面湿润状态。因此，为保证后期抗折粘结强度的发展，粘结界面干燥更佳。

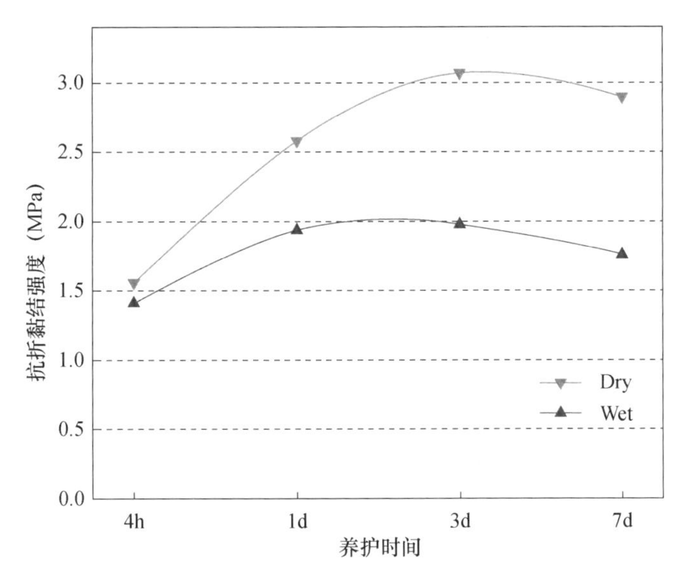

图 6–43　界面干湿状态对粘结强度影响

4. 界面粘结剂对修补 / 防护用硫铝酸盐水泥基材料粘结性能的影响

目前，混凝土界面处理剂按组成分为两种类别：P 类：由水泥等无机胶凝材料、填料和有机外加剂等组成的干粉状产品。使用过程中按产品技术要求比例加水后搅拌即可。D 类：含聚合物分散液的产品。按其组分为单组分和多组分界面剂。该类产品应与水泥等无机胶凝材料、砂或水等按比例拌和后使用。

图 6-44 为胶砂比为 1∶1，水胶比 *W/C* 为 0.26，聚羧酸减水剂掺量为 0.4% 时，碳酸锂溶液对硫铝酸盐水泥抗折粘结强度影响。由图可见，相比对照组，不同浓度碳酸锂溶液界面处理后，早期 4h 的抗折粘结强度呈现上升趋势，这是由于碳酸锂可以加快水泥凝结，缩短水泥水化反应诱导期，使其直接进入水化加速期，所以界面涂刷后早期强度迅速增长。但碳酸锂的掺入使得硫铝酸盐水泥的 3d、7d 强度出现严重下降，这是由于碳酸锂对钙矾石晶体形成有促进作用，生成了致密的水化产物层，包裹了水化矿物，从而使硫铝酸盐水泥水化进程受到阻碍。碳酸锂对硫铝酸盐水泥有显著的促凝作用。

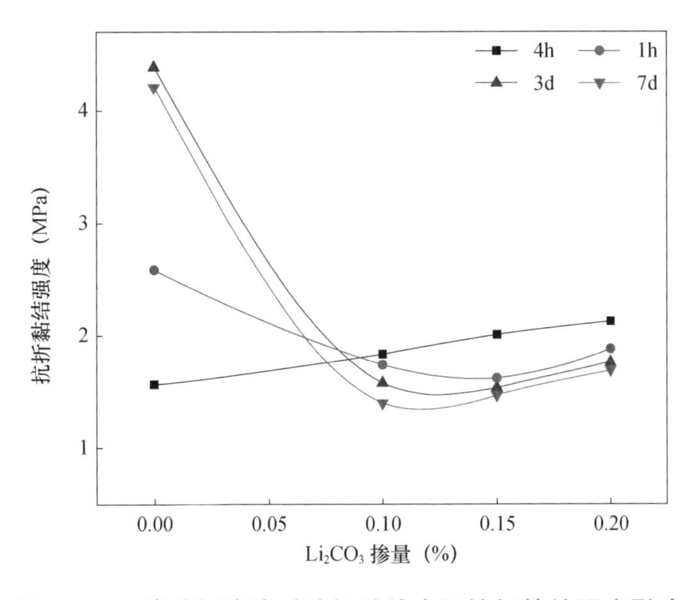

图 6–44　碳酸锂溶液对硫铝酸盐水泥抗折粘结强度影响

图 6-45 所示为胶砂比为 1：1，水胶比 W/C 为 0.26，聚羧酸减水剂掺量为 0.4% 时，硫酸钠溶液界面处理对抗折粘结强度影响。由图可见，在修补粘结材料界面分别涂刷不同浓度的硫酸钠溶液，相较对照组，试验组抗折粘结强度呈现先降低后上升的趋势。浓度为 0.10g/mL 的硫酸钠溶液用于界面处理，导致各个龄期抗折粘结强度出现大幅降低，这可能与溶液浓度较低，水分较多使界面局部水灰比增大有关。随着浓度增加，相比对照组，早期 4h 抗折粘结强度有增加趋势，随着龄期增长无较大影响。

在硫铝酸盐水泥中，硫酸钠溶于水与水泥水化产生的氢氧化钙反应生成硫酸钙和氢氧化钠，一定程度可以促进水泥的水化，提高其水化产物中钙矾石的含量，从而提高水泥的强度。因此，高浓度的硫酸钠溶液用于界面处理有利于抗折粘结强度的发展，尤其早期抗折粘结强度，且对后期强度发展无不利影响。

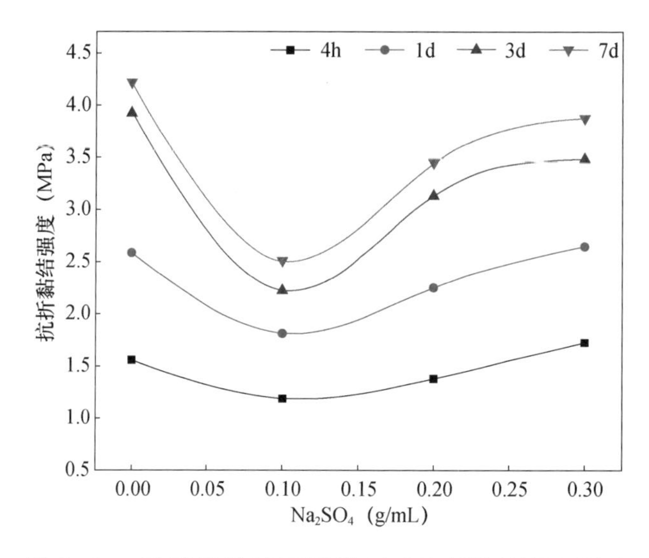

图 6-45　硫酸钠溶液界面处理对抗折粘结强度影响

5. 修补 / 防护用 CSA 与 OPC 材料抗折粘结性能与体积稳定性研究

（1）修补 / 防护用 CSA 砂浆与 OPC 砂浆抗折粘结性能的影响。

图 6-46 进行了空气养护条件下修补 / 防护用硫铝酸盐水泥砂浆、硅酸盐水泥砂浆与被修补混凝土

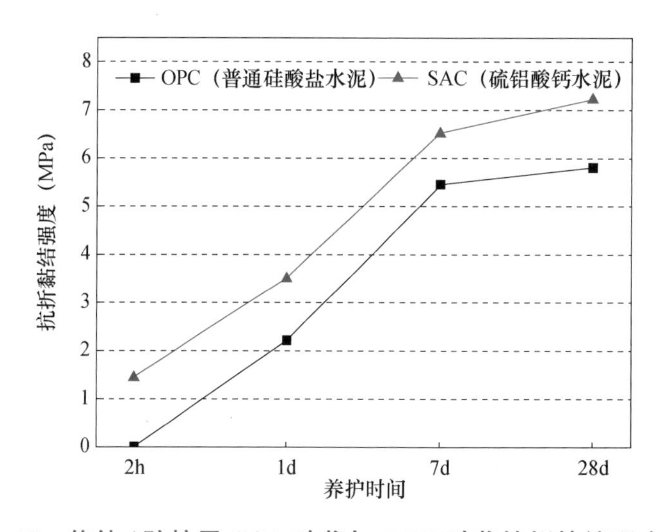

图 6-46　修补 / 防护用 CSA 砂浆与 OPC 砂浆抗折粘结强度对比

基体的粘结性能初步对比研究。结果表明，修补/防护用CSA砂浆与基体的粘结性能明显好于OPC砂浆，考虑到修补材料的成本、凝结时间、耐久性、产品成熟度等综合性能，修补/防护用CSA水泥基材料作为修补/防护用材料具有较明显的优势，按初步配比所配制的修补/防护用CSA材料，其28d抗折粘结强度可达8.47MPa。

（2）修补/防护用CSA与OPC材料的体积稳定性研究。

图6-47为修补/防护用CSA与OPC材料的体积变形对比研究。结果表明，在空气养护条件下，修补/防护用CSA与OPC材料的收缩完全集中在14d之前。修补/防护用CSA与OPC混凝土在干燥环境下各龄期的收缩程度均明显低于CSA与OPC砂浆的；而在水养护条件下，修补/防护用CSA与OPC混凝土会出现一定的膨胀性，但变形程度较小。更重要的是，修补/防护用CSA相比于OPC材料，体积变形量更小，体积稳定性更优，即更适合作为修补/防护材料使用。

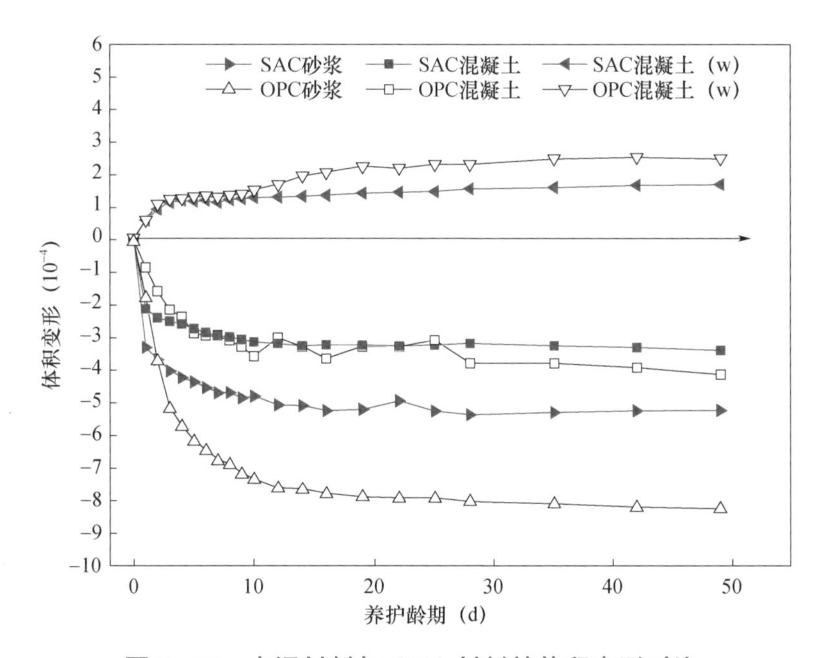

图6–47　水泥材料与OPC材料的体积变形对比

6. 侵蚀与冻融对修补/防护用硫铝酸盐水泥基材料粘结性能的影响

（1）侵蚀介质的影响。由于修补/防护用硫铝酸盐水泥基材料较多地用于道路桥梁工程、海洋工程等室外环境的快速修复，此时往往会遭遇雨水、江河湖泊等淡水环境的侵蚀，也可能受到盐渍土、海水等富含侵蚀离子的侵蚀。为此，项目进行了修补/防护用硫铝酸盐水泥基材料粘结试件的侵蚀模拟试验，待达到侵蚀龄期或循环次数后，测定粘结试件的抗折粘结强度及粘接材料的抗压强度。

作为侵蚀模拟试验，项目试配了1倍浓度模拟海水、5倍浓度模拟海水、3%与10%质量浓度的$MgSO_4$溶液及10%质量浓度的NaCl溶液5种具有不同离子类型及浓度的侵蚀溶液，用于CSA材料粘结试件的浸泡试验。

作为对比，图6-48为OPC及CSA砂浆在水养条件下的粘结强度及抗压强度发展情况。

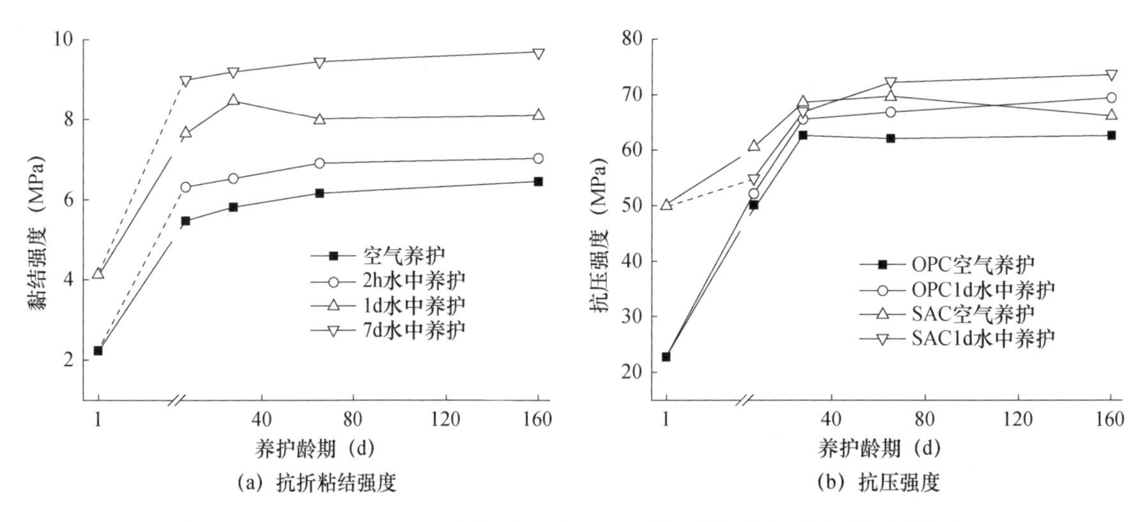

图 6-48　CSA/OPC 砂浆淡水养护后的粘结强度与抗压强度发展

OPC（*W*/*B*=0.25, *SF*=7%, *a*/*b*=1, *SP*=0.75%）CSA（*W*/*B*=0.25, *SF*=7%, *a*/*b*=1, *SP*=0.90%）

由图 6-48 可以看出，在水养下，CSA 及 OPC 砂浆的粘结强度及抗压强度要稍高于空气养护下的，且随着龄期增长，CSA 及 OPC 砂浆的长期粘结强度稳定增长不会出现倒缩。

图 6-49 所示为 CSA 砂浆在浸泡入各种浓度离子溶液或模拟海水条件下的粘结强度及抗压强度发展情况。CSA 在浸泡入各种浓度离子溶液或模拟海水的浸泡后，浸泡的初始一段时间里，粘结强度及抗压强度都是增长的，可能是溶液中一些离子能促进 CSA 的早期水化，其本身 SO_3 含量较高且内部不存在 $Ca(OH)_2$，其抵抗 Mg^{2+}、SO_4^{2-} 侵蚀的能力非常优异。

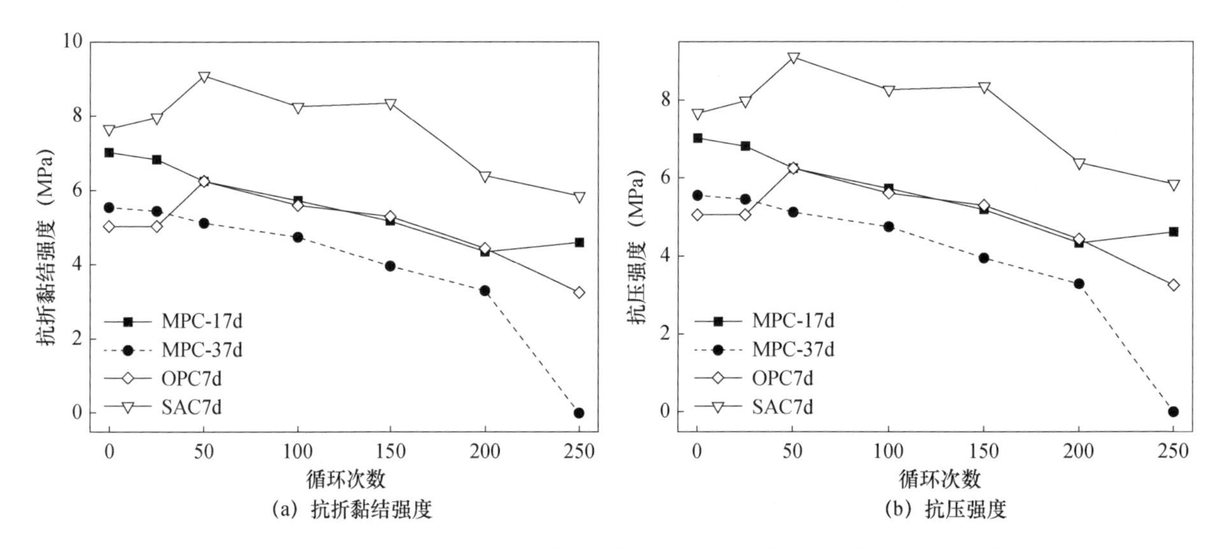

图 6-49　离子侵蚀对养护不同龄期的 CSA 砂浆的粘结强度的影响

（2）冻融循环。

在季节性冰冻区域，修补后的混凝土体系不可避免地要遭受冻融循环的破坏，因而必要研究修补/防护用硫铝酸盐水泥基材料与基体粘结强度及抗压强度的抗冻性能。本项目采用慢速冻融法进行冻融试验，试件中心的冻融温度为 −20℃ ±2℃ ~20℃ ±2℃，冻融制度采用：冻 4h，融 4h，一个冻融循环时间为 8h。粘结试件在冻融循环前先在水中全部入水浸泡 72h，使试件在冻融试验开始时及试验过程中始终处于饱水状态。本节考察了冻融循环作用对 CSA/OPC 砂浆粘结试件的粘结强度及抗压强度的影响。

如图 6-50 所示为试验试件在标准养护 7d 后再进行不同次数的冻融循环后的粘结强度及抗压强度。如图 6-51 所示为修补材料在标准养护 28d 后，再进行不同次数的冻融循环试验后的抗折粘结强度及抗压强度变化。

由图 6-50 和图 6-51 可以看出，随着冻融循环次数的逐渐增加，CSA/OPC 砂浆粘结强度是逐渐降低的，但 CSA 试件的抗冻性好于 OPC 试件；CSA/OPC 砂浆的抗压强度也是逐渐降低的，但幅度稍缓。

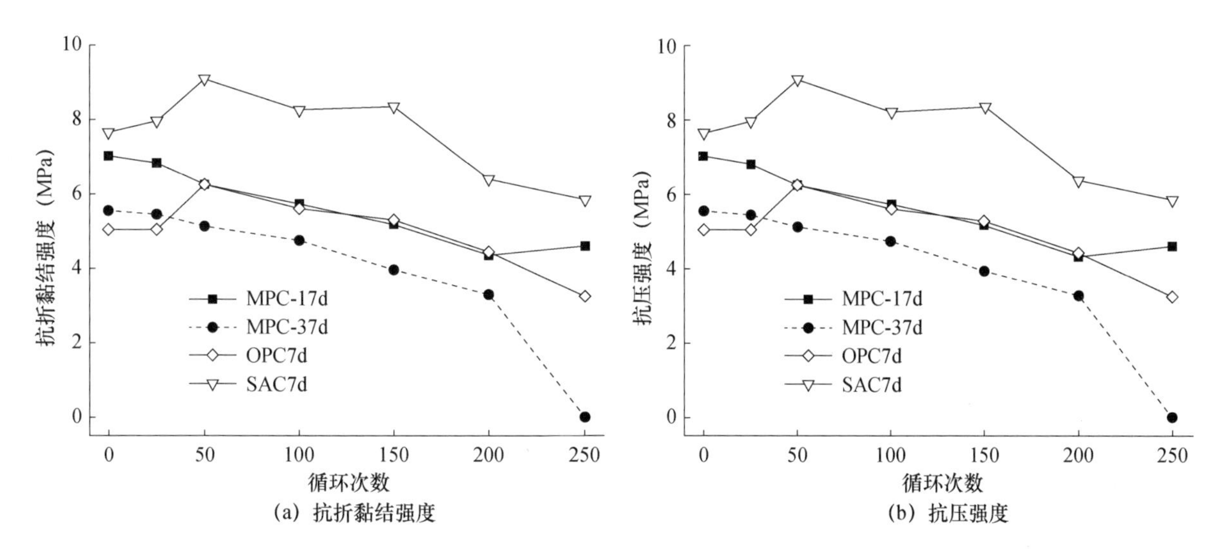

图 6–50 冻融循环对标准养护 7d 后的 CSA 及 OPC 砂浆粘结强度与抗压强度的影响

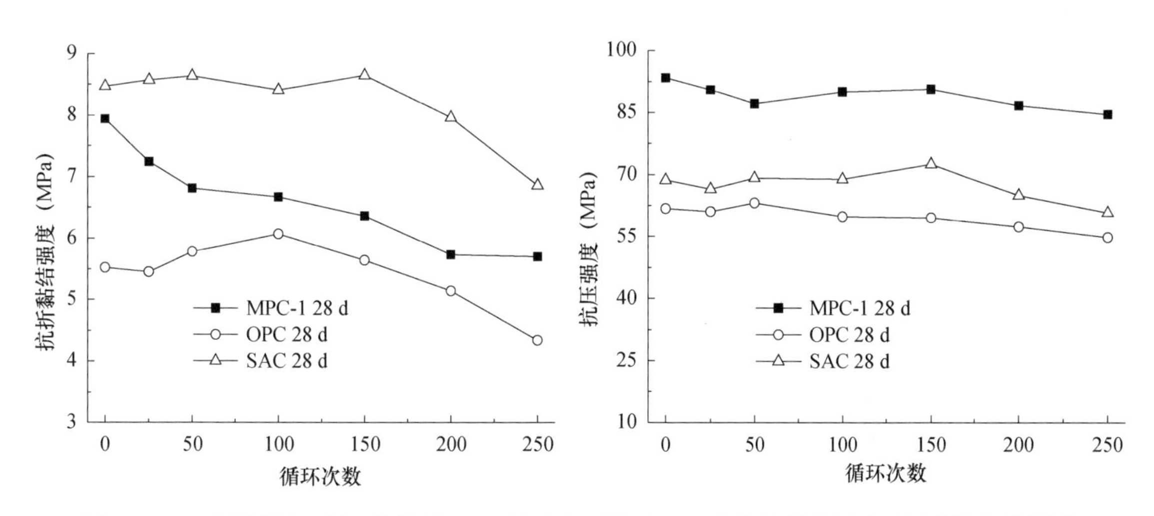

图 6–51 冻融循环对标准养护 28d 的 CSA 及 OPC 砂浆粘结强度与抗压强度的影响

6.2.2 修补／防护用水泥基材料耐久性研究

1. 水泥基材料抗氯离子渗透性研究

如图 6-52 所示，当聚羧酸减水剂掺量为 0.5% 时，随着消泡剂掺量的增加，修补／防护用硫铝酸盐水泥及材料的抗氯离子渗透性逐渐提高，氯离子扩散系数逐渐减小，当消泡剂掺量为 0.6% 时，水泥基材料氯离子扩散系数降低为 $0.483 \times 10^{-12} m^2/s$。第三方检测报告结果为 $0.47 \times 10^{-12} m^2/s$。

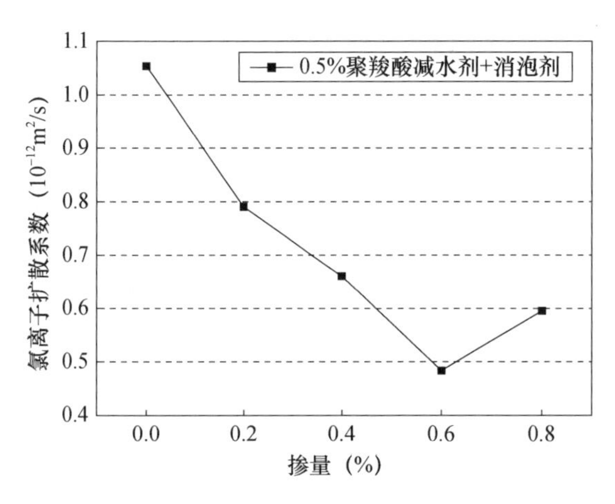

图 6-52　水泥基材料抗氯离子渗透性研究

2. 水泥基材料抗海水侵蚀系数研究

按照《水泥抗硫酸盐侵蚀试验方法》（GB/T 749—2008）的规定，其中将养护介质由浙江省舟山市摘箬山岛附近海水替换硫酸盐溶液。

经宁波市镇海金正建设工程检测有限公司检测的结果：当浸泡介质为水时，试样 28d 抗折强度为 10.4MPa；当浸泡介质为海水时，试样 28d 抗折强度为 11.0MPa，60d 为 11.4MPa，经计算得抗海水侵蚀系数抗海水侵蚀系数 $K_{60}=1.10 > K_{28}=1.06 > 1.0$。第三方检测报告结果与上述结果一致。

3. 湿循环作用对水泥基材料影响

利用硫酸盐干湿循环试验机，选择氯盐、摘箬山岛海水等腐蚀液，研究海水干湿循环作用对水泥基材料影响。实验采用三种干湿循环制度，即组 C、组 S、组 T，并设置标准养护条件下（温度 20℃ ±2℃，相对湿度≥ 95%）的对照组 B。

试验采用 42.5 级快硬硫铝酸盐水泥，粗集料为级配 5~25mm 的石灰石；细集料为细度模数 2.4 的中砂、河砂。减水剂采用聚羧酸高效减水剂，缓凝剂采用硼酸。试验配合比分为四组：标准养护的对照组 B，氯盐室内模拟加速干湿循环试验组 C，海水室内模拟加速干湿循环试验组 S，海洋潮差区暴露试验组 T。其中 S、T 组设计三种水灰比分别为 0.35、0.45、0.55，编号分别为 1，2，3，B、C 组只设计 0.55 的水灰比，编号为 3（表 6-19）。

表 6-19　混凝土配合比 (kg/m^3)

试验组	*W/C*	水 (kg)	水泥	砂	石	减小剂	缓凝剂
S1、T1	0.35	169.5	484.0	611.0	1135.5	0.774	0.968
S2、T2	0.45	169.5	376.5	704.5	1149.5	0.678	0.753
B3、C3、S3、T3	0.55	169.5	308.0	807.5	1115.0	0.616	0.616

进行海洋潮差区暴露试验的地址位于中国浙江省舟山市摘箬山岛浙江大学材料腐蚀野外观测研究站

（N29.95°，E122.09°）。室内模拟加速氯盐干湿循环试验的腐蚀液采用2.6%浓度的氯化钠溶液，以模拟舟山摘箬山岛附近海水2.6%的盐度。室内加速海水干湿循环的腐蚀液则定期取自舟山摘箬山岛附近海水。

（1）干湿循环对强度影响。4组混凝土在不同干湿循环次数下的抗压强度如图6-53示，可以看出，各组混凝土的抗压强度均随着干湿循环次数的增加而增加。与对照组B3相比，C3、S3在经过高温加速的干湿循环后，强度有所增加。

T3在120次的强度却比标准养护同样时间的对照组B3低，海水潮汐作用对强度有一定影响，而且自然环境温度低于标养条件，造成强度发展速度较慢。因此，T3-120次的抗压强度高于B3-0次却略低于B3-120次。环境温度的提高，加速了水泥的水化，使得C3、S3的强度高于B3。从图中还可以发现，在海水中进行室内模拟加速腐蚀的S3具有最高的强度，这是由于海水中的SO_4^{2-}、Ca^{2+}能够与水化产物进一步形成钙矾石和石膏，填充混凝土孔隙，使其更加密实。

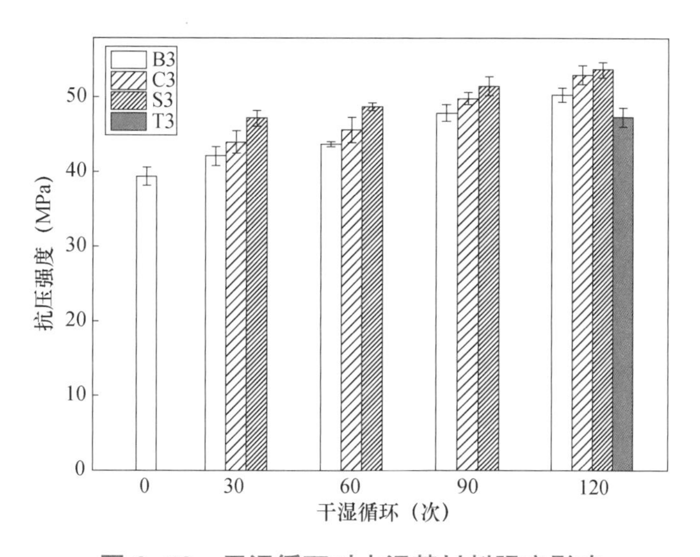

图6-53 干湿循环对水泥基材料强度影响

（2）海水干湿循环对自由氯离子含量的影响。

S组不同水灰比下硫铝酸盐水泥混凝土的自由氯离子分布曲线如图6-54所示，混凝土中的氯离子的浓度随着水灰比的增加而提高。

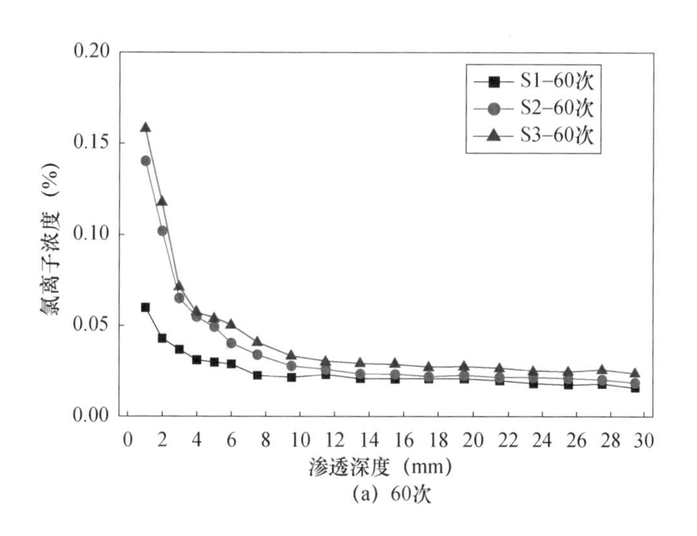

（a）60次

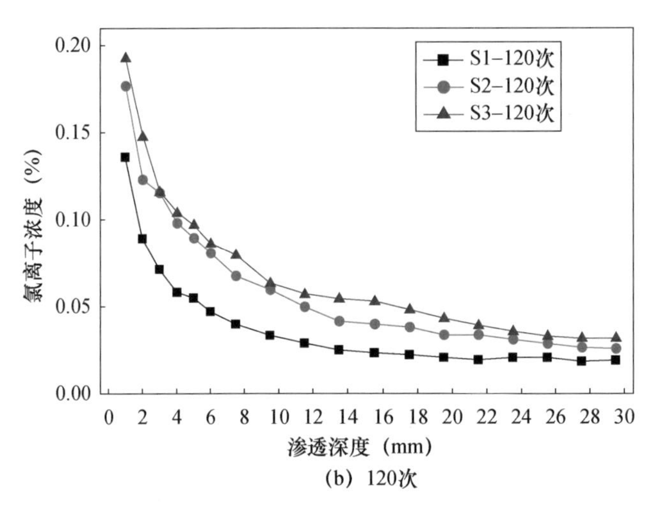

(b) 120次

图 6-54　海水干湿循环对水泥基材料自由氯离子含量影响

在相同水灰比下，混凝土中的自由氯离子浓度均随着循环次数的增加而逐渐增加，且表层氯离子浓度显著高于混凝土内部。在干湿循环作用下，混凝土中氯离子的传输为表层的毛细吸收作用和向内的扩散作用，干湿循环与毛细吸收会大大提高混凝土表层孔隙液中氯离子浓度，加速自由氯离子的传输和积累。

图 6-55 所示为氯盐加速试验 C3 与海水加速试验 S3 在不同干湿循环次数下混凝土的自由氯离子分布曲线。在 30 次时，C3 与 S3 的氯离子传输相似，但随着干湿循环次数的增加，C3 在氯离子在混凝土表层的积累以及混凝土内部的传输上明显快于 S3。

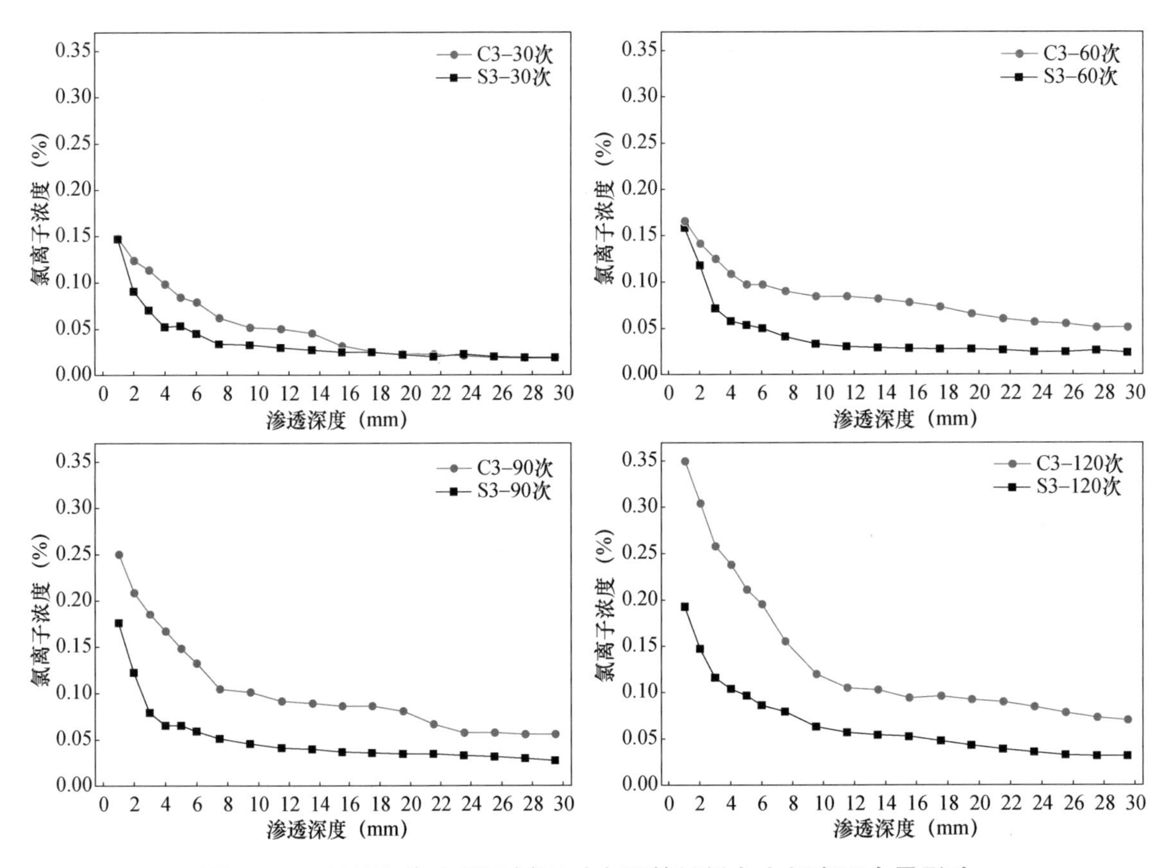

图 6-55　氯盐和海水干湿循环对水泥基材料自由氯离子含量影响

氯离子结合率$f=C_b/C_t$；其中C_b为结合氯离子含量，C_t总氯离子含量。而结合氯离子含量$C_b=C_t-C_f$，其中C_f为自由氯离子含量。C3与S3在120次下的氯离子结合率如图6-56所示。由图可知，硫铝酸盐水泥基材料的氯离子结合率在海水干湿循环下，比氯盐干湿循环更高。硫铝酸盐水泥基材料的主要水化产物——钙矾石和铝胶并不具有化学结合氯离子的能力，而钙矾石结合氯离子的形式是物理吸附。因此在受到氯盐侵蚀的硫铝酸盐水泥基材料中，氯离子的结合主要是通过钙矾石、水化硅酸钙凝胶的物理吸附，并没有Friedel盐生成。海水中Ca^{2+}、SO_4^{2-}的存在，加强了钙矾石的稳定性，能提高钙矾石对氯离子的物理吸附能力，阻碍了氯离子在硫铝酸盐水泥基材料中的传输。

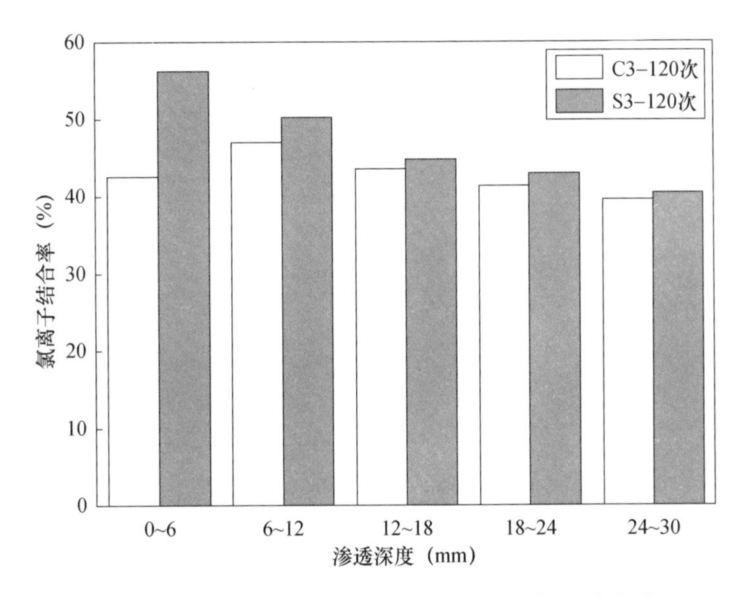

图6-56 C3与S3在120次下的氯离子结合率

图6-57所示为不同水灰比下海洋潮差区暴露试验T组与海水室内模拟加速试验S组在120次的自由氯离子分布曲线。可以看出，自然暴露试验条件下氯离子传输能力较弱，相关的侵蚀深度和氯离子含量有限。室内模拟加速试验在60℃干燥条件下，氯离子的传输在混凝土表层有加速作用，表层氯离子浓度为自然暴露的2倍以上。室内干湿循环加速影响深度随着水灰比的增加而增加，在0.35、0.45、0.55水灰比下，温度对氯离子传输的影响深度分别为13.5mm、15.5mm、19.5mm。

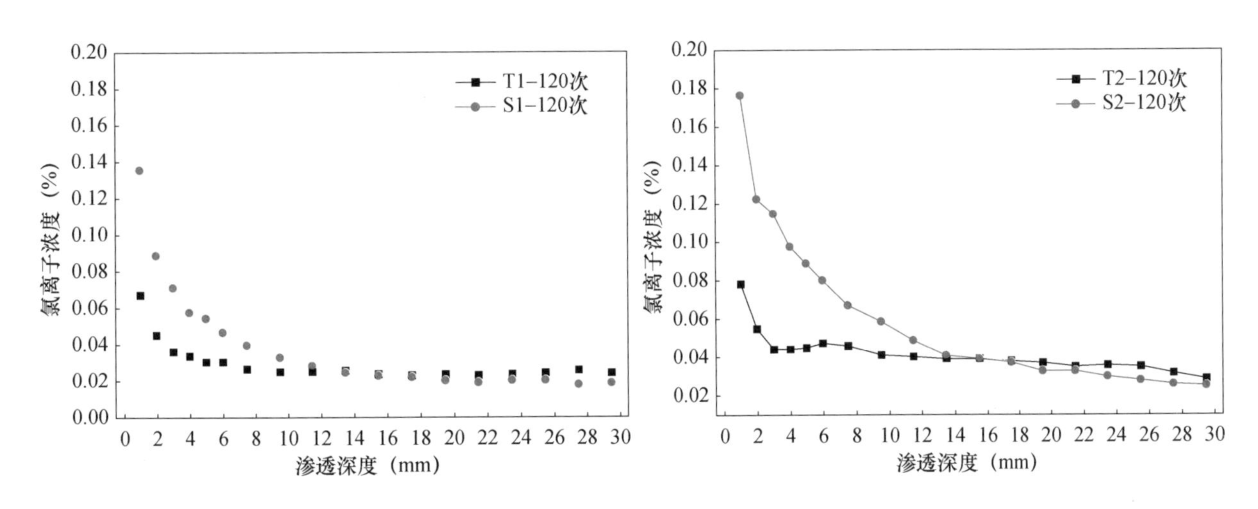

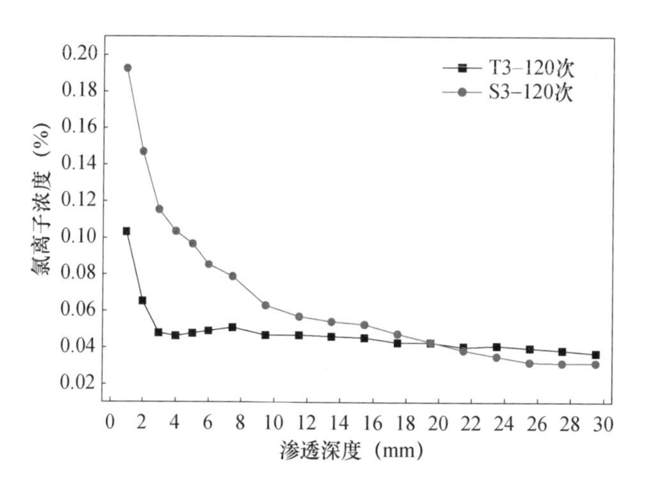

图 6-57　T 组与 S 组在 120 次的自由氯离子含量

图 6-58 所示为三种干湿循环制度下混凝土的自由氯离子浓度。在经过了 120 次干湿循环后，室内加速氯盐干湿循环下混凝土的氯离子浓度在三种制度下最高，而潮差区实海服役的试件在 1~18mm 深度内氯离子浓度最低。C、S 组在 60℃干燥条件的加速作用下，当混凝土由干燥状态转入湿润状态，混凝土表层含水率低，毛细吸收作用增强，加快了氯离子在混凝土中的传输。室内加速海水干湿循环相比于潮差区实海服役，腐蚀溶液均为海水，由于干湿循环的加速，S 组表层的氯离子浓度显著高于 T 组。

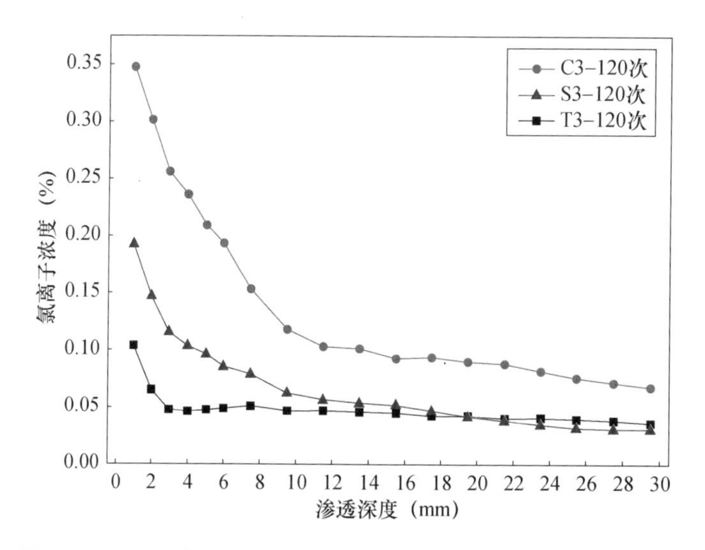

图 6-58　三种干湿循环制度下混凝土的自由氯离子浓度

在腐蚀液相同的情况下，反应温度上升加速了混凝土表面氯离子的传输，S3-120 次组各深度氯离子浓度都比 T3-120 次组要高。同时可以发现，两组数据分布规律一致，都是表层氯离子浓度高，由外到内逐渐下降。所以，可以利用室内干湿循环试验模拟海岛潮汐区服役试验。但由于 120 次后 T 组试件氯离子含量绝对值较低，难以计算温度加速作用。

对于反应温度相同、腐蚀液不同的情况下，C3-120 次跟 S3-120 次组氯离子在混凝土中的传输规律相似，但不同深度氯离子含量差异较大。一方面，由于 S3 组海水中氯盐浓度低于 C3 组，有效传输介质浓度下降造成混凝土中自由氯离子浓度下降；另一方面，海水中硫酸盐等多离子协同会对氯盐传输造成一定阻碍作用，也对造成S3组各深度氯离子浓度都比C3组要低。可以认为，自然海水干湿循环作用下，硫铝酸盐材料表层会因为钙矾石等水化产物生成，阻碍氯离子的渗透，从而影响混凝土内氯离子扩散速率。

海水中多离子协同作用十分复杂，准确的计算较为困难。通过简易换算，利用硫铝酸盐水泥基材料在海水与等浓度氯盐条件下不同深度氯离子浓度传输能力相比，可以得到多离子协同作用因子*A*。在海水环境中下，硫铝酸盐水泥基材料氯离子扩散系数应为$D_{(CSA)}=A \cdot D$，这对于计算海洋环境下硫铝酸盐水泥基材料寿命预测非常重要。

天然海水中氯离子约为海盐折算成氯盐浓度的95%。按照图6-58中C3-120次组1~11.5mm深度氯离子浓度数据，可折算得到95%C3-120次数据。再利用S3-120次与95%C3-120次比值，即可以计算出多离子协同作用因子*A*。计算发现，海水中多离子协同作用条件下，*A*值分布较为规律，数值在0.46~0.58，均值在0.52。所以，这种归纳分析较为可信。在海水干湿作用条件下，基于硅酸盐水泥基材料的氯离子相关模型中，硫铝酸盐水泥基材料中氯离子扩散系数应该与*A*值进行修正（表6-20）。

表6-20 不同深度的多离子协同作用因子*A*

深度(mm)	1	2	3	4	5	6	7.5	9.5	11.5
C	0.35	0.30	0.26	0.24	0.21	0.19	0.15	0.12	0.10
95%C	0.33	0.29	0.24	0.22	0.20	0.18	0.15	0.11	0.10
S	0.19	0.15	0.12	0.10	0.10	0.09	0.08	0.06	0.06
T	0.10	0.07	0.05	0.05	0.05	0.05	0.05	0.05	0.05
A	0.58	0.51	0.47	0.46	0.49	0.46	0.54	0.56	0.58

（3）海水干湿循环对热分析影响。为了定量分析腐蚀产物，混凝土在三种干湿循环制度下的DSC-TGA曲线如图6-59所示。50~150℃、250~280℃分别为AFt和AH_3的吸热峰。由图可见，在经过120次干湿循环后，DTA曲线没有发现AFm与Friedel盐的吸热峰，即没有AFm与Friedel生成。这与XRD的结果一致。从热重曲线可以看出，C、S、T钙矾石的质量损失分别为2.59%、3.64%、3.17%。这表明相较于纯氯盐环境，海水中多离子协同作用和干湿循环作用都会更利于钙矾石的生成。

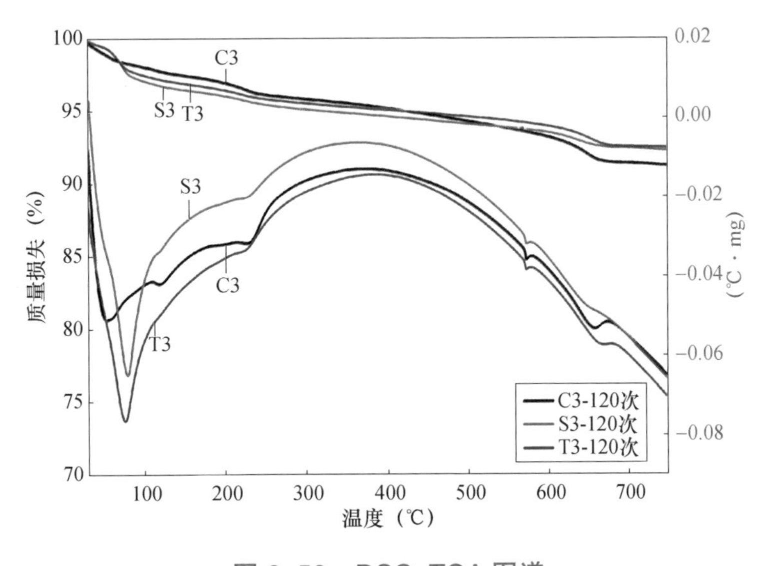

图6-59 DSC-TGA图谱

（4）实海潮汐区服役对水泥基材料氯离子含量的影响。室内干湿循环加速模拟 120 次及 60d 后，继续放置 T 组样品在摘箬山岛开展实海服役试验（图 6-60）。

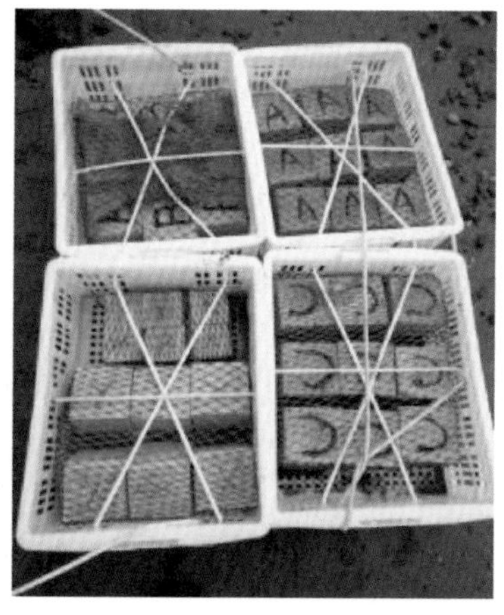

图 6-60　混凝土试块实海服役情况

硫铝酸盐水泥基材料在实海服役 2 个月、4 个月、8 个月、12 个月后的自由氯离子分布图如图 6-61 所示。由图中可以看出，各龄期服役水泥基材料中氯离子含量分布规律较为接近，表层氯离子含量较高，随着混凝土深度的增加呈现降低趋势。随着实海服役龄期的增加，混凝土中不同深度处的氯离子含量有以下规律：表层 0~12mm 深度的氯离子含量随龄期的增加而不断累积，而内部深度的氯离子含量随着龄期的增加变化不大。混凝土表层在干湿循环作用下，氯离子的传输主要通过毛细吸收，氯离子含量受水分传输的影响较大。硫铝酸盐水泥基材料在干湿循环作用下，干燥阶段混凝土中的水分向混凝土表面蒸发，且混凝土表层蒸发速度更快，氯离子易积累在表层；湿润阶段的毛细作用促使海水进入混凝土，加速了氯离子在混凝土表层的传输和积累。混凝土内部的传输主要通过氯离子的扩散，硫铝酸盐水泥基材料存在自干燥效应，对氯离子的扩散起阻碍作用。

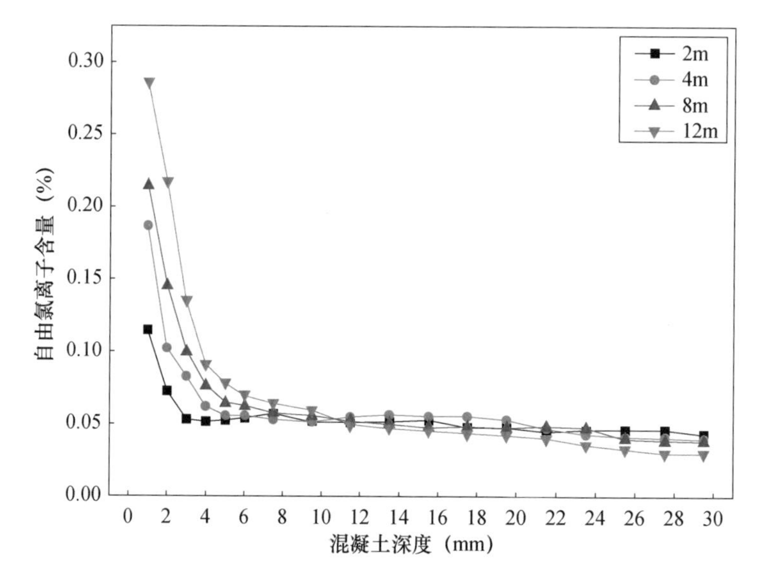

图 6-61　混凝土不同服役时间自由氯离子含量

为了进一步研究室内干湿循环加速与实海服役相关性，将室内氯盐干湿循环和海水干湿循环数据带入图 6-61 得到图 6-62 和图 6-63。从图 6-62 可以发现，海水干湿循环 1 个月后氯离子含量分布规律与实海服役试件接近，其氯离子含量数值上更接近与实海服役 4 个月，室内干湿循环加速因子 K 约为 4。而氯盐干湿循环后，其氯离子含量分布与实海服役有一定差距。表层（0~4mm）氯离子含量较低，内部（4~22mm）氯离子含量较高。

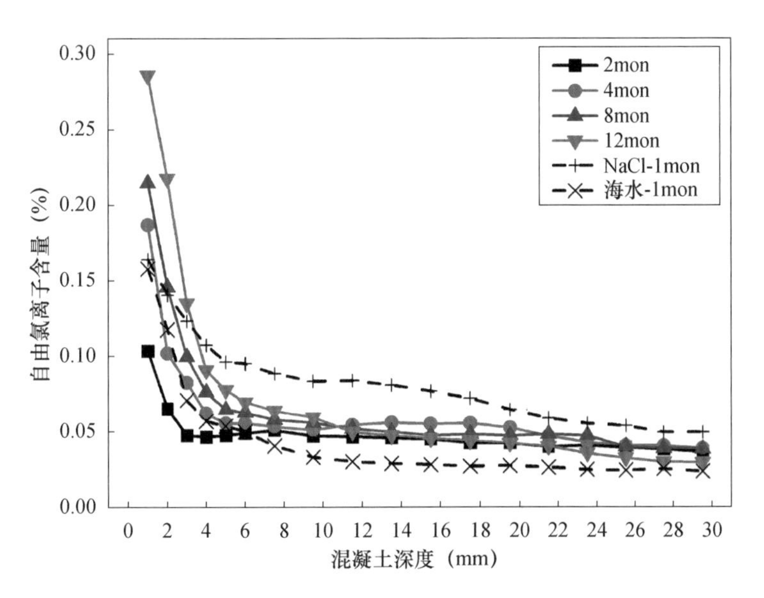

图 6-62　混凝土不同服役时间自由氯离子含量

从图 6-63 可以发现，海水干湿循环 2 个月后氯离子含量分布规律与实海服役试件接近，其氯离子含量数值上更接近与实海服役 8 个月，室内干湿循环加速因子 K 约为 4。而氯盐干湿循环后，各种深度氯离子含量均高于实海服役试件，可见纯氯盐干湿循环与实海服役氯离子含量误差较大。

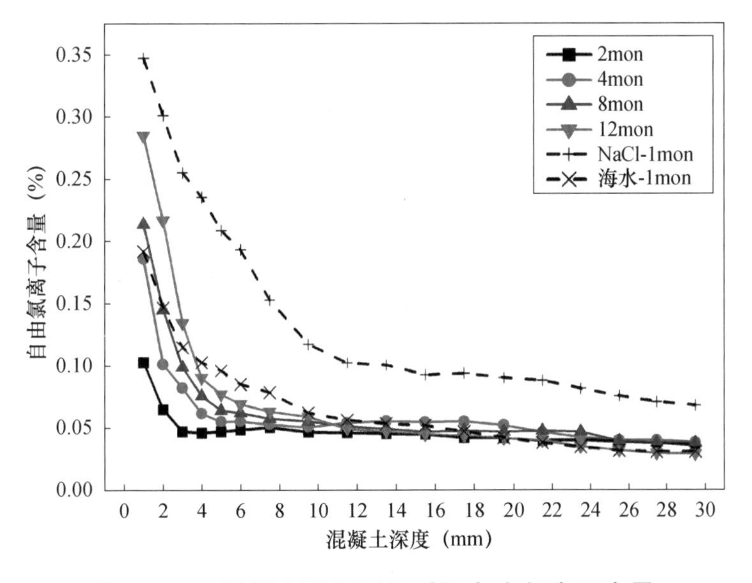

图 6-63　混凝土不同服役时间自由氯离子含量

从以上可以发现，室内干湿循环可以对实海潮汐区服役进行有效加速模拟，但必须采用天然海水进行干湿循环。现有干湿循环加速模拟制度与实海服役相比，加速因子约为 4。

4. 水泥孔隙液组成及其对钢筋钝化的影响

（1）孔隙液组成。

混凝土孔隙液作为水泥水化的液相产物，其性质受到胶凝材料的影响，使用不同种类的胶凝材料，孔隙液的碱度和离子组成都将发生变化。目前，关于孔隙液对钢筋钝化影响的研究大多是基于硅酸盐水泥基材料，对其他种类的水泥少有研究。硫铝酸盐水泥（CSA）具有早强、快硬的特点，多年来广泛用于修补、抢修等工程，但这种水泥与硅酸盐水泥基材料具有完全不同的水化反应过程，主要水化产物为高硫型水化硫铝酸钙（钙矾石）和低硫型水化硫铝酸钙，反应式如式（6-5）和式（6-6）所示。

$$C_4A_3\$+18H \longrightarrow C_3A \cdot C\$ \cdot 12H+2AH_3 \text{（低硫型水化硫铝酸钙）} \quad (6\text{-}5)$$

$$C_4A_3\$+2C\$H_2+34H \longrightarrow C_3A \cdot 3C\$ \cdot 32H+2AH_3 \text{（高硫型水化硫铝酸钙）} \quad (6\text{-}6)$$

在 CSA 的孔隙液中，Na 和 K 元素的含量低，相对应的 OH^- 浓度也较低，最终导致 CSA 孔隙液的碱度偏低，这使得 CSA 对钢筋的保护性能存在疑问。另一方面，CSA 孔隙液中的 S 元素含量远远高于 PC，S 元素代表溶液中 SO_4^{2-} 的含量，主要来源为水泥原料中的石膏，SO_4^{2-} 可能会对钢筋进行侵蚀。

图 6-64 显示了水胶比为 0.5 的修补 / 防护用硫铝酸盐水泥净浆在水化过程中，不同水化阶段采样所得的 XRD 图谱，并与普通硅酸盐水泥进行比较。从图中的（a）可以看到 CSA 的主要水化产物为钙矾石（Ettringite），即使在 1d 龄期时，钙矾石的衍射峰已经十分明显。随着水化的进行，除了钙矾石并没有其他水化产物出现，直至 28d 时，水泥水化并不完全，仍能清晰得检测到 CSA 的主要组成矿物 $C_4A_3\$$ 的和 $CaSO_4$ 的存在。由于 CSA 另一重要水化产物 $Al(OH)_3$ 是凝胶体，在 X 射线谱图上无特征峰，但其构成了图谱的背底。

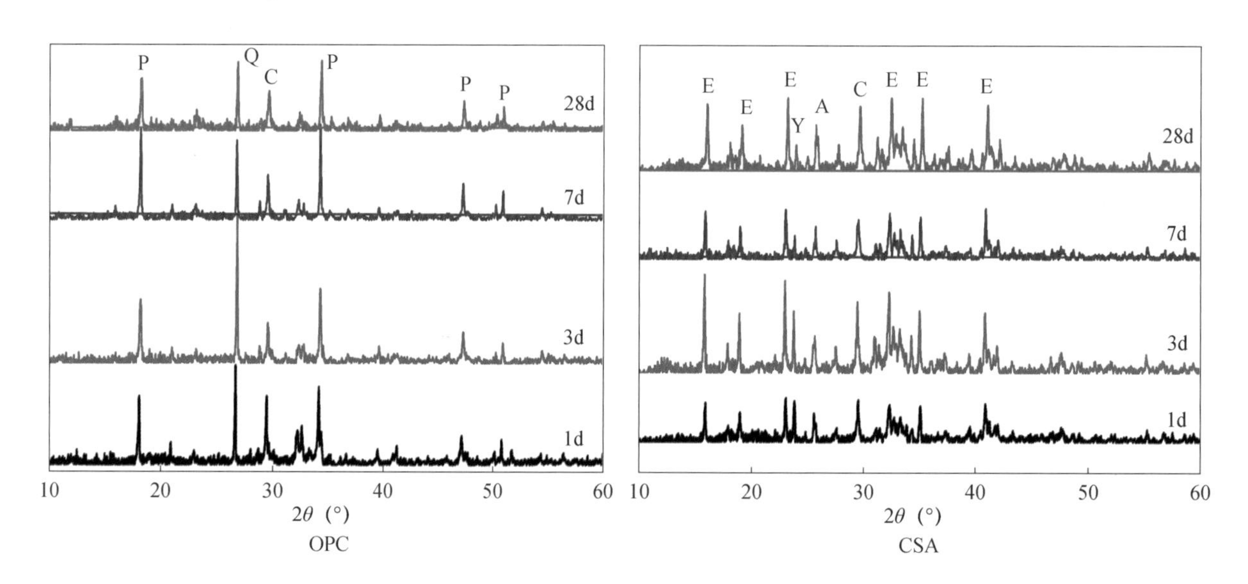

图 6-64 X-ray diffraction patterns of OPC and CSA

（A: Anhydrite, C: Carbornate, E: Ettringite, P: Portlandite, Q: Quartz, Y: Yeelimite）

与图 6-64（b）中的 OPC 图谱比较，两者的水化产物完全不同。除了最基本的水化产物不同（CSH

和 Aft），CSA 最大的特征是没有水化生成 $Ca(OH)_2$，这可能会导致材料内部环境的碱度较低；另一方面，在 CSA 的整个水化过程中都能检测到石膏。

①孔隙液 pH。图 6-65 显示了 pH 计测量 CSA 和 OPC 孔隙液 pH 随水化龄期的变化。从图中可见，CSA 孔隙液的 pH 与 OPC 存在巨大差距。在水化初期，CSA 的 pH 低于 11.0，在此条件下，钢筋甚至不能钝化，所以在 CSA 中的钢筋存在早期锈蚀的风险，形成的蚀坑会削弱钢筋的耐蚀性能。随着水化进行，CSA 孔隙液的 pH 持续上升，最终 28d 时达到 12.9 左右。OPC 的孔隙液 pH 始终维持在较高水平，由初始的 12.65 稳步提高到 28d 的 13.4。考虑到钢筋锈蚀与孔隙液 pH 的密切相关性，CSA 对钢筋锈蚀的防护能力可能弱于 OPC。

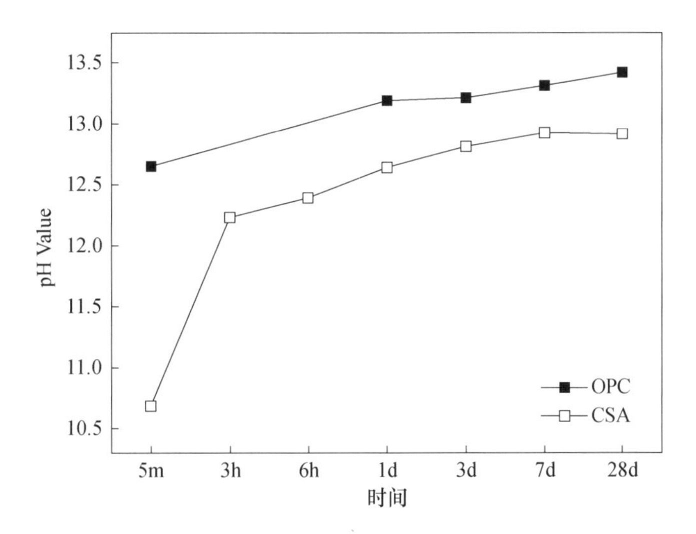

图 6-65　pH 计和滴定法萃取液 pH 测试比较

② Al 元素对应离子种类。pH 测试中发现 CSA 萃取液用盐酸滴定后形成了絮状沉淀，而且滴定法测得的 pH 高于 pH 计的测试结果，这可能与 CSA 孔隙液中的 Al 元素有关。Andac 在分析 CSA 孔隙液的元素组成时发现其中存在大量 Al 元素，但并没有对 Al 元素对应的离子种类进行试验分析。本文首次对 CSA 孔隙液中 Al 元素对应的离子种类进行了分析研究。由于缺少有效的检测技术，在试验中并没有对含 Al 离子进行直接检测，而是将萃取液进行酸化后，利用 ICP-MS 对 Al 元素进行检测，得到其浓度。为了揭示 Al 对应的离子种类，在对萃取液离子组成进行测试后，首先在 PHREEQC 中孔隙液离子组成进行了模拟，Al 相关部分在初始条件输入时设置为 Al 元素，模拟得到的结果见表 6-21。模拟结果显示 $Al(OH)_4^-$ 是 Al 在 CSA 孔隙液中的主要存在形式，其他形式物质的浓度相对于 $Al(OH)_4^-$ 可忽略不计。

表 6-21　CSA 孔隙液中 Al 元素对应物质分布 PHREEQC 模拟结果

养护龄期	Species distribution (mmol/L)				
	Al	$Al(OH)_4^-$	$Al(OH)_3$	$Al(OH)^{2+}$	Al^{3+}
1d	59.0	59.0	2.3×10^{-5}	8.0×10^{-11}	8.3×10^{-25}
3d	86.6	86.6	2.1×10^{-5}	6.5×10^{-18}	5.2×10^{-25}

续表

养护龄期	Species distribution (mmol/L)				
	Al	Al $(OH)_4^-$	Al $(OH)_3$	Al $(OH)^{2+}$	Al^{3+}
7d	110.4	110.4	2.1×10^{-5}	7.5×10^{-18}	7.6×10^{-25}
28d	107.6	107.6	1.6×10^{-5}	4.8×10^{-18}	3.4×10^{-25}

为了进一步证实 Al 元素的存在形式为 $Al(OH)_4^-$，试验利用拉曼光谱仪对萃取液进行了分析，检测 Al 在其中的存在形式，为了进行比对，配制了含 0.1M NaOH 和 0.15M $NaAlO_2$ 的溶液用于对比分析，图 6-66 为参照溶液和 3d 龄期的 CSA 萃取液的拉曼光谱。

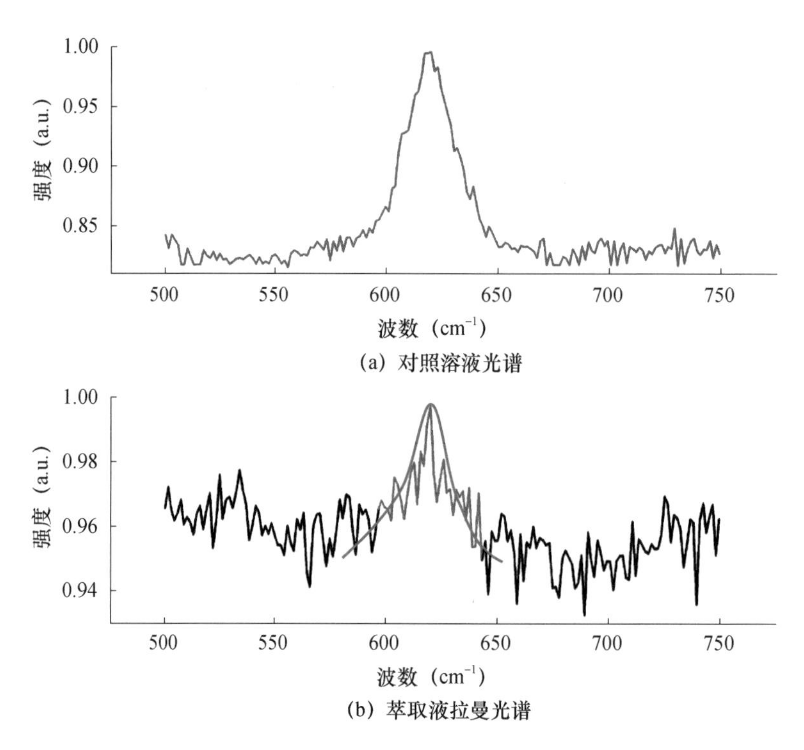

（a）对照溶液光谱

（b）萃取液拉曼光谱

图 6-66 对照溶液和萃取液拉曼光谱

图 6-66（a）显示对照溶液在 620cm^{-1} 位置出现一个显著的波峰，这是典型的 $Al(OH)_4^-$ 拉曼光谱图，这个位置的波峰表示 $Al(OH)_4^-$ 浓度低于 0.5mol/L 时 v_1-AlO_4^- 的对称伸缩。图 6-66（b）为萃取液的拉曼光谱，由于萃取液中存在多种离子，并不是纯的 $Al(OH)_4^-$，所以图谱中出现了较强的背景噪声信号，但是观察到 620cm^{-1} 处出现了一个明显的波峰。结合拉曼光谱与表 6-21，可以得到结论：CSA 孔隙液中存在 $Al(OH)_4^-$，其浓度可以通过检测 Al 来确定。

③孔隙液主要离子。两种水泥不同龄期的离子浓度见表 6-22。比较两种水泥的孔隙液离子浓度，两者最大的差异是 $Al(OH)_4^-$ 和 SO_4^{2-} 的浓度以及上文讨论过的 pH(OH^-)。在 OPC 中，由于 Al 元素对应的离子浓度很低，所以往往被忽略，而在 CSA 中，$Al(OH)_4^-$ 的浓度可高达 0.1mol/L 以上，对于水泥基材料孔隙液中存在浓度如此高的一种新离子，关于该离子对钢筋腐蚀的影响研究是十分有必要的。

CSA 中的另一种特殊离子 SO_4^{2-} 浓度变化呈现先下降后升高的趋势，最终浓度稳定在 0.05mol/L 左右，远高于 OPC 中的数值，有相关研究表明 SO_4^{2-} 能够导致钢筋锈蚀，但该结论仍有争议，所以在 CSA 孔隙液体系中 SO_4^{2-} 对钢筋腐蚀的影响需要进一步的研究。

表 6-22　孔隙液离子组成

Sample	Method Time	Calculation and simulation (mmol/L)					
		Na^+	K^+	Ca^{2+}	$Al(OH)_4^-$	SO_4^{2-}	OH^-
CSA	5min	15.7	57.4	29.9	18.0	38.8	0.5
CSA	3h	25.3	67.7	9.1	22.9	20.0	16.8
	6h	35.4	97.8	9.5	33.6	22.0	24.7
	1d	60.5	139.7	4.4	59.0	25.6	43.6
	3d	72.8	187.5	bld	86.6	38.7	64.3
	7d	93.7	220.3	3.4	110.4	50.5	82.5
	28d	85.2	237.1	2.7	107.6	55.7	80.4
OPC	5min	24.1	108.5	58.9	0.1	46.2	44.7
	1d	61.0	100.5	2.7	0.7	bld	154.3
	3d	77.0	117.7	2.7	bld	5.90	161.4
	7d	93.2	165.6	2.0	1.2	bld	205.0
	28d	122.7	205.9	1.5	bld	1.7	266.0

比较 OPC 与 CSA，除了各离子浓度存在差异，最大的不同有两点：一是 CSA 的孔隙液中含有浓度较高的 SO_4^{2-}，这部分 SO_4^{2-} 应该源于水泥原料中的石膏；第二点，在 CSA 孔隙液中存在大量 AlO_2^-，而 OPC 中几乎检测不到。通过对 CSA 水化机理的分析，可以发现其水化产物中存在大量铝胶。$Al(OH)_3$ 易溶于碱溶液，所以 CSA 孔隙液中的 AlO_2^- 应该源于铝胶的溶解。

（2）模拟孔隙液钢筋电位监测。

①孔隙液配制。基于孔隙液研究的结果，根据水胶比、龄期等变化对孔隙液化学性质的影响，通过改变碱度、离子种类和浓度，配制多种模拟孔隙液研究 CSA 水泥基材料孔隙液对钢筋的钝化和锈蚀的影响规律。

② pH 对钢筋钝化的影响。

实际工程应用中影响孔隙液碱度和离子组成的因素很多，比如水泥原料、水胶比和凝结时间等，所以配制与实际孔隙液相同的模拟孔隙液是不可能的。图 6-67 显示了 pH 分别为 11、12 和 13 时钢筋开路电位的变化。

当溶液 pH 高于 12 时，初始电位就在 -200mV 以上，并能迅速升高到 -100mV 以上，也就是说在此条件下钢筋能够钝化，不会发生锈蚀。而当 pH 仅有 11 时，电位在前三天上升，之后迅速下降，钢筋表面发生了锈蚀。

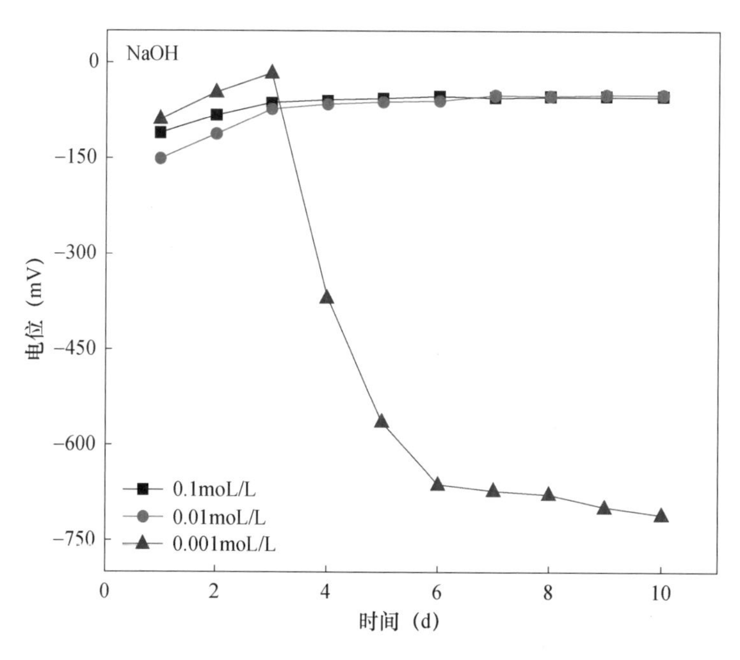

图 6–67　pH 对开路电位的影响

③ SO_4^{2-} 对钢筋钝化的影响。如图 6-68 所示，

当模拟液碱度较高时（pH ＞ 13），加入硫酸钠后，开路电位虽然有所下降，但稳定后电位仍有 -120mV 左右，钢筋始终能够处于钝化状态。硫酸根的加入可能只是一定程度影响了钢筋表面电荷层的排布，由此引起了电位的变化。而当溶液中 NaOH 浓度下降到 0.01mol/L 时，溶液中只要加入 Na_2SO_4，钢筋就会发生锈蚀，而且钝化膜破钝时间随硫酸根浓度增加而缩短。如果溶液的碱度再进一步下降，含硫酸根的溶液中钢筋表面已经不能形成钝化膜，从刚浸入模拟液，钢筋就已经发生了锈蚀，而不含硫酸根的模拟液中，钝化膜也不能稳定存在，3d 后钢筋就开始锈蚀，所以该碱度对钢筋防腐没有保护作用。

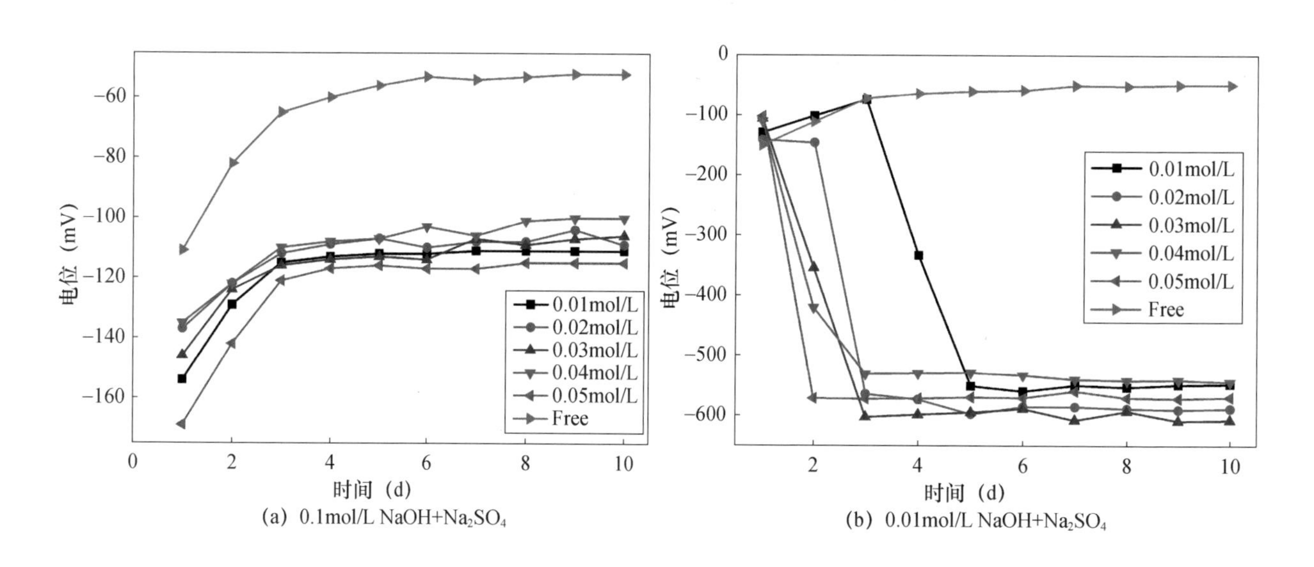

(a) 0.1mol/L NaOH+Na_2SO_4

(b) 0.01mol/L NaOH+Na_2SO_4

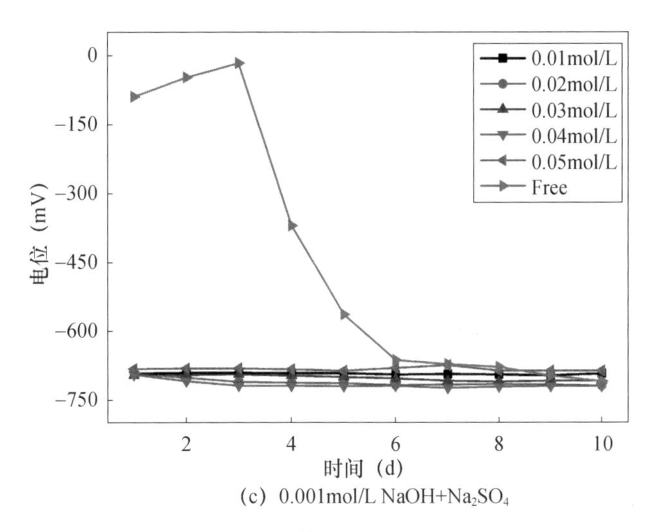

(c) 0.001mol/L NaOH+Na_2SO_4

图 6-68 SO_4^{2-} 对开路电位的影响

许多研究认为，钢筋的锈蚀仅与 pH 有关，但从点蚀形成机理出发，溶液对酸性的缓冲能力也对锈蚀的发生有着极大的影响。AlO_2^- 作为 CSA 孔隙液中独有的离子，是一种弱酸根，与酸能发生中和反应生成 $Al(OH)_3$，因此 CSA 孔隙液中发现的 AlO_2^- 对钢筋钝化有何种影响十分具有研究意义。图 6-69 显示了 AlO_2^- 在不同碱度条件下，对浸泡在含有 0.05M Na_2SO_4 溶液中的钢筋的影响。当碱度较高时（pH=13），AlO_2^- 对钢筋钝化没有明显的影响，钢筋电极的开路电位高低与 $NaAlO_2$ 的浓度无关。当 pH=12 时，在不含 $NaAlO_2$ 和 $NaAlO_2$ 浓度为 0.005mol/L、0.01mol/L 时钢筋发生了锈蚀，而 $NaAlO_2$ 浓度足够高时，由于 SO_4^{2-} 导致的钢筋锈蚀能够被抑制。但是当 pH 只有 11 时，由于 $NaAlO_2$ 浓度有限，所有试样均发生了锈蚀，但腐蚀电位随 $NaAlO_2$ 浓度增大而有所提高。

利用固液萃取法得到任意水胶比的孔隙液离子浓度，确定了修补 / 防护用硫铝酸盐水泥基材料孔隙液的组成，分析硫酸根和偏绿酸根对钢筋腐蚀电位的影响，得到了硫酸盐水泥基材料孔隙液对钢筋钝化的影响规律。结论如下：

a. CSA 水化产物含有大量钙矾石，3d 时水化产物就接近 28d。

b. CSA 加水搅拌 5min 后，孔隙液 pH 只有 10.6，3h 就快速达到了 12.44，接近 28d 的 pH 为 12.66。

c. 与 OPC 相比，CSA 孔隙液稳定后含有 SO_4^{2-} 和 AlO_2^-，基本没有 Ca^{2+}，故不能用饱和 $Ca(OH)_2$ 模拟修补 / 防护用硫铝酸盐水泥基材料孔隙液。

d. 当溶液 pH 高于 12 时，初始电位就在 -200mV 以上，并能迅速升高到 -100mV 以上，在此条件下钢筋能够钝化、不易发生锈蚀。溶液中加入 AlO_2^-，可以抑制 SO_4^{2-} 的引入带来的腐蚀作用。

④ AlO_2^- 对钢筋钝化的影响

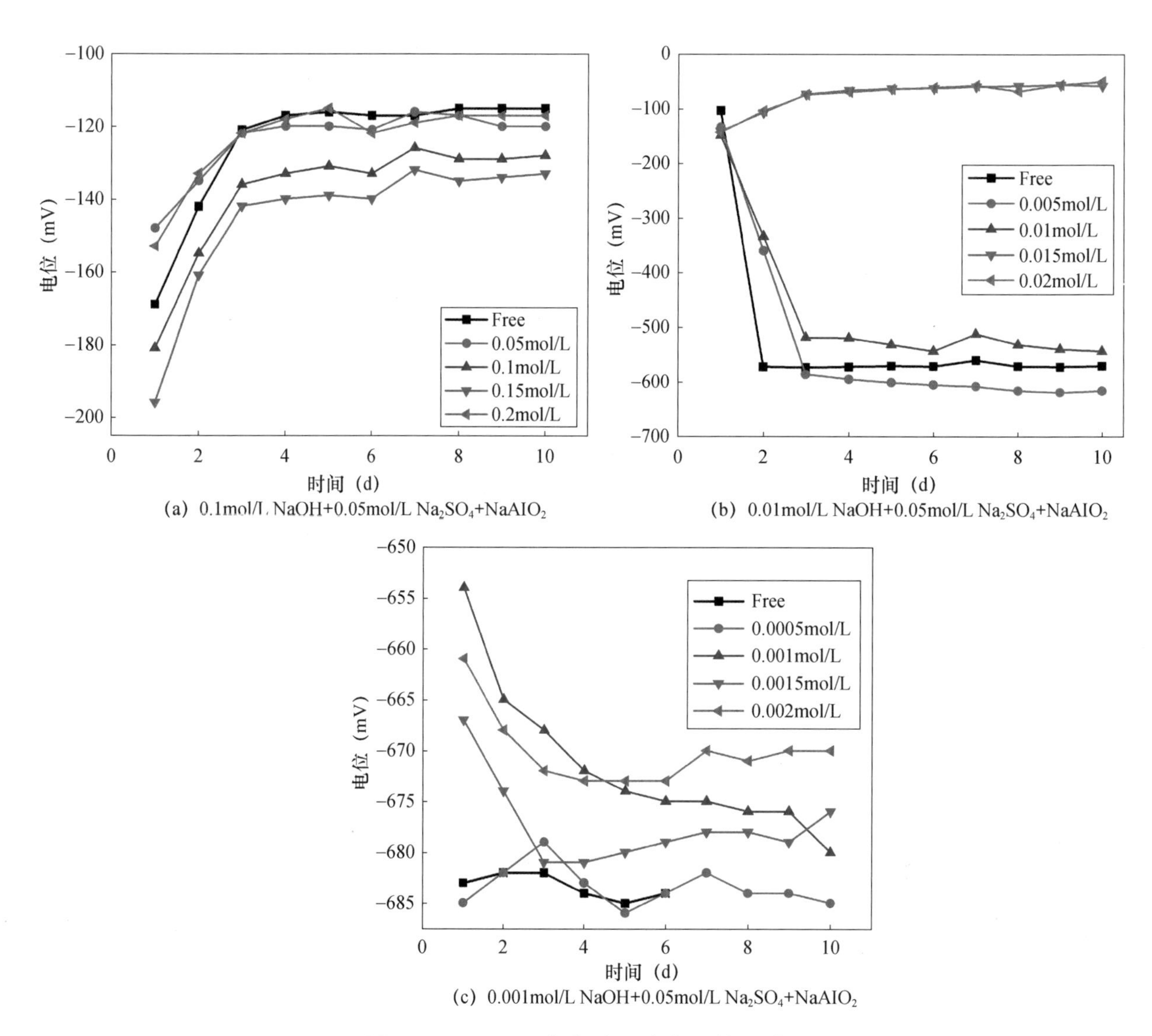

图 6-69　AlO_2^- 浓度对开路电位的影响

（3）临界氯离子浓度（C_{crit}）测定。

在工程上，临界氯离子浓度是指能够引起钢筋发生可观测到的锈蚀的氯离子浓度，是钢筋混凝土结构中防止钢筋锈蚀的一个重要指标。OH^- 和 $Al(OH)_4^-$ 浓度与钢筋抗 Cl^- 侵蚀能力正相关，而 SO_4^{2-} 则会导致钝化膜劣化，削弱钢筋抗点蚀能力。在此结论的基础上，为了进一步揭示 CSA 孔隙液对临界氯离子浓度（C_{crit}）的影响，对钢筋在不同离子组成的模拟孔隙溶液中的 C_{crit} 进行了研究。

为了研究 CSA 孔隙液离子组成对临界氯离子浓度的影响，以 CSA 孔隙液中对钢筋钝化产生主要影响的 OH^-、AlO_4^- 和 SO_4^{2-} 浓度 3 个指标作为变量进行溶液离子组成设计。需要说明的是由于 SO_4^{2-} 在某些条件下会直接导致钢筋锈蚀，此时研究 C_{crit} 是没有意义的，并且高碱度的模拟液与高浓度 SO_4^{2-} 配合，因为低浓度 SO_4^{2-} 在高碱度条件下对钢筋的侵蚀作用不明显，SO_4^{2-} 的最高浓度为 0.1 mol/L，CSA 孔隙液几乎没有超过此浓度的情况。钢筋电极浸泡在模拟孔隙溶液中，Cl^- 以 NaCl 的形式逐步添加，每隔 2d 添加一次，直至钢筋锈蚀，每次添加 NaCl 前用万用表对钢筋电极腐蚀电位进行测试，参比电极为饱和甘汞电极（SCE）。

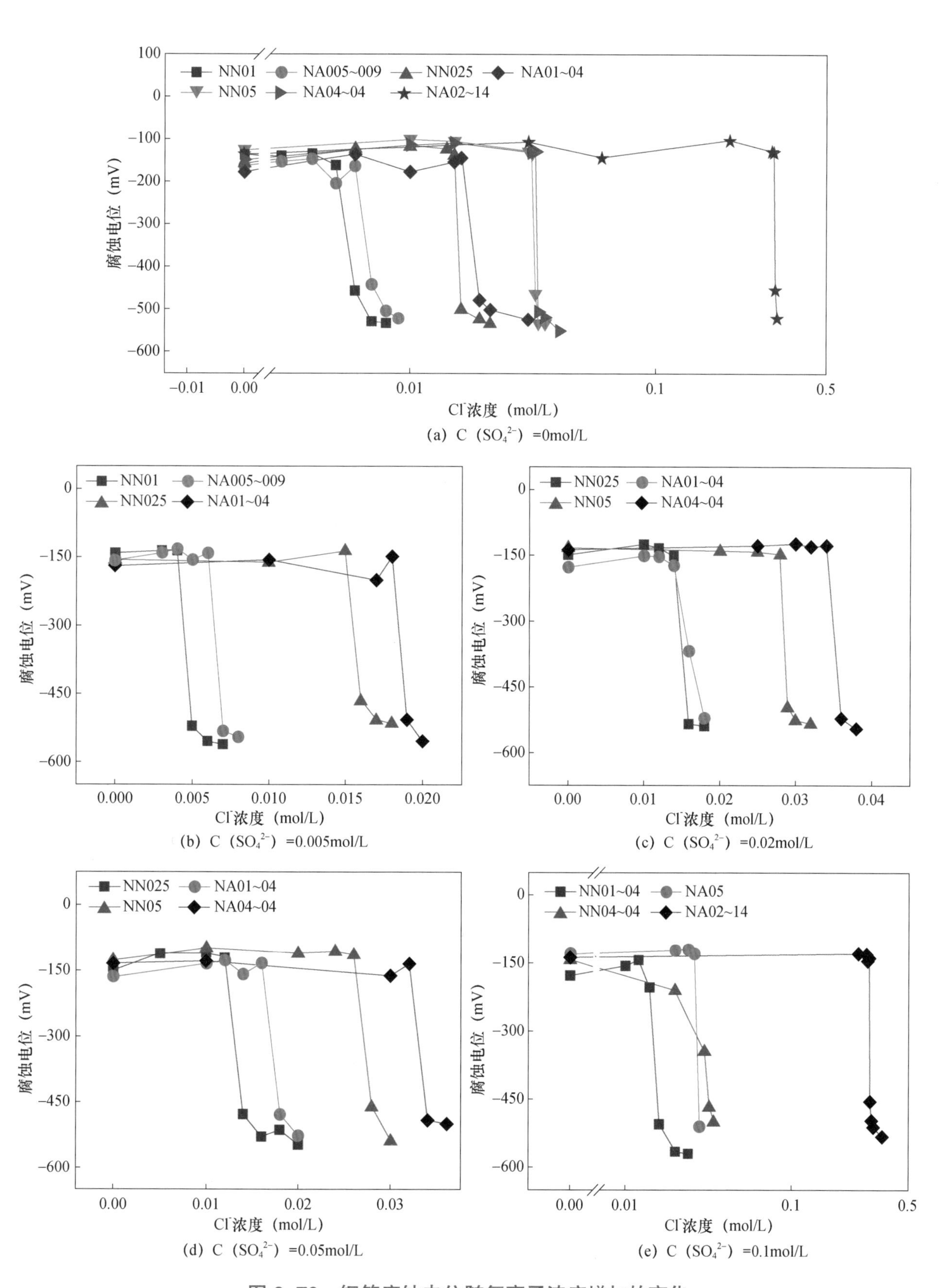

(a) C（SO_4^{2-}）=0mol/L

(b) C（SO_4^{2-}）=0.005mol/L

(c) C（SO_4^{2-}）=0.02mol/L

(d) C（SO_4^{2-}）=0.05mol/L

(e) C（SO_4^{2-}）=0.1mol/L

图 6-70 钢筋腐蚀电位随氯离子浓度增加的变化

图 6-70 为钢筋在不同 CSA SPS 中腐蚀电位与 Cl^- 浓度的关系，以 SO_4^{2-} 浓度为指标，将结果分为（a）~（e）五组。所有样品的腐蚀电位发展趋势都具有一个相同的特点，随着随着 Cl^- 的添加，腐蚀电位先保持相对稳定，直至 Cl^- 浓度达到一定值后电位突然下降，在 Mundra 等人的研究中也观察到了类似的变化趋势，并认为电位突降的点对应的 Cl^- 浓度即为临界浓度 C_{crit}。

（4）临界氯离子浓度（C_r）计算。

3 种离子对钢筋锈蚀的影响规律的数学模型可从两方面考虑，OH^- 和 AlO_2^- 提高 C_r，是 C_r 的基础，而 SO_4^{2-} 对 C_r 起的是负作用，所以在这三种离子共存在环境中，C_r 相当于在 OH^- 和 AlO_4^- 提供的基础值上扣除由 SO_4^{2-} 造成的损失这部分。

C_r 与 OH^- 浓度的关系显而易见是成正比，比值接近 0.6。从 AlO_2^- 对钢筋锈蚀的影响机理分析，AlO_2^- 对 C_r 的提高是由于水解产生的 OH^- 抑制了点蚀的扩展，而不是参与钝化膜的生长过程，所以 AlO_2^- 对 C_r 的影响是与溶液中本身存在的 OH^- 无关；另一方面 AlO_2^- 水解时形成的 $Al(OH)_3$ 沉淀会封闭形成的蚀孔，也具有一定的抗蚀所用，因此由 AlO_2^- 导致的 C_r 提高部分与 OH^- 浓度是无关的，但 AlO_2^- 与 C_r 可能不是简单的线性关系。至于 SO_4^{2-}，该离子对钝化膜的破坏作用随碱度升高急剧下降，SO_4^{2-} 与 OH^- 浓度具有非线性关系，而与 AlO_2^- 是接近线性关系，由上述分析得出 CSA 孔隙液中 C_r 的初步数值模型：

$$C_r=Ax_1+Ax_2^C-\frac{Ex_3}{x_2+x_1D} \tag{6-7}$$

式中 A、B、C、D、E——常数；

x_1——OH^- 浓度；

x_2——AlO_4^- 或 $Al(OH)_4^-$ 浓度；

x_3——SO_4^{2-} 浓度。

将实验数据利用公式（6-7）进行拟合得到结果见表 6-23。

表 6-23　C_r 数值模型拟合结果

A	*B*	*C*	*D*	*E*	Reduced Chi-Sqr	R^2
0.618	258.69	3.094	0.562	0.00655	6.06×10^{-6}	0.999

最终式（6-7）可写成

$$C_r=0.618x_1+258.69x_2^{3.094}-\frac{0.00655x_3}{x_2+x_1^{0.562}} \tag{6-8}$$

从表中拟合统计分析的相关数据（R^2=0.996 > 0.95）可以得知式（6-8）可以较准确得预测 C_r，当环境中 Cl^- 浓度大于式（6-4）的计算结果，钢筋可能会发生锈蚀。

6.2.3　修补 / 防护用水泥基材料海洋修补 / 防护工程示范

1. 修补 / 防护用硫铝酸盐水泥缓凝剂的选择

修补 / 防护用硫铝酸盐水泥初凝时间在 10min 左右，要将修补 / 防护用硫铝酸盐水泥应用于工程实践，其凝结时间的调节成为关键。我们选择几种不同的缓凝剂调节修补 / 防护用硫铝酸盐水泥的初凝时间，使其初凝时间为 30~100min 可调。具体试验过程及试验结果如下：

缓凝剂选择硼酸、硼酸钠、柠檬酸钠、葡萄糖酸钠、酒石酸 5 种。调整 5 种缓凝剂在水泥中的掺量，分别测定不同缓凝剂在不同掺量条件下对水泥初凝时间的影响，剔除在较高掺量下仍不能满足对水泥初凝时间 30~100min 可调的缓凝剂，挑选出可以满足调整水泥初凝时间可控的缓凝剂，并分析挑选出的缓凝剂对水泥胶砂早期强度的影响。

（1）硼酸缓凝效果分析。

硼酸缓凝效果见表 6-24，通过调整硼酸的掺量为 0.1%~0.37%，修补 / 防护用硫铝酸盐水泥的初凝时间能够达到 19~114min 可控，满足我们所设定的初凝时间可控范围，但是我们也发现当硼酸掺量达到一定值（＞ 0.38%）时，修补 / 防护用硫铝酸盐水泥存在长时间不凝结的现象。

表 6–24　硼酸缓凝效果

掺量（%）	0.1	0.2	0.3	0.34	0.37	0.38	0.42
初凝时间	19min	39min	63min	69min	114min	＞ 3h	＞ 3h

（2）葡萄糖酸钠缓凝效果分析。

葡萄糖酸钠缓凝效果见表 6-25，通过调整葡萄糖酸钠的掺量为 0.2%~1.2%，修补 / 防护用硫铝酸盐水泥的初凝时间能够控制为 20~102min，满足我们所设定的初凝时间可控范围，但此时葡萄糖酸钠的掺量相对于硼酸已经比较大。

表 6–25　葡萄糖酸钠缓凝效果

掺量（%）	0.2	0.5	0.6	0.7	1.0	1.2
初凝时间（min）	20	42	63	76	81	102

（3）酒石酸缓凝效果分析。

酒石酸缓凝效果见表 6-26，通过调整酒石酸的掺量为 0.2%~1.2%，修补 / 防护用硫铝酸盐水泥的初凝时间只能控制为 22~39min，酒石酸掺量的增加并没有对修补 / 防护用硫铝酸盐水泥的初凝时间有显著改变，且当掺量为 1.2% 时缓凝效果没有葡萄糖酸钠掺量为 0.5% 缓凝效果好，我们认为酒石酸不适宜用作修补 / 防护用硫铝酸盐水泥的缓凝剂。

表 6–26　酒石酸缓凝效果

掺量（%）	0.2	0.5	0.6	0.7	1.0	1.2
初凝时间（min）	22	26	27	27	34	39

（4）柠檬酸钠缓凝效果分析。

柠檬酸钠缓凝效果见表 6-27，通过调整柠檬酸钠的掺量为 0.2%~1.2%，修补 / 防护用硫铝酸盐水泥的初凝时间只能控制为 17~21min，柠檬酸钠掺量的增加同样没有对修补 / 防护用硫铝酸盐水泥的初凝时间有显著改变，我们认为柠檬酸钠不适宜用作修补 / 防护用硫铝酸盐水泥的缓凝剂。

表 6–27　柠檬酸钠缓凝效果

掺量（%）	0.2	0.5	0.6	0.7	1.0	1.2
初凝时间（min）	17	18	18	19	22	21

（5）硼酸钠缓凝效果分析。

硼酸钠缓凝效果见表 6-28，通过调整硼酸钠的掺量为 0.1%~1.2%，修补 / 防护用硫铝酸盐水泥的初凝时间能控制为 16~69min，当硼酸钠掺量的到 0.5% 以后，再增加修补 / 防护用硫铝酸盐水泥的掺量，并不能很好地调节修补 / 防护用硫铝酸盐水泥的初凝时间有显著变化。综上我们同样认为柠檬酸钠不适宜用作修补 / 防护用硫铝酸盐水泥的缓凝剂。

表 6–28　硼酸钠缓凝效果

掺量（%）	0.1	0.3	0.5	0.7	1.0	1.2
初凝时间（min）	16	29	57	62	67	69

（6）硼酸与葡萄糖酸钠复配缓凝效果分析。

通过上述实验，我们认为硼酸和葡萄糖酸钠对修补 / 防护用硫铝酸盐水泥的缓凝效果相对较好，但是硼酸掺量达到一定值（0.38%）时，修补 / 防护用硫铝酸盐水泥长时间不凝结，而要达到相同的缓凝效果，葡萄糖酸钠的掺量是硼酸掺量的 2~3 倍。因此，我们期望通过硼酸与葡萄糖酸钠两种缓凝剂的复配达到凝结时间完全可控，且掺量相对合理的目标。硼酸与葡萄糖酸钠复配缓凝效果见表 6-29。

表 6–29　硼酸与葡萄糖酸钠复配缓凝效果

复配配比	初凝时间（min）
0.1% 硼酸 +0.2% 葡萄糖酸钠	29
0.2% 硼酸 +0.2% 葡萄糖酸钠	61
0.3% 硼酸 +0.2% 葡萄糖酸钠	104
0.3% 硼酸 +0.3% 葡萄糖酸钠	103
0.3% 硼酸 +0.4% 葡萄糖酸钠	105

通过硼酸与葡萄糖酸钠的复配实验，我们发现当硼酸掺量到 0.3% 时，再增加葡萄糖酸钠的掺量也不能延长初凝时间，此时，修补 / 防护用硫铝酸盐水泥的初凝时间能够稳定在一个 100min 左右。

2. 不同缓凝剂对水泥胶砂早期强度影响的分析

根据上述试验结果，我们初步选定硼酸、葡萄糖酸钠和硼酸与葡萄糖酸钠复配 3 种缓凝剂进行缓凝剂对水泥胶砂早期强度影响的试验。我们选择上述 3 种缓凝剂能够将初凝时间调整为 60min 时的各自掺量，测定掺加不同缓凝剂的 1d、3d 与 7d 的水泥胶砂强度，试验结果见表 6-30。

表 6–30 不同缓凝剂对水泥胶砂早期强度影响

编号	1d 抗折（MPa）	1d 抗压（MPa）	3d 抗折（MPa）	3d 抗压（MPa）	7d 抗折（MPa）	7d 抗压（MPa）
0.6% 葡萄糖酸钠	0.7	3	2.5	17.7	4.8	37.0
0.3% 硼酸	7.7	46.66	9.8	55.8	9.2	54.4
0.2% 硼酸 +0.2% 葡萄糖酸钠	6.9	45.08	8.8	52.5	8.1	53.5

通过上述试验结果，我们发现葡萄糖酸钠对修补/防护用硫铝酸盐水泥的强度影响最大：掺加 0.3% 硼酸比掺加 0.6% 葡萄糖酸钠 1d、3d、7d 的强度都要高，而且掺加 0.3% 硼酸的 1d 抗压强度是掺加 0.6% 葡萄糖酸钠 1d 抗压强度的 155 倍还多。

0.2% 硼酸 +0.2% 葡萄糖酸钠复配得到的缓凝剂 1d、3d、7d 强度也比单纯掺加 0.3% 硼酸组相同龄期的强度略低。

通过对不同缓凝剂缓凝效果的分析，同时结合选出的 3 种缓凝剂对水泥胶砂早期强度影响的分析，得出硼酸作为修补/防护用硫铝酸盐水泥的缓凝剂比较合理，具体原因如下：

（1）硼酸相对于葡萄糖酸钠在低掺量条件下就能有比较好的缓凝效果。

（2）硼酸对修补/防护用硫铝酸盐水泥的早期强度影响比较小，掺加葡萄糖酸钠后修补/防护用硫铝酸盐水泥的早期强度下降很多，不利于工程应用。

（3）硼酸与葡萄糖酸钠复配无论是缓凝效果，还是对修补/防护用硫铝酸盐水泥早期强度的影响都能达到与单掺硼酸效果相同，但是考虑到在实际工程应用中，两种缓凝剂复配均匀性无法保证，所以我们认为单掺硼酸更利于工程应用。

④虽然硼酸超过一定掺量后存在缓凝时间不可控的情况，但在混凝土实际应用过程中一方面不需要控制早凝时间过长，另一方面砂、石集料的存在也会削弱这种不可控因素。

综上所述，硼酸作为修补/防护用硫铝酸盐水泥的缓凝剂比较合理。

3. 修补/防护用硫铝酸盐水泥专用泵送剂的制备

由于修补/防护用硫铝酸盐水泥特殊的快硬性能不利于混凝土泵送施工，很少有人将其应用于混凝土工程，所以市面上也没有专门的用于修补/防护用硫铝酸盐水泥施工的泵送剂，因此制备适合修补/防护用硫铝酸盐水泥专用的泵送剂是整个混凝土试配工作的难点。

（1）泵送剂减水组分的选择。我们选择萘系、聚羧酸系和脂肪族系 3 种原料作为泵送剂的减水组分，根据《混凝土外加剂匀质性试验方法》（GB/T 8077—2012）中水泥净浆流动度的测试方法选择合适的减水组分。

我们设定减水组分控制修补/防护用硫铝酸盐水泥净浆初始流动度要大于 280mm，30min 时的流动度要大于 220mm，且掺加量尽可能少作为考核减水组分效果的评价标准，得到的试验结果见表 6-31 及表 6-32。

表 6–31 净浆初始流动度试验结果

减水组分（%）	0	0.5	1	1.5	2
萘系	185	213	247	252	254
聚羧酸系	185	245	285	泌水	泌水
脂肪族系	185	217	247	281	泌水

表 6-32 净浆 30min 流动度试验结果

减水组分（%）	0	0.5	1	1.5	2
萘系	165	193	237	231	230
聚羧酸系	165	223	252	—	—
脂肪族系	165	195	237	245	—

由上述试验结果，我们可以看出聚羧酸系减水组分相较于萘系、脂肪族系减水组分在掺量较低的条件下就能获得较好的减水性能。但是，聚羧酸减水剂由于减水率高，如果超掺会产生泌水、抓底等情况，这些都要在实际施工中有所注意。

（2）泵送剂保坍组分的选择。聚羧酸系混凝土泵送剂的保坍组分一般是加入聚羧酸系保坍母液，而我们通过以往试验发现，在聚羧酸母液中加入乙醇也具有相同甚至更好的保坍性能，为了比较加入不同保坍组分对修补 / 防护用硫铝酸盐水泥保坍性能的影响，我们也进行相关试验。

为了模拟修补 / 防护用硫铝酸盐水泥在炎热地区的水化状况，我们下列试验均在 35℃条件下进行，具体做法是先将试验材料在设定温度为 35℃的烘箱中保温 24h, 在每次测完净浆流动度后，将净浆盛放于烧杯，盖上玻璃板后置于水浴锅中保温，水浴锅设定温度为 35℃。

我们设定的试验目标为修补 / 防护用硫铝酸盐水泥在 35℃条件下，净浆初始流动度大于 280mm，3h 时的流动度大于 220mm。

4. C40 修补 / 防护用硫铝酸盐水泥混凝土的配制

水泥：修补 / 防护用硫铝酸盐水泥，胶砂强度见表 6-33；砂：河砂、中砂；碎石：5~20mm；石粉；修补 / 防护用硫铝酸盐水泥专用泵送剂及缓凝剂。

表 6-33 修补 / 防护用硫铝酸盐水泥胶砂强度 MPa

4h		1d		3d		7d		28d	
抗折强度	抗压强度	抗折强度	抗压强度	抗折强度	抗压强度	抗折强度	抗压强度	抗折强度	抗折强度
2.7	10.29	7	39.3	7.3	53.05	7.9	55.27	8.9	58.3

（1）混凝土配合比。C40 修补 / 防护用硫铝酸盐水泥混凝土配合比见表 6-34。

表 6-34 C40 修补 / 防护用硫铝酸盐水泥混凝土配合比

编号	C（kg）	S（kg）	G（kg）	W（kg）	M（kg）	Ag（%）	R（%）
1 号	400	790	1050	160	0	1.2	0.6
2 号	400	828	1012	160	0	1.2	0.6
3 号	400	865	975	160	0	1.2	0.6
4 号	400	825	975	160	20	1.3	0.7
5 号	400	825	975	160	20	1.3	0.8

续表

编号	C（kg）	S（kg）	G（kg）	W（kg）	M（kg）	Ag（%）	R（%）
6号	400	835	975	160	30	1.3	0.8
7号	400	825	975	160	40	1.3	0.8

注：C—水泥；S—河砂；G—碎石；W—水；M—石粉；Ag—聚羧酸泵送剂；R—缓凝剂。

（2）新拌混凝土性能。C40 修补 / 防护用硫铝酸盐水泥混凝土新拌混凝土性能见表 6-35。

表 6-35　C40 修补 / 防护用硫铝酸盐水泥混凝土新拌混凝土性能

编号	指标	初始	1.5h	3h
1号	坍落度（mm）	195	150	—
	扩展度（mm）	530 × 535	390 × 400	—
2号	坍落度（mm）	210	155	—
	扩展度（mm）	520 × 525	400 × 410	—
3号	坍落度（mm）	220	160	—
	扩展度（mm）	530 × 540	395 × 400	—
4号	坍落度（mm）	210	220	155
	扩展度（mm）	550 × 540	560 × 550	380 × 385
5号	坍落度（mm）	230	230	185
	扩展度（mm）	550 × 540	540 × 545	460 × 465
6号	坍落度（mm）	230	235	190
	扩展度（mm）	560 × 550	540 × 550	470 × 460
7号	坍落度（mm）	215	200	160
	扩展度（mm）	540 × 535	520 × 515	400 × 395

（3）C40 修补 / 防护用硫铝酸盐水泥混凝土新拌混凝土试验结果分析。

1 号、2 号初始状态时砂浆不能很好地包裹石子、粗集料裸露严重，考虑是砂率偏低，故设计 3 号试验。通过 3 号试验发现粗集料裸露情况改善，最终确定砂率为 0.47。

1 号、2 号、3 号均发生不同程度的泌水，了解到所用河砂为水洗河砂，砂子相对干净，因此对聚羧酸系外加剂较为敏感，而且细颗粒较少，故设计 4 号、5 号、6 号、7 号试验，增加惰性材料石粉来替代部分河砂。

1 号、2 号、3 号均在 1.5h 时工作性能变差，表现为坍落度、扩展度均大幅下降，且 3h 时基本失去流动性，分析认为是缓凝剂掺量不足，造成修补 / 防护用硫铝酸盐水泥凝结时间达不到要求，故在设计 4 号、5 号、6 号、7 号试验，提高缓凝剂掺量。

4 号混凝土初始状态较好，但是 3h 坍损严重，分析认为缓凝剂量还不足，因此在设计 5 号、6 号、

7 号试验时再次提高缓凝剂掺量。

5 号混凝土初始状态、3h 坍损较前几组试验都有大幅改善，但为了确定石粉掺量是否已经到达最佳值，我们又设计了 6 号、7 号试验，提高石粉替代量。

通过 6 号、7 号对比发现，6 号工作性能要比 7 号更好，故最终确定 6 号配合比为最终试验配比。

（4）修补 / 防护用硫铝酸盐水泥混凝土的强度。我们最终确定的修补 / 防护用硫铝酸盐水泥混凝土配合比见表 6-36，混凝土的强度见表 6-37。

表 6–36　修补 / 防护用硫铝酸盐水泥混凝土施工配合比

C	S	G	W	M	Ag	R
400kg	835kg	975kg	160kg	30kg	1.3%	0.8%

表 6–37　修补 / 防护用硫铝酸盐水泥混凝土的强度　MPa

1d	3d	7d
47.7	54.1	60

5. 工程示范

（1）深圳湾滨海休闲带西段海堤结构工程。第一项示范工程为深圳湾滨海休闲带西段海堤结构工程，西段工程规划总长度为 6.6km（图 6-71），东起深圳湾公园西端中心河河口，西至海上世界的延伸公园，共 10 个主题景观沿线，分布 22 个主题公园，被称为“深圳西部最美湾区栈道”。除延长段 G2 段，其他段均已于 2017 年 7 月 3 日之前开放使用。

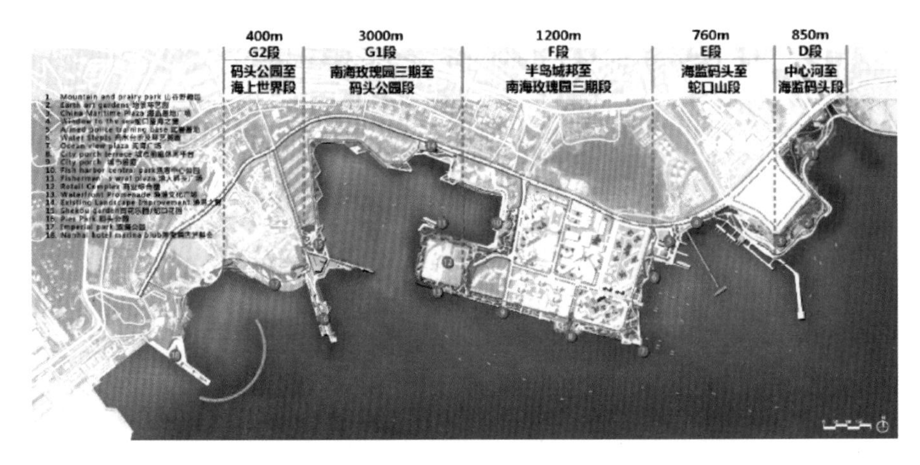

图 6–71　深圳湾滨海休闲带西段工程规划图

本次示范段处于图 6-71 中所示的 G2 段中，示范时间为 2018 年 6 月 6 日—15 日，平均气温 25~31℃，相对湿度为 75%~95%。示范段具体为海堤结构，处于海洋环境中，受到海水侵蚀，包括氯离子侵蚀和硫酸盐侵蚀等，是典型的海洋工程。

①搅拌站混凝土试配。正式示范之前，相关研究人员根据当地气候与工程所处环境，前往深圳港创建

材股份有限公司蛇口搅拌站进行了大量的混凝土试配工作，以满足示范工程要求的工作性能和力学性能等。

由表6-38可以看出，配制的混凝土除满足施工工作性要求以外，1d强度可以达到62.0MPa，远高于工程对混凝土1d强度达到30MPa的要求，可以进行下一步正式工程示范。

表6–38 混凝土试配配比及结果

水泥（kg）	石粉（kg）	砂（kg）	石（kg）	水胶比	聚羧酸减水剂（%）	硼酸（%）	1d强度（MPa）
400	30	836	978	0.4	1.3	0.6	62.0

②工程示范情况。示范工程由深圳市蛇口招商港湾工程有限公司承担，工程目的是将原有防护效果欠佳的海堤结构拆除，建设防浪潮效果更好的海堤结构。

图6-72为示范工程施工现场，其中图6-72（a）、（b）、（c）和（d）分别为施工时罐车放料、模具浇筑、工人振捣以及拆模之后的示范段与普通段对比图，选择夜间施工是由于晚10点—次日凌晨4点处于退潮时间段，更易于施工。由图6-72（d）可以看出，示范段相较于普通段颜色偏浅，这是因为修补/防护用修补/防护用硫铝酸盐水泥本身较普硅水泥颜色浅。图6-69（e）和（f）为相关研究人员工程现场留影，图6-73为工程开放后景观，本次工程示范圆满顺利完成。

图6–72 深圳湾滨海休闲带西段海堤结构示范工程施工现场

图 6-73　深圳湾滨海休闲带西段工程开放后景观

（2）浙江三门核电站工程海工工程。研究人员利用修补 / 防护用 CSA 混凝土在浙江三门核电站制备了一批防浪扭工字梁。海堤面临大海，风浪较大，防护的水力性能将直接关系到海堤等结构物的安全，防浪扭工字梁的主要作用是降低海水对海堤的冲击作用，其耐久性对海堤安全尤为重要，此工程属于典型的海洋防护工程。正式施工前，研究人员到达搅拌站现场对混凝土进行了试配。

本次示范段如图 6-74 所示，示范时间为 2018 年 12 月 8 日—11 日，平均气温 5~11℃，相对湿度为 75%~95%。示范段具体为防浪用途，处于海洋环境中，受到海水侵蚀，包括氯离子侵蚀和硫酸盐侵蚀等，是典型的海洋防护工程。

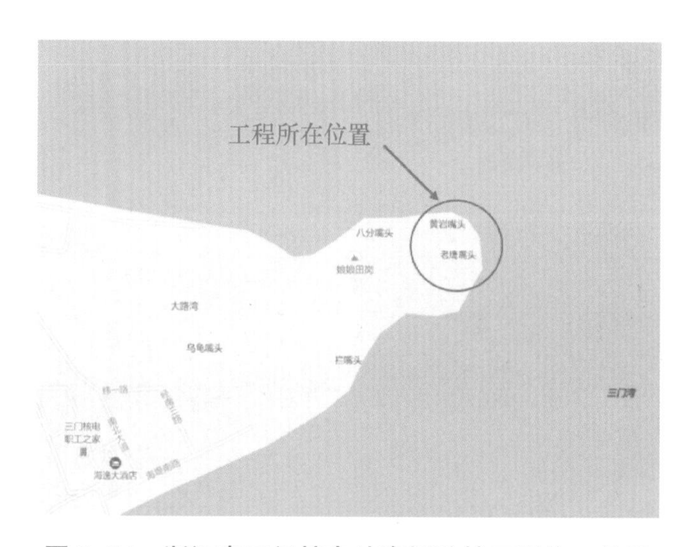

图 6-74　浙江省三门核电站海堤防护工程施工位置

①搅拌站混凝土试配。正式施工之前，研究人员根据当地气候与工程所处环境，前往浙江三门核电有限公司搅拌站进行了大量的混凝土试配工作，以满足示范工程要求的工作性能和力学性能等。

由表 6-39 可已看出，配制的混凝土除满足施工工作性要求以外，1d 强度可以达到 44.0MPa，远高于工程对混凝土 1d 强度达到 30MPa 的要求，可以进行下一步正式工程示范。

表 6-39　混凝土试配配比及结果

水泥（kg）	中碎石（kg）	特细碎石（kg）	砂（kg）	水胶比	聚羧酸减水剂（%）	硼酸（%）	1d 强度（MPa）
400	813	271	664	0.38	0.9	0.3	44.0

②工程示范情况。

示范工程施工任务由江苏中核华兴工程有限公司承担，混凝土制备、运输任务由浙江三门核电有限公司混凝土搅拌站承担，如图 6-75 所示，混凝土利用罐车运输至施工现场后，卸至放料罐，利用吊车吊起放料罐，将混凝土浇筑至防浪扭工字梁模具内，振捣密实后养护 72h 脱去模具，利用吊车将防浪扭工字梁放入海堤护坡。

图 6-75　浙江三门核电站工程海工示范工程施工现场

工程委托第三方检测单位对修补 / 防护用 CSA 水泥混凝土进行了检测，其 3d 强度为 48.5MPa，28d 强度达到 56.2MPa，高于工程设计混凝土等级 C40 的要求，其他各项指标也均满足工程要求。

6.3 成果总结

1. 重要成果

本章基于硫铝酸盐水泥熟料体系，从矿相组成设计出发，以快硬早强矿物无水硫铝酸钙为主矿相，引入硅酸三钙，调控液相辅以离子掺杂达到多矿相稳定共存形成条件，优化了矿相体系。制备和生产水泥并研究了修补 / 防护材料与基体间的粘结性能，开展了修补 / 防护技术和抗蚀性等耐久性提升技术研究，将水泥基材料应用于工程示范。研究取得以下主要结论：

（1）采用调控液相、调控液相辅以钡离子掺杂和诱导结晶 3 种方法，实现了 $C_4A_3\$$ 和 C_3S 的稳定共存。优选调控液相辅以钡离子掺杂的方法，在山东临朐胜潍特种水泥有限公司和山东鲁城水泥有限公司工程材料分公司进行了水泥的生产示范，制备了 $C_4A_3\$$ 和 C_3S 稳定共存的硫铝酸盐水泥熟料新体系，两条生产线生产能力分别达到 500t/d 和 1000t/d，经 XRD 定量分析出熟料矿物含量为（$C_4A_3\$$ 与 $C_3BA_3\$$ 之和）48.5wt%、阿利特 11.7wt%、贝利特 32.6wt% 和铁相 7.2wt%。

（2）将修补 / 防护用硫铝酸盐水泥初凝时间控制在 3~117min，实现了水泥凝结时间数分钟至 2h 可控；钡离子掺杂技术使水泥分钟和小时强度提高，基于该基础，碳酸锂和聚羧酸减水剂复合使水泥砂浆的 30min 抗压强度达 5.4MPa，60min 达 12.1MPa，4h 达 27.9MPa，4h 抗折强度达 4.9MPa。

（3）修补 / 防护用硫铝酸盐水泥基材料与被修补基体的粘结性能优于硅酸盐水泥基材料和传统硫铝酸盐水泥基材料，不掺加外加剂，按照本研究已报批的团体标准《水泥基材料粘结强度测试方法（砂浆界面弯拉法）》进行测试，其 28d 抗折粘结强度达 3.2MPa。

（4）聚羧酸和消泡剂复合使用使水泥基材料的氯离子扩散系数降低为 $0.47 \times 10^{-12} m^2/s$，抗海水侵蚀系数 $K_{60}=1.10 > K_{28}=1.06 > 1.0$；建立了修补 / 防护用硫铝酸盐水泥基材料寿命预测模型。

（5）分别在实验室和搅拌站对混凝土进行试配，在深圳湾滨海休闲带西段海堤结构工程和浙江三门核电站海工工程进行了修补 / 防护用硫铝酸盐水泥基材料的工程示范。

2. 创新情况

（1）针对海洋修补 / 防护工程对材料“与基体高粘结、高抗蚀、低收缩、长期性能稳定”等要求，本研究在以 $C_4A_3\$$ 为主矿相的熟料体系中引入 C_3S，突破了多矿相共存技术瓶颈，实现了 $C_4A_3\$$ 和 C_3S 的稳定共存。

（2）通过采用调控液相辅以钡离子掺杂技术，实现了 $C_4A_3\$$ 和 C_3S 稳定共存的硫铝酸盐熟料新体系的生产示范，形成了具有自主知识产权的海洋修补 / 防护工程用硫铝酸盐水泥制备技术。

（3）基于修补 / 防护工程用硫铝酸盐水泥基材料具有凝结时间可控、高粘结、高抗蚀和长期性能稳定等特性，本研究实现了该水泥基材料的工程示范应用，形成了海洋工程修补 / 防护用硫铝酸盐水泥材料的应用技术。

通过本章水泥基材料制备与应用的科学、技术问题及生产与工程示范的系统研究，证实了该水泥作为海洋修补 / 防护工程专用水泥基材料的诸多优点，也为海洋修补 / 防护工程专用水泥基材料的制备及应用奠定了基础；且该水泥烧成温度较硅酸盐水泥低，石灰石消耗量少，对促进水泥工业的节能减排具有重要意义，具有广阔的应用前景。

参考文献

[1] http://www.ccement.com/news/content/51326158289300.html .

[2] ZEA-GARCIA J D, SANTACRUZ I, ARANDA M A G, et al. Alite-belite-ye'elimite cements: Effect of dopants on the clinker phase composition and properties [J]. Cement and Concrete Research, 2019(115): 192-202.

[3] IVAN A. Green cement: Concrete solutions [J]. Nature, 2013, 494(7437): 300-301.

[4] GARTNER E. Industrially interesting approaches to "low-CO_2" cements [J]. Cement & Concrete Research, 2004, 34(9): 1489-1498.

[5] GARTNER E, SUI T. Alternative cement clinkers [J]. Cement and Concrete Research, 2018(114): 27-39.

[6] 王燕谋，苏慕珍，张量 . 硫铝酸盐水泥 [M]. 北京：北京工业大学出版社 , 1999.

[7] MOFFATT E G, THOMAS M D A. Performance of rapid-repair concrete in an aggressive marine environment [J]. Construction & Building Materials, 2017(132): 478-486.

[8] SONG M, PURNELL P, RICHARDSON I. Microstructure of interface between fibre and matrix in 10-year aged GRC modified by calcium sulfoaluminate cement [J]. Cement & Concrete Research, 2015(76): 20-26.

[9] SENFF L, CASTELA A, HAJJAJI W, et al. Formulations of sulfobelite cement through design of experiments [J]. Construction & Building Materials, 2011, 25(8): 3410-3416.

[10] 李娟 . 高贝利特硫铝酸盐水泥的研究 [D]. 武汉：武汉理工大学 , 2013.

[11] CHEN H X, MA X, DAI H J. Reuse of water purification sludge as raw material in cement production [J]. Cement & Concrete Composites, 2010, 32(6): 436-439.

[12] RODRíGUEZ N H, MARTíNEZ-RAMíREZ S, BLANCO-VARELA M T, et al. Evaluation of spray-dried sludge from drinking water treatment plants as a prime material for clinker manufacture [J]. Cement & Concrete Composites, 2011, 33(2): 267-275.

[13] CHEN, IRVIN A, JUENGER, et al. Incorporation of Waste Materials into Portland Cement Clinker Synthesized from Reagent-Grade Chemicals [J]. Journal of Materials Science, 2009, 44(10): 2617-2627.

[14] PUERTAS F, GARCíA-DíAZ I, PALACIOS M, et al. Clinkers and cements obtained from raw mix containing ceramic waste as a raw material. Characterization, hydration and leaching studies [J]. Cement & Concrete Composites, 2010, 32(3): 175-186.

[15] CHEN I A, HARGIS C W, JUENGER M C G. Understanding Expansion in Calcium Sulfoaluminate–Belite Cements [J]. Cement and Concrete Research, 2012, 42(1): 51-60.

[16] CHEN I A, JUENGER M C G. Incorporation of coal combustion residuals into calcium sulfoaluminate-belite cement clinkers [J]. Cement & Concrete Composites, 2012, 34(8): 893-902.

[17] YOU B, CHEN F, HAN L, et al. Investigation of the long-term properties of uea cement mortar and concrete [J]. Journal of the Chinese Ceramic Society, 2000.

[18] MICHEL M, GEORGIN J-F, AMBROISE J, et al. The influence of gypsum ratio on the mechanical performance of slag cement accelerated by calcium sulfoaluminate cement [J]. Construction and Building Materials, 2011, 25(3): 1298-1304.

[19] 王宇才，李金洪，王浩林 . 湿法脱硫渣制备硫铝酸盐水泥的实验研究 [J]. 环境科学与技术 , 2010, 33(5): 129-132.

[20] 李晓冬，沈裕盛，黎学润，等 . SO_3 掺杂对高镁熟料 Alite 晶型和水化性能的影响 [J]. 硅酸盐学报 , 2013, 10): 1381-6.

[21] 马素花 . 含硫铝酸钙矿物硅酸盐水泥熟料形成化学研究 [D]. 南京：南京工业大学 2007.

[22] 葛大顺，马素花，李伟峰，等 . 硫铝酸钙改性硅酸盐水泥熟料研究进展 [J]. 硅酸盐通报 , 2015, 34(7): 1878-1884.

[23] 游宝坤 . 国外阿利特硫铝酸盐熟料的研制及其设想 [J]. 建材研究院院刊 , 1980(2): 68-73.

[24] LIU X, LI Y, ZHANG N. Influence of MgO on the formation of CaSiO and $3CaO \cdot 3Al_2O_3 \cdot CaSO_4$ minerals in alite–sulphoaluminate cement [J]. Cement & Concrete Research, 2002, 32(7): 1125-1129.

[25] LIU X, LI Y. Effect of MgO on the composition and properties of alite-sulphoaluminate cement [J]. Cement & Concrete Research, 2005, 35(9): 1685-1687.

[26] MA S, SHEN X, GONG X, et al. Influence of CuO on the formation and coexistence of $3CaO \cdot SiO_2$ and $3CaO \cdot 3Al_2O_3 \cdot CaSO_4$ minerals [J]. Cement and concrete research, 2006, 36(9): 1784-1487.
[27] 芦令超，常钧，叶正茂，等．硫铝酸盐与硅酸盐矿物合成高性能水泥 [J]. 硅酸盐学报，2005, 33(1): 57-62.
[28] LI X, YU Z, SHEN X, et al. Kinetics of calcium sulfoaluminate formation from tricalcium aluminate, calcium sulfate and calcium oxide [J]. Cement & Concrete Research, 2014, 55(1): 79-87.
[29] MA S, SNELLINGS R, LI X, et al. Alite-ye'elimite cement: Synthesis and mineralogical analysis [J]. Cement & Concrete Research, 2013, 45(1): 15-20.
[30] WINNEFELD F, LOTHENBACH B. Hydration of calcium sulfoaluminate cements — Experimental findings and thermodynamic modelling [J]. Cement & Concrete Research, 2010, 40(8): 1239-1247.
[31] 程新，于京华，冯修吉，等．$3CaO \cdot 3Al_2O_3 \cdot SrSO_4$ 的合成及晶体结构 [J]. 无机化学学报 , 1996(2): 222-224.
[32] 常钧，黄世峰，叶正茂，等．硫铝酸钡钙矿物的早期水化 [J]. 硅酸盐学报 , 2006, 34(7): 842-845.
[33] XIN C, CHANG J, LU L, et al. Study on the hydration of Ba-bearing calcium sulphoaluminate in the presence of gypsum [J]. Cement & Concrete Research, 2004, 34(11): 2009-2013.
[34] XUAN H. Property of alite-barium calcium sulphoaluminate cement [J]. Journal of the Chinese Ceramic Society, 2008(36): 209-214.
[35] WANG S, CHENG C, LU L, et al. Effects of slag and limestone powder on the hydration and hardening process of alite-barium calcium sulphoaluminate cement [J]. Construction & Building Materials, 2012, 35(35): 227-231.
[36] 常钧，谭文杰，黄睿，等．硫铝酸锶钙矿物的研究 [J]. 硅酸盐学报 , 2010, 38(4): 666-670.
[37] COUMES C C D, COURTOIS S, PEYSSON S, et al. Calcium sulfoaluminate cement blended with OPC: A potential binder to encapsulate low-level radioactive slurries of complex chemistry [J]. Cement & Concrete Research, 2009, 39(9): 740-774.
[38] 刘赞群，李湘宁，邓德华，等．硫酸铝盐水泥与硅酸盐水泥净浆水分蒸发区硫酸盐破坏对比 [J]. 硅酸盐学报，2016, 44(8): 1173-1177.
[39] 吴红．硅酸盐水泥和硫铝酸盐水泥复合的生态设计 [D]. 北京：北京工业大学，2007.
[40] CHAMPENOIS J-B, DHOURY M, COUMES C C D, et al. Influence of sodium borate on the early age hydration of calcium sulfoaluminate cement [J]. Cement and Concrete Research, 2015(70): 83-93.
[41] GWON S, JANG S Y, SHIN M. Combined Effects of Set Retarders and Polymer Powder on the Properties of Calcium Sulfoaluminate Blended Cement Systems [J]. Materials, 2018, 11(5): 825.
[42] SAOûT G L, LOTHENBACH B, HORI A, et al. Hydration of Portland cement with additions of calcium sulfoaluminates [J]. Cement & Concrete Research, 2013, 43(1): 81-94.
[43] TRAUCHESSEC R, MECHLING J M, LECOMTE A, et al. Hydration of ordinary Portland cement and calcium sulfoaluminate cement blends [J]. Cement & Concrete Composites, 2015(56): 106-114.
[44] 王起才，魏丁任，吴李．硫铝酸盐复合水泥体系水化特征研究 [J]. 材料导报，2018(32): 492-497.
[45] CHAUNSALI P, MONDAL P. Physico-chemical interaction between mineral admixtures and OPC–calcium sulfoaluminate (CSA) cements and its influence on early-age expansion [J]. Cement & Concrete Research, 2016(80): 10-20.
[46] PELLETIER L, WINNEFELD F, LOTHENBACH B. The ternary system Portland cement–calcium sulphoaluminate clinker–anhydrite: Hydration mechanism and mortar properties [J]. Cement & Concrete Composites, 2010, 32(7): 497-507.
[47] QIN L, GAO X, ZHANG A. Potential application of Portland cement-calcium sulfoaluminate cement blends to avoid early age frost damage [J]. Construction and Building Materials, 2018, 190(3): 63-72.
[48] XU Z, ZHOU Z, PENG D, et al. Effects of nano-silica on hydration properties of tricalcium silicate [J]. Construction & Building Materials, 2016, 125(1): 1169-1177.
[49] 王少鹏，黎学润，何杰，等．用 X 射线衍射精确表征硅酸三钙多晶型 [J]. 硅酸盐学报，2014, 42(2): 178-183.
[50] BINNEMANS K. Interpretation of europium(III) spectra [J]. Coordination Chemistry Reviews, 2015(295): 1-45.
[51] QIN X, LIU X, HUANG W, et al. Lanthanide-Activated Phosphors Based on 4f-5d Optical Transitions: Theoretical and Experimental Aspects [J]. Chemical Reviews, 2017, 117(5): 4488-4527.
[52] 黄永波．贝利特 - 硫铝酸钡钙水泥熟料形成机制及形成动力学 [D]. 济南：济南大学，2014.
[53] 黎学润．含硫硅酸盐水泥熟料组成、阿利特晶体结构与性能研究 [D]. 南京：南京工业大学，2014.

回顾与记忆

项目启动会高技术中心领导、部分专家、项目负责人和课题负责人合影

项目启动会上项目负责人作项目报告

回顾与记忆

项目中期检查会（一）

项目中期检查会（二）

回顾与记忆

项目中期检查会现场考察（一）

项目中期检查会现场考察（二）

回顾与记忆

2017 年年度报告会领导、责任专家及专家、项目骨干合影

2019 年年度工作会项目骨干合影

回顾与记忆

课题综合绩效评价会领导、责任专家及专家、部分项目骨干合影

项目综合绩效评价会领导、专家、部分项目在京骨干合影

回顾与记忆

科技部高技术中心卞曙光副主任
在项目综合绩效评价会上作重要讲话

中国建筑材料科学研究总院有限公司总经
理马振珠在项目综合绩效评价会议上致词

科技部高技术中心蒋志君在项目综合绩效评价会上作培训报告

京外课题负责人及骨干视频参加项目综合绩效评价会议

回顾与记忆

高抗蚀硅酸盐水泥制品工程现场验收

高抗蚀水泥现场生产控制

高抗蚀铝酸盐水泥工程施工现场

修补与防护工程现场

回顾与记忆

高抗蚀硅酸盐水泥用于预制构件

防护与修补硫铝酸盐水泥生产现场

高抗蚀硫铝酸盐水泥用于集装箱码头

高抗蚀硅酸盐水泥用于预制桩

回顾与记忆

专家对研究与生产基地验收

专家现场对工程验收

研发团队在企业

团队与生产企业交流

回顾与记忆

参加国际会议交流项目成果

海洋材料会议上作项目进展报告

参加国际交流宣传项目成果

参加国际会议

回顾与记忆

项目负责人和项目管理办公室主任
到课题单位检查进展

项目科技管理培训

疫情期间，多次召开项目视频会议，检查课题进展，开展内部交流

项目财务管理培训